SCHULZ

Festschrift Heinz Duddeck

Festschrift

Professor Dr.-Ing.
Heinz Duddeck

zu seinem sechzigsten Geburtstag

Mai 1988

Herausgegeben von

Prof. Dr.-Ing. J. Scheer   Prof. Dr.-Ing. H. Ahrens
    Dipl.-Ing. H.-J. Bargstädt

Institut für Stahlbau   Institut für Statik

Technische Universität Braunschweig
Beethovenstraße 51
3300 Braunschweig

ISBN 3-926031-60-3

Hergestellt durch
Springer Produktions-Gesellschaft
Heidelberger Platz 3, D-1000 Berlin 33

Zu beziehen von:
Institut für Statik, TU Braunschweig
Postfach 3329, 3300 Braunschweig

Alle Rechte vorbehalten – Printed in Germany

Heinz Duddeck 60 Jahre

Professor Dr.-Ing. Heinz Duddeck wurde am 14. Mai 1928 im ostpreußischen Sensburg, inmitten der an Naturschönheiten reichen Masurischen Seenplatte geboren. Er verbrachte dort seine Jugendzeit, wurde schon als Sechzehnjähriger 1944 zum Wehrdienst verpflichtet und mußte um die Jahreswende 1944/45 wegen des Übergreifens der Kriegshandlungen auf ostpreußisches Gebiet seine Heimat verlassen. Nachdem er aus der Kriegsgefangenschaft freigekommen war und eine handwerkliche Lehre als Maurer begonnen hatte, legte er 1947 in Oldenburg i.O. das Abitur ab. Mit dem Gesellenbrief in der Tasche nahm er 1949 an der Technischen Hochschule Hannover das Studium des Bauingenieurwesens auf und schloß es 1955 ab. Ein kurzer Aufenthalt als Austauschstudent an der Universität Bristol rundete seine Studien ab. Vom Oktober 1956 bis Juli 1959 war er wissenschaftlicher Assistent von Professor Pfannmüller am Lehrstuhl für Stahlbau der Technischen Hochschule Hannover, nachdem er zuvor ein Jahr lang in dessen Büro mit baupraktischen Aufgaben des Stahlbaus und des Stahlbetonbaus befaßt gewesen war. Schon damals rühmte Pfannmüller die außergewöhnliche Begabung und die breite Allgemeinbildung seines Mitarbeiters und sagte ihm eine glänzende akademische Laufbahn voraus.

Angeregt durch seine Lehrer, die Professoren Pflüger und Zerna, widmete sich Duddeck dem Studium der Schalentheorie, einer Aufgabe, die auch heute noch zu den Schwerpunkten seiner wissenschaftlichen Arbeit gehört. Das Ergebnis seiner Bemühungen waren seine Dissertation von 1959 über das Randstörungsproblem der technischen Biegetheorie dünner Schalen und seine während eines Forschungsaufenthaltes bei Professor Flügge an der Universität Stanford in Kalifornien begonnene und Ende 1961 in Hannover abgeschlossene Habilitationsschrift über die asymptotische Biegetheorie der allgemeinen Rotationsschalen.

Duddecks Streben, sich nach mehrjähriger wissenschaftlicher Arbeit wieder stärker den Aufgaben der Baupraxis zuzuwenden, führte ihn 1961 zunächst in das Ingenieurbüro Bach und Berger nach Bern, später zur Beton- und Monierbau AG nach Düsseldorf. Gleichzeitig hielt er seit 1963 als Privatdozent für das Fachgebiet Ingenieurmechanik Vorlesungen an der Technischen Hochschule Hannover, darunter erstmals über Traglastverfahren.

Anfang 1966 folgte Duddeck einem Ruf an die Technische Hochschule Braunschweig und übernahm als Nachfolger von Professor Kohl das aus dem früheren Lehrstuhl für Statik und Stahlbau hervorgegangene Institut für Statik. In den zurückliegenden 22 Jahren entfaltete er eine überaus vielseitige und erfolgreiche wissenschaftliche Tätigkeit. Seine Forschungsarbeiten erfassen nahezu alle Teilbereiche des konstruktiven Ingenieurbaus. Ziel ist stets die Bereitstellung der statischen Grundlagen zur Ermittlung des Kräftespiels und des Formänderungsverhaltens von Bauwerken aus Stahl, Beton und Stahlbeton sowie von Untertagebauten. Sein besonderes Anliegen war es von Anfang an, das wirkliche Bauwerk zur Erklärung der Phänomene des Tragverhaltens in einem Forschungsmodell abzubilden und daraus durch Idealisierung und Reduktion auf die wesentlichen Parameter ein technisches Modell als Ersatz für die Wirklichkeit zu entwickeln, dieses an praktischen Beispielen zu erproben und immer weiter zu vervollkommnen. Dabei kommt der Berücksichtigung geometrischer und stofflicher Nichtlinearitäten entscheidende Bedeutung zu. Schwerpunkte seiner Arbeit sind die Weiterentwicklung allgemeiner Berechnungsverfahren bei nichtlinearem Verhalten der Tragwerke, die Ermittlung der Grenztragfähigkeit von Platten und Schalen im elastischen und plastischen Beulzustand und die wirklichkeitsnahe Erfassung der Spannungs- und Verformungszustände in Grundbauten, insbesondere in Tunnel- und Hohlraumbauten im Fels, im Lockergestein und im Salzgebirge.

Gerade auf dem zuletzt genannten Gebiet wurden seine Beiträge zur Geotechnik und Geomechanik, insbesondere zur statischen Berechnung der Tunnel und Tunnelauskleidungen, seit Anfang der siebziger Jahre in Fachkreisen des Grundbaus mit großer Aufmerksamkeit verfolgt, war ihnen doch Duddeck, wie man rückblickend feststellen kann, gedanklich weit voraus. Auch bezüglich der Standsicherheitsuntersuchung von Untertagebauten wiesen seine Gedanken in eine damals für den Grundbau weit vorausliegende Zukunft. Ganz selbstverständlich arbeitete er bereits mit Teilsicherheitsbeiwerten, gab Versagensmechanismen an und hob die für die Standsicherheitsberechnung im Tunnelbau unerläßlichen Geländemessungen hervor. Seitdem finden diese Gedanken nach und nach Gehör in den für die Grundbaunormen zuständigen Gremien. Ohne Zweifel ist Duddeck ein Pionier auf dem Gebiet des Entwurfs neuzeitlicher Tunnel. Wenn herausragende Verfechter der sogenannten Neuen Österreichischen Tunnelbauweise auf der einen und Vertreter der Finite-Element-Methoden auf der anderen Seite einander nun nicht mehr unversöhnlich gegenüberstehen, sondern in vielen praktischen Fällen gedeihlich zusammenarbeiten, ist dies vor allem Duddecks diplomatischem Geschick zu verdanken. Im Rahmen eines von ihm in die Wege geleiteten Forschungsprogramms der Deutschen Forschungsgemeinschaft konnten die interessierten Grundbauinstitute der deutschen wissenschaftlichen Hochschulen immerhin Anschluß an die Braunschweiger Schule gewinnen oder zumindest Duddecks und seiner Mitarbeiter Vorsprung zur Kenntnis nehmen. Als subtilem Kenner elasto-plastischer Stoffgesetze ist es ihm zusammen mit Doktoranden gelungen, die auf Mróz zurückgehenden Theorien in eine anwendungsreife Form zu überführen und damit wiederum für die Bodenmechanik ein gutes Beispiel zu geben.

Von Duddecks wissenschaftlicher Tätigkeit künden über 90 Veröffentlichungen und seine zahlreichen fachlichen Vorträge, ferner an die 50 Institutsberichte, die seit 1972 in zwangloser Folge erscheinen und die in seinem Institut entstandenen Arbeiten in ihrer ganzen Breite widerspiegeln. Bei über 90 Promotions- und Habilitationsverfahren, von denen nahezu die Hälfte Mitarbeiter seines Instituts betrafen, war er Berichter. Aus seiner Schule sind viele Ingenieure hervorgegangen, die in der Wissenschaft und in der Baupraxis auf verantwortungsvollen Posten stehen. Etliche seiner ehemaligen Mitarbeiter sind inzwischen als Professoren an Hochschulen berufen worden.

Die enge Verbindung zur Baupraxis, aus der er immer wieder neue Anregungen für seine Forschung gewinnt, zeigt sich in seiner Tätigkeit als Sachverständiger und Gutachter, als Beratender Ingenieur und Prüfingenieur für Baustatik. Zahlreiche Tunnel- und Untertagebauten im nord- und nordwestdeutschen Raum und im deutschen Mittelgebirge, hier überwiegend im Zuge der Neubaustrecke der Deutschen Bundesbahn von Hannover nach Würzburg, sowie andere herausragende Bauwerke, bei denen bisweilen technisches Neuland betreten werden mußte, hat er als Entwurfsberater, als Gutachter oder Prüfingenieur maßgeblich mitgestaltet.

Sein erfolgreiches wissenschaftliches Wirken wurde schon 1971 durch Berufung in die Braunschweigische Wissenschaftliche Gesellschaft gewürdigt. In den Jahren 1978 bis 1984 gehörte er dem Senat und dem Hauptausschuß der Deutschen Forschungsgemeinschaft an, seit 1986 ist er deren Vertrauensmann für die Technische Universität Braunschweig.

Das hohe fachliche Ansehen, das Duddeck im In- und Ausland genießt, seine jahrelange Erfahrung als Hochschullehrer, Forscher und Ingenieur und seine Bereitschaft, neue Ideen aufzugreifen und Wege zu ihrer Verwirklichung zu suchen, trugen ihm die Mitgliedschaft in zahlreichen nationalen und internationalen technisch-wissenschaftlichen Vereinigungen und Ausschüssen ein. Nur einige können hier genannt werden, so der Deutsche Beton-Verein, die Deutschen Ausschüsse für Stahlbau und für Stahlbetonbau, der Deutsche Ausschuß für unterirdisches Bauen, deren Vorsitzender er zeitweise war, die Deutsche Gesellschaft für Erd- und Grundbau, die Studiengesellschaft für unterirdisches Bauen, die Internationalen Vereinigungen für Brückenbau und Hochbau, für Schalen und Raumtragwerke und für Tunnelbau, schließlich noch das Comité Euro-International du Béton und die östereichische Gesellschaft für Geomechanik.

Bereitwillig stellt sich Duddeck für die Übernahme von Aufgaben zur Verfügung, wenn es sich um allgemeine Hochschulangelegenheiten oder um Belange der akademischen Selbstverwaltung handelt oder, wenn es gilt, Standesfragen des Ingenieurs, etwa in bezug auf dessen Stellung in der Gesellschaft oder in Hinsicht auf die Verantwortung gegenüber der Allgemeinheit, zu vertreten. So war er im Studienjahr 1972/73 Leiter der Abteilung Bauingenieur- und Vermessungswesen seiner Universität. In den Jahren 1971/72 und 1986/87 versah er das Amt des Vorsitzenden des Fakultätentags für Bauingenieur- und Vermessungswesen. Er erledigte seine Aufgabe in brillanter Weise und vertrat nachdrücklich die Interessen der beteiligten Fakultäten. In bester Erinnerung ist sein Wirken an der Spitze der Niedersächsischen und Überregionalen Studienreformkommission in den Jahren 1979/82 und 1983/87. In beiden Gremien verstand er es, durch souveräne Verhandlungsführung die anfangs weit auseinander liegenden Auffassungen der einzelnen Gruppen auszugleichen und schließlich Reformvorschläge zu unterbreiten, die bei den Beteiligten weitgehende Zustimmung fanden.

Man würde der Persönlichkeit des Jubilars nicht gerecht, wenn man nur seine Leistungen als Wissenschaftler und Ingenieur würdigte, nicht aber zugleich auch seine menschlichen Qualitäten hervorheben wollte: seine Fürsorge für die Mitarbeiter, seine Großzügigkeit und Weltoffenheit.

Ein ungewöhnliches Zeichen haben Herr Duddeck und seine Frau vor zwei Jahren durch die Einrichtung einer Stiftung gesetzt, durch die alljährlich der beste Absolvent des Fachbereichs Bauingenieur- und Vermessungswesen der Technischen Universität Braunschweig mit Vertiefung im konstruktiven Ingenieurbau mit einem ansehnlichen Geldbetrag ausgezeichnet wird.

Den notwendigen Ausgleich zur starken beruflichen Anspannung bot ihm in all den Jahren die Geborgenheit in der Familie. Seine besondere Vorliebe gilt der Musik, der Malerei und der bildenden Kunst.

Die zahlreichen Kollegen, Mitarbeiter und ehemaligen Schüler wünschen Herrn Professor Duddeck anläßlich der Vollendung des sechzigsten Lebensjahres Glück und Gesundheit in reichem Maße, damit er auch in Zukunft so erfolgreich wie in den vergangenen Jahren seinem ihn ganz ausfüllenden Beruf als Hochschullehrer und Ingenieur nachgehen kann.

G. Knittel unter Mitwirkung von **G. Gudehus**

Zusammenstellung von Veröffentlichungen von Professor Dr.-Ing. Heinz Duddeck

Der Ausbauzustand der Jugoslawischen Draukraftwerke 1953/54. Die Wasserwirtschaft 44, 1954, S. 237-240

Konstruieren in Stahlblech. Zentralblatt für Industriebau 3, 1957, S. 137-147

Das Randstörungsproblem der technischen Biegetheorie dünner Schalen in drei korrespondierenden Darstellungen. Dissertation TH Hannover 1959

Das Randstörungsproblem der technischen Biegetheorie dünner Schalen in drei korrespondierenden Darstellungen. Österreichisches Ingenieur-Archiv XVII, 1962, S. 32-57

Die asymptotische Biegetheorie der allgemeinen Rotationsschalen mit schwacher Veränderlichkeit der Schalenkrümmungen. Habilitationsschrift TH Hannover 1961

Die Biegetheorie der flachen hyperbolischen Paraboloidschale. Ingenieur-Archiv XVII, 1962, S. 44-78

Biegetheorie der allgemeinen Rotationsschalen mit schwacher Veränderlichkeit der Schalenkrümmungen. Ingenieur-Archiv 33, 1964, S. 279-300

Praktische Berechnung der Pilzdecke ohne Stützenkopfverstärkung (Flachdecke). Beton- und Stahlbetonbau 58, 1963, S. 56-63

Modellversuche an drei durchlaufenden schiefen Brückenplatten (mit H. von Gunten). Schweizerische Bauzeitung 81, 1963, S. 545-550

Ich wohnte in San Franzisko. Westermanns Monatshefte Juli 1963, S. 35-43

Spannungen in schildvorgetriebenen Tunneln (H. Schulze u. H. Duddeck). Beton- und Stahlbetonbau 59, 1964, S. 169-175

Statische Berechnung schildvorgetriebener Tunnel (H. Schulze u. H. Duddeck). Jubiläumsschrift: 75 Jahre Beton- und Monierbau 1889 - 1964, Düsseldorf 1964, S. 87-114

Die Biegeberechnung technischer Rotationsschalen mit Rändern entlang Breitenkreisen. Bauingenieur 39, 1964, S. 435-445

Was leistet die Schalentheorie? In: Helmut Pfannmüller-Festschrift, Schriftenreihe des Lehrstuhls für Stahlbau, Hannover 1967 H. 6, S. 19-35

Der Ingenieur - ein homo faber? Festvortrag anläßlich der Immatrikulationsfeier TH Braunschweig 3. Mai 1967, Mitt. Braunschweig. Hochschulbundes 1967

Elastizitätstheorie, insbesondere bei Flächentragwerken (mit H. Ahrens). Jahresübersicht, VDI-Zeitschrift 109, VDI-Verlag Düsseldorf 1967, S. 1574-1580

Statik der Stabtragwerke. Beton-Kalender 1969 ff, W. Ernst & Sohn, Berlin 1969, S. 255-483

Elastizitätstheorie, insbesondere bei Flächentragwerken (mit H. Fette). Jahresübers. VDI-Z. 111, 1969, S. 1117-1125

Zu den Berechnungsmethoden und zur Sicherheit von Tunnelbauten. Bauingenieur 47, 1972, S. 43-52

Der gegenseitige Einfluß benachbarter Kreistunnel (mit H. Theenhaus). Beton- und Stahlbetonbau 66, 1971, S. 285-291

USA - Vorbild oder Ärgernis. Mitt. Technische Universität Carolo-Wilhelmina zu Braunschweig, H. IV, 1971

Elastizitätstheorie, insbesondere bei Flächentragwerken (mit R. Harbord). Jahresübers. VDI-Z. 113, 1971, S. 1163-1168

Traglasttheorie der Stabtragwerke. Beton-Kalender 1972 Teil II, S. 621-676

Beanspruchung von Tunnelkreuzungen - Modellversuche (mit H.P. Gebel). Bericht Nr. 72-2 Institut für Statik, TU Braunschweig 1972

Schildvorgetriebene Tunnel - Entwicklungstendenzen in Forschung und Ausführung. Int. Journal Rock Mechanics, Suppl. 2, 1973, S. 257-278

Berechnungsverfahren für Flächentragwerke (mit R. Harbord u. R. Wegner). Jahresübers. VDI-Z. 114, 1972, S. 1135-1140

Seminar Traglastverfahren mit Mitarbeitern des Instituts. Bericht Nr. 72-6 Institut für Statik, TU Braunschweig 1972

Numerischer Vergleich verschiedener Näherungen der Theorie dünner Rotationsschalen (mit H. Eggers u. W. Wunderlich). Bericht Nr. 72-5 Institut für Statik, TU Braunschweig 1973

Sicherheit bei Tunnelbauten. In: Sicherheit von Betonbauten, Arbeitstagung Berlin 7./8.Mai 1973. Deutscher Beton-Verein e.V. Wiesbaden 1973, S. 353-364

Technische Möglichkeiten für den Bau betriebsfähiger unterirdischer Verkehrsanlagen unter besonderer Berücksichtigung der Gegebenheiten des Niederrheinisch-Westfälischen Industriegebiets (Ruhrgebiet) (mit F. Hollmann, B. Kotulla, H. Meißner, K.H. Westhaus, W. Zerna, H. Ahrens). In: Verkehrstunnel in Bergsenkungsgebieten. Konstruktiver Ingenieurbau, Berichte. Vulkan-Verlag Dr. W. Classen, Essen 1973, H.15, S. 19-92

Berechnungsverfahren für Flächentragwerke (mit E. Krauß). Jahresübers. VDI-Z. 115, 1973, S. 1224-1229

Kreiszylindrische Behälter - Tabellen und Rechenprogramme für allgemeine Lastfälle (mit H. Niemann). W. Ernst & Sohn, Düsseldorf 1976

Flach- und Pilzdecken im gerissenen und im ungerissenen Zustand (R. Wegner, R. Harbord u. H. Duddeck). Bauingenieur 50, 1975, S. 19-26

Der gerissene Zustand zweiseitig gelagerter Platten unter Einzellasten - Nichtlineare Berechnung mit finiten Elementen (R. Wegner u. H. Duddeck). Beton- und Stahlbetonbau 70, 1975, S. 257-262

Traglastversuche für dünnwandige Tunnelbauprofile aus Stahl (H. Kessler u. H. Duddeck). Bericht Nr. 74-9 Institut für Statik, TU Braunschweig 1974

Berechnung von Stabtragwerken (H. Ahrens u. H. Duddeck). Beton-Kalender 1976 Teil II, S. 469-572, und 1980, S. 511-618

Der Tunnelbau aus Stahl und seine Traglastberechnung. Forschung und Praxis, Band 19, STUVA, Alba-Buchverlag, Düsseldorf 1976

Zu den Berechnungsmodellen der Technik. Bautechnik 53, 1976, S. 325 und Mitt. Braunschweig. Wiss. Ges. 1975, S. 22-24

Was leistet die Theorie für den Standsicherheitsnachweis im Tunnelbau? Festschrift W. Zerna und Institut KIB, Werner-Verlag Düsseldorf 1976 S. 209-219

Subway tunnels in areas of mining subsidence in the Ruhr district Germany (mit F. Hollmann, B. Kotulla, H. Meissner, K.H. Westhaus, W. Zerna, H. Ahrens). Tunnels & Tunnelling, London 1977

General comments concerning nonlinearity and the safety-problem. In: Numerische Methoden der Bodenmechanik und Felsmechanik, Int. Sympos., Karlruhe 1976, S. 385-387

Time-dependency and other non-linearities in theoretical models for tunnels (H.-W. Vollstedt u. H. Duddeck). Computer Methods in Tunnel Design, Institution of Civil Engineering, London 1977

Tunnelauskleidungen aus Stahl. Taschenbuch für den Tunnelbau 1978, Glückauf, Essen, S. 159-195

Grenztragfähigkeit von Tunnelbauwerken. In: Forschung am Institut für Statik - Ein Überblick in Kurzvorträgen, Bericht Nr. 77-25 Institut für Statik, TU Braunschweig 1977

The role of research models and technical models in engineering sciences. Short Contribution. ICOSSAR '77. Proc. 2. Int. Conference on Structural Safety and Reliability. Werner-Verlag, Düsseldorf 1977, S. 115-118

Zu den Berechnungsmodellen im Tunnel- und Felsbau. 3. Nationale Tagung über Felsmechanik, Aachen, DGEG 1978, S. 209-232

Finite-Element-Methode zur Berechnung von Salzkavernen (mit H.-W. Vollstedt). 3. Nationale Tagung über Felsmechanik, Aachen, DGEG 1978, S. 233-240

Statische Berechnungen im Fels- und Tunnelbau. In: Finite Elemente in der Baupraxis, W. Ernst & Sohn, Berlin 1978, S. 149-157, und Zusammenfassung: **Stand der Entwicklung,** S. 377-378

Material and time dependent nonlinear behaviour of cracked reinforced concrete slabs (mit G. Griebenow u. G. Schaper). In: Nonlinear Behaviour of Reinforced Concrete Spatial Structures, IASS-Sympos. 1978, Werner-Verlag, Düsseldorf 1978, Vol. 1 S. 101-113

Traglastversuche für Tunnelausbauprofile aus Stahl (mit H. Kessler u. W. Tappe). Tiefbau Ingenieurbau Straßenbau 21, 1979, H. 3, S. 166-184

On the basic requirements for applying the convergence confinement method. (übersetzt als: Commentaires des règles fondamentales pour l'application de la methode 'convergance-confinement', Revue Tunnel et Ouvrages Souterrains, No. 32, 1979, S. 82-86); Underground Space, Pergamon Press, Vol. 4, No. 4, 1980, S. 241-247 (auch übersetzt ins Japanische)

Ingenieure sind viel mehr als 'nur' Techniker. Beratende Ingenieure 7, 1979, S. 37-42

Zu den Berechnungsmodellen für die Neue Österreichische Tunnelbauweise (NÖT). Rock Mechanics, Suppl. 8, Springer, Wien 1979, S. 3-27

Resumé: **Anforderungen der Praxis an die Ingenieurausbildung.** In: Ingenieure für die Zukunft: Referate, Diskussionsbeiträge, Ergebnisse und Forderungen des 2. Intern. Kongresses für Ingenieurausbildung in Darmstadt, Herausgeber: Helmut Böhme, Bd. 15 der THD-Schriftenreihe Wissenschaft und Technik TH Darmstadt und Heinz Moos Verlag, München, 1980, S. 677-693 und S. 775-776

Sicherheitsanalyse und Nachweise der Standsicherheit von Felsgebirge bei unterirdischen Kernkraftwerken. Studie SR 65 im Auftrage des Bundesministers des Innern, Bericht Nr. 80-34 Institut für Statik, TU Braunschweig 1979/1980

Berechnungen und In-Situ-Messungen der Schildstrecke Elbtunnel Hamburg, (mit P. Janßen). STUVA, Forschung + Praxis, Bd. 23, Alba Buchverlag GmbH. + Co.KG., Düsseldorf, 1980, S. 147-157, franz. Übersetzung: Tunnels et Ouvr. Sout. 1982, S. 29-38

Untersuchungen von Stahlbetonplatten mit nichtlinearen Stoffgesetzen (mit G. Griebenow). (Experimentelle Untersuchungen im Vergleich mit nichtlinearen FEM-Berechnungen). Kurzbericht DFG in: Flächentragwerke im Konstruktiven Ingenieurbau, Stuttgart 1980, S. 8/1-8/7

Untersuchung des Kriecheinflusses bei Stahlbetonplatten mit nichtlinearen Stoffgesetzen (Zustand II) (mit G. Schaper). Kurzbericht DFG in: Flächentragwerke im Konstruktiven Ingenieurbau, Stuttgart 1980, S. 9/1-9/8

Beulen ausgesteifter Platten und Schalen. Geometrisch und physikalisch nichtlineare Berechnung mit Imperfektionen sowie örtlichem Blechbeulen (mit Mitarbeitern des Instituts). Kurzbericht DFG in: Flächentragwerke im Konstruktiven Ingenieurbau, Stuttgart 1980, S. 13/1-13/8

Simplified calculation models applied to postbuckling analysis of thin plates (B.-H. Kröplin u. H. Duddeck). Proc. Europe-US Workshop on Nonlinear Finite Element Analysis in Structural Mechanics, Springer Berlin 1981, S. 435-451

Reformziel: **Stärkerer Praxisbezug. Zur Praxisorientierung in den technik-wissenschaftlichen Studiengängen.** Loccumer Protokolle 27/80, Evangelische Akademie Loccum, 1981, Einführungsreferat S. 10-17

Autobahn-Elbtunnel Hamburg. Messungen der Beanspruchungen der Schildstrecke. Ergebnisse und Auswertungen (mit P. Janßen). Bericht Nr. 80-33 Institut für Statik, TU Braunschweig 1980

Safety at the design stage of a tunnel. Advances in Tunnelling Technology and Subsurface use. Vol. 1, No. 2, 1981, p. 87-91, Pergamon Press, Oxford

Realität und Entwurfsmodell des Ingenieurs. In: Baustatik-Baupraxis, Tagungsheft BB1, Darmstadt 1981, S. 5-23

Straßen-Tunnel Butterberg in Osterode/Harz (mit D. Meister, E. Werner, R. Schlegel und M. Theurer). Bauingenieur 56, 1981, S. 175-185

Die Entwicklung der technischen Wissenschaft 'Tunnelbau'. Rheinisch-Westfälische Akademie der Wissenschaften, Vorträge N 305, Westdeutscher Verlag 1981

Unterirdische Stahltragwerke. Empfehlungen zu Planung und Ausführung. Abschnitt: Statische Berechnung und Bemessung. STUVA Forschung + Praxis 26, 1982, S. 94-105 u. 359-364

Structural design models for tunnels in soft soil in use at present in different countries. Proc. Int. Sympos. Weak Rock. Theme 4, p. 1465-1470, Tokyo 1981, Balkema/Rotterdam 1982

On the design models for tunnels. Japan Tunnelling Assoc., Tokyo, in Japanischer Übersetzung, Tokyo, Sept. 1981

Die Ingenieuraufgabe, die Realität in ein Berechnungsmodell zu übersetzen. Berichte der Bundesvereinigung der Prüfingenieure für Baustatik, Arbeitstagungen 6, 1980, S. 19-61, und Bautechnik 60, 1983, S. 139-144

Statik der Stabtragwerke (mit H. Ahrens). Beton-Kalender 1982 Teil I, S. 581-824 (verbesserte Fassung)

Structural design models for tunnels (mit J. Erdmann). Tunnelling '82, Proc. 3. Int. Sympos., Institution of Mining and Metallurgy, London 1982, p. 83-91

Views on structural models for tunnelling. Synopsis of answers to a questionnaire of the International Tunnelling Association. Advances in Tunnelling Vol. 2, No 3, Pergamon Press, Oxford 1982, p. 153-228

Time and temperature dependent stress and displacement fields in salt domes (mit H.-K. Nipp). Issues in Rock Mechanics, Proc. 23. Sympos. Rock Mechanics, Berkeley, Soc. Min. Eng., New York 1982, p. 596-602

Laudatio anläßlich der Verleihung der Carl-Friedrich-Gauß-Medaille an Professor Dr.techn. Dr.mont. h.c. Leopold Müller. Abh. Braunschweig. Wiss. Ges., Jahrbuch 1983 BWG, S. 81-88, und Felsbau 1, Glückauf, Essen 1983, S. 92-95

Statik der Tunnel in Lockergestein. - Vergleich der Berechnungsmodelle (J. Erdmann u. H. Duddeck). Bauingenieur 58, 1983, S. 407-414

Traglasttheorie der Stabtragwerke. Beton-Kalender 1984
Teil II, S. 1007-1095 (erweiterte Fassung)

Der interaktive Bezug zwischen In-Situ-Messung und Standsicherheitsberechnung im Tunnelbau. Felsbau 2, 1984, S. 8-16

Ein einfacher Nachweis zum Beulproblem von Platten (D. Dinkler, H. Duddeck u. B.-H. Kröplin). Baustatik-Baupraxis, Tagungsheft BB2, Bochum 1984, S. 6.1 bis 6.24

Vom komplizierten Modell zur großen Einfachheit. In: Forschung, Mitt. DFG 1/84, S. 15-16

Stress-displacement fields at the face of rock-tunnels (J. Erdmann u. H. Duddeck). Proc. ITA Tunnels 84, 1. Latin American Congress of Underground Constructions. Caracas, Venezuela 1984, S. 177-183

Zu den Standsicherheitsuntersuchungen für die Tunnel der Neubaustrecke der Deutschen Bundesbahn (mit A. Städing und F. Schrewe). Felsbau 2, 1984, S. 143-151

Hohlraumbau im Salzgebirge, Überblick über den Stand der Wissenschaft und Technik. Abschnitt 4: Entwurfsmodelle. Taschenbuch für den Tunnelbau 1985, Glückauf, Essen, S. 271-278

Statik der Stabtragwerke (mit H. Ahrens). Beton-Kalender 1985 Teil I, S. 329-559 (Neufassung)

Was Finite-Element-Methoden im Grund- und Felsbau leisten und leisten sollten. Finite Elemente - Anwendungen in der Baupraxis, W. Ernst & Sohn, Berlin 1985, S. 298-310

Grundkonzept zukünftigen Ingenieurstudiums. Int. J. Appl. Engin. Education, Vol. 1, No. 1, Pergamon Press 1985, p. 11-19; Kurzf. in: Mitt. Hochschulverband 1/1985, S. 42-46

Naturwissenschaften und Technik. Die große Bertelsmann Lexikothek. Abschnitte: - **Statik und Festigkeitslehre** Band 1, S. 126-130, **Brückenbau** Band 2, S. 258-264, **Tunnelbau** Band 2, S. 265-271. Bertelsmann, Gütersloh 1985

Analysis of linings for shielddriven tunnels. Proc. Int. Sympos. Assoc. Française, Lyon 1984. Balkema, Rotterdam 1985, S. 235-243

Beanspruchung des Tunnelausbaus infolge Quellverhaltens von Tonsteingebirge (M. Schwesig u. H. Duddeck). Bericht Nr. 85-47 Institut für Statik, TU Braunschweig 1985

Der Ingenieur - kein homo faber. Bauingenieur 61, 1986, S. 1-7 und Mitt. Technische Universität Carolo-Wilhelmina zu Braunschweig XXI, H. 1, 1986, S. 17-25

Studienreform Bauingenieurwesen an wissenschaftlichen Hochschulen. Bauingenieur 61, 1986, S. 209-212

Studienreform Bauingenieurwesen an Fachhochschulen. Bauingenieur 61, 1986, S. 281-283

Leistungsfähigkeit und Grenzen der Methode der Finiten-Elemente in der Geotechnik. Felsbau 4, 1986, S. 126-133

On structural design models for tunnels in soft soil (mit J. Erdmann). Underground Space, Vol. 9, Pergamon Journals, 1985, p. 246-259

Entwurfskonzept und Realität beim Standsicherheitsnachweis von Tunneln im deutschen Mittelgebirge (mit A. Städing). STUVA, Forschung u. Praxis, Bd. 30, S. 125-131, Juli 1986

Vereinfachung statischer Berechnungen durch die Traglasttheorie (mit H. Ahrens). Baupraxis-Baustatik, Tagungsheft, Stuttgart 1987, S. 3.1 - 3.21

General approaches to the design of tunnels. Proc. Tunnel Australia 1987, Melbourne, p. 159-172

Risks and risk sharing. General Report. In Large Rock Caverns, Proc. Int. Sympos. Helsinki 1986. Vol. 3, S. 1783-1796

Vereinfachung statischer Berechnungen bei plastifizierbaren Konstruktionen (H. Ahrens u. H. Duddeck). Bauingenieur 63, 1988

Dissertationen, über die Professor Dr.-Ing. Heinz Duddeck Bericht erstattet hat

* = Mitarbeiter am Institut für Statik

Werner, H: Anwendung der Funktionstheorie auf die Berechnung von Platten mit freier Umrandung. (1965)

Wunderlich, W.: Differentialsystem und Übertragungsmatrizen der Biegetheorie allgemeiner Rotationsschalen. (1966)

Ivanyi, G.: Die Traglast von offenen, kreisförmigen Stahlbetonquerschnitten (Brazier-Effekt). (1967)

Lehrke, H.P.: Analoge Gleichungen für Minimalflächen-Schalen mit der Wendelflächen-Schale als Beispiel. (1968)

Klages, H.: Ein neues Verfahren zur Lösung der allgemeinen Plattengleichung. (1968)

Fuchs, G.: Zum Tragverhalten von kreisförmigen Doppelsilos unter Berücksichtigung der Eigensteifigkeit des Füllgutes. (1968)

* Fette, H.: Gekrümmte finite Elemente zur Berechnung von Schalentragwerken. (1969)

* Durth, R.: Berechnung von schildvorgetriebenen Tunneln mit Berücksichtigung der geometrischen Nichtlinearität in den Gleichgewichtsbedingungen. (1969)

* Ahrens, H.: Der räumlich gekrümmte Stab - lineare und nichtlineare Theorie -. (1969)

* Theenhaus, H.: Der Einfluß von mehreren Tunnelröhren auf die Spannungen in der Tunnelauskleidung und im umgebenden Gebirge. (1970)

Sablic, S.: Beitrag zur Berechnung von Siloeinzelzellen mit n-Eck-Form. (1970)

May, B.: Zur Berechnung von Schalentragwerken mit Hilfe gekrümmter Dreieckelemente. (1970)

Warncke, E.: Berücksichtigung der Eckensingularitäten bei der Berechnung schiefwinkliger Platten über Verschiebungs- und Spannungsfunktionen. (1970)

Horn, K.: In den Eckpunkten gestützte quadratische Platten mit unterschiedlichen Öffnungen - spiegeloptische Untersuchungen -. (1971)

Geier, B.: Die Anwendung des Verfahrens von Rayleigh-Ritz mit abschnittsweiser Interpolation auf die Berechnung der Beullasten von (flachen) Sandwich-Schalen. (1971)

Drube, J.: Die nichtlineare Berechnung der Gleichgewichtslagen von Fachwerken und räumlich gekrümmten Balken. (1971)

Schimmöller, H.: Experimentell-rechnerische Bestimmung von Eigenspannungen in austenitplattierten Stahlblechen. (1971)

Baudendistel, E.: Wechselwirkung von Tunnelauskleidung und Gebirge. (1972)

Janko, B.: Zum Trag- und Verformungsverhalten ebener Stockwerkrahmen aus Stahlbeton. (1972)

* Born, D.: Berechnung von Schalentragwerken mit gekrümmten Gitterrostelementen. (1972)

* Eggers, H.: Die Berechnung von Kontinua aus elastisch-plastischem Material mit Verfestigung nach einer finiten Elementmethode. (1972)

Wöbbecke, H.: Allgemeine Differentialgleichungen dünner elastischer Schalen in Matrizen-Darstellung mit einer Lösung für verwundene Röhren. (1972)

* Gebel, H.P.: Tunnelkreuzungen -Modellversuche und Berechnung -. (1972)

* Müller, K.: Zeitabhängige Spannungsumlagerungen beim Felshohlraumbau. (1972)

Liermann, K.: Das Trag- und Verformungsverhalten von Stahlbetonbrückenpfeilern mit Rollenlagern. (1972)

* Harbord, R.: Berechnung von Schalentragwerken mit endlichen Verformungen - gemischte finite Elemente -. (1972)

* Abdellah, G.A.-H.: Eine Finite-Element-Methode zur Berechnung beliebiger Faltwerke. (1973)

* Bergmann, M.: Die finite Übersetzung von linearen und nichtlinearen Differentialgleichungssystemen der Flächentragwerke durch Kollokation. (1973)

Bunke, N.: Zur Berechnung zweifach berandeter, elastischer Platten mit Hilfe komplexer Funktionen nach der Muskhelishvili-Methode. (1973)

Koch, K.-F.: Zur Anwendung von Verfahren der mathematischen Optimierung beim Entwurf statisch unbestimmter Fachwerke. (1974)

Rohwer, K.: Steifigkeitskoeffizienten von Platten mit integralen Rippen. (1974)

* Wegner, R.: Tragverhalten von Stahlbetonplatten mit nichtlinearen Materialgesetzen im gerissenen Zustand - Finite-Element-Methode-. (1974)

Kanning, H.: Theoretische und experimentelle Untersuchungen über den Einfluß der Schnittführung von Wabenträgern auf deren Traglast. (1974)

* Henning, A.: Traglastberechnung ebener Rahmen - Theorie II. Ordnung und Interaktion -. (1975)

Witte, K.: Beitrag zur Berechnung der Einflußflächen allseitig frei drehbar gelagerter Dreieckplatten. (1975)

Kruppe, W.: Untersuchung des zeitabhängigen zweidimensionalen Spannungszustandes in der Betonplatte einer vorgespannten Verbundkonstruktion. (1975)

Pittner, K.J.: Über die Berechnung von Wabenträgern mit linearem und nichtlinearem Verhalten. (1976)

Peil, U.: Berechnung von prismatischen Scheibenfaltwerken im elastisch - plastischem Zustand. (1976)

Götzen, W.: Untersuchung von Technik und Wirtschaftlichkeit hoher, frei stehender Schornsteine aus Mauerwerk und Stahlbeton. (1976)

* Langhagen, K.: Berechnung von Felshohlraumbauten in Gebirge mit regelmäßigen Klüften und einzelnen Störungsflächen. (1976)

Scheffler, E.: Die abgesteifte Baugrube, berechnet mit nichtlinearen Stoffgesetzen für Wand und Boden. (1976)

* Geistefeldt, H.: Stahlbetonscheiben im gerissenen Zustand - Berechnung mit Berücksichtigung der rißabhängigen Schubsteifigkeit im Materialgesetz. (1976)

Malsch, H.: Stabilitäts- und Schwingungsuntersuchungen von ausgesteiften Platten nach einer Finiten-Element-Methode. (1976)

* Kessler, H.: Die Bemessung und Traglastberechnung stählerner Tunnelauskleidungen. (1976)

Pelle, K.: Beitrag zur Berechnung schiefgelagerter, einzelliger massiver Kastenbrücken. (1976)

Baums, B.: Über das Tragverhalten längsgedrückter quadratischer elastisch-plastischer Platten bei großen Deformationen. (1977)

* Kröplin, B.-H.: Beulen ausgesteifter Blechfelder mit geometrischer und stofflicher Nichtlinearität. (1977)

* Niemann, H.: Übertragungsmatrizen zur Integration von partiellen Differentialsystemen - am Beispiel der Flächentragwerke. (1977)

* Griebenow, G.: Experimentelle Untersuchungen an Stahlbetonbalken und -platten im gerissenen Zustand im Vergleich mit nichtlinearen FEM-Berechnungen. (1977)

* Vollstedt, H.-W.: Berechnung von rotationssymmetrischen Kavernen bei rheologischem Gebirgsverhalten. (1978)

* Schröder, R.: Behälter mit Ausschnitten und Stutzen - Berechnung mit Finiten-Element-Modellen. (1978)

* Krauß, E.: Berechnung von Gründungsbalken und -platten, ausgesteift durch den Überbau. (1978)

Frank, H.: Spannungs- und Verformungsverhalten von Bauwerken aus bewehrter Erde - FE-Untersuchung mit nichtlinearem Stoffgesetz für den Boden -. (1978)

* Schaper, G.: Stahlbetonplatten unter Last- und Zwangsbeanspruchung - Berechnung des zeitabhängigen Verhaltens bei Berücksichtigung der Rißbildung -. (1978)

Schnell, W.: Spannungen und Verformungen von Fangedämmen. (1979)

* Städing, A.: Nichtlineare Berechnung von Baugruben bei zeitabhängigem Baugrundverhalten. (1979)

* Pelz, R.: Dynamisch beanspruchte erdüberdeckte Bauwerke - Berechnung des Tragverhaltens bis zur Grenztragfähigkeit. (1980)

Hartmann, F.: Elastische Potentiale in Gebieten mit Ecken. (1980)

* Meier, Fr.: Plastische Grenzlastberechnung imperfekter ausgesteifter Platten. (1980)

Walter, R.: Zur Berechnung der inneren Zwängungen brandbeanspruchter ebener Stahlbeton-Flächentragwerke. (1980)

   Svensvik, B.: Zum Verformungsverhalten gerissener Stahlbetonbalken unter Einschluß der Mitwirkung des Betons auf Zug in Abhängigkeit von Last und Zeit. (1981)

* Nipp, H.-K.: Temperatureinflüsse auf rheologische Spannungszustände im Salzgebirge. (1982)

* Dinkler, D.: Grenzlasten axial gestauchter ausgesteifter Platten - Berechnung mit einer Versagenshypothese für örtliches Beulen. (1982)

* Stief, H.: Wirkung horizontaler Baugrundverformungen auf Bauwerke unter Annahme elasto-plastischer Stoffgesetze. (1983)

* Erdmann, J.: Vergleich ebener und Entwicklung räumlicher Berechnungsverfahren für Tunnel. (1983)

* Janßen, P.: Tragverhalten von Tunnelausbauten mit Gelenktübbings. (1983)

* Schmidt, A.: Berechnung rheologischer Zustände im Salzgebirge mit vertikalen Abbauen in Anlehnung an in-situ-Messungen. (1984)

   Nölting, D.: Das Durchstanzen von Platten aus Stahlbeton - Tragverhalten, Berechnung, Bemessung. (1984)

* Winselmann, D.: Stoffgesetze mit isotroper und kinematischer Verfestigung sowie deren Anwendung auf Sand. (1984)

   Früchtenicht, H.: Zum Verhalten nichtbindigen Bodens bei tiefen Baugruben mit Schlitzwänden. (1984)

   Bahr, G.: Kommunizierende Versuchstechnik. Ein Verfahren zur simultanen theoretischen und experimentellen statischen Untersuchung. (1984)

   Feeser, V.: Geomechanisches Konzept zur Spannungsgeschichte glazialtektonisch überprägter Tone. (1985)

* Hillmann, J.: Grenzlasten und Tragverhalten axial gestauchter Kreiszylinderschalen im Vor- und Nachbeulbereich. (1985)

* König, F.T.: Stoffmodelle für isotrop-kinematisch verfestigende Böden bei nichtmonotoner Belastung und instationären Porenwasserdrücken. (1985)

   Balthaus, H.: Tragfähigkeitsbestimmung von Rammpfählen mit dynamischen Pfahlprüfmethoden. (1985)

* Bremer, C.: Algorithmen zum effizienteren Einsatz der Finite-Element-Methode. (1986)

* Brunck, F.-P.: Interaktion von Druck und Schub für Grenzlasten ausgesteifter Platten - Berechnung des elastisch-plastischen Beulverhaltens. (1986)

  Kahn, R.: Finite-Element-Berechnungen ebener Stabtragwerke mit Fließgelenken und großen Verschiebungen. (1986)

  Krause, Th.: Schildvortrieb mit flüssigkeits- und erdgestützter Ortsbrust. (1987)

* Göttsche, J.: Effektive Steifigkeiten stabförmiger Stahlbetontragwerke bei allgemeiner räumlicher Beanspruchung. (1987)

  Rohling, A.: Zum Einfluß des Verbundkriechens auf die Rißbreitenentwicklung sowie auf die Mitwirkung des Betons auf Zug zwischen den Rissen. (1987)

  Henning, W.: Zwangrißbildung und Bewehrung von Stahlbetonwänden auf steifen Unterbauten. (1987)

  Meseck, H.: Mechanische Eigenschaften von mineralischen Dichtwandmassen. (1987)

  Liebe, D.: Zur Berechnung von Rotationsschalen auf Einzelstützen mit Spline Verformungsfunktionen. (1987)

Habilitationsschriften, über die Professor Dr.-Ing. Heinz Duddeck Bericht erstattet hat

* = Mitarbeiter am Institut für Statik

Eibl, J.: Zur Anwendung konformer Abbildungen in der Membrantheorie bei Schalen nach Flächen 2. Ordnung mit positiver Gauß-Krümmung. (1968)

Hering, K.: Die Berechnung von Verbundtragwerken mit Steifigkeitsmatrizen. (1968)

* Wunderlich, W.: Kombinierte Anwendungen von Variationsverfahren und Übertragungsmatrizen am Beispiel dicker Rotationsschalen. (1969)

Peters, H. L.: Das Differenzenverfahren, ein antiquiertes Lösungsinstrument der Ingenieur-Mathematik? (1972)

* Ahrens, H.: Geometrisch und physikalisch nichtlineare Stabelemente zur Berechnung von Tunnelauskleidungen. (1975)

Klein, G.: Zur dynamischen Berechnung von Turbinenfundamenten. Umhabilitation, Fachgebiet: Grundbau-Dynamik. (1976)

* Harbord, R.: Berechnung dünner Schalentragwerke mit finiten Elementen. Vergleichende Untersuchung unterschiedlicher Diskretisierungsvarianten. (1977)

* Kröplin, B.-H.: Quasi-viskose Berechnung von nichtlinearen Stabilitätsproblemen. (1982)

Lux, K.H.: Gebirgsmechanischer Entwurf und Felderfahrungen im Salzkavernenbau. (1983)

* Dinkler, D.: Stabilität dünner Flächentragwerke bei zeitabhängigen Einwirkungen. (1988)

Danksagung

Ende 1986 wurde im gemeinsamen Haus des Instituts für Statik und des Instituts für Stahlbau unserer Universität die Idee geboren, Professor Dr.-Ing. Heinz Duddeck zur Vollendung seines 60. Lebensjahres eine Festschrift zu widmen.

Einer der maßgeblichen Initiatoren der Festschrift war dabei Professor Dr.-Ing. Heinrich Twelmeier. Er verstarb leider im letzten Jahr und konnte das Erscheinen dieser Festschrift nicht mehr miterleben.

Die Verbundenheit der Fachkollegen zu Professor Duddeck drückt sich nicht nur durch die große Resonanz und die große Anzahl der Beiträge aus. Vielmehr ist auch das Spektrum der behandelten Themen ein Indikator für das vielseitige und weitgefächerte Engagement des Jubilars.

Die Herausgeber danken allen Autoren, die trotz ihrer vielfachen beruflichen Belastungen und Verpflichtungen durch ihre Beiträge zu dem reichhaltigen Inhalt der Festschrift beigetragen haben.

Es wurde versucht, die Vielseitigkeit der Themen in wenigen, klassischen Themengruppen zu fassen. Gleichwohl kann diese Gliederung nicht allen Beiträgen gerecht werden. Die Zuordnung eines Beitrags zu einer bestimmten Themengruppe schließt daher nicht aus, daß der Beitrag auch wichtige Aspekte zu anderen Themengruppen enthält.

Die folgenden Firmen haben durch Spenden die Herausgabe dieser Festschrift unterstützt:

Bilfinger + Berger AG, Mannheim

Bauunternehmung **E. Heitkamp** GmbH, Herne 2

Philipp Holzmann AG, Frankfurt/Main

Kraftwerk Union AG, Offenbach/Main

Salzgitter Consult GmbH, Salzgitter

Wayss & Freytag AG, Frankfurt/Main

Wix & Liesenhoff Ges.m.b.H., Dortmund
Beton- und Monierbau GmbH, Innsbruck

Ed. Züblin AG, Stuttgart

Arbeitsgemeinschaft Emstunnel, Leer
    Hollandsche Beton- en Waterbouw BV, Gouda
    Brewaba Wasserbaugesellschaft Bremen GmbH, Bremen
    Bauunternehmen Hein GmbH, Georgsmarienhütte
    Beton- und Tiefbau Mast AG, Hamburg
    Martin Oetken GmbH & Co. KG, Oldenburg

Arbeitsgemeinschaft Hainrodetunnel-Nord, Ludwigsau
    Alfred Kunz GmbH & Co., München
    Ed. Züblin AG, Frankfurt
    F. + N. Kronibus GmbH & Co. KG, Kassel

Arbeitsgemeinschaft Tunnel Hainrode-Süd, Neuenstein/Aua
    Leonhard Moll GmbH & Co., München
    Ilbau Ges.m.b.H., Spittal
    Himmel & Papesch GmbH & Co. KG, Bebra
    Hermanns, Carl Holzapfel GmbH & Co., Kassel
    Hermann Kirchner GmbH, Bad Hersfeld

Arbeitsgemeinschaft Mühlbergtunnel, Alheim Licherode
    Sänger und Lanninger GmbH & Co., Wiesbaden
    Ingenieurbüro Bung, Heidelberg
    Hinteregger & Söhne, Salzburg
    Riepl Bau AG, München

Die Herausgeber danken diesen Firmen, die durch ihre Zuwendungen wesentlich zum Gelingen der Festschrift beigetragen haben.

Inhaltsverzeichnis

Statik

W.B. Krätzig:
Eine einheitliche numerische Stabilitätstheorie
in der Statik und Dynamik der Tragwerke   1

H. Rothert und N. Gebbeken:
Zur Entwicklung des Traglastverfahrens   15

R. Schardt:
Zur Bedeutung der Statik in Ausbildung und Praxis
der Bauingenieure   43

U. Vogel:
Baustatik, Stabilitätstheorie und Traglasttheorie:
Aufgaben - Verknüpfungen - Entwicklungen   59

R. Windels:
Plastisches Grenzgleichgewicht bei ebenem Silodruck   73

Numerik

C. Bremer:
Software-Werkzeuge für die Finite-Element-Modellbildung   85

D. Dinkler und M. Schwesig:
Numerische Lösung von Anfangswertproblemen
in der Statik und Dynamik   99

H. Eggers:
A consistent layered macro-element for the evaluation
of interlaminar stresses in laminates   117

S. Falk:
Über reine, praktische und angewandte Mathematik   129

F.G. Kollmann:
Über das Auftreten energieloser Verformungsmoden
bei gemischten Finiten Elementen   143

W. Krings und H.L. Peters:
Algorithmen zur Berechnung von Rotationsmembranschalen
mit beliebiger Gauß'scher Krümmung   151

B.-H. Kröplin:
Entwicklungstendenzen beim Computereinsatz
in Planung und Entwicklung   163

P. Ruge:
Anmerkungen zur Zeitdiskretisierung   179

E. Stein und R. Mahnken:
Zur stabilen und adaptiven Zeitintegration
mechanischer Kriechprozesse   195

Stahlbau

F.-P. Brunck:
Ansätze für die Abschätzung der Grenztragfähigkeit
längsausgesteifter, druckbeanspruchter Blechfelder   209

J. Hillmann:
Theoretische Untersuchungen zur Auslegung
crashbeanspruchter Strukturen   223

E. Ramm und G. Kammler:
Interaktion zwischen globalem und lokalem Versagen
dünnwandiger Stäbe   237

J. Scheer und W. Maier:
Zu einer dehnungsorientierten Bemessung
stählerner Stabtragwerke   251

H. Schmidt und R. Krysik:
Beulsicherheitsnachweis für baupraktische stählerne
Rotationsschalen mit beliebiger Meridiangeometrie -
mit oder ohne Versuche?   271

E. Steck:
On the development of material laws for metal   289

Stahlbetonbau

S. Bausch:
Grenzverdrehung plastifizierter Zonen in
Stahlbetonbalken: Ermittlung mit einem
experimentell abgesicherten Verfahren   303

G. Iványi und R. Lardi:
Netzbewehrung von ebenen Flächentragwerken   315

M. Kiel, E. Richter und D. Hosser:
Tunnelsegmente bei lokaler Brandeinwirkung -
Berechnung unter Ansatz realistischer Stoffgesetze   327

G. Klein:
Erhalten und Bewahren von Bauwerken -
eine neue Ingenieur-Aufgabe   339

K. Kordina:
Zur brandschutztechnischen Ertüchtigung von Gebäuden   349

U. Quast:
Die Anwendung der Traglasttheorie im Massivbau
erfordert auch eine nichtlineare Elastizitätstheorie   363

F.S. Rostásy:
Werkstoffprobleme des kerntechnischen Ingenieurbaus   375

G. Schaper und M. Bergmann:
Die Beanspruchung des unteren Schalenrandes eines
Naturzugkühlturms während der Herstellung   389

Grundbau

G. Gudehus:
Vor- und Nachteile fester Teilsicherheitsbeiwerte
im Grundbau   403

F.T. König und D. Winselmann:
Instationäre Porenwassserdrücke bei nichtlinearen
Kontinuumsberechnungen   415

M. Langer:
Geotechnische Bewertung geologischer Barrieren
bei Untertagedeponien   427

L. Müller:
Randbedingungen, beim Wort genommen   439

W. Wunderlich und M.J. Prabucki:
Numerische Untersuchungen zum dynamischen Tragverhalten
von Sanden   449

Tunnelbau

H. Ahrens und T. Westhaus:
Beulsicherheit von wasserdichten Tunnelinnenschalen   463

H. Balthaus:
Standsicherheit der flüssigkeitsgestützten Ortsbrust
bei schildvorgetriebenen Tunneln   477

A. Eber und W. Weigl:
Vergleichende Berechnung von Luftbogenschalen in der
Kalotte beim Anschlag und in Voreinschnitten von Tunneln   493

G. Girnau und A. Haack:
STUVA-Forschung für den Tunnelbau:
Rückblick und Zukunftsperspektiven   505

J. Hogrefe:
Die Kugelschale als Modell für unbewehrte Abschlußwände   525

K.-H. Lux und R.B. Rokahr:
Zur Einbeziehung des Faktors Zeit beim Entwurf
von Hohlraumbauten im Festgebirge   535

K. Müller:
Ulmenstollenvortrieb - Vergleich von In-situ-Messungen
mit Berechnungen   555

A. Städing, W. Leichnitz und R. Schlegel:
Entwurf von Tunneln in subrosionsgefährdetem Gebirge   571

Anschriften der Autoren   585

Eine einheitliche numerische Stabilitätstheorie in der Statik und Dynamik der Tragwerke

W. B. Krätzig, Bochum

SUMMARY

The paper derives a general theory of stability of discontinuous systems based on line-search-algorithms. Using LJAPUNOW's 1. approximation of a KELVIN-VOIGT-discontinuum criteria for the stability of time-invariant as well as time-dependent processes are derived, which exclusively are due to numerically available tangential properties of the state space.

ZUSAMMENFASSUNG

Im folgenden wird eine allgemeine Theorie der Stabilität diskontinuierlicher Systeme auf der Grundlage von Pfadverfolgungsalgorithmen entwickelt. Ausgehend von der 1. LJAPUNOWschen Näherung für ein KELVIN-VOIGT-Diskontinuum werden Stabilitätskriterien für zeitinvariante und zeitveränderliche Prozesse entwickelt, die ausschließlich auf numerisch verfügbaren, tangentialen Zustandsraumeigenschaften begründet sind.

1 AUFGABENSTELLUNG UND LJAPUNOWS 1. NÄHERUNG

Ein willkürliches Tragwerk aus beliebigen Werkstoffen werde durch zeitveränderliche Lasten beansprucht. Bezeichnen wir mit

$$\mathbf{V} = \{V_1, V_2, \ldots V_i, \ldots V_n\} \tag{1.1}$$

dessen globale Freiheitsgrade und mit

$$\mathbf{P} = \{P_1, P_2, \ldots P_i, \ldots P_n\} \tag{1.2}$$

die zu $\mathbf{V}$ korrespondierenden Knotenlasten, so möge die nichtlineare Bewegungsgleichung

$$\mathbf{M} \cdot \ddot{\mathbf{V}}(t) + \mathbf{G}(\dot{\mathbf{V}}(t), \mathbf{V}(t), t) = \mathbf{P}(t), \quad (\dot{\ldots}) = D\ldots/Dt, \tag{1.3}$$

einen beliebig verformten, dynamischen Gleichgewichtszustand dieser Struktur beschreiben. Gemäß (1.1) sei das Tragwerk als n-dimensionales Diskontinuum idealisiert, und es gelte die Massenerhaltung $\dot{\mathbf{M}}=0$. Die nichtlineare Vektorfunktion $\mathbf{G}=\{G_1, G_2, \ldots G_i, \ldots G_n\}$ der inneren Knotenkraftgrößen infolge von Dämpfungs- und Steifigkeitseigenschaften sei im gesamten Zustandsraum stetig, GATEAUX-differenzierbar und beschränkt.

Der durch (1.3) beschriebene Prozeß möge zu Instabilitätsphänomenen verschiedenster Art fähig sein, d.h. zum Verzweigen, Durchschlagen oder Divergieren, die allein durch Pfadverfolgungsalgorithmen numerisch bestimmt werden sollen. Zu diesem Zwecke zerlegen wir die beiden, als Elemente eines n-dimensionalen, normierten Vektorraumes R^n aufgefaßten Vektoren (1.1, 1.2)

$$\mathbf{V} = \overset{\circ}{\mathbf{V}} + \bar{\mathbf{V}} + \dot{\mathbf{V}}, \quad \mathbf{P} = \bar{\mathbf{P}} + \dot{\mathbf{P}} \tag{1.4}$$

in die spannungsfreien Vorverformungen $\overset{\circ}{\mathbf{V}}$, den auf seine Stabilität hin zu untersuchenden Grundzustand $\bar{\mathbf{V}}, \bar{\mathbf{P}}$ sowie den inkrementell entfernten Nachbarzustand $\dot{\mathbf{V}}, \dot{\mathbf{P}}$. Analoge Zerlegungen gelten für die Geschwindigkeiten $\dot{\mathbf{V}}$ und Beschleunigungen $\ddot{\mathbf{V}}$. Bilden wir nun die durch δ bezeichnete 1. Variation von (1.3) hinsichtlich des Grundzustandes

$$\mathbf{M} \cdot \delta \ddot{\bar{\mathbf{V}}} + \left.\frac{\partial \mathbf{G}}{\partial \dot{\mathbf{V}}}\right|_{\bar{\mathbf{V}}} \cdot \delta \dot{\bar{\mathbf{V}}} + \left.\frac{\partial \mathbf{G}}{\partial \mathbf{V}}\right|_{\bar{\mathbf{V}}} \cdot \delta \bar{\mathbf{V}} = \delta \bar{\mathbf{P}}, \tag{1.5}$$

so gewinnen wir unter Beachtung von $\delta \bar{\mathbf{V}}=\dot{\mathbf{V}}$, $\delta \dot{\bar{\mathbf{V}}}=\dot{\mathbf{V}}$, $\delta \ddot{\bar{\mathbf{V}}}=\ddot{\mathbf{V}}$, $\delta \bar{\mathbf{P}}=\dot{\mathbf{P}}$ dessen 1. LJAPUNOWsche Näherung /1/

$$M \cdot \ddot{\bar{V}} + \left.\frac{\partial G}{\partial \dot{V}}\right|_{\dot{\bar{V}}} \cdot \dot{\tilde{V}} + \left.\frac{\partial G}{\partial V}\right|_{\bar{V}} \cdot \tilde{V} = \dot{\tilde{P}} = P - \bar{P} , \qquad (1.6)$$

als Grundlage aller weiteren Untersuchungen. Die Elemente der hierin auftretenden JACOBI-Matrizen

$$\left.\frac{\partial G}{\partial \dot{V}}\right|_{\dot{\bar{V}}} = \left[\frac{\partial G_i}{\partial \dot{V}_j}\right]_{\dot{\bar{V}}_j} , \quad \left.\frac{\partial G}{\partial V}\right|_{\bar{V}} = \left[\frac{\partial G_i}{\partial V_j}\right]_{\bar{V}_j} , \quad 1 \leq (i,j) \leq n \qquad (1.7)$$

beschreiben die Dämpfungs- und Steifigkeitseigenschaften des ursprünglichen Prozesses (1.3) in dem in $\bar{V}$ aufgespannten Tangentialraum R_T^n. (1.6) abkürzend gewinnen wir schließlich

$$M \cdot \ddot{\tilde{V}} + C_T \cdot \dot{\tilde{V}} + K_T \cdot \tilde{V} = P - M \cdot \ddot{\bar{V}} - G(\dot{\bar{V}}, \overset{\circ}{V}, \bar{V}) \qquad (1.8)$$

mit folgenden Größen:

- M   globale Massenmatrix,
- C_T tangentiale Dämpfungsmatrix,
- K_T tangentiale Steifigkeitsmatrix,
- $\bar{P} = M \cdot \ddot{\bar{V}} + G(\dot{\bar{V}}, \overset{\circ}{V}, \bar{V})$ Vektor der inneren elastischen, viskosen und Trägheits-Knotenkräfte des Grundzustandes.

Bereits im Jahre 1893 hat A.M. LJAPUNOW bewiesen, daß das Stabilitätsverhalten von (1.3) durch dasjenige der 1. Näherung (1.8) im Sinne einer Stabilität im Kleinen approximiert wird. Durch die seit 1970 entwickelten, inkrementell-iterativen Lösungstechniken /2, 3/ kennen wir heute darüber hinaus die grundlegende Rolle dieser Beziehung in der numerischen Festkörpermechanik.

2   NICHTLINEARE KONTINUUMSMECHANISCHE GRUNDGLEICHUNGEN

Explizite Formen der 1. Näherung sind nur nach Festlegung auf ein bestimmtes Festkörpermodell herleitbar. Mit dem Ziel größtmöglicher Allgemeingültigkeit wählen wir eine symbolische Darstellung der geometrisch und physikalisch nichtlinearen, kontinuumsmechanischen Grundgleichungen im Sinne einer LAGRANGEschen Formulierung auf der Basis konvektiver Koordinaten x^i. Diese Darstellung gilt unabhängig von der jeweiligen, in den E3 eingebetteten Modellierung, d.h. für Stabtragwerke (i=1), Flächentragwerke (i=1,2) sowie 3-dimensionale Kontinua (i=1,2,3) gleichermaßen. Beispiele finden sich in /4/, für Flächentragwerke insbesondere in /5/.

Feldgleichungen: $\forall \{p, u, f, \sigma, \varepsilon\} \in F$

$$-(p+f) = D_e \cdot \sigma = (D_{eL}+D_{eN}(u)) \cdot \sigma \quad \text{dynamische Gleichgewichtsbedingungen,} \quad (2.1)$$

$$\varepsilon = D_k \cdot u = (D_{kL}+\tfrac{1}{2}D_{kN}(u)) \cdot u \quad \text{kinematische Beziehungen;} \quad (2.2)$$

Konstitutive Beziehungen:

$$\sigma = \overset{\circ}{\sigma} + E(\varepsilon,\dot{\varepsilon},t)\cdot\varepsilon + D(\varepsilon,\dot{\varepsilon},t)\cdot\dot{\varepsilon} ; \quad (2.3)$$

Randbedingungen: $\forall \{u,\sigma\} \in F$, $\{r,t\} \in C$

$$r = r^\circ = R_r \cdot u \quad \text{entlang } \overset{\circ}{C}_r , \quad (2.4)$$

$$t = t^\circ = R_t \cdot \sigma = (R_{tL} + R_{tN}(u)) \cdot \sigma \quad \text{entlang } \overset{\circ}{C}_t . \quad (2.5)$$

Das zugrunde gelegte Werkstoffgesetz (2.3) mit $\overset{\circ}{\sigma}$: Eigenspannungen, E: Elastizitätstensor, D: Viskositätstensor erscheint für den vorliegenden Zweck in Form eines nichtlinearen KELVIN-VOIGT-Modells als hinreichend allgemein.

In den Grundgleichungen (2.1-2.5) treten folgende Vektorfelder auf, deren Komponenten in Vektorbasen des unverformten Ausgangszustandes definiert sind:

$p=p(x^i,u,t)$ Lasten, bezogen auf das unverformte Feldelement von $\overset{\circ}{F}$,

$u=u(x^i,t)$ Verschiebungsgrößen,

$f=f(\overset{\circ}{\rho},\ddot{u})$ D'ALEMBERTsche Trägheitskraftgrößen mit der Massendichte $\overset{\circ}{\rho}$ des unverformten Ausgangszustandes,

$t=t(x^i,u,t)$ Randkraftgrößen, bezogen auf das unverformte Randelement von $\overset{\circ}{C}$,

$r=r(x^i,t)$ Randverschiebungsgrößen.

Außerdem wurden folgende Tensorfelder verwendet:

$\sigma=\sigma(x^i,t)$ PIOLA-KIRCHHOFF-Schnittgrößen 2. Art,

$\varepsilon=\varepsilon(x^i,t)$ GREEN-LAGRANGE-Verzerrungsgrößen,

$\dot{\varepsilon}=\dot{\varepsilon}(x^i,t)$ Verzerrungsgeschwindigkeiten.

In den Feldgleichungen (2.1, 2.2) verkörpert D_e den Gleichgewichtsoperator, D_k den kinematischen Operator; beide sind bei konsistent formulierten Theorien formal adjungiert. D_{eL} und

D_{kL} bilden lineare Differentialoperatoren, $D_{eN}(u)$ und $D_{kN}(u)$ die zugehörigen nichtlinearen Anteile, welche lineare Funktionale von u bzw. deren kovarianten Ableitungen darstellen /6/. Es gelte:

$$D_{kN}(u) \cdot v = D_{kN}(v) \cdot u . \qquad (2.6)$$

Für ein beliebiges Gebiet F des Modellraumes mit Berandung C ($\overset{\circ}{..}$ unverformter Ausgangszustand) bildet bekanntlich das Prinzip der virtuellen Verschiebungen:

$$\int_{\overset{\circ}{F}} \rho \ddot{u}^T \cdot \delta u \, d\overset{\circ}{F} + \int_{\overset{\circ}{F}} \sigma^T \cdot \delta \varepsilon \, d\overset{\circ}{F} = \int_{\overset{\circ}{F}} p^{\circ T} \cdot \delta u \, d\overset{\circ}{F} + \int_{\overset{\circ}{C}_t} t^{\circ T} \cdot \delta r \, d\overset{\circ}{C}_t \qquad (2.7)$$

unter den (2.2, 2.4) entsprechenden Nebenbedingungen:

$$\delta \varepsilon = (D_{kL} + D_{kN}(u)) \cdot \delta u \text{ in } \overset{\circ}{F}, \quad \delta r = R_r \cdot \delta u = 0 \text{ entlang } \overset{\circ}{C}_r \qquad (2.8)$$

eine schwache Formulierung des dynamischen Gleichgewichtes (2.1) sowie der Kräfterandbedingungen (2.5). Für eindimensionale Stabtragwerke ist das Randintegral über $\overset{\circ}{C}$ durch die Arbeitsanteile an den Tragwerksenden zu ersetzen. Offensichtlich ist (2.7) bereits für linear elastisches Material quadratisch in u. Deshalb gelangen inkrementell-iterative Verfahren auf der Basis einer Tangentialraum-Linearisierung (1.8) zum Einsatz.

3 FUNKTIONALFORM DER 1. NÄHERUNG

Die Vektorfelder der Verschiebungen u, r sowie der Geschwindigkeiten $\dot{u}$ zerlegen wir nun gemäß

$$\begin{aligned} u &= \mathring{u} + \bar{u} + \hat{u} = \mathring{u} + \bar{u} + \delta \bar{u} \rightarrow \delta \bar{u} = \hat{u} , \\ r &= \mathring{r} + \bar{r} + \hat{r} = \mathring{r} + \bar{r} + \delta \bar{r} \rightarrow \delta \bar{r} = \hat{r} , \\ \dot{u} &= \dot{\bar{u}} + \dot{\hat{u}} \end{aligned} \qquad (3.1)$$

in die Imperfektionen $\mathring{u}, \mathring{r}$, die endlich großen Weggrößen $\bar{u}, \bar{r}, \dot{\bar{u}}$ des Grundzustandes sowie die inkrementellen Zuwachsgrößen $\hat{u}, \hat{r}, \dot{\hat{u}}$ zum Nachbarzustand. Da $\hat{u}$ als klein vorausgesetzt wird, kann es als Variation $\delta \bar{u}$ der Grundzustandsverschiebungen interpretiert werden.

Analog zu (3.1) entwickeln wir auch die Verzerrungen und Verzerrungsgeschwindigkeiten (2.2) um den Grundzustand:

$$\varepsilon = \bar{\varepsilon} + \delta\bar{\varepsilon} + \frac{1}{2!}\delta^2\bar{\varepsilon} = \bar{\varepsilon} + \dot{\varepsilon} + \frac{1}{2}\ddot{\varepsilon} \qquad (3.2)$$

$$= (D_{kL} + \frac{1}{2}D_{kN}(2\mathring{u}+\bar{u}))\cdot\bar{u} + (D_{kL}+D_{kN}(\mathring{u}+\bar{u}))\cdot\dot{u} + \frac{1}{2}D_{kN}(\dot{u})\cdot\dot{u} ,$$

$$\dot{\varepsilon} = \bar{\dot{\varepsilon}} + \delta\bar{\dot{\varepsilon}} + \frac{1}{2!}\delta^2\bar{\dot{\varepsilon}} = \bar{\dot{\varepsilon}} + \dot{\dot{\varepsilon}} + \frac{1}{2}\ddot{\dot{\varepsilon}} \qquad (3.3)$$

$$= (D_{kL} + D_{kN}(\mathring{u}+\bar{u}))\cdot\bar{\dot{u}} + (D_{kL} + D_{kN}(\mathring{u}+\bar{u}))\cdot\dot{\dot{u}}$$

$$+ D_{kN}(\bar{\dot{u}})\cdot\dot{u} + D_{kN}(\dot{u})\cdot\dot{\dot{u}} ,$$

wobei die Kreuze in den jeweils oberen Zeilen den Polynomgrad der Funktionale in $\dot{u},\ddot{u}$ bezeichnen. Sodann folgt aus (3.1, 3.2) die Variation δ der Weggrößenfelder im Hinblick auf $\dot{u}$:

$$\delta u = \delta\dot{u} , \quad \delta r = \delta\dot{r} ,$$

$$\delta\varepsilon = \delta(\delta\bar{\varepsilon}) + \frac{1}{2!}\delta(\delta^2\bar{\varepsilon}) = \delta\dot{\varepsilon} + \frac{1}{2}\delta\ddot{\varepsilon} \qquad (3.4)$$

$$= (D_{kL} + D_{kN}(\mathring{u}+\bar{u}))\cdot\delta\dot{u} + D_{kN}(\dot{u})\cdot\delta\dot{u} .$$

Schließlich zerlegen wir noch die Felder der beteiligten Kraftgrößen gemäß:

$$p = \bar{p} + \dot{p} , \quad f = \bar{f} + \dot{f} = -\mathring{\rho}(\bar{\ddot{u}}+\ddot{u}) , \qquad (3.5)$$

$$t = \bar{t} + \dot{t} , \quad \sigma = \mathring{\sigma} + \bar{\sigma} + \dot{\sigma} + \ddot{\sigma} ,$$

letzteres unter Beachtung des Werkstoffgesetzes (2.3).

Substituieren wir nun die inkrementierten Variablen (3.1, 3.2, 3.4) und (3.5) des Nachbarzustandes in das Prinzip der virtuellen Verschiebungen (2.7), so entsteht nach geeignetem Umordnen:

$$\int_{\mathring{F}} \mathring{\rho}\ddot{u}^T\cdot\delta\dot{u}\,d\mathring{F} + \int_{\mathring{F}} [(\mathring{\sigma}+\bar{\sigma})^T \cdot \frac{1}{2}\delta\ddot{\varepsilon} + \dot{\sigma}^T\cdot\delta\dot{\varepsilon}]\,d\mathring{F}$$

$$= \delta\,[\int_{\mathring{F}} \bar{p}^{\circ T}\cdot\delta\dot{u}\,d\mathring{F} - \int_{\mathring{F}} \mathring{\rho}\bar{\ddot{u}}\cdot\delta\dot{u}\,d\mathring{F} + \int_{\mathring{C}_t} \bar{t}^{\circ T}\cdot\delta\dot{r}\,d\mathring{C} - \int_{\mathring{F}} (\mathring{\sigma}+\bar{\sigma})^T\cdot\delta\dot{\varepsilon}\,d\mathring{F}]$$

$$+ \int_{\mathring{F}} \dot{p}^{\circ T}\cdot\delta\dot{u}\,d\mathring{F} + \int_{\mathring{C}_t} \dot{t}^{\circ T}\cdot\delta\dot{r}\,d\mathring{C} \qquad (3.6)$$

als dessen zugeordnetes inkrementelles Prinzip die Funktionalform der 1. Näherung (1.8). Wie sein Ursprung (2.7) gilt auch (3.6) unabhängig vom speziellen Werkstoffverhalten. Offensichtlich verschwindet hierin die in eckigen Klammern zusammengefaßte Variation für jeden im Gleichgewicht befindlichen Grundzustand (2.7). Entfallen darüber hinaus auch die Lasten $\{\dot{p}^\circ,\dot{t}^\circ\}$ des Nachbarzustandes, so beschreibt das Restfunktional erregungsfreie Bewegungen um den Grundzustand.

4 TANGENTIALE BEWEGUNGSGLEICHUNGEN

Die Diskretisierung des soeben hergeleiteten, inkrementellen Prinzips (3.6) vorbereitend, substituieren wir in dieses zunächst das Werkstoffgesetz (2.3) sowie danach die Operatorausdrücke der einzelnen Bestandteile von $\varepsilon, \dot{\varepsilon}, \delta\varepsilon$ gemäß (3.2, 3.3) und (3.4). In den entstehenden virtuellen Arbeitsfunktionalen werden sämtliche Polynompotenzen von $\bar{u}, \dot{\bar{u}}$ beibehalten, höhere als quadratische Glieder in $\dot{\bar{u}}, \ddot{\bar{u}}$ jedoch unterdrückt. Führen wir sodann für sämtliche beteiligten Verschiebungs-, Geschwindigkeits- und Beschleunigungsfelder (3.1, 3.5) eine einheitliche Weggrößendiskretisierung gemäß

$$u^p = \Omega^p v^p \longrightarrow D_{kL} \cdot u^p = D^p_{kL} v^p, \quad D_{kN}(u^p) \cdot u^p = D^p_{kN}(v^p) v^p \quad (4.1)$$

durch, wobei

- u^p ein beliebiges, derartiges Weggrößenfeld im p-ten finiten Element darstellt,
- Ω^p die verwendete Matrix der Formfunktionen und
- v^p den Vektor der zugehörigen Elementfreiheitsgrade,

so transformiert man (3.6) in folgenden virtuellen, nunmehr in Matrizen formulierten Arbeitsausdruck:

$$\delta \dot{v}^{pT} \cdot [m^p \cdot \ddot{v}^p + (c^p_v + c^p_{uL} + c^p_{uN}) \cdot \dot{v}^p + (k^p_e + k^p_{\bar{\sigma}} + k^p_{\bar{\sigma}L}$$
$$+ k^p_{\bar{\sigma}N} + k^p_{\sigma L} + k^p_{\sigma N} + k^p_{uL} + k^p_{uN} + k^p_{\dot{u}L} + k^p_{\dot{u}N}) \cdot v^p$$
$$- \bar{p}^p - p^p + f^p_{\bar{\sigma}} + f^p_{\sigma} + f^{p'}_{\bar{\sigma}} + f^p_m] = 0 . \quad (4.2)$$

Die hierin auftretenden, elementbezogenen Tangentialraumgrößen lauten, wobei in $\bar{v}^p$ lineare Teilfunktionale durch L, quadratische ($\bar{v}^p, \bar{v}^p$) oder bilineare ($\bar{v}^p, \dot{\bar{v}}^p$) durch N indiziert wurden:

- m^p Massenmatrix,
- c^p_v viskose Dämpfungsmatrix,
- c^p_u Anfangs-Verformungs-Dämpfungsmatrix,
- k^p_e elastische Steifigkeitsmatrix,
- $k^p_{\bar{\sigma}}$ Eigenspannungs-Steifigkeitsmatrix,
- $k^p_\sigma (k^p_{\dot{\sigma}})$ elastische (viskose) Anfangs-Spannungsmatrix,
- $k^p_u (k^p_{\dot{u}})$ elastische (viskose) Anfangs-Verformungsmatrix,
- p^p äußere Knotenlasten,

$f_{\overset{\circ}{\sigma}}^p$, f_{σ}^p, $f_{\dot{\sigma}}^p$, f_m^p innere Knotenlasten infolge von Eigenspannungen, elastischen, viskosen und trägheitsbedingten Fesselungen.

Die diesen Elementmatrizen zugeordneten Funktionale finden sich in Tafel 1.

Da (4.2) für jede Wahl von $\delta\dot{v}^p$ verschwinden muß, hat sich die eckige Klammer allein zu Null einzustellen: dies ergibt die tangentiale Bewegungsgleichung auf Elementebene, aus welcher die globale Form der tangentialen Bewegungsgleichung mit gleichen Indizierungen wie (4.2) entsteht:

$$M \cdot \ddot{V} + C_T \cdot \dot{V} + K_T \cdot V = P - F_I :$$

$$M \cdot \ddot{V} + (C_v + C_{uL} + C_{uN}) \cdot \dot{V} + (K_e + K_{\overset{\circ}{\sigma}} + K_{\sigma L} + K_{\sigma N} + K_{\dot{\sigma}L} + K_{\dot{\sigma}N}$$

$$+ K_{uL} + K_{uN} + K_{\dot{u}L} + K_{\dot{u}N}) \cdot V = P - F_{\overset{\circ}{\sigma}} - F_{\sigma} - F_{\dot{\sigma}} - F_m . \quad (4.3)$$

Hiermit liegt LJAPUNOWs 1. Näherung (1.8) für ein n-dimensionales, nichtlineares KELVIN-VOIGT-Diskontinuum explizit vor. Teile dieser Tangentialraumbeziehung mit den Systemmatrizen M, C_v, K_e, K_σ, K_u werden seit langem in nichtlinearen statischen /7/ und dynamischen /8/ Analysen verwendet.

5 PHASENRAUMTRANSFORMATION UND STABILITÄTSDEFINITIONEN

Um Stabilitätsbeurteilungen mit der Theorie linearer dynamischer Systeme verknüpfen zu können, wird (4.3) in den Phasenraum transformiert. Unter Voraussetzung der Regularität det $M \neq 0$ entsteht für die Phasenform einer Störung des Grundzustandes:

$$\begin{bmatrix} \ddot{V} \\ \hline \dot{V} \end{bmatrix} = \left[\begin{array}{c|c} -M^{-1} \cdot C_T & -M^{-1} \cdot K_T \\ \hline I & 0 \end{array} \right] \cdot \begin{bmatrix} \dot{V} \\ \hline V \end{bmatrix} + \begin{bmatrix} M^{-1} \cdot (P - F_I) \\ \hline 0 \end{bmatrix} ,$$

$$\dot{X} = A \cdot X + B \qquad (5.1)$$

wobei die Koeffizientenmatrix A 2n·2n quadratisch und nichthermitesch ist.

Die als beliebig nichtlinear und verzweigt angesehenen Antwortpfade der zu behandelnden Prozesse sollen durch schrittweise numerische Lösung von (4.3) oder (5.1) aufgebaut werden. Hierzu

$$m^p = \int_{\mathring{F}^p} \mathring{\rho}\, \Omega^{pT} \cdot \Omega^p\, d\mathring{F}^p$$

$$c_T^p \begin{cases} c_v^p = \int_{\mathring{F}^p} D_{kl}^{pT} \cdot D \cdot D_{kl}^p\, d\mathring{F}^p \\ c_{uL}^p = \int_{\mathring{F}^p} [D_{kl}^{pT} \cdot D \cdot D_{kN}^p(\mathring{v}^p + \bar{v}^p) + D_{kN}^{pT}(\mathring{v}^p + \bar{v}^p) \cdot D \cdot D_{kl}]\, d\mathring{F}^p \\ c_{uN}^p = \int_{\mathring{F}^p} D_{kN}^{pT}(\mathring{v}^p + \bar{v}^p) \cdot D \cdot D_{kN}^{pT}(\mathring{v}^p + \bar{v}^p)\, d\mathring{F}^p \end{cases}$$

$$k_T^p \begin{cases} k_e^p = \int_{\mathring{F}^p} D_{kL}^{pT} \cdot E \cdot D_{kL}^p\, d\mathring{F}^p \\ k_\sigma^p \begin{cases} k_{\hat\sigma}^p = (\int_{\mathring{F}^p} D_{kN}^{pT}(\overset{+}{v}{}^p) \cdot \mathring{\sigma}\, dF^p),_{\mathring{v}^p} \\ k_{\sigma L}^p = (\int_{\mathring{F}^p} D_{kN}^{pT}(\overset{+}{v}{}^p) \cdot E \cdot (D_{kL}^p + D_{kN}^p(\mathring{v}^p)) \cdot \bar{v}^p\, d\mathring{F}^p),_{\mathring{v}^p} \\ k_{\sigma N}^p = (\tfrac{1}{2}\int_{\mathring{F}^p} D_{kN}^{pT}(\overset{+}{v}{}^p) \cdot E \cdot D_{kN}^p(\bar{v}^p) \cdot \bar{v}^p\, d\mathring{F}^p),_{\mathring{v}^p} \\ k_{\dot\sigma L}^p = (\int_{\mathring{F}^p} D_{kN}^{pT}(\overset{+}{v}{}^p) \cdot D \cdot D_{kL}^p \cdot \dot{\bar v}{}^p\, d\mathring{F}^p),_{\mathring{v}^p} \\ k_{\dot\sigma N}^p = (\int_{\mathring{F}^p} D_{kN}^{pT}(\overset{+}{v}{}^p) \cdot D \cdot D_{kN}^p(\mathring{v}^p + \dot{\bar v}^p) \cdot \dot{\bar v}^p\, d\mathring{F}^p),_{\mathring{v}^p} \end{cases} \\ k_u^p \begin{cases} k_{uL}^p = \int_{\mathring{F}^p} [D_{kL}^{pT} \cdot E \cdot D_{kN}^p(\mathring{v}^p + \bar{v}^p) + D_{kN}^{pT}(\mathring{v}^p + \bar{v}^p) \cdot E \cdot D_{kL}^p]\, d\mathring{F}^p \\ k_{uN}^p = \int_{\mathring{F}^p} D_{kN}^{pT}(\mathring{v}^p + \bar{v}^p) \cdot E \cdot D_{kN}^p(\mathring{v}^p + \bar{v}^p)\, d\mathring{F}^p \\ k_{\dot u L}^p = \int_{\mathring{F}^p} D_{kL}^{pT} \cdot D \cdot D_{kN}^p(\overset{+}{v}{}^p)\, d\mathring{F}^p \\ k_{\dot u N}^p = \int_{\mathring{F}^p} D_{kN}^{pT}(\mathring{v}^p + \bar{v}^p) \cdot D \cdot D_{kN}^p(\overset{+}{v}{}^p)\, d\mathring{F}^p \end{cases} \end{cases}$$

$$\bar{p}^p = \int_{\mathring{F}^p} \Omega^{pT} \cdot \bar{p}\, d\mathring{F}^p + \int_{\mathring{C}_t^p} R_r^{pT} \cdot \mathring{t}\, d\mathring{C}^p$$

$$\overset{+}{p}{}^p = \int_{\mathring{F}^p} \Omega^{pT} \cdot \overset{+}{p}\, d\mathring{F}^p + \int_{\mathring{C}_t^p} R_r^{pT} \cdot \mathring{t}\, d\mathring{C}$$

$$f_T^p \begin{cases} f_{\hat\sigma}^p = \int_{\mathring{F}^p}(D_{kL}^{pT} + D_{kN}^{pT}(\mathring{v}^p + \bar{v}^p) \cdot \mathring{\sigma}\, d\mathring{F}^p \\ f_\sigma^p = \int_{\mathring{F}^p}(D_{kL}^{pT} + D_{kN}^{pT}(\mathring{v}^p + v^p)) \cdot E \cdot (D_{kL}^p + \tfrac{1}{2}D_{kN}^p(\bar{v}^p) + D_{kN}^p(\mathring{v}^p)) \cdot \bar{v}^p\, d\mathring{F}^p \\ f_{\dot\sigma}^p = \int_{\mathring{F}^p}(D_{kL}^{pT} + D_{kN}^{pT}(\mathring{v}^p + \bar{v}^p)) \cdot D \cdot (D_{kL}^p + D_{kN}^p(\mathring{v}^p + \bar{v}^p)) \cdot \dot{\bar v}^p\, d\mathring{F}^p \\ f_m^p = \int_{\mathring{F}^p} \mathring{\rho}\, \Omega^{pT} \cdot \Omega^p \cdot \ddot{\bar v}^p\, d\mathring{F}^p \end{cases}$$

Tafel 1: Elementbezogene Tangentialraumfunktionale

wird die Verfügbarkeit

- geeigneter stabiler Zeitintegrationsalgorithmen vorausgesetzt, z.B. NEWMARK-β, WILSON-Θ, ... ,
- die mit inkrementell-iterativ arbeitenden Algorithmen kombinierbar sein müssen, z.B. NEWTON-RAPHSON für Last- und Wegsteuerung, RIKS-WEMPNER-WESSELS, CRISFIELD, ... ,
- und darüber hinaus an jedem bereits berechneten Punkt des Lastpfades restartfähig sein sollen.

Zur Beurteilung des Stabilitätsverhaltens eines berechneten Grundzustandes $\bar{X}=\{\bar{V},\bar{\dot{V}}\}$ untersucht man das Verhalten einer Störung $\dot{X}$ mit der Anfangsbedingung:

$$\|\dot{X}(\dot{X}_o,\bar{X}_o,t_o,t_o)\| < \delta(\varepsilon) > 0 . \qquad (5.2)$$

Gemäß von LJAPUNOW /1/ eingeführter Definition bezeichnen wir den Grundzustand als

- stabil, schwach stabil, falls für $t>t_o$: $\|\dot{X}(\dot{X}_o,\bar{X}_o,t_o,t)\| \leq \varepsilon$
- grenzstabil, falls: $\approx \varepsilon$
- instabil, falls: $>\varepsilon$ (5.3)
- konvergent, falls für $t \to \infty$: $\lim \|\dot{X}(\dot{X}_o,\bar{X}_o,t_o,t)\|=0$.

gilt. Ein stabiler und konvergenter Prozeß heißt asymptotisch stabil. Die Doppelstriche in (5.2,5.3) bezeichnen eine geeignete Norm des R^{2n}.

6 STABILITÄTSBEURTEILUNG ZEITINVARIANTER PROZESSE

Die Behandlung zeitinvarianter Prozesse ($\dddot{.}$=0) werde auf einparametrige Lastsysteme beschränkt:

$$P = \lambda \overset{\circ}{P} . \qquad (6.1)$$

Damit verfolgen wir Lastpfade im R^{n+1} der Elemente $\{V_n,\lambda\}$. Berechnungsgrundlage hierfür bildet die aus (4.3) gewonnene tangentiale Steifigkeitsbeziehung:

$$K_T \cdot \dot{V} = K_T(\bar{V}) \cdot \dot{V} = P-F_I = \lambda \overset{\circ}{P}-F_I , \qquad (6.2)$$

für welche mit Last- und/oder Weggrößeninkrementierung iterativ arbeitende Lösungsalgorithmen weite Verbreitung gefunden haben /2,3,4/. Die tangentiale Steifigkeitsmatrix K_T eines erreichten

Grundzustandes $\tilde{V}$ ist n·n quadratisch und für konservative Lasten hermitesch. Damit sind ihre Eigenwerte λ_i stets reell, ihre n Eigenvektoren Φ_i zueinander orthogonal und K_T ist diagonalisierbar:

$$\dot{V}_m = \Phi^T \cdot \dot{V}: \quad \Phi^T K_T \Phi \cdot \dot{V}_m = \Lambda \cdot \dot{V}_m = \Phi^T \cdot (\lambda \overset{\circ}{P} - F_I) \quad (6.3)$$

$$\text{mit} \quad \Lambda = \text{diag}\,(\lambda_1, \lambda_2, \ldots \lambda_i, \ldots \lambda_n)\,.$$

Hierin verkörpert Φ die quadratische Matrix der n Modalformen, Λ die Eigenwert-Diagonalmatrix und $\dot{V}_m$ den Vektor der Modalkoordinaten eines Nachbarzustandes von $\tilde{V}$. Für viele Stabilitätsbeurteilungen ist die einfacher zu ermittelnde Dreieckszerlegung

$$K_T = L^T \cdot D \cdot L \quad \text{mit} \quad D = \text{diag}\,(D_{11}, D_{22}, \ldots D_{ii}, \ldots D_{nn}) \quad (6.4)$$

gleichwertig.

Bei der Beurteilung der Stabilität eines erreichten Grundzustandes $\bar{V}, \bar{\lambda}$ im Verlaufe eines Lastpfades wird mittels (6.2) die Existenzmöglichkeit von lastgleichen Störungen $\dot{V}$, sogenannten nichttrivialen Gleichgewichtslagen, untersucht:

$$K_T(\bar{V}) \cdot \dot{V} = \lambda \overset{\circ}{P} - F_I = 0 \longrightarrow \dot{V}\,. \quad (6.5)$$

Aus dem $\dot{V}$ zugeordneten Energieinkrement $\dot{V}^T \cdot K_T \cdot \dot{V}$ folgt:

det K_T:	> 0	< 0	= 0
K_T:	pos. definit	indefinit	semidefinit
λ_i bzw. D_{ii}:	alle > 0	mind. eins < 0	mind. eins=0
Lösung $\dot{V}$ von (6.5):	existiert nicht	existiert nicht	existiert
Gleichgewicht:	stabil	instabil	indifferent.

Die Elemente λ_i von (6.3) bzw. D_{ii} von (6.4) werden als Stabilitätskoeffizienten bezeichnet: sind alle positiv, liegt stabiles Tragverhalten vor. Sind einer oder mehrere Koeffizienten negativ, so antwortet das Tragwerk instabil hinsichtlich der zugehörigen Modalform(en) Φ_i. Die Anzahl der negativen Elemente λ_i gibt somit Aufschluß über Instabilitätsmöglichkeiten einer Struktur, sie definiert den jeweiligen Instabilitätsgrad /9/.

Besondere Aufmerksamkeit erfordern indifferente Gleichgewichtszustände $\bar{V}, \bar{\lambda}$, in welchen durch Erfüllung des Indifferenzkriteriums (6.5): det $K_T=0$ Nachbarzustände $\dot{V} \neq 0$ möglich werden. Ist $\dot{V}=\dot{V}_m$ Tangentialvektor an den Lastpfad, so liegt ein Durchschlags- oder Rückschlagspunkt vor, sonst ein Verzweigungspunkt. In letzterem entspricht die Anzahl der Sekundärpfade der Zahl der Nullelemente von λ_i bzw. D_{ii}, d.h. dem Rangabfall von K_T, der auch als Indifferenzgrad bezeichnet wird. Algorithmen für das Aufspüren von Indifferenzpunkten finden sich in /10/.

7 STABILITÄTSBEURTEILUNG ZEITABHÄNGIGER PROZESSE

Zeitabhängige Prozesse werden als Last-Verschiebungs-Zeitverläufe im R^{2n+2} der Elemente $\{V_n, \dot{V}_n, \lambda, t\}$ behandelt. Stabilitätsaussagen begründen wir auf (5.1), auch wenn (4.3) zur direkten Integration des Prozesses Verwendung findet.

Mit den Stabilitätssätzen des Abschnittes 5 wird uns folgendes einzig allgemeingültige Vorgehen zu einer Stabilitätsbeurteilung auf numerischer Grundlage an die Hand gegeben:

- Ermittlung eines Antwort-Zeitverlaufes $\bar{V}(t)$ bzw. $\bar{X}(t)$ durch direkte numerische Integration von (4.3) bzw. (5.1). Infolge des nichtlinearen Verhaltens erforderlich werdende Iterationen erfolgen analog zum zeitinvarianten Fall über die rechten Seiten.

- Systematische Störung von $\bar{X}(t)$ durch $\dot{\bar{X}}_0$ zu unterschiedlichen Störzeitpunkten t_0. Statt Weggrößenstörungen $\dot{\bar{X}}_0$ haben sich auch solche infolge kurzzeitiger Modifikation der Lastintensität $\dot{\lambda}$ oder des Lastzeitverlaufes $\dot{\lambda}(t)$ bewährt.

- Beurteilung der Stabilität von $\bar{X}(t)$ aus dem Zeitverlauf $\dot{\bar{X}}(\dot{\bar{X}}_0, \bar{X}_0, t_0, t)$ gemäß (5.3).

Derartige heuristische Vorgehensweisen sind äußerst computerzeit-intensiv. Daher liegt ein Bedürfnis nach Stabilitätskriterien vor, für welche die Theorie von LJAPUNOW ebenfalls einen Ansatzpunkt bereit hält. Ist nämlich (5.1) regulär, besitzt mindestens intervallweise ein charakteristisches Polynom und sind alle charakteristischen Koeffizienten positiv, so ist die

Grundbewegung $\bar{X}(t)$ asymptotisch stabil. Diese Aussage umfaßt
die beiden wichtigen Sonderfälle der

- autonomen Systeme: $A \neq A(t)$, (7.1)
- nicht-autonomen, jedoch periodischen (rheolinearen) Systeme: $A = A(t) = A(t+T)$. (7.2)

Letztere bleiben hier unbehandelt, numerische Lösungskonzepte
findet der Leser in /11, 12/.

Bei nichtlinearen, autonomen Systemen werden danach erneut
nichttriviale Lösungen eines dynamischen Gleichgewichtszustandes

$$P\text{-}F_I = 0: B = 0 \longrightarrow \dot{X}(t) \quad \text{aus} \quad \ddot{X} = A \cdot \dot{X} \qquad (7.3)$$

von (5.1) gesucht, sog. Quasi-Verzweigungen. Aus der unter Beachtung von (7.1) angegebenen Lösungsstruktur

$$\dot{X}(t) = \dot{X}_0 \, e^{\lambda t} \quad \text{mit } \lambda \quad \text{aus} \quad \det(A - \lambda I) = 0 \qquad (7.4)$$

gewinnt man ein erweitertes kinetisches Stabilitätskriterium.
Ihm zufolge ist $\bar{X}(t)$ asymptotisch stabil (schwach stabil), wenn
alle Eigenwerte λ negative Realteile aufweisen (rein imaginär
sind). In allen übrigen Fällen liegt Instabilität vor.

Das zur Ermittlung von λ erforderliche Eigenwertproblem (7.4)
liefert für $C_T=0$ folgendes explizite kinetische Instabilitätskriterium im Tangentialraum R^{2n+2}:

$$\det \begin{bmatrix} -\lambda I & -M^{-1} \cdot K_T \\ \hline I & -\lambda I \end{bmatrix} = \det [\lambda^2 I + M^{-1} \cdot K_T] = 0 ,$$
$$\det [K_T(\bar{X}) + \lambda^2 M] = 0 . \qquad (7.5)$$

Die Instabilitätsgrenze, d.h. der Übergang vom asymptotisch
stabilen zum schwach stabilen und weiter zu instabilem Verhalten erfolgt für $\mathrm{Re}(\lambda)=0$ bzw. $\lambda=0$, wenn das System seine Schwingungsfähigkeit verliert. Wie im zeitinvarianten Fall wird dieser Zustand indifferenten dynamischen Gleichgewichts erneut
durch eine singuläre tangentiale Steifigkeitsmatrix beschrieben:

$$\lambda = 0: \quad \det K_T = 0 . \qquad (7.6)$$

LITERATUR

/1/ Ljapunow, A.M.: Problème général de la stabilité du mouvement. Nachdruck von 1893 in: Annals of Mathematical Stu-, dies, 17, Princeton University Press, Princeton N.Y., 1949.

/2/ Riks, E.: The Application of Newton's Method to the Problem of Elastic Stability. Journ. Appl. Mech. 39 (1972), 1060-1066.

/3/ Ramm, E.: Strategies for Tracing the Nonlinear Response Near Limit Points. Beitrag in: Nonlinear Finite Element Analysis in Structural Mechanics, W. Wunderlich et al. (Herausgeber), Springer-Verlag, Berlin 1981.

/4/ Zienkiewicz, O.C.: The Finite Element Method. 3rd Edition, McGraw-Hill Book Company, London 1985.

/5/ Basar, Y., Krätzig, W.B.: Mechanik der Flächentragwerke. Friedr. Vieweg & Sohn, Braunschweig Wiesbaden 1985.

/6/ Krätzig, W.B., Wittek, U., Basar, Y.: Buckling of general shells. Collapse-IUTAM Symposium, Thompson,J.M.T., Hunt, G.W. (ed.), Cambridge University Press, Cambridge 1983, 377-394.

/7/ Jürcke, R.K.: Zur Stabilität und Imperfektionsempfindlichkeit elastischer Schalentragwerke. Institut f. Konstruktiven Ingenieurbau, Ruhr-Universität Bochum 1985, TWM Nr. 85-5.

/8/ Beem, H.: Statische und dynamische Analyse vorgespannter Membranen. Institut f. Konstruktiven Ingenieurbau, Ruhr-Universität Bochum 1984, TWM Nr. 84-5.

/9/ Thompson, J.M.T.,Hunt, G.W.: A General Theory of Elastic Stability. J. Wiley & Sons, New York 1973.

/10/ Eckstein, U.: Nichtlineare Stabilitätsberechnung elastischer Schalentragwerke. Institut f. Konstruktiven Ingenieurbau, Ruhr-Universität Bochum 1983, TWM Nr. 83-3.

/11/ Basar, Y., Eller, C., Krätzig, W.B.: Finite Element Procedures for Parametric Resonance Phenomena of Arbitrary Elastic Shell Structures. Computational Mechanics 2 (1987), S. 87-98.

/12/ Eller, C.: Nichtlineare Stabilitätsanalyse periodisch belasteter Strukturen. Dissertation Ruhr-Universität Bochum 1988.

Zur Entwicklung des Traglastverfahrens

H. Rothert und N. Gebbeken, Hannover

SUMMARY

Apart from the historical investigations of the nature of rods and beams, the development of ultimate load theories took place within the last 100 years. The main emphasis will be given in this paper to the yield hinge theory with respect to steel beam structures which has significantly increased its influence on today's structural engineering philosophy. One result to be worth mentioned is the fact that the most important and genuine papers on this subject originate from European scientists of the time before the last war.

ZUSAMMENFASSUNG

Sieht man einmal von den historischen Beiträgen zur Stabtheorie ab, so vollzog sich die Entwicklung der heute in der Baupraxis eingeführten Traglasttheorie für Stabtragwerke aus Stahl innerhalb der letzten 100 Jahre. Im Mittelpunkt der Ausführungen steht die Fließgelenktheorie, die seit etwa 75 Jahren mit zunehmender Bedeutung in der Bemessungspraxis Eingang gefunden hat. Ein bemerkenswertes Ergebnis der Recherche besteht darin, daß die wesentlichen originären Arbeiten zu dieser Thematik von europäischen Forschern aus der Zeit vor dem letzten Krieg stammen.

1 EINLEITUNG

Nachdem die Entwicklung von Theorien und Verfahren zur statischen Traglastberechnung (nicht Einspielen oder dynamische Berechnungen) ebener Stabtragwerke aus Stahl mit Hilfe sowohl klassischer baustatischer Verfahren als auch numerischer Methoden einen gewissen Abschluß gefunden hat und dieser auch für räumliche Stabtragwerke abzusehen ist, erscheint eine kurze Rückbesinnung auf die Entwicklungsgeschichte lohnenswert. Diese erfolgt zum einen in der Absicht, den Jubilar, den verehrten Kollegen Heinz DUDDECK, wegen seines eigenen Beitrags auf diesem Gebiet zu ehren, und zum anderen, um in unserer schnellebigen Zeit die "Enkel" daran zu erinnern, wer die "Väter" und "Großväter" der Traglasttheorie sind. Die Autoren dieses Beitrags schließen nicht aus, daß auch ihre Wertung subjektiv ist und nicht zuletzt aus Platzgründen manche Arbeit zu knapp oder gar nicht diskutiert werden kann. Dies gilt insbesondere auch für neuere experimentelle Untersuchungen.

Im folgenden verstehen die Verfasser unter Traglasttheorie einen Oberbegriff, dem sich die Fließgelenktheorie und die Fließzonentheorie unterordnen. In der älteren Literatur werden die Begriffe Traglasttheorie und Plastizitätstheorie gleichgesetzt. Die klassische Plastizitätstheorie beschreibt jedoch das inelastische Werkstoffverhalten auf der Ebene der Kontinuumstheorie. Ihre globale Betrachtung führt mit entsprechenden Annahmen bezüglich des Werkstoffverhaltens zur Fließzonentheorie, mit deren Hilfe die Verwendung von Makroelementen gerechtfertigt werden kann, die eine Berechnung nach der Fließgelenktheorie erlaubt.

Die Fließzonentheorie hat ihre Wurzeln etwa im Jahre 1889, als F. ENGESSER /11/ eine Arbeit über die Knickfestigkeit gerader Stäbe vorlegt. In den darauffolgenden Jahren erscheinen weitere Arbeiten von Th.v.KÁRMÁN, L.v.TETMAJER und F.R. SHANLEY; aber erst A. PFLÜGER löst 1952 umfassend das Knickproblem gerader Stäbe im plastischen Bereich.

Die Entwicklung der Fließzonentheorie exzentrisch gedrückter Stahlstäbe wird ab etwa 1934 maßgeblich von E. CHWALLA, K. JEŽEK, M. RŎS, J. BRUNNER und K. KLÖPPEL beeinflußt. Diesen überwiegend theoretischen Untersuchungen gingen "Knickungsversuche" voraus, die bis in die Antike nachvollziehbar sind. Aus der Renaissance sind vor allem Arbeiten von LEONARDO DA VINCI (1452-1519) zur Stabtragfähigkeit bekannt. Die erste Formel zur "Bestimmung der Lasten, die Säulen zu tragen vermögen" stammt aus dem Jahre 1744 von L. EULER, allerdings unter der Voraussetzung der physikalischen Linearität (HOOKEsches Material).

Die Fließzonentheorie gerät um die Mitte dieses Jahrhunderts ein wenig in Vergessenheit, bis es die Kritik an den Annahmen der Fließgelenktheorie erforderlich macht, genauere Berechnungsmethoden zum Vergleich heranzuziehen. Die Fließgelenktheorie wird seit je durch die Fließzonentheorie bestätigt. Letztere beschäftigt sich heute im Rahmen der Methode der finiten Elemente (FEM) u.a. mit Problemen, die bei räumlich wirkenden Beanspruchungen auftreten:

- Stabilität,
- örtliches Versagen (z.B. plastisches Flanschfalten),
- Erhaltung der Querschnittsform in plastizierten Bereichen,
- Einfluß von Torsion und Wölbkrafttorsion auf die Querschnittstragfähigkeit,
- Anschlußprobleme (Schweißnaht- und Schraubverbindungen), Materialstörungsbereiche (Wärmeeinflußzonen (WEZ), Walzeigenspannungen).

Die ersten dokumentierten Überlegungen zur Querschnitts-Tragfähigkeit gehen auf LEONARDO zurück. In seinen bis 1965 verschollenen, dann in der Madrider Nationalbibliothek wiedergefundenen Schriften, Codex Madrid I und II, beschäftigt er sich mit der Tragfähigkeit von Balken und beschreibt bereits das "Ebenbleiben der Querschnitte", notabene etwa 200 Jahre vor J.I BERNOULLI. Die Erkenntnisse des Universalgenies aus der Toskana hätten die Forschungen von G. GALILEI, Chr. HUYGENS, R. HOOKE, E. MARIOTTE, G.W. LEIBNIZ, P. VARIGNON und A. PARENT, die bis etwa 1713 die richtige "Lage der Ruhepunkte" (Spannungsnullinie) nicht fanden, beflügeln können.

Die Fließzonentheorie erfordert im Rahmen der FEM schon für den Einzelstab eine derart feine Elementierung, daß sie für die aus vielen Einzelstäben zusammengesetzten Tragwerke derzeit nicht wirtschaftlich eingesetzt werden kann. Die Fließgelenktheorie wird häufig fälschlicherweise auf die Berechnungsmethode zur Durchführung des globalen Traglastnachweises "Bemessungslastkollektiv kleiner als die Traglast" reduziert. Die heute zur Verfügung stehenden Rechenprogramme, die fast ausschließlich auf der Fließgelenktheorie beruhen, beinhalten

- den Traglastnachweis,
- den Stabilitätsnachweis für das Biegeknicken von Teilsystemen oder des

Gesamtsystems und
- den Gebrauchsfähigkeitsnachweis.

Diese globalen Nachweise geben jedoch keine Auskunft über das lokale Verhalten von Tragwerken, das jeweils zusätzlich untersucht werden muß.

Im Mittelpunkt der nachfolgenden Ausführungen steht die Entwicklung der Fließgelenktheorie für Stabtragwerke aus Stahl. Hierzu wurden etwa 450 Literaturstellen gesichtet, jedoch noch nicht vollständig ausgewertet. Die Autoren dieser Arbeiten entstammen, soweit es Arbeiten zur Fließgelenktheorie betrifft, fast ausschließlich der westlichen Welt.

2 KURZER ÜBERBLICK ZUR HISTORISCHEN ENTWICKLUNG DER FLIESSGELENKTHEORIE

Im Jahre 1914 beschreibt der Ungar G. KAZINCZY /32/ aufgrund seiner Versuche an Stahlbetonbalken zum ersten Mal die Wirkungsweise eines Fließgelenks, ohne diesen Ausdruck zu benutzen. Der Holländer N.C. KIST gibt bereits 1920 Empfehlungen zur Anwendung des Traglastverfahrens /36/. Um 1930 entstehen wertvolle Beiträge von z.B. H. MAIER-LEIBNITZ, M. GRÜNING, F. und H. BLEICH, J. FRITSCHE, F. KANN, K. GIRKMANN, F. STÜSSI und C.F. KOLLBRUNNER. GIRKMANN behandelt die Gesamtproblematik sehr ausführlich. STÜSSI wird zum Hauptkritiker der Traglasttheorie.

Während des 2. Weltkriegs erscheinen naturgemäß nur vereinzelte Aufsätze zu diesem Themenkreis. Ab 1948 entstehen eine Reihe von Veröffentlichungen und erstmals auch Lehrbücher zum Traglastverfahren. Die Arbeiten stammen im wesentlichen aus Großbritannien von J.F. BAKER und seinen Schülern J. HEYMAN, M.R. HORNE, B.G. NEAL und J.W. RODERICK. Auch in den USA beschäftigt man sich vor allem seit dem 2. Weltkrieg mit der Traglasttheorie. Gemessen an der Zahl der Veröffentlichungen, stellt die Lehigh University/Pa ein Zentrum der Forschungsaktivitäten dar. Auf dem europäischen Kontinent scheint die Traglasttheorie in Vergessenheit geraten zu sein.

STÜSSI sieht 1956 mit Besorgnis die rasante Entwicklung der Traglasttheorie in den USA. In dieser Zeit beginnt auch wieder auf dem europäischen Festland die Diskussion über das Traglastverfahren, in die sich ab 1960 Ch. MASSONNET, J. OXFORT und vor allem U. VOGEL einschalten. Mittlerweile existieren u.a. in den USA, Belgien und Spanien Normen, die eine Bemessung von Stahltragwerken unter Einbeziehung des nichtlinearen Werkstoffverhaltens zulassen. Erst 1973 erscheint in der Bundesrepublik Deutschland eine Richtlinie zur Anwendung des Traglastverfahrens. Die Kommission 5 (-Plastizität) der Europäischen Konvention für Stahlbau (EKS) erarbeitet einheitliche Regeln für die Bemessung von Stahltragwerken unter Einbeziehung des plastischen Materialverhaltens. In der Bundesrepublik Deutschland gibt es bisher nur einen Normenentwurf, und zwar den für die DIN 18 800, Teil 2. Heute befassen sich nahezu alle Industrieländer mit der Einführung des Traglastverfahrens, wobei der Hauptanteil der Veröffentlichungen aus den USA und der Bundesrepublik Deutschland stammt.

3 GRUNDLEGENDE ARBEITEN ZUR FLIESSGELENKTHEORIE VON KAZINCZY

Als Begründer der Fließgelenktheorie (F.G.Th.) kann KAZINCZY angesehen werden. Er veröffentlicht bereits 1914 die Ergebnisse einer Versuchsreihe mit beidseitig eingespannten Trägern und schreibt in /32/ (Übersetzung bei MAIER-LEIBNITZ /39/): "Ein eingespannter Eisenträger kann nur dann eine große bleibende Durchbiegung erleiden, wenn die Streckgrenze an drei verschiedenen Querschnitten erreicht ist. Querschnitte, bei welchen die Streckgrenze erreicht ist, können bei weiterer Belastung als Gelenk mit ständigem Biegemoment betrachtet werden."

GRÜNING verallgemeinert 1926 /18/ diesen Satz auf n-fach statisch unbestimmte Systeme, für die Bruchgefahr besteht, wenn in n+1 verschiedenen, nach einem kinematischen Gesetz einander zugeordneten Querschnitten die Fließgrenze erreicht ist. KAZINCZY führt weiterhin Traglastversuche auch an statisch unbestimmten Fachwerken durch und stellt 1938 in /34/ fest, daß "Restspannungen" keinen Einfluß auf den Wert der Traglast haben.

Es ist besonders bemerkenswert, daß in Ungarn bereits in den 20er Jahren ein Traglastverfahren als Alternative zur Bemessung nach der Elastizitätstheorie (E.Th.) zugelassen wird (vgl. Th. JÄGER /29/).

4 EMPFEHLUNGEN VON KIST ZUR ANWENDUNG DES TRAGLASTVERFAHRENS

KIST /36/ schreibt 1920, daß bei der Bemessung nach der Elastizitätstheorie, z.B. an Nietlöchern, stillschweigend von der Plastizierfähigkeit des Materials ausgegangen wird: "Eine glückliche Eigenschaft des Eisens! - Sollte bei der Belastung des Bauwerkes die Spannung an einer Stelle über die

Bruchgrenze steigen, dann gibt das Eisen in jenem Punkte wohl nach, aber es bleibt Widerstand bietend. Können andere Unterteile oder kann derselbe Unterteil an andern Stellen die zu hohe Belastung übernehmen, dann geschieht dieses." Damit hat KIST das Phänomen der Schnittgrößenumlagerung beschrieben. Zur Querschnittstragfähigkeit führt er aus: "Nicht nur Fasern, welche nach der Berechnung zufolge des Gesetzes von HOOKE am meisten belastet werden, sondern alle Fasern bieten beinahe ebenso den größten Widerstand, ehe es zu einem Bruche kommt."

Er beschreibt hier als erster die idealisierte Spannungsverteilung in vollplastizierten Querschnitten, wobei er vom bilinearen Verlauf (Polygon ABC in Bild 1) der Arbeitslinie ausgeht, der auch von L. PRANDTL als gute Näherung angesehen wurde.

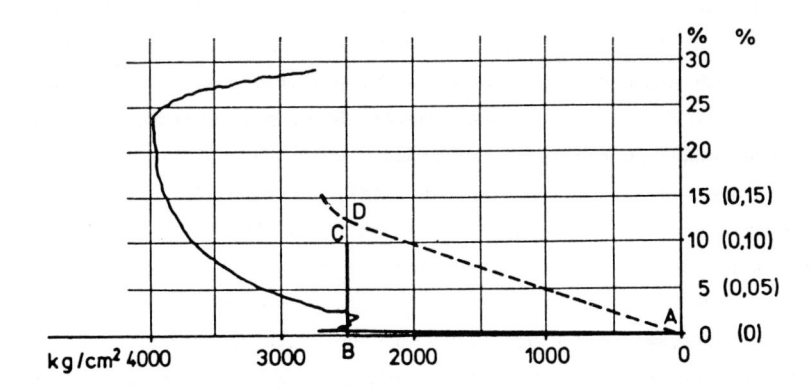

Bild 1: Arbeitslinie für Flußeisen und deren Idealisierung nach KIST /36/

Weiterhin sagt KIST zur Systemtragfähigkeit: "Erst wenn die Belastung und die damit zusammengehende Formänderung soweit gestiegen sind, daß auf allen Punkten, die zusammenwirken können, um die Belastung aufzunehmen, die Streckgrenze erreicht ist, tritt die große Formveränderung ein, die zum Zusammensturz des Bauwerks Anlaß gibt. Man berechne dafür diejenige Belastung ...(die rechnerisch zum Zusammensturz des Bauwerks führt, Anm. der Verf.), und lasse sicherheitshalber eine kleinere Belastung zu." KIST hat hier das neue Nachweiskonzept qualitativ dargestellt. Ferner ist in seinem Aufsatz ein Satz zu lesen, der als Vorläufer der Traglastsätze angesehen werden kann: "...Wenn man auf diese Weise vorgeht, führt man jene Kraftverteilung ein, bei der die Spannung in allen Punkten, die zusammenwirken können, gleich groß ist, und gewinnt damit die Kraftverteilung, die mit dem Gleichgewicht am vorteilhaftesten zu vereinbaren ist."

Nachdem er auf die Wirkung von Zwängungsspannungen eingegangen ist, möchte KIST das Traglastverfahren auch auf die Berechnung von Brücken anwenden, da nach seiner Meinung die Ergebnisse der WÖHLER-Versuche für "Konstruktionen eines Maschineningenieurs" übertragbar sind, nicht aber auf die eines Brückenbauingenieurs. Er beruft sich dabei auf J.A. v.d.BROEK, der festgestellt hat, "daß der Einfluß einer Belastung (oberhalb der Streckgrenze, Anm. der Verf.) durch Ruhe aufgehoben werden kann." KISTs Ausführungen sind für die Weiterentwicklung des Traglastverfahrens von besonderer Bedeutung.

5 TRAGLASTVERSUCHE AN DURCHLAUFTRÄGERN VON MAIER-LEIBNITZ UND DIE ERSTE VERÖFFENTLICHTE DISKUSSION ÜBER DAS TRAGLASTVERFAHREN

MAIER-LEIBNITZ /38/ berichtet 1928, daß sich aufgrund der 1860 geäußerten Bedenken von O. MOHR die Bauweise durchlaufender Balken nicht durchsetzen kann und diese auch baupolizeilich nicht genehmigt werden wird. MOHR hatte festgestellt, daß "die Biegungsmomente in höchst empfindlicher Weise von der Stützenlage abhängig sind".

Die Versuche von MAIER-LEIBNITZ an dem in Bild 2 dargestellten Träger ergaben, daß
- kleinere Stützensenkungen ohne Einfluß auf die Tragfähigkeit sind,
- nicht das Stützenmoment für die Tragfähigkeit maßgebend ist, sondern ein Feldmoment, das zu $Pl/4$ statt zu $Pl/3$, dem bisherigen Wert eines Stützmoments, angenommen werden darf.

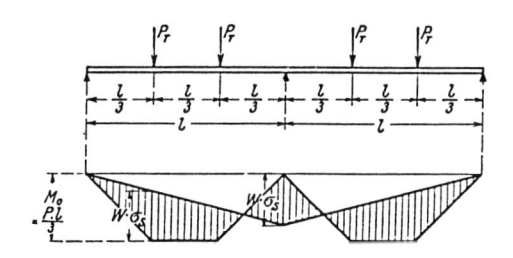

Bild 2: Versuchsträger von MAIER-LEIBNITZ (/38/)

Wie bei F. BLEICH aus /3/ zu entnehmen ist, wird auf die Forderung GRÜNINGs hin auch in Deutschland durch Erlaß vom 25.02.1928 die Bemessung gleichmäßig belasteter Durchlaufträger mit annähernd gleichen Stützweiten durch einfache, aus der Traglastberechnung gewonnene Formeln ermöglicht.

In Bild 3 ist sehr anschaulich die Ausbildung des Fließbereichs in einem I-Träger über der Mittelstütze eines Balkens auf drei Stützen zu erkennen.

Bild 3: Ausbildung eines Fließbereichs nach MAIER-LEIBNITZ (/38/, Abb. 6b)

Der Veröffentlichung von MAIER-LEIBNITZ folgt eine Flut von Zuschriften /38/, deren wesentlicher Inhalt hier stichwortartig zusammengefaßt wird:

° GRÜNING/KULKA
   - Kipplasten können unterhalb der Traglasten liegen,
   - Verformungen können bei Anwendung der Traglasttheorie unzulässig groß werden.

° BOHNY
   - "Man kann ohne weiteres... bis an die Streckgrenze gehen. Doch möchte ich eine solche Maßnahme nur solchen Händen anvertrauen, die statisch und konstruktiv souverän den Eisenbau meistern... Allgemeine Vorschriften in dieser Hinsicht heute - wo noch viele unkundige Hände Brücken bauen - zu erlassen, erachte ich für untunlich."

° METZLER
   - Keine Traglasttheorie für "stark in Anspruch genommene Konstruktionen",
   - zum Traglastnachweis zusätzlich Verformungsbeschränkung.

° BEYER
   - Zur Sicherheitsbetrachtung: "Die Beurteilung dieser Fragen läuft auf die schwierigste Entscheidung hinaus, die der verantwortlich denkende Ingenieur zu fällen hat und die die Sicherheit der Konstruktion fest-

legt."
- Interaktion, z.B. nach der Fließbedingung von MOHR berücksichtigen.
- Keine Traglasttheorie für Tragwerke mit Spannungswechseln und dynamischer Beanspruchung.

Die hier nicht dargestellten theoretischen Untersuchungen von MAIER-LEIBNITZ lassen erkennen, wie vorsichtig er das Traglastverfahren handhabt. Er geht zwar von der Bruchkette aus, setzt aber nicht das vollplastische Biegemoment nach KIST an, sondern das elastische Grenzmoment $M = W\sigma_s$.

6 ERSTE BERECHNUNGSVERFAHREN FÜR DIE FLIESSGELENKTHEORIE I. ORDNUNG

Ausgelöst durch die theoretischen Untersuchungen von GRÜNING und die Versuche von MAIER-LEIBNITZ, erscheinen zu Beginn der 30er Jahre Arbeiten von z.B. FRITSCHE /13/ und KANN /31/, die das "plastische Arbeitsvermögen" des Baustahls für die Tragfähigkeit von Durchlaufträgern in Betracht ziehen. FRITSCHE beschäftigt sich an der Prager Deutschen Hochschule bereits mit der Grenzlast durchlaufender Balken bei beliebig oft wiederholter Belastung. Die Erforschung des Tragverhaltens von Durchlaufträgern wird in den folgenden Jahren zu einem fast eigenständigen Forschungszweig, da z.B. bei geneigten Pfetten räumliche Beanspruchungen auftreten, die mit Hilfe besonderer Berechnungsverfahren erfaßt werden können. Von VOGEL erscheinen hierzu in den Jahren 1966 und 1970 abschließende Arbeiten.

Ab 1930 richtet sich das besondere Interesse der Forscher auf die Erarbeitung von Berechnungsverfahren für den Traglastnachweis von ebenen Rahmentragwerken.

6.1 VERFAHREN DER SUKZESSIVEN LASTSTEIGERUNG UND DAS SCHLUSSLINIENVERFAHREN NACH GIRKMANN

GIRKMANN veröffentlicht 1931 sein Verfahren der sukzessiven Laststeigerung /15/. Er schreibt, daß gerade bei Rahmentragwerken die Anwendung des Traglastverfahrens wirtschaftliche Vorteile bietet, da in der Regel einzelne Stäbe unabgestuft über mehrere Felder oder Geschosse durchgeführt und bei der Bemessung nach zulässigen Spannungen von der Tragfähigkeit her nicht ausgenutzt werden. GIRKMANN berechnet als erster aus dem "Kritischen Spannungsverlauf" unter Vernachlässigung der verschwindend kleinen Höhe des beiderseits der Nullinie sich erstreckenden elastischen Kerns den Einfluß der Normalkraft auf das Biegemoment im vollplastischen Zustand (für Rechteck- und I-Profile) und erhält so die "Plastizitätsbedingung" (Bild 4). Damit wird erstmals die Interaktion von Schnittgrößen behandelt.

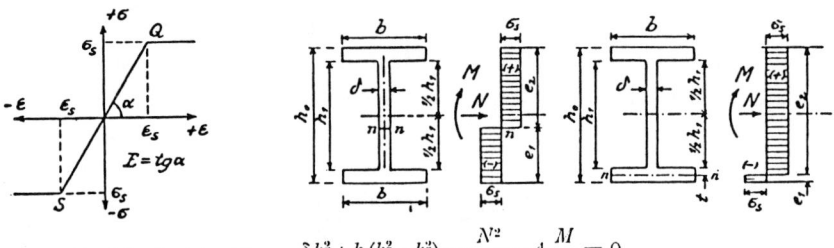

Die Nullinie liegt im Steg: $\delta h_1^2 + b(h_0^2 - h_1^2) - \dfrac{N^2}{\delta \sigma_s} - 4 \dfrac{M}{\sigma_s} = 0$

Die Nullinie liegt im Gurt: $\delta h_1^2 \left(2 - \dfrac{\delta}{b}\right) + b(h_0^2 - h_1^2) - 4 \dfrac{M}{\sigma_s} - \dfrac{N^2}{b \sigma_s^2} - 2 \dfrac{N h_1}{\sigma_s}\left(1 - \dfrac{\delta}{b}\right) = 0$

Bild 4: Idealisierte Arbeitslinie, Spannungsverläufe und
Plastizitätsbedingung für I-Querschnitte nach GIRKMANN /15/

Das Verfahren der sukzessiven Laststeigerung mit Interaktion von GIRKMANN ist die Grundlage fast aller rechner-orientierten Berechnungsverfahren geworden. Ergebnisse seiner Berechnungen am Zweigelenkrahmen stellt er gemäß Bild 5 zusammen.

Bei hochgradig statisch unbestimmten Systemen ist dieses Verfahren für die Handrechnung zu aufwendig. GIRKMANN stellt deshalb 1932 das Schlußlinienverfahren /16/ vor, das auf der von KIST beschriebenen Tatsache beruht, "daß die Abmessungen eines Stahltragwerkes nach jeder mit dem Gleichgewicht zu vereinbarenden Kräfteverteilung bestimmt werden dürfen."

GIRKMANN variiert die Biegemomenten-Schlußlinien derart, "daß eine wirtschaftliche Bemessung durch Angleichung von extremen Beträgen des Momentes jeden Stabes ermöglicht wird." Die Biegemomentenlinien findet er zum einen durch Superposition der Ergebnisse aus je einer Berechnung mit lediglich Vertikallasten und mit Horizontallasten, zum anderen durch Überführung des statisch unbestimmten Systems in ein statisch bestimmtes mittels Einführen von Biegemomentengelenken an den Stellen der zu erwartenden Biegemomentenlinien-Nulldurchgänge. Diese Gelenke brauchen konstruktiv nicht ausgeführt zu werden, da nach dem Prinzip von S.M. FEINBERG /12/ das Hinzufügen von

Material keine Verringerung des Tragvermögens verursacht. Daß dies bei Anwendung der Elastizitätstheorie nicht immer zutrifft, kann, wie noch gezeigt wird, zum Paradoxon der Elastizitätstheorie führen.

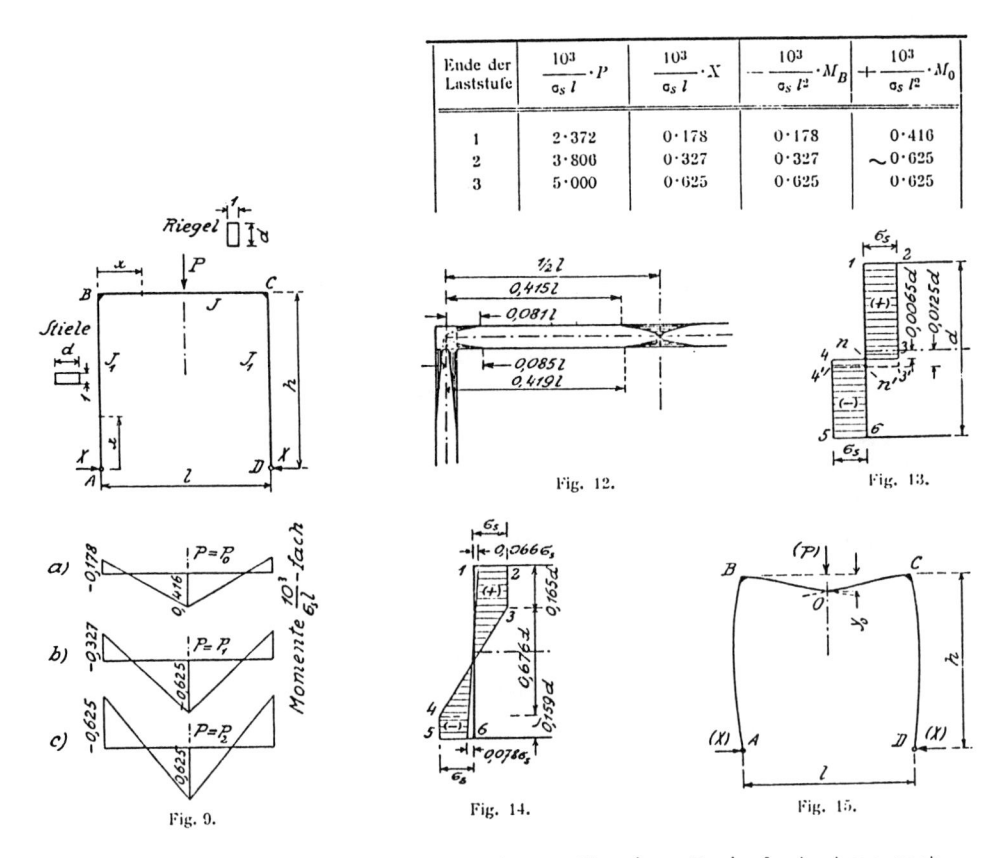

Ende der Laststufe	$\dfrac{10^3}{\sigma_s\,l}\cdot P$	$\dfrac{10^3}{\sigma_s\,l}\cdot X$	$\dfrac{10^3}{\sigma_s\,l^2}\cdot M_B$	$\dfrac{10^3}{\sigma_s\,l^2}\cdot M_0$
1	2·372	0·178	0·178	0·416
2	3·806	0·327	0·327	∼0·625
3	5·000	0·625	0·625	0·625

Bild 5: Ergebnisse der Traglastberechnung für einen Zweigelenkrahmen nach GIRKMANN /15/: Fig. 12: plastische Zonen, Fig. 13: kritischer Spannungszustand in Riegelmitte, Fig. 14: teilplastischer Zustand in der Nähe der Riegelmitte, Fig. 15: Biegelinien

Während das Verfahren der sukzessiven Laststeigerung erst mit Einführung der Computer eine Renaissance erfährt, kann sich das Schlußlinienverfahren gegenüber den "Probiermethoden" nicht durchsetzen.

6.2 GIRKMANNS HINWEISE ZUM TRAGLASTVERFAHREN

Die bereits 1932 von GIRKMANN in /16/ gemachten Hinweise zum Traglastverfahren verdienen es, wiedergegeben zu werden. Wegen ihrer grundlegenden Bedeutung kann man sich nur schwer des Eindrucks erwehren, daß die spätere Fachwelt kaum mehr als GIRKMANNs Nachlaßverwalter ist. Kein Detailproblem von Gewicht ist seinem vorausschauenden Ingenieurverstand entgangen:

° Wandern der Fließgelenke - exzentrisches Fließgelenk
  "Ein Querschnitt mit kritischem Spannungsverlauf wirkt wie ein Gelenk, dessen Lage sich gegenüber der Stabachse stetig ändert." Diese Tatsache wird erst 1953 von J.T. ONAT, W. PRAGER /45/ und 1969 von K. BURTH /6/ berücksichtigt sowie 1975 von A. HENNING /22/ um den Einfluß der Querkraft erweitert.

° Forderung nach "positiver Dissipationsarbeit"
  "Die Wirkung derartiger Gelenke ist immer eine beschränkte, denn es sind nur solche gegenseitigen Verdrehungen ... möglich, bei welchen dieselben im gedrückten Teile der Querschnitte gegeneinander, im gezogenen aber voneinander bewegt werden. Entgegengerichteten Verdrehungen (welche bei Entlastungen zustande kommen) leistet der Baustoff Widerstand und die Gelenkwirkung schaltet sich in solchen Fällen,...,wieder aus."

Mit GIRKMANNs Postulat einer "positiven Dissipationsarbeit" und den Bedingungen, die er im Rahmen der Beschreibung seiner Berechnungsverfahren stellt, ergeben sich vier Forderungen für den Traglastzustand, die in ihrer expliziten Form
- Die Biegemomentenverteilung muß mit dem Gleichgewicht verträglich sein.
- Die Plastizitätsbedingung muß in plastizierten Querschnitten erfüllt sein.
- Das Tragwerk bildet für Zusatzlasten eine kinematische Kette.
- Die gegenseitige Verdrehung im Fließgelenk muß zulässig sein.
erstmals 1964 von H. DUDDECK /7,8/ formuliert werden.

° Theorie II. Ordnung
  "Nun ist das Tragvermögen des Rahmens von seiner Verformbarkeit abhängig...". Dieser Einfluß kann jedoch nach GIRKMANN vernachlässigt werden, wenn er im gleichen Fall auch bei einer Bemessung nach zulässigen Spannungen ohne Bedeutung ist.

° Maßgebliche Schnittgrößen
Maßgebend sind nicht die Biegemomentenwerte, die in die Systemknoten fallen, sondern je nach Ausführungsart der Rahmenecken die Werte in verschieden großen Abständen von den Knoten.

° Örtliches Versagen - Rotationskapazität
"Die zugrunde gelegte tragbare Belastung kann jeweils nur erreicht werden, wenn auch das vorzeitige Falten von Querschnittsteilen der Stäbe vermieden wird." Diesbezügliche Untersuchungen erfolgen nach dem 2. Weltkrieg in den USA z.B. an der Lehigh University und in der Bundesrepublik Deutschland z.B. 1983 und 1986 durch D. POHLMANN bzw. H. KUHLMANN. Die Rotationskapazität von Fließgelenken konnte bis heute nicht eindeutig festgelegt werden.

° Stabilitätsnachweise
Die Stabilitätsgrenze des Tragwerks entspricht dem Erreichen der kinematischen Kette. Zusätzlich muß das plastische Kippen einzelner Stäbe vermieden werden. Druckkräfte sollten im Verhältnis der Sicherheitskoeffizienten für Biegung und Knickung erhöht, mit der Knickzahl multipliziert und dann in die Plastizitätsbedingung eingeführt werden.

° Sicherheitskonzept und Gebrauchsfähigkeit
"Es ist zu fordern, daß unter Gebrauchslasten bloß elastische Formänderungen zustande kommen,...., was unter Zugrundelegung einer mindestens zweifachen Sicherheit zu geschehen hat."

° Sicherheit bei wiederholter Belastung
"Aufgrund der Untersuchungen von FRITSCHE... wird der gleiche Sicherheitsgrad gefordert wie für einmalige Belastung..."

° Bemessung von Anschlüssen
"Stabanschlüsse, Eckverbindungen, Verankerungen usw. sind ebenfalls nach jenen Biegungsmomenten, Normal- und Querkräften zu bemessen, die sich aus dem der kritischen Belastung zugeordneten Momentenverlauf ergeben."

Diese Hinweise GIRKMANNs decken die Problematik bei Stabtragwerken im Rahmen einer Fließgelenktheorie nahezu umfassend ab.

7 KRITISCHE BETRACHTUNGEN ZUM TRAGLASTVERFAHREN - PARADOXON DER FLIESSGELENKTHEORIE NACH STÜSSI/KOLLBRUNNER

Die Befürworter des Traglastverfahrens haben bis 1934 etwa 20 Arbeiten veröffentlicht. Es sind sowohl "Praktiker" als auch "Theoretiker", die in der neuen Methode für bestimmte Anwendungsgebiete Vorteile erkennen können. Auf dem Berliner IVBH-Kongreß 1936 wird unter Federführung von STÜSSI massive Kritik am Traglastverfahren geübt. Das Hauptargument lautet, daß mit der Einführung des Traglastverfahrens eine Qualitätsverschlechterung der Bauwerke verbunden sein kann. Begründet wird diese Einschätzung mit den Ergebnissen aus Berechnungen und Versuchen am "STÜSSI-Balken" (Bild 6) durch STÜSSI/KOLLBRUNNER /47/ von 1935. Dort ist aufgeführt, daß die theoretisch ermittelte Traglast im Versuch nie erreicht worden ist, weshalb das Traglastverfahren unsichere Ergebnisse liefern kann.

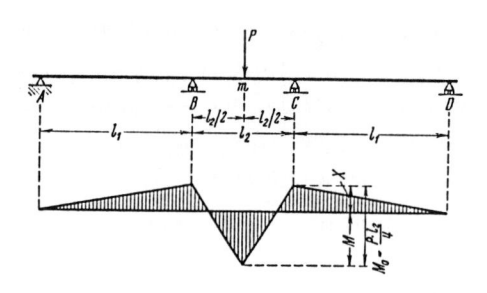

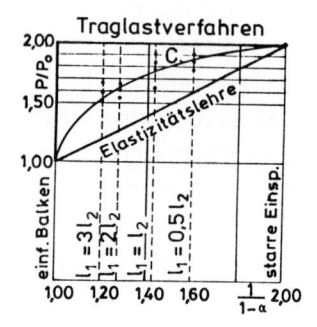

Bild 6: Paradoxon der Fließgelenktheorie

STÜSSI und KOLLBRUNNER folgern:
- Der Momentenausgleich ist nicht vollständig.
- Die Stützmomente können nur den Wert des Fließmoments erreichen, wenn die Dehnungen sehr groß werden.
- Die nach dem Traglastverfahren ermittelten Werte überschätzen die Tragfähigkeit des Systems.
- Die verformten Querschnitte bleiben im plastischen Bereich nicht eben.

In den Versuchen wird die Traglast nicht durch den Bruch begrenzt, sondern durch das Eintreten unzulässig großer Verformungen. Dieses Beispiel geht als "Paradoxon der Fließgelenktheorie" um die Welt. Es wird erst 1951 von P.S. SYMONDS und NEAL /50/ durch eine Verformungsberechnung aufgeklärt. Diese ergibt, daß das Traglastverfahren auf einen Durchlaufträger nur angewendet werden darf, wenn die Stützweitenverhältnisse etwa zwischen 1/3 und 3 liegen. Damit gehört der STÜSSI-Balken zu den Sonderfällen, die nicht mit

Hilfe der Fließgelenktheorie berechnet werden dürfen, da wegen der Vernachlässigung der Fließzonen die Verformungen als zu klein ermittelt werden. Hierauf hat KAZINCZY /33/ bereits 1931 hingewiesen und zwar genau mit Hilfe des Beispiels, das auch STÜSSI/KOLLBRUNNER 1935 verwenden, jedoch ohne es in Bildform zu bringen. In Bild 7 sind Faksimile-Auszüge des Aufsatzes /33/ wiedergegeben, aus denen ganz klar hervorgeht, daß der "STÜSSI"-Balken auf KAZINCZY zurückgeht.

Als ich in den vorhergenannten Aufsätzen die Anwendung der Plastizitätslehre besprach, bemerkte ich, dass von Fall zu Fall untersucht werden muss, ob die Durchbiegungen oder andere Umstände nicht gegen die Anwendung der Plastizitätslehre sprechen. Auf die Wichtigkeit dieser meiner Bemerkung muss ich neuerlich hinweisen und will mich in dieser Studie mit solchen Fällen befassen, in welchen die Anwendung der Plastizitätslehre unstatthaft ist.

Machen wir die Annahme laut Figur 3, so ist dieses Vorgehen prinzipiell richtig. Praktisch aber muss noch ein Umstand, in Betracht gezogen werden. Die Durchbiegung des Trägers kann nämlich in gewissen Fällen noch vor Erreichen der Tragfähigkeitsgrenze unerlaubte Grösse erlangen. Ein Beispiel soll zeigen, dass wir daraus eine unsere Freiheit einschränkende Regel ableiten können.

Die obige einschränkende Regel soll an dem Beispiel eines Trägers mit 3 Öffnungen erläutert werden. Die beiden äusseren Öffnungen sollen dauernd unbelastet bleiben. Nun belasten wir die mittlere Öffnung (l_m) mit gleichmässiger und wachsender Last und beobachten bzw. bestimmen die Durchbiegung in der Trägermitte. Wenn die beiden Seitenöffnungen (l_s) unendlich klein sind, benimmt sich der Träger so, wie ein vollkommen eingespannter Träger das heist die Fliessgrenze wird einer bei $q \cdot l = W\sigma_f \, 12 \, l_m^2$ Belastung an der Stütze erreicht. Bisher ist die Durchbiegung mit der Formel $\delta_1 = \frac{1}{384} \frac{c l^4}{EI}$ zu berechnen, und die grösste Durchbiegung war $\delta_1 = \frac{1}{384} \frac{q \cdot l^4}{EI}$. Bei weiterer Belastung benimmt sich der Träger wie ein freiaufliegender auf zwei Stützen, da man sich ober den Stützen Gelenke eingesetzt denken muss. Die Durchbiegung ist also

$$\delta_2 = \frac{5}{384} \frac{(q - q \cdot l) l^4}{EI} + \delta_1$$

Wenn die Belastung den Wert $q_{max} = W\sigma_f \, 16 \, l^2$ erreicht, wird die Durchbiegung rapider, was gleichbedeutend ist mit dem Bruch.

Bild 7: Zum Paradoxon der Fließgelenktheorie nach KAZINCZY /33/

KAZINCZY /34/ formuliert 1938 zur Anwendbarkeit der Traglasttheorie: "Ich habe nämlich in der Hinsicht ernste Bedenken gehabt, ob man auch an genieteten Tragwerken die Plastizitätslehre verwenden darf, da, wenn die Fließgrenze in einem Zugstabe erreicht ist, der durch die Nietlöcher geschwächte Querschnitt im Verfestigungsbereich weit über die Fließgrenze beansprucht sein muß." Seine Versuche zeigen jedoch, daß auch bei genieteten Fachwerkträgern die "Plastizitätslehre" angewendet werden darf.

Aus der Zeit des 2. Weltkriegs sind den Verfassern nur drei Arbeiten bekannt. Eine stammt von v.d. BROEK /4/, mit der in den USA die intensive Traglastforschung einsetzt. R. HILL /25/, B.G. NEAL /44/ sowie W. PRAGER und G.P. HODGE /46/ bringen in den frühen 50er Jahren ihre bekannten Lehrbücher heraus. Auf dem europäischen Kontinent erscheinen bis Mitte der 50er Jahre keine Arbeiten zum Traglastverfahren.

8 WEITERE BERECHNUNGSVERFAHREN ZUR FLIESSGELENKTHEORIE I. ORDNUNG

8.1 PROBIERVERFAHREN NACH BAKER

Im Jahre 1949, also 17 Jahre nach GIRKMANN, stellt J.F. BAKER /1/ ein Verfahren vor, das darauf abzielt, die maßgebende Biegemomentenverteilung in einem Schritt zu finden. Dabei wird zunächst eine wahrscheinliche Bruchkette angenommen und aus der sich daraus ergebenden Biegemomentenverteilung die gegebenenfalls neue Bruchkette abgeleitet, bis die sogenannte "failure mode" gefunden ist.

BAKER bemerkt, daß der abmindernde Einfluß der Normalkraft auf das volle plastische Biegemoment vernachlässigbar klein ist. Er gibt als Referenzen im wesentlichen nur seine eigenen Arbeiten und die seiner Schüler NEAL und HORNE an. Die Arbeiten GIRKMANNs sind entweder nicht bekannt oder in Vergessenheit geraten (nicht nur in Großbritannien).

8.2 ERSTES VERFAHREN VON NEAL UND SYMONDS ZUR BERECHNUNG VON TRAG- UND EINSPIELLASTEN

Zur direkten Berechnung von Traglasten biegesteifer Stabtragwerke veröffentlichen 1950 NEAL/SYMONDS /43/ ein Verfahren zur Auflösung eines Satzes simultaner Ungleichungen, die sich aus den Fließbedingungen ergeben. Die Auflösung dieses Ungleichungssystems ist ohne Rechnerhilfe mit erträglichem Aufwand nur für kleine Systeme möglich. Dieses Verfahren wird zur Berechnung der Einspiellast erweitert, wobei sich NEAL und SYMONDS des "Einspiel-Theorems" von F. BLEICH bedienen, das 1938 für ideal plastische Kontinua von J. MELAN bewiesen wurde. PRAGER formuliert für das "Einspielen": "The structure shakes down".

8.3 EINSCHRÄNKUNG DER TRAGLAST - TRAGLASTSÄTZE NACH GREENBERG UND PRAGER

Grundlage des 1951 von H.J. GREENBERG und W. PRAGER vorgestellten Verfahrens /17/ zur Traglastberechnung sind die in Bild 8 wiedergegebenen fünf Theoreme:

> Theorem I.—The safety factor against collapse is the largest statically admissible multiplier.
>
> Theorem II.—The work that the collapse loads do on the displacements of their points of application must equal the work that the limit moments in the yield hinges do on the relative rotations of the parts connected by the hinges.
>
> Theorem III.—The safety factor against collapse is the smallest kinematically sufficient multiplier.
>
> Theorem IV.—Collapse cannot occur under the loads obtained by multiplying the given loads by a factor which is smaller than a statically admissible multiplier.
>
> Theorem V.—If a beam or frame is strengthened (that is, if its cross sections are changed in such a manner that the limit moment is increased for, at least, one cross section and decreased for none), the safety factor for a given system of loads cannot decrease as a result of this strengthening.

Bild 8: Traglast-Theoreme nach GREENBERG/PRAGER /17/

Ihre heute übliche Formulierung in zwei Sätzen geht auf NEAL /44/ zurück. Sie lauten in der deutschen Übersetzung:

- Statischer Satz: Wenn für ein gegebenes Rahmensystem und eine gegebene Belastung irgendeine Biegemomentenverteilung für das ganze Tragwerk existiert, die für eine Gruppe von Lasten P sowohl sicher als auch zulässig ist, muß der Wert von P kleiner oder gleich der Traglast P_c sein.

- Kinematischer Satz: Für ein gegebenes Rahmentragwerk unter der Einwirkung einer Gruppe von Lasten P ist der Wert von P, der irgendeiner angenommenen kinematischen Kette zugehört, entweder größer oder gleich der Traglast P_c.

Für den rechnerischen Bruchzustand müssen beide Sätze gelten, die dann zum sogenannten Einzigkeitssatz nach HORNE /27/ kombiniert werden können (vgl. Bild 9).

> PROPOSITION 3
>
> A structure is subjected to a load consisting of a system of forces which, whilst varying in magnitude, bear a constant ratio to one another. Then, if for any load it is possible to draw a bending-moment diagram which satisfies the conditions of equilibrium and is consistent with the presence of plastic hinges at a sufficient number of sections for the structure to become a mechanism, that load is the collapse load, and it is impossible, at this or any other load, to find any other bending-moment distribution also satisfying these conditions.

Bild 9: Einzigkeitssatz nach HORNE /27/

Der statische Satz wird 1917 erstmals von KIST /35/ als ein intuitives Axiom vorgeschlagen und 1932 von GIRKMANN /16/ benutzt. Beide Sätze gehen jedoch nach MASSONNET /41/ auf A.A. GVOZDEV /19/ aus der UdSSR zurück, der sie bereits 1938 veröffentlichte. Diese Arbeit blieb leider in der westlichen Welt unbekannt, so daß die Lehrsätze der Grenzanalyse erst 1951 zeitgleich, aber wahrscheinlich unabhängig voneinander in den USA von GREENBERG/PRAGER /17/ und in Großbritannien von HILL /26/ vorgestellt werden. Diese Sätze werden von GREENBERG/PRAGER /17/ und HORNE /27/ bewiesen und sind als "Einschrankungssätze" bekannt. Sie sind für Handrechenverfahren in der Fließgelenktheorie von fundamentaler Bedeutung, da nicht mit sukzessiver Laststeigerung gearbeitet zu werden braucht. Der Beweis des kinematischen Satzes auch unter Verwendung des Axioms von FEINBERG /12/ erfolgt ebenfalls durch GREENBERG/PRAGER.

GREENBERG und PRAGER gehen bei ihrem Probierverfahren von einer wahrscheinlichen Bruchkette aus und schranken die Traglast mit Hilfe der Traglastsätze ein, wobei sie als erste das Gleichgewicht mit Hilfe des Prinzips der virtuellen Arbeiten formulieren. HEYMAN /23,24/ wendet dieses Verfahren 1951/52 für die Traglastberechnung von Trägerrosten an. Dieses ist nach Kenntnis der Verfasser die erste Anwendung der Grenzlastberechnung auf räumliche Tragwerke. Die Zuschriften zum Aufsatz von GREENBERG/PRAGER /17/ sind zahlreich und in den USA von großer Bedeutung. Es ist bemerkenswert, daß das dort Vorgetragene im wesentlichen nicht an den Erkenntnisstand der europäischen Forscher vor dem 2. Weltkrieg und insbesondere nicht an den von GIRKMANN heranreicht.

8.4 VERFAHREN DER KOMBINATION KINEMATISCHER KETTEN NACH SYMONDS UND NEAL

Ausgehend von den Traglastsätzen, entwickeln SYMONDS/NEAL /50/ 1951 ein Berechnungsverfahren der systematischen Kombination sogenannte Elementarketten, das sich seit den 70er Jahren besonderer Beliebtheit erfreut. Der Grundgedanke des Verfahrens besteht darin, daß jede mögliche Bruchkette als Kombination einer gewissen Anzahl unabhängiger kinematischer Ketten (elementary mechanisms) angesehen werden kann. SYMONDS und NEAL unterscheiden die in Bild 10 dargestellten Elementarmechanismen (Grundketten).

Die Grundketten lassen sich systematisch kombinieren, wenn darauf geachtet wird, daß bei der Gleichgewichtsformulierung mit Hilfe des Prinzips der virtuellen Arbeiten die inneren Arbeiten möglichst klein und die äußeren möglichst groß werden. So wird die kleinste Traglast systematisch gefunden. In weiteren Diskussionen /50/ werden die Vor- und Nachteile der einzelnen Berechnungsverfahren dargelegt: Einige Kritiker bemängeln den "trial-and-error"-Charakter der Probiermethoden, bei denen die Reihenfolge der Fließgelenkbildung unbekannt bleibt. Sie nehmen lieber die häufig aufwendigere, statisch unbestimmte Berechnung in Verbindung mit der sukzessiven Laststeigerung in Kauf. Erstmals wird auch die Möglichkeit aufgezeigt, Rahmen in Richtung ihres Minimalgewichts zu optimieren. Es wird jedoch davor gewarnt, "minimum-weight-design-frames" nach dem Traglastverfahren zu berechnen, da ihr Bruch plötzlich eintreten kann. Von einzelnen Autoren werden bereits die nach dem Traglastverfahren bemessenen Rahmen als "minimum-weight-design-frames" bezeichnet.

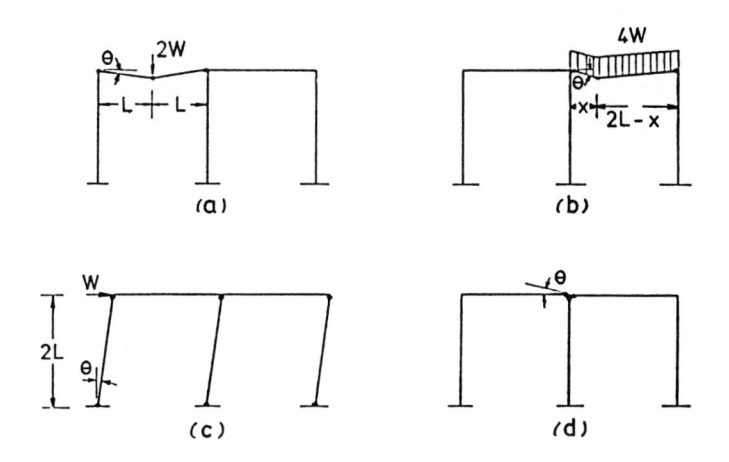

Bild 10: Elementarmechanismen nach SYMONDS/NEAL /50/:
   a),b) Trägerketten (beam mechanism), c) Seitenverschiebungskette (frame or panel mechanism), d) Knotenmechanismus (fictitious mechanism)

In den Jahren 1950 und 1954 formulieren M.R. HORNE bzw. J.M. ENGLISH sogenannte Momentenverteilungsverfahren, die sich jedoch nicht durchsetzen können.

8.5   ERSTES RECHNER-ORIENTIERTES VERFAHREN NACH JENNINGS UND MAJID

Auf der Grundlage der Verschiebungsmethode für die E.Th.I.O. entwickeln A. JENNINGS und K.I. MAJID 1965 ein Computerprogramm zur Berechnung von Traglasten nach der F.G.Th.I.O. /30/. Sie steigern die Lasten sukzessiv und füh ren nacheinander Fließgelenke ein. Die jeweils hinzukommenden unbekannten Verdrehungen im Fließgelenk berücksichtigen sie durch eine entsprechende Erweiterung des Gleichungssystems. Mit diesem Verfahren finden die Berechnungsmethoden für die F.G.Th.I.O. ihren vorläufigen Abschluß.

9 KONTROVERSE ZWISCHEN THÜRLIMANN UND STÜSSI

STÜSSI meldet sich 1956 auf der zweiten Schweizerischen Stahlbau-Tagung /48/ zu Wort und wiederholt seine seit 1936 bekannte Kritik /47/. Bei seiner Forderung, die Sicherheit von Bauwerken zu gewährleisten, beruft er sich auf LEONARDO und NAVIER und erneuert den Vorwurf, daß das Traglastverfahren unsicher ist. Er bemerkt, daß es in Europa um das Traglastverfahren - nicht zuletzt wegen seiner Einwände - rasch stiller geworden ist, doch sieht er besorgt die rasante Entwicklung in den USA, wo seine "unbequemen, früheren Versuche ... mit einer Handbewegung abgetan bzw. übersehen" werden.

Von B. THÜRLIMANN /51/ werden 1960 die Unzulänglichkeiten der Elastizitätstheorie beschrieben. Am Beispiel des in Bild 11 dargestellten Durchlaufträgers zeigt er, daß durch die geschickte Wahl eines Gelenks und damit durch eine Schwächung des Systems die Tragfähigkeit bei Berechnung nach der Elastizitätstheorie um 46% erhöht werden kann. Auch die inverse Formulierung, daß eine Verstärkung des Tragwerks eine Herabsetzung der Tragfähigkeit bewirken kann, beweist er mit Hilfe der Berechnung eines beidseitig eingespannten Rechteckrahmens durch Verdoppelung der Stützenbiegesteifigkeit (Bild 11).

Weiterhin schreibt er: "Die praktischen Fälle, in denen die Elastizitätstheorie mehr oder weniger grob verletzt wird, sind viel häufiger, als allgemein angenommen wird." Diese und andere Bemerkungen THÜRLIMANNs veranlassen STÜSSI 1962 zu einer heftigen Reaktion /49/, in der es u.a. heißt: "In jüngerer Zeit werden diese plastischen Bemessungsmethoden wieder befürwortet und zwar sowohl in England und Amerika wie auch in den Oststaaten, allerdings diesmal im Gegensatz zu früher, nicht mehr von erfahrenen Vertretern der Konstruktionspraxis, sondern, soweit wir feststellen können, von Theoretikern, die noch nie das Gewicht der Verantwortung bei der Ausführung von Ingenieurbauten selber gespürt haben." Da STÜSSI den Einfluß der plastischen Verformungen auf das Tragverhalten berücksichtigt wissen will, lehnt er die Anwendung des Prinzips der virtuellen Arbeiten ab, "denn mit der Arbeitsgleichung können wir nur Gleichgewichtszustände, allerdings in bequemer Formulierung, erfassen, aber nicht mehr."

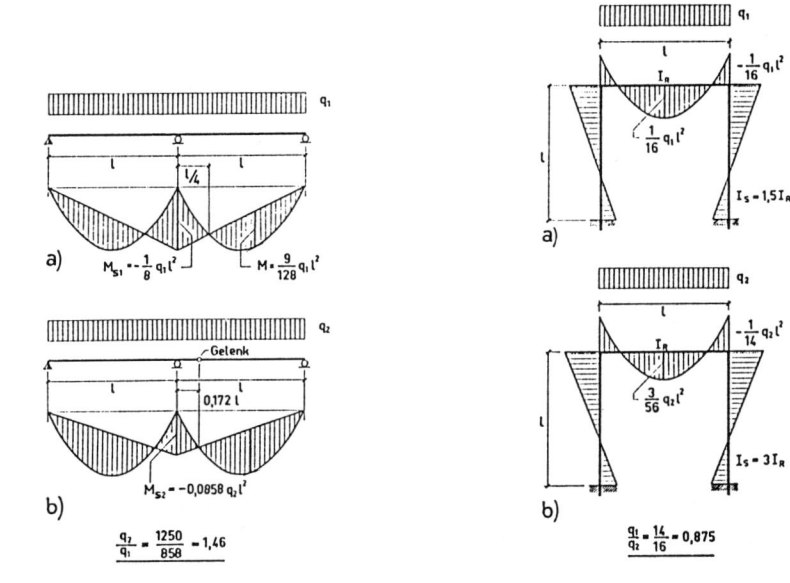

Bild 11: Zum Paradoxon der Elastizitätstheorie nach THÜRLIMANN /51/

Aus dem Ergebnis, daß die Tragfähigkeit für 10^5 Lastwechsel schon fast vollständig der Elastizitätstheorie entspricht, leitet er ab, daß das Traglastverfahren bei Brücken, Bauteilen des Hochbaus mit beweglichen Lasten und Tragwerken, für deren Bemessung der Lastfall Wind maßgebend ist, nicht angewendet werden darf. Damit sieht er kaum noch Anwendungsmöglichkeiten für das Traglastverfahren. STÜSSI schreibt weiter, daß, wenn sich nach dem Traglastverfahren doch einmal gegenüber der Elastizitätstheorie eine wesentliche Tragreserve ergibt, dies nicht als Vorteil des Traglastverfahrens angesehen werden kann, sondern damit zu begründen ist, daß der Konstrukteur nicht gewichtssparend konstruiert hat. Die Definition des Fließgelenks läßt er nicht gelten: "... die Einfachheit erweist sich bei näherer Prüfung als unzulässige Primitivität." Abschließend schreibt STÜSSI, daß das Traglastverfahren eine Berechnungsmethode für "Minderbegabte" ist.

THÜRLIMANN weist in seinen "Richtigstellungen" darauf hin, daß er gedenkt, nur auf die sachlichen Einwände zu antworten. Er stellt fest, daß bei einer Lebensdauer von 50 Jahren nur etwa 2600 Lastwechsel infolge Wind auftreten und nicht 10^5. Die Berechnungen ergäben, daß unter Gebrauchslasten die Verformungen in der Regel elastisch bleiben und daß in den USA mittlerweile viele nach dem Traglastverfahren ausgeführte Konstruktionen sicher sind. STÜSSI und THÜRLIMANN verzichten dann auf eine Weiterführung der Diskussion, doch STÜSSI erneuert bis etwa 1963 immer wieder seine bekannten Argumente. Seine unbeirrbare Kritik hat sicher dazu beigetragen, daß ab 1963 die genaueren Verfahren nach der Fließzonentheorie und der F.G.Th.II.O. entwickelt worden sind.

10 BERECHNUNGSVERFAHREN AUF DER BASIS EINER FLIESSGELENKTHEORIE HÖHERER ORDNUNG

10.1 ITERATIONSVERFAHREN NACH VOGEL

Nachdem sich GIRKMANN bereits 1931, ONAT 1935, NEAL 1960 und OXFORT 1963 mit dem Einfluß des verformten Systems auf die Formulierung des Gleichgewichts bzw. auf die Traglast auseinandergesetzt haben, dauert die Entwicklung eines ersten Berechnungsverfahrens im Rahmen der F.G.Th.II.O. bis 1965, als VOGEL seine Habilitationsschrift /53/ veröffentlicht. Von ihm, einem der engagiertesten Vertreter des Traglastverfahrens, sind bisher etwa 20 Beiträge zu diesem Thema erschienen.

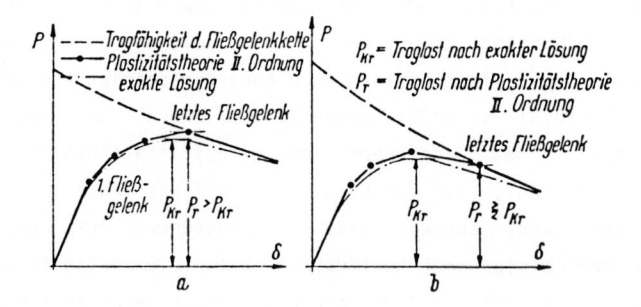

Bild 12: Zur Definition der Traglast nach VOGEL /53/

VOGEL möchte auf die Untersuchung der bei Anwendung der Theorie II. Ordnung schwierigen Beschreibung der Schnittgrößenumlagerung bis zum Erreichen der Traglast im Rahmen des Verfahrens der sukzessiven Laststeigerung verzichten. Er strebt die Entwicklung eines Verfahrens an, das unter Verwendung der Traglastsätze den Zustand des Versagens direkt beschreibt. Dazu ist die Kenntnis der Verformungen des Tragwerks im Zustand des Versagens erforderlich, also zu einem Zeitpunkt, in dem die diese Verformungen erzeugende

Traglast noch unbekannt ist. VOGEL entwickelt in allgemeiner Form die notwendigen Beziehungen zur Ermittlung des kritischen Lastfaktors unter Berücksichtigung von Normalkraft- und Verformungseinfluß für eine der möglichen Bruchketten. Er erhält ein nichtlineares, transzendentes Gleichungssystem, das nur numerisch iterativ zu lösen ist. Er legt der Berechnung nach Theorie II. Ordnung zunächst die Bruchkette nach Theorie I. Ordnung zugrunde.

10.2 DAS P-Δ-VERFAHREN NACH HORNE UND MAJID

In Großbritannien wird 1966 von HORNE/MAJID /28/ ein Berechnungsverfahren vorgestellt, das die Traglastberechnung nach einer Näherungstheorie II. Ordnung ermöglicht. Entsprechende Verfahren werden später auch von B.P. PARIKH und H. RUBIN entwickelt.

Da aus Tragwerksberechnungen nach der E.Th.II.O. bekannt ist, daß der Einfluß der Knotenverschiebungen (Sehnenfigur) auf die Traglast erheblich größer ist als die Formänderungen innerhalb eines Stabes, werden nur die ersteren berücksichtigt. Aus der Verschiebung des Systems werden Abtriebskräfte, sogenannte "P-Δ-Terme" berechnet, die den Verformungseinfluß näherungsweise erfassen. Das Verfahren wird auf der Grundlage des Drehwinkelverfahrens programmiert, und die Lasten werden proportional gesteigert. Das P-Δ-Verfahren wird heute vornehmlich für Berechnungen "von Hand" in der Stahlbaupraxis angewendet.

11 WEITERE ARBEITEN ZUR TRAGLASTFORSCHUNG

In den USA (z.B. Lehigh University) werden u.a. von H.B. HARRISON, B.P. PARIKH, V. LEVI und L.W. LU intensive theoretische und experimentelle Forschungsarbeiten durchgeführt. K. KLÖPPEL und W. UHLMANN nutzen 1968 "elektronische Rechenautomaten zur Berechnung der Traglasten von Einfeldrahmen". DUDDECK führt 1972 das vielbeachtete Seminar "Traglastverfahren" /8/ durch. Die DASt-Richtlinie-008 zur Anwendung des Traglastverfahrens im Stahlbau erscheint 1973. Entsprechende Vorschriften sind in anderen Ländern bereits erlassen. Die auf die Ri-008 folgende DIN 18 800, Teil 2 ist derzeit noch nicht eingeführt.

Aktuelle Forschungsarbeiten zur Erfassung der Querschnittstragfähigkeit werden z.B. durch M.R. HORNE, A.P. GREEN, J. HEYMAN, D.C. DRUCKER, B.G. NEAL, T.v.LANGENDONCK, P.G. HODGE, R. HILL, K. KLÖPPEL, M. YAMADA, K.-A. RECKLING, R. WINDELS, H. RUBIN, W. UHLMANN, P.-A. MATTHEY und D. POHLMANN durchgeführt. Die hieraus resultierenden Interaktionsbeziehungen basieren überwiegend auf der Grundlage der Fließbedingung nach HUBER-MISES-HENCKY. Im Normenentwurf DIN 18 800, Teil 2 sind die Interaktionsbeziehungen nach RUBIN aufgenommen, denen die bereichsweise konstante Spannungsverteilung nach J. HEYMAN und V.L. DUTTON zugrunde liegt.

Seit 1961 entstehen vermehrt Arbeiten zur Fließzonentheorie. Sie haben zum Ziel, das Tragverhalten des "Makroelements" Stab genauer als nach der Fließgelenktheorie zu beschreiben. Es werden spezielle finite Elemente entwickelt, aus denen Einzelstäbe oder Stabtragwerke modelliert werden können. Die analytischen Fließzonen-Lösungen von z.B. JEŽEK, CHWALLA und KLÖPPEL dienen hier als Kontrolle. Stellvertretend für viele andere Forscher, die sich um die Entwicklung der Fließzonentheorie verdient gemacht haben, sollen die Namen J. OXFORT, Ü. KORKUT, K. KLÖPPEL, E. WINKELMANN, W. HEIL, R. KINDMANN, Th. ACKERMANN, C. STUTZKI, P.OSTERRIEDER, J. PAULUN, E. STEIN und V. SCHRÖDTER genannt werden. VOGEL /54/ faßt 1985 die wesentlichen Ergebnisse zusammen und sieht die Fließgelenktheorie durch die Fließzonentheorie bestätigt.

Eine Aufzählung der vielen aus der Literatur bekannten weiteren Verfahren zur Traglastberechnung ebener Rahmentragwerke ist ohne eine inhaltliche Betrachtung nicht sinnvoll. Da hierfür der zur Verfügung stehende Platz nicht ausreicht, wird auf eine ausführlichere Darstellung verwiesen, die als Institutsbericht erscheinen wird.

Heute existieren bereits viele auch kommerziell genutzte Rechnerprogramme, die überwiegend auf der FEM basieren. Einen guten Einblick in diese Thematik vermittelt z.B. die Arbeit von A. BECKER, V. BERKHAN, R. KAHN, K.-D. KLEE und E. STEIN /2/. Hier werden bei der Traglastberechnung ebener Stabtragwerke die Schubweichheit der Stäbe, beliebig große Verformungen, exzentrische Fließgelenke nach HENNING /22/ und ein selbststeuernder Lösungsalgorithmus zur Berechnung überkritischer Zustände berücksichtigt.

12 BERECHNUNGSVERFAHREN FÜR DIE TRAGLASTBERECHNUNG RÄUMLICHER STABTRAGWERKE

Die Untersuchung vielfach statisch unbestimmter räumlicher Stabtragwerke er-

folgte zunächst über Platten- bzw. Scheibenanalogien. Erst die FEM gestattet es, große räumliche Stabtragwerk-Systeme zu berechnen. Da auch bei der Behandlung ebener Stabtragwerke Probleme (z.B. das Biege-Drill-Knicken) auftreten, die nur mit einer Stabtheorie räumlich beanspruchter Stäbe gelöst werden können, entstand eine größere Anzahl von Arbeiten zur Traglastberechnung räumlicher Stabtragwerke auf der Basis der Fließzonentheorie als mit Hilfe der Fließgelenktheorie.
HEYMANN /23,24/ war 1957 der erste, der die F.G.Th.I.O. auf räumliche Systeme anwandte. In den USA wurde 1966 von K.E. BRUINETTE /5/ eine Arbeit zum selben Thema veröffentlicht. Die Verfahren von J.P. WOLF /55/ (1973), G. GACKSTATTER /14/ (1975), H. KLIMKE /37/ (1976) und A. HANAOR /20/ dienen zur Traglastberechnung von Raumfachwerk-Systemen. Die F.G.Th.II.O. wird 1983 von S. MORINO und L.W. LU /42/, USA, sowie von und D. HEDELER /21/, DDR, auf räumliche Rahmen angewendet. In diesen Arbeiten werden bezüglich der Berücksichtigung der physikalischen Nichtlinearität erhebliche Vereinfachungen vorgenommen.

Die Gültigkeit einer Fließgelenktheorie für ebene Stabtragwerke ist heute durch viele Vergleichsberechnungen, Versuche und vor allem durch die bereits nach dem Traglastverfahren ausgeführten Bauwerke hinreichend bestätigt. Es sind dennoch viele Detailfragen ungeklärt, so z.B. der Einfluß örtlicher Instabilitäten, die Bemessung von Anschlüssen und die Möglichkeit, andere Werkstoffe als Baustahl (wie z.B. Aluminium) in die Traglastberechnung einzubeziehen. Ein sicheres Konzept zur Ermittlung von Einspiellasten ist noch nicht in Sicht.

Die Berechnung räumlicher Stabtragwerke nach dem Traglastverfahren wirft weiter ungeklärte Fragen auf wie z.B. die nach der Rotationskapazität plastizierter Querschnitte bei räumlicher Beanspruchung. Zu ihrer Beantwortung sind weitere Versuche erforderlich. Für Fachwerksysteme werden vor allem in Australien (von L.C. SCHMIDT) Versuchsreihen durchgeführt; entsprechende für räumliche Rahmen fehlen bisher.

13 LITERATUR

/ 1/ Baker, J.F.: The Design of Steel Frames. Struct. Engr. 27 (1949) 397-431
/ 2/ Becker, A.; Berkhahn, V.; Kahn, R.; Klee, K.-D.; Stein, E.: Berechnung von Traglasten ebener Stahlrahmen auf Microcomputern im Dialogverkehr. Bauingenieur 61 (1986) 521-529
/ 3/ Bleich, F.: Stahlhochbauten, ihre Theorie und bauliche Gestaltung,

Berlin: Springer-Verlag Bd. I (1932)
/ 4/ Broek, J.A. van den: Theory of limit Design. Trans. Amer. Soc. Civ. Engrs. 105 (1940) 638 pp
/ 5/ Bruinette, K.E.: A General Formulation of the Elastic-Plastic Analysis of Space Frameworks. PhD thesis U of Illinois 1966
/ 6/ Burth, K.: Traglasten und Stabilität ebener Rahmentragwerke bei Berücksichtigung von großen Verschiebungen und Schnittlastenumlagerungen. Diss. TU Berlin 1969
/ 7/ Duddeck, H.: Traglastverfahren. Unveröffentlichtes Manuskript. TH Hannover WS 1964/65
/ 8/ Duddeck, H.: Seminar Traglastverfahren. Ber. Nr. 72-6 Inst. f. Statik TU Braunschweig 1972
/ 9/ Duddeck, H.: Traglasttheorie der Stabtragwerke. Betonkalender Teil II 1972 u.1984
/10/ Duddeck, H.; Ahrens, H.: Vereinfachung statischer Berechnungen durch die Traglasttheorie. In Baustatik/Baupraxis 3 Tagungsband, Stuttgart März 1987, Hrsg. E. Ramm
/11/ Engesser, F.: Über die Knickfestigkeit gerader Stäbe. Z. d. Arch.-u.Ing.-Vereins zu Hannover 35 (1889) 455-462
/12/ Feinberg, S.M.: Das Prinzip der Grenzspannung (russisch). Prikladnaja Matematika i Mechanika 12 (1948) 63-68
/13/ Fritsche, J.: Die Tragfähigkeit von Balken aus Stahl mit Berücksichtigung des plastischen Verformungsvermögens. Der Bauingenieur, H. 49 (1930) 851-855, H. 50 (1930) 873-874, H. 51 (1930) 888-893
/14/ Gackstatter, G.: Beitrag zu Ermittlung der Traglast und zur Bemessung nach der Plastizitätstheorie von zweilagig-zweiläufigen Raumfachwerkrosten aus Stahl mit Hilfe der Lösungen für das elastisch-plastische Kontinuum. Diss. TU Berlin 1975
/15/ Girkmann, K.: Bemessung von Rahmentragwerken unter Zugrundelegung eines ideal plastischen Stahles. Sitzungsbericht der Akademie der Wissenschaften in Wien, math.-naturw. Klasse Abt. IIa 140 (1931) 679-728
/16/ Girkmann, K.: Über die Auswirkung der "Selbsthilfe" des Baustahls in rahmenartigen Stabwerken. Der Stahlbau 5 (1932) 121-127
/17/ Greenberg, H.J.; Prager, W.: On Limit Design of Beams and Frames. Trans. ASCE 117 (1951) 447-484, Diskussion: Proc. ASCE 78 (1952) 459-484
/18/ Grüning, M.: Die Tragfähigkeit statisch unbestimmter Tragwerke aus Stahl bei beliebig häufig wiederholter Belastung. Berlin: Springer Verlag 1926
/19/ Gvozdev, A.A.: Bestimmung der Festigkeit von Tragwerken durch die Methode der Grenzbemessung, (russisch) Stroizdat, Moskau: 1954
/20/ Hanaor, A.: Analysis of Double Layer Grids with Material Nonlinearities - a Practical Approach. Space Structures 1 (1985) 33-40
/21/ Hedeler, D.: Statik räumlicher Stabtragwerke nach Fließgelenktheorie II. Ordnung. Diss. TU Dresden 1984
/22/ Henning, A.: Traglastberechnung ebener Rahmen - Theorie II. Ordnung und Interaktion. Diss. Ber. Nr. 75-12 Inst. für Statik, TU Braunschweig 1975
/23/ Heyman, J.: The Limit Design of Space Frames. J. Appl. Mech. 18 (1951) 157-162
/24/ Heyman, J.: The Limit Design of a Transversely Loaded Square Grid. J. Appl. Mech. 19 (1952) 153-158
/25/ Hill, R.: The Mathematical Theory of Plasticity, Oxford U Press 1980
/26/ Hill, R.: On the State of Stress in a Plastic-Rigid Body at the Yield Point. The Philosophical Magazin 7, 42 (1951) 868-875
/27/ Horne, M.R.: Fundamental Propositions in the Plastic Theory of Structures. J. Instn. Civ. Engrs. 34 (1950) 174-177
/28/ Horne, M.R.; Majid, K.I.: Elastic-Plastic Design of Rigid Jointed Sway Frames by Computer. First Report, Study of Analytical and Design Procedures for Elastic and Elastic-Plastic Structures, U of Man-

chester 1966
/29/ Jäger, Th.: Tragfähigkeitsforschung und Verfahren der Tragberechnung auf dem Gebiete der Stabwerke aus Baustahl. Bauplanung und Bautechnik 10 (1956) 266-279, 315-324, 361-371
/30/ Jennings, A.; Majid, K.I.: An Elastic-Plastic Analysis by Computer for Framed Structures Loaded up to Collapse. Struct. Engr. 43 (1965) 403-412
/31/ Kann, F.: Der Momentenausgleich durchlaufender Traggebilde im Stahlbau. Berlin: Verlag von Walter de Gruyter & Co. 1932
/32/ Kazinczy, G.v.: Kislertek befalazott tartokkal. Betonszemle 2 (1914) 68ff
/33/ Kazinczy, G.v.: Die Weiterentwicklung der Plastizitätslehre. Budapest, Technica 12 (1931)
/34/ Kazinczy, G.v.: Versuche mit innerlich statisch unbestimmten Fachwerken. Der Bauingenieur (1938) 236ff
/35/ Kist, N.C.: Leidt een Sterkteberekening, die Uitgaat van de Evenredigheid van Kracht en Vormverandering, tot en goede Constructi van ijzeren Bruggen en Gebouven? Inaugural Diss. Polytechnic Inst. Delft 1917
/36/ Kist, N.C.: Die Zähigkeit des Materials als Grundlage für die Berechnung von Brücken, Hochbauten und ähnlichen Konstruktionen aus Flußeisen. Der Eisenbau 11 (1920) 425-428
/37/ Klimke, H.: Berechnung der Traglast statisch unbestimmter räumlicher Gelenkfachwerke unter Berücksichtigung der überkritischen Reserve der Druckstäbe. Diss. TU Karlruhe 1976
/38/ Maier-leibnitz, H.: Beitrag zur Frage der tatsächlichen Tragfähigkeit einfacher und durchlaufender Balkenträger aus Baustahl St37 und Holz. Die Bautechnik 6 (1928) 11-14 u. 27-31, Zuschriften 274-278
/39/ Maier-Leibnitz, H.: Versuche mit eingespannten und einfachen Balken von I-Form aus St37. Die Bautechnik 7 (1929) 313-318
/40/ Massonnet, Ch.: Kritische Betrachtungen zum Traglastverfahren. VDI-Z. 105 (1963) 1057-1116
/41/ Massonnet, Ch.: Die europäischen Empfehlungen (EKS) für die plastische Bemessung von Stahltragwerken. Acier-Stahl-Steel 32 (1976) 146-156
/42/ Morino, S.; Lu, L.-W.: Inelastic Instability Analysis of Space Frames. Third Int. Colloquium, Stability of Metal Structures, Preliminary Report, Paris 16 (17. Nov. 1983) 473ff
/43/ Neal, B.G.; Symonds, P.S.: The Calculation of Collapse Loads for Framed Structures. J. Inst. Civ. Engrs. 35 (1950/51) 21-40
/44/ Neal, B.G.: The Plastic Method of Structural Analysis, London: Chapman Hall Ltd. 1956 (Übersetzung: Die Verfahren der plastischen Berechnung biegesteifer Stahlstabwerke, Berlin: Springer Verlag 1958)
/45/ Onat, E.T.; Prager, W.: Limit Analysis of Arches. J. of the Mechanics and Physics of Solids 1 (1953) 77-89
/46/ Prager, W.; Hodge, P.G.: Theory of Perfectly Plastic Solids, New York: John Wiley& Sons 1951; (Übersetzung: Theorie idealplastischer Körper. Springer Verlag 1954)
/47/ Stüssi, F.; Kollbrunner, C.F.: Beitrag zum Traglastverfahren. Die Bautechnik 13 (1935) 264-267
/48/ Stüssi, F.: Theorie und Praxis im Stahlbau. Mitt. der Techn. Kommission des Schweizer Stahlbau-Verbandes H. 16 (1956) (Zweite Schweizerische Stahlbautagung)
/49/ Stüssi, F.: Gegen das Traglastverfahren. Schweizerische Bauzeitung 80 (1962) 33-37
/50/ Symonds, P.S.; Neal, B.G.: Recent Progress in the Plastic Methods of Structural Analysis. J. of the Franklin Inst. 252 (1951) 383-407 und 469-492

/51/ Thürlimann, B.: Grundsätzliches zu den plastischen Berechnungsverfahren. Schweizerische Bauzeitung 79 (1961) 863-881
/52/ Thürlimann, B.: Richtigstellungen zum Aufsatz "Gegen das Traglastverfahren". Schweizerische Bauzeitung 80 (1962) 123-136
/53/ Vogel, U.: Die Traglastberechnung stählerner Rahmentragwerke nach der Plastizitätstheorie II. Ordnung. Forschungshefte aus dem Gebiet des Stahlbaus H. 15 (1965) (Habilitationsschrift)
/54/ Vogel, U.: Calibrating Frames - Vergleichsberechnungen an verschieblichen Rahmen. Stahlbau 10 (1985) 295-301
/55/ Wolf, J.P.: Elastisch-plastische Berechnung großer Fachwerke im Überkritischen Bereich. Schweizerische Bauzeitung 91 (1973) 465-468

Zur Bedeutung der Statik in Ausbildung und Praxis der Bauingenieure

R. Schardt, Darmstadt

SUMMARY

Structural analysis as educational subject enables to recognize the properties and the behavior of structures and to provide a mathematical formulation in order to allow numeric evaluation. It leads from the general statements of mechanics to the practical application on real structures and represents base and backbone of any kind of constructional work. In scientific education the subjects are studied separately, in practical work an effective interaction is of great importance. Computers can help in education to visualize abstract procedures, in design work they manage voluminous data processing and concentrate and select the results. Higher Qualification is necessary for responsible use of computer programms.

ZUSAMMENFASSUNG

Das Lehrgebiet Statik vermittelt die Fähigkeit, Eigenschaften und Wirkungsweise von Tragwerken zu erkennen und in mathematischer Form so zu beschreiben, daß sie quantitativ auswertbar sind. Sie stellt die Verbindung von den allgemeinen Sätzen der Mechanik zur Anwendung auf konkrete Tragwerke her und bildet damit Grundlage und Rückgrat konstruktiver Arbeit. In der Lehre werden Mechanik, Statik und die konstruktiven Fächer getrennt behandelt, in der Praxis müssen sie sich durchdringen. Computer können in der Lehre zur Veranschaulichung abstrakter Vorgänge dienen, in der Praxis helfen sie bei der Verarbeitung großer Datenmengen. Verantwortliche Anwendung von Programmen erfordert höhere Qualifikation als früher.

1 EINLEITUNG

Bei der Selbstverständlichkeit, mit der bis ins vorige Jahrzehnt die Stellung der Statik als zentrales Fach in der Ausbildung der Bauingenieure unumstritten war, wäre eine Behandlung des gestellten Themas im Sinne einer Rechtfertigung für überflüssig gehalten worden. Auch wenn das Bild, das sich Laien von der Arbeit des "Statikers" machen, sicher sehr verschwommen ist, so wird doch auf alle Fälle das hohe Maß an Verantwortung anerkannt, das mit dieser Tätigkeit verbunden ist. Herausragende Leistungen werden in spektakulären Tragkonstruktionen öffentlich sichtbar, aber auch die Beachtung, die das Versagen bei Schadensfällen mit tragischen Folgen findet, unterstreicht diese Einschätzung. Inzwischen sind jedoch aus mancherlei Gründen Entwicklungen eingetreten, die zu einer gefährlichen Aushöhlung im Fundament der Bauingenieurausbildung führen können, wenn ihnen nicht energisch Einhalt geboten wird.

Für einen Teil haben die Bauingenieure selbst die Verantwortung zu übernehmen. Der rasch zunehmende Umfang der technischen Regelwerke und die darin bis ins Detail wirkenden Einengungen, von vielen aus Bequemlichkeit gern in Anspruch genommen, sowie Fehleinschätzungen auf dem Gebiet des Computereinsatzes geben der Tätigkeit bei oberflächlicher Betrachtung zunehmend buchhalterische Eigenschaften. Die Diskussion um die sogenannten Expertensysteme, die das Fachwissen in Programme einfrieren, ohne doch den Fachverstand ersetzen zu können, trägt auch noch wenig zur Klärung bei. Sie nährt nur die verhängnisvoll irrige Vorstellung, daß ein Festigkeitsnachweis schon fast von Laien aufgestellt werden könne.

Motivieren und orientieren sollen Lehrveranstaltungen mit dem modischen fachgebietsübergreifenden Gesamtheitsanspruch, die Projektarbeiten in die Anfangsphase des Studiums ziehen, die erfolgreich erst in der Vertiefungsphase sein können. Sie binden einen Teil der für die Grundlagenvermittlung wichtigen Wochenstunden. Rückläufige Zahlen von Studienanfängern im Bauingenieurwesen in den letzten Jahren verschärfen an den Hochschulen im Wettbewerb mit anderen Studieneinrichtungen den Kampf um die Anteile an Personalstellen und Sachmittel.

Der notwendige Unterschied zwischen dem Lehrgebiet Statik und dem Tätigkeitsfeld des "Statikers" ist außerhalb des Faches kaum bekannt, das unterstützende Angebot von Computerprogrammen in der Anwendung der Statik wird als Grund für ihre angeblich abnehmende Bedeutung angeführt.

Die Faszination, die von großen Ingenieurwerken wie Brücken, Hochhäusern und Repräsentationsbauten einmal ausging, ist im wachsenden Unbehagen am technischen Fortschritt verblaßt. Man distanziert sich von ihm (ohne al-

lerdings auf seine Annehmlichkeiten zu verzichten).
All das ist Anlaß genug zu Überlegungen über Weg, Wirkung und Ziel, um die Bedeutung der Statik im Studium und in der beruflichen Praxis klarzustellen. Sie werden sich im folgenden auf den Anteil beschränken, den die wissenschaftlichen Hochschulen daran haben.

2 DIE STATIK IN DER LEHRE

2.1 ABGRENZUNG DES LEHRGEBIETES STATIK

Tragwerke sind Bauwerke oder Teile davon, bei denen die Festigkeit (Sicherheit gegen Bruch oder bleibende Verformungen), die Steifigkeit (Größe der elastischen Verformungen) und die Stabilität (Sicherung gegen Gleichgewichtsverlust) für die Gebrauchs- und Standsicherheit von Bedeutung sind. Sofern diese Sicherheit das öffentliche Interesse berührt, muß sie nachgewiesen und dieser Nachweis von unabhängiger Stelle geprüft werden. Der Nachweis wird an einem Berechnungsmodell geführt, das durch Idealisierungen aus dem Tragwerk gebildet wird und die Anwendung mathematischer Formulierungen für das Tragverhalten erlaubt.
In arbeitsteiliger Weise beschränkt sich das Lehrgebiet Statik auf die Untersuchung dieser Rechenmodelle und überläßt die baustoffbezogenen Fragen den konstruktiven Fächern wie Massivbau, Stahlbau und Holzbau, ohne allerdings die Verzahnung mit diesen Lehrgebieten zu übersehen. Insofern erfaßt das Lehrgebiet Statik gerade die Phase der Projektbearbeitung, in der die Voraussetzungen vollständig definiert sind und damit eine eindeutige Lösung gefordert werden kann. An dieser unbequemen Eigenschaft scheiden sich dann auch meist die Geister.
Der Entwurf des Tragwerks, die Festlegung eines wirklichkeitsnahen Berechnungsmodells und die konstruktive Durchbildung sind ein in sich zusammenhängender Vorgang und ohne eingehende Kenntnisse des Tragverhaltens nicht zu leisten.
Die folgende gedrängte Darstellung der Lehrinhalte soll zeigen, daß es um die Entwicklung von Begriffen, das Erkennen von Beziehungen und die Möglichkeiten geht, Lösungswege den sich ändernden Bedingungen und Hilfsmittel entsprechend zu strukturieren. Bei der beschränkten Zeit ist der Vermittlung von Einsichten Vorrang zu geben vor der von Fertigkeiten. Die Nutzungsdauer dieses Wissens ist nicht begrenzt.

2.2 GRUNDLAGEN DER STATIK

2.2.1 Das Berechnungsmodell und die Zustandsgrößen

Das Berechnungsmodell, auch statisches System genannt, wird durch Idealisierung aus dem Tragwerk gewonnen. Hierbei werden die elastischen Eigenschaften eines ganzen Querschnitts bei Stabtragwerken auf eine Systemmittellinie, meist die Schwerlinie, bei Platten und Schalen auf eine Systemmittelfläche bezogen. Spannungsbilder im Querschnitt werden zu Schnittgrößen integriert, Verzerrungsbilder zu Verformungen der Systemlinie oder -fläche (inneren Verformungen). Die Lageänderung der Systempunkte sind äußere Verformungen. Mechanismen kennzeichnen zusätzliche relative Verschiebungsmöglichkeiten, Lagersymbole geben fehlende Bewegungsmöglichkeiten an bestimmten Stellen des Modells an. Innere und äußere Verformungen bilden zusammen mit den Schnittgrößen die Gruppe der Zustandsgrößen.

2.2.2 Die Einwirkungen

Einwirkungen verändern die Zustandsgrößen des Systems. Übliche Einwirkungen sind Lasten und Kräfte. Weitere Arten mit andersartiger Wirkung sind Temperaturänderungen, singuläre innere Verformungen und vorgegebene Lageänderungen der Lagerpunkte. Die Größe der Einwirkungen ist weitgehend durch Normen vorgeschrieben. Ein Teil der Einwirkungen wie Wind, Schnee und Erdbeben ist stochastischer Natur und kann nur aufgrund von Langzeitmessungen mit Hilfe statistischer Methoden ausgewertet und in der Größe festgelegt werden. Die Kenntnis dieser Hintergründe gehört zur Statik. Einwirkungen aus besonderen Bedingungen, die nicht in den Vorschriften enthalten sind, müssen selbstverantwortlich eingeschätzt und berücksichtigt werden.

2.2.3 Die Gleichgewichtsbedingungen

Die Schnittgrößen müssen an jedem Punkt des Systems mit den Lasten im Gleichgewicht sein. Für eine Gruppe von Tragwerken, die statisch bestimmten, gibt es hierfür eine eindeutige Lösung. Durch geschickte Schnitte wird das System zerlegt und an den Trennstellen die ausgelösten Schnittgrößen als äußere Kraftgrößen (Lasten) angebracht. Die elementaren Gleichgewichtsbedingungen liefern die erforderlichen Bestimmungsgleichungen für die gesuchten Schnittgrößen. In einer infinitesimalen Behandlung führen die Gleichgewichtsbedingungen auf Differentialbeziehungen. Die zur Lösung verwendeten Methoden werden später in analoger Weise auch auf andere Fragestellungen angewandt. Dies ist der fundamentale Teil der Statik und er verlangt daher die ausgiebigste und sorgfältigste Behandlung in der Lehre. Er bildet und festigt die grundlegenden Begriffe.

Bei statisch unbestimmten Systemen gibt es unendlich viele Schnittgrößenverteilungen, die das Gleichgewicht erfüllen. Nur eine davon ergibt auch eine mit den Lagerungen und den inneren Bindungen verträgliche Verformung. Dieser Typ kann nur mit den im Folgenden besprochenen Bedingungen gelöst werden.

2.2.4 Die Elastizitätsbeziehungen

Zwischen den Schnittgrößen und den inneren Verformungen besteht eine direkte Beziehung. Sie wird durch einen Steifigkeitswert ausgedrückt, der in der Regel eine Konstante ist, so daß eine lineare Beziehung besteht und die eine Größe leicht durch die andere ersetzt werden kann. Beispiele sind die Biege-, Dehn-, Schub- oder Torsionssteifigkeit. Sie setzen sich aus einem Anteil aus der Querschnittsform und einem Elastizitätswert des Materials zusammen und legen so z.B. das Verhältnis zwischen dem Biegemoment und der Krümmung der Systemlinie an jeder Stelle des Tragwerks fest. In Abhängigkeit von den verwendeten Werkstoffen muß der Bereich linearen Verhaltens oft stark eingeschränkt werden.

2.2.5 Die geometrischen Beziehungen

Ist der Verlauf der Schnittgrößen im gesamten System bekannt, so sind es durch die Elastizitätsbeziehungen auch die inneren Verformungen. Ihre Aneinanderreihung über die Systemlinie legt die Formänderung der Tragwerksteile, aber noch nicht deren endgültige Lage zwischen den Mechanismen und Lagern fest. Hierzu müssen noch die Übergangsbedingungen an den Mechanismen und die Lagerbedingungen durch Starrkörperverschiebungen der verformten Systemteile befriedigt werden. Unter der Voraussetzung, daß die Verschiebungen der Systempunkte klein sind gegenüber den Systemabmessungen, können die geometrischen Beziehungen, die bei beliebiger Größe der Verformungen sehr kompliziert sind, zu linearen Differentialbeziehungen vereinfacht werden. Auf diese Weise kommt man durch einfache Integrationen von den inneren zu den äußeren Verformungen.

2.2.6 Die allgemeine Darstellung

Für die allgemeine mathematische Formulierung des Tragverhaltens wird eine direkte Beziehung zwischen den Lasten und den äußeren Verformungen angestrebt. Man erhält sie durch Elimination aller übrigen Zustandsgrößen mit Hilfe der vorgenannten drei Beziehungen: Gleichgewicht, Elastizität und Geometrie. Beim geraden Balken ist es eine gewöhnliche, bei Platten eine partielle Differentialgleichung 4. Ordnung, bei gekrümmten Trägern und Schalen sind es Systeme von Differentialgleichungen. Lineare Differentialgleichungen erhält man nur, wenn alle drei Beziehungen linear sind (Theorie I. Ordnung). Sind die Gleichgewichtsbedingungen nichtlinear, z.B. wenn sie am verformten System aufgestellt werden müssen, so handelt es sich um Theorie II. Ordnung.

2.2.7 Das Arbeitskomplement

Als sehr nützlich im Hinblick auf eine allgemeinere Fassung von Aussagen hat sich der Begriff des Arbeitskomplementes erwiesen. Hat man, unter Einschluß der Lasten, die Zustandsgrößen in einem System so geordnet, daß den Kraftgrößen genau die Weggrößen gegenübergestellt werden, an denen sie Arbeit leisten können, so kann man allgemeine Sätze für ganze Gruppen von Zustandsgrößen formulieren. Die gegenübergestellten Paare von Kraft- und Weggrößen sind gegenseitig Arbeitskomplemente. Wenn Wissenschaftlichkeit auch bedeutet, in verschiedenen Vorgängen die gleiche Wirkungsweise zu erkennen und in einer geschlossenen Theorie zu beschreiben, so kann die Verwendung des Begriffes Arbeitskomplement hierzu wesentlich beitragen.

2.3 VERFAHRENSWEISEN DER STATIK

2.3.1 Das Prinzip der virtuellen Verrückungen

Daß hier und im nächsten Abschnitt ein "Prinzip" als Verfahren angesprochen wird, befremdet zunächst. Doch zeigt sich gerade hierin, wie eng mit den Grundlagen der Mechanik die Arbeitsweise in der Statik verbunden ist. Das PdvV nutzt die allgemeine Aussage eines Satzes der Mechanik, um eine einfache Bestimmungsgleichung für eine gesuchte Schnittgröße oder Lagerreaktion zu erhalten. Der Satz definiert das Gleichgewicht an einem kinematischen System als vollständig erfüllt, wenn für jede mögliche (virtuelle) Verrückung der Kette die Summe der Arbeiten der Kraftgrößen an den Verrückungen verschwindet. Die kinematische Kette kann durch beliebige Zufügung von Mechanismen oder Wegnahme von Lagerbedingungen an einem statischen System gebildet werden, wenn man an den Mechanismen die dort wirkenden (ausgelösten) Schnittgrößen als Lasten ansetzt. In der Anwendung auf statisch bestimmte Systeme genügt das Auslösen einer Größe, um die gewünschte Bestimmungsgleichung zu formulieren.

2.3.2 Das Prinzip der virtuellen Kräfte

Komplementär zum PdvV dient das PdvK zur Ermittlung von äußeren Verformungsgrößen, wenn die Schnittgrößenverteilung bekannt ist. Grundlage ist der Satz, daß eine gedachte (virtuelle) Belastung zusammen mit den zugehörigen Schnittgrößen, da sie eine Gleichgewichtsgruppe darstellt, an den Verformungen aus einer anderen wirklichen Belastung insgesamt keine Arbeit leisten darf. Wählt man die virtuelle Last der Größe Eins als Arbeitskomplement zur gesuchten äußeren Verformung und drückt die wirklichen inneren Verformungen durch die wirklichen Schnittgrößen aus, so hat man die gewünschte Bestimmungsgleichung für die gesuchte äußere Verformung. Das Produkt aus der virtuellen Schnittgröße multipliziert mit der wirklichen, dividiert durch die zugehörige Steifigkeit, ist ein leicht auszuwertendes Integral. Dieses Vorgehen spielt als Teilaufgabe auch innerhalb der folgenden Verfahren eine wichtige Rolle.

2.3.3 Die Überlagerungsverfahren

Systeme, die mit den bisher genannten Verfahren nicht unmittelbar gelöst werden können, werden, lineares Verhalten vorausgesetzt, durch Nullsetzen bestimmter Zustandsgrößen so abgeändert, daß dies möglich wird. Wählt man hierfür nur Schnittgrößen oder Lagerreaktionen aus, so handelt es sich um das Kraftgrößenverfahren (KGV), nimmt man dagegen nur Weggrößen, so haben wir es mit dem WGV zu tun. Die Einwirkungen erzeugen im Nullzustand an den Orten dieser Zustandsgrößen Unverträglichkeit in den Kontinuitäts- oder Gleichgewichtsbedingungen. Setzt man die zunächst unterdrückten Zustandsgrößen (Überzählige) nacheinander gleich Eins, so erhält man weitere Gruppen von Unverträglichkeiten. Eine ganz bestimmte Linearkombination dieser Gruppen kann diejenigen aus der Einwirkung aufheben, so daß die Voraussetzungen des tatsächlichen Systems erfüllt sind. Die Größe der Überzähligen ergibt sich damit aus einem linearen Gleichungssystem. Das endgültige Ergebnis erhält man durch Überlagerung der mit den Überzähligen gewichteten Einheitszustände mit dem Nullzustand.

Die Überlagerungsverfahren bilden mit zunehmender Bedeutung des WGV den Kern statischer Arbeitsweisen.

2.3.4 Die Übertragungsverfahren

In den weitaus meisten Fällen ist in den Aufgaben der Statik im mathematischen Sinne ein Randwertproblem zu lösen, d.h. es gibt nicht eine einzige Stelle, von der aus man die Lösung unmittelbar entwickeln kann. Dennoch haben sich für bestimmte Tragwerksarten Verfahren als vorteilhaft erwiesen, die die fehlenden Anfangsbedingungen zunächst durch Annahme vervollständigen und auf einem Übertragungsweg abschnittsweise jeweils eine hierzu passende Lösung erzeugen. Da diese am Ende des Übertragungsweges natürlich nicht die dort vorliegenden Bedingungen erfüllen kann, dienen die Widersprüche zur Bestimmung der zunächst angenommenen Zustandsgrößen am Anfang. Nachdem die vollständigen Bedingungen am Anfang bekannt sind, kann in einem zweiten Durchgang die endgültige Lösung ermittelt werden. Die numerische Integration von Differentialgleichungen, das Reduktionsverfahren sowie das Frontal-Verfahren gehören zu dieser Gattung. Diese Verfahren sind auf Tragwerke beschränkt, die auf dem Übertragungsweg keine Verzweigungen enthalten.

2.3.5 Verfahren mit finiten Elementen

Unregelmäßig geformte oder belastete Tragwerke werden in eine Anzahl regelmäßiger Einzelelemente endlicher Größe zerlegt, für die eine geschlossene Lösung möglich ist. Die Gesamtheit aller Bedingungen, die für notwendige Kontinuität zwischen den Elementen sorgen, bilden ein lineares Gleichungssystem mit einer meist sehr großen Zahl von Unbekannten. Die Anwendung dieser Methode (FEM) setzt daher leistungsfähige Computer voraus. Das fast unbegrenzte Gebiet von Anwendungsmöglichkeiten erklärt die Beliebtheit. Daß für den Anwender schon das Berechnungsmodell mit seinen Idealisierungen, noch mehr aber der teilweise riskante Weg der Daten von der Eingabe bis zum Ergebnis weitgehend im Dunkeln bleiben, bildet eine oft unterschätzte Gefahr. Einsichten aus einer solchen Anwendung der FEM in grundlegende Trageigenschaften kann man kaum erwarten. Eingehende Befassung mit den Eigenschaften der gängigen Elementtypen und der Verknüpfungsbedingungen sind unbedingt notwendig.

2.3.6 Iteration am Tragwerk

Einige Iterationsverfahren, die zur Vermeidung großer Gleichungssysteme angewandt wurden und wegen des schematischen Ablaufs sehr beliebt waren, haben inzwischen an praktischer Bedeutung verloren. Sie können aber nützliche Einsichten in das Tragverhalten liefern, z.B. zum Einfluß der Steifigkeit auf die Schnittgrößenverteilung, und damit in der Lehre eine Berechtigung behalten. Diese Wirkung tritt freilich nur ein, wenn der mechanische Hintergrund die Hauptsache bildet und nicht der Formalismus. Erforderlich ist die iterative Behandlung aber immer dann, wenn wegen nichtlinearer Beziehungen die Voraussetzungen für die oben genannten Verfahren nicht mehr gelten. Iteratives Vorgehen heißt dann, daß in den einzelnen Schritten der Rechnung Beziehungen vereinfacht, Steifigkeiten zunächst vernachlässigt oder unendlich groß gesetzt werden können. Nach jedem Schritt müssen die verbleibenden Fehler erkannt und im folgenden korrigiert werden. Konvergenz, d.h. Abnahme der Fehler, setzt Überblick über die Wirkung der Vereinfachungen in den einzelnen Schritten voraus. Die Durchleuchtung solcher Iterationsvorgänge vertieft ebenfalls die Kenntnisse über das Tragverhalten.

2.3.7 Analogien

Analogien sind ein vorzügliches Mittel, um in einem System Größen oder Beziehungen, die sich der unmittelbaren Anschauung entziehen, durch leichter vorstellbare oder vertrautere zu ersetzen. Zu diesem Zweck bedienen sie sich der Gleichartigkeit mathematischer Beziehungen in zwei verschiedenen Systemen.

Die Zeit, eine abstrakte Größe, deren Lauf nur an den Veränderungen von Zuständen meßbar ist, wurde schon früh mit Hilfe des Winkels dargestellt, den der Schatten der Sonnenuhr im Tagesverlauf einnimmt oder die Sandmenge, die im Stundenglas verrinnt. Die Chladni'schen Klangfiguren zeigen durch die Sichtbarmachung der Knotenlinien einer schwingenden Platte die Lösung einer komplizierten Aufgabe der Dynamik. Beide Analogien sind empirisch begründet und ohne physikalische Kenntnisse zu verstehen.

Das Prandl'sche Seifenhautgleichnis zeigt geradezu plastisch durch Form und Inhalt einer über einen Querschnitt gespannten Membran Schubspannungsverlauf und Torsionswiderstand eines beliebig geformten Querschnitts. Die doppelte Integration der geometrischen Beziehungen von der Krümmung zur Verschiebung hat Mohr mit den Winkelgewichten in den Bereich der Gleichgewichtsbetrachtungen übertragen. Die Zugstabanalogie versetzt die schwierigeren Begriffe der Wölbkrafttorsion in das wohlvertraute Gebiet des Biegebalkens. Die Verallgemeinerte Technische Biegetheorie führt die Beschreibung prismatischer Faltwerke und Schalen auf den elastisch gebetteten Balken zurück. Diese Arten von Analogien sind nur durch genaue Kenntnis und Vergleich der beteiligten Größen und der mathematischen Beziehungen nutzbar geworden.

Neben Verhaltens- und Verfahrensanalogien spielen auch Systemanalogien eine Rolle. Platten oder Schalen, bei denen die Anordnung von Last, Steifigkeit oder Randbedingungen keine geschlossene Lösung mehr zulassen, können zu einem äquivalenten Stabtragwerk diskretisiert werden. Umgekehrt werden regelmäßig gegliederte Stabtragwerke zu kontinuierlichen Flächentragwerken homogenisiert. Analogien können sich auch gegenseitig stützen, wie der Schwingkreis im Vergleich zwischen mechanischer oder elektrischer Ausprägung zeigt.

Eine ganze Reihe weiterer Analogien könnte angeführt werden, die das ingenieurgemäße Bestreben zeigt, abstrakte Vorgänge auf anschauliche zurückzuführen, um sie einerseits besser zu verstehen aber auch um im bekannten Gebiet entwickelte Lösungsverfahren übertragen zu können.

2.4 DIE BEZIEHUNGEN ZUR MECHANIK

Die Mechanik als klassisches Lehrgebiet in den Grundlagen des Ingenieurstudiums hat ohne Zweifel die engsten Beziehungen zum Fach Statik. Dies hat zu einer Entwicklung geführt, die nur als Mißverständnis dieser Nähe ausgelegt werden kann. Sie ist aus verschiedenen Gründen zwar verständlich, aber für eine ausgewogene Ausbildung nicht empfehlenswert. Ich meine die Vorwegnahme eines Teils der statischen Verfahren in der Mechanik. So wie die Physik die Gebiete, die außerhalb der Mechanik für den Bauingenieur Bedeutung haben, betonen sollte, so sollte sich die Mechanik, vor allem dann, wenn sie speziell den Bauingenieuren vermittelt wird, in ihrem Teilgebiet Statik, was die Einbeziehung von Verfahren betrifft, Zurückhaltung auferlegen z.B. zugunsten der Kinetik, die bis jetzt noch keine eigenständige Weiterführung im Bauingenieurstudium hat. Der Cremona-Plan zur Bestimmung von Stabkräften in Fachwerken sowie das Kraftgrößenverfahren zur Berechnung statisch unbestimmter Systeme sind ureigene Elemente des Faches Statik. Verständlich ist die Entwicklung zwar, weil gerade in diesem frühen Stadium der Ausbildung der Hebelarm leichter vorstellbar ist als der Arbeitsbegriff der Mechanik und ein Lager leichter als eine formale Randbedingung. Sie setzte ein, als die zunehmende Hörerzahl für die zunächst gemeinsam von der Mechanik versorgten Ingenieure eine Teilung notwendig machte. Mit der Einrichtung spezieller Mechanikvorlesungen für Bauingenieure entfiel der Zwang zur Breite. Parallelkurse für alle Ingenieure hätten jedoch den interdisziplinären Charakter der Technischen Mechanik im gesamten Ingenieurbereich zum Vorteil aller gewahrt und einen frühzeitigen Blick in die Nachbargebiete geboten.

Kenntnisse in der Baudynamik sind inzwischen für den konstruktiven Ingenieur unerläßlich. Soweit harmonische Schwingungen gefragt sind, liegt der Aufwand fast ausschließlich auf dem Gebiet der Statik. Die Aufstellung des Steifigkeitsanteils im Eigenwertproblem für ein in der Struktur kompliziertes Schwingungssystem ist für den Bauingenieur aber eine alltägliche Aufgabe, der Massenanteil läßt sich leicht einfügen. Eigenformen spielen ja auch außerhalb der Dynamik als vorteilhafte Ansatzfunktionen eine wichtige Rolle.

In der Mechanik sollte den aperiodischen Vorgängen (Dämpfungseinfluß, Impulslast), der Darstellung im Zeit- oder Frequenzbereich und all den Eigenschaften, die sich am einfachen Schwingungssystem zeigen lassen, besondere Beachtung geschenkt werden.

2.5 DIE BEZIEHUNGEN ZU DEN KONSTRUKTIVEN FÄCHERN

Bei den werkstoffbezogenen Bauweisen stehen, den baustoffspezifischen Eigenschaften und Belastungsarten entsprechend, unterschiedliche Festigkeitsprobleme im Vordergrund. Ihre Beherrschung bildet eine wesentliche Voraussetzung für die konstruktive Gestaltung von Tragwerken. In Fortführung und Anpassung allgemeiner, werkstoffunabhängiger statischer Verfahren auf diese Probleme haben die konstruktiven Fächer rechtmäßige Gebiete der Theorievermittlung in der Lehre. Die wesentliche Aufgabe sollte aber die Darstellung der daraus folgenden konstruktiven Gestaltungsgrundsätze bleiben. Die Versuchung, in Gebiete der Statik auszuweichen, liegt bei Mitarbeitern ohne berufspraktische Erfahrungen leider immer nahe. Die Forschungsgebiete können in ihrer Abgrenzung freilich viel großzügiger gesehen werden und reichen oft auch tief ins Gebiet der Statik, was sich bei den Themen von Dissertationen unschwer erkennen läßt, wie sich umgekehrt auch die Forschungsthemen der Statik an den Fragestellungen bestimmter Bauweisen ausrichten können. In der Vertiefungsphase muß den Studenten Gelegenheit zu Arbeiten geboten werden, die die Lehrgebiete zusammenführen, wie es die Praxis später verlangt.
Technische Vorschriften haben zeitlich begrenzte Gültigkeit. Sie müssen der Weiterentwicklung von Sicherheitskonzepten und Bauweisen regelmäßig angepaßt werden und eignen sich nicht als Langzeitwissen. Die Einübung von Normenanwendungen darf nur exemplarischen Charakter haben. Begründung und Gültigkeitsgrenzen müssen erkannt werden.

2.6 DIE STATIK ALS ZENTRALES FACH

Die Verfügung über statische Kenntnisse ist für die Lösung aller konstruktiven Aufgaben eine notwendige Voraussetzung. Anders als z.B. die Mathematik ist die Statik aber nicht nur, wie man aus der arbeitsteiligen Lehre schließen könnte, Instrument sondern Fundament und Rückgrat jeder konstruktiven Arbeit. In ihr sind Elemente der Mathematik, Geometrie, Mechanik und Materialkenntnis so gefügt, daß sie sowohl allgemeine Beschreibung des Tragverhaltens wie auch numerische Lösungen für gegebene Systeme bieten. Ohne die Statik ist der gesamte konstruktive Ingenieurbau "hinfällig", dagegen schränkt der Wegfall eines konstruktiven Faches die Möglichkeiten nur ein und kann in der Praxis eher nachgeholt werden. Beschneidungen der Statik in der Lehre treffen alle konstruktiven Fächer empfindlich. Folgerichtig ist in den Prüfungsordnungen das Fach Statik als einziges obligatorisch.

Geräte, Apparate, Behälter und Anlagen im Maschinenbau haben oft die Abmessungen von Bauwerken mit ausgeprägter Tragfunktion und müssen in ähnlicher Weise wie Bauwerke nachgewiesen und geprüft werden. Bei Fahrzeugen aller Art wird die Bemessung auf experimenteller Grundlage zunehmend durch "Strukturanalysen" ergänzt. Der Nachweis durch Rechnen ist für Einzelobjekte meist weniger zeit- und kostenaufwendig als der experimentelle. Struktur oder Tragwerk, hier finden Bauingenieure, die die Systematik ihres Faches mitbringen und sich in die physikalischen und technischen Betriebsbedingungen dieser Gebiete schnell einfinden, ein interessantes Arbeitsfeld. Es ist nützlich, dies im Studium schon vorzubereiten. Die Bezeichnung Baustatik ist eine unnötige Einengung.

Teile des Bauingenieurwesens verzeichnen eine immer stärkere Abkopplung von jeder konstruktiven Tätigkeit. Die Zukunft muß zeigen, ob sich daraus ein eigenständiges Gebiet entwickelt. Dann wäre eine Annäherung zwischen den konstruktiven Teilen des Bau- und Maschinenwesens um den gemeinsamen Kern der Strukturanalyse nur natürlich. Auch ein Teil der Architektur käme hierfür in Frage.

3 DIE STATIK IN DER PRAXIS

3.1 ENTWURF

Im normalen Ablauf der Bearbeitung eines Ingenieurprojektes folgt der Planungsphase, in der meist andere als statische Fragen von Bedeutung sind, die Entwurfsphase, in der Entscheidungen fallen, deren Auswirkungen die Ausführung wesentlich beeinflussen. Hier muß die Trennung der Lehrgebiete endgültig überwunden sein. Hier wird auch stets ein Raum für Kreativität bleiben, die von Optimierungsprogrammen zwar unterstützt aber nicht ersetzt werden kann. Wenn in diesem Zusammenhang von Intuition oder statischem Gefühl die Rede ist, so sei sie folgendermaßen verstanden: Der Vorrat an Erfahrungen aus dem Umgang mit Tragsystemen läßt sich auf verschiedenem Niveau nutzen. Für manche bleibt er eine Beispielsammlung, in der nur nach brauchbaren Vorlagen gesucht wird, für andere dagegen formen sich schon wenige Mosaiksteine zu einem Bild, das zunehmend schärfere Konturen erhält und auch weit über den Erfahrungsbereich hinausreichen kann. Er-"sinnen" ist eine nicht nur rationale geistige Tätigkeit. Computerprogramme nehmen diese Fähigkeit nicht auf. Neuartige Tragsysteme sind nicht als das Ergebnis der Anwendung von Expertensystemen zu erwarten.

3.2 KONSTRUKTION, BEMESSUNG UND PRÜFUNG

Hier soll nicht von einfachen Bauten, deren Durchbildung und Festigkeitsnachweis weitgehend katalogisiert sind, gesprochen werden. Wer sich darauf einengt, wird wirklich bald vom Computer verdrängt sein.
Anspruchsvolle Tragsysteme und Montagebedingungen erfordern die integrative Anwendung des in den Lehrgebieten erworbenen Wissens zusammen mit den in der Praxis gesammelten Erfahrungen. Unter dem ständigen Zeitdruck müssen vertretbare Kompromisse gemacht werden. Alle möglichen Einwirkungen und ihre ungünstigsten Kombinationen müssen vollständig erkannt und quantitativ erfaßt werden. Die konstruktive Bearbeitung des Entwurfs, hierzu gehören die werkstoffgerechte Ausbildung der Querschnitte, Knoten, Verbindungen und Lagerungen des Tragwerks, setzt die Kenntnis der Schnittgrößen voraus. Deren Ermittlung verlangt aber im Berechnungsmodell die Vorgabe von Querschnitten, so daß sie zunächst geschätzt und später überprüft werden müssen, was eine zyklische Arbeitsweise verlangt. Die Wahl des Berechnungsmodells muß begründet und so dargestellt werden, daß sie von anderer Seite nachgeprüft und akzeptiert werden kann.

3.3 NEUE AUFGABEN

Von wachsender Bedeutung werden Aufgaben, deren Lösung unkonventionelle Kenntnisse und Fähigkeiten erfordern. Die Änderung bestehender Bauten zur Anpassung an neue Funktionen gehören hierzu ebenso wie die Erhaltung und Sanierung historischer Bausubstanz. Der Bauingenieur trifft dabei auf Baustoffe und Bauweisen, die nicht in den geltenden Normen geregelt sind. Er muß sich im Einzelfall die Gedanken selber machen, die ihm sonst die Normenausschüsse abnehmen. Festigkeitseigenschaften der vorgefundenen Materialien müssen erkannt und beurteilt werden, die unauffällige Unterbringung notwendiger Verstärkungen erfordert Tragsysteme, die aus dem gängigen Katalog nicht zu entnehmen sind. Die schöpferische Seite ist in besonderem Maße gefordert. Auf die Einsatzgebiete in Bereichen außerhalb des klassischen Bauwesens ist schon oben hingewiesen worden.

4 FOLGERUNGEN

Bei der Statik steht, wie es Stüssi einmal nennt, in der Schere zwischen Sicherheit und Wirtschaftlichkeit das "wie groß" im Vordergrund gegenüber dem Interesse der Mechanik am "wie" und "warum". Dies hat in der Zeit unzureichender Rechenhilfen die Entwicklung der statischen Verfahren geprägt. Der Zwang zur Formalisierung birgt die Gefahr, daß das Verhaltensorientierte in den Verfahren durch das Rezept überdeckt wird. Nachdem die Leistungsfähigkeit der modernen Computer die Einschränkungen in dieser Hinsicht nahezu beseitigt hat, muß darauf gesehen werden, daß nicht die Programmierfreundlichkeit die nachteilige Wirkung des Rezeptes übernimmt, womit natürlich nicht gegen die Erfordernis computerorientierter Verfahren gesprochen werden soll. Es muß aber deutlich gesehen werden, daß damit die Bremse zur Beschränkung auf überschaubare Rechenmodelle entfallen ist. Es muß verstärkt darauf hingewirkt werden, daß Programme nur dann verantwortlich angewandt werden können, wenn ein qualitatives Ergebnis auch so vorhergesagt werden kann. Sowohl die Notwendigkeit als auch die Möglichkeit, das "wie" gegenüber dem "wie groß" stärker in den Vordergrund zu bringen, ist jetzt gegeben. Der Computer kann hierbei in der Lehre, durch analoge Darstellung des Tragverhaltens, einen wertvollen Beitrag leisten.
Nicht nur die Entwicklung von Lösungsverfahren, auch die allgemeine Beschreibung des Verhaltens hat sich stark ausgeweitet. Dabei sind historisch gewachsene Bezeichnungsweisen oft ein Hindernis auf dem Weg zur Zusammenführung gleichartiger Vorgänge, wie das Beispiel von Längung, Biegung und Drillung zeigt. Die Heerschaar von Symbolen, die z.B. zur Beschreibung des allgemeinen Biegedrillknickens aufmarschiert, ist nicht mehr zeitgemäß. Eine einheitliche und einsichtige Beschreibung der gesamten prismatischen Tragwerke ist inzwischen möglich.
Die Darstellung der wesentlichen Elemente des Stoffes der Statik hat gezeigt, daß die Orientierung an den Tragwerksformen abgelöst werden kann durch die an Verhaltensweisen und Lösungsstrategien, womit auch die Beschränkung auf die Tragwerke des Bauwesens entfallen ist. Daß in der Nachbarschaft des Bauwesens hierfür ein bedeutender Bedarf besteht, wurde schon dargelegt. Der traditionelle Zwang des Bauingenieurs zu einer überprüfbaren Form des Nachweises zahlt sich hier vorteilhaft aus.

Baustatik, Stabilitätstheorie und Traglasttheorie: Aufgaben – Verknüpfungen – Entwicklungen

U. Vogel, Karlsruhe

SUMMARY

The paper discusses the relations between statics (structural analysis), theory of stability and ultimate limit state analysis of structures. For the safe design of a structure it is not sufficient to make a structural analysis on the basis of "classical statics" only. A stability check showing that the structure is in a stable state of equilibrium under design loads is also necessary. Due to the present knowledge it does not make sense to separate the structural analysis, based on classical statics, from the stability check, based on the classical bifurcation theory. A modern approach of structural analysis always includes second-order effects, imperfections and an elastic-plastic material behaviour in order to cover realistically the behaviour of the structure, and therefore has to follow the line of an ultimate limit state analysis.

ZUSAMMENFASSUNG

Die Aufgaben der „klassischen" Baustatik und der Stabilitätstheorie als „Verzweigungstheorie" werden zunächst kurz erläutert. Es wird gezeigt, daß beim heutigen Kenntnisstand des Bauingenieurs eine Trennung dieser beiden Gebiete beim Entwurf tragender Baukonstruktionen nicht mehr sinnvoll ist. Berücksichtigt man nämlich die baupraktischen Gegebenheiten, so muß eine moderne Baustatik die Elemente Stabilität, Imperfektionen und wirklichkeitsnahe elastisch-plastische Werkstoffgesetze einschließen, um das Tragverhalten der Konstruktion realistisch zu erfassen. Die Baustatik entwickelt sich so zu einer Traglasttheorie, die sich in erster Linie mit den „Stabilitätsproblemen ohne Gleichgewichtsverzweigung" (den wirklichen Stabilitätsproblemen der Baupraxis) befaßt. Auf hieraus zu ziehende Schlußfolgerungen für Lehre, Forschung, Praxis und Normung wird hingewiesen.

1 EINLEITUNG

Zu den häufigsten und wohl auch reizvollsten Aufgaben des konstruktiven Ingenieurs gehört das Entwerfen tragender Baukonstruktionen. Für diesen außerordentlich komplexen Vorgang - der übrigens auch bei Einsatz eines Computers nur zum Teil numerisch ausdrückbar ist - sind gründliche Kenntnisse aus verschiedenen Wissensgebieten erforderlich, um durch ihre Anwendung ein funktionsgerechtes, sicheres und wirtschaftliches Tragwerk zu erreichen.

Das wichtigste Hilfsmittel für den Standsicherheitsnachweis als Teil dieses Entwurfsprozesses ist die Baustatik. Diese umfaßt die Gebiete der angewandten Mechanik, die dem Ingenieur Einblick in das Kräftespiel und die Verformungen der Tragwerke geben. Weiterhin werden Erkenntnisse der Stabilitätstheorie und der Traglasttheorie (im weitesten Sinne) beim konstruktiven Entwerfen benötigt.

In diesem Beitrag werden - ohne komplizierte mathematische Herleitungen - einige Beziehungen zwischen den Lehrgebieten B a u s t a t i k , S t a b i l i t ä t s t h e o r i e und T r a g l a s t t h e o r i e aufgezeigt. Diese 3 Begriffe werden nicht streng definiert, sondern ihre Aufgaben und Problemstellungen kurz skizziert. Dadurch werden gleichzeitig die Verknüpfungen zwischen diesen Wissensgebieten, und ihre enge Verwandtschaft deutlich.

2 BAUSTATIK - STABILITÄTSTHEORIE - TRAGLASTTHEORIE

Zunächst zur Baustatik: Sie dient der Ermittlung der für die Bemessung eines Tragwerks notwendigen S c h n i t t g r ö ß e n und V e r f o r m u n g e n .

Die Schnittgrößen werden in der Festigkeitslehre, bzw. im Sondergebiet der Bemessungstheorie, benötigt, um die Beanspruchungen der Konstruktion zu berechnen, die dann mit in Normen festgelegten zulässigen Werten zu vergleichen sind.

Die Verformungen werden für die Beurteilung der Gebrauchsfähigkeit einer Konstruktion benötigt. Bei gewissen Konstruktionen benötigt man sie aber auch, um überhaupt die Schnittgrößen berechnen zu können - z.B. bei statisch unbestimmten Tragwerken oder in Fällen, in denen ihr Einfluß auf die Größe der Schnittkräfte nicht vernachlässigbar klein ist.

Zur Erfüllung der genannten Aufgaben ist seit dem Beginn der Entwicklung einer systematischen Baustatik vor rd. 250 Jahren bis heute eine ganze Reihe von teils allgemeinen, teils für bestimmte Tragsysteme sehr speziellen

Methoden entwickelt worden. Immer noch werden in Universitäten, Ingenieur- und speziellen Softwarebüros weitere Anstrengungen unternommen, um die bekannten Verfahren der Baustatik für den rationellen Einsatz des Computers aufzubereiten oder neue Methoden zu entwickeln bzw. zu verfeinern - wie z.B. die FEM oder die BEM - die ohne den Computer gar nicht denkbar wären. Dem konstruktiven Ingenieur wird dadurch heute viel Routinearbeit, jedoch nicht Denkarbeit, erspart. Obwohl durch diese Entwicklung manches komplizierte Tragwerk überhaupt erst einer genaueren Berechnung zugänglich wird, kann man doch die „klassische Baustatik" - die Verwendung dieses Begriffes erscheint bereits gerechtfertigt - als ein abgeschlossenes Lehrgebäude ansehen.

Nun fußen allen baustatischen Methoden - auch die computerorientierten Verfahren - darauf, daß grundsätzlich 3 physikalische Bedingungen, bzw. Gesetzmäßigkeiten, in einem Tragwerk beachtet werden:

- <u>das Gleichgewicht</u> (zwischen äußeren und inneren Kräften)

- <u>die Verträglichkeitsbedingungen</u> (zwischen den äußeren Verschiebungen und inneren Verzerrungen)

- <u>das Werkstoffgesetz</u>

Die Gleichgewichtsbedingungen wurden zuerst genannt, da sie die wichtigsten und stets zu erfüllenden Bedingungen sind.

Die Verträglichkeitsbedingungen brauchen nicht immer erfüllt zu sein. So sind sie z.B. bei bestimmten vereinfachten Stahlbetontheorien, die das Stadium II nicht erfassen können, oder bei der Fließgelenkhypothese im Stahlbau grundsätzlich verletzt.

Das Werkstoffgesetz ist bei statisch bestimmten Konstruktionen - wenn der Verformungseinfluß vernachlässigbar ist - ohne Einfluß auf die Schnittgrößen und kann daher häufig bei einer rein statischen Analyse außer acht gelassen werden.

Den Gleichgewichtsbedingungen kommt also in einer statischen Berechnung stets eine dominierende Rolle zu. Ihre Erfüllung muß stets nachgewiesen und überprüft werden. Die Statik ist ja die Lehre vom Gleichgewicht der Kräfte.

Nun reicht allerdings der Nachweis, daß Gleichgewicht vorhanden ist, nicht aus. Man muß sich auch über die A r t des Gleichgewichts Rechenschaft ablegen. Dieses kann bekanntlich s t a b i l , i n d i f f e r e n t oder i n s t a b i l sein (Im Sinne der Definition von Ljapunov müssen aller-

dings bei zugelassenen Störungen in Form von kleinen Anfangsgeschwindigkeiten auch indifferente Gleichgewichtslagen als instabil bezeichnet werden). Bekannt ist das anschauliche Kugelgleichnis:
Kugel im Tiefstpunkt einer Mulde: stabiles Gleichgewicht - Kugel auf einer Ebene: indifferentes Gleichgewicht - Kugel auf dem höchsten Punkt einer Kuppe: instabiles Gleichgewicht.

In allen drei Fällen sind die statischen Gleichgewichtsbedingungen erfüllt. Diese können aber keine Aussagen über die Art des Gleichgewichts machen. Zur Beantwortung dieser Frage sind besondere Methoden der Stabilitätstheorie hinzuzuziehen.

Als einfaches Beispiel aus dem Bauwesen wird nun die Haupttragkonstruktion einer Halle betrachtet. Diese soll aus einer Reihe hintereinanderstehender Rahmenbinder bestehen, die durch Verbände in Hallenlängsrichtung gegen Umkippen gesichert wird.

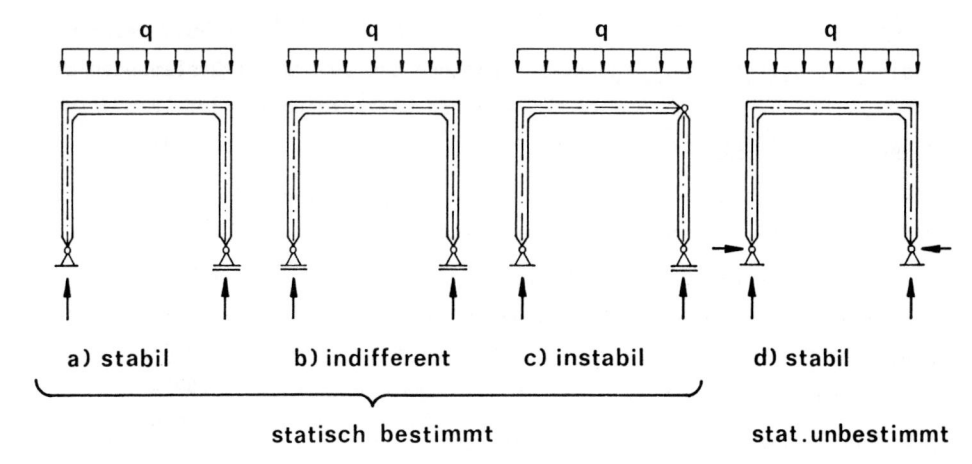

Bild 1: Verschiedene Rahmensysteme und Arten des Gleichgewichts

Es werden zunächst folgende Fälle betrachtet (s. Bild 1):

a) Der biegesteife Rahmen ohne Zwischengelenke in Bild 1a ist statisch bestimmt gelagert. Für Vertikalbelastung (Eigengewicht und Schnee) ist ein s t a b i l e r Gleichgewichtszustand möglich. Auch Horizontallasten - z.B. infolge Wind - können aufgenommen werden. Handelt es sich dabei um kleine horizontale Störlasten, wird sich der Rahmen unter ihrer Wirkung geringfügig elastisch verformen, wozu ein Energieaufwand erforderlich ist, der als Formänderungsenergie im System gespeichert wird. Nach Entfernen der Störlast wird das System unter Ausnutzung dieser gespeicherten Formänderungsenergie in die ursprünglich stabile Gleichgewichtslage zurückfedern.

b) Werden beide Lager als horizontale Gleitlager ausgeführt (Bild 1b), so bildet sich bei vertikaler Belastung ein Gleichgewichtszustand, der im ganzen Rahmen zu völlig gleichen Beanspruchungen führt wie im Fall a. Dieser Gleichgewichtszustand jedoch ist i n d i f f e r e n t. Der Rahmen kann auf der Gleitbahn in eine benachbarte Lage versetzt werden, ohne von sich aus in die Ausgangslage zurückzukehren.

c) Lagert man schließlich den Rahmen wie im Fall a, baut jedoch ein zusätzliches Gelenk ein (Bild 1c), so ergibt sich für Vertikalbelastung auch hier ein Gleichgewichtszustand mit den gleichen Beanspruchungen wie in den Fällen a und b. Dieser ist jedoch i n s t a b i l. Bei der geringsten Störung - z.B. infolge einer noch so kleinen Horizontalkraft oder einer geringfügigen Schrägstellung der Pendelstütze (Imperfektion) - wird das System (beschleunigt infolge q) zusammenstürzen.

Es leuchtet ein, daß das System b in der Regel (von Ausnahmen abgesehen, z.B. Kranportal oder verschiebbares Lehrgerüst) und das System c stets als Baukonstruktionen unbrauchbar sind. Doch sind alle drei Systeme statisch bestimmt - b und c natürlich nur für Vertikallasten - da aus Gleichgewichtsbedingungen allein der vollständige Kräftezustand des Systems berechnet werden kann.

d) Würde man gegenüber dem stabilen System a noch eine weitere Bindung einbauen, z.B. ein festes Gelenk auch am rechten Stützenfuß (Bild d), so wäre dieses ebenfalls stabile System nunmehr statisch unbestimmt. Außer Gleichgewichtsbedingungen müssen auch Verformungsbedingungen herangezogen werden, um den Kräftezustand zu berechnen. Dies wird hier jedoch nicht weiter verfolgt.

e) Die bisherigen Stabilitätsbetrachtungen wurden (von den Schlußbemerkungen unter a) und d) abgesehen) im wesentlichen an Starrkörpersystemen angestellt. Dies ist jedoch bei Baukonstruktionen nicht ausreichend. Hierzu wird der als Starrkörpersystem stabile Dreigelenkrahmen des Bildes 2 betrachtet:

Dieses System weist eine Pendelstütze auf, deren Stabilität nun näher betrachtet wird. Es handelt sich hier um den berühmten Eulerschen Knickfall II. Auch wenn das System „perfekt" ist, bleibt der Stab nur bis zu einer ganz bestimmten kritischen Grenze s t a b i l und gerade, nämlich bei elastischer Beanspruchung bis zur Eulerschen Knicklast P_{ki}, bei inelastischer Beanspruchung bis zur Knicklast P_{kr} nach Engesser/Shanley.

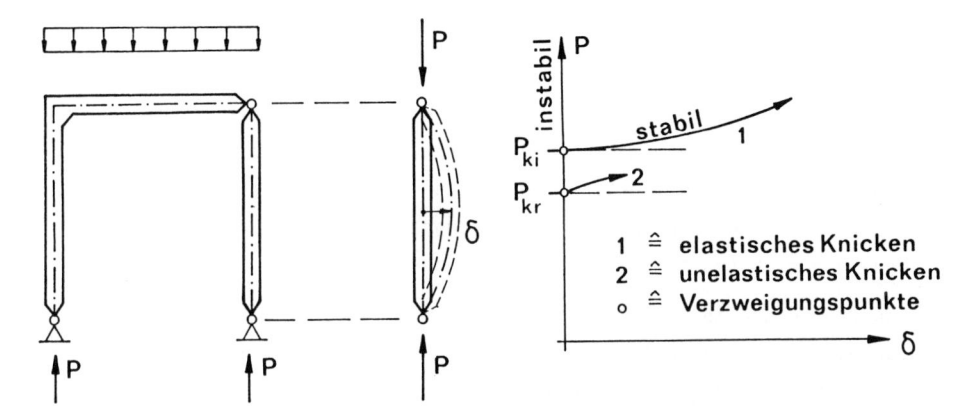

Bild 2: Dreigelenkrahmen, Last-Verformungs-Diagramm für Pendelstütze als „idealer" Druckstab (Verzweigungsproblem)

1 ≙ elastisches Knicken
2 ≙ unelastisches Knicken
o ≙ Verzweigungspunkte

Oberhalb dieser Grenze ist die gerade Stabform nicht mehr stabil, sondern i n s t a b i l. Der Stab wird bei der geringsten Störung seitlich ausweichen und eine ausgebogene - jedoch s t a b i l e - Gleichgewichtslage einnehmen. Da theoretisch beide Gleichgewichtslagen existieren, spricht man von einem Stabilitätsproblem mit Gleichgewichtsverzweigung, kurz V e r z w e i g u n g s p r o b l e m.

Die Ausbiegungen δ wachsen oberhalb der Verzweigungslast (P_{ki} oder P_{kr}) sehr schnell an. D.h. in praktischen Fällen wird nach dem Ausknicken die Biegebeanspruchung so groß, daß die Festigkeitsgrenze des Materials erreicht wird und der Stab völlig zusammenbricht. Die Verzweigungslast stellt damit praktisch die Traglast - d.h. die höchste vom Tragwerk ertragene Last - des i d e a l e n zentrisch gedrückten Stabes dar.

Mit dem Verzweigungsproblem von Stäben, Stabwerken und Flächentragwerken, beschäftigten sich nach Euler eine große Anzahl von Forschern. Heute stellt die Stabilitätstheorie als „Verzweigungstheorie" elastischer oder unelastischer Systeme ein sehr umfangreiches - jedoch wie die „klassische Baustatik" praktisch abgeschlossenes - Wissensgebiet dar.

Bis hierher könnte man feststellen:

Für die Bemessung und den Tragsicherheitsnachweis einer Baukonstruktion müssen unter anderem die Methoden zweier getrennter Wissensgebiete herangezogen werden:

1. Die B a u s t a t i k zur Berechnung des im Gleichgewicht befindlichen Kräftezustandes infolge der Belastung.

2. Die S t a b i l i t ä t s t h e o r i e zum Nachweis eines stabilen
   Gleichgewichtszustandes.

Diese Trennung, die bis vor kurzem auch allgemein in der Lehre üblich war, ist jedoch nicht mehr sinnvoll, wenn anstelle idealer - nur in der Phantasie des Ingenieurs möglicher - Konstruktionen die tatsächlichen baupraktischen Gegebenheiten berücksichtigt werden.

Wie der Mensch ist auch jedes von ihm entwickelte technische System unvollkommen. So ist ein planmäßig gerader idealer Druckstab stets mit Imperfektionen - d.h. baupraktisch unvermeidbaren Mängeln - behaftet. Diese sind teils geometrischer Art, z.B. ungewollte Exzentrizitäten oder Vorverkrümmungen der Stabachse, teils struktureller Art, z.B. Werkstoffinhomogenitäten oder Eigenspannungen aus dem Herstellungsprozeß. Will man das wirkliche Tragverhalten der Konstruktion bis zum Versagen untersuchen, so muß man diese Imperfektionen berücksichtigen. Betrachtet wird dazu eine exzentrisch gedrückte, geringfügig vorgekrümmte und mit Eigenspannungen behaftete Stahlstütze:

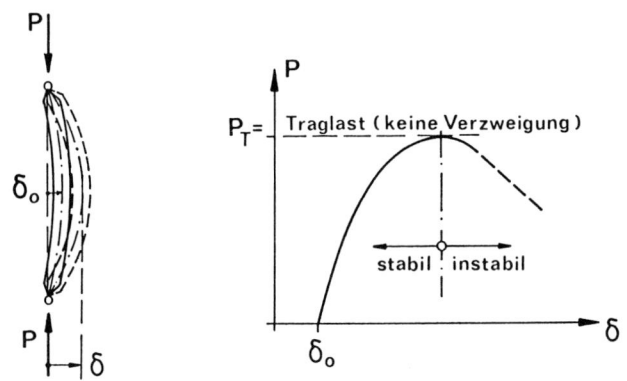

Bild 3: Last-Verformungs-Diagramm für Druckstab mit Imperfektionen
         (Traglastproblem)

Das Lastverformungsverhalten dieser realen Stütze unterscheidet sich von dem der idealen zentrisch gedrückten dadurch, daß von Anfang an bereits Ausbiegungen infolge der Lastexzentrizitäten vorhanden sind. Diese wachsen mit steigender Belastung nichtlinear an. Ist der Stab sehr schlank, so schmiegt sich bei hohen Lasten die Lastverformungskurve an die des zentrisch gedrückten Stabes (Bild 2) an. In der Regel wird jedoch viel früher auf der Biegedruckseite in Stabmitte die Summe aus den Längs- und Biegedruckspannungen infolge der äußeren Lasten und den Eigenspannungen die Streckgrenze des Materials erreichen. Nun wachsen die Verformungen schneller an, als wenn der Stab noch elastisch bliebe, da eine teilweise eingetretene Plastizierung eine Steifigkeitsabnahme bedeutet. Wird die Last weiter gesteigert, so dehnt sich der Fließbereich immer mehr aus. Es wird dann sehr bald ein Zustand erreicht, bei dem das Moment der inneren Spannungen (Widerstand) mit dem äußeren Moment $P \times \delta$ nicht mehr Schritt halten kann. Die Lastverformungskurve erreicht ein Maximum und fällt mit wachsenden Verformungen wieder ab.

Die Last im Scheitel nennt man die T r a g l a s t. In diesem Punkt geht das Gleichgewicht vom s t a b i l e n Zustand im ansteigenden Ast in den i n s t a b i l e n Zustand auf dem abfallenden Ast über. Bei vorhandenen Gewichtslasten - dies ist der Regelfall bei Baukonstruktionen - vollzieht sich der Zusammenbruch stets katastrophal und beschleunigt, da vorhandene potentielle Energie z.T. in kinetische Energie umgewandelt wird. Man spricht hier von einem Stabilitätsproblem o h n e Gleichgewichtsverzweigung oder T r a g l a s t p r o b l e m, das auch für Stabwerke, z.B. Rahmen, charakteristisch ist.

Zur Ermittlung dieser Traglast als Grenzlast für stabiles Gleichgewicht bedienen sich sowohl die bekannten genaueren Verfahren - z.B. die Fließzonentheorie - als auch alle Näherungsverfahren - z.B. die Fließgelenktheorie, bei der die Ausbreitung teilplastischer Zonen vernachlässigt wird - stets baustatischer Methoden /1/.

Eine Trennung in die statische Berechnung einerseits und die stabilitätstheoretische Berechnung andererseits ist bei den Traglastproblemen - als den wirklichen Stabilitätsproblemen der Baupraxis - weder sinnvoll noch korrekt möglich.

Für das scheinbar abgeschlossene Wissenschafts- und Lehrgebäude der Baustatik - „scheinbar", weil die Abgeschlossenheit nur für die „klassische" Baustatik elastischer Tragwerke zutrifft - hat sich damit, beginnend vor ca. 6o Jahren, ein neues breites Entwicklungsfeld eröffnet.

Eine auf diesen Erkenntnissen beruhende „moderne" Baustatik, welche insbesondere auch das Tragverhalten schlanker Konstruktionen zutreffend beschreibt und darüber hinaus der neueren nationalen und internationalen Normung Rechnung trägt, muß die drei Grundelemente S t a b i l i t ä t, I m p e r f e k t i o n e n und P l a s t i z i t ä t einschließen.

Die Stabilität kann in der Regel durch eine Rechnung nach Theorie II. Ordnung erfaßt werden. (Die Sicherheiten gegen lokales Beulen dünnwandiger Querschnitte und gegen seitliches Ausweichen von Stäben oder Stabteilen

(Biegedrillknicken) soll hier durch konstruktive Maßnahmen - z.B. Einhalten von Mindestdicken und seitliche Aussteifungen - gewährleistet sein.)

Die Imperfektionen lassen sich häufig vereinfachend ausschließlich als Vorverformungen - also geometrische Ersatzimperfektionen, die wiederum bestimmten Ersatzlasten äquivalent sind - berücksichtigen /2/. Beide Einflüsse wirken sich auf die Schnittgrößen i.d.R. ungünstig aus und müssen deshalb aus Sicherheitsgründen berücksichtigt werden.

Demgegenüber bedeutet die Einbeziehung der Plastizität einen Tragfähigkeitsgewinn durch Ausnutzung der plastischen Reserve von Querschnitt und System. D.h. die Plastizitätstheorie (z.B. in der vereinfachten Form der Fließgelenktheorie) m u ß nicht, sie d a r f angewendet werden. Sie erlaubt jedoch im allgemeinen eine wirtschaftlichere Bemessung, als wenn man sich auf den elastischen Bereich beschränkt.

Nun ist glücklicherweise die Berechnung nach Theorie II. Ordnung unter Ansatz von Vorverformungen nur bei verhältnismäßig schlanken Tragwerken notwendig, bei denen druckbeanspruchte Stäbe - meist Rahmenstiele unter Vertikallast - zu einer Stabilitätsgefährdung des Tragsystems führen. In der Mehrzahl der praktischen Anwendungsfälle des Träger- und Skelettbaus und insbesondere bei Fachwerkkonstruktionen beschreibt die Theorie I. Ordnung ohne Ansatz von Vorverformungen, d.h. die übliche lineare klassische Baustatik oder die einfache Fließgelenktheorie I. Ordnung das Tragverhalten ausreichend genau.

Wenn auch geometrische und strukturelle Imperfektionen sowie lokale Plastizierungen i.d.R. Tragsysteme, deren Glieder auf Druck bzw. Druck und Biegung beansprucht werden, schwächen, so ist dies nicht immer so:

Eine Stütze mit geschweißtem Kastenprofil besitzt z.B. auf Grund des Schweißvorganges in den Kantenbereichen einen Zug- Eigenspannungszustand in Achsrichtung, der sich auf die Traglast günstig auswirkt.

Auch muß das Lastverformungsdiagramm nicht immer die für Stabilitätsprobleme ohne Gleichgewichtsverzweigung charakteristische Form von Bild 3 aufweisen. Es ist möglich, daß die Verformungen nach anfänglicher unterproportionaler Zunahme bei Laststeigerung sogar abnehmen (s.Bild 4). Das gilt z.B. für die sogenannte Stahlkernstütze, deren Konstruktion und Tragverhalten in /3/ ausführlich erläutert wurde. Der Grund für dieses überraschende Verhalten liegt in der lokalen Plastizierung in den Lasteinleitungsbereichen und damit einer Zentrierung der Last. Mit diesem schon etwas älteren Beispiel sollte noch einmal auf die Möglichkeit hingewiesen werden, daß unter der Gebrauchslast die maximalen Spannungen bzw. Dehnungen in der Konstruktion auftreten können, die dann mit wachsender Last wieder abnehmen.

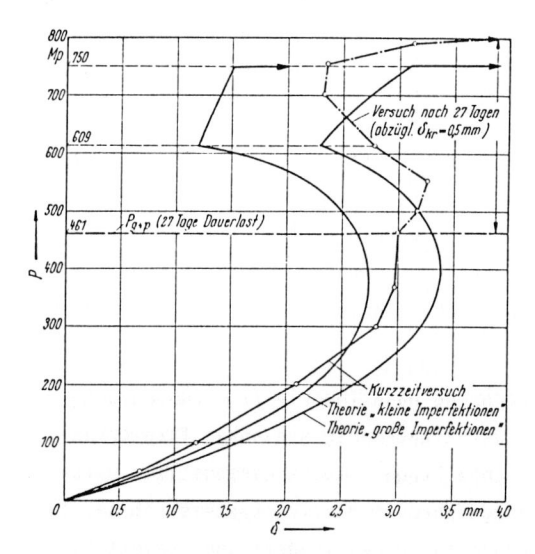

Bild 4: Last-Verformungs-Diagramm für eine Stahlkern-Stütze /3/ nach Theorie und Traglastversuch

Man sieht aus diesem Beispiel besonders deutlich, daß auch die übliche Bemessung des Querschnitts auf Grund einer Schnittgrößenermittlung nach Theorie I. oder II. Ordnung, elastisch oder plastisch, unsinnig sein kann, wenn nicht die Tragfähigkeitsuntersuchung im Sinne einer n i c h t l i n e a r e n Baustatik das ganze Systemverhalten mit einbezieht.

3 FOLGERUNGEN FÜR LEHRE, FORSCHUNG UND PRAXIS

Nach den oben gegebenen Erläuterungen wird ein Standsicherheitsnachweis
- zumindest in schwierigen Fällen - nur dann „richtig" sein, d.h. dem tatsächlichen Tragverhalten der Konstruktion angemessen, wenn der den Standsicherheitsnachweis führende Ingenieur die Grundlagen seiner Wissenschaft ausreichend beherrscht. Nur dann ist er in der Lage, das zutreffende mathematische Modell für die statische Berechnung aus der Konstruktion zu abstrahieren, das optimale Berechnungsverfahren unter Berücksichtigung der zur Verfügung stehenden Hilfsmittel (z.B. Taschenrechner, Tischrechner, Tabellenwerke, Großcomputer) auszuwählen und die Ergebnisse der Berechnung zu interpretieren. Insbesondere für das letztere wird die Kenntnis der Grundlagen der Baustatik in dem umfassenden Sinne, wie sie als Lehre vom

Tragverhalten der Konstruktionen verstanden werden sollte, mit ihren Wurzeln, der technischen Mechanik, der Festigkeitslehre, der Baustofftechnologie usw., immer wichtiger. Der Computer kann den die Grundlagen sicher beherrschenden Ingenieur nicht ersetzen, sondern ihm allenfalls Erleichterung verschaffen. Er bewirkt natürlich auch, daß manche älteren, für einfache „Handrechnung" entwickelte, Verfahren an Bedeutung verlieren und neu entwickelte (z.B. das Reduktionsverfahren, die Finite-Element-Methode oder die Rand-Element-Methode) an Bedeutung gewinnen.

Die Entwicklung, die Kenntnis und die Anwendung dieser neuen Methoden sollen nicht unterschätzt werden - sind sie doch in vielen Bereichen bereits unentbehrlich geworden. Doch ist der Kenntnis der Grundlagen, insbesondere der angewandten Mechanik (im baustatischen Sinne) mehr Wichtigkeit beizumessen. Sie sind das Fundament, von dem aus in die vielen Sondergebiete der Baustatik vorgedrungen werden kann, und von dem aus immer wieder neue Forschungsimpulse - auch im Zwiegespräch mit der Praxis - gegeben werde. Sie ermöglichen es, den Einfluß baupraktisch unvermeidbarer Imperfektionen oder anderer Parameteränderungen abzuschätzen sowie die Zuverlässigkeit von Näherungsverfahren oder die Grenzen bestimmter Voraussetzungen zu beurteilen. Damit wird der Ingenieur vor gefährlichen Fehlern geschützt. Selbst bei Routineberechnungen ist es wichtiger und häufig auch viel schwieriger, die richtigen Voraussetzungen der Berechnung, die richtige Systemwahl und die richtigen Annahmen für Baustoff- und Bodenkennwerte zu treffen und die Notwendigkeit der Berücksichtigung von Verformungseinflüssen abzuschätzen oder die Gefahr möglicher Instabilitäten zu erkennen und ihnen zu begegnen, als die eigentliche Berechnung mit häufig übertriebener numerischer Genauigkeit durchzuführen. Sicher muß das abstrakte Denken und das Abstrahierungsvermögen des Ingenieurs geschult werden. Es ist aber mindestens genau so wichtig - gerade wegen des Computers - auf der Anschaulichkeit fußende, einfache Handrechenmethoden für Überschlagsrechnungen, Vordimensionierungen, Prüfungen und Grundsatzstudien über das Tragverhalten der Konstruktion zu lehren und zu üben. Der Königsberger Philosoph Emmanuel Kant sagte:

„Der Verstand vermag nichts anzuschauen, und die Sinne vermögen nichts zu denken. Nur daraus, daß sie sich vereinigen, kann Erkenntnis entspringen."

Dies gilt insbesondere für den Ingenieur. Für die Forschung im Bereich der Baustatik bedeutet dies: Neben dem Suchen nach weiteren Erkenntnissen über das wirkliche Tragverhalten der Baukonstruktionen, darf die Entwicklung von einfachen Kriterien nicht vergessen werden, die es gestatten, Anwendungsbereiche für Theorien oder Berechnungsmethoden abgestufter Zuschärfung

zu definieren. Grundsätzlich sollten aber alle Methoden zur Berechnung oder
Beschreibung des Tragverhaltens einer Baukonstruktion die wesentlichen mechanischen Parameter in der richtigen Wirkungsweise - mindestens qualitativ,
wenn auch in der Güte der Näherung mit unterschiedlicher Qualität - mit einbeziehen. So kann man beispielsweise verschiebliche Rahmentragwerke aus Baustahl nach der Elastizitätstheorie I. Ordnung (also der „klassischen Baustatik"), der Elastizitätstheorie II. Ordnung, der Fließgelenktheorie I.
Ordnung, der Fließgelenktheorie II. Ordnung oder der Fließzonentheorie berechnen. Der Ingenieur in der Praxis wird natürlich die erste Methode bevorzugen. Dagegen ist auch nichts zu sagen, und dies ist sogar zu fördern, wenn
aus Erfahrung oder mit Hilfe bestimmter Kriterien die Zuverlässigkeit der
Anwendung der Elastizitätstheorie I. Ordnung für den betreffenden Zweck
nachgewiesen wird (z.B. mit Hilfe von /4/).

4 FRAGEN PRAXISGERECHTER NORMUNG

Es ist verständlich, daß die in der Praxis stehenden Ingenieure möglichst
einfache Verfahren oder auch Formeln anwenden wollen, die es gestatten, die
Bemessung einer Tragkonstruktion schnell, sicher und wirtschaftlich durchführen. Dies sollte möglichst auch noch genormt sein, damit es keinen
Streit - z.B. mit einem Prüfingenieur - gibt. So findet man in den Normen
eine ganze Reihe von gebrauchsfertigen sogenannten „Ingenieurformeln". Von
diesen sagt man dann, nachdem sie einige Jahre oder gar Jahrzehnte im Gebrauch gewesen sind, sie haben sich „bewährt". Dabei besteht die „Bewährung" häufig nur in einer „Gewöhnung". Ausführliche kritische Anmerkungen
und Begründungen im Zusammenhang mit dem Thema „Baustatik - Stabilitätstheorie - Traglasttheorie" zu diesen sogenannten einfachen Ansätzen hat
der Verfasser in /5/ und /6/ veröffentlicht. Sie werden hier nicht wiederholt. Auf folgende Schlußfolgerungen wird jedoch hingewiesen:

Die statische Berechnung nach Theorie II. Ordnung, die zusammen mit dem
Spannungs- oder Interaktionsnachweis einen möglichen Tragsicherheitsnachweis im Sinne der Traglasttheorie in der Stabwerksebene darstellt, ist nur
manchmal etwas aufwendiger als die statische Berechnung nach Theorie I.
Ordnung mit der stets notwendigen zusätzlichen Ermittlung der Knicklängen
und der Anwendung von Ersatzstabformeln, wie sie in DIN 4114 enthalten
sind und in DIN 18800 Teil 2 sowie im Eurocode 3 enthalten sein werden.
Sehr häufig ist sie aber auch weniger aufwendig. Diese Unterscheidung ist
jedoch bei Anwendung eines Computers bedeutungslos. In jedem Fall ist jedoch die Rechnung nach der Theorie II. Ordnung (elastisch oder elastischplastisch) aus folgenden Gründen sinnvoller als die Berechnung nach der

Theorie I. Ordnung mit sich anschließenden Stab-Stabilitätsnachweisen:

1. Sie ist in sich schlüssig und widerspruchsfrei. Sie bedarf daher keiner Einschränkungen.

2. Alle interessierenden Schnitt- und Verformungsgrößen werden stets in der richtigen Größe und mit dem richtigen Vorzeichen erhalten. (Dies ist bei Theorie I. Ordnung nicht immer der Fall /5/, /6/, /7/).

3. Die Ergebnisse der Theorie II. Ordnung liefern dem Ingenieur kein falsches Bild vom wirklichen Tragverhalten der Konstruktion. Sie geben ihm eindeutige Hinweise, wo sinnvollerweise Verstärkungen oder Abmagerungen möglich sind.

4. Die uralte einfache Spannungsformel $\sigma = N/A \pm M/W$ ist klar und übersichtlich; jede Größe ist bekannt und die Auswirkung einer Änderung überschaubar. Bei lokaler Ausnutzung der Plastizität gilt dies auch für die Querschnittsinteraktionsformeln (z.B. in vereinfachter Form $M_{p\ell,N} = 1,1 M_{p\ell} \cdot (1-N/N_{p\ell})$.

5. Die Elastizitätstheorie II. Ordnung liefert den ersten Grundschritt zur Ausweitung der Berechnung nach der Fließgelenktheorie II. Ordnung, um auch die plastischen Systemreserven auszuschöpfen /1/. Dies kann insbesondere bei statisch unbestimmten Konstruktionen zu einer wesentlich wirtschaftlicheren Bemessung führen als es das Ersatzstabverfahren leisten kann.

6. Das Ersatzstabverfahren kann in bestimmten Fällen unzuverlässig und damit unsicher sein. Dies zeigt sich häufig noch nicht beim Knicksicherheitsnachweis sondern erst bei zusätzlichen Bemessungsproblemen, wie Nachweise der örtlichen Stabilität, der Verbindungsmittel, der Anschlüsse, der Stöße und der Verformungen, die für die Tragsicherheit oder Gebrauchsfähigkeit ebenso bedeutsam sind wie die Knickstabilität in der Rahmenebene. Alle diese Schwierigkeiten entfallen bei konsequenter Anwendung der Theorie II. Ordnung, für welche auch sehr stark vereinfachte Verfahren zulässig sind, sofern sie nur die wesentlichen Einflußparameter mechanisch richtig erfassen.

5   SCHLUSSBEMERKUNGEN

Mit diesen - notwendigerweise nur qualitativen - Betrachtungen zu einigen nichtlinearen Tragsicherheitsproblemen im Bauwesen sollte gezeigt werden, daß bei möglichst wirklichkeitsgetreuer Erfassung aller das Tragverhalten einer Baukonstruktion beeinflussenden Größen eine Trennung der drei Wissens-

und Lehrgebiete Baustatik, Stabilitätstheorie und Traglasttheorie weder sinnvoll noch konkret möglich ist. Ausbildende Hochschullehrer, Wissenschaftler und in der Praxis tätige Ingenieure sollten die mechanisch richtige Erfassung des Kräfte- und Verformungsspiels einer Konstruktion unter Beachtung wirklichkeitsnaher Stoffgesetze vorantreiben. Dies dient letztlich der S i c h e r h e i t und der W i r t s c h a f t l i c h k e i t. Die einfacher erscheinende, weil manche Schwierigkeiten des genannten Weges umgehende „bewährte" alte Methode der getrennten Nachweise führt eben manchmal zu falschen Ergebnissen oder Fehlinterpretationen der Berechnungsergebnisse.

LITERATUR

/1/ Vogel, U.: Praktische Hinweise zur Anwendung der Fließgelenktheorie II. Ordnung, Festschrift „Rolf Baehre 60 Jahre", Karlsruhe 1988

/2/ Vogel, U.: Praktische Berücksichtigung von Imperfektionen beim Tragsicherheitsnachweis nach DIN 18800, Teil 2 (Knicken von Stäben und Stabwerken). STAHLBAU 50 (1981), S. 201-205

/3/ Boll, K. und Vogel, U.: Die Stahlkernstütze und ihre Bemessung. DIE BAUTECHNIK 46(1969), S. 253-262 und S. 303-309

/4/ Vogel, U. et.al.: Ultimate Limit State Calculation of Sway Frames with Rigid Joints, ECCS-CECM-EKS-Publication No.33, First Edition, Rotterdam 1984

/5/ Vogel, U..: Gedanken zum Sinn und zur Zuverlässigkeit des Tragsicherheitsnachweises am Ersatzstab beim Stabsystem. Festschrift Roik, Bochum, 1984, S. 333-346

/6/ Vogel, U.: On the Reliability and the Sense of the Effective-Length Concept for the Stability Check of Steel Frames. Second Regional Colloquium on Stability of Steel Structures, Hungary 1986, Proceedings Volume I/2, S. I/359-I/367

/7/ Snijder, H.H., Bijlaard, F.S.K. and Stark, J.W.B.: Design of Braced Frames Using the Elastic Effective Length Method. Festschrift Roik, Bochum 1984, S. 316-329

Plastisches Grenzgleichgewicht bei ebenem Silodruck

R. Windels, Hamburg

SUMMARY

Plastic equilibrium states for two-dimensional silo pressure. In the limiting states of plastic equilibrium the pressure exerted by the stored medium on silo walls is minimum during filling and maximum during emptying. To simplify the difficult analysis, instead of stresses new variables are introduced which satisfy the failure criterion a priori. The non-linear differential equations are not amenable to closed-form integration. As a substitute, two independent solutions satisfying the boundary conditions are reported, the superposition of which yields a reasonable result for engineering practice. The stresses may be written in the form according to J a n s s e n /1/. Results for calculations are presented graphically.

ZUSAMMENFASSUNG

Silogut im plastischen Grenzgleichgewicht übt auf Zellenwände beim Füllen die kleinst- und beim Entleeren die größtmöglichen Drücke aus. Um die schwierige rechnerische Behandlung zu vereinfachen, werden anstelle der Spannungen neue Veränderliche eingeführt, die von vornherein die Bruchbedingung erfüllen. Die nichtlinearen Differentialgleichungen können nicht geschlossen integriert werden. Ersatzweise werden zwei unabhängige Lösungen zur Einhaltung der Randbedingungen angegeben, die nach Überlagerung ein für die Praxis brauchbares Ergebnis liefern. Die Spannungen lassen sich in der Form von J a n s s e n /1/ schreiben. Rechenwerte werden graphisch dargestellt.

1 STOFFGESETZ UND WANDREIBUNG

Als plastisches Grenzgleichgewicht wird der Spannungszustand bezeichnet, der in jedem Punkt eines Körpers unter Beachtung des Gleichgewichts die Bruchbedingung des Stoffes erfüllt. Die rechnerische Behandlung ist selbst bei einfachen geometrischen Formen schwierig, weil die Differentialgleichungen, die das Problem beschreiben, nichtlinear sind und im allgemeinen analytisch nicht gelöst werden können. W i l m s /2/ wendet daher eine numerische Methode an. Es soll hier zur Verbesserung der Übersicht versucht werden, für die Belastungen der Wände aus dem Silogut einfache analytische Ausdrücke anzugeben.

Als Stoffgesetz für das Silogut wird die Bruchbedingung nach C o u l o m b - M o h r benutzt, jedoch ohne Kohäsionsanteil. Das Versagen des Stoffes in der Ebene tritt danach ein, wenn eine Längsspannung σ und eine Schubspannung τ die Grenzwerte

$$\tau_g = \sigma_g \tan \varphi \tag{1}$$

erreichen (Bild 1b). Darin ist φ der Winkel der inneren Reibung, der auch den Grenzwert des Hauptspannungsverhältnisses

$$k = (1 - \sin\varphi) / (1 + \sin\varphi) \tag{2}$$

bestimmt.

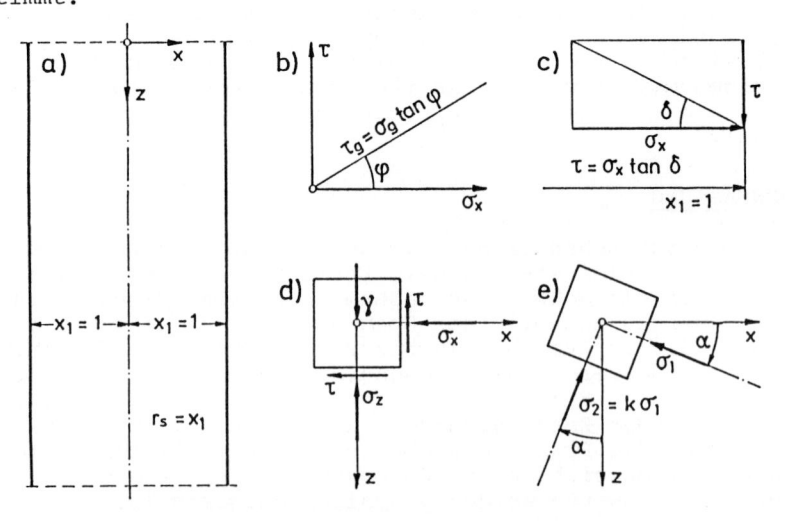

Bild 1. a) Silozelle im Schnitt, b) Bruchbedingung, c) Wandreibung, d) Spannungen, e) Hauptspannungen

Beim Gleiten des Silogutes entlang der Zellenwand greifen die Spannungen unter dem Wandreibungswinkel δ an, dessen Tangens als Wandreibungsbeiwert

$$\mu = \tan \delta = \tau / \sigma_x \tag{3}$$

bezeichnet wird (Bild 1c).

2 SILOZELLE IM EBENEN SPANNUNGSZUSTAND

Ein ebener Spannungszustand kann sich in der Scheibe einer Silozelle nach Bild 1a ausbilden, wenn die Querwände das Spannungsbild nicht mehr beeinflussen. Das Verhältnis der Querschnittsfläche zum Zellenumfang, das als wesentlicher Parameter in alle Siloberechnungen eingeht und wirksamer Siloradius r_s genannt wird, ist dann gleich der halben Zellenbreite. Als Koordinaten x, z werden dimensionslose Größen eingeführt, die sich aus den wahren Längen nach Division durch r_s ergeben. Für die Wände ist $x_1 = \pm 1$ (Bild 1a).

Als Rechenwerte für die Spannungen werden die ebenfalls dimensionslosen Werte σ_x, σ_z, τ (Bild 1 d) verwendet, die man nach Division der wahren Spannungen durch γr_s erhält, wobei γ das Raumgewicht des Silogutes ist. Wenn durch einen Strich ' die Ableitungen nach x und durch einen Punkt · die Ableitungen nach z gekennzeichnet werden, lauten die Gleichgewichtsbedingungen

$$\sigma_x' + \tau^\cdot = 0, \quad \tau' + \sigma_z^\cdot = 1. \tag{4}$$

In jedem Punkt des Spannungsfeldes schließt die Richtung der größeren Hauptspannung σ_1 mit der x-Achse den Winkel $\alpha = \alpha(x,z)$ ein. Die kleinere Hauptspannung ist mit Gleichung (2) $\sigma_2 = k \sigma_1$ (Bild 1e). Die Spannungen im Koordinatensystem x, z lassen sich als Funktionen von α und σ_1 ausdrücken:

$$\begin{aligned}
\sigma_x &= \sigma_1 (k \sin^2\alpha + \cos^2\alpha), \\
\sigma_z &= \sigma_1 (\sin^2\alpha + k \cos^2\alpha), \\
\tau &= \sigma_1 (1 - k) \sin\alpha \cos\alpha.
\end{aligned} \tag{5}$$

Wenn in den beiden ersten Gleichungen mit Hilfe der letzten σ_1

durch τ ersetzt und

$$t = \tan \alpha \tag{6}$$

eingeführt wird, erhält man die Spannungen

$$\sigma_x = \tau (kt + 1/t) / (1 - k),$$
$$\sigma_z = \tau (t + k/t) / (1 - k) \tag{7}$$

als Funktionen der Schubspannung τ und der neuen Veränderlichen t. Für jedes Wertepaar τ, t erfüllen die mit (7) ermittelten Spannungen die Bruchbedingung (1).

Werden σ_x, σ_z nach Gleichung (7) in die Gleichgewichtsbedingungen (4) eingeführt, erhält man zwei das Problem beschreibende partielle, nichtlineare Differentialgleichungen erster Ordnung, für die keine allgemeine Lösung angegeben werden kann. Darin kommen τ, t nur als rationale Funktionen vor, was bei der Integration von Teillösungen vorteilhaft ist.

Um zu einer Näherungslösung zu kommen, wird zunächst ein Spannungsfeld in großer Tiefe des Silos betrachtet, dem ein weiteres Spannungsfeld zur Erfüllung der Randbedingung in der Oberfläche des Silogutes überlagert wird. Dies Vorgehen ist nur erlaubt, wenn nachgewiesen wird, daß auch die resultierenden Spannungen in genügender Näherung die Bruchbedingung (1) erfüllen.

3   SPANNUNGEN IN GROSSER TIEFE

Mit zunehmender Tiefe nähert sich das Spannungsfeld in einer Silozelle einem Grenzzustand, der nicht mehr von der Tiefenordinate z abhängt. In den Gleichgewichtsbedingungen (4) entfallen die Ableitungen nach z. Aus der zweiten Gleichgewichtsbedingung ergibt sich bei Symmetrie zur z-Achse

$$\tau = x \tag{8}$$

und aus der ersten mit diesem Wert und mit Gleichung (7)

$$(kt + 1/t) + x (k - 1/t^2) t' = 0, \tag{9}$$

worin t' = dt/dx. Nach Trennung der Variablen führen die in x und t rationalen Funktionen zu einfachen Integralen. Die Lösung lautet

$$x = C / (kt + 1/t), \qquad (10)$$

wobei die Integrationskonstante $C = (1 - k)/\mu$ die Reibungsbedingung (3) für $x = 1$ erfüllt. Eine Kontrolle ist möglich, wenn die Logarithmen beider Seiten differenziert werden. Dies führt zurück auf Gleichung (9). Mit den Abkürzungen

$$y = x\, y_1, \qquad y_1 = \mu / \tan \varphi \qquad (11)$$

folgt aus Gleichung (10)

$$t = (1 \pm \sqrt{1 - y^2}\,) / y\sqrt{k}\,. \qquad (12)$$

Das obere Vorzeichen gilt für aktive und das untere für passive Spannungsfelder. Mit Hilfe der Gleichungen (7) werden die Spannungen in großer Tiefe zu

$$\sigma_x = 1 / \mu,$$
$$\sigma_z = x\,(t + k/t) / (1 - k), \qquad (13)$$
$$\tau = x.$$

Zur Aufstellung der Randbedingung an der Oberfläche des Silogutes wird die mittlere Spannung

$$\sigma_{zm} = (1/x) \int_0^x \sigma_z\, dx \qquad (14)$$

benötigt. Die Integration ergibt nach Zerlegung in Partialbrüche

$$\sigma_{zm} = 1/\mu k - (y^2/t\sqrt{k} + y + 2 \arctan t\sqrt{k} - 2\alpha_0)x/y^2 \cos\varphi \qquad (15)$$

Die Integrationskonstante stellt den Winkel α_0 an der Stelle $x = 0$ dar, der in aktiven Spannungsfeldern $\alpha_0 = \pi/2$ und in passiven $\alpha_0 = 0$ zu setzen ist. Die Gleichung ist unübersichtlich. Eine Kontrolle der Integration ist mühsam und kann am einfachsten mit numerischen Verfahren durchgeführt werden.

4 SPANNUNGEN IN OBERFLÄCHENNÄHE

In der Oberfläche des Silogutes treten keine Spannungen auf. Den für große Tiefe im vorangehenden Abschnitt ermittelten Spannungen wird daher ein zweites Spannungsfeld überlagert, das in

Nähe der Oberfläche den Spannungsabfall auf Null herstellen soll.

Die Abhängigkeit aller Spannungen dieses Abschnittes von der Tiefenordinate z wird durch die Funktion

$$h = e^{-\lambda\mu z} \tag{16}$$

beschrieben, die schon von J a n s s e n /1/ verwendet worden ist. Darin ist λ ein noch zu bestimmender Rechenwert, mit dessen Hilfe die Reibungsbedingung (3) an der Wand erfüllt werden kann. Zur Vereinfachung werden nur die von x abhängigen Anteile der Spannungen wiedergegeben, die mit h multipliziert werden müssen, um die vollständigen Spannungen dieses Abschnittes zu erhalten.

In den Gleichgewichtsbedingungen (4) verschwindet das aus dem Raumgewicht γ herrührende Glied, das bereits bei den Spannungen in großer Tiefe berücksichtigt wurde. Es verbleiben nach Einführung von h und seiner Ableitung nach z die homogenen Gleichungen

$$\sigma_x' - \lambda\mu\tau = 0, \quad \tau' - \lambda\mu\sigma_z = 0. \tag{17}$$

Mit den Gleichungen (7) erhält man aus der ersten Gleichgewichtsbedingung (17)

$$\tau'(kt + 1/t)/(1-k) + \tau(k-1/t^2)t'/(1-k) - \lambda\mu\tau = 0, \tag{18}$$

und wenn τ' durch die zweite Gleichgewichtsbedingung ausgedrückt wird, kann τ herausgekürzt werden. Es verbleibt die Differentialgleichung für t

$$t' = \lambda\mu k (1 + t^2)^2/(1 - k)(1 - kt^2), \tag{19}$$

deren Lösung sich

$$2 x \lambda\mu k = (1-k^2)t/(1+t^2) + (1-k)^2 (\alpha - \alpha_0) \tag{20}$$

schreiben läßt. Der Winkel α ergibt sich aus Gleichung (6), und der Winkel α_0 ist als Integrationskonstante wie in Gleichung (15) einzusetzen. Eine explizite Gleichung für t wie in Gleichung (12) kann hier nicht angegeben werden. Wenn an der Wand (x = 1) der Wert $t = t_1$ aus Gleichung (12) eingesetzt wird, bestimmt Gleichung (20) denjenigen Rechenwert λ, der die Reibungsbedingung erfüllt. Die Richtungen der Hauptspannungen für Ober-

flächennähe stimmen somit sowohl für die Achse (x = 0) als auch
für die Wand (x = 1) mit denen in großer Tiefe überein.

Aus der zweiten Gleichgewichtsbedingung (17) folgt zur Bestimmung der Schubspannung τ die Differentialgleichung

$$\tau' = \lambda_\mu \tau (t + k/t)/(1 - k) \tag{21}$$

oder mit Gleichung (19)

$$(1/\tau) \, d\tau = f(t) \, dt,$$
$$f(t) = (k + t^2)(1 - kt^2)/kt(1 + t^2)^2,$$
$$\int f(t) \, dt = \ln p(t) - q(t), \tag{22}$$
$$p(t) = t/(1 + t^2), \quad q = (1 - k^2)/2k(1 + t^2).$$

Die Lösung für die Schubspannung lautet

$$\tau = C_2 \, p(t) \, e^{-q(t)}. \tag{23}$$

Für x = 0 wird τ = 0. Die Integrationskonstante C_2 steht zur Erfüllung der Randbedingung in der Oberfläche des Silogutes (z=0) zur Verfügung.

Die mittlere Spannung σ_{zm} entsprechend Gleichung (14) wird wegen der zweiten Gleichgewichtsbedingung (17)

$$\sigma_{zm} = \tau / \lambda \mu \, x \, . \tag{24}$$

Die Schubspannung τ ist nach Gleichung (23) einzusetzen und σ_{zm} enthält somit die Integrationskonstante C_2.

5   ÜBERLAGERUNG DER SPANNUNGSFELDER

Bei Untersuchungen von plastischen Zuständen verbietet sich im allgemeinen eine Überlagerung von Spannungsfeldern, weil die Bruchbedingung, die zu nichtlinearen Gleichungen führt, dann nicht mehr erfüllt wird. Wenn hier die Spannungen in Oberflächennähe mit denen in großer Tiefe überlagert werden sollen, um die Randbedingung für z = 0 zu erfüllen, muß zunächst überprüft werden, ob dabei nicht die Bruchbedingung in unzulässiger Weise verletzt wird. Das Gleichgewicht wird nicht berührt.

In Bild 2a ist für das Spannungsfeld in großer Tiefe der Winkel α zwischen der größeren Hauptspannung und der x-Achse in Abhängigkeit vom Winkel der inneren Reibung φ und der Koordinate $y = x\, y_1$ nach Gleichung (10) bzw. (12) aufgetragen worden. Die Kurven für den aktiven Bereich im oberen Teil treffen sich mit denen des passiven Bereiches im unteren Teil auf der Linie $y=1$. Das Bild enthält sämtliche Spannungsfelder, da die Silowand ($x = 1$) bei $y = y_1$ und somit in Abhängigkeit vom Wandreibungswinkel δ im Bereich $0 < y < 1$ liegt.

Für das Spannungsfeld in Oberflächennähe läßt sich ein ähnliches Bild nach Gleichung (20) nicht zeichnen, weil das Verhältnis der Spannungen und damit der Winkel α jeweils in der Siloachse ($y=0$) und an der Silowand ($y = y_1$) so groß wie für das Spannungsfeld in großer Tiefe gewählt worden ist. Es müßte somit für jeden Wert y_1 ein Bild aufgetragen werden. In Bild 2b ist zunächst der Grenzfall $y_1 = 1$ ($\delta = \varphi$) dargestellt worden, bei dem die größten Abweichungen zwischen beiden Bildern auftreten. Im ak-

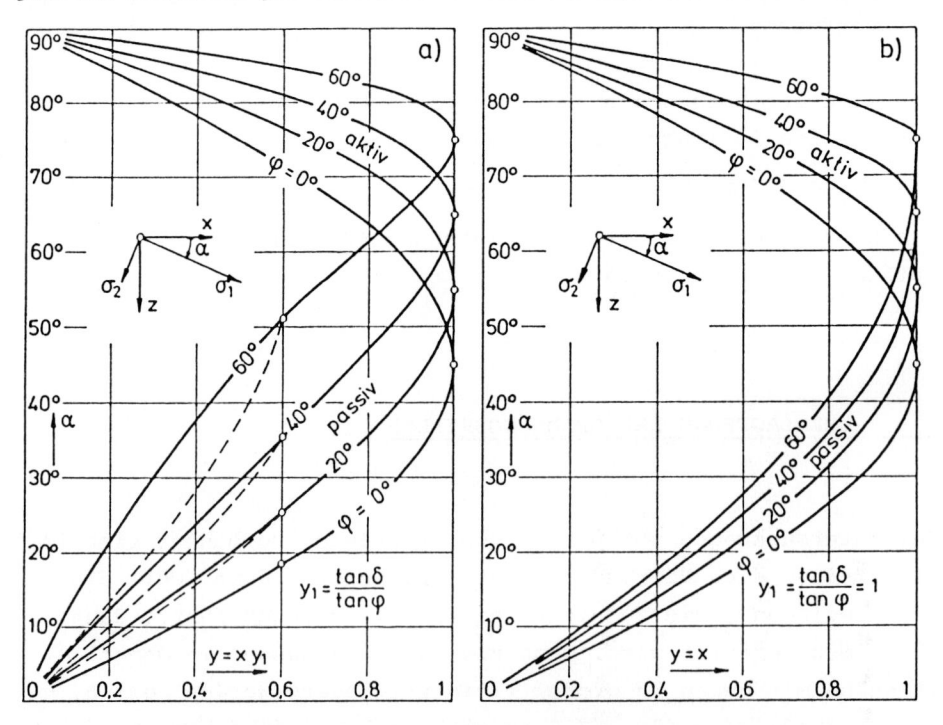

Bild 2. Winkel α der größeren Hauptspannung gegen die x-Achse
a) Spannungsfelder in großer Tiefe, b) Spannungsfeld in Oberflächennähe für $y_1 = \tan\varphi / \tan\varphi = 1$

tiven Bereich bleiben die Differenzen kleiner als 2° und dürften daher für die Belange der Praxis als vernachlässigbar angesehen werden. Fehler bei der Abschätzung der Reibungswinkel und deren Einfluß auf die Ergebnisse werden größer sein.

Im passiven Bereich sind die Differenzen erheblich größer. Es werden daher in Bild 2a zusätzlich die Kurven für $y_1 = 0,6$ gestrichelt eingetragen. Solange der Winkel der inneren Reibung nicht 40° überschreitet, bleiben auch hier die Differenzen des Winkels α kleiner als 2°. Für den in der Praxis wichtigen Bereich mit $y_1 < 0,6$ und $\varphi < 40°$ dürfen daher auch hier die Spannungsfelder überlagert werden. Selbst bei größeren Differenzen zwischen den Werten beider Bilder stellen die Ergebnisse der Überlagerung noch brauchbare Näherungen dar.

Nachdem die Überlagerung der Spannungsfelder durch Vergleich der Bilder 2a und 2b als zulässig nachgewiesen wurde, muß noch die Randbedingung in der Oberfläche des Silogutes ($z = 0$) erfüllt werden. Es soll als Näherung die mittlere Spannung σ_{zm} verschwinden, so daß das Gleichgewicht aller von außen auf das Silogut einwirkenden Spannungen exakt eingehalten wird. Wenn die Summe der Anteile von σ_{zm} nach den Gleichungen (15) und (24) Null werden soll, wird durch diese Bedingung die Integrationskonstante C_2 in Gleichung (23) festgelegt. Damit sind alle Spannungen bekannt. Sie ergeben sich aus der Addition (Überlagerung) der für große Tiefe und für Oberflächennähe ermittelten Anteile.

Es sei erwähnt, daß die resultierenden Spannungen für $z = 0$ und damit auch für den Eckpunkt ($x = 1$) nicht exakt verschwinden. Dies hat aber nur einen kaum spürbaren Einfluß auf das Gesamtergebnis. Die Spannungen an der Silowand können daher in guter Näherung ähnlich wie von J a n s s e n /1/ geschrieben werden:

$$\sigma_x = \phi/\mu, \quad \sigma_z = \phi/K\mu, \quad \tau = \phi. \qquad (25)$$

Mit Gleichung (16) stellt darin

$$\phi = 1 - h = 1 - e^{-\lambda \mu z} \qquad (26)$$

die bekannte Funktion von z dar, in der neben dem Wandreibungsbeiwert μ der Rechenwert λ nach Gleichung (20) auftritt. Das

Seitendruckverhältnis (oder Horizontallastverhältnis) K ergibt sich für x = 1 aus den Gleichungen (10), (12) und (13) zu

$$K = \sigma_x / \sigma_z = (1 - k)/\mu(t_1 + k/t_1). \tag{27}$$

Die Beanspruchung der Zellenwände aus dem Silogut kann mit Hilfe der beiden Werte λ und K in einfacher Weise ermittelt werden.

6 GRAPHISCHE DARSTELLUNG UND AUSWERTUNG

Der Rechenwert λ, der für die Belastung von Silowänden von großem Einfluß ist, wird immer noch sehr unterschiedlich beurteilt. Daher soll er hier in Abhängigkeit vom Winkel der inneren Reibung φ und vom Wandreibungswinkel δ graphisch aufgetragen und mit dem Hauptspannungsverhältnis k sowie dem Seitendruckverhältnis K verglichen werden. Die Darstellung erfolgt in Form von Nomogrammen. Zur Unterscheidung erhalten die Werte des aktiven Spannungszustandes den Index a (Bild 3a) und die des passiven den Index p (Bild 3b).

In Bild 3a liegt die Leitlinie für φ sehr nahe am rechten Rand. Für aktive Spannungsfelder ist darum der Einfluß der Wandreibung auf den Rechenwert λ_a so klein, daß er vernachlässigt werden kann. Als einfacher aber guter Näherungswert darf das Hauptspannungsverhältnis k_a sowohl für λ_a als auch für K_a benutzt werden, das im allgemeinen 0,5 nicht überschreitet.

Aktive Spannungsfelder treten beim Füllen von Silozellen auf. Zahlreiche Messungen der Wand- und Bodendrücke, die sowohl an bestehenden Silos als auch an Modellen durchgeführt worden sind, zeigen überraschend gute Übereinstimmung mit den Spannungen der Gleichung (25), auch wenn darin k_a für λ_a, K_a eingesetzt wird.

Das passive Spannungsfeld (Bild 3b) zeigt zwar einen größeren Einfluß der Wandreibung auf das Seitendruckverhältnis K_p, im allgemeinen aber nur einen geringen auf den Rechenwert λ_p. Auch hier darf daher das Hauptspannungsverhältnis $k_p = 1/k_a = 1/k$ als Näherung für λ_p verwendet werden.

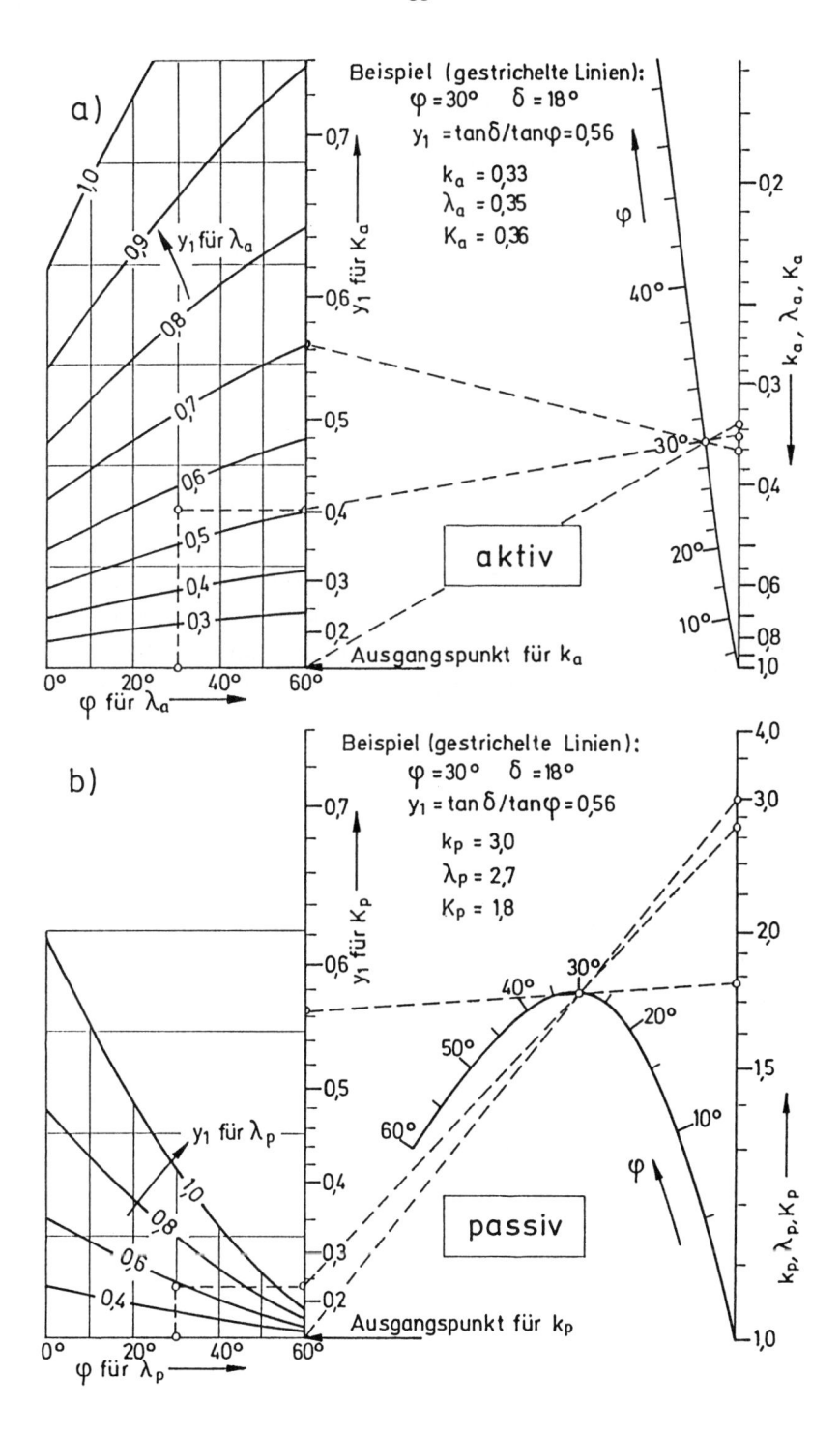

Bild 3. Darstellung der Werte k, λ und K in Nomogrammen

Der Entleerungsvorgang von Silozellen kann nicht mit dem hier ermittelten passiven Spannungsfeld beschrieben werden. Es müssen dazu Übergangszonen betrachtet werden, die sich zwischen einem oberen aktiven und einem unteren passiven Spannungsfeld ausbilden. Ihre Wanddrücke übersteigen die hier ermittelten um ein Vielfaches, vgl. /3/. Aus den Gleichungen (25) kann nur das mit zunehmender Tiefe schnelle Anwachsen der Wandlasten im oberen Silobereich oder bei niedrigen Silos über die gesamte Höhe abgelesen werden. Es ist auf den weit über 1 liegenden Rechenwert λ_p zurückzuführen und zeigt gute Übereinstimmung mit Versuchsmessungen.

Die neue Norm für Silolasten /4/ führt im Gegensatz zur alten Fassung für jedes Silogut nur einen Rechenwert λ ein, der sowohl für das Füllen als auch für das Entleeren gilt. Sie verstößt damit gegen die aus vielen Versuchen bekannten mechanischen Gesetzmäßigkeiten. Umfangreiche Rechenvorschriften mit vielen Einzelwerten müssen in umständlicher Weise den fragwürdigen Ansatz ausgleichen. Es ist zu hoffen, daß bei einer Überarbeitung zur bewährten Form mit getrennten Rechenwerten λ für das Füllen und für das Entleeren zurückgekehrt wird.

LITERATUR

/1/ Janssen, H.A.: Versuche über Getreidedruck in Silozellen. Zeitschrift des Vereins deutscher Ingenieure 39 (1895), Nr. 35, S. 1045.

/2/ Wilms, H.: Spannungsberechnung in Silos mit der Charakteristiken-Methode. Dissertation, Technische Universität Braunschweig, 1983.

/3/ Windels, R.: Vergleich von Hüllkurven des ebenen Silodruckkes. Bautechnik 63 (1986), H. 6, S. 189.

/4/ DIN 1055 Teil 6, Lastannahmen für Bauten; Lasten in Silozellen. Ausgabe Mai 1987. Beuth Verlag, Berlin.

Software-Werkzeuge für die Finite-Element-Modellbildung

C. Bremer, Dortmund

SUMMARY

An efficient use of the finite element method requires software systems, which allow a comfortable and fast process of modelling, investigation and optimization of structural variants and interactive design and calculation. While the rigid structure of conventional finite element program chains restricts the user, modern software – systems allow to handle the finite element method in an engineering way.
Algorithms have to transform the user instructions into the finite element model. It is shown on the basis of new algorithms for mesh – smoothing and bandwidth – /profil – optimization that parts of the finite element modelling process can be solved independently by software modules which are working with improved heuristic strategies.

ZUSAMMENFASSUNG

Ein effizienter Einsatz der Finite – Element – Methode setzt Software – Systeme voraus, die die komfortable und schnelle Modellbildung, Variantenuntersuchung und Konstruktionsoptimierung im Rahmen des iterativen Entwurfs – und Berechnungszyklus ermöglichen. Während herkömmliche FE – Programm – Ketten den Anwender durch ihre starre Struktur stark einengen, erlauben Software – Systeme neuerer Konzeption, die Finite – Element – Methode in ingenieurgemäßer Art und Weise zu handhaben.
Algorithmen müssen die Benutzervorgaben in das FE – Modell umsetzen. Anhand von neuent – wickelten Algorithmen zur Netzglättung und Bandbreitenoptimierung wird gezeigt, daß Teilauf – gaben des Finite – Element – Modellierungsprozesses von Software – Moduln mit ausgefeilten heuristischen Strategien selbständig erledigt werden können.

1 KONVENTIONELLE FE – PROGRAMM – KETTEN

Konventionelle FE – Programm – Ketten sind in der Regel keine einheitlichen und durchgängigen Software – Lösungen. Vielmehr bestehen sie aus einzelnen Programm – Paketen, die von verschiedenen Anbietern zugekauft oder selbst entwickelt sind.

Für die Standardaufgaben der FE – Anwendungen sind auf dem Software – Markt leistungsfähige Programm – Pakete erhältlich:
- Pre – Processing (z. B. *FEMGEN, PATRAN, PROLOG, SUPERTAB* ...)
- Main – Processing (z. B. *ADINA, ANSYS, ASKA, NASTRAN* ...)
- Post – Processing (z. B. *EPILOG, FEMVIEW, MOVIE, PATRAN, SUPERTAB* ...)

Die Bearbeitungsschritte, die die "Iterationsschleife" des Modellierungsprozesses bis zur Entwurfsoptimierung schließen, sind bis heute jedoch noch überwiegend der Kopf – und Handarbeit überlassen (Bild 1). Es ist auch nicht abzusehen, ob hier die Erfahrung und Intelligenz des Ingenieurs jemals vollständig durch Computerprogramme ersetzt werden kann; eine effiziente Unterstützung durch Software – Systeme ist jedoch sehr wohl denkbar und realisierbar.

Problematisch erweist sich der Umgang mit konventionellen FE – Systemen besonders wegen der uneinheitlichen Benutzeroberflächen der einzelnen Programm – Pakete. Der dauernde Wechsel zwischen verschiedenen Dialog – und Darstellungsarten erfordert lange Einarbeitung und erhöht die Gefahr von Fehlern und von Ermüdung.

Die "Black – Box" – Programm – Pakete erwarten die Eingabe – Daten im jeweiligen software – eigenen Format; ebenso liefern sie die Ausgabe – Daten im spezifischen Format. Die Software – Pakete können die Daten zwischen ihren getrennt gespeicherten ASCII – Datenfiles nur austauschen, wenn die Datenformate durch Daten – Umsetzungs – Programme übersetzt werden. Der Datenfluß gestaltet sich dementsprechend aufwendig.

Ein gemeinsamer Datenfile mit genormtem Datenformat vereinfacht die Datenhaltung und den Datenaustausch erheblich. Dies betrifft nicht allein den FEM – internen Datenfluß, sondern vielmehr auch den Austausch der kompletten Produkt – Daten zwischen Konstruktionsabteilung und Produktion sowie zwischen verschiedenen Unternehmen (z. B. Produkthersteller und Zulieferfirmen). Als Standard – Formate haben sich die deutsche FE – Spezifikation *FEDIS* (Finite Element Data Interface Standard), die *VDAFS* – Norm (VDA – Flächen – Schnittstelle), die französische Schnittstelle *SET* (Standard d'Echange et de Transfert) und der amerikanische *IGES* Standard (Initial Graphics Exchange Specification) bewährt. In Entwicklung ist der europäische Standard *CAD*I* (Computer Aided Design Interfaces) sowie die ISO – Standards *PDES* (Product Data Exchange Specification) und als weitestgehende Entwicklung *STEP* (Standard for Exchange of Product Data).

Die intensive internationale Zusammenarbeit zeigt, wie wichtig die Standardisierung der Daten – austausch – Formate für die industrielle Nutzung der "Computer Aided" – Techniken (einschließlich der FEM) und der computerintegrierten Fertigung (CIM) ist.

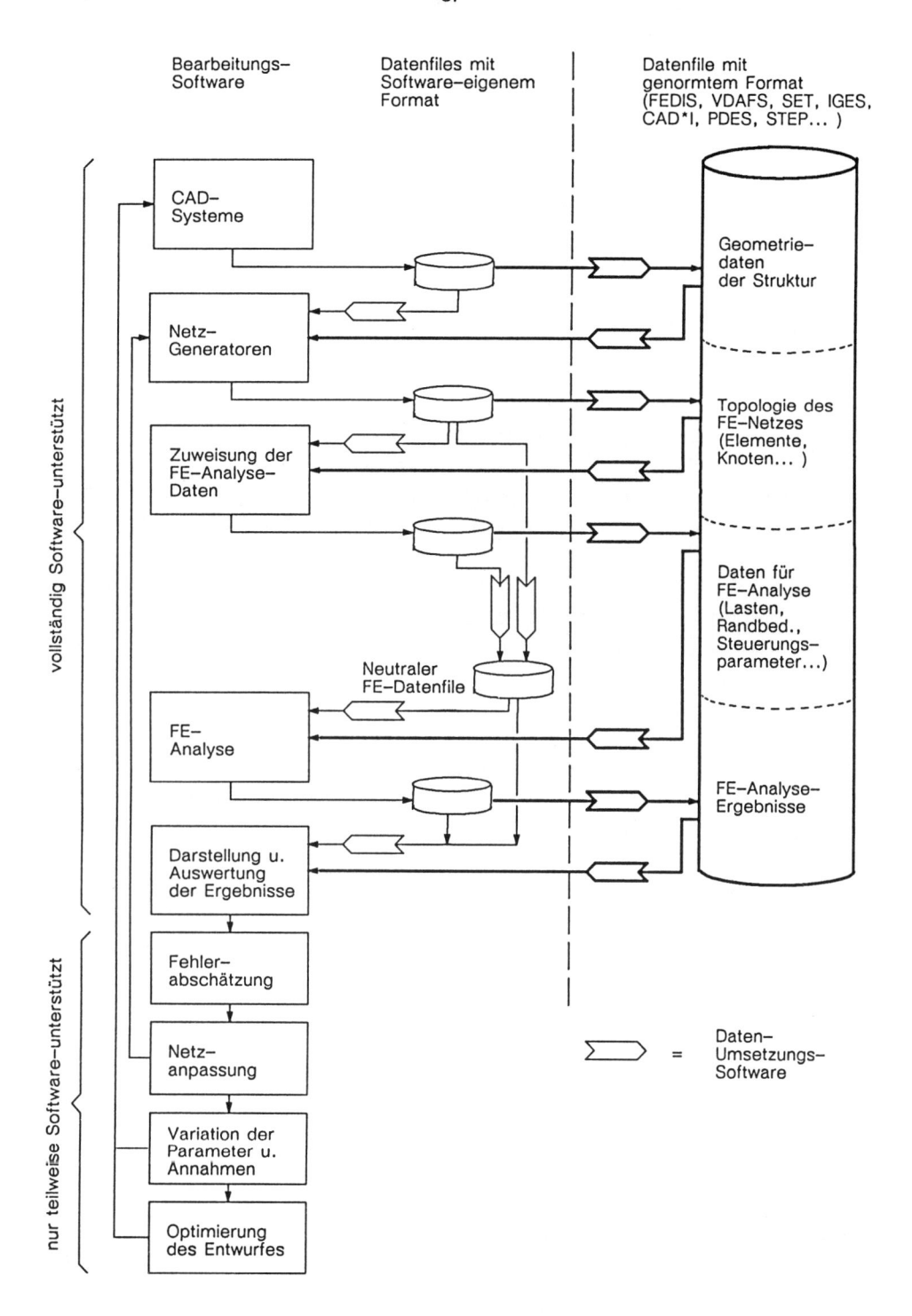

Bild 1: Aufbau konventioneller FE - Programm - Ketten

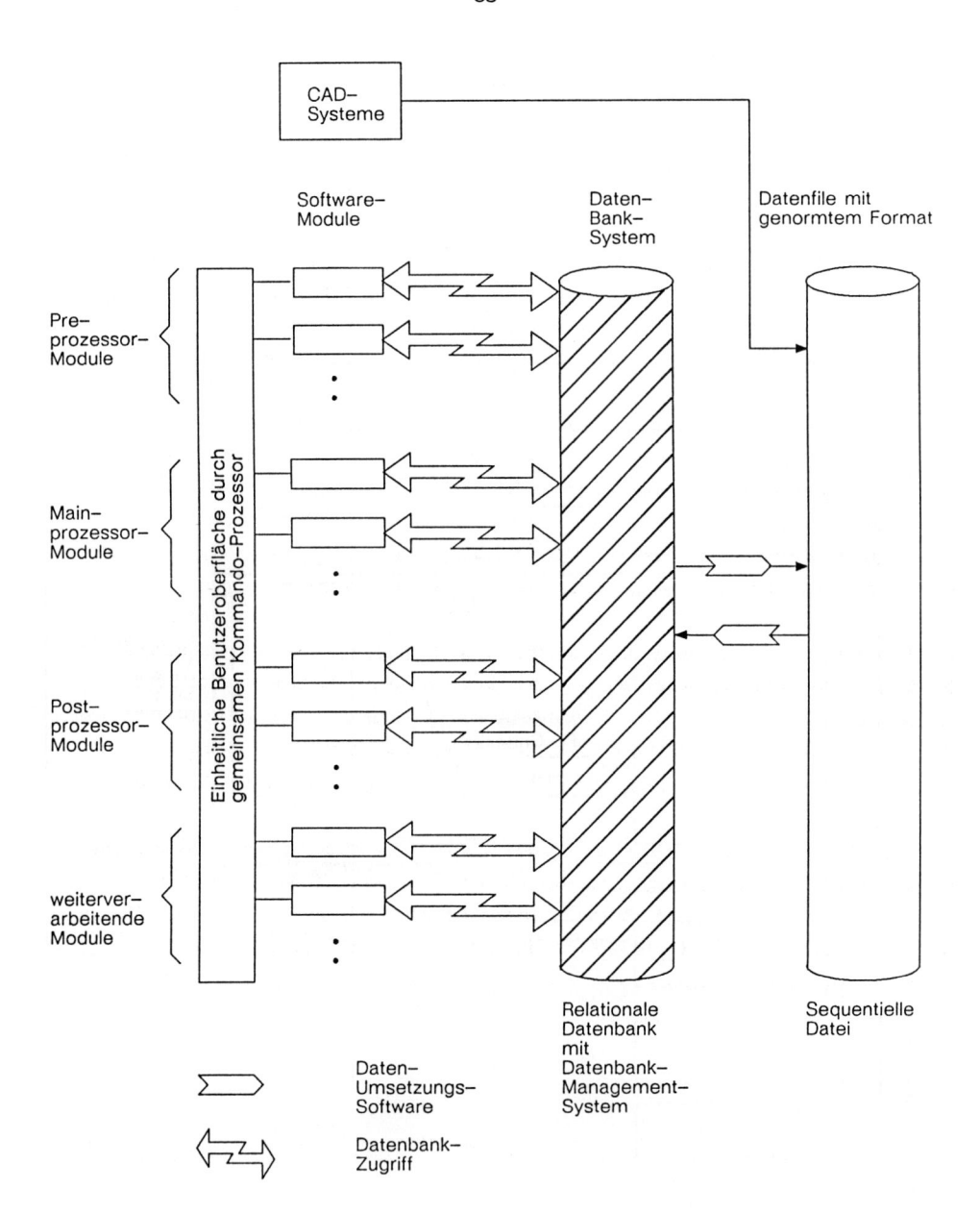

Bild 2: Aufbau von FE-Software-Systemen neuerer Konzeption

2 NEUERE KONZEPTE FÜR FE-SOFTWARE-SYSTEME

Moderne FE-Software-Systeme unterscheiden sich in ihrem Aufbau stark von konventionellen FE-Systemen (Bild 2). Eine komfortable Benutzeroberfläche und eine gemeinsame Datenbank ermöglichen dem Anwender, auf ingenieurgemäße Art und Weise zwischen den Software-Moduln, Algorithmen und Bearbeitungsschritten hin- und herwechseln (s. a. Beschreibung des Finte-Element-Editors FEE in /2/). Ein so konzipiertes Software-Werkzeug kann den Ingenieur bei der FE-Modellbildung, bei Parameterstudien und bei der Entwurfsoptimierung unterstützen, ohne ihn durch den vorgegebenen Ablauf einer Programm-Kette einzuengen.

Eine konsistente, interaktive, graphisch orientierte Benutzeroberfläche ist eine der wichtigsten Voraussetzungen für den effizienten Einsatz der FEM. Die Struktur der Kommandos, die Eingabe der geometrischen und topologischen Daten (per Mouse oder Digitizer), die alphanumerischen Eingaben (Tastatur) und die graphische Benutzerschnittstelle (Menüs, Icons, Bildschirmdarstellung ...) müssen in allen Phasen identisch sein. Dies verkürzt die Einarbeitung, beschleunigt die Bearbeitungsdauer und verringert die Rate der Fehleingaben.

Das FE-Modell wird durch einzelne Datengruppen beschrieben, die aber - entsprechend den Schritten der Modellbildung - logisch mit anderen Datengruppen verbunden sind. Mit relationalen Datenbanken können die Daten weitgehend redundanzfrei abgespeichert und die logische Verknüpfung der Daten relativ unkompliziert abgebildet werden. Der direkte Zugriff der Software-Module auf die Datenbank vereinfacht und beschleunigt den Datenfluß erheblich.

Von den Algorithmen, die die Anwendervorgaben in das FE-Modell umsetzen, wird ein hohes Leistungsniveau erwartet. Denn sie sollen das FE-Modell möglichst "vollautomatisch" und auch "in heiklen Fällen" mit geringstem Eingabeaufwand generieren. Im folgenden wird für die Module Netzglättung und Bandbreitenoptimierung aufgezeigt, daß es mit ausgefeilten heuristischen Strategien möglich ist, Teilaufgaben des FE-Modellbildungsprozesses ohne Benutzereingriff von Software-Moduln erledigen zu lassen.

3 SOFTWARE-MODULE *NETZGENERIERUNG* UND *NETZGLÄTTUNG*

3.1 INTERPOLATIVES NETZGENERIERUNGSKONZEPT

Fast sämtliche zwei- und dreidimensionalen Netzgeneratoren verwenden Triangulator- und/oder Interpolator-Algorithmen.
Bei den Triangulatoren muß der Benutzer zunächst die Strukturberandung durch geschlossene Polygonzüge beschreiben. Zuerst werden gemäß der vorgegebenen Knotendichte die Innen-

knoten erzeugt; dann werden die Knoten durch Triangulation zu Dreieck- bzw. Tetraeder-Elementen verknüpft. Triangulatoren sind sehr anpassungsfähig. Jedoch führt die Triangulation wegen ihrer lokal begrenzten Generierungsstrategie leicht zu unbefriedigenden Elementteilungen.

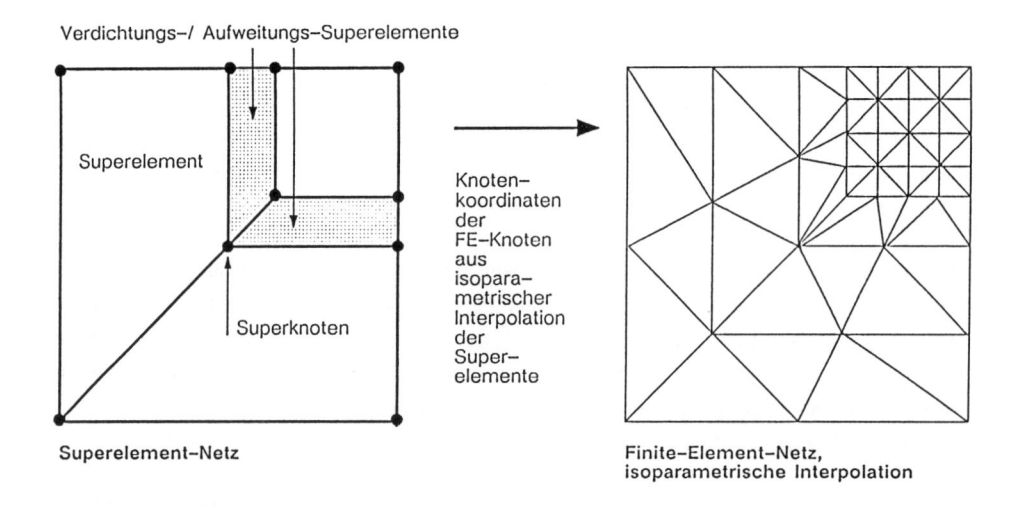

Bild 3: Netzgenerierung mit Interpolator

Bei dem interpolativen Generierungskonzept für zweidimensionale Strukturen muß das Berechnungsgebiet zunächst in Superelemente – sprich: übergeordnete Elemente – eingeteilt werden (Bild 3). Das Superelement-Netz wird, analog zu Finite-Element-Netzen, mit einer Inzidenzmatrix und einer Koordinatenmatrix beschrieben. Die Knoten des FE-Netzes werden durch Rasterung der Superelemente erzeugt. Die Koordinaten errechnen sich, ähnlich wie bei der Formulierung der isoparametrischen Elemente, aus der Interpolation von Formfunktionen. Viereck-Elemente ergeben sich direkt aus dem Knotenraster; Dreieck-Elemente werden durch Teilung eines Viereckes mit einer Diagonalen erzeugt. In der Regel wird diejenige Diagonale gewählt, welche die günstigsten Dreiecks-Proportionen ergibt. Es sind aber auch durchgängig parallele Diagonalen bzw. gekreuzte Diagonalen und Mischformen vorgesehen. Eine Abstufung der Elementdichte durch reine Rasterung ist allerdings nur bedingt möglich. Der Übergang zwischen unterschiedlich dicht diskretisierten Netzgebieten kann am einfachsten durch spezielle Verdichtungs-/Aufweitungs-Superelemente hergestellt werden.

Mit der in /1/ vorgestellten Implementierung ist durch die übersichtliche Struktur der Eingabedaten für die Übernahme der Geometrie, für die Steuerung der Netzgenerierung und für die Zuweisung der Beanspruchungen und Randbedingungen sowie durch die Vielzahl der Elementtypen eine einfache Beschreibung und Erzeugung des FE-Modells möglich.

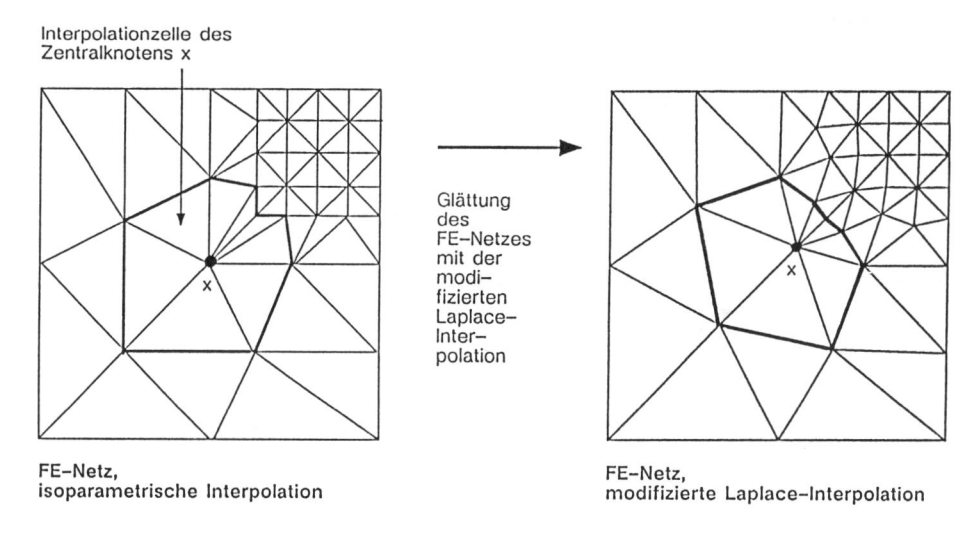

3.2 NETZGLÄTTUNG MIT DER *MODIFIZIERTEN LAPLACE – INTERPOLATION*

Bei dem in Bild 3 dargestellten Netz mit der isoparametrischen Koordinaten – Interpolation sind eine Reihe von Elementen ungünstig proportioniert. Durch nachträgliches Glätten ist es möglich, die Knoten so zu verschieben, daß die Elementgrößen gut abgestuft und die Elementformen gut proportioniert sind.

Der gebräuchlichste Glättungsalgorithmus ist die *Laplace – Interpolation*: In jedem Iterationsschritt wird jeder Knoten einmal verschoben; der zu verschiebende Knoten wird *Zentralknoten* genannt; seine Nachbarknoten bilden die *Interpolationszelle* (vgl. Bild 4); der Zentralknoten wird in den Koordinaten – Mittelwert der Zellen – Randknoten verschoben; die Iteration ist abgeschlossen, wenn die Verschiebewege ein Mindestmaß unterschreiten. Die herkömmliche Laplace – Interpolation zeigt aber in der praktischen Anwendung gravierende Mängel. So werden bei einspringenden Ecken die Netzkonturen unter Umständen überschnitten. Das Netz wird dadurch unbrauchbar. Des weiteren bleibt die Verbesserung der Elementproportionen – das eigentliche Ziel der Glättung – mehr oder weniger dem Zufall überlassen; denn beim Verschieben der Knoten wird die Veränderung der Elementproportionen nicht berücksichtigt.

Bild 4: Netzglättung mit der modifizierten Laplace – Interpolation

Durch eine Reihe von Modifikationen werden diese Mängel behoben, so daß ein robuster und schneller Iterationsverlauf gewährleistet ist. Die wichtigste Verbesserung der *modifizierten Laplace – Interpolation* ist, daß ein Zentralknoten nur dann verschoben wird, wenn sich die Form des am schlechtesten proportionierten Elementes der Interpolationszelle verbessert. Durch die Anwendung verschiedener Proportionskontrollen können sich die Elementformen nur in Richtung "gleichseitiges Dreieck" bzw. in Richtung "Quadrat" verändern; dadurch werden auch Randüberschneidungen, wie sie bei der herkömmlichen Laplace – Interpolation auftreten, unterdrückt. Diese Kontrollbedingungen dürfen jedoch die Iteration zur optimalen Topologie nicht behindern. Bild 5 zeigt, daß die modifizierte Laplace-Interpolation aus den verzerrten Knoten-positionen in die optimale Ausgangslage zurückfindet. Es wird außerdem deutlich, daß die Iteration bereits nach wenigen Schritten abgeschlossen ist. In der Regel reichen auch bei komplexen Netzen drei Iterationsschritte aus.

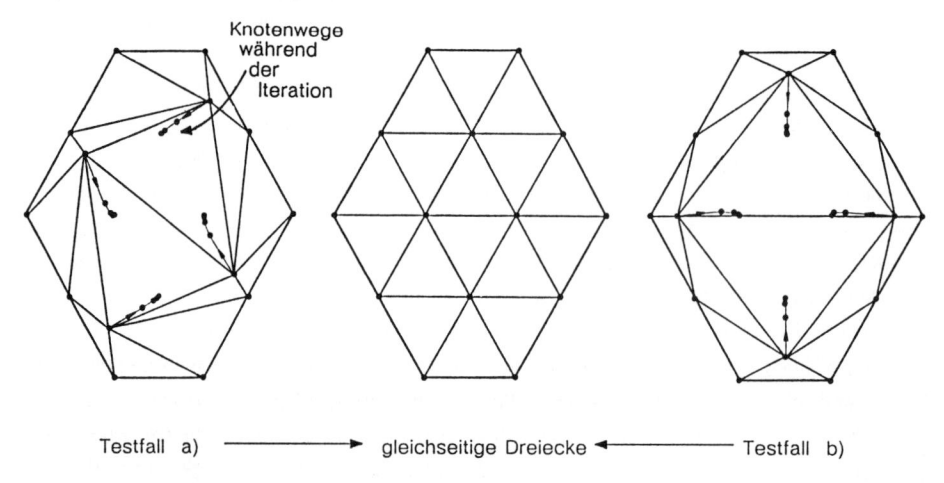

Testfall a) ⟶ gleichseitige Dreiecke ⟵ Testfall b)

Bild 5: Wiederfinden der idealen Topologie

Die Preprozessor-Module *Netzgenerierung*, *Netzglättung* und die weiteren Module aus /1/ haben sich in der Konstruktionspraxis (s. Bild 6) bewährt. Sie erlauben eine anpassungsfähige Gestaltung von FE-Netzen. Die Module sind in die Software-Bibliothek *DFGBIB* der Deutschen Forschungsgemeinschaft integriert. Der modulare Aufbau ermöglicht eine einfache Übernahme von Software-Bausteinen und Algorithmen auch in andere Preprozessor-Systeme.

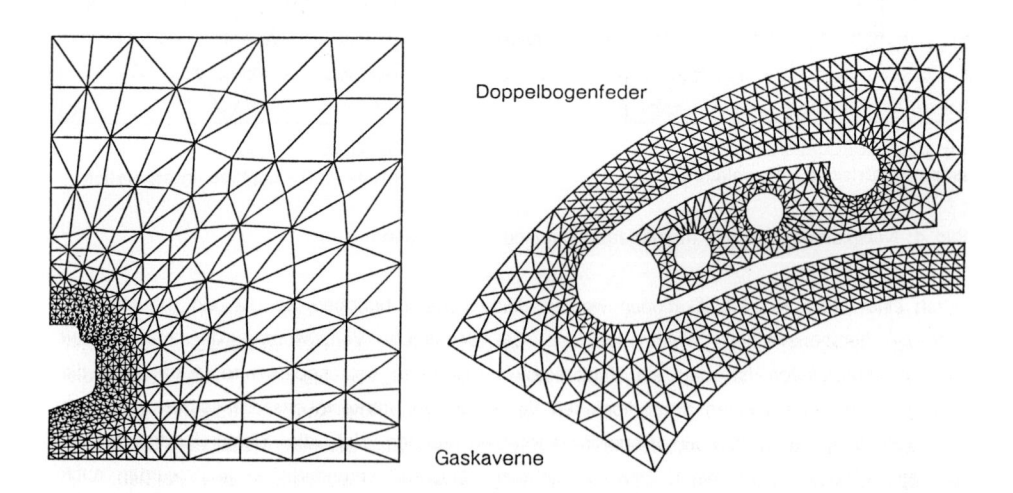

Bild 6: Beispiele aus der Konstruktionspraxis

4 SOFTWARE – MODUL *BANDBREITEN – /PROFIL – OPTIMIERUNG*

Nach der Netzgenerierung müssen für die eigentliche FE – Berechnung noch die Voraussetzungen für eine speichersparende und schnelle Bearbeitung der Systemgleichungen (Dreieckszerlegung etc.) – dem rechenintensivsten Teil der FE – Analyse – geschaffen werden.
Die Systemmatrizen sind in der Regel spärlich belegt. Da nur wenige der $N \cdot N$ Matrixelemente von Null verschieden sind, wäre es also ausgesprochen unrationell, die gesamte Koeffizientenmatrix abzuspeichern. Wenn es durch geschicktes Umnumerieren der Knoten gelingt, die Nicht – Null – Elemente entlang der Hauptdiagonalen zu bündeln, braucht man nur eine Bandmatrix der Breite B (bzw. eine Profilmatrix oder Frontmatrix) zu speichern. Der Speicherbedarf reduziert sich dadurch von N^2 auf $N \cdot B$ und der Rechenzeitbedarf für die Dreieckszerlegung von N^3 auf $N \cdot B^2$.

Die Bandbreite bzw. Profil oder Frontbreite der Systemmatrizen wird von Algorithmen zur Optimierung der Knotennummern reduziert. Da sich die Belegung der Systemmatrizen aus der Verknüpfung und Numerierung der Knoten des FE – Netzes ergibt, benötigen die Algorithmen die Informationen über die Netz – Topologie. Zur Beschreibung der Topologie bietet sich die Graphentheorie an. Die wichtigsten graphentheoretischen Begriffe in Kürze: Zwei Knoten sind miteinander verknüpft, wenn sie zu einem Element gehören. Die Verknüpfungen der Knoten untereinander werden als *Kanten* dargestellt. Knoten und Kanten bilden den *Graphen* des Netzes. Jede Kante des Graphen entspricht in der Koeffizientenmatrix einem Nicht – Null – Element. Miteinander verknüpfte Knoten nennt man *Nachbarn*. Die Zahl der Nachbarn eines Knotens wird als *Grad* gezeichnet.

Um die optimale Knotennumerierung zu finden, müßten alle N! Numerierungen untersucht werden. Da dies einen unvertretbaren Rechenaufwand bedeutet, wird mit heuristischen Strategien eine "fast optimale" Numerierung gesucht, wobei die Optimierungsalgorithmen automatisch – also ohne Benutzereingriff – ablaufen müssen.

4.1 GRAPHENTHEORETISCHER ALGORITHMUS *ALL*

Um eine kleine Bandbreite zu erzielen, müssen die Nummern von Nachbarknoten nahe beieinanderliegen. Mit Hilfe von *Stufenstrukturen* lassen sich solche Numerierungen aufbauen (s. Bild 7). Ausgehend von einem Startknoten – er erhält die Nummer 1 –, werden die jeweiligen Nachbarknoten der Reihe nach bis N durchgezählt. Die Knoten werden so in Stufen wohlgeordnet numeriert. Die Anzahl der Stufen wird *Exzentrizität* genannt. Wenn der Startknoten die größtmögliche Exzentrizität besitzt, liegt er auf dem *wahren Durchmesser* des Graphen.

	a)	b)
Grad des Startknotens	2	3
Anzahl der Stufenstrukturen (Exzentrizität)	4	2
Bandbreite	4	6

Stufenstruktur a) Stufenstruktur b)

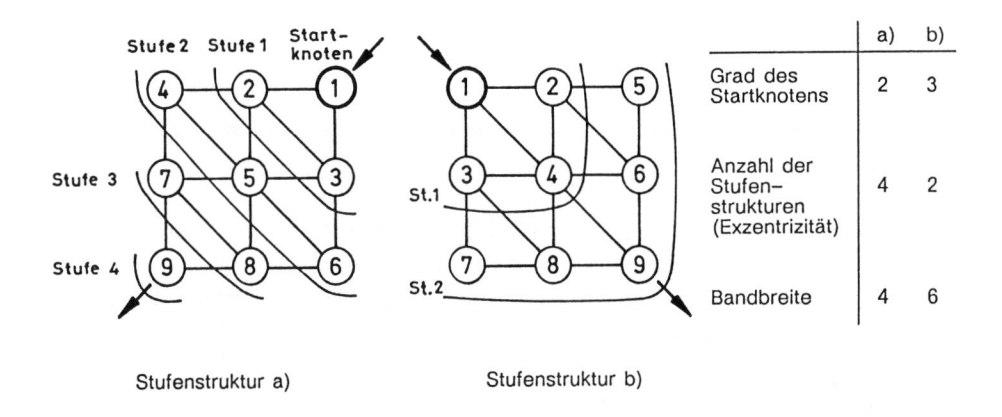

Bild 7: Stufenstrukturen

Um die beste, mit Stufenstrukturen erreichbare Numerierung zu finden, baut der Optimierungs-algorithmus *ALL* alle N Stufenstrukturen auf. Er beginnt – entsprechend der weitverbreiteten Annahme "kleiner Grad = kleine Bandbreite, großer Grad = große Bandbreite" (vgl. auch Bild 7) – mit dem Startknoten kleinsten Grades. Bei komplexeren Netzen trifft diese Annahme jedoch nicht zu; bei einfacheren Netzen wird allerdings sehr früh die beste Stufenstruktur gefunden. Algorithmus *ALL* ermittelt wegen des Aufbaus aller N Stufenstrukturen die bestmögliche Stufenstruktur-Numerierung. Dies wird jedoch mit langen Rechenzeiten erkauft.

4.2 GRAPHENTHEORETISCHER ALGORITHMUS *BRE*

Der Optimierungsalgorithmus *BRE* ist – bei ähnlicher Leistungsstärke wie *ALL* – sehr viel schneller. Dies wird durch eine Beschränkung auf wenige aussichtsreiche Stufenstrukturen erreicht. Die Schwierigkeit besteht darin, Kriterien zu finden, mit denen die erfolgversprechendsten Startknoten aus den N Kandidaten herausgefunden werden können.
Die Exzentrizität erweist sich – verglichen mit dem Grad – als recht treffendes Auswahlkriterium. Die Knoten mit der größten Exzentrizität – also Knoten auf dem wahren Durchmesser des Graphen – sind danach die aussichtsreichsten Startknoten. Da zur Ermittlung des wahren Durchmessers wiederum alle N Stufenstrukturen aufgebaut werden müßten, wird mit einer heuristischen Strategie lediglich ein *Pseudodurchmesser* bestimmt. Es ist jedoch riskant, nur einen einzigen Pseudodurchmesser als Grundlage der Optimierung zu wählen, da es zum einen nicht garantiert ist, daß der Pseudodurchmesser dem wahren Durchmesser nahe kommt und da zum anderen ein Startknoten – auch wenn er auf dem wahren Durchmesser liegt – nicht unbedingt eine kleine Bandbreite zur Folge hat.

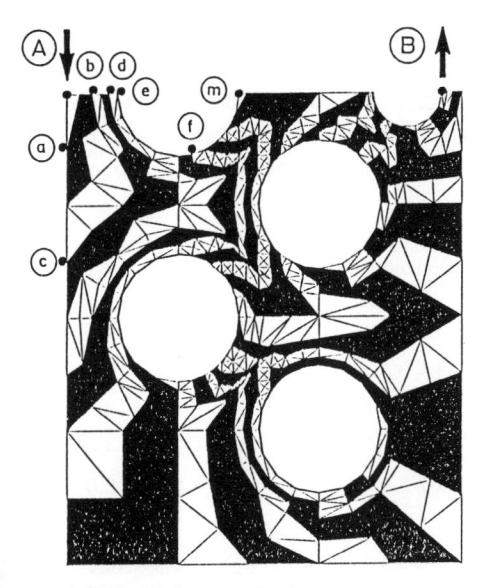

1. Stufenstruktur zur Bestimmung des Pseudodurchmessers

Exzentrität von 'A' = 19
Bandbreite = 61

Stufenstruktur 'quer' zum Pseudodurchmesser

Exzentrität von 'm' = 20
Bandbreite = 46

Bild 8: Stufenstrukturen eines komplexen Netzes (Schiffsgetriebe – Seitenwand)

Algorithmus BRE begrenzt das Risiko, indem er einen begrenzten Satz von erfolgversprechenden Startknoten untersucht. Zunächst wird mit zwei hintereinandergeschalteten Stufenstrukturen (Startknoten "A" und "B") ein Pseudodurchmesser bestimmt (die Stufen in Bild 8 sind abwechselnd weiß und schwarz dargestellt). Dann werden sechs weitere Startknoten ("a" bis "f") durch "Rotieren" des Pseudodurchmessers bestimmt. Da in einigen Fällen der Pseudodurchmesser in der "falschen Richtung" verläuft – wie im Beispiel Bild 8 –, wird noch eine weitere Stufenstruktur quer zum Pseudodurchmesser aufgebaut (Startknoten "m"). Diese Auswahlstrategie verhindert zuverlässig, daß der Algorithmus sich "in einer Sackgasse festläuft".

4.3 ITERATIVER ALGORITHMUS AD

Die Algorithmen ALL und BRE numerieren die Knoten mit Stufenstrukturen um. Was aber ist, wenn bei einem FE-Netz die Knotennummern-Optimierung mit Stufenstrukturen versagen sollte? Die Unsicherheit wird am einfachsten dadurch gesenkt, indem man die Numerierung mit einer gänzlich anderen Optimierungsstrategie weiter optimiert. Hierfür bietet sich der Algorithmus AD an. Er ist eine in der Iterationssteuerung sowie in den Sortierverfahren weiterentwickelte

Version des iterativen Algorithmus von Akhras und Dhatt. Algorithmus AD basiert auf Beobachtungen an einfachen, optimal numerierten Netzen. Dort erfüllt die Belegung der Koeffizientenmatrix folgende Kriterien (s. Bild 9 u. Bild 7a): die geometrischen *Mitten* M_i der Zeilen (gemessen vom ersten bis zum letzten Nicht–Null–Element der Zeilen) und die *Schwerpunkte* S_i der Zeilen sind in aufsteigender Reihenfolge (also entlang der Hauptdiagonalen) geordnet.

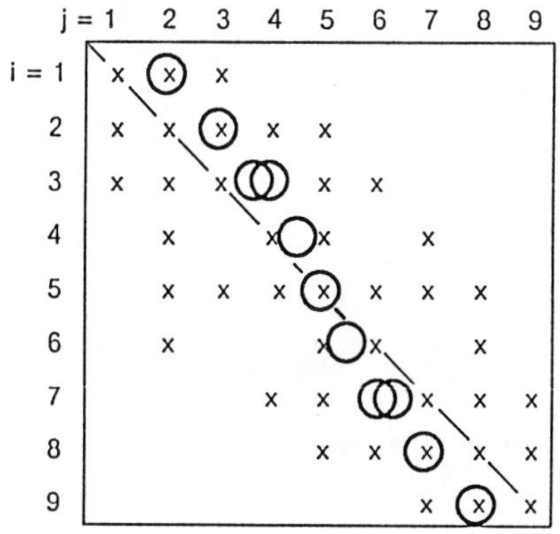

Knoten-nummer	Verknüpfungs-matrix C	Zahl der $a_{ij} \neq 0$	M_i	S_i
i = 1	2 3	3	2,0	2,0
2	4 5 3 1	5	3,0	3,0
3	2 5 1 6	5	3,5	3,4
4	7 5 2	4	4,5	4,5
5	4 7 2 3 8 6	7	5,0	5,0
6	5 8 3	4	5,5	5,5
7	4 5 9 8	5	6,5	6,6
8	7 9 5 6	5	7,0	7,0
9	7 8	3	8,0	8,0

Koeffizientenmatrix A

Bild 9: Kriterien zur Sortierung der Knotennummern mit Algorithmus AD

Die ungeordnete Numerierung wird abwechselnd nach den beiden o.g. Kriterien solange umsortiert, bis beide Kriterien möglichst gut erfüllt sind. Durch Kontrollbedingungen wird einerseits erreicht, daß die Iteration nicht bei lokalen Minima des Optimierungszielwertes (Bandbreite, Profil, Frontbreite etc.) abschließt, sondern aus den "Senken" herausgeführt wird; andererseits wird durch geeignete Abbruchkriterien die Iteration in einem sinnvollen Stadium beendet.

4.4 BENCHMARKS

Alle Optimierungsalgorithmen sind heuristischer Natur. Eine theoretisch strikte Beurteilung ist daher nicht möglich. Die Schnelligkeit, Leistungsfähigkeit und Robustheit eines Algorithmus kann nur durch vergleichende Testrechnungen nachgewiesen werden.
In /1/ werden insgesamt 70 Beispiele mit 16 bis 7.200 Knoten untersucht. Die State–of–the–Art–Algorithmen von Gibbs, Poole und Stockmeyer *(GPS)* sowie von Gibbs und King *(GK)* werden als Referenz–Algorithmen herangezogen.

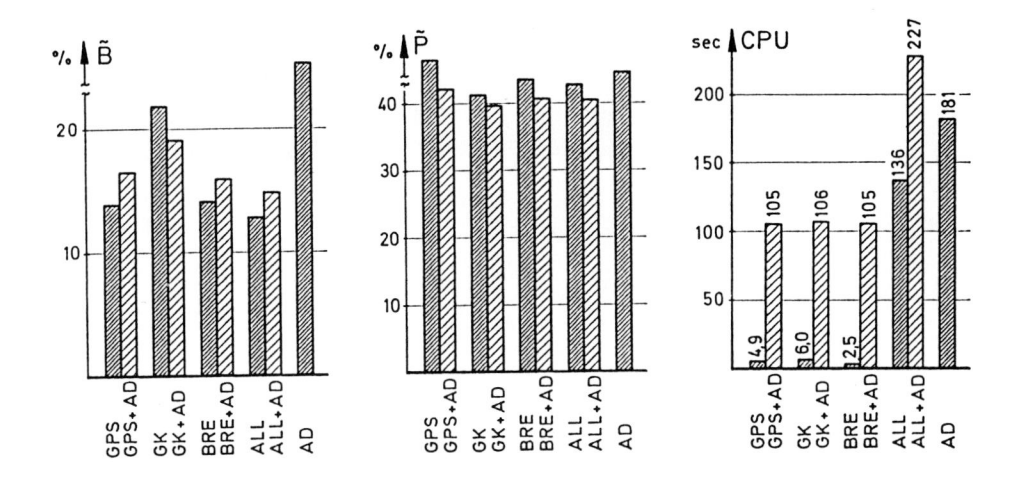

Bild 10: Summarische Auswertung von 52 Benchmarks

Die Auswertung der Testrechnungen mit 52 größtenteils international verbreiteten Benchmarks liefert folgende Ergebnisse (vgl. Bild 10):
Bei der Optimierung der Bandbreite erweisen sich die Algorithmen BRE und ALL als sehr leistungsstark. Die Bandbreite B wird im Schnitt auf ca. 15 % des Originalwertes gesenkt. Algorithmus AD dagegen erweist sich bei der Bandbreitenreduzierung als nicht sehr wirksam.
Das Profil P (der Speicherbedarf für die Koeffizientenmatrix bei der Hüllenspeichertechnik) wird von allen Algorithmen im Mittel auf ca. 45 % gesenkt. (Die Rechenzeit zur Dreickszerlegung wird durch die Profiloptimierung auf 5 % der für die Zerlegung der Original-Matrix benötigten Zeit reduziert.) Mit Algorithmus AD ist häufig eine weitere Profilminimierung möglich.
Zur Optimierung der 52 Beipiel-Netze benötigt Algorithmus BRE nur halb so viel CPU-Zeit wie Algorithmus GPS, der bislang als der schnellste Algorithmus galt. Insbesondere Algorithmus BRE bietet also aufgrund seiner Leistungsfähigkeit, Robustheit und Schnelligkeit alle Voraussetzungen für einen effizienten Einsatz als Optimierungs-Modul in FE-Modellierungs-Systemen.

LITERATUR

/1/ Bremer, C.: Algorithmen zum effizienteren Einsatz der Finite-Element-Methode. Bericht Nr. 86-48, Institut für Statik, TU Braunschweig (1986)

/2/ Kröplin, B; Bremer, C.; Bettzieche, V.: Interactive Modelling System for Finite-Element-Applications in Geotechnics. Erscheint in: Proceedings of ICONMIG'88-Conference, Innsbruck (1988)

Numerische Lösung von Anfangswertproblemen in der Statik und Dynamik

D. Dinkler und M. Schwesig, Braunschweig

SUMMARY

The development of structural behaviour in time domain is important in case of impact loading and systems showing inelastic material behaviour. From the literature many time integration schemes are available for solving the equation of motion. Comparing different methods, the advantages of the collocation method is outlined, especially in the nonlinear case.

ZUSAMMENFASSUNG

Bei der Berechnung von Tragwerken unter kurzzeitigen Stoßlasten oder mit inelastischem Materialverhalten ist die Zeitabhängigkeit des Tragverhaltens zu beachten. Für die Integration der Bewegungsgleichungen stehen viele Berechnungsverfahren zur Verfügung. Im Vergleich unterschiedlicher Lösungsverfahren werden die Vorteile von Kollokationsverfahren für den nichtlinearen Fall herausgearbeitet.

1 EINFÜHRUNG

Ingenieurbauwerke unterliegen in der Regel zeitabhängigen äußeren Einwirkungen. Der zeitliche Verlauf der Einwirkungen beeinflußt das Tragverhalten bei kurzzeitiger Belastung erheblich. Dies darf insbesondere bei dünnen beulgefährdeten Tragwerken wegen der großen Beschleunigungen und der geringen Biegesteifigkeit nicht vernachlässigt werden. Unter quasi-statischen Einwirkungen verschwinden die Beschleunigungskräfte. Hier ist der zeitliche Verlauf des Tragverhaltens von Interesse, wenn das Materialverhalten viskoplastisch ist oder wenn sich die Materialeigenschaften mit der Zeit verändern, z.B. bei instationären thermischen Beanspruchungen. Die Beschreibung des Trag- und Bewegungsverhaltens führt in beiden Fällen auf ein gekoppeltes Anfangs- und Randwertproblem für die Verschiebungen $\underline{u}$ und die Spannungen $\underline{\sigma}$.

Nachfolgend werden Lösungsmöglichkeiten für die numerische Integration des Anfangswertproblems aufgezeigt, wobei die Effektivität bekannter Zeitintegrationsverfahren mit eigenen Weiterentwicklungen gesteigert wird. Die räumliche Diskretisierung erfolgt mit der Finite Elemente Methode. Anwendungsbeispiele aus dem Bereich der nichtlinearen Dynamik und der Tragwerksanalyse bei kriechfähigen Werkstoffen verdeutlichen die Vorteile des vorgeschlagenen Integrationsschemas.

2 PROBLEMFORMULIERUNG

Die Formulierung der Grundgleichungen führt bei zeitabhängigem Trag- und Materialverhalten auf ein partielles Differentialgleichungssystem erster Ordnung bezüglich der Zeit- und Raumkoordinaten. In der Regel wird jedoch das System erster Ordnung auf eine Differentialgleichung höherer Ordnung für das Gleichgewicht reduziert, um die Anzahl der Beschreibungsvariablen zu verringern.
Die Beschreibung der Zeitabhängigkeit ist als "Rategleichung" und als "Zustandsgleichung" möglich.
Mit der Zustandsformulierung werden die Grundgleichungen zu diskreten Zeiten betrachtet, z.B. das Gleichgewicht eines Ein-Masse-Schwingers zur Zeit t_0 im linearen Fall.

$$[\, (M \cdot \dot{u})^{\bullet} + (C \cdot \dot{u}) + (D^t \cdot F^{-1} \cdot D \cdot u) \,]_{(to)} = p_{(to)} \qquad (1)$$

Mit der Ratenformulierung (2) ist das Gleichgewicht für die Geschwindigkeiten der Kräfte längs der Zeitachse t zu erfüllen.

$$[\, (M \cdot \ddot{\dot{u}}) + (C \cdot \dot{u})^{\bullet} + (D^t \cdot F^{-1} \cdot D \cdot u)^{\bullet} \,]_{(t)} = \dot{p}_{(t)} \qquad (2)$$

Hierbei ist jedoch zu beachten, daß auch das Gleichgewicht für die Gesamtgrößen am Anfang des betrachteten Zeitabschnitts erfüllt sein muß, um (1) zu allen Zeiten zu befriedigen.

Aus physikalischer Sicht ist die Ratenformulierung sinnvoll, da nur die Geschwindigkeiten zu einer Veränderung der Zustandsvariablen in der Zeit führen. Der Ansatz (2) bietet den Vorteil, daß Schwingungsprobleme und inelastisches Materialverhalten in einer geschlossenen Form dargestellt werden können.

Für die Lösung des Anfangswertproblems sind die von Randwertaufgaben her bekannten Verfahren mindestens formal auf die zeitliche Diskretisierung übertragbar, wenn nicht nur (2), sondern auch die ursprünglichen Grundgleichungen erster Ordnung betrachtet werden. Diese sind nach der räumlichen Diskretisierung in Matrizenschreibweise in der Form (3) formulierbar.

$$\underline{B}_0 \, x + \underline{B}_1 \, \dot{x} - \dot{\underline{p}} = 0 \qquad (3)$$

In den Zeilen 1 bis 4 der Matrizengleichung (3) stehen zwei Identitäten, die Gleichgewichts- und die Verformungsbedingung. Bei instationären Temperaturleit- und Durchströmungsvorgängen ist das DGL-System um die entsprechenden Feldgleichungen zu erweitern. Der Vektor p enthält die Einwirkungen auf das Tragwerk. B_0 und B_1 sind die Koeffizientenmatrizen, in denen die mechanischen und physikalischen Eigenschaften des Tragwerkes beschrieben sind, siehe (6) und (7), x enthält die Beschreibungsvariablen.

$$\underline{x}^t = [\, \ddot{u} \;\; \dot{u} \;\; u \;\; \sigma \,]_{(t)} \qquad (4)$$

$$\underline{p} = [\, 0 \;\; 0 \;\; p \;\; 0 \,]_{(t)} \qquad (5)$$

mit   p : Belastung

Eingeprägte Geschwindigkeiten und Beschleunigungen können mit zusätzlichen Zwangsbedingungen analog zur räumlichen Diskretisierung berücksichtigt werden.

$$\underline{B}_0 = \begin{bmatrix} I & & & \\ \hline & I & & \\ \hline C & S & & \\ \hline & & D+V & -K \end{bmatrix} \qquad (6)$$

mit $C_{(\dot{u})}$: Dämpfungseigenschaften
$\ S_{(\sigma)}$: Spannungsmatrix bei geom. Nichtlinearität
$\ V_{(u)}$: Verschiebungsmatrix bei geom. Nichtlinearität
$\ D\phantom{_{(u)}}$: Operatorenmatrix für die räuml. Diskretisierung
$\ K_{(\sigma)}$: Kriecheigenschaft des Werkstoffs

$$\underline{B}_1 = \begin{bmatrix} & -I & & \\ \hline & & -I & \\ \hline M & & & D^t+V^t \\ \hline & & & -F \end{bmatrix} \qquad (7)$$

mit M : Massenmatrix (konstant)
$\ F$: Nachgiebigkeit (konstant)

Umformen von (3) liefert die übliche Form des Anfangswertproblems, in der das Gleichgewicht direkt in Weggrößen formuliert ist :

$$\dot{\underline{x}} = \underline{A} \cdot \underline{x} + [\underline{B}_1]^{-1} \cdot \dot{\underline{p}} \qquad . \qquad (8)$$

$$\underline{A} = \begin{bmatrix} A_{11} & A_{12} & & A_{14} \\ \hline -I & & & \\ \hline & & -I & \\ \hline & A_{42} & & A_{44} \end{bmatrix} \qquad (9)$$

mit $A_{11} = -M^{-1} \cdot C$ \hfill (9.1)
$\ A_{12} = -M^{-1} \cdot [S + (D+V)^t \cdot F^{-1} \cdot (D+V)]$ \hfill (9.2)
$\ A_{14} = M^{-1} \cdot (D+V)^t \cdot F^{-1} \cdot K$ \hfill (9.3)
$\ A_{42} = -F^{-1} \cdot (D+V)$ \hfill (9.4)
$\ A_{44} = F^{-1} \cdot K$ \hfill (9.5)

3 LÖSUNGSMETHODEN

Die Lösungsmethoden für Anfangswertprobleme des Typs (3) bzw. (8) können generell klassifiziert werden in Methoden, die

- die Differentialgleichung auf direktem Wege lösen oder
- die eine integrale Formulierung des Problems verwenden und mit Ersatzpolynomen für die Beschreibungsvariablen arbeiten.

Diese grobe Klassifizierung der in der Literatur vorhandenen Berechnungsverfahren läßt noch keine Aussage über die Güte der Näherungslösung oder die Brauchbarkeit des Verfahrens im Einzelfall zu. Hierfür sind Genauigkeit und Stabilitätseigenschaften am jeweiligen Lösungsschema zu untersuchen und mit den geplanten Anwendungen zu vergleichen /1/.
Generell ist festzustellen, daß für lineare Anfangswertprobleme eine große Zahl von Berechnungsverfahren einfach anzuwenden ist und auch gute Ergebnisse liefert. Im nichtlinearen Fall können jedoch viele Algorithmen nicht oder nur mit großem numerischen Aufwand eingesetzt werden. Hierfür sind als Sonderfall der integralen Formulierung die Kollokationsverfahren gut geeignet, da diese das Anfangswertproblem nur zu diskreten Zeiten punktweise erfüllen und damit auf die aufwendige Lösung der Differentialgleichung verzichten.

3.1 DIREKTE LÖSUNG DER DIFFERENTIALGLEICHUNG

In der Literatur /1,2/ findet man eine Vielzahl von Verfahren zur direkten Lösung von Anfangswertproblemen erster Ordnung, z.B. die Eulerverfahren und die Runge-Kutta-Formeln. Die Verfahren unterscheiden sich im Hinblick auf Genauigkeit, Stabilität und numerischen Aufwand. Bei Beschränkung auf Einschrittverfahren (vergleiche Abschnitt 3.2) lassen sich alle Verfahren formal durch die Rechenvorschrift (10) beschreiben.

$$\underline{x}(t+\Delta t) = \underline{U}_{(\Delta t)} \cdot \underline{x}(t) \qquad (10)$$

Dabei ist $\underline{U}_{(\Delta t)}$ eine Näherung an die exakte Übertragungsmatrix.

Wegen der großen Zahl unterschiedlicher Verfahren besteht der Wunsch nach Klassifizierung hinsichtlich eines übergeordneten Konzeptes. Durch die Padé-Approximation der exakten Übertragungsmatrix ist es möglich, eine Klasse von Näherungslösungen mit beliebiger Konsistenzordnung herzuleiten, in der man zahlreiche klassische Verfahren wiederfindet, siehe auch /2,3/.

Für den Fall der linearen, homogen Differentialgleichung

$$\dot{\underline{x}}(t) = \underline{A} \cdot \underline{x}(t) \quad , \quad \underline{x}(t_0) = \underline{x}_0 \tag{11}$$

ergibt sich die exakte Übertragungsmatrix aus

$$\underline{x}(t) = \exp[\underline{A} \cdot t] \cdot \underline{c} \quad , \tag{12}$$

wobei die Exponentialmatrix der Übertragungsmatrix in (10) entspricht

$$\exp[\underline{A}(t)] = \underline{I} + \underline{A} \cdot t + \frac{(\underline{A} \cdot t)^2}{2!} + \frac{(\underline{A} \cdot t)^3}{3!} + \ldots \quad . \tag{13}$$

Die Approximation der Exponentialmatrix bis zur Ordnung 2 durch gebrochen rationale Funktionen (Padé-Approximation) liefert die in Tafel 1 angegebenen Näherungen.

Tafel 1 : Padé-Approximationen für die Übertragungsmatrix
Abkürzung : $X = A \cdot \Delta t$

	Euler vorwärts	Runge-Kutta p=2
$\dfrac{I}{I}$	$\dfrac{I + X}{I}$	$\dfrac{I + X + 1/2 \cdot X^2}{I}$
Euler rückwärts	Sehnentrapezregel	
$\dfrac{I}{I - X}$	$\dfrac{I + 1/2 \cdot X}{I - 1/2 \cdot X}$	$\dfrac{I + 2/3 \cdot X + 1/6 \cdot X^2}{I - 1/3 \cdot X}$
		Simpsonregel
$\dfrac{I}{I - X + 1/2 \cdot X^2}$	$\dfrac{I + 1/3 \cdot X}{I - 2/3 \cdot X + 1/6 \cdot X^2}$	$\dfrac{I + 1/2 \cdot X + 1/12 \cdot X^2}{I - 1/2 \cdot X + 1/12 \cdot X^2}$

Die Näherungen in der ersten Zeile entsprechen den expliziten Runge-Kutta-Verfahren unterschiedlicher Ordnung p. Der Fall nullter Ordnung ist trivial, das explizite Runge-Kutta-Verfahren erster Ordnung ist gerade das Polygonzugverfahren (Euler vorwärts). Unterhalb der Hauptdiagonalen stehen asymptotisch stabile Integrationsformeln. Längs der Hauptdiagonalen findet man die schwach stabilen Verfahren, z.B. die Sehnentrapezregel. Die Näherungslösungen oberhalb der Hauptdiagonalen sind nur bedingt stabil. Das Vorgehen läßt sich auf nichtlineare Anfangswertprobleme

$$\dot{\underline{x}}(t) = \underline{A}(t) \cdot \underline{x}(t) \quad , \quad \underline{x}(t_0) = \underline{x}_0 \qquad (14)$$

übertragen, wenn die Elemente $a_{ij}=a_{ij}(t)$ analytische Funktionen sind und damit in eine Potenzreihe entwickelt werden können /4/.

$$\underline{A}(t) = \underline{A}_0 + \underline{A}_1 \cdot t + \underline{A}_2 \cdot t^2 + \underline{A}_3 \cdot t^3 + \ldots \qquad (15)$$

Der Reihenansatz

$$\underline{x}(t) = \underline{a}_0 + \underline{a}_1 \cdot t + \underline{a}_2 \cdot t^2 + \underline{a}_3 \cdot t^3 + \ldots \qquad (16)$$

liefert mit (15) eine Lösung der Differentialgleichung (14), wenn die unbekannten Koeffizienten $\underline{a}_i$ sukzessive durch Koeffizientenvergleich bestimmt werden. Damit folgt die exakte Übertragungsmatrix im nichtlinearen Fall zu

$$\underline{U}(t) = \underline{I} + \underline{A}_0 \cdot t + \frac{1}{2!}(\underline{A}_0^2 + \underline{A}_1) \cdot t^2 + \frac{1}{3!}(\underline{A}_0^3 + \underline{A}_0 \cdot \underline{A}_1 + 2 \cdot \underline{A}_1 \cdot \underline{A}_0 + 2 \cdot \underline{A}_2) \cdot t^3 + \ldots \quad (17)$$

Eine Padé-Approximation erster Ordnung von (17) führt auf

$$\underline{U}(t) = [\underline{I} + (-\tfrac{1}{2}\underline{A}_0 - \underline{A}_0^{-1} \cdot \underline{A}_1) \cdot t]^{-1} \cdot [\underline{I} + (\tfrac{1}{2}\underline{A}_0 - \underline{A}_0^{-1}\underline{A}_1) \cdot t] \quad (18)$$

Näherungen höherer Ordnung sind wegen der Vielzahl von Matrizenoperationen für technische Anwendungen nicht geeignet.

3.2 LÖSUNGSVERFAHREN MIT ERSATZPOLYNOMEN

Die integrale, schwache Formulierung (19) folgt aus der Anwendung des Verfahrens von Galerkin auf die Differentialgleichung (3) und die Zustandsgleichungen an den Intervallgrenzen. Zienkiewicz bezeichnet dies als Methode der gewichteten Residuen /5,6,7/.

$$-\int_{t_0}^{t} \delta\underline{x} \cdot \{ \underline{B}_0 \cdot \underline{x} + \underline{B}_1 \cdot \underline{\dot{x}} - \underline{\dot{p}} \} \, d\tau$$
$$- \delta\underline{u} \cdot \{ (\underline{M} \cdot \underline{\dot{u}})^\bullet + \underline{C} \cdot \underline{\dot{u}} + (\underline{D}+\underline{V})^t \cdot \underline{F}^{-1} \cdot \sigma \} \Big|_{t_0}^{t} = 0 \qquad (19)$$

Anschaulich entspricht dieses Vorgehen dem Prinzip der virtuellen Arbeiten in einer gemischten Formulierung. In der Regel werden die Identitäten in (3) jedoch vom Ansatz exakt erfüllt und in die Gleichgewichtsbedingung eingesetzt (entspricht Gleichung (8)).

$$-\int_{t_0}^{t} \delta u \cdot \{ (M \cdot \dot{u})^{\bullet\bullet} + (C \cdot \dot{u})^\bullet + S \cdot \dot{u} + (D+V)^t \cdot \dot{\sigma} - \dot{p} \} \, d\tau - \delta u \cdot \{\dots\}\Big|_{t_0}^{t}$$
$$+ \int_{t_0}^{t} \delta\sigma \cdot \{ \dot{\sigma} - F^{-1} \cdot (D+V) \cdot \dot{u} + K \cdot \sigma \} \, d\tau = 0 \qquad (20)$$

Teilweise Integration von (20) liefert die in der Literatur häufig verwendete Form (21)

$$\int_{t_0}^{t} \delta u \cdot \{ (M \cdot \dot{u})^\bullet + (C \cdot \dot{u}) + (D+V)^t \cdot \sigma - p \} \, d\tau$$
$$+ \int_{t_0}^{t} \delta\sigma \cdot \{ \dot{\sigma} - F^{-1} \cdot (D+V) \cdot \dot{u} + K \cdot \sigma \} \, d\tau = 0 \quad , \qquad (21)$$

wobei das Gleichgewicht als Zustandsgleichung und das Werkstoffgesetz als Rategleichung formuliert sind. Bei zeitunabhängigem Werkstoffverhalten wird in der Regel auch die Verformungsbedingung exakt erfüllt, so daß die Spannungen im Gleichgewicht eliminiert werden können. Bei kriechfähigem Material muß jedoch das zweite Integral in (21) ebenfalls diskretisiert werden.

Die Beschreibungsvariablen σ, $\dot{u}$ und $\ddot{u}$ werden mit Formfunktionen approximiert, die auf der Zeitachse bereichsweise definiert sind. Hierbei finden häufig Lagrange'sche Interpolationspolynome über mehrere Zeitintervalle Verwendung, wobei als Freiwerte die Verschiebungen an den Intervallgrenzen gewählt werden.

Eine andere Möglichkeit der Interpolation bieten die Hermite-Polynome, Anwendungen sind z.B. bei Wessels /8/ zu finden. Von Vorteil ist hier die Verwendung der zeitlichen Ableitungen der Variablen an den Intervallgrenzen, da dies zu besseren Stetigkeitseigenschaften der Approximation führt. Nachteilig sind die größeren Gleichungssysteme für die Freiwerte $\underline{v}$, siehe Bild 1.

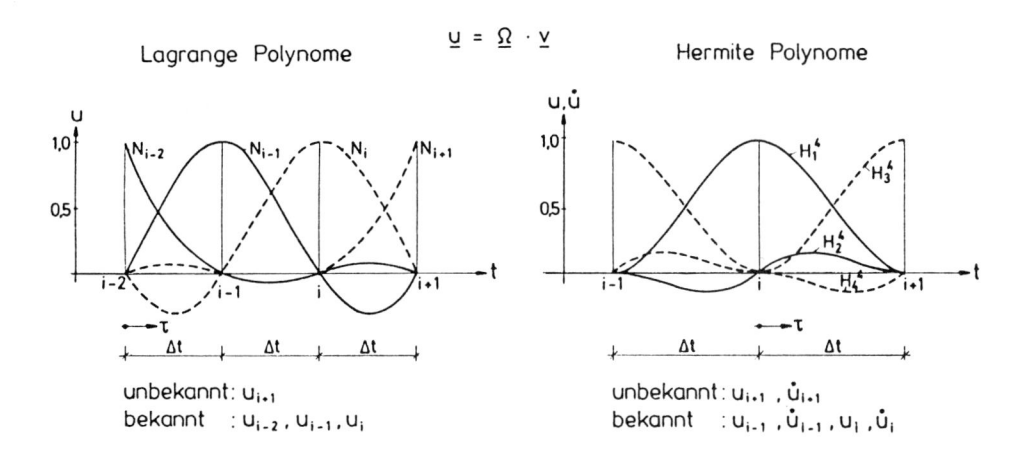

Bild 1 : Lagrange'sche und Hermite'sche Interpolationsfunktionen

Die Ansätze für die virtuellen Verschiebungen $\delta \underline{u}$ - auch Gewichtsfunktionen - müssen nicht zwangsläufig mit den Ansätzen für die Verschiebungen übereinstimmen. Zienkiewicz gibt in /5/ eine Übersicht auf mögliche Gewichtsfunktionen.

Die Wahl der Ansätze für die virtuellen Verschiebungen bestimmt maßgeblich den numerischen Aufwand bei der Integration der virtuellen Arbeiten, die Genauigkeit und die numerische Stabilität des Verfahrens. Besitzen die Ansätze für die virtuellen Verschiebungen die gleichen Stetigkeitseigenschaften wie die wirklichen Verschiebungen, so führt dies bei Lagrange Ansätzen auf ein Mehrschrittverfahren mit vielen Rechenoperationen. Die Hermite'sche Interpolation liefert hier ein Zweischrittverfahren. Sind die virtuellen Verschiebungen nur punktweise definiert, so entfällt die Integration über das Zeitintervall. Dieser Sonderfall entspricht dann den Kollokationsverfahren nach 3.3 .

3.3 KOLLOKATIONSVERFAHREN

Bei punktweise definierten virtuellen Geschwindigkeiten führt das Prinzip der virtuellen Arbeiten auf die Kollokationsverfahren. Hierbei entfällt die Integration in (21). Die Zustandsgleichung wird nicht im gesamten Zeitintervall näherungsweise erfüllt, sondern nur zu diskreten Zeiten - den Kollokationsstellen, hier aber

im Rahmen der Ansätze für die Variablen exakt.
Als Ansatzfunktionen können die in Abschnitt 3.2 angegebenen Lagrange - oder Hermite - Polynome verwendet werden. Freiwerte sind in der Regel die Beschreibungsvariablen auf den Intervallgrenzen. Einsetzen der Ansätze in die Differentialgleichung und Wahl der Kollokationsstelle liefert dann direkt die finite Übersetzung zur Berechnung der unbekannten Freiwerte.
Ähnlich wie schon in Abschnitt 3.1 lassen sich auch in dieses Lösungsschema viele der aus der Literatur bekannten Verfahren einordnen. In Abhängigkeit von der Kollokationsstelle im Zeitintervall $0 \leq \tau \leq 1$, der Ansatzordnung P und der Anzahl der Stützstellen N sind dies für Differentialgleichungen erster Ordnung und Lagrange'scher Interpolation (N = P + 1)

- die Verfahren von Gear /1/ : $\tau = 1$, P = 1(1)6
  (entspricht den Rückwärtsdifferenzenverfahren) ,
- das Vorwärtsdifferenzenverfahren : $\tau = 0$, P = 1 ,
- das zentrale Differenzenverfahren : $\tau = 0$, P = 2 ,
- Crank-Nichelson-Verfahren : $\tau = ½$, P = 1 ,

für Differentialgleichungssysteme zweiter Ordnung z.B.

- das Wilson - θ Verfahren : $\tau = \theta$, P = 3 .

Kollokationsverfahren mit Hermite-Polynomen sind in /9/ mit Anwendungen auf inelastisches Werkstoffverhalten und in /10/ mit Anwendungen auf Schwingungsprobleme angegeben.

4 MEHRFACHE KOLLOKATION IM ZEITINTERVALL

Den bisher erläuterten Verfahren ist gemeinsam, daß sie jeweils mit einem Satz von unbekannten Freiwerten im Zeitintervall arbeiten - in der Regel sind dies die Freiwerte am Intervallende. Dies liegt in Abschnitt 3.1 an der Lösungsmethode, bei der mit den bekannten Anfangswerten und der Übertragungsmatrix die neue Lösung berechnet wird. Bei den Verfahren mit Ersatzpolynomen ist die Wahl des Ansatzes über mehrere Zeitintervalle und die spezielle Wahl der Freiwerte an den Intervallgrenzen die Ursache.
Eine andere Interpolation ist möglich, wenn sich das Ersatzpolynom in Analogie zur Finite Elemente Methode nur über das jeweils

neu zu berechnende Zeitintervall erstreckt, siehe Bild 2. Bei der Wahl der Ansatzfunktionen ist dabei zu beachten, daß die Anfangsbedingungen für die Verschiebungen, die Geschwindigkeiten und die Spannungen vollständig vorgegeben werden können.

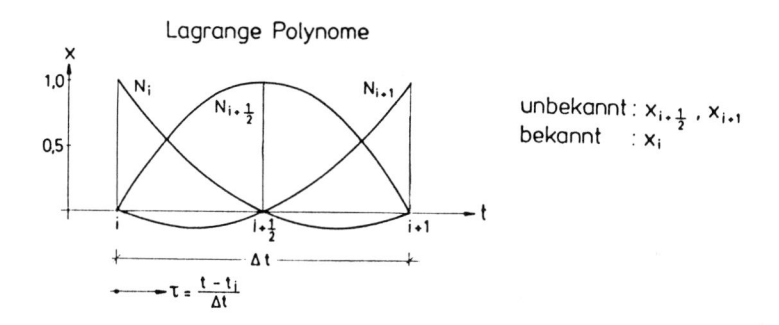

Bild 2 : Lagrange'sche Interpolation über ein Zeitintervall

Bei Verwendung von (21) muß der allgemeine Ansatz für die Beschreibungsvariablen die Identitäten in Gleichung (3) erfüllen. Am einfachsten erreicht man dies, wenn die Ansätze für die Verschiebungen und die Geschwindigkeiten aus der Integration der Ansätze für die höheren Ableitungen gewonnen werden:

$$\begin{bmatrix} u \\ \dot{u} \end{bmatrix}_{(t)} = \begin{bmatrix} u \\ \dot{u} \end{bmatrix}_{(t_0)} + \int_{t_0}^{t} \begin{bmatrix} \dot{u} \\ \ddot{u} \end{bmatrix} d\tau \qquad . \qquad (22)$$

Als Freiwerte $\underline{v}$ des allgemeinen Ansatzes (23) für die Beschreibungsvariablen $\underline{x}^t = [\ \dot{u}\ \ddot{u}\ \sigma\ ]$ in (21)

$$\underline{x}_{(\tau)} = \underline{\Omega}_{(\tau)} \cdot \underline{v}$$
$$\underline{v}^t = \{\ \ddot{u}_0\ \ddot{u}_1\ \ldots\ \dot{u}_0\ \dot{u}_1\ \ldots\ \sigma_0\ \sigma_1\ \ldots\ \} \qquad (23)$$

wählt man die Zustandsgrößen an den Kollokationsstellen. Aus Gleichung (22) folgt für lineare Ansatzfunktionen

$$\underline{\Omega}_{(\tau)} = (\ 1-\tau\ |\ \tau\ )$$

das quadratische Polynom (24) für die Verschiebungen u.

$$\underline{u}(t) = \underline{u}_0 + t \cdot \{\ \dot{\underline{u}}_0 \cdot (\ \tau - \tfrac{1}{2}\cdot\tau^2\ ) + \dot{\underline{u}}_1 \cdot \tfrac{1}{2}\cdot\tau^2\ \} \qquad (24)$$

Dieser Ansatz enthält die Integration der Geschwindigkeiten mit der Sehnentrapezregel und führt bei Verwendung der Kollokationsstelle $\tau = 1$ auf eine finite Übersetzung, die einer Padé-Approximation der Ordnung (1,1) entspricht.
Entsprechend können bei konstantem Ansatz für die Geschwindigkeiten auch lineare Ersatzpolynome gewonnen werden - Padé-Approximation (0,1) bzw. (1,0) je nach Wahl der Geschwindigkeitsfreiwerte und Kollokation bei $\tau = 1$.

4.1 KOLLOKATION BEI HÖHEREN ANSATZPOLYNOMEN

Die Integration der Geschwindigkeiten im Zeitintervall mit der Simpsonregel liefert die natürliche Erweiterung der Sehnentrapezregel. Mit dem quadratischen Ansatz (25) für die Variablen

$$\underline{v}^t = \{\ \underline{v}_0^t\ \underline{v}_{\frac{1}{2}}^t\ \underline{v}_1^t\ \}\ ,$$
$$\underline{\Omega}_{(\tau)} = \{\ 1-3\cdot\tau+2\cdot\tau^2\ |\ 4\cdot\tau-4\cdot\tau^2\ |\ -\tau+2\cdot\tau^2\ \} \tag{25}$$

erhält man nach Integration der Geschwindigkeiten ein kubisches Ersatzpolynom für die Verschiebungen. Noch höhere Ansatzpolynome sind analog zu entwickeln.
Die unbekannten Freiwerte des Ansatzes (25) berechnen sich aus den Kollokationsgleichungen. Zweckmäßig ist es, wenn die Kollokationsstellen mit den Stützstellen des Ersatzpolynoms übereinstimmen. Mit $\tau = \frac{1}{2}$, $\tau = 1$ und der Gleichung nach (21) führt dies auf die Gleichungen (26) - diese sind im linearen Fall einer Padé-Approximation (2,2) vergleichbar.

$$\tau = \tfrac{1}{2}, 1\ :\quad \begin{aligned} M\cdot\ddot{u}_\tau + C\cdot\dot{u}_\tau + (D+V_\tau)^t\cdot\sigma_\tau - p_\tau &= 0 \\ \dot{\sigma}_\tau - F^{-1}\cdot(D+V_\tau)\cdot\dot{u}_\tau + K_\tau\cdot\sigma_\tau &= 0 \end{aligned} \tag{26}$$

Unbekannt sind $\underline{v}_{\frac{1}{2}}$ und $\underline{v}_1$. Durch Umformen mit (22) erhält man gleichwertige Formulierungen mit anderen Freiwerten.
Der Vorteil der Kollokationsverfahren gegenüber anderen Verfahren liegt in der Anwendung auf nichtlineare Probleme. Bei Verwendung der üblichen Iterationsverfahren kann (26) iterativ ohne großen Aufwand über die rechte Seite gelöst werden, wobei die Nichtlinearität im Rahmen der Ansätze numerisch exakt berücksichtigt wird.

4.2 STABILITÄT UND GENAUIGKEIT

Stabilität und Genauigkeit des Lösungsschemas (26) können am Ein-Masse-Schwinger untersucht werden. Einfaches Umformen von (26) liefert analog zu (10) die Matrizengleichung

$$\underline{x}(t1) = \underline{U} \cdot \underline{x}(t0) \quad . \quad (27)$$

Die numerische Stabilität des Verfahrens kann an den Eigenwerten μ der Übertragungsmatrix $\underline{U}$ abgelesen werden:

$$\mu < 1 \quad : \text{asymptotisch stabil,}$$
$$\mu = 1 \quad : \text{schwach stabil} \quad ,$$
$$\mu > 1 \quad : \text{instabil} \quad .$$

Für das vorgeschlagene Verfahren sind die Beträge der Eigenwerte (28) im ungedämpften Fall identisch eins. Vorteilhaft ist hierbei, daß keine numerische Dämpfung oder Anfachung in den Bewegungsablauf eingeprägt wird. Nachteilig ist nur, daß die ungenauen höheren Bewegungsformen in voller Größe wiedergegeben werden.

$$\mu = \frac{144 - 60 \cdot \alpha + \alpha^2 + (144 - 12 \cdot \alpha) \cdot \sqrt{-\alpha}}{144 + 12 \cdot \alpha + \alpha^2} \quad , \quad \alpha = (\omega \Delta t)^2 \quad (28)$$

Eine Aussage über die Genauigkeit erhält man durch Vergleich des Phasenwinkels ϕ, gebildet aus dem Real- und dem Imaginärteil des Eigenwertes, mit der exakten Lösung $\phi = \sqrt{\alpha}$, siehe Bild 3.

$$\tan \phi_{(25)} = \frac{\text{Im}(\mu)}{\text{Re}(\mu)} = \frac{(144 - 12 \cdot \alpha) \cdot \sqrt{\alpha}}{144 - 60 \cdot \alpha + \alpha^2} \quad (29)$$

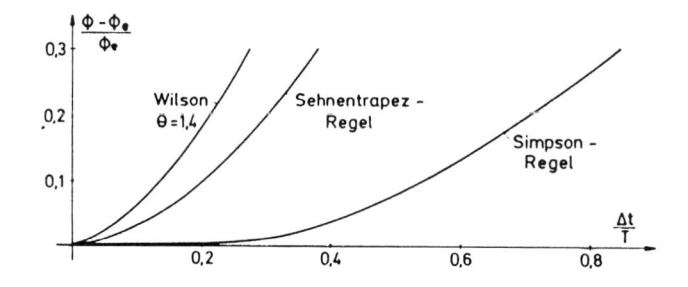

Bild 3 : Phasenfehler verschiedener Verfahren

4.3 VERRINGERUNG DES RECHENAUFWANDES

Gegenüber vielen der in Abschnitt 3 angegebenen Lösungsverfahren steigt der numerische Aufwand N des vorgeschlagenen Schemas beträchtlich, da sich die Zahl der Freiwerte n verdoppelt. Im Vergleich mit der Sehnentrapezregel bedeutet dies näherungsweise für die direkte Auflösung des unsymmetrischen Gleichungssystems (mit Bb = Bandbreite):

$$\text{Simpsonregel: } N = (2 \cdot 2 \cdot Bb)^2 \cdot 2n \quad \text{(unsymmetrisch)},$$
$$\text{Trapezregel : } N = (Bb)^2 \cdot n \quad \text{(symmetrisch)}.$$

Der Aufwand steigt um den Faktor 32, ist aber z.B. im linearen Fall zu vertreten, da die Gesamtzahl der Zeitinkremente bei gleicher Genauigkeit erheblich reduziert werden kann, siehe Bild 3. Im nichtlinearen Fall ist das Gleichungssystem in jedem Zeitintervall aufzubauen und zu lösen, wobei diese Voraussetzung nicht zwingend erforderlich ist. Auch hierfür kann die Simpsonregel effektiv arbeiten, da der größere Zeitschritt und auch die geringere Zahl der Gesamtiterationen beachtet werden muß.
Eine Steigerung der Effektivität ist möglich, wenn die finite Übersetzung modifiziert wird. Durch Umformen kann das Gleichungssystem der Größe 2n auf ein System mit n Gleichungen reduziert werden, wenn dies iterativ über zwei sich verändernde rechte Seiten gelöst wird, siehe Abschnitt 5.2 . Gegenüber der Trapezregel ändert sich dabei der Aufwand für die Dreieckszerlegung der Systemmatrix nicht. Die Iteration über die rechte Seite ist im nichtlinearen Fall ohnehin erforderlich, so daß der zusätzliche Aufwand trotz zweier rechter Seiten auf wenige Iterationen im Zeitintervall beschränkt bleibt und der Gesamtfehler der Iteration nicht vergrößert wird. Wegen der wesentlich geringeren Anzahl der Zeitintervalle kann der Rechenaufwand der Simpsonregel gegenüber der Trapezregel im nichtlinearen Fall bei gleicher Genauigkeit beträchtlich reduziert werden - bei dem hierfür ungünstigen Beispiel in Abschnitt 5.2 auf ungefähr 20% .

5 ANWENDUNGEN

Am Relaxationsversuch bei inelastischem Materialverhalten werden die Vorteile des vorgeschlagenen Kollokationsverfahrens bezüglich der Genauigkeit verdeutlicht.
Der Aufwand zur Berechnung der Einschwingphase eines flachen Bogentragwerks mit nichtlinear-elastischem Tragverhalten wird im Vergleich der Sehnentrapezregel mit der Simpsonregel untersucht.

5.1 INTEGRATION DER VERFORMUNGSBEDINGUNG

Ausgangspunkt der Berechnung des Relaxationsvorgangs ist Gleichung (21), die sich wegen der hier nicht berücksichtigten Anteile aus Massenträgheit, Dämpfung, geometrischer Nichtlinearität und ohne Belastung p zu (30) vereinfacht:

$$\int_{t_0}^{t} \delta u \cdot (D^t \cdot \sigma) d\tau + \int_{t_0}^{t} \delta\sigma \cdot (\dot{\sigma} - F^{-1} \cdot D \cdot \dot{u} + K \cdot \sigma) d\tau = 0 \quad . \tag{30}$$

Ein quadratischer Ansatz für die einzige Beschreibungsvariable σ (Relaxation $\dot{u} = 0$) und zweifache Kollokation im Zeitintervall führt analog zu (26) auf:

$$D^t \cdot \sigma_T = 0 \tag{30.1}$$

$$\dot{\sigma}_T - F^{-1} \cdot D \cdot \dot{u}_T + K_T \cdot \sigma_T = 0 \quad . \tag{30.2}$$

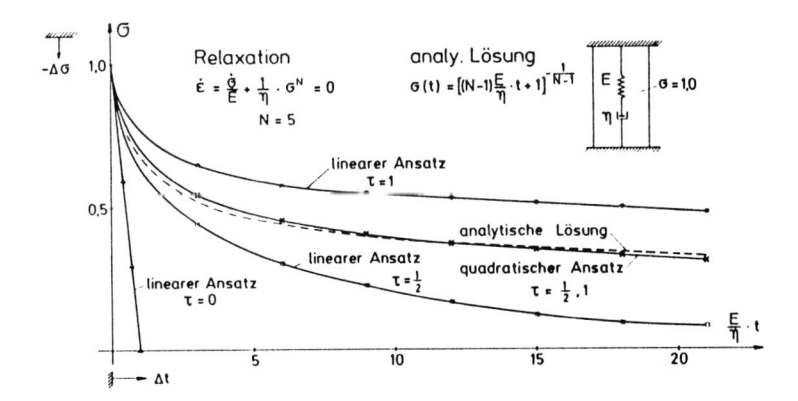

Bild 4 : Genauigkeit der Zeitintegration beim Relaxationsversuch

Als viskoplastisches Materialgesetz wird hier das Norton'sche Kriechgesetz (Spannungsexponent n=5) gewählt, so daß Gleichung (30.2) wegen der Nichtlinearität iterativ gelöst werden muß.
In Bild 4 sind rechnerische Ergebnisse eines Relaxationsvorganges mit verschiedenen Verfahren gegenübergestellt. Das vorgeschlagene Kollokationsverfahren zeichnet sich durch hohe Integrationsgenauigkeit und Stabilität aus.

5.2 INTEGRATION DER GLEICHGEWICHTSBEDINGUNG

Die Kollokationsgleichungen (26) vereinfachen sich bei linear elastischem Materialverhalten, wenn K = 0 gesetzt und die Verformungsbedingung exakt integriert wird.

Mit $\quad u = u_0 + \int_{t_0}^{t} \dot{u}_{(\tau)} \, d\tau \quad$ und $\quad \dot{u} = \dot{u}_0 + \int_{t_0}^{t} \ddot{u}_{(\tau)} \, d\tau$

folgt für die Kollokationsstellen τ

$$\begin{aligned}
\dot{u}_{1/2} &= \dot{u}_0 + \Delta t/24 \cdot (5 \cdot \ddot{u}_0 + 8 \cdot \ddot{u}_{1/2} - \ddot{u}_1) \quad , \\
u_{1/2} &= u_0 + \Delta t/2 \cdot \dot{u}_0 + \Delta t^2/144 \cdot (9 \cdot \ddot{u}_0 + 12 \cdot \ddot{u}_{1/2} - 3 \cdot \ddot{u}_1) , \\
\dot{u}_1 &= \dot{u}_0 + \Delta t/6 \cdot (\ddot{u}_0 + 4 \cdot \ddot{u}_{1/2} + \ddot{u}_1) \quad , \\
u_1 &= u_0 + \Delta t \cdot \dot{u}_0 + \Delta t^2/6 \cdot (\ddot{u}_0 + 2 \cdot \ddot{u}_{1/2}) \quad .
\end{aligned} \quad (31)$$

Nach erfolgter zeitlicher Diskretisierung von (26) werden die Gleichungen für die inkrementelle Berechnung aufbereitet und so modifiziert, daß die beiden Kollokationsstellen bei gleicher linker Seite über zwei rechte Seiten gleichzeitig abgearbeitet werden. Im ungedämpften Fall (C = 0) folgt

$$\left[\begin{array}{c|c} M+S_0 \cdot \Delta t^2/12 & (D+V_0)^t \\ \hline (D+V_0) & -12/\Delta t^2 \cdot F \end{array}\right] \cdot \left[\begin{array}{c|c} \Delta x_1 & \Delta x_{1/2} \\ \hline \Delta \sigma_1 & \Delta \sigma_{1/2} \end{array}\right] = \left[\begin{array}{c|c} r_1 & r_2 \end{array}\right] \quad (32)$$

mit

$$\left[\begin{array}{c} r_1 \end{array}\right] = \left[\begin{array}{c} \Delta p_1 - \Delta \sigma_1 \cdot \Delta v_1 + S_0 \cdot (\Delta t \cdot x_0 - 4 \cdot \Delta x_{1/2}) \\ \hline -12/\Delta t^2 \cdot 1/2 \cdot \Delta \sigma_1 \cdot \Delta v_1 + V_0 \cdot (12/\Delta t \cdot x_0 - 48/\Delta t^2 \cdot \Delta x_{1/2}) \end{array}\right] \quad (33)$$

und

$$\left[\!\left[\, r_2 \,\right]\!\right] = \left[\!\left[\frac{\Delta p_{\frac{1}{2}} - \Delta\sigma_{\frac{1}{2}} \cdot \Delta v_{\frac{1}{2}} + S_0 \cdot (-\Delta t/2 \cdot x_0 - \Delta t^2/8 \cdot x_0 + \Delta t^2/48 \cdot \Delta x_1)}{-12/\Delta t^2 \cdot 1/2 \cdot \Delta\sigma_{\frac{1}{2}} \cdot \Delta v_{\frac{1}{2}} + V_0 \cdot (-6/\Delta t \cdot x_0 - 3/2 \cdot x_0 + 1/4 \cdot \Delta x_1)} \right]\!\right] . \quad (34)$$

Vorteilhaft ist hier, daß die Nichtlinearität im Rahmen der Ansätze exakt berücksichtigt wird. Dies ist wesentlich einfacher als bei einer Padé-Approximation.
Das Tragverhalten des flachen Bogentragwerkes nach Bild 5 ist ausgeprägt nichtlinear. Für die Anfangsphase der Bewegung ist der Rechenaufwand an den Zeitintervallen und den Iterationszahlen erkennbar, siehe Bild 6.

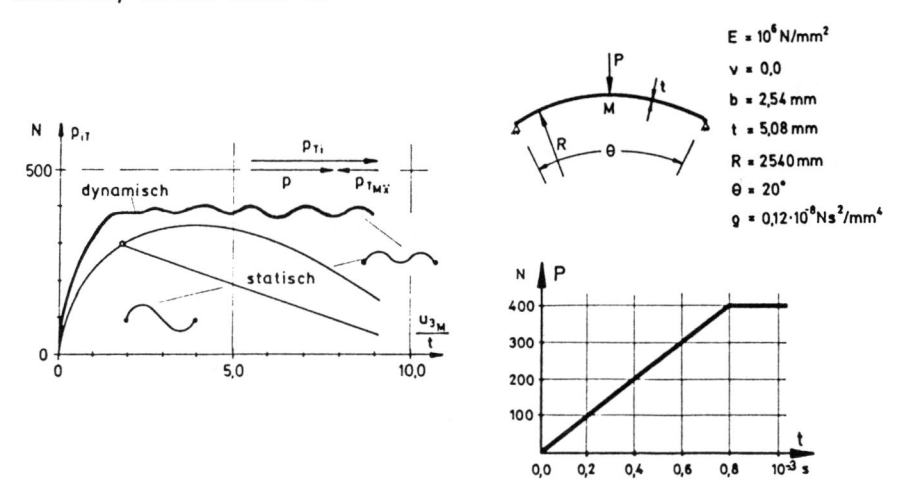

Bild 5 : Tragverhalten eines flachen Bogentragwerkes

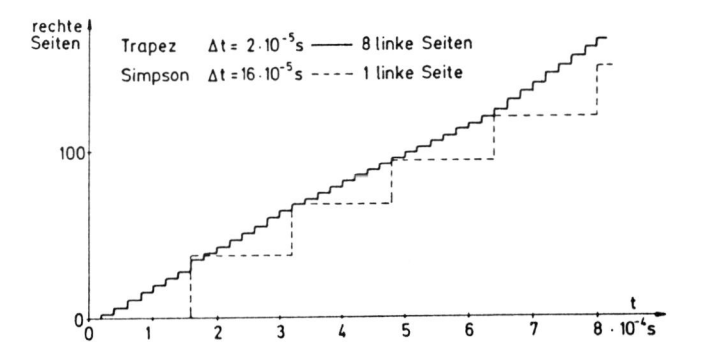

Bild 6 : Rechenaufwand der Trapez- und der Simpsonregel

6 ABSCHLIESSENDE BEMERKUNGEN

Die Anwendungen aus dem Bereich der nichtlinearen Dynamik und der inelastischen Werkstoffe verdeutlichen die Vorteile der Kollokationsverfahren. Im Unterschied zu dem üblichen Vorgehen erstrecken sich in dem verwendeten Schema die Ersatzpolynome nur über das neu zu berechnende Zeitintervall, so daß die Beschreibungsvariablen lediglich von den Anfangsbedingungen des Zeitintervalls abhängig sind. Die so definierte Klasse von Verfahren führt auf eine finite Übersetzung, die im linearen Fall mit der Padé-Approximation identisch ist, bei Nichtlinearitäten jedoch wesentlich einfacher zu formulieren ist.

LITERATUR

/ 1/ Engeln-Müllges, G.; Reutter, F.: Numerische Mathematik für Ingenieure. B.I.-Wissenschaftsverlag, 1987

/ 2/ Grigorieff, R.D.: Numerik gewöhnlicher Differentialgleichungen Bd. 1. Stuttgart, Teubner 1972

/ 3/ Trujillo, D.M.: The direct numerical integration of linear matrix differential equations using Padé approximations. Int. J. Num. Meth. Eng. 9 (1975), 259-270

/ 4/ Zurmühl, R.: Praktische Mathematik für Ingenieure und Physiker, 5.Aufl. Springer, 1984

/ 5/ Zienkiewicz, O.C.: The Finite Element Method, 3rd. ed., McGraw-Hill Book Company, 1977

/ 6/ Zienkiewicz, O.C.: A new look at the Newmark, Houbolt and other time stepping schemes. A weighted residual approach. Int. J. Earthquake Struct. Dynam. 5 (1977), 413-418

/ 7/ Katona, M.G.; Zienkiewicz, O.C.: A unified set of single step algorithms, Part 3: The Beta-m Method, a generalization of the Newmark scheme. Int. J. Num. Meth. Eng., Vol. 21, (1985), 1345-1359

/ 8/ Wessels, M.: Das statische und dynamische Durchschlagproblem der imperfekten Kugelschale bei elastischer rotationssymmetrischer Verformung. Mitteilungen des Instituts für Statik der Technischen Universität Hannover Nr. 23, 1977

/ 9/ Argyris, J.H., Vaz, L.E., Willam, K.J.: Improved solution methods for inelastic rate problems. Comp. Meth. Appl. Mech. Eng. 16 (1978), 231-277

/10/ Gellert, M.: A new algorithm for integration of dynamic systems. Comp. & Struc., Vol. 9 (1978), 401-408

A Consistent Layered Macro-element for the Evaluation of Interlaminar Stresses in Laminates

H. Eggers, Braunschweig

Zusammenfassung

Es wird ein erweitertes, ebenes Schalenelement zur Berechnung der interlaminaren Spannungen in Faserverbunden vorgestellt. Neben den Unbekannten der normalen Schalentheorie werden auch Schnittgrößen für Eigenspannungen, die Spannungskomponenten an den Deckflächen und die zugeordneten Querschnittsverformungen erfaßt. Um Locking-Effekte zu vermeiden, werden überzählige Freiwerte in den Ansätzen durch Konsistenzbedingungen abgelöst. Das Element enthält einen vollständigen Satz von Weggrößen und kann wie ein Volumenelement gehandhabt werden, ohne daß bei geringen Dicken die numerische Stabilität leidet. Risse werden über Zwangsbedingungen erfaßt, wobei als zusätzliche Variablen die Rißöffnungen auftreten.

Summary

For the analysis of interlaminar stresses in laminates an extended plane shell element is developed. The set of variables of the common shell theory is completed by the tractions at the upper and lower surface, the variables for selfequilibrated stress states and the associated distorsions of the cross section. In order to avoid locking, surplus shape functions are eliminated by consistency conditions. The element contains a complete set of displacement variables and can be handled like a common brick element. It is numerically stable even for a low thickness compared to the length. Cracks are introduced by constraints, which generate additional variables for the crack opening displacements.

1 Introduction

According to the laminate theory only the forces and moments obtained as stress resultants by integration are in equilibrium, but not the stresses themselves within the individual layers. Generally, the defect is rather small and can be neglected. The situation is different in damaged or delaminated zones or close to a boundary. Here, the stresses determined by laminate theory are superimposed by rather high selfequilibrated stress states, which rapidly decay. Because of the steep gradients the peeling stresses often overstep the ultimate strength of the resin and cause delaminations, Figure 1. Experiments demonstrate, that primarily the peeling stresses generate delaminations. But by finite elemements these stresses are evaluated with least accuracy in general.

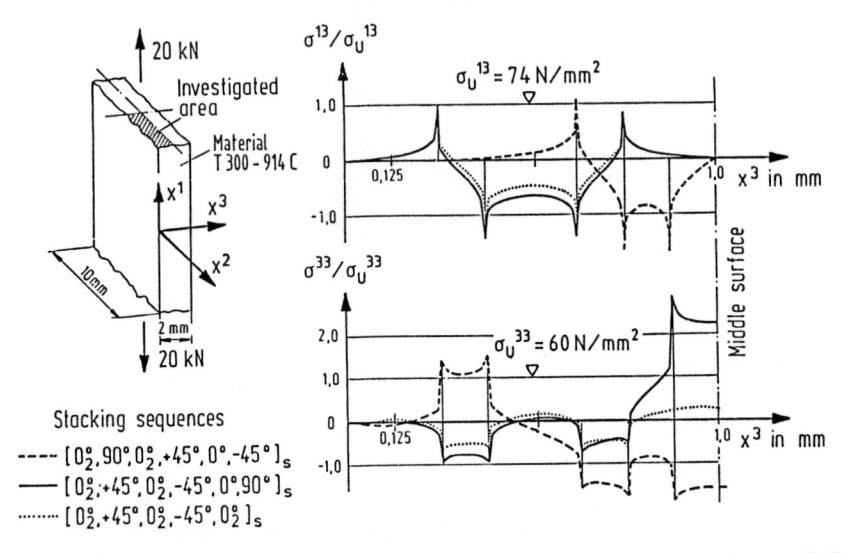

Figure 1. Edge stresses under axial tension in differently stacked specimens, [1]

Because of the limited aspect ratios of common brick elements the layer thickness terminates the inplane size of the element mesh, and the analysis of tridimensional stress states becomes rather expensive. In order to overcome these difficulties an extended plane shell element is used to generate a layered displacement model, which satisfies traction conditions at the interfaces and yields more accurate interlaminar stresses.

2 Extended Plane Shell Theory

The proposed macro-element is modelled by a stack of plane shell elements. The base vectors a_i correlate with coordinates ξ^i and span the sides of a triangular element, Figure 2. Co- and contravariant base vectors, marked by lower and upper indices, are related to each other by transformation

$$\mathbf{a}_i = a_{ij} \cdot \mathbf{a}^j \tag{1}$$

where a_{ij} is the metric tensor.

$$a_{ij} = \mathbf{a}_i \cdot \mathbf{a}_j \tag{2}$$

a_{ij} is decomposed into $a_{\alpha\beta}$ and a_{33} because of the orthogonality $\mathbf{a}_\alpha \cdot \mathbf{a}_3 = 0$.

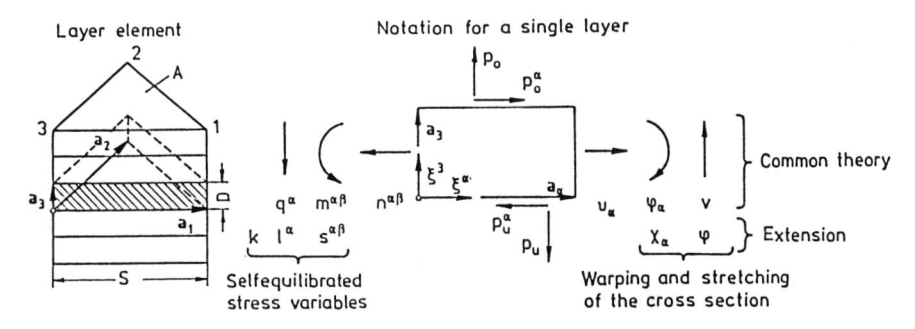

Figure 2. Modelling of a layered macro-element

Latin indices represent numbers i = 1, 2, 3 and Greek indices α = 1, 2. If the same index appears twice in a term, the sum convention is used except for indices within brackets. If not differently stipulated, the tensor notation described in [2] is used.

2.1 Approximation of Strains

The position vector of an arbitrary point of a shell element is approximated by

$$\mathbf{r} = (\xi_\alpha + C \cdot v_\alpha + L \cdot \varphi_\alpha + Q \cdot \chi_\alpha) \cdot \mathbf{a}^\alpha + (\xi_3 + L_{,3} \cdot v + Q_{,3} \cdot \varphi) \cdot \mathbf{a}^3 \tag{3}$$

The displacement variables, denoted by Greek letters, depend on ξ^α only, and $(\ )_{,i}$ marks covariant derivatives. The variables χ_α and φ, excluded from common shell theory, describe the warping and stretching of the cross section. The polynomials

$$Q = K_{,3} \qquad L = Q_{,3} \qquad C = L_{,3} \tag{4}$$

with

$$K = \zeta_o \cdot \zeta_u \cdot (\zeta_u - \zeta_o)/12 \qquad \begin{aligned} \zeta_o &= \xi^3 \\ \zeta_u &= 1 - \xi^3 \end{aligned} \tag{5}$$

are othogonal to each other and specify the displacement distribution across the thickness.

The physical components of the displacements are defined by

$$\tilde{v}_i = v_i \cdot \sqrt{a^{(ii)}} \tag{6}$$

where v_i represents one of the corresponding displacement variables. In contradiction to tensor analysis the scaling of index 3 is applied to v, φ and not to polynomials $L_{,3}$ and $Q_{,3}$. Therefore, all of the displacement variables have the same dimension and the polynomials and their derivatives are scalar functions.

Green's strain tensor, defined by $\varepsilon_{ij} = (\mathbf{r}_{,i} \cdot \mathbf{r}_{,j} - \mathbf{a}_i \cdot \mathbf{a}_j)/2$, yields the linear strain components

$$\begin{aligned} \varepsilon_{\alpha\beta} &= C \cdot \alpha_{\alpha\beta} + L \cdot \beta_{\alpha\beta} + Q \cdot \gamma_{\alpha\beta} \\ 2\,\varepsilon_{3\alpha} &= L_{,3} \cdot \alpha_\alpha + Q_{,3} \cdot \beta_\alpha \\ \varepsilon_{33} &= Q_{,33} \cdot \alpha \end{aligned} \tag{7}$$

where

$$\begin{aligned} \alpha_{\alpha\beta} &= (v_{\alpha,\beta} + v_{\beta,\alpha})/2 & \alpha_\alpha &= v_{,\alpha} + \varphi_\alpha \\ \beta_{\alpha\beta} &= (\varphi_{\alpha,\beta} + \varphi_{\beta,\alpha})/2 & \beta_\alpha &= \varphi_{,\alpha} + \chi_\alpha \\ \gamma_{\alpha\beta} &= (\chi_{\alpha,\beta} + \chi_{\beta,\alpha})/2 & \alpha &= \varphi \end{aligned} \tag{8}$$

2.2 Approximation of Stresses

Within an element the stresses are approximated by product functions

$$\begin{aligned} \sigma^{\alpha\beta} &= \Phi^{33}_{,33} \cdot n^{\alpha\beta} + \Psi^{33}_{,33} \cdot m^{\alpha\beta} + \Theta^{33}_{,33} \cdot s^{\alpha\beta} \\ \sigma^{\alpha 3} &= -\tilde{\Phi}^{33}_{\lambda,3} \cdot p^\alpha_\lambda - \Psi^{33}_{,3} \cdot q^\alpha - \Theta^{33}_{,3} \cdot l^\alpha \\ \sigma^{33} &= \tilde{\Phi}^{33}_\lambda \cdot p^\alpha_{\lambda,\alpha} + \tilde{\Psi}^{33}_\lambda \cdot p_\lambda + \Theta^{33} \cdot k \end{aligned} \tag{9}$$

The stress variables, marked in Eq. (9) by Latin letters, depend on ζ^α only. The polynomials

$$\begin{aligned} \Phi^{33}_\lambda &= \zeta_\lambda^2/2 & \tilde{\Phi}^{33}_\lambda &= \mp \Phi^{33}_\lambda - \Psi^{33}_\lambda/2 \mp \Theta^{33}/12 \\ \Psi^{33}_\lambda &= \mp 3 \cdot \zeta_\lambda^2 \pm 2 \cdot \zeta_\lambda^3 & \tilde{\Psi}^{33}_\lambda &= \mp \Psi^{33}_\lambda - \Theta^{33}/2 \\ \Theta^{33} &= 30 \cdot \zeta_o^2 \cdot \zeta_u^2 \end{aligned} \tag{10}$$

define the stress distribution across the thickness, Figure 3. The upper sign, used in conjunction with the index $\lambda = o$, specifies functions for stress variables acting at the upper surface of an element and vice versa with $\lambda = u$ for the lower surface. $\lambda = o,u$ is not an index but part of the name used to distinguish different tensors. Nevertheless the sum convention is applied, which means that for $\lambda = o,u$ differently named tensors will be summed. The index will be skipped, if for a given stress variable the polynomials for $\lambda=o,u$ yield identical stress distributions.

$\tilde{\Phi}_\lambda^{33}$ $\tilde{\Phi}_{\lambda,3}^{33}$ $\Phi_{,33}^{33}$ θ^{33} $\theta_{,3}^{33}$ $\theta_{,33}^{33}$

$\tilde{\psi}_\lambda^{33}$ $\psi_{,3}^{33}$ $\psi_{,33}^{33}$

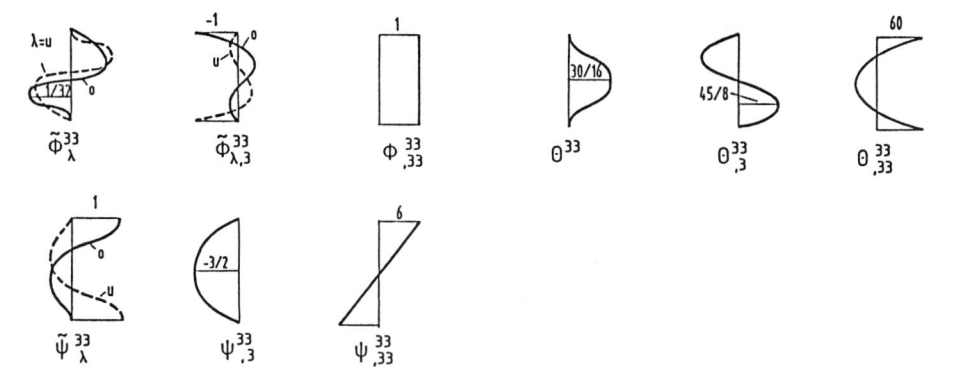

Figure 3. Shape functions for the stress distribution in normal direction

The stresses of Eq. (9) describe the tractions at the upper and lower surfaces

$$\sigma^{\alpha 3}\big|_{\zeta_o=1} = p_o^\alpha \qquad \sigma^{33}\big|_{\zeta_o=1} = p_o$$
$$\sigma^{\alpha 3}\big|_{\zeta_u=1} = p_u^\alpha \qquad \sigma^{33}\big|_{\zeta_u=1} = p_u \qquad (11)$$

and satisfy the integral conditions

$$\int_{\zeta_o=0}^{1} \begin{bmatrix} \sigma^{\alpha\beta} \\ \sigma^{\alpha 3} \\ \sigma^{33} \end{bmatrix} \cdot \begin{bmatrix} C \\ L \\ Q \end{bmatrix}^T \cdot d\zeta_o = \begin{bmatrix} n^{\alpha\beta} & m^{\alpha\beta} & s^{\alpha\beta} \\ q^\alpha & l^\alpha & * \\ k & * & * \end{bmatrix} \qquad (12)$$

Stress variables, marked in Eq. (12) by a star, are neglected, because the dual strain components in Eq. (7) are undefined. The chosen stress distribution is balanced in each point of the element, if the stress variables satisfy the following conditions.

$$s^{\alpha\beta}{}_{,\beta} - l^\alpha + (p_o^\alpha - p_u^\alpha)/12 = 0$$
$$m^{\alpha\beta}{}_{,\beta} - q^\alpha + (p_o^\alpha + p_u^\alpha)/2 = 0$$
$$l^\alpha{}_{,\alpha} - k + (p_o + p_u)/2 = 0 \qquad (13)$$
$$q^\alpha{}_{,\alpha} + p_o - p_u = 0$$
$$n^{\alpha\beta}{}_{,\beta} + p_o^\alpha - p_u^\alpha = 0$$

The physical components of the stresses are defined by

$$\tilde{\sigma}^{ij} = \sigma^{ij} \cdot \sqrt{\frac{a_{(ii)}}{a^{(jj)}}} \qquad (14)$$

which holds also for the corresponding stress variables.

2.3 Constitutive Equations

Layers with unidirectional orientated fibers (UD-layers) are approximated by a homogeneous, orthotropic material. The specific energy

$$W(\sigma^{ij}) = \frac{1}{2} \cdot \begin{bmatrix} \sigma^{\alpha\beta} \\ \sigma^{\alpha 3} \\ \sigma^{33} \end{bmatrix} \cdot \begin{bmatrix} H_{\alpha\beta\rho\lambda} & \cdot & H_{\alpha\beta 33} \\ \cdot & H_{\alpha 3\rho 3} & \cdot \\ H_{33\rho\lambda} & \cdot & H_{3333} \end{bmatrix} \cdot \begin{bmatrix} \sigma^{\rho\lambda} \\ \sigma^{\rho 3} \\ \sigma^{33} \end{bmatrix} \tag{15}$$

yields the constitutive equations

$$\varepsilon_{ij} = \frac{\partial W(\sigma^{ij})}{\partial \sigma^{ij}} \tag{16}$$

Because of the extreme low thickness of an UD-layer only the inplane components $H_{\alpha\beta\rho\lambda}$ can easily be measured. For Cartesian coodinates, where axis 1 points in fiber direction, the nonzero out-of-plane components can be estimated by

$$\begin{aligned} H_{3333} &\approx H_{2222} & H_{1313} &\approx H_{1212} \\ H_{1133} &\approx H_{1122} & H_{2323} &\approx 2 \cdot (H_{2222} - H_{1122}) \\ H_{2233} &\approx H_{1122} \cdot H_{2222} / H_{1111} \end{aligned} \tag{17}$$

2.4 Energy Principles

A mixed element is generated based on Hellinger/Reissner's principle [3]

$$J_1 = \int_A \{\sigma^{ij} \cdot (\varepsilon_{ij} - \bar{\varepsilon}_{ij}) - W(\sigma^{ij})\} \cdot dV - \int_{A_\sigma} \bar{\sigma}^i \cdot v_i \cdot dF = \text{stationary} \tag{18}$$

By substitution of Eqs. (7), (9) and (15) into (18) and integration of the functions over the thickness (Tab. 1) the following mixed functional is obtained.

$$\begin{aligned} J_2 = &\int_A \{ n^{\alpha\beta} \cdot (v_{\alpha,\beta} - \bar{\alpha}_{\alpha\beta}) + m^{\alpha\beta} \cdot (\varphi_{\alpha,\beta} - \bar{\beta}_{\alpha\beta}) + s^{\alpha\beta} \cdot (\chi_{\alpha,\beta} - \bar{\gamma}_{\alpha\beta}) + \\ & q^\alpha \cdot (v_{,\alpha} + \varphi_\alpha - \bar{\beta}_\alpha) + l^\alpha \cdot (\varphi_{,\alpha} + \chi_\alpha - \bar{\gamma}_\alpha) + k \cdot (\varphi - \bar{\gamma}) - \\ & W(\sigma^{ij}) \} \cdot D \cdot dA - \\ &\int_{A_\sigma} \{ \bar{p}_o^\alpha \cdot (v_\alpha + \varphi_\alpha/2 + \chi_\alpha/12) - \bar{p}_u^\alpha \cdot (v_\alpha - \varphi_\alpha/2 + \chi_\alpha/12) + \\ & \bar{p}_o \cdot (v + \varphi/2) - \bar{p}_u \cdot (v - \varphi/2) \} \cdot D \cdot dA - \\ &\int_{S_\sigma} \{ \bar{n}^\alpha \cdot v_\alpha + \bar{m}^\alpha \cdot \varphi_\alpha + \bar{s}^\alpha \cdot \chi_\alpha + \bar{q} \cdot v + \bar{l} \cdot \varphi \} \cdot D \cdot dS = \text{stationary} \end{aligned} \tag{19}$$

A bar marks initial strains or given tractions, where the latter act at the element surfaces A_σ or the boundaries S_σ. The boundary conditions for the displacements are constraints.

Function $F_2(\xi^3)$

	C	L	a	$\Phi_{,33}^{33}$	$\Psi_{,33}^{33}$	$\theta_{,33}^{33}$	$-\bar{\Phi}_{o,3}^{33}$	$-\bar{\Phi}_{u,3}^{33}$	$-\Psi_{,3}^{33}$	$-\theta_{,3}^{33}$	$\bar{\Phi}_o^{33}$	$\bar{\Phi}_u^{33}$	$\bar{\Psi}_o^{33}$	$\bar{\Psi}_u^{33}$	θ^{33}
$\Phi_{,33}^{33}$	2520	o	o	2520	o	o	o	o	2520	o	o	o	o	o	2520
$\Psi_{,33}^{33}$	o	2520	o	o	30240	o	o	o	o	30240	252	252	3024	-3024	o
$\theta_{,33}^{33}$	o	o	2520	o	o	1814400	15120	15120	-30240	o	1080	-1080	21600	21600	-43200
$-\bar{\Phi}_{o,3}^{33}$	o	o	21	o	o	15120	216	36	-252	-1080	o	-18	162	198	-360
$-\bar{\Phi}_{u,3}^{33}$	o	•	21	o	o	15120	36	216	-252	1080	18	•	198	162	-360
$-\Psi_{,3}^{33}$	2520	o	-42	2520	o	-30240	-252	-252	3024	o	-18	18	-360	-360	3240
$-\theta_{,3}^{33}$	o	2520	o	o	30240	o	-1080	1080	o	43200	360	360	3240	-3240	o
$\bar{\Phi}_o^{33}$	o	21	1,5	o	252	1080	o	18	-18	360	4	2	42	-12	-30
$\bar{\Phi}_u^{33}$	o	21	-1,5	o	252	-1080	-18	o	18	360	2	4	12	-42	30
$\bar{\Psi}_o^{33}$	o	252	30	o	3024	21600	162	198	-360	3240	42	12	576	-36	-540
$\bar{\Psi}_u^{33}$	o	-252	30	o	-3024	21600	198	162	-360	-3240	-12	-42	-36	576	-540
θ^{33}	2520	o	-60	2520	o	-43200	-360	-360	3240	o	-30	30	-540	-540	3600

Function $F_1(\xi^3)$

$$2520 \cdot \int_0^1 F_1 \cdot F_2 \cdot d\xi^3$$

Table 1. Energy integrals

The displacement variables cannot be replaced by a complete set of nodal displacements, Figure 4. In order to avoid difficulties due to rotation of the element the missing variable χ is introduced artificially. If in Eq. (3) the displacement vector is completed by $\bar{K}_{,3} \cdot \chi \cdot \mathbf{a}^3$, the strain in thickness direction becomes linear.

$$\varepsilon_{33} = Q_{,33} \cdot \varphi + \bar{K}_{,33} \cdot \chi \tag{20}$$

where the polynomial

$$\bar{K} = \left(2 \cdot \zeta_u^3 - 3 \cdot \zeta_u^2\right) / 12 \tag{21}$$

is chosen instead of K to avoid incompatibilities with the boundary terms in Eq. (19). The corresponding constitutive equation integrated over the half and over the whole thickness of the layer yields two equations for φ and χ.

$$\int_0^\zeta \left(\varepsilon_{33} - \frac{\partial W}{\partial \sigma^{33}}\right) \cdot d\zeta_u = 0 \qquad \text{for } \zeta = 0.5, 1 \tag{22}$$

The solution

$$\chi = 12 \cdot H_{33\alpha\beta} \cdot m^{\alpha\beta} + 2 \cdot H_{33\alpha3} \cdot (p_o^\alpha - p_u^\alpha) + H_{3333} \cdot (p_o - p_u) \tag{23}$$

is inserted into functional (19) by a penalty factor.

$$J_3 = J_2 + \varepsilon \cdot \chi \cdot \{\chi/2 - 12 \cdot H_{33\alpha\beta} \cdot m^{\alpha\beta} - 2 \cdot H_{33\alpha 3} \cdot (p_o^\alpha - p_u^\alpha) -$$
$$H_{3333} \cdot (p_o - p_u)\}_N = \text{stationary} \qquad (24)$$

The penalty function is analyzed only at certain points N, where the displacement variables are replaced by nodal displacements. The penalty factor ε must be chosen sufficiently small to avoid a change of energy in functional (19).

$$\varepsilon \approx \min |MD| / 1000 \qquad (25)$$

where |MD| specifies absolute values of diagonal terms in the element matrix, which are directly coupled with the penalty function.

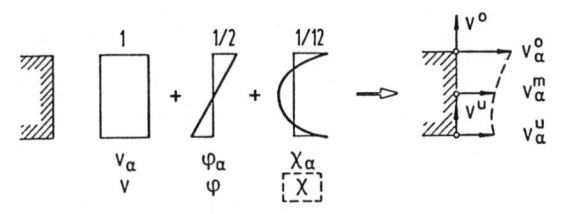

Figure 4. Transformation of displacement variables into nodal displacements

2.5 Enforcement of Consistency

In an element the variables are approximated by polynomials.

$$z_i = L_j \cdot \hat{z}_{ji} \qquad (26)$$

where Figure 5 depicts the shape functions L_j. $\hat{z}_{ji}$ are the nodal values (DOFs) for a specific variable marked by subscript i. The finite transformation of Eq. (24) by quadratic functions only (j=1...6) yields an element, which locks due to the inconsistent approximation of the shear strains $\varepsilon_{\alpha 3}$. Therefore the variables v, φ are approximated by cubic functions (j=1...10) and the DOFs for the cubic extension (j=7...10) are used to enforce the consistency, [4].

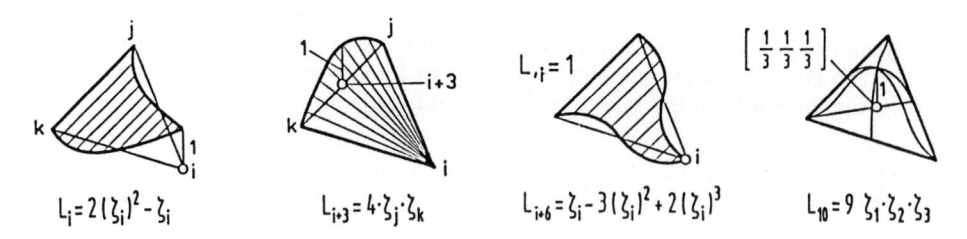

$L_i = 2(\zeta_i)^2 - \zeta_i \qquad L_{i+3} = 4 \cdot \zeta_j \cdot \zeta_k \qquad L_{i+6} = \zeta_i - 3(\zeta_i)^2 + 2(\zeta_i)^3 \qquad L_{10} = 9 \cdot \zeta_1 \cdot \zeta_2 \cdot \zeta_3$

Figure 5. Shape functions for triangular elements (i,j,k = 1,2,3 for i≠j≠k)

For a consistent linear strain distribution the weak form of the second derivatives of the strains must vanish. Thus

$$J_4 = J_3 + \int_V \lambda^{ij,kl} \cdot \varepsilon_{ij,kl} \cdot dV \tag{27}$$

In Eq. (27) Lagrange's multipliers λ^{ij} are chosen exactly in the same way as the corresponding strains. Therefore, similar to the displacements v, φ, Lagrange's multipliers Υ, Φ are approximated by the shape functions for the cubic extension only (j=7...10). The integration of the constraints over the thickness leads to the final formulation

$$J_4 = J_3 + \int_A \left\{ \Upsilon^{,\alpha\beta\rho} \cdot (v_{,\alpha} + \varphi_\alpha)_{,\beta\rho}/2 + \Phi^{,\alpha\beta\rho} \cdot (\varphi_{,\alpha} + \chi_\alpha)_{,\beta\rho}/24 + \Phi^{,\alpha\beta} \cdot (\varphi_{,\alpha} + \chi_\alpha)_{,\beta} + \Phi^{,\alpha\beta} \cdot \varphi_{,\alpha\beta} \right\} \cdot D \cdot dA = \text{stationary} \tag{28}$$

The finite transformation of Eq. (28) and the elimination of the DOFs for the cubic extensions of v, φ, Υ, Φ yield a consistent element, which is numerically stable for aspect ratios of $0.01 \leq D/S \leq 100$ as verified by tests.

3 Layered and Transient Elements

In a layer element, defined by the finite tranformation of Eq. (28), the stress variables $n^{\alpha\beta}$, $m^{\alpha\beta}$, $s^{\alpha\beta}$, q^α, l^α, k are numerically eliminated. In a next step the reduced elements are stacked together one over another and coupled via the tractions and displacements at the interfaces. Again, the elimination of the tractions generates a layered displacement element for a laminate.

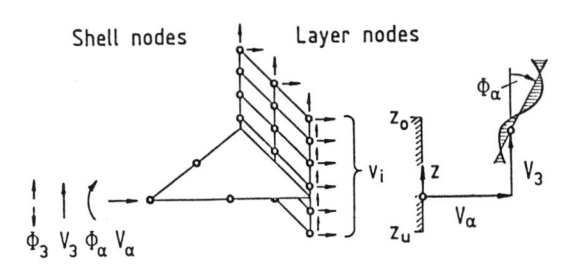

Figure 6. Generation of transient elements

The layered displacement element is numerically expensive and will be applied only in zones with steep stress gradients, whereas the remaining part of the structure may be modelled by simple shell elements. In order to couple the different elements by least constraint, a transient element is generated, where in some nodes the displacements of the layered element are replaced by the associated displacements of the shell, Figure 6.

At each shell node the algebraic system of the layered element is coupled by the constraints

$$J_5 = J_4 + v^i \cdot \left\{ V_i \cdot \int_{z_u}^{z_o} dz - \int_{z_u}^{z_o} v_i \cdot dz \right\} + \mu_i \cdot \left\{ \Phi_i \cdot \int_{z_u}^{z_o} z \cdot dz - \int_{z_u}^{z_o} v_i \cdot z \cdot dz \right\} \qquad (29)$$

where the nodal forces and moments v^i, μ^i correlate to the displacements and rotations V_i, Φ_i of the shell. The elimination of v^i, μ^i and v_i at the shell nodes yields a transient element with nodes for shell and laminate coupling. If all of the laminate nodes are replaced by shell nodes, a shell element appears, which has the advantage, that the interlaminar stresses can be evaluated more accurately than by the common laminate theory.

4 Implementation of Cracks

Most of the finite element codes model cracks by

- disconnection of elements,
- elementwise modification of constitutive equations, such that for arbitrary strains the tractions at the crack surface vanish.

Both methods can be applied easily to preimposed cracks. But for cracks, generated during the analysis, the algebraic equations must be modified and resolved completely for each crack extension. In order to reduce the numerical effort, the functional for the layer element is constrained by the tractions $\sigma^{ij} \cdot r_i = 0$ at the crack surface.

$$J_6 = J_4 + \int_{A_c} \sigma^{ij} \cdot r_i \cdot \Delta v_j \cdot dA = \text{stationary} \qquad (30)$$

r_i are the components for the unit vector normal to the crack surface, Δv_j are the crack opening displacements and A_c is the cracked zone of the element. E.g. for a delamination at the upper element surface Eq. (30) becomes

$$J_6 = J_4 + \int_A \{p_o^\alpha \cdot \Delta v_\alpha + p_o \cdot \Delta v\} \cdot dA = \text{stationary} \qquad (31)$$

Eq. (30) is difficult to conduct for arbitrarily orientated cracks. Therefore the crack is dispersed within the element and replaced by fictitious strains ε_{ij}^c, which release the same energy as the opening of the associated crack.

$$\int_V \sigma^{ij} \cdot \varepsilon_{ij}^c \cdot dV = \int_{A_c} \sigma^{ij} \cdot r_i \cdot \Delta v_j \cdot dA \qquad (32)$$

For variables, approximated by constants within the element and marked by a head in the following formulas, Eq. (32) is satisfied for

$$\hat{\varepsilon}_{ij}^c = \frac{A_c}{2 \cdot D \cdot A} \cdot \left(r_i \cdot \Delta \hat{v}_j + r_j \cdot \Delta \hat{v}_i \right) \tag{33}$$

which yields the fictitious strains for the shell after integration over the thickness.

$$\hat{\alpha}_{\alpha\beta}^c = \frac{A_c}{2 \cdot D \cdot A} \cdot \left(r_\alpha \cdot \Delta \hat{v}_\beta + r_\beta \cdot \Delta \hat{v}_\alpha \right)$$

$$\hat{\alpha}_\alpha^c = \frac{A_c}{D \cdot A} \cdot \left(r_3 \cdot \Delta \hat{v}_\alpha + r_\alpha \cdot \Delta \hat{v}_3 \right) \tag{34}$$

$$\hat{\alpha}^c = \frac{A_c}{D \cdot A} \cdot r_3 \cdot \Delta \hat{v}_3$$

The fictitious strains can be handled in functional (19) like initial strains with the exception, that the crack opening must be varied independently.

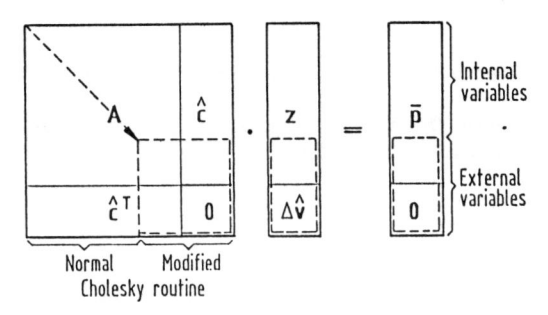

Figure 7. Modelling of cracks by constraints

The variables due to the crack opening arise step by step with the propagation of the crack. They will consecutively be attached at the end of the solution vector, such that the constraints augment but do not change the preceding equations describing the uncracked structure, Figure 7. Only the new created constraints must be added and solved for each crack extension.

The method of constraining the functional matches with a new substructure technique [5], where the elimination of the internal variables is combined with the generation of the reduced element system for the external variables, Figure 7. The proposed method is very fast and can easily be applied to algebraic systems enlarged step by step. But in common finite element programs the size of the system is fixed in general. In order to use the proposed method also in these programs, a variation of the solution process is described in [5], where the constraints are treated as additional load vectors.

5 Conclusion

The proposed element was tested for a plane stress state (ξ^2-axis ommitted). Numerical instabilities like hour-glassing could not be detected. The element was used to analyse the crack propagation in notched test specimens, fabricated of unidirectional carbonfiber reinforced epoxy, [6]. Even for extreme stiffness differences of $E_\| / E_* \approx 15$, the energy release rates G_α and the stress intensity factors K_α were evaluated sufficiently accurate.

Bibliography

/1/ Rohwer, K.: *Einsatz von finiten Elementen zur Berechnung von Faserverbundstrukturen.* Sindelfingen: Expert 1985, Series Kontact u. Studium 167, 160 - 209.

/2/ Green, A.E., Zerna, W.: *Theoretical Elasticity.* Oxford: Clarendon Press 1963.

/3/ Reissner, E.: *On a Variational Theorem in Elasticity.* J. Math. Phys. 29 (1950), 90.

/4/ Harbord, R.: *Anwendungsorientierte Dreieckselemente zur Berechnung dünnwandiger Schalentragwerke.* Ing.-Archiev 48 (1979), 155 - 171.

/5/ Eggers, H.: *Eine effektive Teilstrukturtechnik angewendet auf Bruchprobleme.* DFVLR-Mitt. 84-21 (1984), 227 - 294.

/6/ Eggers, H., Kirschke, L., Zick, R.: *Initiation and Propagation of Cracks in Notched Unidirectional Laminates of Carbonfiber Reinforced Epoxy under Static Tensile Load.* DFVLR-FB 86-30 (1986).

Über reine, praktische und angewandte Mathematik

S. Falk, Braunschweig

SUMMARY

The synthesis between pure, practical and applied mathematics is shown for two examples taken from structural statics.

ZUSAMMENFASSUNG

Anhand zweier Beispiele aus der Statik wird das Zusammenspiel zwischen reiner, praktischer und angewandter Mathematik aufgezeigt.

1 PROBLEMSTELLUNG

Die Problematik der Dreiteilung in reine, praktische und angewandte Mathematik soll aufgezeigt werden anhand der folgenden vier Aufgaben:

1. Lösen der quadratischen Gleichung

$$\lambda^2 + 2p\lambda + q = 0 .\tag{1}$$

2. Berechnen der Determinante einer quadratischen Matrix

$$A = \begin{bmatrix} a_{11} & a_{12} & \cdots & a_{1n} \\ a_{21} & a_{22} & \cdots & a_{2n} \\ \cdots & \cdots & \cdots & \cdots \\ a_{n1} & a_{n2} & \cdots & a_{nn} \end{bmatrix} .\tag{2}$$

3. Auflösen eines inhomogenen Systems von n linearen Gleichungen mit n Unbekannten

$$\left.\begin{aligned} a_{11}x_1 + a_{12}x_2 + \cdots + a_{1n}x_n &= r_1 \\ a_{21}x_1 + a_{22}x_2 + \cdots + a_{2n}x_n &= r_2 \\ &\cdots \\ a_{n1}x_1 + a_{n2}x_2 + \cdots + a_{nn}x_n &= r_n \end{aligned}\right\} \quad \text{abgekürzt } A\,x = r .\tag{3}$$

4. Auflösen eines homogenen Systems von n linearen Gleichungen mit n Unbekannten bei Vorhandensein eines skalaren Parameters λ :

$$\left.\begin{aligned} (a_{11} - \lambda b_{11})x_1 + (a_{12} - \lambda b_{12})x_2 + \cdots + (a_{1n} - \lambda b_{1n})x_n &= 0 \\ (a_{21} - \lambda b_{21})x_1 + (a_{22} - \lambda b_{22})x_2 + \cdots + (a_{2n} - \lambda b_{2n})x_n &= 0 \\ &\cdots \\ (a_{n1} - \lambda b_{n1})x_1 + (a_{n2} - \lambda b_{n2})x_2 + \cdots + (a_{nn} - \lambda b_{nn})x_n &= 0 \end{aligned}\right\} ,\tag{4}$$

abgekürzt

$$(A - \lambda B)\, x = 0 .\tag{5}$$

2 REINE MATHEMATIK

Was sagt nun die reine Mathematik zu den vier genannten Aufgabenstellungen?

1. Es gibt genau zwei Lösungen, die sich formelmäßig explizit angeben lassen:

$$x_1 = -p + \sqrt{p^2 - q} , \quad x_2 = -p - \sqrt{p^2 - q} .\tag{6}$$

doch ist dies nicht etwa eine Lösung, sondern eine Rechenanweisung. Denn wer nicht weiß, was das Symbol $\sqrt{}$ bedeuten soll, oder aber, wenn er es weiß, keinen praktikablen Algorithmus bzw. einen Taschenrechner zur Hand hat, kommt trotz der aus (1) entstandenen Umformung nicht zum konkreten Ergebnis. Davon abgesehen, ist aber die Formel (6) von nicht zu unterschätzender Wichtigkeit; sie sagt nämlich, daß es genau zwei - und nicht mehr oder weniger - Lösungen der quadratischen Gleichung (1) gibt.

2. Berechnen einer Determinante. Hier gilt der bekannte Entwicklungssatz

$$\det A = A_{11} \det A_{11} - a_{21} \det A_{21} + a_{31} \det A_{31} + \ldots$$
$$+ (-1)^{n+1} a_{n1} \det A_{n1} , \quad (7)$$

wo die Determinanten der Minoren A_{j1} der Ordnung n-1 ihrerseits nach (7) zu berechnen sind und so fort, bis zum Schluß ein Skalar übrigbleibt.

3. Wenn die Determinante von Null verschieden ist, so gilt die CRAMERsche Regel

$$x_j = \frac{\det Z_j}{\det A} , \quad j = 1, 2, \ldots n , \quad \det A \neq 0, \quad (8)$$

wo die Matrix Z_j aus der Matrix A entsteht durch Ersetzen der Spalte a_j von A durch die rechte Seite r. Die Aussage ist also: Falls $\det A \neq 0$, so existiert eine eindeutige Lösung

$$x^T = (x_1 \quad x_2 \quad \ldots \quad x_n) , \quad (9)$$

wobei die Zahlen $x_1, \ldots, x_n$ sich unabhängig voneinander und in beliebiger Reihenfolge berechnen lassen; man spricht in solchem Falle von Parallelrechnung.

4. Es existiert stets die sogenannte Triviallösung x = o. Nichttriviale Lösungen existieren nur, wenn als notwendige Bedingung die Determinante des Gleichungssystems als Polynom in λ verschwindet:

$$\det (A - \lambda B) = p(\lambda) = p_n \lambda^n + \ldots + p_2 \lambda^2 + p_1 \lambda + p_0 = 0 . \quad (10)$$

Die $m \leq n$ Nullstellen λ_j dieser algebraischen Gleichung heißen die Eigenwerte, die dazugehörigen Lösungen des Gleichungssystems (4) Eigenvektoren x_j des Matrizenpaares A; B.

In allen vier Fällen hat die reine Mathematik zwei für den Anwender unverzichtbare Fragen beantwortet, nämlich:
1. Existiert überhaupt eine Lösung?

2. Und wenn ja, wieviele (wesentliche verschiedene) Lösungen gibt es?
Darüberhinaus werden sogar Rechenanweisungen gegeben, doch sind diese nicht
immer optimal, ja in praxi oft gar nicht durchführbar. Auch die Rechenanweisung (10) nützt nicht allzuviel, denn bei großer Ordnungszahl n, etwa n = 100,
läßt sich das Polynom $p(\lambda)$ weder aufstellen noch gelingt es, seine Nullstellen zu bestimmen.

Wir sehen also: So grundlegend und unumgänglich die Beschäftigung mit der
reinen Mathematik ist, in Bezug auf eine zahlenmäßige Lösung leistet sie nicht
allzuviel, und das ist auch gar nicht ihre Aufgabe; dies erhellt schon daraus,
daß in allen bisher angegebenen Formeln lediglich Symbole, aber keine Zahlen
auftreten.

3 PRAKTISCHE MATHEMATIK

Unter praktischer Mathematik versteht man heute - bedingt durch den Siegeszug des digitalen Rechenautomaten - fast ausschließlich numerische Mathematik, doch gehören auch das Operieren auf dem Analogrechner, die Nomographie
und zeichnerische Methoden (Kraft- und Seileck!) zur praktischen Mathematik
und sollten keineswegs in Vergessenheit geraten.

Werden die Symbole der reinen Mathematik durch vorgegebene Zahlen oder Funktionen ersetzt, so steht aus der Fülle der denkbaren Aufgabenstellungen eine
ganz konkrete vor uns. Dazu ein einfaches Beispiel zu (5) mit n = 2:

$$A = \begin{bmatrix} 3 & -5 \\ 2 & 1 \end{bmatrix} , B = \begin{bmatrix} 2 & 1 \\ 2 & 0 \end{bmatrix} , A - \lambda B = \begin{bmatrix} 3 - 2\lambda & -5 - \lambda \\ 2 - 2\lambda & 1 \end{bmatrix} . \qquad (11)$$

Hier ist das Polynom (10)

$$\det(A - \lambda B) = p(\lambda) = -2\lambda^2 - 10\lambda + 13 = 0 \qquad (12)$$

ohne Schwierigkeit zu ermitteln, und auch die beiden Wurzeln dieser quadratischen Gleichung, mithin die Eigenwerte λ_1 und λ_2 können nach (6) leicht
berechnet werden.

Beim Übergang von den Symbolen der reinen Mathematik zu den Zahlen der numerischen Mathematik tauchen ganz neue, für das weitere Vorgehen wesentliche
Fragen auf:

$$\left.\begin{array}{l} \text{1. Darstellbarkeit} \\ \text{2. Numerische Durchführbarkeit} \\ \text{3. Genauigkeit} \\ \text{4. Einschließung des Ergebnisses.} \end{array}\right\} \qquad (13)$$

Zu Punkt 1. Nicht jedes Symbol läßt sich als Zahl darstellen. So kann die ganze Zahl 10! auf einem normalen Taschenrechner noch dargestellt werden, aber schon nicht mehr 20!, weil dazu eine achtzehnstellige Mantisse erforderlich wäre, und dies bieten nicht einmal die heute handelsüblichen Großrechner, wie sie an Hochschulen und in der Industrie installiert sind.

Zu Punkt 2. Auch die numerische Durchführbarkeit ist keineswegs immer gegeben. So gilt in der reinen Mathematik a + b = a nur dann, wenn b = 0 ist, addiert man aber die beiden Zahlen

$$10^{10} + 10^{-10} = 10\ 000\ 000\ 000{,}000\ 000\ 000\ 01 \ , \tag{14}$$

so registriert eine Maschine mit 16-stelliger Mantisse die letzte Ziffer als Null, und sie täte dies auch bei der Addition $10^{10} + a \cdot 10^{-10}$, wenn a eine zweistellige Zahl ist.

Zu Punkt 3. Genauigkeit. Selbst wenn alle einzugebenden Zahlen darstellbar und die vorgeschriebenen Operationen durchführbar sind, so ist das Ergebnis auf Grund der beschränkten Mantissenlänge dennoch nicht genau. Zum Beispiel gilt theoretisch

$$q = \frac{(\sqrt{a} - 1)^2 - (a + 1)}{\sqrt{a}} = -2 \ . \tag{15}$$

Rechnet man hier zuerst den Zähler aus und dividiert anschließend durch den Nenner, so bekommt man für verschiedene Werte von a auf einem zehnstelligen Taschenrechner bzw. auf einer 16stelligen Großrechner die Ergebnisse der folgenden Tabelle

a	zehnstellig	sechzehnstellig	
50	-2	-2	
500	-2,000 000 002	-2,000 000 000 000 007	
5000	-2,000 000 002	-2,000 000 000 000 003	
$5 \cdot 10^4$	-2,000 000 002	-2,000 000 000 000 011	
$5 \cdot 10^5$	-2,000 000 025	-2,000 000 000 000 070	(16)
$5 \cdot 10^6$	-2,000 000 244	-2,000 000 000 000 112	
$5 \cdot 10^7$	-2,000 000 195	-2,000 000 000 000 494	
$5 \cdot 10^8$	-2,000 002 256	-2,000 000 000 002 820	

Von "richtigen" Ergebnissen kann daher keine Rede sein.

Zu Punkt 4. Da grundsätzlich zufolge der begrenzten Mantissenlänge und der dadurch erforderlich werdenden Abrundung ein Ergebnis nur mit einer begrenzten Stellenzahl resultiert, ist eine Einschließung des Ergebnisses unbedingt erforderlich. Es existieren in der numerischen Mathematik eine Fülle solcher Einschließungssätze, die mit mathematischer - nicht numerischer! - Genauigkeit Zahlen auf der reellen Zahlengeraden durch Strecken bzw. in der komplexen Zahlenebene durch Gebiete, meist Kreise, einzuschließen gestatten. Da aber die Einschließung ihrerseits im allgemeinen nur auf numerischem Wege gewonnen wird, sind diese Gebiete geringfügig zu vergrößern.

Die hier aufgezeigten Mängel scheinen auf den ersten Blick nicht gravierend zu sein; bei längerer Rechnung jedoch können selbst kleinere Fehler das Resultat um 100 % und mehr verfälschen. Dies trifft insbesondere für die linearen Gleichungssysteme (3) bzw. (4) zu, falls diese bösartig (ill conditioned) sind.

Kommen wir jetzt zu den Fragestellungen (2) und (3). Nach dem bereits in der Schule gelehrten GAUSSschen Algorithmus (der, wie man heute weiß, in China bereits vor 2000 Jahren bekannt war), können durch Linearkombinationen der n Zeilen der Matrix A bzw. des Gleichungssystems (3) die Elemente a_{jk} unterhalb der Hauptdiagonale zu Null gemacht werden. Ist dies geschehen, so läßt sich die Determinante als Produkt der n Hauptdiagonalelemente berechnen, und auch die Auflösung des Gleichungssystems (3) macht keine Schwierigkeiten, da es nunmehr gestaffelt ist. Der dazu erforderliche Rechenaufwand beläuft sich beispielsweise für n = 100 auf weniger als 400 Multiplikationen und Additionen, während es nach der CRAMERschen Regel (8) und dem Entwicklungssatz (7) fast 40 Millionen wären!!

Der praktische Mathematiker in der Forschung ist heute in erster Linie Algorithmenerfinder; in Dutzenden von mathematischen Zeitschriften in aller Welt werden jährlich tausende von neuen Methoden und Methödchen, die mehr oder weniger originell sind, vorgeführt. Besonders durch die in Kürze zu erwartende weltweite Ablösung der seriellen durch die parallelrechnenden Automaten müssen die vorhandenen Algorithmen, die sich bereits über Jahrzehnte bewährt haben, umorganisiert werden, sofern dies möglich ist; denn nicht jeder Algorithmus läßt sich parallelisieren.

4 ANGEWANDTE MATHEMATIK

Damit Mathematik angewandt heiße, muß eine außermathematische Problemstellung vorliegen, etwa aus der Physik (insonderheit Mechanik), der Chemie, Volkswirtschaft, Medizin, Verkehrsplanung oder was immer es sei. Während sich der praktische Mathematiker seine Aufgaben - meist zu Testzwecken - erfindet, werden sie dem angewandten Mathematiker vorgegeben und zwar in Form von Daten, etwa 54,5 cm, 5,60 N (Newton), 43,5 cm/sec^2 und dergleichen, wenn es um

Längen, Kräfte, Beschleunigungen usw. handelt. Eine erste Voraufgabe besteht daher darin, daß die Gleichungen (1) bis (4) dimensionslos gemacht werden müssen, was auf verschiedene Weise geschehen kann.

In der angewandte Mathematik erhalten die Fragestellungen und Objekte der reinen bzw. praktischen Mathematik auf einmal reale Bedeutung und werden dadurch auch für den Nichtmathematiker lebendig und interessant. Dies geht dann soweit, daß auf Grund der Deutbarkeit der Anwender dem Mathematiker voraussagen kann, ob eine Gleichung überhaupt Lösungen besitzt, ob diese, falls ja, reell oder komplex, ein- oder mehrdeutig ausfallen und dergleichen mehr. Wir wollen diesen Aspekt umreißen mit den Stichworten

Deutung / Plausibilität / Anschaulichkeit (17)

An zwei einfachen Beispielen aus der Statik mögen nun die vier Rechenaufgaben (1) bis (4) vorgeführt werden. Die Abb. 1 zeigt ein innerlich und äußerlich statisch bestimmtes ebenes Fachwerk, dessen Stäbe als starr angenommen werden (dies ist eine übliche erste Näherung). Folgende Daten sind gegeben:

Länge a [cm] ,   Länge h [cm] ,   Kraftkomponenten K_{jx}, K_{jy} [N]   (18)

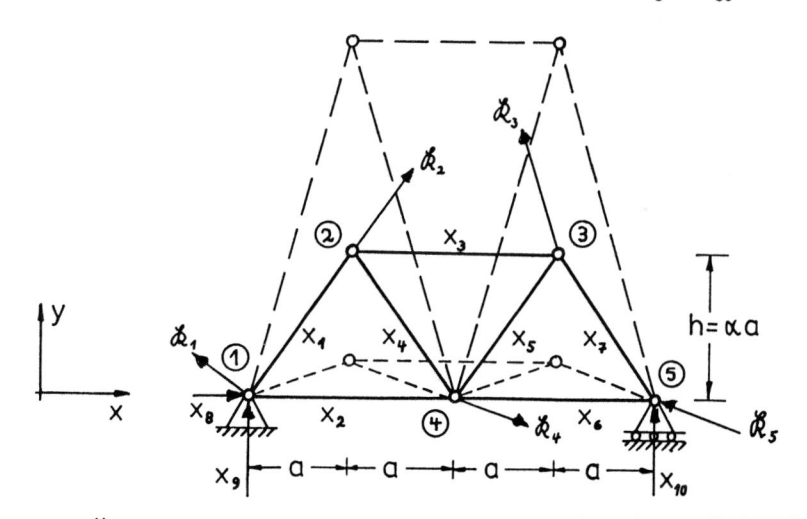

Abb. 1: Äußerlich und innerlich statisch bestimmtes ebenes Fachwerk

Gesucht sind die sieben Stabkräfte x_1 bis x_7 und die drei Auflagerkräfte x_8, x_9 und x_{10}, die mit Hilfe einer zweckmäßig zu wählenden Vergleichskraft P dimensionslos gemacht werden. Positive Werte von x_1 bis x_7 bedeuten Druck, negative Zug.

Die Gleichgewichtsbedingungen an den Knoten ① bis ⑤ führen dann mit den beiden dimensionslosen Größen

$$\alpha = \frac{h}{a}, \quad v = \frac{1}{\sqrt{1+\alpha^2}} \qquad (19)$$

auf das lineare Gleichungssystem (3) der Ordnung n = 10

	x_1	x_2	x_3	x_4	x_5	x_6	x_7	x_8	x_9	x_{10}		
①	$-v$	-1	0	0	0	0	0	1	0	0	=	$-K_{1x}/P$
	$-\alpha v$	0	0	0	0	0	0	0	1	0	=	$-K_{1y}/P$
②	v	0	$-v$	-1	0	0	0	0	0	0	=	$-K_{2x}/P$
	αv	0	αv	0	0	0	0	0	0	0	=	$-K_{2y}/P$
③	0	1	v	0	$-v$	-1	0	0	0	0	=	$-K_{3x}/P$
	0	0	$-\alpha v$	0	$-\alpha v$	0	0	0	0	0	=	$-K_{3y}/P$
④	0	0	0	1	v	0	$-v$	0	0	0	=	$-K_{4x}/P$
	0	0	0	0	αv	0	αv	0	0	0	=	$-K_{4y}/P$
⑤	0	0	0	0	0	1	v	0	0	0	=	$-K_{5x}/P$
	0	0	0	0	0	0	$-\alpha v$	0	0	1	=	$-K_{5y}/P$

(20)

Da hier nur das Verhältnis α = h/a und nicht die Längen a und h selber eingehen, ruft in allen geometrisch ähnlichen Fachwerken die gleiche Belastung auch die gleichen Stab- und Auflagerkräfte hervor. Setzt man für α eine Serie von festgewählten Werten ein, so läßt sich bei festgehaltener Länge a der Einfluß der Höhe h auf das Ergebnis studieren. Insbesondere wird auch die Determinante der Matrix (20) eine Funktion von α , siehe Abb. 2.

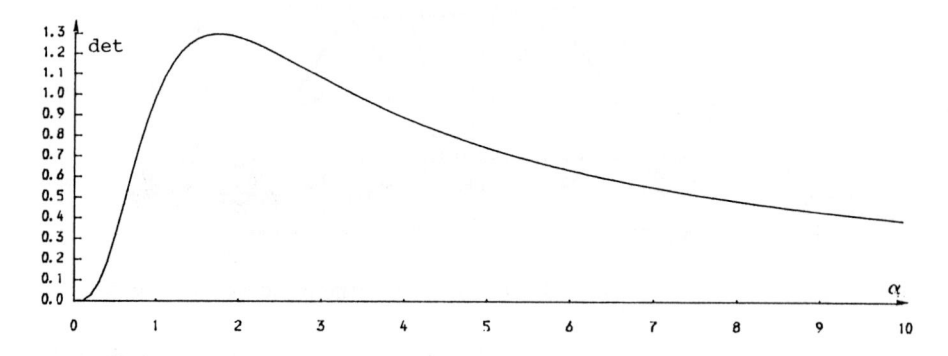

Abb. 2: Die Determinante als Funktion von α = h/a

Eine kleine Determinante bedeutet nach der CRAMERschen Regel (7) große Unbekannte, hier also große Stab- und Auflagerkräfte, und dies ist auch anschaulich klar. In Abb. 1 ist ein sehr flaches und ein sehr hohes Fachwerk gestrichelt eingezeichnet; das erste wird ungünstig für vornehmlich senkrechte Belastung, das zweite für vornehmlich waagerechte; optimal ist das Fachwerk dann ausgelegt, wenn die Determinante ihr Maximum erreicht, und dies ist nach Abb. 2 der Wert $\alpha = 1,8$, somit $h = 1,8\,a$.

Kommen wir zum zweiten Beispiel. Ein Zug-Druck-Stab der Dehnsteifigkeit $EF(\xi)$ läßt sich stets ersetzen durch eine Feder mit der Federzahl c auf folgende Weise

$$\frac{1}{c} = \int_0^l \frac{d\xi}{EF(\xi)} \quad ; \quad EF = \text{const.} \rightarrow \frac{1}{c} = \frac{1}{EF} \quad . \tag{21}$$

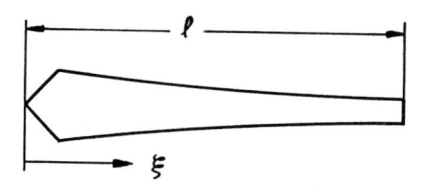

Abb. 3: Gerader Dehnstab mit der Dehnsteifigkeit $EF(\xi)$

Werden nun mehrere solcher Stäbe bzw. Federn parallel geschaltet, so besteht zwischen der angreifenden Kraft P und der Auslenkung w der Zusammenhang

$$c\,w = P \quad \text{mit} \quad c = \sum_{j=1}^{n} c_j \quad . \tag{22}$$

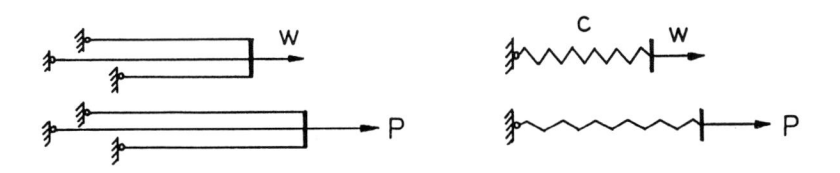

Abb. 4: Konstruktion und Ersatzmodell, schematisch

Gehen wir nun über zum elastischen n-Bein der Abb. 5. Auch hier sind n Stäbe in einem Punkt B gelenkig verbunden und durch eine Kraft p belastet. Kleine Verschiebungen des Punktes B vorausgesetzt (und dies ist in praxi stets zutreffend), ist die skalare Gleichung (22) zu ersetzen durch das Gleichungssystem (3) der Ordnung n = 2, nämlich (in etwas anderer Bezeichnungsweise wie dort)

$$C\,w = p \tag{23}$$

mit der symmetrischen und positiv definiten Federmatrix

$$C = \begin{bmatrix} c_{11} & c_{12} \\ c_{12} & c_{22} \end{bmatrix} \;,\; c_{11} > 0,\; c_{22} > 0,\; \det C = c_{11} c_{22} - c_{12}^2 > 0\;, \tag{24}$$

dem Verschiebungsvektor w und dem Kraftvektor p

$$w = \begin{bmatrix} w_x \\ w_y \end{bmatrix} \;,\; p = \begin{bmatrix} p_x \\ p_y \end{bmatrix}\;. \tag{25}$$

Mit den Federzahlen (21) und den Vektoren a_j berechnet sich die Federmatrix C in (23) als

$$C = \sum_{j=1}^{n} c_j \frac{a_j\, a_j^T}{a_j^T a_j} \quad \text{mit} \quad a_j = \vec{Q_j B}\;, \tag{26}$$

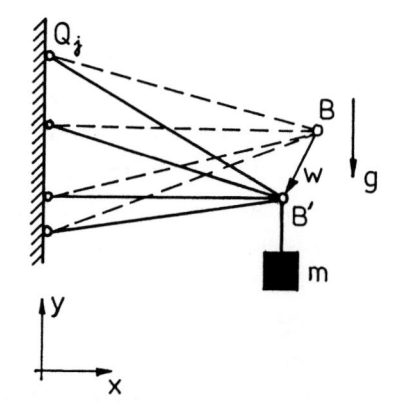

Abb. 5: Elastisches n-Bein mit angehängtem Gewicht p = mg

Nun zeigt die Rechnung ebenso wie der Versuch, daß, wie in Abb. 5 angedeutet, im allgemeinen Kraftvektor p und Verschiebungsvektor w keineswegs zusammenfallen, doch kann man fragen, ob es nicht sogenannte Eigenrichtungen gibt, wo dennoch p = λw mit einem zunächst noch unbekannten skalaren Faktor λ gilt. Setzen wir diese Bedingung in (23) ein, so wird

$$C\,w = p = \lambda w \;\rightarrow\; C\,w - \lambda w = o, \tag{27}$$

oder anders geschrieben

$$(c_{11} - \lambda)w_x + c_{12} w_y = 0 ,$$
$$c_{12} w_x + (c_{22} - \lambda)w_y = 0 ,$$
(28)

und dies sind zwei homogene lineare Gleichungen (4), deren Determinante (9) sich leicht ermitteln läßt

$$p(\lambda) = (c_{11} - \lambda)(c_{22} - \lambda) - c_{12}^2 = \lambda^2 - (c_{11} + c_{22})\lambda + (c_{11}c_{22} - c_{12}^2) = 0 ,$$
(29)

und dies ist nichts anderes als unsere quadratische Gleichung (1) mit

$$2p = -(c_{11} + c_{22}) , \quad q = \det C = c_{11}c_{22} - c_{12}^2 > 0 .$$
(30)

Ihre beiden Wurzeln sind die Eigenfederzahlen $\lambda_1 = c_1$ und $\lambda_2 = c_2$. Nun wird in der reinen Mathematik (lineare Algebra, erstes Semester) gezeigt, daß die Symmetrie der Matrix C zusammen mit ihrer positiven Definitheit zweierlei nach sich zieht:

1. Die beiden Eigenwerte sind reell und positiv , (31)

2. Die beiden Eigenvektoren (Eigenrichtungen) sind zueinander orthogonal . (32)

Während Satz 1 noch immerhin zu erwarten war, ist Satz 2 schlechthin verblüffend und anschaulich kaum zu begründen. Dies noch weniger, wenn das n-Bein räumlich und nicht eben ausgeführt wird; die Gleichung (27) wird davon gar nicht berührt; wieder ist die jetzt dreireihige Federmatrix symmetrisch und positiv definit, daher gelten auch jetzt die Sätze (31) und (32), nur ist das Wort "beide" durch "drei" zu ersetzen. Dieses einfache Beispiel zeigt sehr schön, daß Anschauung nützlich und gut ist, aber gewisse konkrete Antworten auf technische Fragestellungen nur von der reinen (!) Mathematik zu bekommen sind. Die Abb. 6 zeigt die beiden Eigenrichtungen, in denen die Ersatzfederzahlen c_1 und c_2 anzubringen sind; beidemal fallen Kraft- und Verschiebungsvektor zusammen ebenso wie in der Konstruktion der Abb. 4.

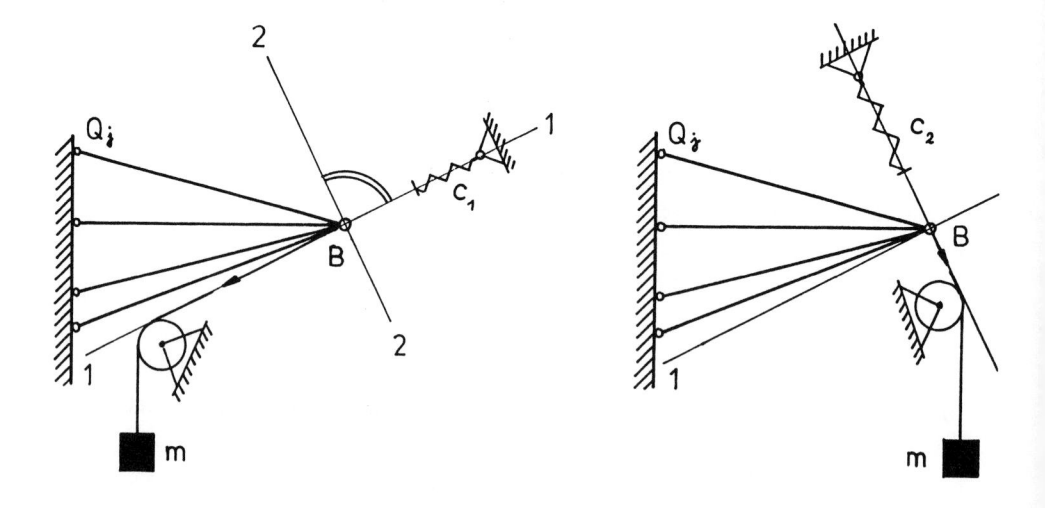

Abb. 6: Ersatzfedern eines ebenen elastischen n-Beines

5 ZUSAMMENFASSUNG UND AUSBLICK

Im letzten Abschnitt begegneten uns anhand von konkreten Aufgabenstellungen der Praxis - nicht anhand erfundener Aufgaben! - die Begriffe: Determinante, Symmetrie und positive Definitheit einer Matrix, dyadisches Produkt, Eigenwert, Eigenvektor, Orthogonalität. Wie kommt es, daß der Ingenieur- oder Physikstudent in der Mathematikvorlesung, die doch auf ausdrücklichen Wunsch seiner Fakultät bzw. Abteilung stattfindet, mehr oder weniger gelangweilt aus dem Fenster sieht in der Hoffnung: dies wird mich schon nicht interessieren, ich will ja Ingenieur werden! Daß dem so ist, liegt an der unseligen gegenseitigen Entfremdung der reinen, praktischen und angewandten Mathematik an unseren Technischen Universitäten und Hochschulen. Könnte nämlich beim ersten Auftreten eines mathematischen Begriffes sogleich dessen Nützlichkeit demonstriert werden, so wäre der Hörer, wie man heute sagt, "motiviert" und nicht abgeschreckt. Da es andererseits bei der rasanten Entwicklung der Wissenschaft (jährlich erscheinen zur Zeit rund 25 000, in Worten: fünfundzwanzigtausend Veröffentlichungen allein in der Mathematik) nicht mehr möglich ist, in einer Person die erforderlichen Kenntnisse zu konzentrieren, muß eine intensive und unausgesetzte Zusammenarbeit besonders auf Assistentenebene dringend gefördert werden, wenn die Kluft zwischen reiner und angewandter Mathematik sich nicht ständig vergrößern soll, eine Entwicklung, die besonders grotesk ist, da die rechnenden (nicht nur planenden und sortierenden) Computer kaum noch aus einem Institut oder Firmenbüro wegzudenken sind, der knöpfedrückende Anwender aber immer weniger weiß, was in diesen "schwarzen Kisten" eigentlich passiert und sich damit einem florierenden Algorithmenmarkt und Programmvertrieb auf Gnade oder Ungnade ausliefert.

Fassen wir abschließend das hier auf wenigen Seiten Gesagte noch einmal tabellarisch ohne Kommentar zusammen:

Reine Mathematik	Praktische Mathematik	Angewandte Mathematik
abstrakt	konkret	real
Symbole	Zahlen	Daten
Beweistechnik	Darstellbarkeit	Umsetzung der Daten in Zahlen
Existenz	Numerische Durchführbarkeit	
Eindeutigkeit	Genauigkeit	Anschaulichkeit
Auffinden neuer mathematischer Gesetzmäßigkeiten	Einschließung des Ergebnisses	Plausibilität
	Erfinden von Algorithmen	Deutung
		Rückschlüsse auf Planung und Konstruktion

Über das Auftreten energieloser Verformungsmoden bei gemischten Finiten Elementen

F. G. Kollmann, Darmstadt

Summary

In this paper a mixed finite element is considered which contains displacements and strains as principal unknowns. However, the results are also applicable on mixed displacement and stress formulations. Based on theorems concerning the rank of matrix products a criterion for the existence of spurious modes on the element level is derived and its implications are discussed.

Zusammenfassung

Es wird ein gemischtes Finites Element betrachtet, welches Verschiebungen und Verzerrungen als prinzipielle Unbekannte enthält. Die Ergebnisse können jedoch auch auf gemischte Formulierungen mit Verschiebungen und Spannungen angewendet werden. Mit Hilfe von drei Theoremen über den Rang von Matrixprodukten wird ein Kriterium für das Auftreten energiefreier Verformungsmoden auf Elementebene gewonnen und diskutiert.

1 EINLEITUNG

Es ist bekannt, daß in der Verschiebungsmethode auf Elementebene sogenannte energiefreie Verformungsmoden auftreten können. Ein solcher energieloser Verformungsmode liegt dann vor, wenn eine nichttriviale Verschiebung, die nicht zugleich eine Starrkörperverschiebung ist, keinen Beitrag zur Formänderungsenergie des Elementes liefert. Das Auftreten energiefreier Verformungsmoden stellt bei der Entwicklung finiter Elemente ein wohlbekanntes Problem dar. Sie können insbesondere dann auftreten, wenn reduzierte oder selektierte Integrationen für die Berechnung der Steifigkeitsmatrix angewendet werden. Für diesen Defekt der Steifigkeitsmatrix wurde eine Reihe von Abhilfemaßnahmen /1,2,3,4/ entwickelt.

Bei gemischten Elementen können bei nicht passender Wahl der Ansatzfunktionen selbst dann energielose Verformungsmoden auftreten, wenn die Elementmatrix analytisch integriert wird. Die reduzierte Integration scheidet daher als Ursache eines derartigen Defektes aus.

In der vorliegenden Arbeit wird zunächst ein gemischtes Finit–Element–Modell (FEM) vorgestellt. Dieses FEM, das insbesondere für die Analyse nichtelastisch deformierter Schalen entwickelt wurde, beruht auf einer von Kollmann und Mukherjee /5/ vorgeschlagenen Theorie inelastisch deformierter Schalen. Es enthält neben den Verschiebungen die Verzerrungsgrößen als prinzipielle Unbekannte. Dabei werden die Verzerrungen als unabhängig von den Verschiebungen angesetzt. Die Verzerrungs–Verschiebungsbedingungen treten im Funtional auf. Numerische Tests des Ranges der Elementmatrix zeigten, daß bei "ungeschickter" Wahl der Ansatzfunktionen für die Verschiebungen und Verzerrungen energielose Verformungsmoden auftreten können. Dies war der Ausgangspunkt für die vorliegende Untersuchung.

Eine korrekt formulierte Elementmatrix muß einen Rangabfall besitzen, welcher gleich der Anzahl der Starrkörper–Freiheitsgrade des Elementes ist. Wird der Rangabfall größer als die Anzahl der Starrkörperfreiheitsgrade, so liegen energielose Verformungsmoden vor. Es läßt sich zeigen, daß die Bestimmung des Rangs der Elementmatrix zurückgeführt werden kann auf die Bestimmung des Rangs der sogenannten kondensierten Steifigkeitsmatrix. Um diese kondensierte Steifigkeitsmatrix zu gewinnen, werden die Verzerrungen auf Elementebene eliminiert. Die kondensierte Steifigkeitsmatrix läßt sich als ein Produkt von 3 Matrizen darstellen. Mit Hilfe von Theoremen über den Rang von Matrizenprodukten kann eine Bedingung für das Auftreten energieloser Verformungsmoden auf Elementebene hergeleitet werden. Diese Bedingung ist jedoch nur notwendig und nicht hinreichend für ein einwandfrei arbeitendes Element. Bei ungeschickter Wahl der Ansatzfunktionen für die Verschiebungen und Verzerrungen kann die globale Matrix der assemblierten Elemente selbst dann energielose Verformungsmoden beinhalten, wenn die Elementmatrizen aller Einzelelemente den richtigen Rang besitzen.

In der vorliegenden Arbeit wird zunächst das gemischte FEM einschließlich der Kondensation der Verzerrungsgrößen vorgestellt. Sodann werden die Untersuchungen über den Rang der kondensierten Steifigkeitsmatrix durchgeführt.

2 GEMISCHTES ELEMENT

Es sei v der Vektor der verallgemeinerten Knoten–Verschiebungskomponenten. Entsprechend sei γ der Vektor der allgemeinen Verzerrungsfreiheitsgrade an den Knoten. Dabei müssen innerhalb eines Elements Anzahl und Lage der Knoten für die Verschiebungen bzw. Verzerrungen nicht übereinstimmen. Es sei d die Anzahl der Verschiebungsfreiheitsgrade und s die Anzahl der Verzerrungsfreiheitsgrade. Dann lautet das gemischte FEM

$$K_{\gamma\gamma}\,\gamma - K_{\gamma v}\,v = 0_{s \times 1} \qquad (1)$$

$$-K_{\gamma v}^T\,\gamma = -F \quad. \qquad (2)$$

Hierin bedeutet $0_{s \times 1}$ eine Nullmatrix mit s Zeilen und einer Spalte. $K_{\gamma\gamma}$ ist eine quadratische, positiv definite Matrix der Ordnung (s,s). $K_{\gamma v}$ ist eine im allgemeinen rechteckige Matrix der Ordnung (s,d). Der hochgestellte Index T bedeutet die Bildung der transponierten Matrix. F schließlich ist der Vektor der Elementlasten. Seine Komponenten sind nur an den Knoten mit Verschiebungsfreiheitsgraden definiert.

Da die Matrix $K_{\gamma\gamma}$ positiv definit ist, kann sie invertiert werden und daher läßt sich aus Gl.(1) der Vektor der verallgemeinerten Verschiebungen berechnen. Einsetzen in Gl.(2) führt auf das kondensierte Gleichungssystem

$$K_{\gamma v}^T\,K_{\gamma\gamma}^{-1}\,K_{\gamma v}\,v = F \quad. \qquad (3)$$

Die Größe

$$\hat{K} := K_{\gamma v}^T K_{\gamma\gamma}^{-1} K_{\gamma v} \quad . \tag{4}$$

heißt kondensierte Steifigkeitsmatrix.

3 KRITERIUM FÜR DAS AUFTRETEN ENERGIELOSER VERMORMUNGS-MODEN

Energielose Verformungsmoden treten auf, wenn das homogene Gleichungssystem (1) und (2) nichttriviale Lösungen besitzt, die nicht zugleich Starrkörperverschiebungen repräsentieren. Eine notwendige Bedingung für das Auftreten energieloser Verformungsmoden ist also, daß das homogene Gleichungssystem (in dem der Vektor $F = 0_{dx1}$ gesetzt wird) nichttriviale Lösungen $v \neq 0$ und $\gamma \neq 0$ besitzt, die keine Starrkörperbewegungen darstellen. Daher muß gelten

$$K_{\gamma\gamma} \gamma = K_{\gamma v} v \tag{5}$$

oder unter Berücksichtigung von Gl.(4)

$$\hat{K} v = 0_{dx1} \quad . \tag{6}$$

Gl.(6) zeigt, daß es für die Untersuchung des Auftretens energieloser Verformungsmoden ausreichend ist, den Rang der kondensierten Steifigkeitsmatrix $\hat{K}$ zu untersuchen. Die volle Elementmatrix des Gleichungssystems (1) und (2) besitzt den Rang (s+d, s+d) während die kondensierte Steifigkeitsmatrix nur den Rang (d,d) aufweist.

Die Matrix $\hat{K}$ repräsentiert eine lineare Transformation $T: \mathcal{V}^d \to \mathcal{U}^d$ aus einem linearen Vektorraum $\mathcal{V}^d$ in einen linearen Vektorraum $\mathcal{U}^d$, wobei d die Dimension beider Vektorräume ist. Nach einem wohlbekannten Theorem aus der linearen Algebra /6/ existiert eine nichttriviale Lösung von Gl.(6) dann und nur dann, wenn die Dimension $n(\hat{K})$ des Nullraumes der Matrix $\hat{K}$ ungleich Null ist.

$$n(\hat{K}) > 0 \quad . \tag{7}$$

Zwischen der Dimension d der Vektorräume $\mathscr{V}^d$ und $\mathscr{U}^d$, der Dimension $n(\hat{K})$ des Nullraumes und dem Rang $r(\hat{K})$ besteht die Beziehung

$$n(\hat{K}) = d - r(\hat{K}) \ . \tag{8}$$

Sofern das Element keine energielosen Verformungsmoden besitzt, hat Gl.(6) nur die r Starrkörperbewegungen als nichttriviale Lösungen. Es gilt dann

$$n(\hat{K}) = r \ . \tag{9}$$

Aus den Gln.(8) und (9) folgt dann

$$r(\hat{K}) = d - r \ . \tag{10}$$

Sofern $r(\hat{K}) < d - r$ ist, besitzt das Element energielose Verformungsmoden.
Für die weitere Diskussion werden 3 Theoreme aus der Theorie der Matrizen /7/ benötigt.

Theorem 1

    Es sei A eine nichtsinguläre Matrix und B eine zweite Matrix derart, daß das Matrizenprodukt A B existiert. Dann gilt

$$r(A\ B) = r(B) \ . \tag{11}$$

Theorem 2

    Es seien A, B, C, drei Matrizen derart, daß das Matrizenprodukt ABC existiert. Dann gilt

$$r(A\ B) + r(B\ C) \leq r(B) + r(A\ B\ C) \ . \tag{12}$$

Theorem 3

    Es seien A und B zwei Matrizen derart, daß das Matrixprodukt AB existiert. Ferner werde die Anzahl der Zeilen der Matrix B mit n bezeichnet. Dann gilt

$$r(A\ B) \geq r(A) + r(B) - n \ . \tag{13}$$

Im folgenden wird gezeigt, daß der Rang der Matrix $\hat{K}$ vollständig durch den Rang der Matrix $K_{\gamma v}$ bestimmt wird. Da die positiv definite Matrix $K_{\gamma\gamma}$ nicht singulär ist, gilt

$$r(K_{\gamma\gamma}) = r(K_{\gamma\gamma}^{-1}) = s \ . \tag{14}$$

Aufgrund der Definition für den Rang einer beliebigen, nicht notwendigerweise quadratischen Matrix folgt

$$r(K_{\gamma v}^T) = r(K_{\gamma v}) \ . \tag{15}$$

Nun wird Theorem 2 auf die Matrix $\hat{K}$ angewendet, wobei die Definitionsgleichung (4) beachtet wird.

$$r(K) \geq r(K_{\gamma v}^T K_{\gamma\gamma}^{-1}) + r(K_{\gamma\gamma}^{-1} K_{\gamma v}) - s \tag{16}$$

Zunächst wird nun der erste Ausdruck auf der rechten Seite von Gl.(16) untersucht. Theorem 3 liefert

$$r(K_{\gamma v}^T K_{\gamma\gamma}^{-1}) = r(K_{\gamma v}^T) + r(K_{\gamma\gamma}^{-1}) - s \ . \tag{17}$$

Unter Beachtung der Gln.(14) und (15) folgt schließlich

$$r(K_{\gamma v}^T K_{\gamma\gamma}^{-1}) = r(K_{\gamma v}) \ . \tag{18}$$

Entsprechend wird Theorem 1 auf den zweiten Term auf der rechten Seite von Gl.(16) angewendet.

$$r(K_{\gamma\gamma}^{-1} K_{\gamma v}) = r(K_{\gamma v}) \tag{19}$$

Einsetzen der Ausdrücke (18) und (19) in Gl.(16) liefert

$$r(\hat{K}) \geq 2 \, r(K_{\gamma v}) - s \ . \tag{20}$$

Die Bedingung für das Nichtauftreten energieloser Verformungsmoden lautet daher unter Berücksichtigung von Gl.(10)

$$r(K_{\gamma v}) \leq \tfrac{1}{2} (d + s - r) \ . \tag{21}$$

Daher ist es ausreichend auf der Elementebene den Rang der Matrix $K_{\gamma\nu}$ zu untersuchen, wenn energielose Verformungsmoden ermittelt werden sollen.

Als nächstes wird eine Matrix $\hat{K}^d$ vorausgesetzt, die einen Rangabfall gegenüber dem korrekten Rang r von 1 aufweist. Dann liefert Gl.(21) für diese defekte Matrix die Bedingung

$$r(K_{\gamma\nu}^d) \leq \tfrac{1}{2}(d + s - r - 1) \,. \tag{22}$$

Daraus folgt, daß Gl.(21) offensichtlich nur eine notwendige nicht aber eine hinreichende Bedingung für den korrekten Rang der kondensierten Steifigkeitsmatrix $\hat{K}$ ist.

Für die weiteren Untersuchungen wird die Erfahrung nutzbar gemacht, daß nur solche gemischte Elemente frei von energielosen Verformungsmoden sind, welche der Bedingung

$$s \geq d \tag{23}$$

genügen. Der Einfachheit halber soll im folgenden nur der Fall $d = s$ betrachtet werden. Des weiteren müssen zwei Unterfälle unterschieden werden.

1. Die Anzahl r der Starrkörperbewegungen ist gerade, d.h. $r = 2n$, wobei $n = 1,2,3$ je nach Dimension des Elementes sein kann. In diesem Fall führt Gl.(21) auf

$$r(K_{\gamma\nu}) \leq d - n \,. \tag{24}$$

Für eine Matrix mit Rangabfall gilt dann

$$r(K_{\gamma\nu}^d) \leq \begin{cases} d - n - 1 \\ d - n \end{cases}, \tag{25}$$

da der Rang einer Matrix eine ganze Zahl sein muß. Wird nun der Rang der Matrix $K_{\gamma\nu}$ möglichst hoch gewählt, so gilt in Gl.(24) nur das Gleichheitszeichen. Dann zeigt

$$r(K_{\gamma\nu}^d) \leq d - n - 1 \tag{26}$$

eine defekte kondensierte Steifigkeitsmatrix $\hat{K}$ an.

2. Die Anzahl der Starrkörperbewegungen ist ungerade, d.h. r = 2n − 1 (n=1,2,3). Dann liefert Gl.(21)

$$r(K_{\gamma\nu}) \leq \frac{1}{2} (2d - 2n - 1) \, . \tag{27}$$

Wegen des Arguments der Ganzzahligkeit des Rangs führt dies wieder auf die Bedingung (24). Ein Gleichheitszeichen in ihr zeigt den korrekten Rang an. Sie wurde auf etwas anderem Weg bereits von Rubinstein, Puuch und Atluri /7/ abgeleitet.

LITERATUR

/1/ Jacquotte, O.P.; Oden, J.T.: Analysis of hourglass instabilities and control in underintegrated finite element methods. Comp. Meth. Appl. Mech. Engng. 44 (1984), 339–363

/2/ Belytschko, T.; Ong, J.S.–J.; Liu, W.K.: A consistent control of spurious singular modes in 9–node Lagrange elements for the Laplace and Mindlin plate equation. Comp. Meth. Appl. Mech. Engng. 44 (1984), 269–295

/3/ Liu, W.K.; Ong, J.S.–J.; Uras, R.A.: Finite element stabilization matrices – an unification approach. Comp. Meth. Appl. Mech. Engng. 53 (1985), 13–46

/4/ Wissmann, J.W.; Becker, T.; Möller, H.: Stabilization of the zero–energy modes of under–integrated isoparametric finite elements. Comp. Mech. 2 (1987), 289–306

/5/ Kollmann, F.G.; Mukherjee, S.: A general, geometrically linear theory of inelastic, thin shells. Acta Mech. 57 (1984), 41–67

/6/ Oden, T.J.: Functional analysis. Englewood Cliffs: Prentice Hall 1979

/7/ Deif, A.S.: Advanced matrix theory for scientists and engineers. London: Abacus Press 1982

/8/ Rubinstein, R.; Puuch, E.F.; Atluri, S.N.: An analysis of, and remedies for kinematic modes in hybrid–stress finite elements: Selection of stable, invariant stress fields. Comp. Meth. Appl. Mech. Engng. 38 (1983), 63–92

Algorithmen zur Berechnung von Rotationsmembranschalen mit beliebiger Gauß'scher Krümmung

W. Krings und H. L. Peters, Herne

SUMMARY

By means of a fast numerical integration procedure or a difference method the membrane equations for general shells of revolution can be solved.

ZUSAMMENFASSUNG

Mit einem schnellen numerischen Integrationsverfahren oder mit einem Differenzverfahren lassen sich die allgemeinen Membrangleichungen der Rotationsschalen lösen.

1   EINLEITENDE BETRACHTUNGEN

Leistungsfähige numerische Rechenverfahren, angesetzt auf die Lösung der allgemeinen Schalengleichungen, haben scheinbar die Beschäftigung mit der Membrantheorie von Schalen überflüssig gemacht. So haben die Verfasser eine ganze Reihe von Schalentragwerken (Reaktorkuppeln, Kühltürme, Behälter, Silos) statisch und dynamisch mit Hilfe großer Programmsysteme auf der Basis der finiten Elemente bzw. der dynamischen Relaxation bearbeitet.

Eine wirtschaftliche Untersuchung im Sinne einer kurzen Bearbeitungszeit, sprich Rechenzeit, war immer dann möglich, wenn eine vorgegebene Tragwerksgeometrie lediglich für vorgegebene Lastansätze zu bestätigen war.

Unnötig lange Bearbeitungszeiten und auch Rechenzeiten ergaben sich immer dann, wenn durch Variationen in der Geometrie erst eine optimale Bauwerksform gefunden werden mußte. Diese optimale geometrische Form läßt sich in der Regel nur iterativ unter Berücksichtigung unterschiedlichster Lastansätze aus Eigengewicht, Wind, Vorspannung usw. finden.

Die Beschäftigung dann mit Kühlturmschalen unterschiedlichster geometrischer Form zum Teil auch mit über die Erzeugendenkurve wechselnder Gauß-scher Krümmung (siehe Bild 1) machte es erforderlich, einen Lösungsalgorithmus für die Membranschnittgrößen dieses Schalentypes zu finden.

Gesucht war eine einfache Rechenanweisung zur Vordimensionierung von Rotationsschalen beliebiger Erzeugendenkurve. Zur späteren genaueren Tragwerksuntersuchung sollte dann durchaus ein vollständigeres Rechenverfahren Anwendung finden.

Die Fragestellung also, mit geringst möglichem Rechenaufwand bereits ein Maximum an Informationen über das Tragwerk zu erhalten, die zur Vordimensionierung ausreichend sind, entspricht der Vorgehensweise von Herrn Prof. Duddeck, wie er es in vielen Beiträgen z. B. für den Tunnelbau immer wieder vorgestellt hat. Wir haben diese pragmatische, praxisgerechte Vorgehensweise zur Lösung komplexer Probleme der Kontinuumsmechanik gerne dem Jubilar gewidmet in der Hoffnung, daß er seine Ideen zur Lösung baupraktischer Aufgaben wiedererkennt.

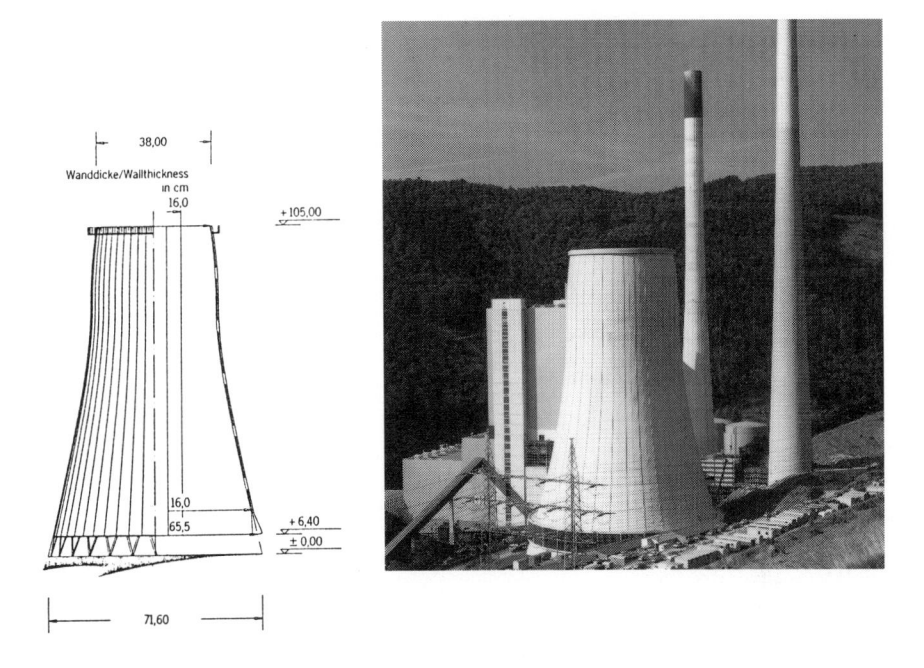

Bild 1: Naturzugkühlturm Elverlingsen

2 GRUNDGLEICHUNGEN DER MEMBRANTHEORIE VON ROTATIONSSCHALEN

Die drei Gleichgewichtsbedingungen der Membrantheorie werden durch zwei partielle Differentialgleichungen (1), (2) und eine algebraische Gleichung (3) beschrieben /1/. Die verwendeten Koordinaten - und Schnittgrößenbezeichnungen sind in Bild 2 dargestellt.

$$\frac{\partial(N_\varphi \cdot r)}{R_1 \cdot \partial \varphi} + \frac{\partial S}{\partial \delta} - N_\delta \cdot \cos\varphi + p_\varphi \cdot r = 0 \quad (1)$$

$$\frac{\partial(S \cdot r)}{R_1 \partial \varphi} + \frac{\partial N_\delta}{\partial \delta} + S \cdot \cos\varphi + p_\delta \cdot r = 0 \quad (2)$$

$$N_\delta = -\frac{r}{\sin\varphi}(p_r + \frac{N_\varphi}{R_1}) \quad (3)$$

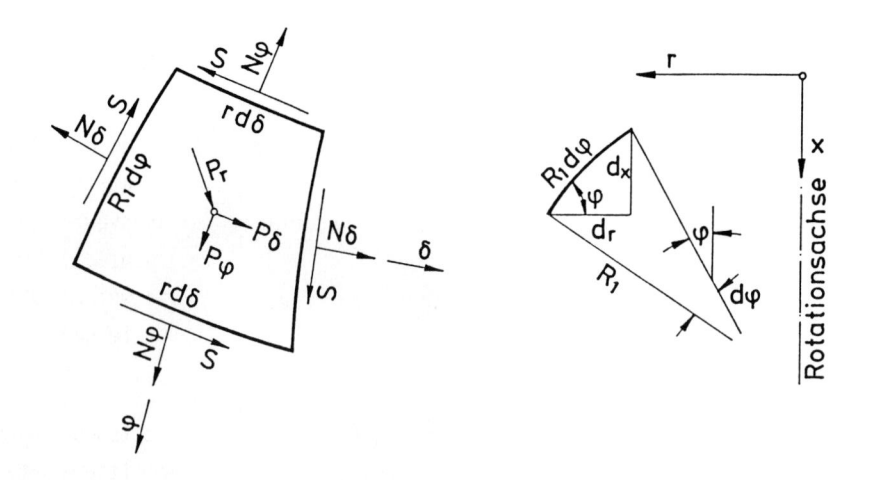

Bild 2: Rotationsschalenelement mit Membrankräften

Durch Einsetzen der Gleichung (3) in (1) und (2) und Benutzung der Abkürzungen (4)

$$\sin\varphi \cdot R_1 \partial\varphi = \partial x \quad ; \quad \frac{\partial ....}{\partial x} = ...' \quad ; \quad \frac{\partial ....}{r \cdot \partial \delta} = ...^{\bullet}$$

$$\bar{N} = N_\varphi \cdot r \quad ; \quad \bar{S} = S \cdot r \tag{4}$$

und Übergang auf die vertikale Koordinate x folgt das mit (1), (2) und (3) gleichwertige partielle Differentialgleichungssystem:

$$\bar{N}' = -\frac{\cot\varphi}{R_1 \sin\varphi} \cdot \bar{N} - \frac{1}{\sin\varphi} \cdot \bar{S}^{\bullet} - \frac{r}{\sin\varphi} \cdot (p_\varphi + p_r \cdot \cot\varphi) \tag{5}$$

$$\bar{S}' = \frac{r}{R_1 \sin^2\varphi} \cdot \bar{N}^{\bullet} - \frac{\cot\varphi}{r} \cdot \bar{S} - \frac{r}{\sin\varphi} \cdot (p_\delta - p_r^{\bullet} \cdot \frac{r}{\sin\varphi}) \tag{6}$$

3 LÖSUNGSMÖGLICHKEITEN

Für spezielle Geometrien der Rotationsschalen unter bestimmten Belastungen sind analytische Lösungen aus der Literatur bekannt. Für Rotationsschalen mit negativer Gauß-scher Krümmung ist ein numerisches Lösungsverfahren, das Charakteristikenverfahren für beliebige Belastungen, gebräuchlich. Auf diese Spezialfälle soll hier nicht weiter eingegangen werden. Zwei allgemein anwendbare Lösungsverfahren sollen vorgestellt werden, die die genannten Sonderfälle mit abdecken.

Das System (1), (2) und (3) beinhaltet die drei Gleichgewichtsbedingungen in φ-, δ- und r-Richtung. Für die drei unbekannten Schnittgrößen, die Meridiankraft $N\varphi$, die Ringkraft $N\delta$ und die Schubkraft S, ein ausreichendes Lösungssystem, das damit statisch bestimmt ist. Sind an einem Rand alle Belastungen bekannt, so kann von dort aus, ähnlich wie bei der statischen Berechnung eines einseitig eingespannten Balkens, vom freien Rand aus die Berechnung aller Schnittgrößen erfolgen. Mathematisch gesprochen sind also Übertragungsalgorithmen zur Lösung möglich und sinnvoll. In Umfangsrichtung sind Rotationsschalen geschlossen. Viele praxisgerechte Probleme lassen sich durch achssymmetrische Belastungen in Umfangsrichtung formulieren. Von dieser Voraussetzung soll im folgenden ausgegangen werden. Das Problem ist damit reduziert auf die Berechnung einer halben Schale.

Die Symmetrieachsen können unter diesen Voraussetzungen als "Randbedingungen" behandelt werden. Nach wie vor ist es möglich, durch Einhaltung dieser Bedingungen mit Übertragungsalgorithmen, vom freien Rand ausgehend, alle unbekannten Schnittgrößen zu bestimmen und das hier vorliegende Anfangsrandwertproblem zu lösen.

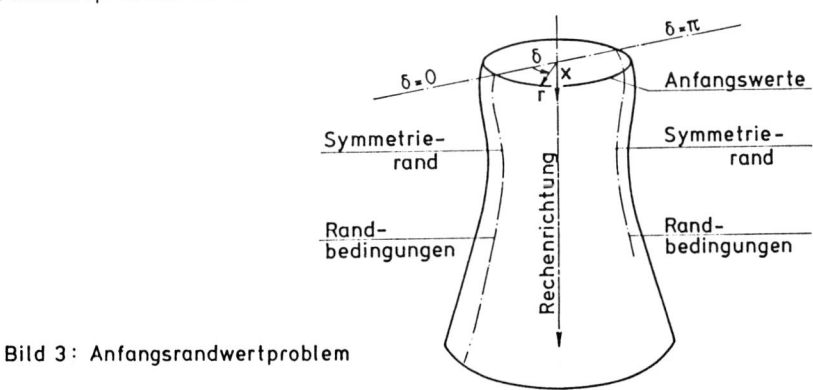

Bild 3: Anfangsrandwertproblem

4 VERFAHREN DER FOURIERANALYSE MIT NUMERISCHER INTEGRATION

Durch eine Fourierentwicklung (7) aller Schnitt- und Belastungsgrößen in Ringrichtung und Einsetzen in das zu lösende partielle Differentialgleichungssystem (5), (6) folgt für jedes Reihenglied der Fourierentwicklung das gewöhnliche Differentialgleichungssystem (8) und (9).

$$\bar{N}_{(x,\delta)} = \sum_n \bar{N}_{n(x)} \cdot \cos(n \cdot \delta)$$

Ebenso N_φ, N_δ, p_φ und p_r .

$$\bar{S}_{(x,\delta)} = \sum_n \bar{S}_{n(x)} \cdot \sin(n \cdot \delta) \tag{7}$$

Ebenso S und p_δ. $\qquad n = 0,1,2,....$

$$\bar{N}'_n = -\frac{\cot\varphi}{R_1 \sin\varphi} \cdot \bar{N}_n - \frac{n}{r \cdot \sin\varphi} \cdot \bar{S}_n - \frac{r}{\sin\varphi} \cdot (p_{\varphi n} + p_{rn} \cdot \cot\varphi) \tag{8}$$

$$\bar{S}'_n = -\frac{n}{R_1 \sin^2\varphi} \cdot \bar{N}_n - \frac{\cot\varphi}{r} \cdot \bar{S}_n - \frac{r}{\sin\varphi} \cdot (p_{\delta n} + p_{rn} \cdot \frac{n}{\sin\varphi}) \tag{9}$$

Durch Verwendung der Schnittgrößenfunktionen (10) läßt sich das System (8), (9) vereinfachen zu (11) und (12), wie man durch Einsetzen von (10) in (11) und (12) zeigen kann. Siehe auch /1/.

$$U_n = \bar{N}_n \cdot \sin\varphi \quad ; \quad V_n = \bar{S}_n \cdot r \tag{10}$$

$$U'_n = -\frac{n}{r^2} \cdot V_n - r \cdot (p_{\varphi n} + p_{rn} \cdot \cot\varphi) \tag{11}$$

$$V'_n = -\frac{n \cdot r}{R_1 \sin^3\varphi} \cdot U_n - \frac{r^2}{\sin\varphi} \cdot (p_{\delta n} + p_{rn} \cdot \frac{n}{\sin\varphi}) \tag{12}$$

Die gleichwertigen gewöhnlichen Differentialgleichungssysteme (8), (9) und (11), (12) gelten für jedes Reihenglied der Fourierentwicklung. Mit numerischen Integrationsverfahren, z. B. mit dem Runge-Kutta-Verfahren, ist eine Lösung möglich. Nach Ermittlung der Lösungen für jedes Reihenglied erfolgt die endgültige Ermittlung der Schnittgrößen für jeden Schalenpunkt mit den Formeln von (7). Details zur wirtschaftlichen Programmierung dieses Verfahrens werden in /2/ gegeben.

Die Formulierung (7) gilt für symmetrische Belastungen. Bei antimetrischen Belastungen ist in (7) die Cosinus- und die Sinusfunktion zu vertauschen. Entsprechend sind in (8) das Vorzeichen des zweiten Terms der rechten Seite und in (9) die Vorzeichen des ersten und vierten Terms der rechten Seite zu ändern. Entsprechend ändert sich das Vorzeichen in (11) beim ersten Term der rechten Seite und in (12) beim ersten und dritten Term der rechten Seite.

5 DIFFERENZENVERFAHREN

Als Ausgangsgleichungen für das Differenzenverfahren dient das partielle Differentialgleichungssystem (5), (6). Die Differentiale werden durch Differenzen ersetzt. Bild 4 zeigt das gewählte Differenzenraster. Am elegantesten gelingt die Formulierung in Differenzen für das dargestellte versetzte Raster für die beiden Schnittgrößenfunktionen $\bar{N}$ und $\bar{S}$. Andere Rastereinteilungen sind möglich.

1. Schritt:

$$\bar{S}_u = \frac{\Delta x}{2 \cdot \sin\varphi} \cdot \left(\frac{\bar{N}_r - \bar{N}_l}{r \cdot \Delta\delta} \cdot \frac{r}{R_i \sin\varphi} - r \cdot \left(p_\delta - \dot{p}_r \cdot \frac{r}{\sin\varphi}\right) \right) \qquad (13)$$

weitere Schritte:

$$\bar{N}_u = \frac{1}{\frac{\sin\varphi}{\Delta x} + \frac{\cot\varphi}{2 \cdot R_1}} \cdot \left(\bar{N}_o \left(\frac{\sin\varphi}{\Delta x} - \frac{\cot\varphi}{2 \cdot R_1}\right) - \frac{\bar{S}_r - \bar{S}_l}{r \cdot \Delta\delta} - r \cdot (p_\varphi + p_r \cdot \cot\varphi) \right) \qquad (14)$$

$$\begin{array}{l} \delta = 0 : \bar{S}_r - \bar{S}_l = 2 \cdot \bar{S}_r \\ \delta = \pi : \bar{S}_r - \bar{S}_l = -2 \cdot \bar{S}_l \end{array} \qquad (16)$$

$$\bar{S}_u = \frac{1}{\frac{\sin\varphi}{\Delta x} + \frac{\cos\varphi}{2 \cdot r}} \cdot \left(\bar{S}_o \left(\frac{\sin\varphi}{\Delta x} - \frac{\cos\varphi}{2 \cdot r}\right) + \frac{\bar{N}_r - \bar{N}_l}{r \cdot \Delta\delta} \cdot \frac{r}{R_i \sin\varphi} - r \cdot \left(p_\delta - \dot{p}_r \cdot \frac{r}{\sin\varphi}\right) \right) \qquad (15)$$

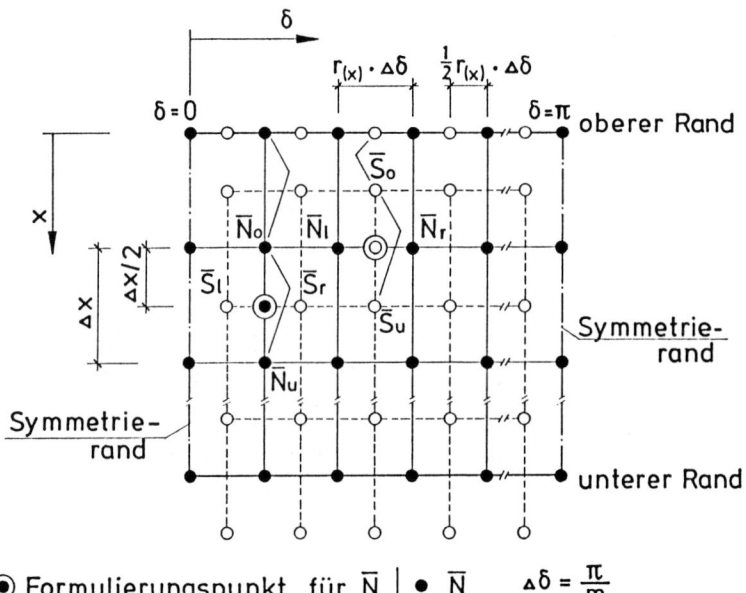

Bild 4: Rastereinteilung für Differenzenverfahren

Das versetzte Raster bedingt, im ersten Rechenschritt nur eine halbe Schrittweite vom freien Rand zu wählen. Durch das Einsetzen des mittleren Differenzenquotienten für $\bar{N}^{\bullet}$ und des vorderen für $\bar{S}'$ in (6) und einer Auflösung nach dem nächsten Wert für $\bar{S}$ folgt (13). Mit dieser Gleichung können für den Sonderfall $\bar{S} = 0$ am freien Rand alle Werte $\bar{S}$ eine halbe Schrittweite tiefer ermittelt werden.

Durch ein gleichartiges Vorgehen für die jeweils mittleren Differenzenquotienten entsteht aus (5) dann (14) und aus (6) (15). An den Rändern $\delta = 0$ und $\delta = \pi$ sind die erforderlichen Differenzenpunktwerte außerhalb des Gebietes durch Symmetrie- bzw. Antimetriebedingungen zu bestimmen. Die Bedingungen (16) gelten für symmetrische Belastungen.

Das Entscheidende an den obigen Formulierungen ist, daß jeweils alle zunächst unbekannten Werte durch bekannte Werte oberhalb ermittelt werden können, so daß bei der praktischen Durchrechnung die Berechnung von oben nach unten erfolgt. Erforderliche Werte zwischen den Rasterpunkten werden durch Interpolation ermittelt.

Die in (13) und (15) stehende Ableitung in Umfangsrichtung kann auch durch Differenzenquotienten ermittelt werden.

6 BEISPIELE

Für Rotationsschalen positiver, verschwindender und negativer Gauß-scher Krümmung sind mit dem beschriebenen Differenzenverfahren und dem Verfahren der Fourieranalyse mit Runge-Kutta-Integration Berechnungen durchgeführt (siehe Bild 5).

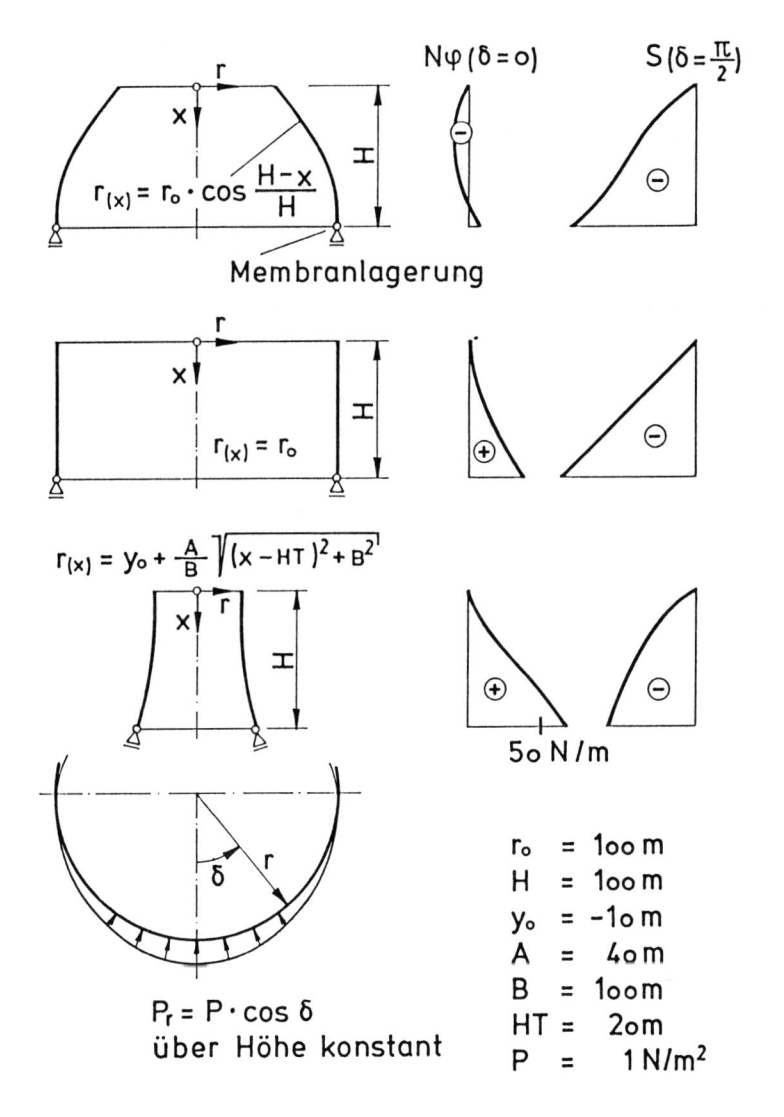

$r_{(x)} = r_0 \cdot \cos \frac{H-x}{H}$

Membranlagerung

$r_{(x)} = r_0$

$r_{(x)} = y_0 + \frac{A}{B} \sqrt{(x-HT)^2 + B^2}$

50 N/m

$P_r = P \cdot \cos \delta$
über Höhe konstant

r_0 = 100 m
H = 100 m
y_0 = -10 m
A = 40 m
B = 100 m
HT = 20 m
P = 1 N/m²

$N\varphi (\delta = 0)$ $S(\delta = \frac{\pi}{2})$

Bild 5: Rechenbeispiel für unterschiedliche Gauß'sche Krümmungen

Für die in diesem Beispiel gewählte Belastungsfunktion ist es möglich, analytische Lösungen zu erzeugen. In /1/ ist hierzu ein Lösungsweg angegeben. Die numerisch ermittelten Lösungen sind an der Unterkante der Schale mit diesen exakten Werten verglichen worden und die Abweichungen in Prozent in Tabelle 1 aufgelistet.

Verfahren		Fourier/Runge-Kutta System (11) + (12)				Fourier/Runge-Kutta System (8) + (9)				Differenzenverfahren m = 18 $dp/d\delta = (P_r - P_e)/\Delta\delta$				Differenzenverfahren m = 18 $dp/d\delta = (-\sin\varphi)\cdot P$			
Beispiel		/|\	| |	)|(		/|\	| |	)|(		/|\	| |	)|(		/|\	| |	)|(	
$\Delta x = \frac{H}{4}$	$N_{\varphi(100,0)}$	0,19	<0,01	<0,01		0,01	<0,01	<0,01		0,52	0,25	0,62		0,13	0,13	0,76	
	$S_{(100,\frac{\pi}{2})}$	0,01	<0,01	<0,01		0,01	<0,01	<0,01		0,97	0,51	0,27		1,12	0,38	0,14	
$\Delta x = \frac{H}{8}$	$N_{\varphi(100,0)}$	0,01	<0,01	<0,01		0,01	<0,01	<0,01		0,99	0,25	0,04		0,34	0,13	0,10	
	$S_{(100,\frac{\pi}{2})}$	<0,01	<0,01	<0,01		<0,01	<0,01	<0,01		0,17	0,51	0,42		0,01	0,38	0,30	
$\Delta x = \frac{H}{12}$	$N_{\varphi(100,0)}$	<0,01	<0,01	<0,01		<0,01	<0,01	<0,01		1,12	0,25	0,16		0,47	0,13	0,02	
	$S_{(100,\frac{\pi}{2})}$	<0,01	<0,01	<0,01		<0,01	<0,01	<0,01		0,38	0,51	0,45		0,22	0,38	0,33	

Absoluter FEHLER in % bezogen auf die exakte Lösung.

Tabelle 1: Abweichungen der numerischen Lösungen

7 SCHLUSSBETRACHTUNGEN

Tragfähigkeitsanalysen allgemeiner Rotationsschalen sind heute mit ausreichender Genauigkeit für den vollständigen Spannungs- und Verformungszustand mit Hilfe leistungsfähiger, numerischer Rechenverfahren möglich. Für erste Schnittkraftanalysen speziell im Entwurfsstadium genügt es häufig, Membranschnittgrößen zugrundezulegen. Im vorliegenden Beitrag wurden zwei praxisgerechte allgemeine Lösungsverfahren für die Membranschnittgrößen von Rotationsschalen beliebiger Erzeugendenkurve vorgestellt. Die erforderlichen Rechenzeiten sind um Zehnerpotenzen geringer als bei der Ermittlung des vollständigen Spannungs- und Verformungszustandes. Die vorgestellten Verfahren eignen sich in ausgezeichneter Weise, Optimierungsrechnungen selbst auf kleinsten programmierbaren Rechnern durchzuführen.

LITERATUR

/1/ Rabich R.: Statik der Platten, Scheiben, Schalen.
In Ingenieurtaschenbuch Bauwesen, Band I, Teubner
Verlagsgesellschaft Leipzig 1963, Seiten 1058 ff

/2/ Krings W.: Economical Calculation for the Optimal Design of General
Shell of Revolution for Natural-Draft Cooling Tower by
Means of Membrane Theory.
Natural Draught Cooling Towers,
Proceedings of the 2. Int. Symposium,
Ruhr-Universität Bochum, Springer-Verlag,
1984

Entwicklungstendenzen beim Computereinsatz in Planung und Entwicklung

B.-H. Kröplin, Dortmund

SUMMARY

In structural engineering it has become increasingly complex to meet the tasks within the scheduled timeframe with sufficient quality standards. Therefore cooperation of all participating engineers and architects and the use of the best available tools is undoubtedly required. It is widely recognized, that in this process computer assistance plays an important part. However, expectations regarding the capability and the efficiency have been often wrong. Mostly the computational aids have been overestimated because of the unawareness of the complexity and the ingenuity of the tasks, which have to be solved.

The paper deals with some trends in this process and lines out some current or future developments within the framework of computer aided engineering.

ZUSAMMENFASSUNG

Die Aufgaben im Ingenieurbau werden zunehmend größer und komplexer und müssen in immer kürzerer Zeit mit hohen Qualitätsstandards abgewickelt werden. Dies fordert in allen Bereichen die Kooperation von allen am Bau Beteiligten und den Einsatz der besten verfügbaren Werkzeuge und Arbeitsmittel. Hierbei spielt die stürmische Entwicklung der Datenverarbeitung eine oft überschätzte, aber auch oft verteufelte Rolle.

Der Aufsatz versucht, Entwicklungstendenzen aufzuzeigen und Rahmenbedingungen für einen sinnvollen Einsatz abzustecken.

1 EINLEITUNG

1.1 DIE RANDBEDINGUNGEN

Für die Situation im Bauwesen gelten im Verhältnis zu anderen Fachrichtungen, z. B. Maschinenbau und Flugzeugbau, die Computerunterstützungen in der Konstruktion und in der Berechnung schon viel intensiver einsetzen, besondere Bedingungen:

- Unsere Bauwerke bestehen aus einer Vielzahl von geometrisch relativ einfachen Objekten, aber mit logisch komplizierten Verknüpfungen.
- Infolge der komplexen Anforderung an Bauwerke (Gebäude) in bezug auf Material, technische Ausrüstung und Funktion hat sich eine starke Arbeitsteilung bei der Planung und der Durchführung ergeben.
- Die Teilaufgaben an einem Objekt erfordern viele Schritte, die häufig dezentral von vielen kleinen Ingenieurbüros durchgeführt werden, s. Bild 1. Bauträger und Planungsbüros legen sich ungern auf einen Bauträger fest.

DURCHFÜHRENDER	AUFGABE	DETAIL
Bauherr	Idee	
Architekt	Vorentwurf	Kostenschätzung, Untersuchung von Alternativen
Statiker	Vorstatik	Veränderung des Tragwerks oder der Bauteilabmessungen
Vermesser	Lageplan	
Architekt	Bauantrag	
Statiker	Statik	Bewehrungspläne, Wärmeschutznachweis, Schalpläne, Positionspläne
Bauordnungsamt	Auflagen	
Architekt	Ausführungsplanung	Ausschreibung, Vergabe, Raumbuch, Lösung der Details
Fachingenieure	Ausführungsplanung für Heizung, Sanitär, Klima, Kühlung, Elektro, Beleuchtung, Brandschutz, Außenanlagen	Wärmebedarfsberechnung, technische Details
Bauherr		Bemusterung
Bauunternehmung	Ausführung	Kalkulation, Arbeitsvorbereitung, Abrechnung, Soll-Ist-Vergleich, Kostenstellen- u. Kostenträgerrechnung
Architekt u. Faching.	Bauleitung	Abrechnung, Bestandspläne

Bild 1: Einige an einem Hochbau beteiligte Institutionen

Es werden nur kleine Serien hergestellt, oft Einzelstücke, so daß eine sukzessive Verbesserung nur für die Techniken und Methoden, nicht aber für das Produkt selbst möglich ist.

1.2 DIE AUFGABE

Jedes Bauwerk durchläuft vom Entwurf bis zur Ausführung eine Reihe von Phasen, von denen die wichtigsten in Bild 2 dargestellt sind. Jede Phase bedeutet zugleich die Lösung einer Teilaufgabe /1/. Sie beinhaltet schöpferische Modellbildung auf verschiedenen Komplexitätsstufen unter Ausnutzung von persönlicher, wissenschaftlicher oder in Regeln und Normen festgelegter Erfahrung.

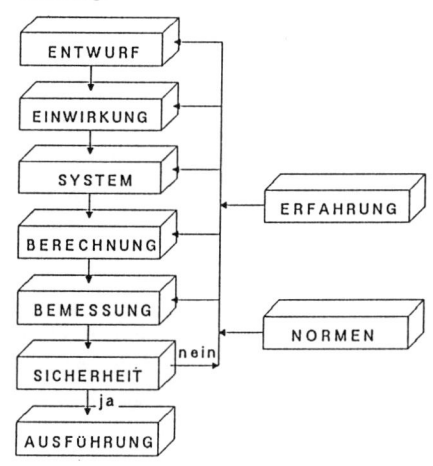

Bild 2: Modellbildung im konstruktiven Ingenieurbau

Der *Entwurf* enthält die funktionale und gestalterische Idee des Bauwerks. Danach werden die *Einwirkungen* festgelegt. Der nächste Schritt ist die *Wahl des statischen Systems*. Es folgt die *Bemessung*, in die an vielen Stellen *Sicherheitsüberlegungen* oft unbemerkt eingebettet sind.

Parallel dazu läuft die *Ausführungsplanung* und die *Ausführung*, mit speziellen, der Aufgabe angepaßten Organisationsmodellen. Ein Hauptkriterium für die Berechnungsmodelle ist aber nach der Sicherheit die Einfachheit. Nur mit einfachen Modellen ist es möglich, dem Einfluß verschiedener Parameter nachzugehen, da diese oft komplex zusammenspielen.

Nun ist es aber mit einem einzigen Berechnungsmodell für ein Bauwerk nicht getan. Im Planungsprozeß werden zunächst möglichst viele Lösungen gesucht und einige durch möglichst einfache Ausscheidungskriterien eliminiert. Danach werden bei den verbleibenden Lösungen Problemzonen identifiziert. Es erfolgt eine Optimierung durch Parameterstudien und schließlich die ausführliche Berechnung und Bemessung der ausgewählten Lösung. Auf allen Stufen finden Berechnungen statt, die für dieselbe Wirklichkeit, zunächst einfach und überschläglich und schließlich möglichst genau und zutreffend, Aufschluß über die Tragsicherheit und das Tragverhalten geben sollen.

Einerseits werden also Beschreibungsmodelle benötigt, die mit sehr wenigen Parametern eine komplexe Wirklichkeit beschreiben und andererseits Erklärungsmodelle, die es erlauben, nahezu beliebig komplizierte Zusammenhänge, z. B. einen komplexen Kraftfluß, zu erklären, das Tragverhalten zu verstehen und detaillierte Ermittlungen über die Beanspruchung anzustellen. Diese Erklärungsmodelle geben auf der Grundlage übergeordneter Theoriegebäude meistens physikalische Ursachen für einen Tatbestand an. Entsprechend der Vielfalt der Aufgabenstellungen sind die Modelle sehr verschiedener Art.

Eine übergeordnete Forderung an die Modelle ist, daß sie algorithmisierbar zu sein haben, d. h., daß sie unabhängig, kochrezeptartig im Rahmen einer anerkannten Theorie nachvollziehbar sind. Diese Forderung macht sie für die Datenverarbeitung besonders geeignet. Wünschenswert wäre, daß auch die Approximationsfehler der Modelle qualitativ bekannt sind. Die Beurteilung der Güte der Lösung ist jedoch bei den meisten Verfahren noch eine Sache der Erfahrung des Ingenieurs. Hier ist auch trotz intensiver Forschung keine grundlegende Änderung abzusehen.

Die Verbindung der Modelle zu einem Ganzen und die Lösungsbewertung gehört zu dem großen nicht oder nur sehr schwer zu algorithmisierbaren Teil der Ingenieuraufgabe. Die EDV-Techniken für diesen Bereich sind bisher wenig entwickelt, obgleich es auch hier Ansätze gibt, die in Richtung Modellierungsdatenbanken und "Künstliche Intelligenz" weisen. Ein vielbenutztes Schlagwort in diesem Zusammenhang sind die sogenannten Expertensysteme. Diese sind jedoch bisher hauptsächlich in Feldern erfolgreich, in denen es um Deduktionsprozesse, z. B. Diagnosen und nicht um Lösungen mit einer sich erweiternden Vielfalt geht. Eine Übernahme der Entscheidungen durch EDV ist nicht abzusehen, eine Unterstützung durch EDV ist aber in allen Bereichen unumgänglich.

Die Aufgabe teilt sich somit in zwei Lösungsäste:

- Isolierte Lösung von Teilaufgaben, die in den Entwurfs- und Konstruktionsprozeß als Bewertungshilfen einfließen.
- Herstellung des Informationsflusses zur konsistenten und dezentralen Lösung der Teilaufgaben, die für die Gesamtaufgabe erforderlich sind.

Die für beide Aufgaben entwickelten Werkzeuge weisen bisher noch relativ große Mängel auf.

2 DIE WERKZEUGE

Gerade die Forderung nach der Algorithmisierbarkeit von Modellen hat in der Vergangenheit den Einsatz von Rechenautomaten im Bauwesen stark gefördert. Das stetig günstiger werdende Preis-Leistungs-Verhältnis hat zur starken Verbreitung beigetragen. Dabei wurden EDV-Programme jedoch nahezu ausschließlich für die o.g. Teilaufgaben, z. B. statische Berechnungen, Bemessungsaufgaben oder Wärmebedarfsberechnungen, AVA und Zeichnungserstellung entwickelt. Diese sind unter dem Schlagwort "Insellösungen" bekannt. Der Schwerpunkt lag in der Ausnutzung der schnellen Computerarithmetik und nicht in der Handhabbarkeit und der organisatorischen Unterstützung der Ingenieurarbeit.

Die Entwicklung führte zu Pre- und Postprozessoren für Programme, da sich sehr bald herausstellte, daß nicht die Berechnung selbst, sondern die Bewältigung der Datenflut zum eigentlichen Problem geworden war. Der nächste Schritt waren Programmketten, für die die Bilder 3 und 4 zwei Beispiele zeigen. In Bild 3 ist die Optimierung eines Industrieschornsteins dargestellt /2/. Dazu wurden mehrere Programme für die einzelnen Arbeitsschritte miteinander gekoppelt. Bild 4 zeigt die Berechnung und Bemessung eines Raumfachwerks von der benutzerfreundlichen Eingabe bis zum Spannungsnachweis, anwendbar für beliebige Konfigurationen einer Fertigteilkonstruktion /3/. Beide Beispiele stammen aus Studienarbeiten.

EINGABE:

* Geometrie
* Freie Parameter (unterer Radius, oberer Radius, Wanddicke)
* Herstellungsrandbedingungen

AUFSTELLUNG DER ZIELFUNKTION:

* Z = f (Schalung) + f (Bew.) + f (Beton)
* f (Schalung) = f (Oberfläche)
* f (Beton) = f (Volumen)
* f (Bew.) = f (stat. Ber., (Th.II.O.), Normen)

OPTIMIERUNG:

* zweigliedrige Evolutionsstrategie

ROHBAUKOSTENMINIMUM:

* in Abhängigkeit von den freien Parametern

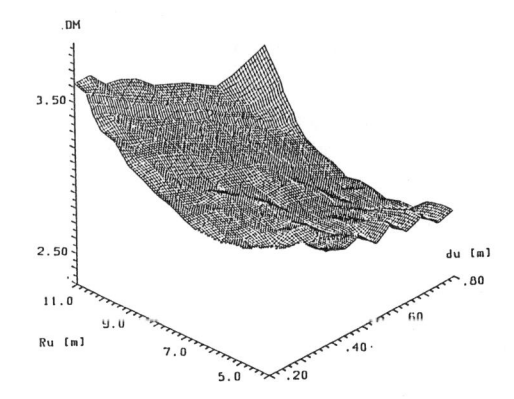

Darstellung der Gesamtkosten in Millionen DM

Bild 3: Optimierung von Industrieschornsteinen

EINGABE:

* Automatischer Systemaufbau
* Automatische Elementgenerierung
* Graphische Kontrolle

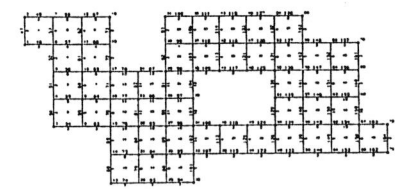

BERECHNUNG:

* Substrukturtechnik
* Bandbreitenoptimierung
* Finite – Element – Berechnung
* Lokale Stabgrößen

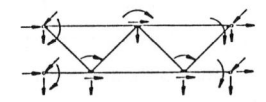

BEMESSUNG:

* Spannungsnachweis
* Stabilitätsnachweis

System Rüter

Bild 4: Automatisierte Konstruktion und Bemessung eines Raumfachwerks

Solche Beispiele dürfen nicht darüber hinwegtäuschen, daß dieses Lösungen für spezielle, sich häufig wiederholende Aufgabenstellungen sind, die sich stark von der üblichen Aufgabenpalette des Ingenieurs unterscheiden.

Faktoren, die einer effektiven und reibungslosen Bearbeitung von Ingenieuraufgaben im Bauwesen z. Zt. entgegenstehen, sind:

Unterschiedliche Eingaben:
Die Eingaben für die sogenannten Insellösungen sind oft nicht einheitlich. Daten für denselben Tatbestand müssen mehrfach und in verschiedener Form in den Rechner eingegeben werden. Dies erhöht den Arbeitsaufwand und die Fehleranfälligkeit.

Inkompatible Datenbestände:
Jede Insellösung hat ihren eigenen internen Datenbestand mit einer speziellen Datenorganisation. Dadurch lassen sich keine Ergebnisse zwischen den Bearbeitern der verschiedenen Programme direkt weitergeben. Wird in der statischen Berechnung erkannt, daß die Wanddicke geändert werden muß, so kann diese Information nicht automatisch dem Zeichenprogramm zur Verfügung gestellt werden. Wird in der Bemusterung die technische Ausstattung geändert, so steht diese Information zunächst nur einem Fachingenieur zur Verfügung und Fehler werden oft erst bei der Abnahme erkannt.

Unkomfortable Benutzeroberfläche:
Hardwaremäßig liegen die Voraussetzungen für eine übersichtliche, grafikunterstützte Benutzeroberfläche zwar vor. Gute Handhabbarkeit ist aber nur zu erzielen, wenn die Ingenieure sich selbst mit den Anforderungen befassen, sich von dem intuitiven Programmierstil lösen und die Gestaltung ihrer Arbeitsmittel nicht Informatikern allein überlassen.

Mangelnde Kenntnisse und Möglichkeiten, die Marktentwicklungen einzuschätzen:
Die Orientierung am Markt wird durch unzureichende Ausbildung und schnelle Marktbewegungen erschwert.

Philosophie der Insellösungen:
Da die Anzahl der Schnittstellenmodule mit der Anzahl der zu koppelnden Programme quadratisch wächst ($n^2 - n$ bei n Programmen), ist eine Kopplung in größerem Rahmen nicht sinnvoll.

Mangelnde Hardware und Softwarestandards:
Hardwareseitig setzen sich mehr und mehr autonome Workstations mit hinreichender lokaler Intelligenz durch, die in Ring- oder Sternnetzen miteinander verbunden sind und Zugriff auf einen größeren Zentralrechner haben. Bei der im Bauwesen üblichen Bearbeitung desselben Vorhabens durch verschiedene Ingenieurbüros wird dabei in Zukunft die Datenkommunikation über Postleitungen im Datex-P-Betrieb mehr und mehr Bedeutung zukommen.
Grundlegende Voraussetzungen der Rechnerkommunikation sind jedoch das Vorhandensein entsprechender Schnittstellen und Datentransferprogramme sowie deren Verwendbarkeit bei unterschiedlichen Betriebssystemen. Auf diesem Gebiet gibt es noch erhebliche Mängel, trotz des Grafikstandards GKS und der allgemeinen Akzeptanz der Betriebssysteme UNIX und MS-DOS.

3   LÖSUNGSANSÄTZE

Eine Verbesserung der Situation ist nur mit weit über Insellösungen hinausgehenden Ansätzen zu erreichen. Dazu ist eine viel grundsätzlichere Analyse der Arbeitsweise des Ingenieurs erforderlich, als sie gemeinhin vorgenommen wird.

Es sollen hier stellvertretend für viele Ansätze drei Beispiele von Lösungsansätzen gezeigt werden: ein Beispiel für die Handhabung eines Einzelprogramms, ein Beispiel für die Bearbeitung von Teilaufgaben eines Fachingenieurs und ein drittes für eine weitergehende fachübergreifende Abwicklung eines Bauvorhabens /4/.

3.1 ZUR HANDHABUNG EINES EINZELPROGRAMMS (BENUTZEROBERFLÄCHE)

Die Benutzeroberfläche ist der Werkzeugkasten zum Umgang mit einem Programmsystem. Insbesondere bei CAD-Systemen ist ihre Mächtigkeit daher eines der wichtigsten Kriterien für die Beurteilung des Systems. Mit der Benutzeroberfläche ist dabei die Summe aller Funktionen gemeint, die dem Benutzer zur Erzeugung und Manipulation von Objekten, zur Archivierung und zur Auswertung von Daten (Berechnungen, Kostenermittlungen u. ä.) zur Verfügung stehen. Die Benutzeroberfläche wickelt die Kommunikation mit dem Benutzer ab und muß daher der Begriffswelt des jeweiligen Arbeitsbereichs (Statik, Konstruktion, AVA usw.) angepaßt sein.

So müssen z. B. in der Architektur Räume und Geschosse als Objekt gebildet werden können, in der technischen Gebäudeausstattung dagegen aber Umverteilung von Heizkörpern oder Farben von Wänden möglich sein. Der Funktionssatz ist für einen Statiker, der aus einer Bauwerksgeometrie das statische System und den Schalplan herleiten muß, ein ganz anderer als für denjenigen, der die Ausschreibung oder Kostenberechnung anfertigt. Eine gemeinsame Benutzeroberfläche für alle ist nicht sinnvoll. Die Gestaltung von anwenderfreundlichen Benutzeroberflächen für die einzelnen Fachingenieure ist daher eine dringende Aufgabe, die nur mit der Beteiligung der Ingenieure geleistet werden kann.

Als Beispiel für verschiedene Handhabungen sollen hier zwei Konstruktionsmöglichkeiten für Fertigteile gegenübergestellt werden.

Ältere CAD-Systeme gehen wie beim Zeichnen von der Darstellung der Baukörper in Grundriß, Ansicht und Schnitten aus, s. Bild 5. Diese werden – grafisch unterstützt – Punkt für Punkt und Linie für Linie eingegeben und in einem anschließenden Berechnungslauf zu Körpern kohärent zusammengefügt. Das Ergebnis kann zur Kontrolle perspektivisch dargestellt werden.

Da bei der Zuordnung der einzelnen Punkte und Linien aus den verschiedenen Ansichten leicht Mehrdeutigkeiten entstehen können, sind z. T. umfangreiche Zusatzaufgaben erforderlich. Dies erfordert vom Ingenieur neben Vorstellungskraft auch das Wissen darüber, mit welcher Information der Körper vollständig beschrieben ist, eine Kenntnis, die dem Ingenieur fremd und nicht einfach zu erwerben ist. So endet die Eingabe oft in langwierigem Probieren.

Hier sollte nicht die bisherige Technik des Zeichnens nachgeahmt werden, die ja nie zur Erstellung eines Körpers führt (das macht die Vorstellung), sondern über eine andere Modellierungstechnik nachgedacht werden.

Naheliegend ist die Einführung einer Konstruktionsebene im dreidimensionalen Konstruktionsraum, da der Ingenieur gewohnt ist, in Ebenen (Schnitten) zu denken und zu messen (Zeichnungen). Die Konstruktionsebene ist im Raum beliebig positionierbar, sie kann gedreht und verschoben werden. Mit selbst definierten Konstruktionsrastern können Messungen auf der Ebene durchgeführt werden. Alle Manipulationen an der Konstruktion finden auf der Konstruk-

tionsebene statt, d. h. der Benutzer behält auch bei komplexen Körpern gute Übersicht. Er kann Körper durch Querschnitte an beliebigen Stellen und durch Verschieben der Ebenen erschaffen und ändern sowie Attribute vergeben. Zugleich löst diese Konstruktionsart das Problem der internen Objektdefinition, das allgemein große Schwierigkeiten bereitet.
In Bild 5 sind die Schritte zum Erschaffen eines Körpers nach beiden Arten noch einmal zusammengestellt.

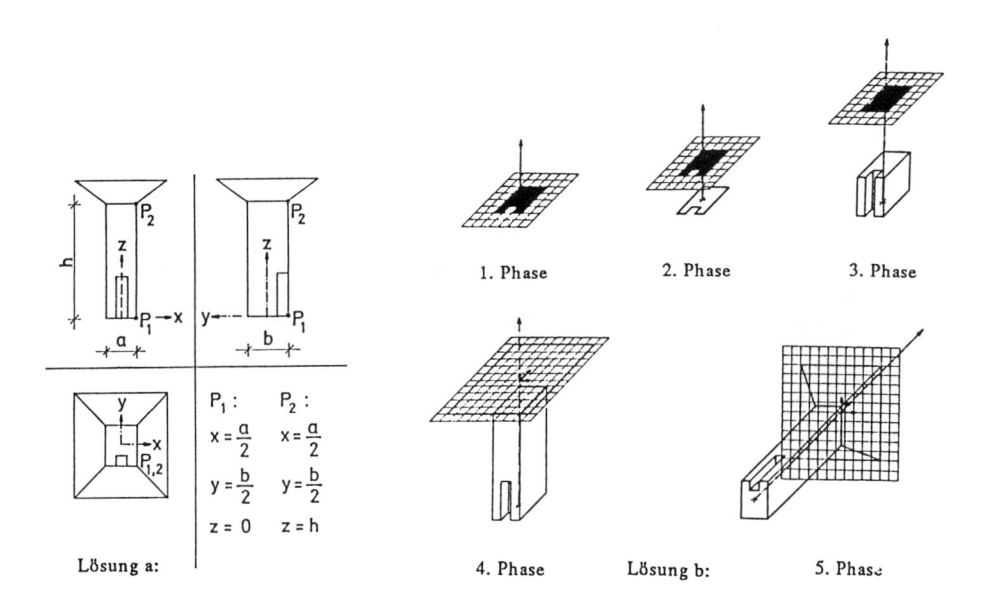

Bild 5: Beispiele für Benutzeroberflächen im Fertigteilbau

3.2 EIN INGENIEURARBEITSPLATZ (AM BEISPIEL "FEE" = Finite-Element-Editor)

Das folgende Beispiel steht stellvertretend für den Arbeitsplatz eines beliebigen Fachingenieurs. Es hat die Aufbereitung, Berechnung und Nachbereitung von Finite-Element-Berechnungen zum Thema. Für diese einzelne Teilaufgabe müssen eine Reihe von Arbeitsschritten so unterstützt werden, daß der Modellierungsprozeß vom Ingenieur möglichst ohne Einschränkungen durchgeführt und gesteuert werden kann. Es ergeben sich die in der im folgenden aufgelisteten und in Bild 6 veranschaulichten Aufgaben, s. auch /5/, die in weitgehend beliebiger Reihenfolge und mit Konsistenz der physikalischen Gegebenheiten wie Randbedingungen, Belastungsgrenzen usw. durchgeführt werden sollen.

* Sammlung und Modifikation von Geometriedaten mit CAD, Digitizer, Scanner
* Netzgenerierung
  - Wahl der Elementart
  - Netzfeinheit
  - Knoten- und Elementgenerierung
  - Generierung von Materialien, Lasten und Randbedingungen
* Bandbreitenoptimierung

* Finite-Element-Berechnungen
* Ergebnisbewertung
* Fehleranalyse
* Netzanpassung
* Erzeugung von Varianten
  - der Geometrie
  - der Materialien
  - der theoretischen Modelle
* benutzergeführte Optimierung

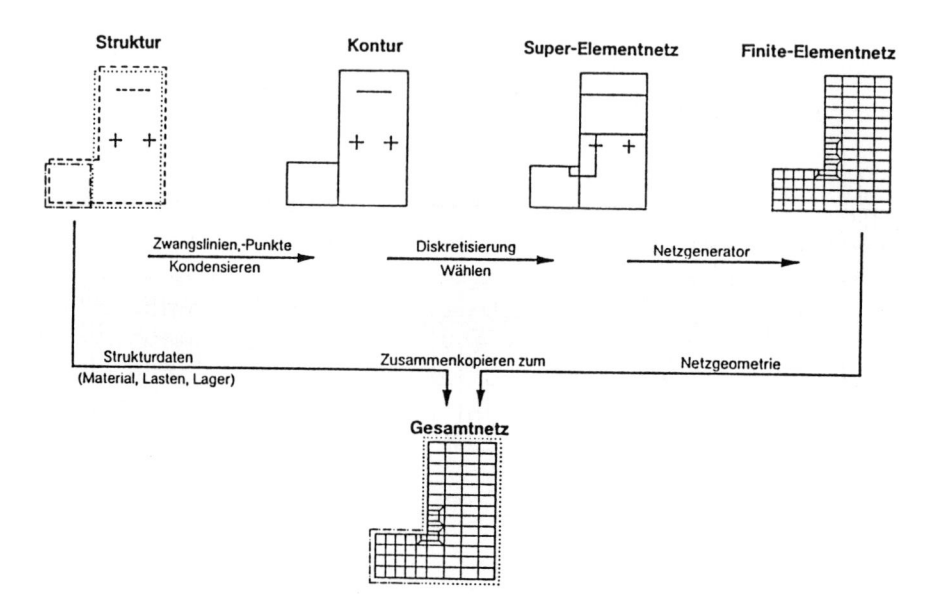

Bild 6: Modellierungsschritte bei der FEM-Berechnung einer Platte im Hochbau

Zur Berechnung einer Hochbauplatte erhält der Statiker die Bauteilgeometrie aus einem CAD-System oder mit Hilfe von Digitizer und Scanner aus einer Zeichnung. Diese Strukturdaten, s. Bild 6, muß er durch weitere Daten (Material, Lagerung, Lasten) vervollständigen und in Konturdaten überführen. Er wird ein Superelementnetz erstellen, das sich an den Strukturdaten orientiert und eine Reihe von Elementnetzvarianten erstellen, in denen die Tragglieder (Unterzüge usw.) verschiedenartig modelliert sind. Schließlich werden Netzgeometrie und Strukturdaten zusammengefügt. Sie ergeben den vollständigen Eingabedatensatz für ein FEM-Programm. Diese Schritte werden durch viele Zwischenschritte (Netzoptimierung, Bandbreitenoptimierung usw.) ergänzt, und Bewertungsalgorithmen für die Ergebnisse schließen sich an. Jedes Programmsystem, das aus einer Reihe von direkt gekoppelten Unterprogrammen besteht, wird schnell in der Flut der Benutzerwünsche ersticken.

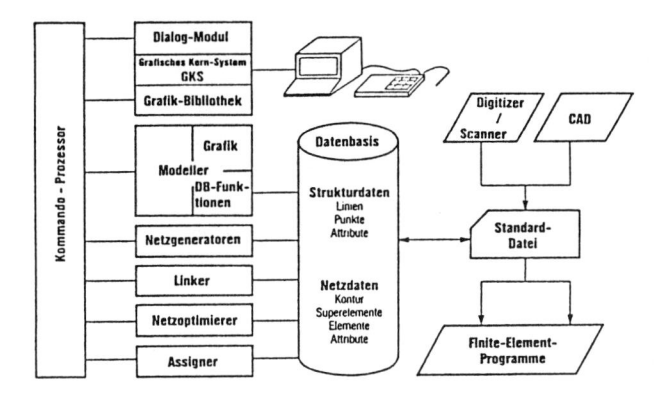

Bild 7: Struktur des Finite-Element-Editor-Programms

Deshalb sind hier Strukturen angebracht, die die Kopplung verschiedenster bestehender Benutzerprogramme erlauben und eine gemeinsame Handhabung und eine zentrale Steuerung über einen Kommandoprozessor bereitstellen. In diesem Fall wurde der Übergang zu den FEM-Programmen mit der Standardschnittstelle FEDIS gelöst. Die interne Datenhaltung geschieht in einer relationalen Datenbank. Das System ist auf Workstations lauffähig. Stichwortartig kann die eingehende Softwaretechnologie wie folgt beschrieben werden:

* Modulare Programm-Struktur
* Parallele Prozeß-Verarbeitung
* Interaktiver, grafischer Dialog
* Eingabe über CAD/Digitizer/Scanner
* Finite-Element-Standard-Datei FEDIS

* Relationale Datenbank
* Programmiersprache C
* Betriebssystem UNIX
* Grafikstandard GKS

Arbeitsplatzwerkzeuge dieser Art sind weder allein durch Informatiker, noch allein durch Ingenieure, sondern nur durch interdisziplinäre Arbeit zu konzipieren und zu verwirklichen. Das hier schematisch gezeigte System wird z. Zt. auf Industrieanregung hin von einer interdisziplinären Arbeitsgruppe an der Universität entwickelt.

3.3 GEBÄUDEMODELL, KONSTRUKTIONSRÄUME UND ARBEITSEBENEN

Jeder Fachingenieur operiert im Idealfall an seinem Arbeitsplatz mit einer angemessenen Benutzeroberfläche in seiner Begriffswelt. Da aber alle am selben Bauwerk arbeiten, ist ein einziges übergeordnetes Gebäudemodell erforderlich, wenn die Bauwerksdaten keine zu große

Redundanz aufweisen sollen. Die darin beschriebenen technischen Objekte müssen unabhängig von ihrer Entstehungsgeschichte und den durchlaufenen Änderungszyklen stets eindeutig interpretierbar sein /6/. Objekte und Prozesse sind zu trennen.

Der Schlüssel zu einem derartigen Modell ist die Objektstruktur. Das gesamte Bauwerk, aber auch jedes Bauteil, wird mit seinen Geschossen, Räumen, Wänden, Öffnungen, Heizkörpern in geometrische und in nichtgeometrische Objekte zerlegt, die logisch miteinander verknüpft sind, s. Bild 8.

Die Daten jedes Objektes sind Kenndaten, logische Daten, physikalische Daten, Beschreibungsdaten, geometrische Daten und grafische Daten, s. Bild 9. Die physikalischen Daten enthalten Rechenwerte wie Festigkeit, Schallschutzwert, spezifisches Gewicht usw.; die Beschreibungsdaten, z. B. Teilenummer, Leistungsbeschreibung, klassifizierende Eigenschaften wie "tragendes Mauerwerk", Außenwand oder Verkleidung oder Angaben über die Kostengruppe. Die logischen Attribute geben die Verknüpfung der Wand mit anderen Objekten an. Gehört zu dieser Wand eine Fensteröffnung, so ist diese ebenfalls ein Objekt mit genau gleichartiger Struktur, aber über logische Attribute mit der Wand so verknüpft, daß bei Löschung der Wand das Fenster verschwindet, bei Löschung des Fensters aber nicht die Wand. Zu den logischen Attributen gehört ebenfalls die Zuordnung der Wand zu einem bestimmten Raum, Geschoß oder Haus.

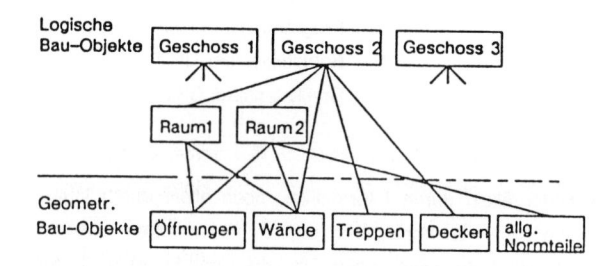

Bild 8: Logische Organisation von Bauobjekten

Kenndaten	Logische Verknüpfung mit anderen Objekten	Physikalische Daten	Beschreibung, Attribute, Texte	Geometrische Daten	Grafikdaten

Bild 9: Struktur von Objekten

Die Objekte werden vom Benutzer im Konstruktionsprozeß bewußt oder auch unbemerkt von ihm erzeugt. Während des fortschreitenden Arbeitsprozesses kann er sämtliche Attribute beeinflussen. Der Rahmen kann je nach Aufgabe beliebig weit gesteckt werden.

Die Benutzer halten in ihrem Arbeitsbereich nur die für sie relevanten Daten vor. Die Arbeitsstationen selektieren über Modellierer die problembezogenen Daten, s. Bild 10.

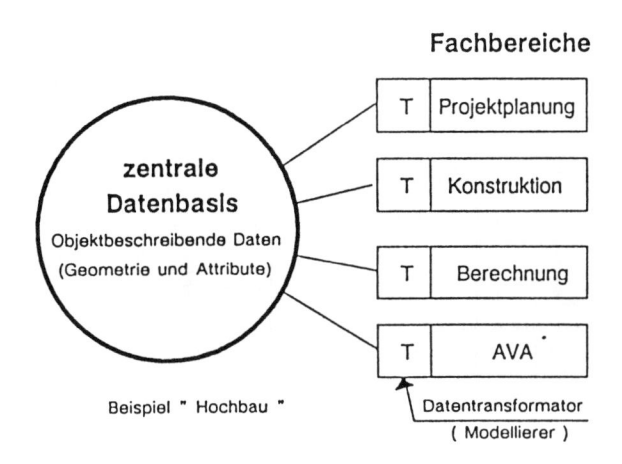

Bild 10: Gebäudemodell und Ingenieurarbeitsplätze

Z. B. wird ein Objekt "Wand" durch einen Namen gekennzeichnet, die Geometrie einer geraden Wand läßt sich durch wenige Daten (Anfangspunkt, Endpunkt, Dicke und Höhe) komprimiert beschreiben. Die grafische Darstellung der Wand in einem 3-D-Modell benötigt aber 8 Punkte, 12 Linien, 6 Flächen und 1 Volumen. Diese lassen sich aus den komprimierten Daten herleiten. Die Berechnung einer vollständigeren Information aus einer komprimierten leisten spezielle Programme, die Modeller genannt werden. Damit brauchen nur die komprimierten Daten im Gebäudemodell abgelegt zu sein, der vollständige Datensatz für einen Fachingenieur wird temporär erzeugt.

Wenn auch z. Z. die Ingenieurarbeitsplätze nur an wenigen Stellen realisiert sind und ein objektorientiertes Gebäudemodell erst in Anfängen existiert, so ist die weitere Entwicklung doch unschwer absehbar. In absehbarer Zukunft werden die Gebäudemodelle eine Staffelung über die Konstruktions- und Detaillierungsgeschichte haben, die in Bild 11 Konstruktionsräume genannt sind. Die Hierarchie der Konstruktionsräume ermöglicht es, vom Vorentwurf über verschiedene Planungs- und Detaillierungsstadien die Konstruktionsgeschichte abzubilden und gleichzeitig eine weitgehend konsistente Information für "Fünfzigstel-", "Hundertstel-" und Detaildarstellungen zu erhalten. Der Benutzer greift dann an einer passenden Stelle der Konstruktionsraumhierarchie zu und modifiziert die Konstruktion mit seiner Benutzeroberfläche in einem ihm angepaßten Arbeitsraum, der ihm die nötige aber nicht unbeschränkte Freiheit zur Modifikation gibt.

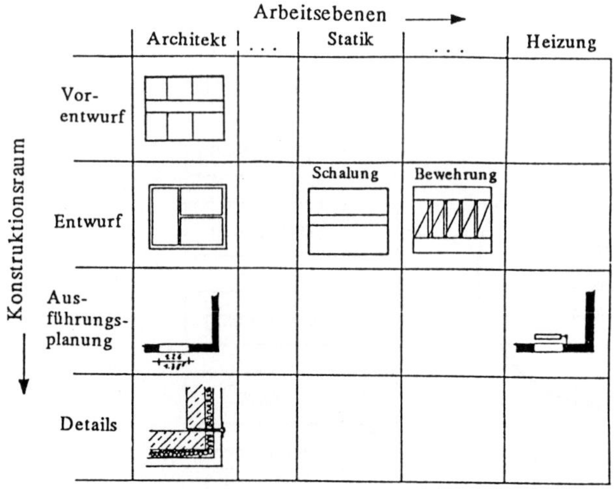

Bild 11: Konstruktionsräume und Arbeitsräume

Freilich sind die dabei auftretenden Probleme der konsistenten Datenhaltung heute noch weitgehend ungelöst. Da es aber in vielen und nicht nur in technischen Bereichen sehr ähnliche Fragestellungen gibt, wird an formalen Datenstrukturen dieser Art intensiv gearbeitet. Diese Ergebnisse sodann in die Welt des Bauingenieurs zu übertragen, wird aber die Aufgabe von aufgeschlossenen Ingenieuren sein, die mit Hilfe des Computers den Ingenieur vom lästigen organisatorischen Tun befreien und ihm mehr Freiraum für kompetentes, schöpferisches Handeln geben möchten.

LITERATUR

/1/ Duddeck, H.: Die Ingenieuraufgabe, die Realität in ein Berechnungsmodell zu übersetzen. Die Bautechnik 60 (1983), 225 – 234

/2/ Siewecke, J.: Optimierung von Industrieschornsteinen. Diplomarbeit ANM, Univ. Dortm., Abt. Bauw. (1987)

/3/ Klüh, M.: Statische Berechnung und Bemessung für beliebige rechteckige Hallendächer aus genormten Fachwerkträgern. Diplomarbeit ANM, Univ. Dortm., Abt. Bauw. (1987)

/4/ Kröplin, B.: Zur Problematik der Gesamtplanung mit CAD – Systemen. VDI – Seminar "Planen und Konstruieren im Hochbau mit CAD" München (1987), 1 – 12

/5/ Kröplin, B.; Bremer, C.; Bettzieche, V.: Interactive Modelling System for Finite Element Applications in Geotechnics. Erscheint in: Proc. ICONMIG'88, (1988)

/6/ ISYBAU, Integriertes System Bauwesen, Untersuchung einer Bund/Länder – Arbeitsgruppe (1986)

Anmerkungen zur Zeitdiskretisierung

P. Ruge, Braunschweig

SUMMARY

In continuum dynamics analytical methods and considerations are of significant importance not only in numerical affairs but from the very beginning of the mathematical formulation. Two paths are possible: The analytical way by means of Taylor- and Padéexpansions or a synthesis by means of a suitable interpolation for the state variables within the time-domain. In this paper special attention is paid for total symmetry with respect to the time-boundaries - resulting in an a priori stable transfer in time - and for some practical aspects in generating and solving the fundamental algebraic equations. Furthermore it is shown in detail that a non-modal damping does not prevent a diagonal-transformation provided the equations of motion are formulated in a first-order-mode.

ZUSAMMENFASSUNG

Stärker als die Kontinuumsstatik ist die Kontinuumsdynamik schon bei der Generierung der finiten Übersetzung und nicht erst bei der numerischen Lösung ein traditionelles Betätigungsfeld auch der praktischen Mathematik. In dieser Arbeit wird die Polarität zwischen synthetischem Vorgehen via Ansatz für die Zustandsgrößen im Zeitbereich und analytischem Vorgehen via Taylor- und Padéentwicklung überbruckt, die stabilitätswesentliche vollkommene Übertragungssymmetrie wird herausgearbeitet und einige strukturelle sowie numerische Hinweise auch für nichtkonstante Koeffizienten werden gegeben. Die klassische nur beschränkt mögliche Diagonaltransformation der drei Matrizenkoeffizienten des Bewegungsgleichungssystems wird durch eine Verlagerung auf das Hypersystem 1. Ordnung voraussetzungsfrei möglich.

1 EINLEITUNG

Physikalische Phänomene ereignen sich in Raum und Zeit und werden durch Funktionalgleichungen beschrieben. Konkrete Probleme manifestieren sich in einem Definitionsgebiet D, das wie auch immer im Endlichen begrenzt sein kann, [D], oder unbeschränkt sein mag,]D[. Allgemeine Lösungen der Funktionalgleichung sind einer speziellen Aufgabenstellung in [D] gemäß so zu spezialisieren, daß vorgegebene Randbedingungen auf der Raumoberfläche und vorgegebene Anfangsbedingungen zu einem Zeitpunkt t_o erfüllt werden.
Zu jedem beliebigen Zeitpunkt t_k stehen alle Raumpunkte miteinander in wechselseitigem Kontakt, wogegen in einem beliebigen Raumpunkt $\underline{x}_k$ nur eine einseitige Anbindung an die benachbarten Zeitpunkte vorhanden ist.

Es entspricht allgemein anerkannter Auffassung, daß die Zukunft
keinen Einfluß auf die Gegenwart hat. (1)

Eine in sich konsistente Raum - Zeit - Diskretisierung wie in (2) wird demnach die Raumknotenparameter $\underline{u}_k$ im Zeitknoten k als Endglied einer Kette berechenbar machen, die zum Zeitpunkt t_o mit einer gegebenen Anfangskonstellation $\underline{u}_0$ beginnt und über k entkoppelte Zwischenstufen mit $\underline{u}_k$ endet. Die dazugehörige algebraische Struktur in (2) nennt man auch Block - Dreiecks - Form; den Vorgang selbst bezeichnet man als Ein-Schritt-Verfahren.

$$\begin{bmatrix} \underline{A}_{01} & \underline{B}_{01} & & \\ & \underline{A}_{12} & \underline{B}_{12} & \\ & & \underline{A}_{23} & \underline{B}_{23} \end{bmatrix} \begin{bmatrix} \underline{u}_0 \\ \underline{u}_1 \\ \underline{u}_2 \\ \underline{u}_3 \end{bmatrix} = \underline{r} . \quad (2)$$

(Schema links: $\underline{u}_0$ gegeben, $\underline{u}_1$ berechnen; $\underline{u}_1$ einsetzen, $\underline{u}_2$ berechnen; $\underline{u}_2$ einsetzen, $\underline{u}_3$ berechnen.)

Das Prinzip (1) ist gültig, solange man einen natürlichen Prozeß passiv ablaufen läßt. Bei geregelten Vorgängen ist das Systemverhalten von Anfang an eine Funktion der Zielvorgabe. So ist für den Teleskop - Schwenkarm im Bild 1 entweder nur der Zielpunkt Z mit Ortsvektor $\underline{x}$ und Geschwindigkeit $\underline{\dot{x}}$ vorgegeben oder aber allgemeiner die gesamte Bahnkurve (Trajektorie) vom Anfangspunkt A bis zum Ende Z.
Das einfache Handhabungsgerät in Bild 1 ist ein typisches Element der Menge der Starrkörperverbände, die sich durch hochgradige Nichtlinearität aber wenige Freiheitsgrade auszeichnet. Zur numerischen Realisierung derartiger

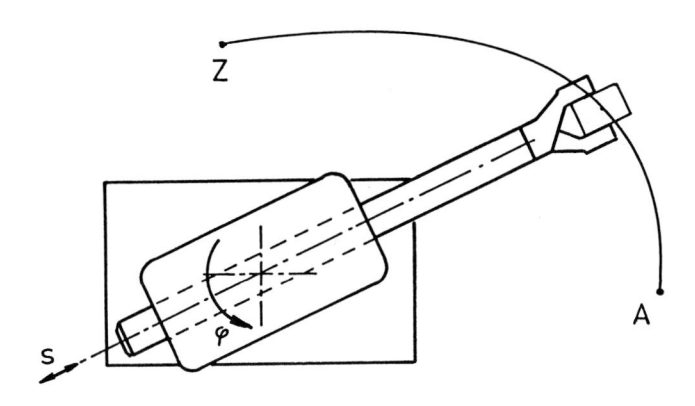

Bild 1. Nichtlinearer Starrkörperverband. Freiheitsgrade s,φ

Probleme wurden mit sehr viel Sachverstand und großem Ideenreichtum hochleistungsfähige und extrem genaue Integrationsverfahren erdacht, durch welche zum Beispiel die Raumfahrt überhaupt erst möglich wurde. Das gelungene Rendezvous von Halleys Komet mit der Raumsonde Giotto nach achtmonatigem Flug war sicher ein Glanzlicht in dieser Entwicklung.

Die Nutzung der Zeitlöser aus der Starrkörperdynamik für Aufgaben der Strukturdynamik birgt ein grundsätzliches Problem. Das große Frequenzspektrum $\lambda_1 \leq \lambda_2 \leq \ldots \leq \lambda_n$ einer vernünftig diskretisierten Struktur in einem lokal linearisierten Arbeitspunkt mit einigen Hundert bis Tausend Freiheitsgraden bei extrem kleinen Eigenzeiten $T_n \leq T_{n-1} \leq \ldots$ weist der Stabilität der Zeitintegration eine zentrale Bedeutung zu. Nur dann, wenn das numerische Funktionieren der Zeitübertragung unabhängig vom Verhältnis des Zeitschrittes h zur kleinsten lokalen Eigenzeit T_n gewährleistet ist, wird eine Zeitdiskretisierung in der Kontinuumsdynamik praktikabel.

Ausgangspunkt einer numerischen Lösung ist zunächst eine Diskretisierung des Raumes mit normierten Ortsfunktionen n($\underline{x}$), verknüpft mit zeitveränderlichen Knotenparametern $\underline{u}$(t) und anschließender Integration über das Definitionsgebiet.

$$\underline{w}(\underline{x}, t) = \sum \underline{u}_k(t) \, n_k(\underline{x}) \, . \tag{3}$$

Einerlei ob linear oder lokal linearisiert dokumentiert sich das verbleibende Zeitproblem als lineares System mit zeitveränderlichen Koeffizienten.

Im Zeitschritt linearisiert:

$$\underline{u}_{k+1} = \underline{u}_k + \Delta \underline{u} , \quad \underline{M} \Delta \underline{\ddot{u}} + \underline{D} \Delta \underline{\dot{u}} + \underline{K} \Delta \underline{u} = \underline{r}(t, \underline{u}_k) .$$

Linear: $\qquad \underline{M}\,\underline{\ddot{u}} + \underline{D}\,\underline{\dot{u}} + \underline{K}\,\underline{u} = \underline{r}(t) .$ (4)

2 IRRWEGE IN DER STRUKTURDYNAMIK

Im Nachhinein ist es reizvoll und lehrreich, an Irrwege zu erinnern, die zeitweise weltweit beschritten wurden. Diese wohl notwendigen Fehlentwicklungen können davor warnen, gewohnte Verfahren allzu leichtfertig auf vermeintlich ähnliche Problemkreise anzuwenden, können mahnen, den Kontakt zur praktischen Mathematik zu wahren und beweisen zum wiederholten Male, daß ein Verfahren sehr oft umso schlechter ist, je verwickelter und undurchsichtiger sich seine Herleitung darstellt.

Beflügelt durch den Erfolg des Ritzverfahrens in der Kontinuumsstatik, das in seiner einfachsten Form den Minimalcharakter der potentiellen Energie Φ zur Finitisierung mittels normierter zulässiger Ansätze nutzt,

$$\Phi(\underline{u}(\underline{x})) \rightarrow \boxed{\underline{u}(\underline{x}) = \underline{p}^T \underline{n}(\underline{x})} \rightarrow \Phi(\underline{p}) , \qquad (5)$$

meinte man, den stationären Charakter des Hamiltonfunktionals

$$H = \int (E_k - \Phi)\, dt \rightarrow \text{stat.} \qquad (6)$$

ebenso verwerten zu können. Am Ein-Massen-Schwinger erkennt man in der Tat den Übergang zur Bewegungsgleichung,

$$2H = \int (m\dot{u}^2 - c u^2)\, dt , \quad \delta H = \int (m\dot{u}\delta\dot{u} - c u \delta u)\, dt ,$$
$$\delta H = -\int (m\ddot{u} + c u)\delta u + [m\dot{u}\delta u] \stackrel{!}{=} 0 , \qquad (7)$$

doch ist der Randterm außer für den Anfangszeitpunkt nur in wenigen Sonderfällen durch einen zulässigen Ansatz zu Null zu erzwingen. Diese Tatsache scheint immer noch der Mitteilung wert zu sein, wie zwei Arbeiten /1/, /2/ aus den letzten Jahren in international anerkannten Zeitschriften beweisen.

Als Beispiel einer undurchsichtigen Herleitung sei die Konstruktion eines unbeschränkt stabilen Zeitschrittverfahrens /3/ mit einer Verbesserung /4/ erwähnt. Hierbei wird zunächst in sich schlüssig eine analytische Integration wo möglich durchgeführt und wo nötig ein kubischer Ortsansatz verwertet.

$m\ddot{u} + d\dot{u} + ku = r$, Zeitschritt $h = t_1 - t_0$.

1. Integration: $m(\dot{u} - \dot{u}_0) + d(u - u_0) + k\int u\, dt = \int r\, dt$.

2. Integration: $m(u - u_0 - \dot{u}_0 h) + d\int u\, dt - du_0 h + k\iint u\, dt = \iint r\, dt$.

Zusammenfassung: $\underline{A}\, \underline{z}_1 = \underline{B}\, \underline{z}_0 + \underline{r}$,

$$\underline{A} = \begin{bmatrix} m - \frac{1}{12}h^2 k & hd + \frac{1}{2}h^2 k \\ -\frac{1}{12}hd - \frac{1}{30}h^2 k & m + \frac{1}{2}hd + \frac{3}{20}h^2 k \end{bmatrix}, \quad \underline{z}_k = \begin{bmatrix} h\dot{u}_k \\ u_k \end{bmatrix}, \quad (8)$$

$$\underline{B} = \begin{bmatrix} m - \frac{1}{12}h^2 k & hd - \frac{1}{2}h^2 k \\ m - \frac{1}{12}hd - \frac{1}{20}h^2 k & m + \frac{1}{2}hd - \frac{7}{20}h^2 k \end{bmatrix}, \quad \underline{r} = \begin{bmatrix} \int r\, dt \\ \iint r\, dt \end{bmatrix} .$$

Wie man durch eine Rechnung bestätigt, sind die Eigenwertbeträge $|\lambda_i|$ der Übertragungsmatrix $\underline{A}^{-1}\underline{B}$ als Eigenwerte des Matrizenpaares $\lambda\underline{A} - \underline{B}$ für $d = 0$ größer als Eins, womit der Algorithmus (8) als nicht unbeschränkt stabil für praktische Zwecke der Strukturdynamik unbrauchbar ist.

Um diesen Mißstand zu beseitigen, wird die Übertragungsmatrix aus (8) im Vergleich mit der exakten Form

$$\underline{\ddot{U}} = \begin{bmatrix} \cos \nu h & -h\nu \sin \nu h \\ \frac{\sin \nu h}{\nu h} & \cos \nu h \end{bmatrix}, \quad \nu^2 = \frac{k}{m} , \quad (9)$$

am ungedämpften Schwinger so manipuliert, daß schließlich die Eigenwertbeträge $|\lambda|$ für $d = 0$ unabhängig vom Zeitschritt h den Wert Eins annehmen.

$$\underline{A} = \begin{bmatrix} -m + \frac{1}{12}h^2 k & -hd - \frac{1}{2}h^2 k \\ -hd - \frac{1}{2}h^2 k & 12m + 6hd + 2h^2 k \end{bmatrix},$$

$$\underline{B} = \begin{bmatrix} -m + \frac{1}{12}h^2 k & -hd + \frac{1}{2}h^2 k \\ 12m - hd - \frac{1}{2}h^2 k & 12m + 6hd - 4h^2 k \end{bmatrix} .$$

(10)

Die große Anzahl voneinander isolierter Zeitschrittmethoden ließ naturgemäß den Wunsch nach einem umfassenden Ordnungsprinzip aufkommen. Im Jahre 1977 gelang eine derartige Synthese /5/, indem viele Vorhaben auf den gemeinsamen Ursprung gewichteter Residuen zurückgeführt werden konnten. Allerdings lassen die stabilitätsbedingt erlaubten Paarungen aus Ansatz- und Gewichtsfunktionen keine typische Affinität erkennen, so daß man kaum geneigt ist, von einer Strategie mit einer natürlichen Zwangsläufigkeit zu sprechen.

Der wesentliche Durchbruch beginnt mit einer Formulierung der linearen oder linearisierten Zustandsgleichung (4) in Form eines Systems 1. Ordnung mit den Impulsen beziehungsweise Geschwindigkeiten $\dot{\underline{u}} = \underline{v}$ als selbständigen Zustandsgrößen.

Aus $\underline{M}\,\underline{u}'' + h\,\underline{D}\,\underline{u}' + h^2\,\underline{K}\,\underline{u} = h^2\,\underline{r}$,

$(\ )' = d(\ )/d\tau$, $dt = h\,d\tau$, h Zeitschrittlänge ,

wird (11)

$\underline{A}\,\underline{v}' + \underline{B}\,\underline{v} + \underline{C}\,\underline{u} = \underline{f}$

$\underline{u}' - \underline{v} \quad\quad = \underline{0}$

mit $\underline{A} = \underline{M}$, $\underline{B} = h\,\underline{D}$, $\underline{C} = h^2\,\underline{K}$, $\underline{f} = h^2\,\underline{r}$.

Um auch bei nichtkonstanten Koeffizientenmatrizen $\underline{A}$, $\underline{B}$, $\underline{C}$ zu einfachen strukturellen Einsichten zu gelangen, wird zunächst eine Mittelung im Zeitschritt h vorausgesetzt,

$$\underline{A}: = \int_0^1 \underline{A}(\tau)\,d\tau \;,\; \underline{B}: = \int_0^1 \underline{B}(\tau)\,d\tau \;,\; \underline{C}: = \int_0^1 \underline{C}(\tau)\,d\tau \;, \quad (12)$$

so daß ein konstantes Tripel $\underline{A}$, $\underline{B}$, $\underline{C}$ vorliegt. Davon ausgehend ist eine Diagonaltransformation des Hypersystems (11) mit Unbekannten $\underline{u}$ und $\underline{v}$ grundsätzlich möglich, was zu zeigen eines der Anliegen dieses Beitrages ist.

3 DIAGONALTRANSFORMATION AM HYPERSYSTEM

Am Anfang einer klassischen Studie über Zeitdiskretisierungen in der Strukturdynamik wird in aller Regel eine Stabilitätsuntersuchung am Ein-Massen-Schwinger durchgeführt. So eine Analyse läßt sich überschaubar und nichtnumerisch gestalten und ist zudem repräsentativ für das gesamte gekoppelte Schwingungssystem mit n Freiheitsgradpaaren, falls es sich nur auf Diagonalform, also auf 2 n entkoppelte Ein-Freiheitsgrad-Schwinger transformieren läßt. In der Tat gibt es bei linearen Schwingungssystemen mit konstanten Koeffizienten stets eine diagonalisierende Transformation, doch gilt dies nicht nur für modale Dämpfung mit der Vertauschbarkeitsregel

$$B A^{-1} C = C A^{-1} B \tag{13}$$

nach Caughey /6/ oder für den Sonderfall $B = \alpha \underline{A} + \beta \underline{C}$ der Bequemlichkeitshypothese, sondern darüberhinaus ganz allgemein. Dieser Sachverhalt scheint im Umfeld der Strukturdynamik nicht bekannt zu sein, obwohl bereits 1966 Lancaster /7/, wenn auch recht verklausuliert, darauf hingewiesen hat.

Zur Verbreitung dieser Erkenntnis wird hier ein schrittweise nachvollziehbarer Beweis präsentiert. Eine simultane Diagonaltransformation des Tripels $\underline{A}$, $\underline{B}$, $\underline{C}$ mit symmetrischen Matrizen der Ordnung n unter Verwendung der 2n Eigenvektoren gelingt für allgemeines $\underline{B}$ zwar grundsätzlich nicht, doch schafft die Aufstockung (11) zum Hypersystem 1. Ordnung eine durchgängige Entkopplung.

$$\begin{bmatrix} \underline{B} & \underline{C} \\ \underline{C} & \underline{0} \end{bmatrix} \begin{bmatrix} \underline{v} \\ \underline{u} \end{bmatrix} + \begin{bmatrix} \underline{A} & \underline{0} \\ \underline{0} & -\underline{C} \end{bmatrix} \begin{bmatrix} \underline{v}' \\ \underline{u}' \end{bmatrix} = \begin{bmatrix} \underline{f} \\ \underline{0} \end{bmatrix} , \quad \underline{z} = \begin{bmatrix} \underline{v} \\ \underline{u} \end{bmatrix}$$
$$\text{kurz } \underline{G}\,\underline{z} + \underline{H}\,\underline{z}' = \underline{R} , \quad \underline{G}^T = \underline{G} , \quad \underline{H}^T = \underline{H} . \tag{14}$$

Die Konstantenspalten $\underline{k}$ der homogenen Lösung

$$\underline{z}(\tau) = \exp(\lambda \tau) \underline{k} , \quad \underline{z}' = \lambda \exp(\lambda \tau) \underline{k} , \tag{15}$$

zu (14) sind berechenbar als Eigenvektoren des zugeordneten allgemeinen Eigenwertproblems

$$(\underline{G} + \lambda \underline{H}) \underline{k} = \underline{0} , \tag{16}$$

wobei trotz symmetrischer Matrizen $\underline{G}$, $\underline{H}$ in der Regel komplexe Eigenlösungen λ, $\underline{k}$ auftreten; eine Folge der indefiniten Matrix $\underline{H}$.

Ein Paar i, j verschiedener Eigenlösungen führt über kreuzweise Linksmultiplikation zur $\underline{H}$- und $\underline{G}$-Orthogonalität der Eigenvektoren.

$$\begin{array}{l} \underline{k}_j^T \,\big|\, (\underline{G} + \lambda_i \underline{H}) \underline{k}_i = 0 = f_{ji} \\ \underline{k}_i^T \,\big|\, (\underline{G} + \lambda_j \underline{H}) \underline{k}_j = 0 = f_{ij} \\ \hline f_{ji} - f_{ij} = 0 = (\lambda_i - \lambda_j) \underline{k}_i^T \underline{H} \underline{k}_j . \\ \rightarrow \text{Falls } \lambda_i \neq \lambda_j \text{ gilt } \begin{cases} \underline{k}_i^T \underline{H} \underline{k}_j = 0 \\ \underline{k}_i^T \underline{G} \underline{k}_j = 0 . \end{cases} \end{array} \tag{17}$$

Zum Beweis benötigt man nur die triviale Erkenntnis, daß eine Zahl g gleich ihrer Transponierten g^T ist.

$$g = \underline{k}_i^T \underline{G} \underline{k}_j = g^T = \underline{k}_j^T \underline{G}^T \underline{k}_i = \underline{k}_j^T \underline{G} \underline{k}_i \quad \text{da } \underline{G} = \underline{G}^T . \tag{18}$$

Die Unterteilung der Hyperspalte $\underline{z}$ in $\underline{v} = \underline{u}' = \lambda \underline{u}$ und $\underline{u}$ spiegelt sich wider in der Matrix $\underline{K}$ aller Eigenspalten.

$$\underline{K} = \begin{bmatrix} \underline{U} \Lambda \\ \underline{U} \end{bmatrix} , \quad \underline{U} = \begin{bmatrix} \underline{u}_1 \cdots \underline{u}_{2n} \end{bmatrix} , \quad \underline{x}_k = \begin{bmatrix} u_1 \\ \vdots \\ u_n \end{bmatrix}_k , \tag{19}$$

$$\Lambda = \text{diag}(\lambda_j), \quad j = 1(1) \, 2n .$$

Aus dem gekoppelten System (14) 1. Ordnung wird durch Transformation $\underline{z} = \underline{K} \underline{e}$ der Zustandsgrößen $\underline{z}$ in dem Eigenraum und durch linksseitige Multiplikation mit $\underline{K}^T$ (Projektion in den Eigenraum) ein entkoppeltes System von 2n Gleichungen, wenn man die Orthogonalitätsbedingungen (17) berücksichtigt.

$$\underline{K}^T (\underline{G} \underline{K} \underline{e} + \underline{H} \underline{K} \underline{e}') = \underline{K}^T \underline{R} = \Lambda \underline{x}^T \underline{f} , \quad \underline{z} = \underline{K} \underline{e} ,$$
$$\underline{K}^T \underline{G} \underline{K} = \Lambda \underline{U}^T \underline{B} \underline{U} \Lambda + \Lambda \underline{U}^T \underline{C} \underline{U} + \underline{U}^T \underline{C} \underline{U} \Lambda = \text{diag} \, (\lambda_i^2 b_i + 2\lambda_i c_i) ,$$
$$\underline{K}^T \underline{H} \underline{K} = \Lambda \underline{U}^T \underline{A} \underline{U} \Lambda - \underline{U}^T \underline{C} \underline{U} = \text{diag} \, (\lambda_i^2 a_i - c_i) , \tag{20}$$
$$i = 1..(1)..2n , \quad \underline{u}_i^T (\underline{A}, \underline{B}, \underline{C}) \underline{u}_i = a_i, b_i, c_i .$$

Normiert man die Eigenvektoren entsprechend

$$c_i - a_i \lambda_i^2 \overset{!}{=} 1 \longrightarrow \begin{cases} \underline{K}^T \underline{G} \underline{K} = \Lambda \\ \underline{K}^T \underline{H} \underline{K} = -\underline{I} , \end{cases} \tag{21}$$

zu Eins, so erscheint die diagonalisierte Hyperform in besonders prägnanter Gestalt,

$$\Lambda \underline{e} - \underline{e}' = \Lambda \underline{x}^T \underline{f} , \tag{22}$$

und alle Phänomene der Zeitdiskretisierung können an einem beliebigen aus (22) herausgegriffenen Ein-Freiheitsgrad-Schwinger der Nummer k repräsentativ studiert werden.

$$(\lambda e - e')_k = k. \text{ Komponente von } (\Lambda \underline{x}^T \underline{f}) . \tag{23}$$

4 STABILITÄT-ÜBERTRAGUNGSVERHALTEN

Benennt man den k. Freiheitsgrad e_k in (22) wieder mit z und den komplexen Parameter λ_k mit $p = \delta + j\omega$, $j^2 = -1$, so zeigt eine Zeigerdarstellung der homogenen Lösung $z(\tau)$ in Bild 2 sehr schön das Verhalten in der Zeit τ, repräsentiert durch den Umlaufwinkel $\varphi = \omega\tau$.

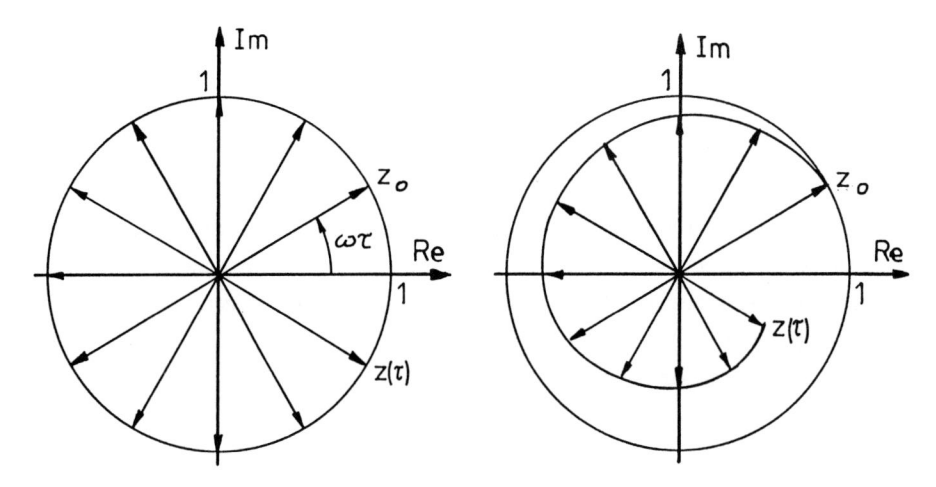

Bild 2. Zeigerdarstellungen für grenzstabiles und asymptotisch stabiles Zeitverhalten.

$$\left. \begin{array}{l} p\,z - z' = 0 \\ p = \delta + j\omega \end{array} \right\} \longrightarrow z(\tau) = e^{\delta\tau}(\cos\omega\tau + j\sin\omega\tau) . \qquad (24)$$

$$\begin{array}{l} \delta = 0 : \quad |e^{p\tau}| = 1 \ ; \ |z(\tau)| = |z_o| \ . \ \text{Grenzstabil} . \\ \delta < 0 : \quad |e^{p\tau}| < 1 \ ; \ |z(\tau)| < |z_o| \ . \ \text{Asymptotisch stabil} . \end{array} \qquad (25)$$

Die wesentlichen Stabilitätseigenschaften (25) sollen auch dann erhalten bleiben, wenn die $\exp(p\tau)$-Funktion durch eine Reihendarstellung angenähert wird; eine Maßnahme, die nicht so sehr den skalaren Fall im Auge hat, sondern vielmehr das gekoppelte Hypersystem (14) in expliziter Form,

$$\underline{z}' = \underline{H}^{-1}(-\underline{G}\,\underline{z} + \underline{R}) = \underline{P}\,\underline{z} + \underline{\tilde{R}} ,$$

$$\underline{P} = \begin{bmatrix} -\underline{A}^{-1}\underline{B} & -\underline{A}^{-1}\underline{C} \\ \underline{I} & \underline{0} \end{bmatrix} , \quad \underline{\tilde{R}} = \begin{bmatrix} \underline{A}^{-1}\underline{f} \\ \underline{0} \end{bmatrix} , \qquad (26)$$

dessen homogene Lösung

$$\underline{z}(\tau) = e^{\underline{P}\tau} \underline{z}_o \qquad (27)$$

im Zeitbereich nur approximativ möglich ist.

Tabelle 1. Bewertung der Reihenentwicklung im Zeitbereich

Gleichung	Entwicklung für Lösung	
$z' = p\,z$	$e^{p\tau}$	fakultativ
$\underline{z}' = \underline{P}\,\underline{z}$	$e^{\underline{P}\tau}$	imperativ

Die analytische Absicherung der Stabilität einer Exponentialentwicklung gilt gleichermaßen für $z' = p\,z$ und $\underline{z}' = \underline{P}\,\underline{z}$, da das System wie im Abschnitt 3 gezeigt, rein algebraisch auf 2n getrennte skalare Gleichungen transformiert werden kann.
Eine Taylorentwicklung an der Stelle $\tau = 0$,

$$T_{\varkappa}\,[\exp(p\tau)] = 1 + \frac{1}{1!}(p\tau) + \frac{1}{2!}(p\tau)^2 + \ldots + \frac{1}{\varkappa!}(p\tau)^{\varkappa} \qquad (28)$$

mit der höchsten Potenz $\varkappa$ (Konsistenzmaß der Entwicklung) erfüllt für keinen endlichen $\varkappa$-Wert die Stabilitätsforderungen (25) im Intervall $0 \le \tau \le 1$ mit einer zugeordneten physikalischen Zeitspanne $h = t_1 - t_o$. Es ist das Verdienst von Trujillo /8/, Nörsett /9/ und anderen, die Taylorreihe (28) durch die seit langem bekannte gebrochen rationale Padé-Entwicklung ersetzt zu haben.

$$e^x \sim P_{mn} = Z_m/N_n,$$
$$Z_m = a_o + a_1 x + \ldots + a_m x^m,\ N_n = b_o + b_1 x + \ldots + b_n x^n. \qquad (29)$$

Der grenzstabile Sonderfall in (25) mit $x = j\omega$ wird in der Tat gewährleistet, falls nur Zähler und Nenner des Quotienten P_{mn} von gleicher Ordnung sind.

$$m = n = k : e^x \sim P_{kk} = Z_k/N_k,$$
$$Z_k = \sum_{j=0}^{k} g_j,\ N_k = \sum_{j=0}^{k}(-1)^j g_j,\ g_j = \frac{k!}{(k-1)!}\frac{(2k-j)!}{(2k)!}\frac{x^j}{j!}. \qquad (30)$$

Tabelle 2. Einige Padé-Quotienten $P_{kk} \sim e^x$

k	P_{kk}
1	$(1 - \frac{1}{2}x)^{-1} (1 + \frac{1}{2}x)$
2	$(1 - \frac{1}{2}x + \frac{1}{12}x^2)^{-1} (1 + \frac{1}{2}x + \frac{1}{12}x^2)$
3	$(1 - \frac{1}{2}x + \frac{1}{10}x^2 - \frac{1}{120}x^3)^{-1} (1 + \frac{1}{2}x + \frac{1}{10}x^2 + \frac{1}{120}x^3)$

Die skalare e^x-Entwicklung überträgt sich in vollkommener Analogie auf die matrizielle Form $\exp(\underline{P}\tau)$.

$$k = 1: \quad e^{\underline{P}\tau} \sim \underline{P}_{11} = (\underline{I} - \frac{1}{2}\underline{P}\tau)^{-1}(\underline{I} + \frac{1}{2}\underline{P}\tau) \quad . \tag{31}$$

k = 2, 3 entsprechend Tabelle 2.

Wesentliches Merkmal der Padé-Entwicklung ist die Gleichwertigkeit einmal des Fortschreitens von $\tau = 0$ nach $\tau = 1$ in positiver Zeitrichtung und zum anderen des Rückschreitens von $\tau = 1$ nach $\tau = 0$ in negativer Zeitrichtung. Ein Verhalten, das man von jeder brauchbaren Übertragungsmatrix zum Beispiel im Rahmen des Reduktionsverfahrens selbstverständlich fordert.

$$\underline{z}(\tau) = \underline{P}_{kk} \underline{z}_o \longleftrightarrow \underline{z}_o = \underline{P}_{kk}^{-1} \underline{z}(\tau) \quad . \tag{32}$$

Besonderheit von $\underline{P}_{kk} : \underline{P}_{kk}^{-1} = \underline{P}_{kk}(-\tau)$.

Anders formuliert kann man auch von einer speziellen Approximation sprechen, die bezüglich der Intervallränder $\tau = 0$ und $\tau = 1$ symmetrisch ist, so wie man es von Randwertproblemen her gewohnt ist. Die dazugehörige gleichmäßige Entwicklung von beiden Rändern aus ist die wohlbekannte Interpolation mit Hermitepolynomen. Die Korrespondenz zwischen Padé- und Hermiteinterpolation geht aus Tabelle 3 hervor.

Tabelle 3. Korrespondenz Hermite-Padé

n_i : Normierte Hermitepolynome

Stufe	Hermite	Padé (s. Tab.2)
1	$\underline{z}(\tau) = \underline{z}_o(1 - \tau) + \underline{z}_1 \tau$	$\underline{P}_{11}$
2	$\underline{z}(\tau) = \underline{z}_o n_1(\tau) + \underline{z}_o' n_2(\tau) + \underline{z}_1 n_3(\tau) + \underline{z}_1' n_4(\tau)$	$\underline{P}_{22}$
3	$\underline{z}(\tau) = \underline{z}_o n_1(\tau) + \underline{z}_o' n_2(\tau) + \underline{z}_o'' n_3(\tau)$ $+ \underline{z}_1 n_4(\tau) + \underline{z}_1' n_5(\tau) + \underline{z}_1'' n_6(\tau)$	$\underline{P}_{33}$

Aufschlußreich ist ein Vergleich zwischen Padé- und Hermiteinterpolation bezüglich der konkreten Rechenoperationen, um schließlich von der Funktionalgleichung

$$\underline{H}\,\underline{z}' + \underline{G}\,\underline{z} = \underline{R}, \quad \underline{H} = \begin{bmatrix} \underline{A} & \underline{0} \\ \underline{0} & -\underline{I} \end{bmatrix}, \quad \underline{G} = \begin{bmatrix} \underline{B} & \underline{C} \\ \underline{I} & \underline{0} \end{bmatrix}, \quad \underline{z} = \begin{bmatrix} \underline{v} \\ \underline{u} \end{bmatrix}, \quad \underline{R} = \begin{bmatrix} \underline{f} \\ \underline{0} \end{bmatrix} \quad (33a)$$

oder $\quad \underline{z}' = \underline{P}\,\underline{z} + \underline{\tilde{R}}, \quad \underline{P} = \begin{bmatrix} -\underline{A}^{-1}\underline{B} & -\underline{A}^{-1}\underline{C} \\ \underline{I} & \underline{0} \end{bmatrix}, \quad \underline{\tilde{R}} = \begin{bmatrix} \underline{A}^{-1}\underline{f} \\ \underline{0} \end{bmatrix}, \quad (33b)$

zum Übertragungsalgorithmus

$$\underline{S}_1\,\underline{z}_1 = \underline{S}_0\,\underline{z}_0 + \underline{r}, \quad \underline{z}_j = \begin{bmatrix} \underline{v}_j \\ \underline{u}_j \end{bmatrix}, \quad (34)$$

zu gelangen. Beide Wege werden im folgenden für die Stufe 2 stichwortartig kommentiert wiedergegeben.

<u>Hermite-Weg</u>. Stufe 2 heißt kubischer Ansatz. (35)

Integrale der Hermitepolynome $\quad 12 \int_0^1 \underline{n}^T(\tau)\,d\tau = [6\ 1\ 6\ -1]$.

Integration der 1. Blockzeile aus (33a) (36)

$$12\,\underline{A}\,(\underline{v}_1 - \underline{v}_0) + 12\,\underline{B}\,(\underline{u}_1 - \underline{u}_0) + \underline{C}\,(6\,\underline{u}_0 + \underline{v}_0 + 6\,\underline{u}_1 - \underline{v}_1) = 12 \int_0^1 \underline{f}\,d\tau .$$

Integration der 2. Blockzeile aus (33a)

$$12\,(-\underline{u}_1 + \underline{u}_0) + (6\,\underline{v}_0 + \underline{v}_0' + 6\,\underline{v}_1 - \underline{v}_1') = \underline{0} . \quad (37)$$

Multiplikation von links mit $\underline{A}$ und Elimination von
$\underline{A}\,(\underline{v}_0' - \underline{v}_1')$ über 1. Blockzeile liefert
$$12\,\underline{A}\,(-\underline{u}_1 + \underline{u}_0) + 6\,\underline{A}\,(\underline{v}_0 + \underline{v}_1) + \underline{B}\,(\underline{v}_1 - \underline{v}_0) + \underline{C}\,(\underline{u}_1 - \underline{u}_0)$$
$$+ \underline{f}_0 - \underline{f}_1 = \underline{0} . \quad (38)$$

Zusammenfassung der Endgleichungen (36), (38) als Blockschema nach (34):

$$\underline{S}_1 = \underline{S}_1^T = \begin{bmatrix} -6\,\underline{A} - \underline{B} & 12\,\underline{A} - \underline{C} \\ 12\,\underline{A} - \underline{C} & 12\,\underline{B} + 6\,\underline{C} \end{bmatrix} ,$$

$$\underline{S}_0 = \begin{bmatrix} 6\,\underline{A} - \underline{B} & 12\,\underline{A} - \underline{C} \\ 12\,\underline{A} - \underline{C} & 12\,\underline{B} - 6\,\underline{C} \end{bmatrix} , \quad \underline{r} = \begin{bmatrix} \underline{f}_0 - \underline{f}_1 \\ 12 \int_0^1 \underline{f}\,d\tau \end{bmatrix} . \quad (39)$$

Padé-Weg. $\underline{z}_1 = \underline{P}_{22} \underline{z}_o$, $\underline{N}_{22} \underline{z}_1 = \underline{Z}_{22} \underline{z}_o$.

Tab. 2: $\underline{Z}_{22} = \underline{I} + \frac{1}{2} \underline{P} + \frac{1}{12} \underline{P}^2$, $\underline{N}_{22} = \underline{I} - \frac{1}{2} \underline{P} + \frac{1}{12} \underline{P}^2$.

$\underline{P}$ aus (26), $\underline{P}^2 = \begin{bmatrix} \underline{A}^{-1}\underline{B}\ \underline{A}^{-1}\underline{B} - \underline{A}^{-1}\underline{C} & \underline{A}^{-1}\underline{B}\ \underline{A}^{-1}\underline{C} \\ -\underline{A}^{-1}\underline{B} & -\underline{A}^{-1}\underline{C} \end{bmatrix}$. (40)

$\rightarrow \underline{N}_{22} = \begin{bmatrix} \underline{I} + \frac{1}{2}\underline{A}^{-1}\underline{B} + \frac{1}{12}(\underline{A}^{-1}\underline{B}\ \underline{A}^{-1}\underline{B} - \underline{A}^{-1}\underline{C}) & \frac{1}{2}\underline{A}^{-1}\underline{C} + \frac{1}{12}\underline{A}^{-1}\underline{B}\ \underline{A}^{-1}\underline{C} \\ -\frac{1}{12}\underline{A}^{-1}\underline{B} - \frac{1}{2}\underline{I} & \underline{I} - \frac{1}{12}\underline{A}^{-1}\underline{C} \end{bmatrix}$.

Multiplikation beider Blockzeilen von links mit $\underline{A}$ und ausschließendes Hinzuaddieren der $(\underline{B}\ \underline{A}^{-1})$-fachen zweiten Blockzeile zur ersten ergibt nach Austauschen der Blockzeilen dieselbe Matrix $\underline{S}_1$ wie in (39).

Insgesamt erscheint der Hermite-Weg als die zielstrebigere Variante, die über die Stationen Integration und Kollokation direkt zu einem Paar $\underline{S}_o$, $\underline{S}_1$ mit symmetrischer Matrix $\underline{S}_1$ führt, wobei von Anfang an Matrizenprodukte und inverse Formen nicht auftreten. Der Hermite-Weg liefert zudem eine synchrone Integration der einwirkenden Kräfte $\underline{f}$, was in Anbetracht einer gleichmäßigen Erfassung der gegebenen und gesuchten Größen ganz besonders auch im Hinblick auf nichtlineare Bewegungsabläufe wesentlich ist.

Für eine Padé-Entwicklung 3. Stufe ist durch offensichtliche Operationen keine klare algebraische Struktur mehr zu gewinnen, für die Hermite-Alternative dagegen bleibt es beim durchgängigen Konzept, wobei zwangsläufig die Beschleunigungen $\underline{v}' = \underline{a}$ einzubeziehen sind. Durch zunächst analytische Integration der 3 Zustandsgleichungen,

$\underline{A}\ \underline{a}' + \underline{B}\ \underline{v}' + \underline{C}\ \underline{u}' = \underline{f}' \longrightarrow \underline{A}(\underline{a}_1 - \underline{a}_o) + \underline{B}(\underline{v}_1 - \underline{v}_o) + \underline{C}(\underline{u}_1 - \underline{u}_o) = \underline{f}_1 - \underline{f}_o$,

$\underline{A}\ \underline{v}' + \underline{B}\ \underline{u}' + \underline{C}\ \underline{u} = \underline{f} \longrightarrow \underline{A}(\underline{v}_1 - \underline{v}_o) + \underline{B}(\underline{u}_1 - \underline{u}_o) + \underline{C}\int \underline{u}\, d\tau = \int \underline{f}\, d\tau$,

$\underline{A}\ \underline{u}' - \underline{A}\ \underline{v} = \underline{0} \longrightarrow \underline{A}(\underline{u}_1 - \underline{u}_o) = \underline{A}\int \underline{v}\, d\tau$, (41)

und Ansätze fünften Grades in der Zeit τ für $\underline{u}(\tau)$ und $\underline{v}(\tau)$ mit der Integralzeile

$120 \int_0^1 \underline{n}^T d\tau = [\ 60\quad 12\quad 1\quad 60\quad -12\quad 1\ ]$ erhält man nach Elimination von $\underline{A}\ \underline{a}_o$ und $\underline{A}\ \underline{a}_1$ mittels (41a) dreigliedrige Systemmatrizen $\underline{S}_1$, $\underline{S}_o$ und $\underline{r}$ mit $\underline{S}_1 = \underline{S}_1^T$. Reihung der Gln. (41): (b); (c) + $\frac{1}{10}$ (a); (a).

$\underline{S}_1 = \begin{bmatrix} 120\ \underline{B} + 60\ \underline{C} & 120\ \underline{A} - 12\ \underline{C} & \underline{C} \\ 120\ \underline{A} - 12\ \underline{C} & -60\ \underline{A} - 12\ \underline{B} + \underline{C} & \underline{B} \\ \underline{C} & \underline{B} & \underline{A} \end{bmatrix}$, $\underline{z}_k = \begin{bmatrix} \underline{u}_k \\ \underline{v}_k \\ \underline{a}_k \end{bmatrix}$,

$$\underline{S}_o = \begin{bmatrix} 120 \underline{B} - 60 \underline{C} & 120 \underline{A} - 12 \underline{C} & -\underline{C} \\ 120 \underline{A} - 12 \underline{C} & 60 \underline{A} - 12 \underline{B} - \underline{C} & -\underline{B} \\ \underline{C} & \underline{B} & \underline{A} \end{bmatrix}, \quad \underline{r} = \begin{bmatrix} 120 \int_0^1 \underline{f} \, d \\ (\underline{f}'_o + \underline{f}'_1) + 12(\underline{f}_o - \underline{f}_1) \\ \underline{f}_o - \underline{f}_1 \end{bmatrix} \quad (42)$$

5 VERÄNDERLICHE KOEFFIZIENTEN

Bei Systemen mit zeitveränderlichen Koeffizienten besteht neben einer integralen Mittelung nach (12) stets auch die Möglichkeit eines diskreten Abtastens im Zeitschritt $0 \leq \tau \leq 1$, wobei als optimale Abtastpunkte diejenigen nach Gauß in Frage kommen. Ein implizites Runge-Kutta-Verfahren in Gaußform nach /10, S. 37/ wird in /11/ speziell auf die Differentialgleichung (14) zugeschnitten. Am Beispiel der Stabilitätsanalyse einer Windkraftanlage wird die Effektivität des diskreten Abtastens belegt, obwohl der Rechenaufwand zunächst doch abschreckend hoch erscheint.

Auch für den Problemkreis veränderlicher Koeffizienten ist der Hermite-Weg eine attraktive Alternative, da die Gaußpunkte und -gewichte sich der absoluten Symmetrie im Zeitintervall unterordnen. Eine ausführliche Darstellung hierzu wird an anderer Stelle gegeben werden.

6 ABSCHLIESSENDE BEMERKUNGEN

Implizite Verfahren - und nur solche - können zwar übertragungsneutral und damit unabhängig vom Zeitschritt numerisch stabil sein, doch sind auch sie Näherungsverfahren. Mit der Konsistenzzahl $\varkappa$ hat man ein gewisses Qualitätsmerkmal in der Hand, doch erkennt man die absolute Güte der Ergebnisse einer Stufe k nur aus einer begleitenden Rechnung nächsthöherer Stufe k + 1. Die Resultate $\underline{z}_k$ der k. Stufe wird man dazu als Startvektoren $\underline{z}_{k+1} \sim \underline{z}_k$ einer Vektoriteration für die Stufe k + 1 benutzen.

Selbstverständlich ist die Blockstruktur der Systemgleichungen zum Beispiel in (42) nur zugunsten einer klaren Formelarchitektur gewählt worden. Für die praktische Rechnung werden die Zustandsgrößen $(a, v, u)_j$ knotenweise zusammengefaßt, so daß sich die Bandstruktur der Systemmatrizen $\underline{A}$, $\underline{B}$, $\underline{C}$ auf die zu zerlegende Hypermatrix $\underline{S}_1$ überträgt. Ein weiterer Hinweis gilt der Generierung der rechten Seite $\underline{S}_o \underline{z}_o + \underline{r}$ in (34), ein Prozeß, der mit dem Produkt $\underline{S}_o \underline{z}_o$ durchaus in der Rechenzeitbilanz zu Buche schlägt. Arbeitet man mit Zuwüchsen $\Delta \underline{z}$, $\underline{z}_1 = \underline{z}_o + \Delta \underline{z}$, so tilgen sich mehrere Terme in $\underline{S}_o$ mit entsprechend weniger Operationen für das Produkt $\widetilde{\underline{S}}_o \underline{z}_o$.

$$\underline{S}_1 \Delta \underline{z} = \underline{\tilde{S}}_o \underline{z}_o + \underline{r} \;, \quad \text{Stufe 2 (39)}: \underline{\tilde{S}}_o = \begin{bmatrix} 12\,\underline{A} & \underline{0} \\ \underline{0} & -12\,\underline{C} \end{bmatrix} \;.$$

$$\text{Stufe 3 (42)}: \underline{\tilde{S}}_o = \begin{bmatrix} -120\,\underline{C} & \underline{0} & -2\,\underline{C} \\ \underline{0} & 120\,\underline{A} - 2\,\underline{C} & -2\,\underline{B} \\ \underline{0} & \underline{0} & \underline{0} \end{bmatrix} \;. \tag{43}$$

LITERATUR

/1/ Bailey, C. D.: Hamilton's Principle and the Calculus of Variations. Acta Mechanica 44 (1982), 49-57

/2/ Leipholz, H. H. E.: On the Application of the Direct Method to Initial Value Problems. Acta Mechanica 58 (1986), 239-249

/3/ Argyris, J. H.; Dunne, P. C.; Angelopoulos, T.: Non-linear Oscillations using the Finite Element Technique. Comp. Meth. Appl. Mech. Eng. 2 (1973), 203-250

/4/ Malsch, H.: Stabilitäts- und Schwingungsuntersuchungen von ausgesteiften Platten nach einer Finite-Element-Methode. Diss. TU Braunschweig (1977)

/5/ Zienkiewicz, O. C.: A new look at the Newmark, Houbolt and other time stepping schemes. A weighted residual approach. Int. J. Earthquake Struct. Dynam. 5 (1977), 413-418

/6/ Caughey, T. K.: Classical normal modes in damped linear dynamic systems. J. Appl. Mech. (1960), 269-271

/7/ Lancaster, P.: Lambda-matrices and Vibrating Systems. Oxford, London, Toronto: Pergamon Press 1966

/8/ Trujillo, D. M.: The direct numerical integration of linear matrix differential equations using Padé approximations. Int. J. Num. Meth. Eng. 9 (1975), 259-270

/9/ Norsett, S. P.: Restricted Padé-Approximations to the exponential function. SIAM J. Num. Anal. 15 (1978), 1008-1029

/10/ Grigorieff, R. D.: Numerik gewöhnlicher Differentialgleichungen Bd. 1. Stuttgart: Teubner 1972

/11/ Bergmann, K.: Zur numerischen Integration der Floquet-Transition-Matrix. Erscheint im Ing. Arch.

/12/ Ruge, P.: Finite Zeitübersetzung am System 1. Ordnung. ZAMM 64 (1984), T305-T307

Zur stabilen und adaptiven Zeitintegration mechanischer Kriechprozesse

E. Stein und R. Mahnken, Hannover

SUMMARY

Concerning the integration in time of constitutive relations of creep problems two families of algorithms are examined, i.e. the generalized trapezoidal and the generalized midpoint rule. For each, the stability- and the accuracy properties are described and consistent tangent operators for the exact linearization of iteration on equalibrium are presented. Since the choice of the step-size is crucial for the accuracy of the numerical results, an adaptive step-size procedure is carried out by means of error estimates. Finally, two numerical examples are presented to illustrate the effect of the step-size on the accuracy and to compare the effectiveness of different iterative solution schemes.

ZUSAMMENFASSUNG

Zur Zeitintegration der konstitutiven Gleichungen für Kriechprobleme werden zwei Klassen von Integrationsverfahren, die *verallgemeinerte Trapez-Regel* und die *verallgemeinerte Mittelpunkt-Regel* untersucht. Es erfolgt eine Erörterung der Stabilitäts- und Genauigkeitseigenschaften, und es werden jeweils konsistente Tangentenoperatoren zur exakten Linearisierung der Gleichgewichtsiteration angegeben. Um den Einfluß des Zeitschrittes auf die Genauigkeit der numerischen Ergebnisse zu erfassen, kann mittels einer Fehlerabschätzung eine adaptive Zeitschrittsteuerung erfolgen. Anhand zweier Beispiele wird der Einfluß der Zeitschrittwahl auf die Genauigkeit und die Effizienz verschiedener Algorithmen zur Gleichgewichtsiteration dargelegt.

1 EINLEITUNG

Die numerische Behandlung mechanischer Kriechvorgänge erfordert die Lösung von partiellen Differentialgleichungen mit Rand-und Anfangsbedingungen. Im Rahmen einer Finite-Element-Methode wird hierfür eine räumliche Diskretisierung nach dem Galerkin-Verfahren vorgenommen; die zeitabhängigen Zustandsgrößen erhält man durch Zeitintegration unter Berücksichtigung der Anfangsbedingungen. In diesem Beitrag beschäftigen wir uns mit Algorithmen zur Zeitintegration und hierzu konsistenten Linearisierungen für die globale Gleichgewichtsiteration. Als Stoffgleichungen werden Kriechgesetze vom *Norton*-Typ verwendet.

Für die Zeitintegration steht eine große Anzahl von Verfahren zur Verfügung. Man unterscheidet z.B. nach *Einschritt-* und *Mehrschrittverfahren* oder nach *expliziten* und *impliziten* Verfahren. Anforderungen an die Verfahren betreffen insbesondere folgende Punkte:

(a) Konsistenz mit der Anfangswertaufgabe

(b) Numerische Stabilität

(c) Genauigkeit.

Im folgenden sollen lediglich Einschrittverfahren impliziter Art besprochen werden, die darüber hinaus die Eigenschaft haben, daß sie *A-Stabil* (unbedingt stabil (unconditionally stable))sind. Dieses gewährleistet, daß die Wahl des Zeitschrittes, den wir im folgenden mit h kennzeichnen wollen, keinen Einfluß auf die numerische Stabilität für den Integrationsalgorithmus hat. Dagegen kann der Einfluß von h auf die Genauigkeit erheblich sein. Es soll daher eine adaptive Bestimmung des Zeitschrittes mittels einer *a priori Fehlerabschätzung* durchgeführt werden.

Bei Anwendung impliziter Verfahren wird die Lösung nichtlinearer Gleichungssysteme - sowohl in einer lokalen als auch in einer globalen Iteration - erforderlich. Für einen Lösungsalgorithmus kann quadratische Konvergenz mit einem Newton-Verfahren durch konsistente Linearisierung der entsprechenden Nullstellenaufgabe erreicht werden.

2 GRUNDGLEICHUNGEN

In diesem Abschnitt sind die für die Zeitintegration notwendigen Grundgleichungen zur Beschreibung von Kriechvorgängen vom Norton-Typ für 3-dimensionales, isotropes Materialverhalten in Tensorschreibweise angegeben. Wir gehen von folgender additiven Aufteilung der Gesamtverzerrungen aus

$$\varepsilon = \varepsilon^{in} + \varepsilon^{el} + \varepsilon^{\theta} \quad . \tag{2.1}$$

Hierbei beschreibt ε^{in} den Tensor der inelastischen Verzerrungen, ε^{el} den Tensor der elastischen Verzerrungen, und ε^{θ} kennzeichnet Temperaturdehnungen. Die 3-dimensionale Verallgemeinerung des Norton'schen Gesetzes lautet

$$\dot{\varepsilon}^{in} = \kappa F^m \mathbf{s} \quad . \tag{2.2}$$

κ ist eine skalare Größe, die z.B. zeit- und temperaturabhängig sein kann, m ist eine Konstante. Ferner sei

$$F = \sqrt{3\mathbf{s}\cdot\mathbf{s}} \tag{2.3}$$

eine von Mises-Funktion mit

$$\mathbf{s} = \mathbf{D}\boldsymbol{\sigma} \tag{2.4}$$

als deviatorischen Anteil des Cauchy'schen Spannungstensors $\boldsymbol{\sigma}$. Der Projektionstensor $\mathbf{D}$ ist definiert durch

$$\mathbf{D} = \mathbf{I} - \frac{1}{3}\mathbf{1}\otimes\mathbf{1}, \tag{2.5}$$

wobei $\mathbf{I}$ der vierstufige Einheitstensor und $\mathbf{1}$ der zweistufige Einheitstensor ist. Die elastischen Verzerrungen werden mit dem Hooke'schen Gesetz gemäß

$$\boldsymbol{\sigma} = \mathbf{C}\boldsymbol{\varepsilon}^{el} \tag{2.6}$$

bestimmt. Hierbei beschreibt

$$\mathbf{C} = 2G\mathbf{I} + \lambda\mathbf{1}\otimes\mathbf{1} \tag{2.7}$$

den vierstufigen Elastizitätstensor für isotropes Materialverhalten. In Gl. (2.7) ist $G = \mu$, wobei μ und λ die Lamé-Konstanten sind. Mit den Gln. (2.1), (2.2), (2.4) und entsprechenden Anfangsbedingungen läßt sich bei zeitlich konstantem Elastizitätstensor durch Ableitung der Gl. (2.6) nach der Zeit t die folgende Anfangswertaufgabe formulieren

$$\begin{aligned}\dot{\boldsymbol{\sigma}} &= \mathbf{C}(\dot{\boldsymbol{\varepsilon}} - \dot{\boldsymbol{\varepsilon}}^{\theta} - \kappa F^m \mathbf{D}\boldsymbol{\sigma}),\\ \boldsymbol{\sigma}(t=0) &= \boldsymbol{\sigma}_0.\end{aligned} \tag{2.8}$$

3 NUMERISCHE INTEGRATION

3.1 PROBLEMSTELLUNG

Die Zeitintegration geschieht inkrementell durch Diskretisierung der Zeitachse $t\varepsilon[0,T]$ in I Zeitschritte $h_{i+1} = t_{i+1} - t_i$, $i = 0,\ldots,(I-1)$. Wir nehmen an, daß zur Zeit t_i als Anfangsbedingung die Zustandsgrößen $\boldsymbol{\varepsilon}_i$, $\boldsymbol{\varepsilon}_i^{in}$, $\boldsymbol{\varepsilon}_i^{el}$ und $\boldsymbol{\sigma}_i$ in jedem Punkt (Gauss-Punkt) der Gesamtstruktur vorhanden sind. Ferner sei - als Ergebnis der globalen Iteration - ein inkrementelles Verschiebungsfeld $\mathbf{u}_{i+1}$ gegeben, so daß für die Gesamtverzerrungen folgt

$$\begin{aligned}\boldsymbol{\varepsilon}_{i+1} &= \boldsymbol{\varepsilon}_i + \Delta\boldsymbol{\varepsilon}_{i+1},\\ \Delta\boldsymbol{\varepsilon}_{i+1} &= \nabla^s \mathbf{u}_{i+1}.\end{aligned} \tag{3.1}$$

In Gl. (3.1) wird durch $\nabla^s(.)$ der symmetrische Gradient $\varepsilon_{ij} = \frac{1}{2}(u_{i,j} + u_{j,i})$ symbolisiert. Die Aufgabe der Zeitintegration besteht somit darin, für den Zeitpunkt t_{i+1} die Zustandsgrößen ε^{in}_{i+1}, ε^{el}_{i+1} und σ_{i+1} unter Beachtung der Gln. (2.1)-(2.7) zu bestimmen.

3.2 INTEGRATIONSALGORITHMEN

Bei gegebenem Stoffgesetz nach Gl. (2.2) kann der Zuwachs der inelastischen Verzerrungen $\Delta\varepsilon^{in}_{i+1}$ in allgemeiner Form wie folgt approximiert werden

$$\Delta\varepsilon^{in}_{i+1} = \int_{t_i}^{t_{i+1}} \dot{\varepsilon}^{in} dt \simeq h \sum_{j=1}^{l} w_j \dot{\varepsilon}^{in}(\zeta_j). \tag{3.2}$$

Hierbei sind
- $\zeta_j =$ Stützstellen
- $w_j =$ Wichtungsfaktoren
- $l =$ Anzahl der Stützstellen
- $h =$ Zeitschritt.

Spezialfälle von Gl. (3.2), auf die wir uns im folgenden beziehen wollen, sind die *verallgemeinerte Trapez-Regel* ($l = 2$, $\zeta_1 = i$, $\zeta_2 = i+1$, $w_1 = 1 - \theta$, $w_2 = \theta$)

$$\Delta\varepsilon^{in}_{i+1} = h\left((1-\theta)\dot{\varepsilon}^{in}_i + \theta\dot{\varepsilon}^{in}_{i+1}\right) \tag{3.3}$$

und die *verallgemeinerte Mittelpunkt-Regel* ($l = 1$, $\zeta = i + \theta$, $w = 1$)

$$\Delta\varepsilon^{in}_{i+1} = h\dot{\varepsilon}^{in}_{i+\theta}. \tag{3.4}$$

Weitere Spezialfälle, die sich sowohl aus Gl. (3.3) als auch aus Gl. (3.4) ableiten lassen, sind für $\theta = 0$ die explizite Euler-Formel

$$\Delta\varepsilon^{in}_{i+1} = h\dot{\varepsilon}^{in}_i \tag{3.5}$$

und für $\theta = 1$ die implizite Euler-Formel.

$$\Delta\varepsilon^{in}_{i+1} = h\dot{\varepsilon}^{in}_{i+1}. \tag{3.6}$$

Die Ermittlung der Spannungen an den Stützstellen ζ geschieht wie folgt: Durch Einsetzen der Gleichungen

$$\varepsilon_{i+\zeta} = \varepsilon_i + \zeta\Delta\varepsilon_{i+1}, \tag{3.7}$$

$$\varepsilon^{\theta}_{i+\zeta} = \varepsilon^{\theta}_i + \zeta\Delta\varepsilon^{\theta}_{i+1} \tag{3.8}$$

und

$$\varepsilon^{in}_{i+\zeta} = \varepsilon^{in}_i + \zeta\Delta\varepsilon^{in}_{i+1} \tag{3.9}$$

in die Gl.(2.1) erhält man

$$\varepsilon^{el}_{i+\zeta} = \varepsilon_{i+\zeta} - \varepsilon^{in}_{i+\zeta} - \varepsilon^{\theta}_{i+\zeta}. \tag{3.10}$$

Somit ergeben sich die Spannungen mit den Gln. (3.10) und Gl. (2.6) gemäß

$$\sigma_{i+\zeta} = \mathbf{C}\varepsilon^{el}_{i+\zeta}. \tag{3.11}$$

Bemerkungen:

1) Die Bestimmung der Zustandsgrößen ε^{in}_{i+1}, ε^{el}_{i+1} und σ_{i+1} unter Beachtung der Gln. (3.1)-(3.4) und (3.7)-(3.11) führt auf ein nichtlineares Gleichungssystem der Dimension $k \leq 9$. Dieses wird iterativ mit einem Newton- oder Quasi-Newton-Verfahren in einer *lokalen Iteration* gelöst (siehe hierzu /6/).

2) Mit den Gleichungen (3.2)-(3.4) und (3.7)-(3.11) läßt sich folgende Spannungs-Verzerrungsbeziehung aufstellen

$$\sigma_{i+1} = \tilde{\mathbf{C}}_{i+1}\tilde{\varepsilon}_{i+1}, \tag{3.12}$$

wobei

$$\tilde{\mathbf{C}}_{i+1} = (\mathbf{I} + \alpha_{i+1}\mathbf{D})^{-1}\mathbf{C} \tag{3.13}$$

ein modifizierter (algorithmischer) Stofftensor ist. Die Größen α_{i+1} und $\tilde{\varepsilon}_{i+1}$ sind für die verallgemeinerte Trapez-Regel durch

$$\begin{aligned}\alpha_{i+1} &= \theta h\kappa_{i+1}F^m_{i+1}2G, \\ \tilde{\varepsilon}_{i+1} &= \varepsilon^{el}_i + \Delta\varepsilon_{i+1} - \Delta\varepsilon^{\theta}_{i+1} + (\theta - 1)h\kappa_i F^m_i \mathbf{s}_i,\end{aligned} \tag{3.14}$$

bei Anwendung der verallgemeinerten Mittelpunkt-Regel durch

$$\begin{aligned}\alpha_{i+1} &= \theta h\kappa_{i+\theta}F^m_{i+\theta}2G, \\ \tilde{\varepsilon}_{i+1} &= \varepsilon^{el}_i + \Delta\varepsilon_{i+1} - \Delta\varepsilon^{\theta}_{i+1} + (\theta - 1)h\kappa_{i+\theta}F^m_{i+\theta}\mathbf{s}_i\end{aligned} \tag{3.15}$$

gegeben.

3) Für das implizite Euler-Verfahren, d.h. $\theta = 1.0$, kann eine Spannungs-Verzerrungsbeziehung für die deviatorischen Anteile auch wie folgt beschrieben werden

$$\begin{aligned}\mathbf{s}_{i+1} &= \mathbf{s}^T_{i+1} - \alpha_{i+1}\mathbf{s}_{i+1}, \\ \mathbf{s}^T_{i+1} &= \mathbf{s}_i + 2G\Delta\mathbf{e}_{i+1}.\end{aligned} \tag{3.16}$$

Hierbei entspricht $\mathbf{s}^T_{i+1}$ dem aus den Projektionsalgorithmen in der Plastizitätstheorie bekannten elastischen Predictorschritt, und $\Delta\mathbf{e}_{i+1}$ ist der deviatorische Anteil von $\Delta\varepsilon_{i+1} - \Delta\varepsilon^{\theta}_{i+1}$. Mit dieser Notation ist Gl. (3.16) der *Radial-Return* Methode äquivalent, wie sie für die Integration plastischer Stoffgesetze eingeführt wurde /1,7/.

3.3 KONSISTENZ, STABILITÄT UND GENAUIGKEIT

An einen numerischen Integrationsalgorithmus sind, wie bereits in der Einleitung erwähnt, folgende Anforderungen zu stellen: (a) Konsistenz mit der Anfangswertaufgabe, (b) Numerische Stabilität und (c) Ausreichende Genauigkeit der numerischen Ergebnisse. Die Forderungen (a) und (b) sind notwendig, damit für $h \to O$ die numerische Lösung gegen die exakte Lösung konvergiert /8/.

Die *Konsistenz* mit der Anfangswertaufgabe (und somit die Ordnung 1) läßt sich für die verallgemeinerte Mittelpunkt-Regel z.B. wie folgt zeigen: Aus Gl. (3.12) folgt für die Spannungen

$$\sigma_{i+1} - \sigma_i = \mathbf{C}(\Delta \varepsilon_{i+1} - \Delta \varepsilon_{i+1}^\theta - h\kappa_{i+\theta} F_{i+\theta}^m \mathbf{D}\sigma_{i+\theta}). \qquad (3.17)$$

Dividiert man diese Gleichung durch h, so erkennt man, daß sie für $h \to 0$ in die Anfangswertaufgabe Gl. (2.8) übergeht, d.h. mit dieser konsistent ist.

Die numerische *Stabilität* ist bei der Zeitintegration ein komplexes Thema /8-10/. Ein kurzer Überblick über das Stabilitätsverhalten einiger Einschrittverfahren expliziter und impliziter Form wird in /6/ gegeben. In der vorliegenden Arbeit sollen nur implizite Verfahren behandelt werden, die *A-Stabil* (absolut stabil, unbedingt stabil (unconditionally stable)) sind, so daß die Wahl von h auf die numerische Stabilität keinen Einfluß hat. In /2/ wird insbesondere für die verallgemeinerte Mittelpunkt-Regel die Stabilität visko-plastischer Algorithmen im Rahmen von Finite-Element-Berechnungen untersucht und gezeigt, daß für $\theta \geq 0.5$ der Algorithmus A-Stabil ist. Dasselbe Ergebnis wird auch in /4/ für plastische Algorithmen erhalten. (Für die verallgemeinerte Trapez-Regel ist A-Stabilität für $\theta = 0.5$ allerdings nur bei Fließflächen vom von Mises Typ gewährleistet./4/)

Ein Maß für die *Genauigkeit* eines Verfahrens zur Zeitintegration ist der lokale Abbruchfehler. Bezeichnen wir z.B. für den Zeitpunkt t_{i+1} mit $\sigma(t_{i+1})$ die exakte Lösung der Anfangswertaufgabe Gl. (2.8) und mit σ_{i+1} die Approximation des Integrationsverfahrens, dann ist

$$l(\sigma, h) = \sigma(t_{i+1}) - \sigma_{i+1} \qquad (3.18)$$

der lokale Abbruchfehler /8-10/. Durch Entwicklung dieser Gleichung in eine Taylor-Reihe erhält man einen Abbruchterm der Form $O(h^{n+1})$. Das Integrationsverfahren wird dann als Verfahren n-ter Ordnung bezeichnet. Es läßt sich somit zeigen, daß sowohl die verallgemeinerte Trapez-Regel als auch die verallgemeinerte Mittelpunkt-Regel jeweils für $\theta = 0.5$ Verfahren 2.Ordnung sind (n=2), während andernfalls die Ordnung n=1 beträgt. Für die praktische Berechnung ist außerdem die Genauigkeit der Ergebnisse am Ende aller Zeitschritte, d.h. zur Zeit T von Interesse. Hierfür wird der globale Abbruchfehler

$$\mathbf{L}(\sigma, h) = \sum_{i=1}^{I} l_i(\sigma, h) \qquad (3.19)$$

eingeführt.

4 KONSISTENTER TANGENTENOPERATOR

In Kapitel 3 wurde die Lösung des Anfangswertproblems zur Bestimmung der Spannung σ_{i+1} für gegebenes $\Delta\varepsilon_{i+1}$ und entsprechenden Anfangsbedingungen behandelt. Zusätzlich müssen die Spannungen jedoch auch Gleichgewichts- und Randbedingungen erfüllen. Daher wird im Rahmen einer FE-Methode die schwache Form der Gleichgewichtsbedingung (Prinzip der virtuellen Arbeit) benutzt, die wie folgt formuliert werden kann:

Es seien $\Omega\epsilon\mathbf{R}^3$ die Gesamtstruktur und x ein Punkt in Ω. $\mathbf{b}(\mathbf{x},t)$ seien Körperkräfte in Ω und $\bar{\mathbf{t}}(\mathbf{x})$ Oberflächenkräfte auf $\partial\Omega_1$, wobei $\partial\Omega_1$ ein Teilgebiet des Randes $\partial\Omega$ ist. Die Verschiebungen $\mathbf{u}(\mathbf{x},t)$ sollen Randbedingungen $\mathbf{u}(t) = \bar{\mathbf{u}}$ auf $\partial\Omega_2$ erfüllen, wobei $\partial\Omega_1 \cap \partial\Omega_2 = \emptyset$ und $\partial\Omega_1 \cup \partial\Omega_2 = \partial\Omega$ gelten soll. Bezeichnen wir mit η die Menge aller zulässigen Funktionen die die Bedingungen $\delta\varepsilon = \nabla^s\eta$ in Ω und $\eta = 0$ auf $\partial\Omega_2$ erfüllen, dann lautet die schwache Form der Gleichgewichtsbedingung

$$G(\mathbf{u},\eta) = \int_\Omega \sigma \cdot \nabla\eta d\Omega - \int_\Omega \mathbf{b} \cdot \eta d\Omega - \int_{\partial\Omega_1} \bar{\mathbf{t}} \cdot \eta dS = 0. \quad (4.1)$$

Die Lösung dieser nichtlinearen Gleichung erfolgt iterativ in einer *globalen Iteration*. Mit einem Newton-Verfahren kann quadratische Konvergenz erreicht werden, indem man eine Folge von Linearisierungen der Form

$$DG(\mathbf{u}_{i+1}^{(j)},\eta) \cdot \Delta\mathbf{u}^{(j)} = \int_\Omega \nabla\eta \cdot \left(\hat{\mathbf{C}}_{i+1}^{(j)} \nabla(\Delta\mathbf{u}_{i+1}^{(j)})\right) d\Omega = -G(\mathbf{u}_{i+1}^{(j)},\eta) \quad (4.2)$$

suksessive solange löst, bis das Residuum $G(\mathbf{u}_{i+1}^{(j)},\eta)$ verschwindet. Der Iterationsindex j soll im folgenden weggelassen werden. Der Tensor $\hat{\mathbf{C}}_{i+1}$ ist der *Tangentenoperator*, der konsistent mit dem gewählten Zeitintegrationsverfahren sein muß. Er wird bestimmt nach

$$\hat{\mathbf{C}}_{i+1} = \frac{\partial\sigma_{i+1}}{\partial\varepsilon_{i+1}}. \quad (4.3)$$

Durch Ableitung von Gl. (3.12) lautet das Ergebnis für den konsistenten Tangentenoperator sowohl für die verallgemeinerte Mittelpunkt-Regel als auch für die Trapez-Regel

$$\hat{\mathbf{C}}_{i+1} = \tilde{\mathbf{C}}_{i+1} - \frac{\tilde{\mathbf{C}}_{i+1}\mathbf{s} \otimes \tilde{\mathbf{C}}_{i+1}\mathbf{s}}{\frac{4F^2G}{3m\alpha} + \tilde{\mathbf{C}}_{i+1}\mathbf{s} \cdot \mathbf{s}}. \quad (4.4)$$

Diese Gleichung läßt sich vereinfachen zu

$$\hat{\mathbf{C}}_{i+1} = \frac{2G}{1+\alpha}\mathbf{I} + \left(\lambda + \frac{2G\alpha}{3(1+\alpha)}\right)\mathbf{1} \otimes \mathbf{1} - \frac{m\alpha 3G}{F^2(1+\alpha)(1+\alpha+m\alpha)}\mathbf{s} \otimes \mathbf{s}. \quad (4.5)$$

In den Gln.(4.3) und (4.4) ist für die verallgemeinerte Trapez-Regel $\mathbf{s} = \mathbf{s}_{i+1}$ und $\alpha = \alpha_{i+1}$ nach Gl.(3.14), sowie für die verallgemeinerte Mittelpunkt-Regel $\mathbf{s} = \mathbf{s}_{i+\theta}$ und $\alpha = \alpha_{i+1}$ nach Gl.(3.15) einzusetzen. Es läßt sich zeigen, daß $\hat{\mathbf{C}}_{i+1}$ positiv-definit ist, so daß das Newton-Verfahren in jedem Iterationsschritt eine Abstiegsrichtung liefert.

5 ADAPTVE ZEITSCHRITTSTEUERUNG

5.1 PROBLEMSTELLUNG

In Abschnitt 3.2 wurde als eine Forderung für die Zeitintegration die ausreichende Genauigkeit der numerischen Ergebnisse genannt und hierfür der lokale Abbruchfehler $l(\sigma, h)$ eingeführt. Bei Konsistenz folgt für $h \to 0$ dann $l \to 0$, d.h. die Lösung des Integrationsverfahrens konvergiert gegen die exakte Lösung. Dagegen kann im Fall zu großer Zeitschritte der lokale Abbruchfehler zu groß werden. Damit hat die Wahl des Zeitschrittes (im Gegensatz zur A-Stabilität) unmittelbaren Einfluß auf die Genauigkeit der numerischen Ergebnisse. Im nächsten Abschnitt wird mittels einer Fehlerkontrollrechnung eine adaptive Zeitschrittsteuerung zur Beschränkung des lokalen Abbruchfehlers beschrieben.

5.2 FEHLERKONTROLLTECHNUNG

Eine Fehlerkontrollrechnung geschieht in zwei Schritten:

(i) Fehlerabschätzung

In der praktischen Berechnung ist die exakte Lösung nicht bekannt, so daß der lokale Abbruchfehler ebenfalls nicht genau bestimmbar ist. Daher soll dieser durch eine Fehlerabschätzung angenähert werden. Wir beziehen uns im folgenden auf die Spannungen und nehmen an, daß σ_{i+1} mit einem Verfahren der Ordnung n ermittelt wurde. Außerdem soll ein zweites Verfahren der Ordnung n+1 zur Verfügung stehen, welches die Spannungen $\tilde{\sigma}_{i+1}$ liefert. Die Fehlerabschätzung erfolgt dann mit

$$\tilde{l}(\sigma, h) = \sigma_{i+1} - \tilde{\sigma}_{i+1}. \tag{5.1}$$

(ii) Zeitschrittmodifizierung

Für die Fehlerabschätzung $\tilde{l}(\sigma, h)$ fordern wir, daß bezüglich einer vorgegebenen Norm die Bedingung

$$\epsilon_{min} \leq \|\tilde{l}(\sigma, h)\| \leq \epsilon_{max} \tag{5.2}$$

erfüllt werde, wobei ϵ_{min} und ϵ_{max} vorgegebene Schranken sind. Gl. (5.2) ist einer eindimensionalen Nullstellensuche äquivalent, die z.B. iterativ mit einem Sekantenverfahren erfolgen kann.

5.3 BEMERKUNGEN

1) Mit den in Kapitel 3 besprochenen Verfahren können sowohl die Trapez-Regel als auch die Mittelpunkt-Regel (n=2) zur Fehlerabschätzung der impliziten Euler-Regel (n=1) verwendet werden.

2) Anstatt Gl. (5.2) kann auch gefordert werden, daß für die inelastischen Verzerrungen gilt

$$\epsilon_{min} \leq \|\tilde{l}(\varepsilon^{in}, h)\| \leq \epsilon_{max}, \tag{5.3}$$

wobei $\|\bar{\mathrm{I}}(\varepsilon^{in}, h)\|$ die Differenz von Ergebnissen zweier verschiedener Integrationsverfahren ist.

3) In der praktischen Berechnung erscheint es ausreichend, die Fehlerkontrollrechnung nur in ausgewählten Punkten $x\epsilon\Omega$ (Gauss-Punkten) auszuführen. Wird nur ein Punkt berücksichtigt, wird als Kriterium derjenige Punkt vorgeschlagen, bei dem die Eigenwerte des Tensors **CH** am größten sind, wobei $\mathbf{H} = \partial \dot{\varepsilon}_i^{in} / \partial \sigma_i$ ist. Die Bestimmung dieses Eigenwertes ist in /5/ und /6/ zu finden.

4) Erfolgt die Zeitschrittbestimmung zu Beginn der globalen Iteration in einem neuen Zeitschritt h_{i+1}, erfüllen die Spannungen $\sigma_{i+1}^{(j=0)}$ zwar die Spannungs-Verzerrungsbeziehung Gl. (3.12), jedoch ist die Gleichgewichtsbedingung Gl. (5.1) i.a. dann noch nicht erfüllt. Diese a priori Zeitschrittbestimmung kann (oder muß) somit am Ende der globalen Iteration, wenn der Gleichgewichtszustand erreicht ist, revidiert werden.

5) Um den Aufwand möglichst gering zu halten, wurde versucht ein Verfahren zu entwickeln, den Zeitschritt adaptiv durch eine Fehlerkontrollrechnung zu bestimmen, die nur lokal in einem (oder wenigen) Punkten der Gesamtstruktur vorgenommen wird. Streng genommen müßte das Verfahren aus Abschnitt 5.2 mit den Spannungen Σ_{i+1} und $\tilde{\Sigma}_{i+1}$ vorgenommen werden, wobei Σ_{i+1} und $\tilde{\Sigma}_{i+1}$ die Spannungen aller Punkte der Gesamtstruktur beinhalten und außerdem die Gleichgewichtsbedingungen Gl. (5.1) erfüllen.

6 RECHENBEISPIELE

6.1 ZYLINDER UNTER DRUCKBELASTUNG

Im ersten Beispiel wird ein Zylinder aus Steinsalz behandelt. Da lediglich der Einfluß der Zeitintegrationsverfahren untersucht werden sollte, erfolgte die räumliche Diskretisierung mit nur 3 rotationssymmetrischen Elementen mit quadratischen Verschiebungsansätzen. Als Stoffgesetz wurde das Modell nach Langer/Hunsche /11/ zur Beschreibung von Kriechvorgängen mit Primär- und Sekundäranteilen verwendet (Arrheniusfunktion). Der Parameter κ für Gl.(2.2) lautet in diesem Fall

$$\kappa = \frac{3}{2}\left(A_p n e^{-nt} e^{\frac{Q_p}{R\theta}} + A_s e^{\frac{Q_s}{R\theta}}\right). \tag{6.1}$$

Es wurden folgende Zahlenwerte verwendet: $A_p = O,21\,[MN/m^2]^{-5}$, $Q_s = 12,9 kcal/mol$, $Q_p = 10.7 kcal/mol$, $R = 1,986 \cdot 10^{-3} kcal/mol\,K$, $\theta = 26^0 C$, $A_s = 0,18\,[MN/m^2]^{-5}$, $n = O,35$. Der Exponent für Gl.(2.2) ist $m = 4$. Der Elastizitätsmodul ist $E = 14000 MPa/m^2$, die Querkontraktion $\nu = O,1$. Der Zeitraum beträgt T=25 Tage.

In Bild 6.1 werden die Ergebnisse verschiedener Rechnungen für ε_z^{in} in einem ausgewählten Punkt des Zylinders verglichen. Die Kurve (1) wurde mit der Mittelpunkt-Regel in 75 Zeitschritten ermittelt und kann daher wegen der kleinen Zeitschritte als relativ genau angesehen werden. Die Kurven (2), (3) und (4) wurden in jeweils 5 Zeitschritten zu je 5 Tagen mit der Trapez-

Regel($\theta = 0,5$), der Mittelpunkt-Regel ($\theta = 0,5$), sowie der impliziten Euler-Regel (Radial-Return) berechnet. Man erkennt, daß die ersten beiden Verfahren genauere Ergebnisse als die letztere liefern, da beide Verfahren 2.Ordnung sind. Die Ergebnisse der Mittelpunkt-Regel sind wiederum genauer als die der Trapez-Regel.

Die Kurve (5) ergab sich nach der impliziten Euler-Regel mit adaptiver Zeitschrittsteuerung. Als Kriterium zur Zeitschrittbestimmung wurde für die inelastischen Verzerrungen

$$0,9 Tol \leq \|\tilde{l}(\varepsilon^{in},h)\| \leq 1,1 Tol \tag{6.2}$$

gefordert, wobei $Tol = 0,001\%$ gesetzt wurde. Zur Fehlerabschätzung diente, als Verfahren 2.Ordnung, die Mittelpunkt-Regel. Es wurden somit im Primärkriechbereich relativ kleine Zeitschritte berechnet, während diese im Sekundärkriechbereich weitaus größer sein können. Insgesamt wurden 9 Zeitschritte ermittelt.

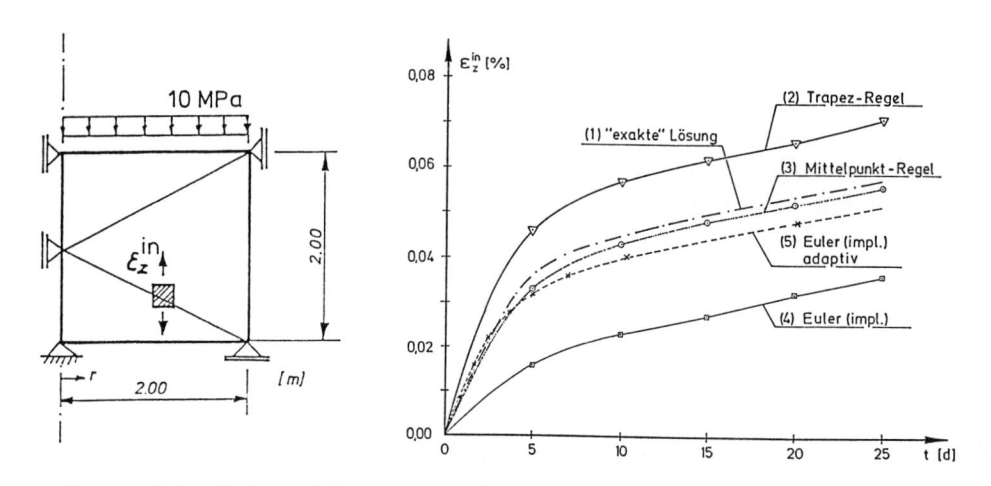

Bild 6.1: Zylinder; Vergleich verschiedener Integrationsverfahren

Der globale Abbruchfehler zur Zeit $T = 25$ Tage wurde für die inelastischen Verzerrungen, analog zu Gl.(3.19) mit $\|L(\varepsilon^{in},h)\|_2 = 0.62 \cdot 10^{-2}\%$ abgeschätzt. Im Vergleich hierzu beträgt der exakte Fehler für die Verzerrungsgröße in Bild (6.1) $0.51 \cdot 10^{-2}\%$. Man erhält also eine brauchbare Abschätzung für die Genauigkeit der numerischen Ergebnisse.

6.2 DICKWANDIGER ZYLINDER

Im 2. Beispiel wird ein dickwandiger Zylinder behandelt. Die Diskretisierung wird in Bild (6.2) dargestellt. Der Spannungszustand $\sigma_{t=0}$ wurde, ausgehend von einem hydrostatischen Spannungszustand, durch Wegnahme vertikaler Lager am Innenrand und anschließender elastischer Rechnung erzeugt. Damit ergibt sich nur eine unabhängige Variable in Randinnenrichtung. Als Stoffgesetz wurde wie im 1.Beispiel das Modell nach Langer/ Hunsche, jedoch ohne

Primärkriechanteile (d.h. Ap=O) verwendet. Weitere Zahlenwerte sind: $Q_s = 12,9 kcal/mol$, $Q_p = 10.7 kcal/mol$, $R = 1,986 \cdot 10^{-3} kcal/mol K$, $\theta = 34.9^0 C$, $A_s = 0,18 \left[MN/m^2\right]^{-5}$, $n = 0,35$, $m = 4$, $E = 25000 MPa$, $\mu = 0,25$, $T = 1800 d$.

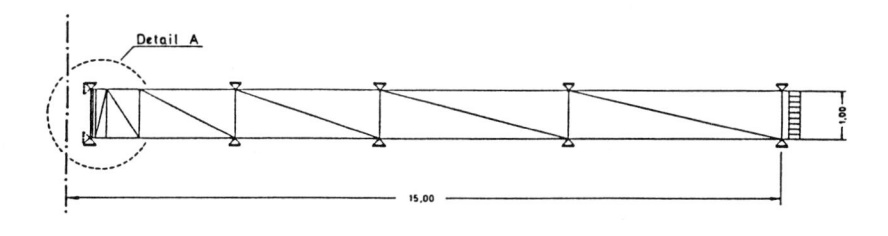

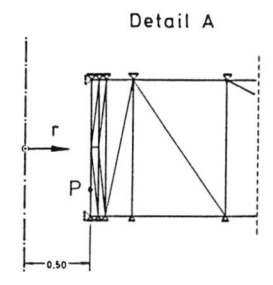

Bild 6.2: Dickwandiger Zylinder; Geometrie und Diskretisierung

Die Zeitintegration erfolgte mit der impliziten Euler-Formel. Zum Vergleich wurden mehrere Berechnungen mit verschiedenen Zeitschritten vorgenommen: (i) 1 Zeitschritt, (ii) 3 Zeitschritte und (iii) 22 Zeitschritte. Für (iii) wurden die Größen der Zeitschritte adaptiv bestimmt, wobei als Kriterium Gl.(6.2) mit $Tol = max\{\|\varepsilon_i\|_2 ; \|\varepsilon_i^{el}\|_2 ; \|\varepsilon_i^{in}\|_2\} / 50$ Verwendung fand. Mit diesem Kriterium ergaben sich im Punkt **P** (s. Bild (6.2)) $h_{min} = h_1 = 0.054$ Tage und $h_{max} = h_{21} = 1274,8$ Tage. Für alle Rechenläufe ist die Verschiebung des Innenrandes in Bild (6.3) dargestellt.

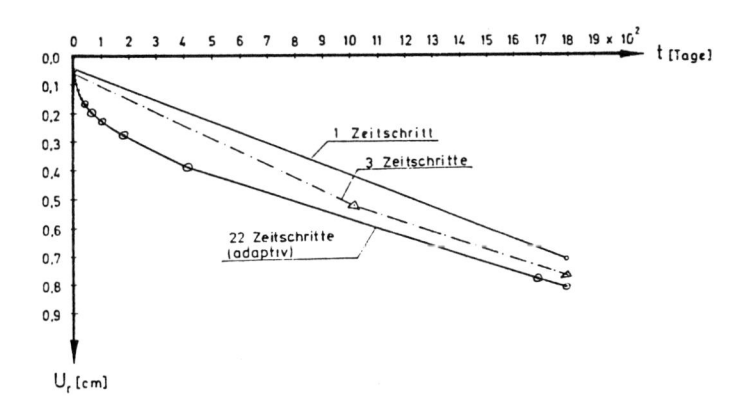

Bild 6.3: Verschiebung des Innenrandes für Berechnungen mit unterschiedlichen Zeitschritten

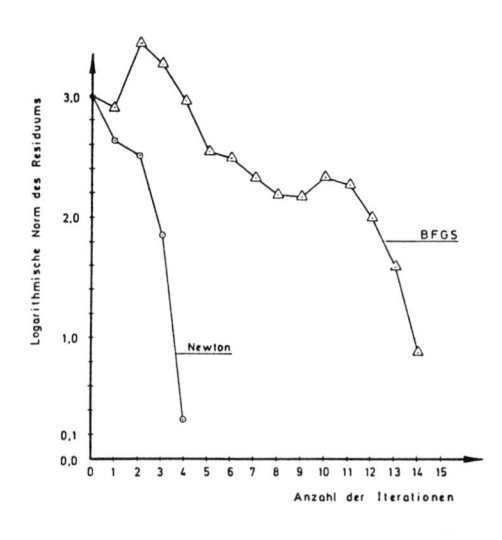

Für die Berechnung mit nur einem Zeitschritt (h=1800 d) wird in Bild (6.4) das Konvergenzverhalten des Newton-Verfahrens mit dem eines BFGS-Verfahrens mit Line Search verglichen. Man erkennt deutlich die schnellere (quadratische) Konvergenz des Newton-Verfahrens. Ein Vergleich der Rechenzeiten ergab für den Newton-Algorithmus 5490 CPU-sec und für den BFGS-Algorithmus 18653 CPU-sec (Prime 550-Rechner).

Bild 6.4: Vergleich der Konvergenzverhalten von Newton- und BFGS-Verfahren

7 SCHLUSSBEMERKUNGEN

Es wurden 2 Klassen von Verfahren zur Zeitintegration der konstitutiven Gleichungen für Kriechprobleme beschrieben. Spezialfälle hiervon sind jeweils die explizite und die implizite Euler-Formel. Bei der letzteren wurde auf Analogien zu Projektionsverfahren in der Plastizitätstheorie hingewiesen (Radial-Return).

Eine Beschränkung auf Algorithmen, die A-Stabil sind ($\theta \geq 0.5$), impliziert, daß die Größe des Zeitschrittes beliebig gewählt werden kann. Dagegen wird, wie auch in einem numerischen Beispiel gezeigt, die Genauigkeit der numerischen Ergebnisse entscheidend von dieser beeinflußt. Dieser Tatsache kann durch eine adaptive Zeitschrittsteuerung mittels Fehlerabschätzung Rechnung getragen werden. Voraussetzung für dieses Vorgehen ist, daß zur Fehlerabschätzung eines Zeitintegrationsverfahrens ein zweites Verfahren höherer Ordnung zur Verfügung steht. In diesem Beitrag wurden sowohl die Mittelpunkt-Regel als auch die Trapez-Regel (beide Verfahren 2. Ordnung) zur Fehlerabschätzung für die implizite Euler-Formel (Verfahren 1. Ordnung) verwendet. Um den Rechenaufwand gering zu halten, kann dieses Vorgehen i.d.R. auf wenige Punkte der Gesamtstruktur, in denen die größten Änderungen der Zustandsgrößen zu erwarten sind, beschränkt bleiben.

Die Anwendung impliziter Integrationsverfahren führt auf nichtlineare Gleichungssysteme. Zu deren Lösung wurde für beide Klassen von Integrationsalgorithmen im Rahmen eines Newton-Verfahrens eine konsistente Linearisierung der Iterationsgleichung vorgenommen, um die gewünschte quadratische Konvergenz zu erzielen. Dieses wird in einem Rechenbeispiel gezeigt.

Wie bereits in der Einleitung erwähnt, wird im Rahmen einer Finite-Element-Methode eine räumliche Diskretisierung nach dem Galerkin-Verfahren vorweggenommen und anschließend die Zeitintegration durchgeführt. Es sei bemerkt, daß durch dieses Vorgehen Informationsmöglichkeiten über die partiellen Differentialgleichungen für eine Fehleranalysis verlorengehen, und daß derzeit kaum eine Basis für Fehlerindikatoren und Netzadaption mit gegenseitiger Beeinflussung von Raum- und Zeitintegration besteht.

Die Ausführungen in diesem Beitrag beschränken sich auf Kriechprobleme vom Norton-Typ. Ihre Erweiterung auf allgemeinere visko-plastische Algorithmen dürfte jedoch ohne Schwierigkeiten möglich sein.

LITERATUR

/1/ Simo, J.C., Taylor, R.L.: Consistent tangent operators for rate-independent elasto plasticity, Comp. Meths. Appl. Mech. Eng. 48 (1985) 101-118

/2/ Hughes, T.J.R., Taylor, R.L.: Unconditionally stable algorithms for quasi-static elasto/viscoplastic finite element analysis, Comp. & Struct. 8, (1978) 169-173

/3/ Pinsky, P.M., Ortiz, M., Pister, K.S.: Numerical integration of rate constitutive equations in finite deformation analysis, Comput. Meths. Appl. Mech. Eng. 40 (1983) 137-158

/4/ Ortiz, M., Popov, E.P.: Accuracy and stability of integration algorithms for elasto plastic constitutive equations, Int. J. Num. Meth. Eng. 21, (1985) 1561-1576

/5/ Cormeau, F.: Numerical stability in quasi-static elasto/visco-plasticity, Int. J. Num. Meth. Eng. 9, (1975) (109-127)

/6/ Stein, E., Wetjen, D., Mahnken, R., Heemann, U.: Theoretische und numerische Aspekte der Berechnung thermo-mechanischer Kriechvorgänge im Steinsalz, Braunschweigische Wissenschaftliche Gesellschaft (BWG), 39 (1988)

/7/ Gruttmann, F., Stein, E.: Tangentiale Steifigkeitsmatrizen bei Anwendung von Projektionsverfahren in der Elastoplastizitaetstheorie, Ingenieur-Archiv 57, (1987)

/8/ Lambert, J.D.: Computational methods in ordinary differential equations, John Wiley & Sons, Chichester, New York, Brisbane, Toronto (1983)

/9/ Burden, R.L., Faires, J.D., Reynolds, A.C.: Numerical Analysis, Prindle, Weber & Schmidt, Boston, Massachusetts (1981)

/10/ Butcher, I.C.: The numerical analysis of ordinary differential equations, Wiley (1987)

/11/ Langer, M., Hunsche, U.: Das Verformungs- und Bruchverhalten von Steinsalz. Zusammenfassende Darstellung einiger Forschungsergebnisse der BGR zur Salzmechanik, Hannover, Okt. 1980, Salzmechanik II

Ansätze für die Abschätzung der Grenztragfähigkeit längsausgesteifter, druckbeanspruchter Blechfelder

F.-P. Brunck, Essen

SUMMARY

This paper presents different design methods for longitudinally stiffened steel plates. Orthotropic plate approach and strut approach are employed for evaluating limit loads. Different methods are investigated concerning their description of load carrying behaviour under uniaxial compression. Especially is considered in which way are taken into account local and overall buckling as well as plastic material behaviour. Furthermore are examined the applicability to evaluations of limit loads and extensions to loads differing from uniaxial compression ("shear lag"). Finally follow some remarks on comparisons of numerical investigations and experimental results.

ZUSAMMENFASSUNG

Im folgenden Beitrag werden unterschiedliche Berechnungsmodelle für längsausgesteifte druckbespruchte stählerne Blechfelder vorgestellt. Als Tragmodell finden orthotrope Platte und Druckstab Verwendung. Die einzelnen Verfahren werden zunächst untersucht in Hinblick auf die Beschreibung des Trag- und Verformungsverhaltens unter einaxialem Druck. Hierbei wird insbesondere betrachtet, auf welche Weise lokales und globales Beulen sowie plastisches Materialverhalten in die Berechnungsmodelle eingehen. Weiterhin werden die praktische Anwendbarkeit der Verfahren zur Berechnung von Grenzlasten und die Erweiterbarkeit auf Beanspruchungen abweichend vom einaxialen Druck ("Shear lag") behandelt. Abschließend folgen einige Anmerkungen zur Gegenüberstellung von Berechnung und Versuch.

1 EINLEITUNG

Längsausgesteifte Bleche stellen ein häufiges Konstruktionselement im Stahlbau, z.B. im Brückenbau, dar (Bild 1). Im folgenden werden einige neuere Berechnungsverfahren zur Beschreibung des geometrisch und werkstofflich nichtlinearen Trag- und Verformungsverhaltens einander gegenübergestellt. Die Betrachtung bezieht sich überwiegend auf den Fall des einaxialen Druckes. Die hier untersuchten Verfahren unterscheiden sich in Bezug auf ihre praktische Anwendbarkeit einschließlich der damit verbundenen Rechentechnik und hinsichtlich der globalen Annahmen zum Tragmodell.

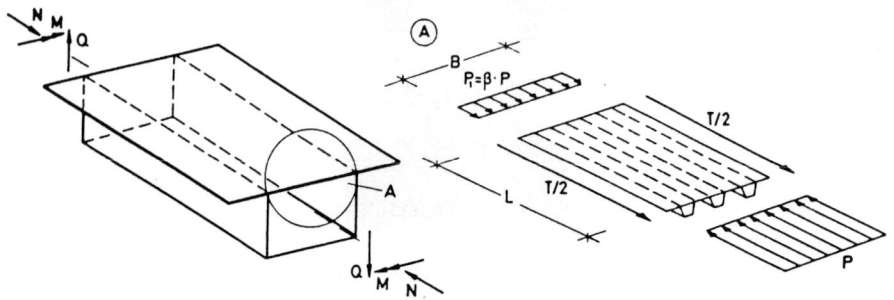

Bild 1 : Idealisierung der Druckgurt-Beanspruchung

Praktische Anwendbarkeit :
Eine der Vorgehensweisen besteht darin, durch geeignete Vereinfachung der Annahmen und durch analytische Vorabbestimmung einen Formelsatz bereitzustellen, der es ermöglicht, mittels iterativer Handrechnung Grenzlasten für den jeweils untersuchten Einzelfall zu berechnen. In anderen Berechnungsverfahren werden zunächst mit Hilfe nichtlinearer, in der Regel computergestützter Berechnungen systematisch Grenzlasten ermittelt. Anhand dieser Grenzlasten werden dann praktisch anwendbare Bemessungsformeln abgeleitet.

Tragmodell:
Neben der Behandlung als orthotrope Platte wird das ausgesteifte Blechfeld unter einaxialem Druck auch als Druckstab, bestehend aus einer Steife mit zugehöriger Blechfläche ("Beam-Column-" oder "Strut-Approach"), untersucht. Vorteilhaft ist hierbei der geringere numerische Aufwand gegenüber der orthotropen Platte. Nachteilig ist, daß die Grenzen für die Annahme des knickstabähnlichen Versagens mit anderen Methoden ermittelt werden müssen. Zudem erscheint eine wirklichkeitsnahe Erfassung anderer Beanspruchungskombinationen schwierig. In Plattenlängsrichtung veränderliche Spannungen sind in der Regel nicht direkt berücksichtigt. Derzeitig wird beispielsweise Randschub ("Shear lag") mit Beiwerten berücksichtigt, die aus anderen Untersuchungen übernommen werden.

2 TRAGVERHALTEN AUSGESTEIFTER PLATTEN

Das Tragverhalten ausgesteifter Platten wird, außer durch Abmessungen, Randbedingungen und Materialkennwerte wesentlich bestimmt durch
- lokale und globale geometrische Imperfektionen (Bild 2),
- Eigenspannungen (hier nicht weiter verfolgt),
- plastisches Materialverhalten.

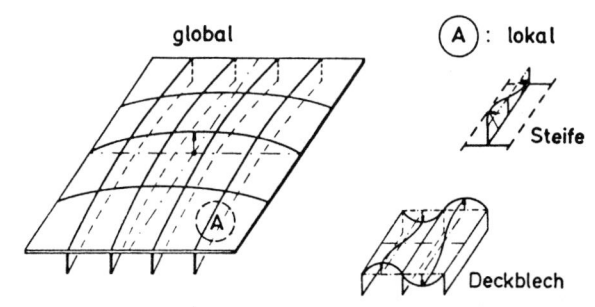

Bild 2 : Lokale und globale geometrische Imperfektionen

Der prinzipielle Einfluß der geometrischen Imperfektionen sowie der Plastizität wird qualitativ zunächst an einem imperfekten, einaxial gestauchten isotropen Blech (z.B. Teil des Deckblechs zwischen zwei Steifen) veranschaulicht (Bild 3).

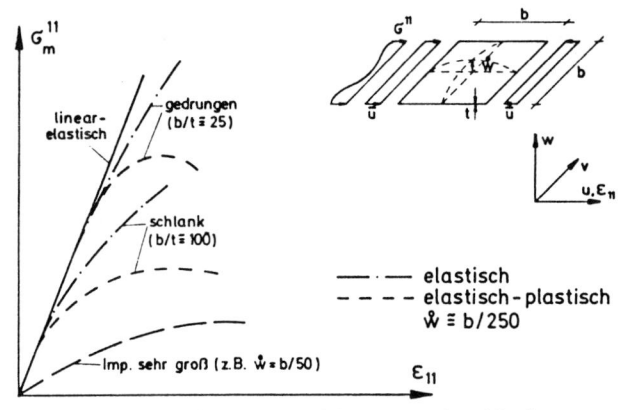

Bild 3 : Einaxial gestauchtes imperfektes Quadratblech

Aufgrund der Imperfektionen entziehen sich die mittleren Bereiche des Bleches der Beanspruchung, die Spannungsverteilung über die Plattenbreite ist nicht konstant. Der Spannungs-Dehnungs-Verlauf weicht je nach Schlankheit b/t und Größe der Imperfektion in unterschiedlichem Maße von der linear-elastischen Steifigkeit ab. Die aufgrund der Durchbiegungen auftretenden Biegemomente führen zu Plastizierungen, die einen weiteren Steifigkeitsverlust und eine Minderung der aufnehmbaren Membranspannungen verursachen. Dieser Tragfähigkeitsverlust findet sich beispielsweise in der Formulierung der "wirksamen Breite" wieder.

Bei ausgesteiften Platten verursachen globale Imperfektion und plastisches Materialverhalten grundsätzlich die gleichen Effekte. Im Unterschied zum isotropen Blech hat die Richtung der globalen Imperfektion jedoch wesentlichen Einfluß auf die Versagensform und in der Regel auch auf die Höhe der Traglast. Eine globale Imperfektion in Richtung der Aussteifung begünstigt Blechversagen, da die Momente aus den Durchbiegungen zusätzliche Druckspannungen im Deckblech erzeugen (Bild 4). Eine globale Imperfektion in Richtung des Deckblechs führt so entsprechend zu Steifenversagen.

Blechversagen   Steifenversagen

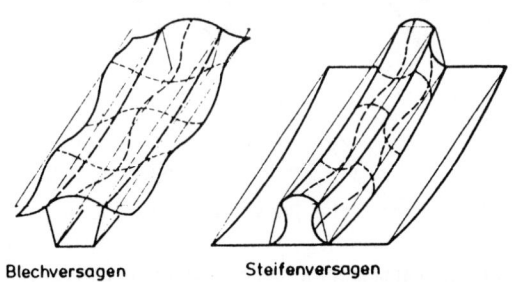

Bild 4 : Einfluß der globalen Imperfektion auf die Versagensform

Beide Versagensformen unterscheiden sich wesentlich. Steifenversagen tritt in der Regel ohne Vorankündigung durch Verformungen ein, während sich beim Blechversagen das Erreichen der Traglast durch größere Verformungen ankündigt. Eine Ursache hierfür ist, daß im Deckblech Spannungsumlagerungen hin zu nicht so stark belasteten Randbereichen möglich sind. Bei gleicher lokaler Tragfähigkeit von Blech und Steife liegt die Traglast für Steifenversagen in der Regel unter derjenigen für Blechversagen, da aufgrund der Querschnittsverhältnisse die Biegemomente in der Steife zu höheren Zusatzspannungen führen als im Deckblech. Zusätzlich vorhandene lokale geometrische Imperfektionen reduzieren die globale Tragfähigkeit einerseits durch die verminderte lokale Steifigkeit und andererseits durch die Begrenzung der lokal aufnehmbaren Membranspannungen.

3 BESCHREIBUNG AUSGEWÄHLTER BERECHNUNGSMODELLE

Aus der Vielzahl der Veröffentlichungen werden einige jüngeren Datums herangezogen, um die Grundlagen der verschiedenen Ansätze exemplarisch zu erläutern. Hierbei wird untersucht, auf welche Weise einzelne Einfluß-Parameter in die Berechnungsmodelle eingehen. Zunächst werden Modelle, die die orthotrope Platte verwenden, betrachtet, anschließend solche, die auf dem Druckstab beruhen.

3.1 MODELLE MIT ORTHOTROPER PLATTE

3.1.1 Dimensionierung ausgesteifter Druckgurte /1/

Grundlage des Verfahrens von Jetteur ist die allseitig gelenkig gelagerte ausgesteifte Platte unter konstanter Randstauchung mit fest vorgegebenen Ansatzfunktionen für die Membranspannungen und Verformungen (Bild 5).

Ansatz-Funktionen:

$u(x,y) = u \cdot \xi$

$w(x,y) = w \cdot \sin \pi\xi \cdot \sin \pi\eta$

$\sigma^{11} = \sigma_0 + \sigma_1 + \sigma_B$

$\sigma_0(x,y) = \sigma_0 = \text{const.}$

$\sigma_1(x,y) = \sigma_1 \cdot (1 - \sin^2 \pi\eta)$

$\sigma_B(x,y) = \sigma_B \cdot e_i \cdot \sin \pi\xi \cdot \sin \pi\eta$

$v(x,y) = \sigma^{12} = \sigma^{22} = 0$

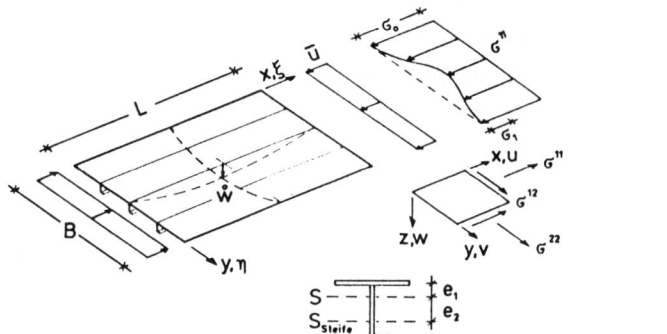

Bild 5 : Berechnungsmodell nach Jetteur /1/

Die Längsspannungen σ^{11} werden jeweils auf den Schwerpunkt von Blech und Steife bezogen und setzen sich aus drei Anteilen σ_0, σ_1 und σ_B zusammen :

σ_0 — linear-elastischer Anteil ⎱ konstant in
σ_1 — Beuleffekt, unabhängig von den Durchbiegungen ⎰ Längsrichtung
$\sigma_B = f(w,\hat{w})$ — Biegespannungen aus den Verformungen der Platte

Die Anteile σ_0 und σ_1 sind für Blech und Steife jeweils identisch, lediglich in den Biegespannungen gehen Ausmitte e_1 und Vorzeichen der Durchbiegungen w ein. Auf diese Ansatzfunktionen wird das gemischte Variationsfunktional von Hellinger/Reissner angewendet und analytisch integriert. Die Formulierung beinhaltet geometrische Nichtlinearität und elastisches Materialverhalten. Die maximale Tragfähigkeit wird über ein Spannungskriterium definiert:

$$\sigma_{grenz} = \frac{1}{B \cdot L} \int_0^B \int_0^L \sigma^{11}(x,y) \, dx \, dy = -\sigma_F \qquad (1)$$

Die rechnerische Grenzlast gilt als erreicht, wenn die mittlere Längsspannung im Schwerpunkt von Blech oder Steife, integriert über die gesamte Plattenfläche, gleich der Fließspannung ist. Damit ergeben sich drei nichtlineare Gleichungen mit den Unbekannten σ_0, σ_1 und w, die iterativ zu lösen sind :

$$\sigma_1 = \frac{-\pi^2 \cdot E}{4 \cdot L^2} \cdot \left(w^2 + 2 \cdot w \cdot \overset{\circ}{w}\right) \qquad , \qquad (2a)$$

$$\left(w + \overset{\circ}{w}\right) \cdot \left(\sigma_0 - \frac{3}{4}\sigma_1\right) + \sigma_{crg} \cdot w = 0 \qquad , \qquad (2b)$$

$$\sigma_0 - \sigma_1 - \frac{\pi^2}{L^2} \cdot e_1 \cdot E \cdot w = -\sigma_F \qquad , \qquad (2c)$$

$$\text{mit} \quad \sigma_{crg} = \frac{4 \cdot \pi^2 \cdot E}{12 \cdot (1 - \nu^2)} \cdot \left(\frac{t}{b}\right)^2 \qquad .$$

Die Grenzspannung (ohne den Einfluß des lokalen Beulens) errechnet sich zu

$$\sigma_T = \sigma_0 - \frac{1}{2}\sigma_1 \qquad . \qquad (3)$$

Die für die analytische Behandlung notwendigen Vereinfachungen wirken sich in unterschiedlichem Maße auf die Ergebnisse aus. Die Randbedingungen sind nicht widerspruchsfrei. Verschiebungen in Querrichtung $v=0$ und $\sigma^{22}=0$ in der gesamten Platte sind gleichzeitig nicht möglich, ebensowenig $\sigma^{12}=0$, wenn sich eine über die Plattenbreite nichtkonstante Spannungsverteilung ($\sigma_1 \neq 0$) einstellt. Diese Vereinfachungen haben bei Platten mit verschieblichen Längsrändern nicht unbedingt große Auswirkungen, da Schubspannungen aus der Querdehnung und den Anteilen σ_1, σ_B entstehen und sich zum (spannungsfreien) Längsrand hin auf Null abbauen. Von wesentlich größerem Einfluß ist das Versagenskriterium (Gl. 1) und die Annahme elastischen Materialverhaltens auch oberhalb der Elastizitätsgrenze (=erstes Fließen in einem Punkt der Platte). Die mittlere Längsspannung der gesamten Platte als Versagenskriterium ist bei lediglich geringen nichtlinearen Einflüssen (d.h. σ_0 dominiert) sicherlich gerechtfertigt. Schlanke Platten zeigen im Versuch jedoch ein anderes Verhalten. Dort tritt Versagen ein, wenn in Plattenmitte über große Teile der Plattenbreite die Tragfähigkeit von Deckblech oder Steife erschöpft ist. Hier erscheint es sinnvoll, in der Versagensbedingung lediglich die mittlere Spannung in Plattenmitte zu verwenden. Die Bedingung nach Gl. (1) beinhaltet nicht unerhebliche Überschreitungen der Fließgrenze in Teilen der Platte, da sich die maximale Biegespannung σ_B (in Plattenmitte) zur mittleren wie $\pi^2/4 = 2.5$ verhält. Damit wird das Tragvermögen von schlanken Platten zunehmend überschätzt.

Der Bezugspunkt der Spannungen für die Steife sollte in Abhängigkeit von der Steifenform gewählt werden. Versuche zeigen, daß z.B. bei Wulstprofilen die Tragfähigkeit weitgehend erschöpft ist, wenn der Flansch voll durchplastiziert ist und damit ein wesentlicher Teil der Steifensteifigkeit ausfällt.

Lokales Beulen:

Das lokale Beulen der Steife wird berücksichtigt, indem die Tragspannung der Steife in Gl. (2c) schlankheitsabhängig abgemindert wird. Lokales Beulen des Deckblechs wird im nachhinein durch Reduzierung der nach Gl. (3) berechneten Grenzspannung erfaßt. Der Spannungsanteil des Deckbleches wird mit einem Reduktionsfaktor æ=f(σ,Geometrie) für die wirksame Breite des Deckblechs multipliziert :

$$\sigma'_{Bl} = \sigma_{Bl} \cdot \varkappa \qquad (4a)$$

$$\sigma_T = \frac{\sigma'_{Bl} \cdot A_{Bl} + \sigma_T \cdot A_{St}}{A_{Bl} + A_{St}} \qquad (4b)$$

Der durch lokale Beulerscheinungen verursachte Steifigkeitsverlust geht nicht in die Berechnung ein. Das Berechnungsmodell wird auch auf andere Beanspruchungskombinationen, vor allem Randschubbelastung angewendet. Hierfür wird die eigentlich nicht konstante Längsspannungsverteilung mittels eines "Shear lag"-Parameters λ in eine äquivalente konstante Spannung umgerechnet, anstelle von σ_0 wird $\lambda \cdot \sigma_0$ in die Berechnung eingeführt, d.h. Ansatzfunktionen für die Spannungen und Verformungen bleiben im wesentlichen unverändert ($\sigma^{22}=\sigma^{12}=0$). Dieses Verfahren stellt bei nennenswerter Schubbeanspruchung sicherlich eine grobe Näherung dar.

3.1.2 Tragverhalten ausgesteifter Druckgurte /2/

Das von Balaz entwickelte Verfahren ähnelt dem zuvor beschriebenen. Aus Ergebnissen seines Berechnungsverfahrens leitet Balaz eine Näherungsformel für die Grenztragfähigkeit ab, die Ähnlichkeit besitzt mit denen der Druckstab-Modelle. Die Tragfähigkeit einer orthotropen Platte unter einaxialem Druck wird definiert zu :

$$N_u = A_{f,ef} \cdot \sigma_F \qquad (5)$$

$$\text{mit} \quad A_{f,ef} = A_f \cdot \rho_{nb} \cdot \rho_{nf}$$

$A_{f,ef}$ - wirksame Querschnittsfläche der orthotropen Platte (A_f)
ρ_{nb} - Beiwert für die lokale wirksame Breite eines isotropen Einzelbleches (lokales Beulen)
ρ_{nf} - Beiwert für die globale wirksame Breite der gesamten orthotropen Platte (globales Beulen)

Der Beiwert für die lokale wirksame Breite kann beispielsweise nach Faulkner ermittelt werden. Für die globale wirksame Breite ρ_{nf} gibt Balaz eine Nähe-

rungsformel an, die aus nichtlinear-elastischen Berechnungen gewonnen wird. Dem hierfür verwendeten Berechnungsmodell liegen in etwa die gleichen Annahmen wie dem Modell von Jetteur zugrunde. Die Durchbiegungen werden jedoch in Fourier-Reihen dargestellt (der Ansatz von Jetteur entspricht in etwa dem ersten Reihenglied). Damit ist eine Handrechnung nicht mehr praktikabel. Der entscheidende Unterschied zwischen beiden Modellen besteht darin, daß Balaz Biegespannungen nicht berücksichtigt (nur Anteile σ_0, σ_1 in Bild 5).
Als Versagenskriterium wird das Erreichen der Fließgrenze σ_F in einem Punkt des Membranspannungszustandes eingeführt. Die rechnerische Grenzlast wird damit lediglich durch Auswerten zweier Formeln für die lokale (ρ_{nb}) und globale (ρ_{nf}) wirksame Breite und Einsetzen in Gl. (5) berechnet. Randschubbeanspruchung wird durch Multiplikation mit einem weiteren Beiwert berücksichtigt.

3.1.3 Grenzlasten ausgesteifter Platten /3/

Auf der Basis der Methode der Finiten Elemente wird ein geometrisch und werkstofflich nichtlineares Berechnungsverfahren entwickelt. In Analogie zum Schichten- bzw. Fasermodell in der Plastizität wird die orthotrope Platte als Drei-Schichten-Modell (Deckblech, Steifensteg, Steifenflansch) berechnet. Das lokale nichtlineare Verhalten (lokales Beulen und Plastizität) der einzelnen Querschnittsteile (=Schichten) wird durch unterschiedliche Strukturgleichungen, die formal wie Stoffgesetze gehandhabt werden, berücksichtigt. Das lokale nichtlineare Verhalten von Deckblech und Steifenflansch wird beschrieben mit Strukturgleichungen nach Dinkler/4/. Diesen liegt das imperfekte, gelenkig gelagerte Quadratblech unter mehraxialer Beanspruchung zugrunde. Der Steifensteg wird mit einem modifizierten Plastizitätsmodell beschrieben. Diese Strukturgleichungen beinhalten sowohl den Tragfähigkeits- als auch den Steifigkeitsverlust infolge lokaler Verformungen. Die globale geometrische Nichtlinearität wird direkt am Gesamtsystem berücksichtigt. Spannungsumlagerungen und gegenseitige Beeinflußung von lokalem und globalem Beulen werden so näherungsweise erfaßt.
Die Grenzlasten für ausgesteifte Platten unter einaxialem Druck lassen sich unabhängig von der speziellen Querschnittsgeometrie in normierter Form darstellen (Bild 6). Die Höhe der rechnerischen Grenzlast ist damit lediglich von den globalen Abmessungen L/B und L/i und der lokalen Querschnittstragfähigkeit σ_{VT} (Bl=Blech,Q=Querschnitt) abhängig. In Bild 6 wird der Einfluß des

BLECHVERSAGEN   **STEIFENVERSAGEN**

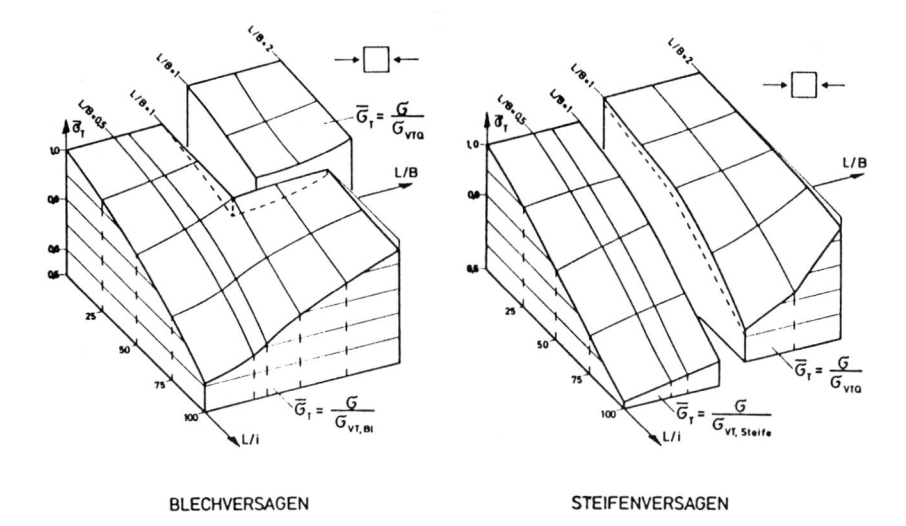

Bild 6 : Grenzflächen für Blech- und Steifenversagen

gestützten Längsrandes deutlich; L/B=0 entspricht dem reinen Knickstab. Mit diesem Berechnungsverfahren werden auch Grenzlasten für Druck-Schub-Beanspruchung nach Bild 1 berechnet. Auf dieser Grundlage wird eine einfache Interaktions-Formulierung (Ellipse) für Druck-Schub abgeleitet, in die als eine von zwei Parametern die Grenzlast für einaxialen Druck eingeht.

Mit aus Bild 6 abgeleiteten Diagrammen kann der Tragsicherheitsnachweis für eine druck- und schubbeanspruchte Platte durch Auswertung einer Interaktionsgleichung geführt werden. Diese Vorgehensweise läßt sich auch auf andere Beanspruchungen anwenden.

3.2 DRUCKSTAB-MODELLE

3.2.1 Gekoppelte Beulanalyse /5,6/

Ein halbanalytisches Verfahren wird in /5/ verwendet. Basierend auf einem Ansatz von Koiter werden die Zustandsgrößen in eine Reihe nach den Amplituden ξ der lokalen (ξ_1) und globalen Beulformen (ξ_2) entwickelt:

$$\tilde{u} = \lambda \tilde{u}_0 + \tilde{u}_1 \xi_1 + \tilde{u}_2 \xi_2 + \tilde{u}_{11} \xi_1^2 + \tilde{u}_{22} \xi_2^2 + \tilde{u}_{12} \xi_1 \xi_2 + \cdots$$
$$\varepsilon = \lambda \varepsilon_0 + \varepsilon_1 \xi_1 + \varepsilon_2 \xi_2 + \varepsilon_{11} \xi_1^2 + \varepsilon_{22} \xi_2^2 + \varepsilon_{12} \xi_1 \xi_2 + \cdots$$
$$\sigma = \lambda \sigma_0 + \sigma_1 \xi_1 + \sigma_2 \xi_2 + \sigma_{11} \xi_1^2 + \sigma_{22} \xi_2^2 + \sigma_{12} \xi_1 \xi_2 + \cdots \qquad (6)$$

$$\tilde{u} = \{u \; v \; w\}^T$$
$$\varepsilon = \{\varepsilon_x \; \varepsilon_y \; \varepsilon_{xy} \; \chi_x \; \chi_y \; \chi_{xy}\}^T$$
$$\sigma = \{N_x \; N_y \; N_{xy} \; M_x \; M_y \; M_{xy}\}^T$$

(aus /5/)

Lokale und globale Imperfektionen werden durch weitere Terme berücksichtigt. Ziel des Verfahrens ist es, die Verzweigungslast zu berechnen und Aussagen über das Verhalten im Nachbeulbereich und damit über die Imperfektionsempfindlichkeit zu gewinnen. Das Verfahren beinhaltet geometrische Nichtlinearität und elastisches Materialverhalten. Die Ergebnisse hängen wesentlich von der Anzahl und Form der berücksichtigten Reihenglieder (Gl. 6) ab, da diese die Kopplung des lokalen und globalen Beulens beschreiben.

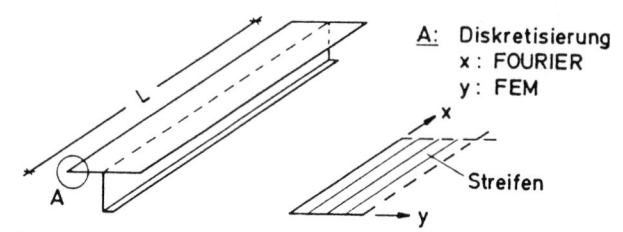

Bild 7 : Finite-strip-Methode

Die iterativen Berechnungen werden mit der "Finite-Strip"-Methode durchgeführt (Bild 7). Grundgedanke ist, das zweidimensionale Problem (Platte, Scheibe) durch Entwicklung einer Koordinaten-Richtung in Fourier-Reihen als eine (gewichtete) Summe von eindimensionalen Problemen zu behandeln. In Plattenlängsrichtung werden Sinus-Ansätze gewählt, während in Querrichtung analog zur Methode der Finiten Elemente diskretisiert wird. Damit ist es möglich, insbesondere bei der hier vorliegenden Symmetrie, die Größe der zu lösenden Gleichungssysteme wesentlich zu reduzieren.

Kakol/6/ verwendet eine Variante des zuvor beschriebenen Verfahrens. Die einaxial gestauchte Platte wird als Druckstab, bestehend aus Steife und zugehöriger Blechfläche berechnet. In einem ersten Schritt werden Last-Verschiebungs- und Moment-Krümmungs-Beziehungen für das lokale orthotrope Plattenelement mit eigenformaffiner Imperfektion berechnet. Als Elementlänge wird die halbe Beulwellenlänge der lokalen Eigenform angenommen (Bild 8a). Aus den Last-Verformungskurven werden (lastabhängige) Dehn- und Biegesteifigkeiten abgeleitet.

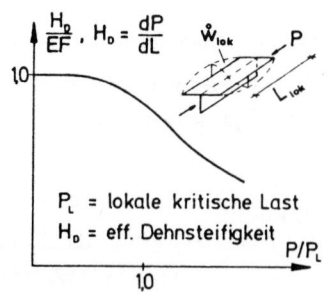

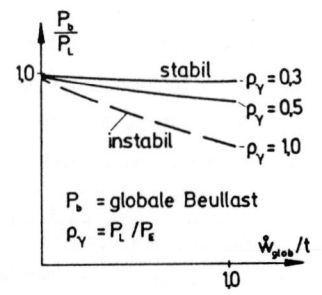

Bild 8 : Lokale Last-Stauchungs-Kurve (a) und globale Beullasten (b)

Mit Hilfe dieser Steifigkeiten werden effektive Querschnittswerte ermittelt, mit denen auf iterativem Wege die Verzweigungslast der gesamten ausgesteiften Platte (betrachtet als Druckstab) berechnet wird. In Abhängigkeit vom Verhältnis der lokalen Beullast P_L zur Euler-Last P_E der ausgesteiften Platte und der Größe der globalen Imperfektion $\overset{\circ}{w}$ werden Verzweigungslasten berechnet und die Stabilität des Nachbeulbereichs untersucht (Bild 8b). Die in /6/ dargestellten Folgerungen besitzen volle Gültigkeit nur für den Bereich des elastischen Materialverhaltens. Insbesondere kann die Schlußfolgerung, daß die Größe der lokalen Imperfektion keinen Einfluß auf die lokalen nichtlinearen Steifigkeitsbeziehungen ($\sigma-\varepsilon$, $M-\varkappa$) besitzt, nicht auf elastisch-plastisches Materialverhalten übertragen werden. Die Erweiterung des Verfahrens auf nichtlineares Materialverhalten erscheint schwierig.

3.2.2 Modified Column Approach /7/

In /7/ wird ein Näherungsverfahren vorgestellt, das auf Längs- und Querrichtung einer ausgesteiften Platte anwendbar ist. In einem ersten Schritt wird die effektive Länge L_{eff} eines Knickstabes berechnet, dessen Knickspannung gleich der Beulspannung der ausgesteiften Platte ist (Bild 9). Die Querschnittswerte bleiben hierbei unverändert.

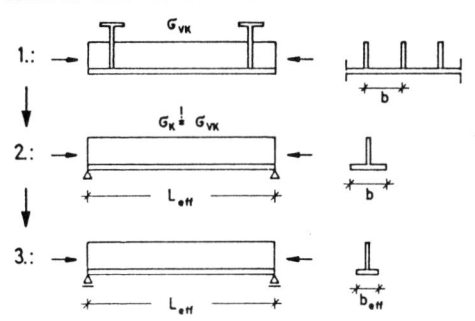

Bild 9 : Modified Column Approach (nach /7/)

Im zweiten Schritt werden spannungsabhängige effektive Querschnittswerte zugrunde gelegt. Das lokale Versagen der Steife ist ausgeschlossen. Es ist lediglich die spannungsabhängige "effektive" (= wirksame) Breite b_{eff} des Deckblechs zu bestimmen. Die Grenzspannung der orthotropen Platte $\overline{\sigma}_{spm}$ wird folgendermaßen ermittelt. Zunächst wird die Grenzspannung der effektiven Steife (= Steife + wirksame Blechfläche) $\overline{\sigma}_{esm}$ berechnet. Für $\overline{\sigma}_{esm}=f(b_{eff})$ und $b_{eff}=f(\overline{\sigma}_{esm})$ sind Näherungsformeln angegeben. Die beiden Gleichungen werden durch Probieren gelöst. Die rechnerische Grenztragfähigkeit der ausgesteiften Platte $\bar{\sigma}_{spm}$ errechnet sich dann zu

$$\bar{\sigma}_{spm} = \frac{b_{eff} \cdot t + A_{St}}{b \cdot t + A_{St}} \cdot \bar{\sigma}_{esm} \qquad (7)$$

Randschub wird näherungsweise mit dem gleichen Verfahren untersucht. Es wird angenommen, daß die Längsspannung am Plattenlängsrand die Fließgrenze erreicht ($\bar{\sigma}_{esm} = \sigma_F$).

3.2.3 Tragverhalten längsgestauchter ausgesteifter Bleche /8/

Riemann stellt ein Berechnungsverfahren vor, mit dem es möglich ist, sowohl lokale als auch globale geometrische Imperfektionen, Eigenspannungen und plastisches Materialverhalten zu berücksichtigen. Das Berechnungskonzept gliedert sich in zwei Schritte. Zunächst werden mit einem Schichten- bzw. Fasermodell für den untersuchten Querschnitt nichtlineare Steifigkeitsbeziehungen unter Berücksichtigung lokaler Imperfektionen berechnet. Die lokalen geometrischen Imperfektionen werden berücksichtigt durch modifizierte Spannungs-Dehnungs-Beziehungen (analog den Strukturgleichungen in /3,4/) für die einzelnen Schichten bzw. Fasern (Bild 10). Das Ergebnis sind Kurven, aus denen sich die Querschnitts-Biegesteifigkeit $B_s = f(N,M)$ in Abhängigkeit von der äußeren Beanspruchung entnehmen läßt. Im zweiten Schritt wird nun die rechnerische Grenzlast eines imperfekten Druckstabes berechnet. Als Stoffgesetze werden die zuvor berechneten Steifigkeitsbeziehungen verwendet. Mit diesem Verfahren ist möglich, den Einfluß einzelner Parameter auf das Tragverhalten ausgesteifter Platten systematisch zu untersuchen. Für eine praxisgerechte Bemessung können damit Grenzlasten in Abhängigkeit einiger wesentlicher Parameter (z.B. Fließgrenze, Imperfektion, Schlankheitsgrade L/i, b/t) dargestellt werden.

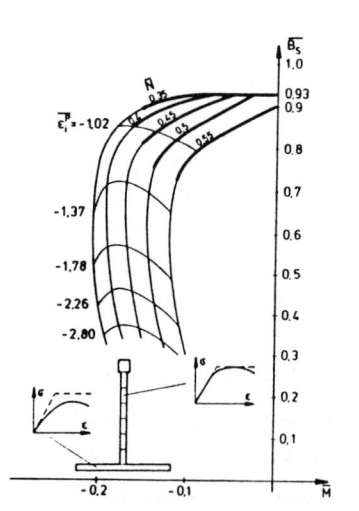

Bild 10 : Querschnitts-Biegesteifigkeit nach /8/

3.2.4 Zur Auslegung druckbeanspruchter ausgesteifter Bleche /9/

Eine gewisse Sonderstellung im Rahmen dieser Zusammenstellung nimmt der Vorschlag von Fischer ein. Das Konzept bewegt sich im Rahmen der DASt-Richtlinie 012 und damit der linearen Beultheorie. Es sieht vor, den Einzelfeldnachweis für das Einzelblech mit zugehöriger Steifenfläche zu führen. Unter der Voraussetzung, daß lokale Instabilitätserscheinungen der Steife ausgeschlossen sind, werden Hinweise zur wirtschaftlichen Auslegung von Blech und Steife abgeleitet. Fischer folgert, daß, im Gegensatz zur Betrachtung des reinen Einzelblechs, das Deckblech so schlank wie möglich und die Aussteifung so stark wie möglich auszuführen ist.

4 GEGENÜBERSTELLUNG VON VERSUCH UND BERECHNUNG

Auf eine Gegenüberstellung von Versuch und Rechnung ist bisher nicht eingegangen worden, da bei allen Vergleichen die Brauchbarkeit des jeweiligen Berechnungsmodells festgestellt wird. Häufig werden lediglich die berechneten Grenzlasten mit den Versuchstraglasten verglichen. Dies erscheint in Anbetracht der vielfältigen Einflüsse und der z.T. komplexen Versuchskörper zur Absicherung eines Berechnungsmodelles nicht ausreichend. So werden in einigen Veröffentlichungen Ergebnisse von Berechnungen an ausgesteiften Platten, die Teile des Druckgurtes eines Kastenträgers sind, der Traglast des gesamten Kastenträgers gegenübergestellt. In den Berechnungen wird allseitig gelenkige Lagerung angenommen. Versuchsaufbau und gemessene Verformungen deuten jedoch auf eine elastische Einspannung der Querränder in die angrenzenden Bauteile hin. Diese Einspannung ist bei schlanken Platten von großem Einfluß auf das Trag- und Verformungsverhalten. Nach Möglichkeit sollten daher auch die Verformungen in die Betrachtung mit einbezogen werden, da sich dann beispielsweise die Steifigkeitsentwicklung beurteilen läßt.
Weiterhin erscheint es sinnvoll zu untersuchen, in welchem Maße geringe Veränderungen einzelner Parameter (z.B. Abmessungen, Lastausmitte) die Ergebnisse beeinflussen, da die idealen Annahmen der Berechnung im Versuch nicht exakt erreicht werden können. Bei stärkerer Empfindlichkeit gegenüber der Variation einzelner Parameter ist ein Vergleich von Traglasten allein wenig aussagefähig.

5 SCHLUSS

Es wurden unterschiedliche Modelle untersucht, mit denen Grenzlasten ausgesteifter Platten wirklichkeitsnäher, als es mit der linearen Beultheorie möglich ist, berechnet werden können. Die Mehrzahl der Verfahren bzw. der daraus abgeleiteten Näherungsformeln ist speziell für druckbeanspruchte ausgesteifte Platten entwickelt. Es erscheint für die Zukunft wünschenswert, wenn sich daraus ohne allzu große Abstriche hinsichtlich Genauigkeit und Wirklichkeitsnähe ein übergreifendes, auch andere Beanspruchungen umfassendes Nachweiskonzept entwickeln ließe.

LITERATUR

/1/ Jetteur,Ph.: A new design method for stiffened compression flanges of box girders. Thin Walled Structures 1 (1983), 189-210

/2/ Balaz,I.: Ausgesteifte Druckgurte von Kastenträgerbrücken. Stahlbau 56 (1987), 145-154

/3/ Brunck,F.-P.: Interaktion von Druck und Schub für Grenzlasten ausgesteifter Platten. Bericht Nr. 86-49 aus dem Institut für Statik der TU Braunschweig , 1986

/4/ Dinkler,D.;Kröplin,B.: Zum Tragsicherheitsnachweis für quadratische, scheibenartig beanspruchte Einzelfelder aus Stahl. Stahlbau 53 (1984), 174-178

/5/ Benito,R.;Sridharan,S.: Interactive buckling analysis with finite strips. Int. J. Num. Meth. Eng.,Vol. 21 (1985), 145-161

/6/ Kakol,W.: Interactive buckling of plates stiffened with ribs. Stability of plate and shell structures,Proc. April 1987,Ghent,151-156

/7/ Taido,Y.;Hayashi,H.;Kitada,T.;Nakai,H.: A design method of wide stiffened plates subjected to uniaxial an biaxial compression. Stahlbau 54 (1985), 149-155

/8/ Riemann,S.: Experimentelle und theoretische Untersuchungen zum Tragverhalten längsgestauchter versteifter Bleche mit freien Längsrändern. Dissertation TU Braunschweig , 1981

/9/ Fischer,M.: Zum Tragverhalten und zur Auslegung von längsversteiften, druckbeanspruchten Blechen. Stahlbau 53 (1984), 111-117

Theoretische Untersuchungen zur Auslegung crashbeanspruchter Strukturen

J. Hillmann, Wolfsburg

SUMMARY

With the availability of super-computers and appropriate software for the solution of impact problems, engineers are now able to predict the crashworthiness of a new car before the first prototyp has been built. The construction of the main frame - which is the most important energy absorbing component - is of special interest. In the predevelopment phase various alternatives can be analysed and optimized at low costs. The final results are checked against experiments /1/.
The paper shows the application of the FE-Method to the calculation of the crash behaviour of a square tube. The results are compared with analytical solutions.

ZUSAMMENFASSUNG

Mit der Verfügbarkeit von Vektorrechnern und entsprechender Software sind Ingenieure heute in der Lage, rechnerische Aussagen über das Crashverhalten von Fahrzeugen zu liefern, bevor der erste Prototyp gebaut worden ist. Der Auslegung des Motorträgers - als wichtige energieumsetzende Komponente - kommt dabei besondere Bedeutung zu. In der Vorentwicklungsphase können auf rechnerischem Wege kostengünstig verschiedene Alternativen untersucht und optimiert werden. Nur der optimale Entwurf ist schließlich experimentell zu überprüfen /1/. In diesem Beitrag wird die Anwendung der FE-Methode am Beispiel eines crashbelasteten, quadratischen Rohrs gezeigt und mit analytischen Lösungen verglichen.

1   THEORETISCHE GRUNDLAGEN

Zur Zeit werden für Crashanalysen im Hause VW die Programme **DYNA3D** (entwickelt von Prof. Dr. J. Hallquist; Lawrence Livermore Laboratory) und **PAMCRASH** (Firma ESI, Paris) auf einer CRAY-XMP/14 verwendet.
Die numerische Stabilität des verwendeten expliziten Verfahrens (zentrale Differenzen) ist hinreichend gesichert, wenn der Zeitschritt Δt kleiner ist als die Durchgangszeit der Welle (Wellengeschwindigkeit $c = \sqrt{\frac{E}{\rho}}$) für das Element mit den kleinsten Abmessungen.
Implementiert sind Balken-, Schalen- und Volumenelemente. Es wird die Reissner/Mindlin-Theorie verwendet, d.h. die Verdrehungen der Querschnitte sind unabhängig von der Neigung der verformten Bezugsfläche. 'Locking'-Probleme werden durch eine vollständig reduzierte Integration (ein Integrationspunkt im Element) der Zustandsgrößen beseitigt. Der Rechenaufwand für solche Elemente ist gering, aber sie enthalten 'spurious modes'. Diese Hourglass-Formen werden während der Berechnung auf verschiedene Arten kontrolliert (viscous-form, stiffness-form /2/).

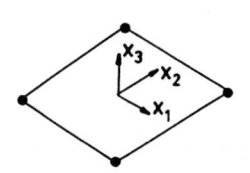

In beiden Programmen wird ein isoparametrisches Schalenelement nach Belytschko/Lin/Tsay /3/ verwendet. Die Geometrie, die Verschiebungen, Verdrehungen und Geschwindigkeiten werden mit bilinearen Ansätzen approximiert.

Der Vorteil dieses einfachen Schalenelementes liegt in dem geringen Rechenaufwand. Es sollte jedoch nur mit Vorsicht bei sehr großen Dehnungen und Verwölbungen eingesetzt werden.

In DYNA3D ist auch ein Schalenelement nach Hughes/Liu /4/ implementiert. Hier werden große Dehnungen und Rotationen korrekt erfaßt. Große Schubverformungen und eine Verwölbung der Elemente sind zugelassen. Der numerische Aufwand ist jedoch größer als für das Schalenelement nach Belytschko/Lin/Tsay (ca. 1,5fache Rechenzeit).

Kontaktbedingungen können in beiden Programmen als Master-slave- und/oder Single-surface Algorithmen (siehe /5/) definiert werden. Da die Kontaktalgorithmen sehr rechenzeitintensiv sind, sollten Kontaktbedingungen nach Möglichkeit nur dort definiert werden, wo auch tatsächlich Kontakte auftreten.

Nichtlineare Materialgesetze können in DYNA3D und PAMCRASH als elastisch-plastische oder stückweise lineare Spannungs-Dehnungskurven definiert werden. Die Abhängigkeit der Spannungen und Dehnungen von Temperaturen und Dehngeschwindigkeiten kann berücksichtigt werden. In DYNA3D wird die Fließbedingung in jedem Zeitschritt iterativ erfüllt (Radial return). In PAMCRASH wird die Erfüllung dieser Bedingung im Laufe der Berechnung angestrebt.

2. VISKOPLASTISCHES VERHALTEN EINES EINZELELEMENTES

Die Auswirkungen werden an einem einzelnen Element untersucht. Ein quadratisches Scheibenelement wird in δ_1-Richtung durch ein konstantes Geschwindigkeitsfeld belastet.

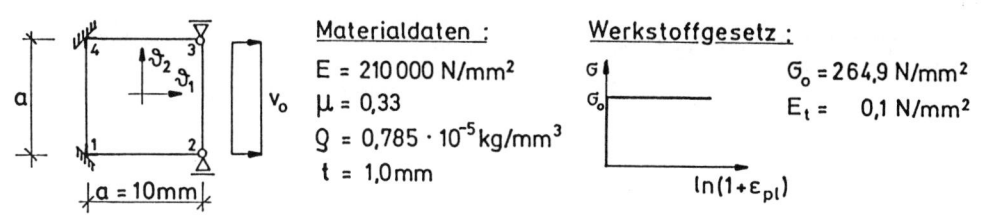

Materialdaten:
$E = 210\,000$ N/mm²
$\mu = 0{,}33$
$\varrho = 0{,}785 \cdot 10^{-5}$ kg/mm³
$t = 1{,}0$ mm
$a = 10$ mm

Werkstoffgesetz:
$\sigma_0 = 264{,}9$ N/mm²
$E_t = 0{,}1$ N/mm²

Bild 1: Einzelelement – Statisches System, Randbedingungen und Materialdaten

Es wird ein Stahl mit einem elastisch-plastischen Werkstoffgesetz verwendet. Als Tangentenmodul wird im plastischen Bereich $E_t = 10^{-1}$ gewählt. Der Anfangszeitschritt ist festgelegt durch: $t_o = a/c$ mit $c \approx 5\,200$ m/s. Im elastischen Bereich gilt $\sigma_{11} = \mu \cdot \sigma_{22}$. Im plastischen Bereich soll die Fließbedingung nach von Mises erfüllt werden:

$$\frac{1}{2} I_{\alpha\beta\varrho\lambda} \cdot \sigma^{\alpha\beta} \cdot \sigma^{\varphi\lambda} - \frac{1}{2} \sigma_v^2 \leq 0 \qquad (2.1)$$

In Bild 2 sind die Vergleichsspannungen nach von Mises für zwei verschiedene Zeitschritte in Abhängigkeit von der Zeit aufgetragen. Bei der Berechnung mit PAMCRASH - für $v_o = 12{,}5$ m/s - wird die Fließspannung stark überschritten. Verkleinert man den Anfangszeitschritt um 50 %, so ist die Spannungsüberschreitung nur etwa halb so groß. Mit DYNA3D wird in jedem Zeitschritt unabhängig von der Geschwindigkeit die Fließbedingung erfüllt. In Bild 3 sind die Ergebnisse und die Fließbedingung im Spannungsraum aufgetragen. Wird für PAMCRASH die Geschwindigkeit auf $v_o = 0,125$ m/s verkleinert, so erkennt man, daß auch hier in jedem Zeitschritt die Fließbedingung erfüllt wird (siehe Bild 3).

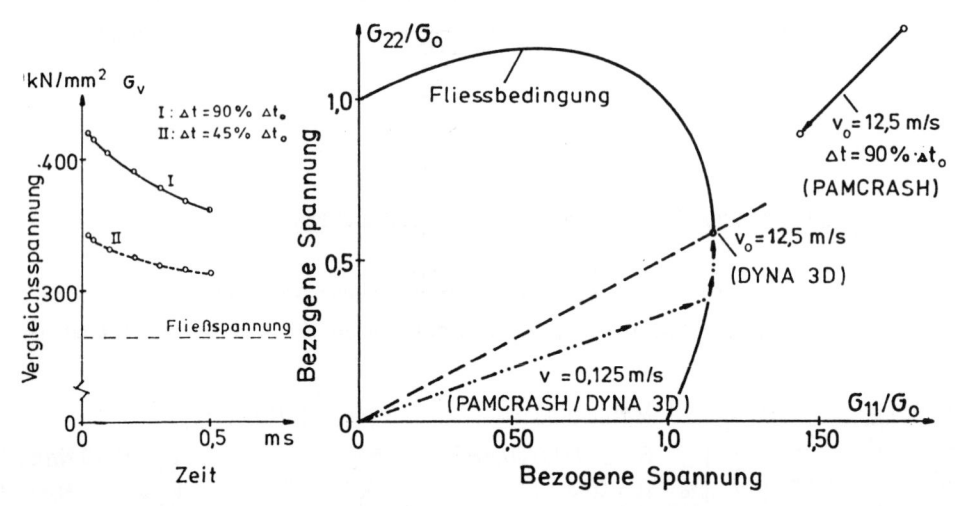

Bild 2: Einzelelement - Verlauf der Spannungen über der Zeit für verschiedene Zeitschritte

Bild 3: Einzelelement - Darstellung der Ergebnisse im Spannungsraum

Die Auswirkungen werden an einem quadratischen Rohr unter Crashbelastung weiter untersucht.

3. QUADRATISCHES ROHR UNTER CRASHBELASTUNG

3.1 MITTLERE FALTENBEULKRÄFTE FÜR DEN STATISCHEN FALL

Von Beermann /6/ wird für die mittlere Faltenbeulkraft P_m von rechteckigen Querschnitten folgende Beziehung abgeleitet:

$$P_m = \theta_f \cdot \sigma_o \cdot t^2 \qquad (3.1)$$

mit θ_f - dimensionsloser Faktor, der von der Querschnittsform abhängt und in Versuchen ermittelt wird (vgl. Bild 4);

σ_o - Fließgrenze des Materials;

t - Wandstärke.

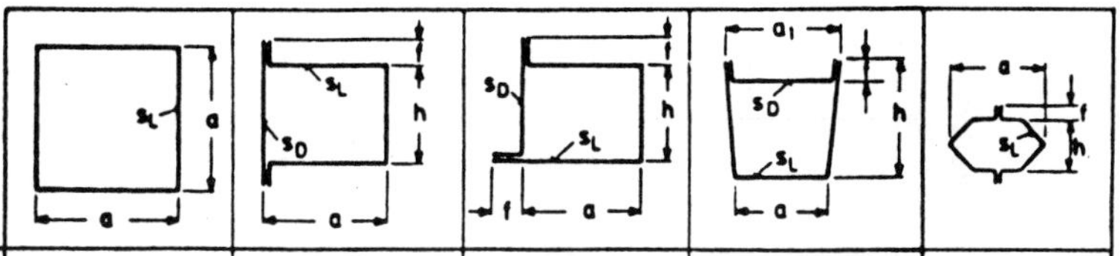

a	mm	50	100	20 ÷ 100		50		70	a_1=80	76
h	mm	-		20 ÷ 100		50 ÷ 70		110		66
f	mm	-		10 ÷ 20		20		20		10
s_L	mm	2,0	4,0	1,0	1,5	1,5	1,5	1,5		1,0
s_D	mm	-		1,0	1,5	1,0	1,5	1,0		
$\bar{\theta}_F$		43	43	50	43	45	45	48		
s_0		1,9	1,5	-	3,0	1,5	2,2	-		
		17 Versuche		61 Versuche: $\bar{\theta}_F$=47,5, s_0=4,7		9 Versuche: $\bar{\theta}_F$=45, s_0=1,7				4 Versuche: $\bar{\theta}_F$=77

Bild 4:   Abhängigkeit des Faktors θ_f von der Querschnittsform (aus /6/)

Die mittlere Faltenbeulkraft ist nach Beermann unabhängig von der Querschnittsfläche.

Eine analytische Lösung des Faltenbeulproblems wurde von Wierzbicki abgeleitet /7/. Eine gute Zusammenstellung findet man in /8/. Auf der Grundlage eines Faltenbeulmechanismus bestimmt Wierzbicki die mittlere Faltenbeulkraft für Rechteckprofile zu:

$$P_m = 9{,}56 \cdot \sigma_o \cdot t^{5/3} \cdot C^{1/3} \qquad (3.2)$$

mit $C = 0{,}5 \cdot (b + d)$ (mittlere Seitenlänge).

Nach Einführung einer dimensionslosen mittleren Faltenbeulkraft η und des Querschnittsverhältnisses θ

$$\eta = P_m / (4 \cdot C \cdot t \cdot \sigma_o); \qquad \theta = 4 \cdot t/C \qquad (3.3)$$

erhält man mit (3.2) für ein elastisch-plastisches Werkstoffverhalten:

$$\eta = 0{,}948 \cdot \theta^{2/3}. \qquad (3.4)$$

Der Vergleich mit Versuchsergebnissen von Abramowicz /9/ (siehe Bild 5) zeigt, daß dies eine untere Grenzabschätzung der Versuchswerte ist. Abramowicz bezieht die tatsächliche Verkürzung mit ein und erhält:

$$\eta = 1{,}3 \cdot \theta^{2/3}. \qquad (3.5)$$

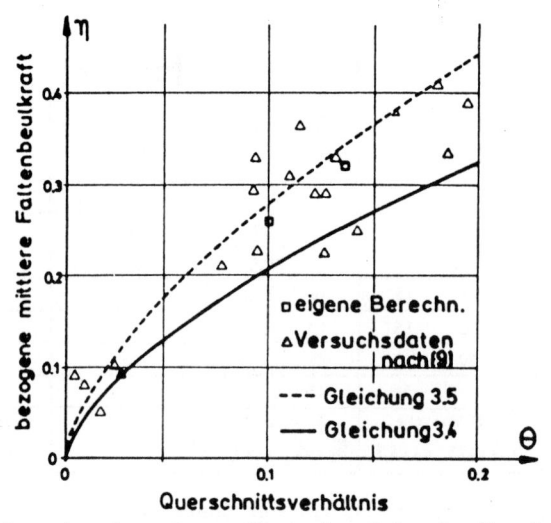

Bild 5: Dimensionslose Darstellung der Faltenbeulkraft

Während bei Beermann die mittlere Faltenbeulkraft unabhängig von Querschnittsbreite ist, wird diese bei Wierzbicki und Abramowicz berücksichtigt. Zur Überprüfung der Richtigkeit dieser semi-analytisch und analytisch hergeleiteten Lösungen erscheint der Einsatz der FE-Methode besonders geeignet. Hackenberg hat in /8/ gezeigt, daß die Ermittlung statischer Lösungen problematisch ist, weil z.B. Kontaktbedingungen nicht erfüllt werden. FE-Programme wie DYNA3D und PAMCRASH mit einfachen Schalenelementen und leistungsfähigen Kontaktalgorithmen eignen sich jedoch für die dynamische Analyse solcher Probleme. Im folgenden werden die Ergebnisse für die beiden obengenannten Programme vorgestellt und mit den angegebenen Lösungen verglichen.

3.2 DYNAMISCHE BERECHNUNG EINES QUADRATISCHEN ROHRES

Aus Symmetriegründen wird nur ein Viertel eines 400 mm langen, quadratischen Rohres mit einer Breite von 80 mm untersucht.

Für den berechneten Ausschnitt wird im Punkt E eine Einzelmasse von 137,5 kg aufgebracht. Der Rand DEF ist in sich starr, kann sich aber in x-Richtung frei verschieben. Der berechnete Viertelausschnitt wird mit 320 quadratischen Schalenelementen diskretisiert. Die ersten und letzten beiden Elementreihen - mit einer Dicke von t = 4,0 mm und einer Fließspannung von 1000 N/mm² - sollen sich nahezu elastisch verhalten. Es werden Anfangsge-

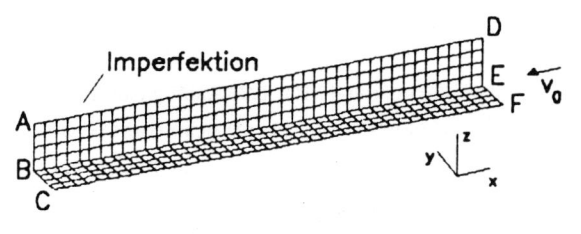

Geometriedaten:	Materialdaten:	Randbedingungen:	
l = 400 mm	E = 210000 N/mm²	Rand AD u. CF:	Symm. Randbed.
a = 80 mm	µ = 0,33	Rand DEF:	Nodal constraint
t = 2 mm	ρ = 0,785 · 10⁻⁵	Rand ABC:	Rigid wall

Bild 6: Viertelrohr - Geometrie-, Materialdaten und Randbedingungen

schwindigkeiten von 7,22 m/s bzw. 14,44 m/s vorgegeben. Als Imperfektion wird die Knotenreihe bei x = 40 mm in z- bzw. in y-Richtung um jeweils 1 mm nach außen bzw. nach innen versetzt, um den Beulprozeß einzuleiten.

3.3 VERWENDETE WERKSTOFFGESETZE

Grundlage für das Werkstoffgesetz sind die tatsächlichen Spannungen (Cauchy-Spannungen) als Funktion der Dehnungen.

1. Es wird ein bilineares Werkstoffgesetz mit der Fließspannung

    σ_0 = 264,9 N/mm² und dem Tangentenmodul E_t = 0,3737 verwendet.   (3.6)

2. Es wird folgende Werkstoffkennlinie angesetzt:

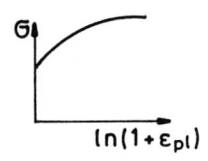

    Bild 7: Spannungs-Dehnungskurve   (3.7)

3. Der Einfluß der Dehngeschwindigkeit wird bei PAMCRASH über

    $\sigma_y = \sigma_y \cdot \left[1 + \left(\frac{\dot{\varepsilon}}{D}\right)^{1/p}\right]$ Cowper-Symonds) eingebracht. Für die Wahl der

    Parameter D und p werden in /10/ verschiedene Werte angegeben. Hier wurde D = 40,4 und p = 5,0 gewählt.

3.4 BERECHNUNGSERGEBNISSE

Ein Ergebnis für die Berechnung mit PAMCRASH soll hier etwas ausführlicher dargestellt werden. Es wurde eine elastisch-plastische Spannungs-Dehnungskurve mit einer Fließspannung von σ_o = 530 N/mm² vorgegeben. Der Einfluß der Dehngeschwindigkeit wurde berücksichtigt.

In Bild 8 ist der ungefilterte Kraft-Zeit-Verlauf und der Energie-Zeit-Verlauf aufgetragen.

Die Verformungszustände bis 20 ms sind in Bild 9 dargestellt. Man erkennt, wie sich im Laufe der Berechnung die einzelnen Falten ausbilden. Die Blechstärke wird im Kontaktalgorithmus berücksichtigt. In den mit A-D gekennzeichneten Punkten legt sich die neue Falte an die vorhergehende an. Diesen Punkten können im Kraft-Zeit-Verlauf die Maxima bei T = 5,0; 10,8; 14,8 und 19 ms zugeordnet werden.

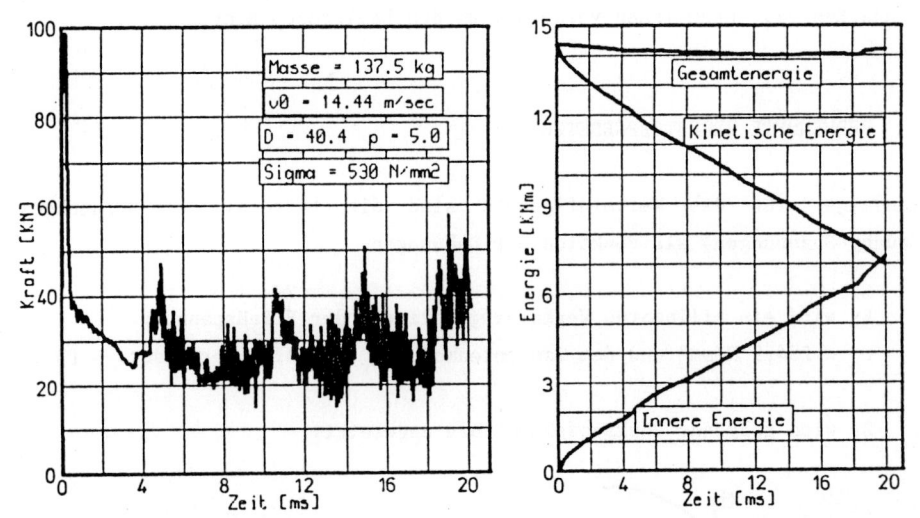

Bild 8: Kraft-Zeit- und Energie-Zeit-Verlauf für das Viertelrohr mit v_o = 14,44 m/s

Die Berechnung mit DYNA3D ergibt nur etwas kleinere, mittlere Faltenbeulkräfte. Daher liegt die Vermutung nahe, daß die 'Nicht-Iteration' im Werkstoffgesetz (PAMCRASH) beim Faltenbeulen keine großen Auswirkungen auf die mittlere Faltenbeulkraft hat.

Im nächsten Abschnitt wird untersucht, wie die Diskretisierung die Berechnungsergebnisse beeinflußt.

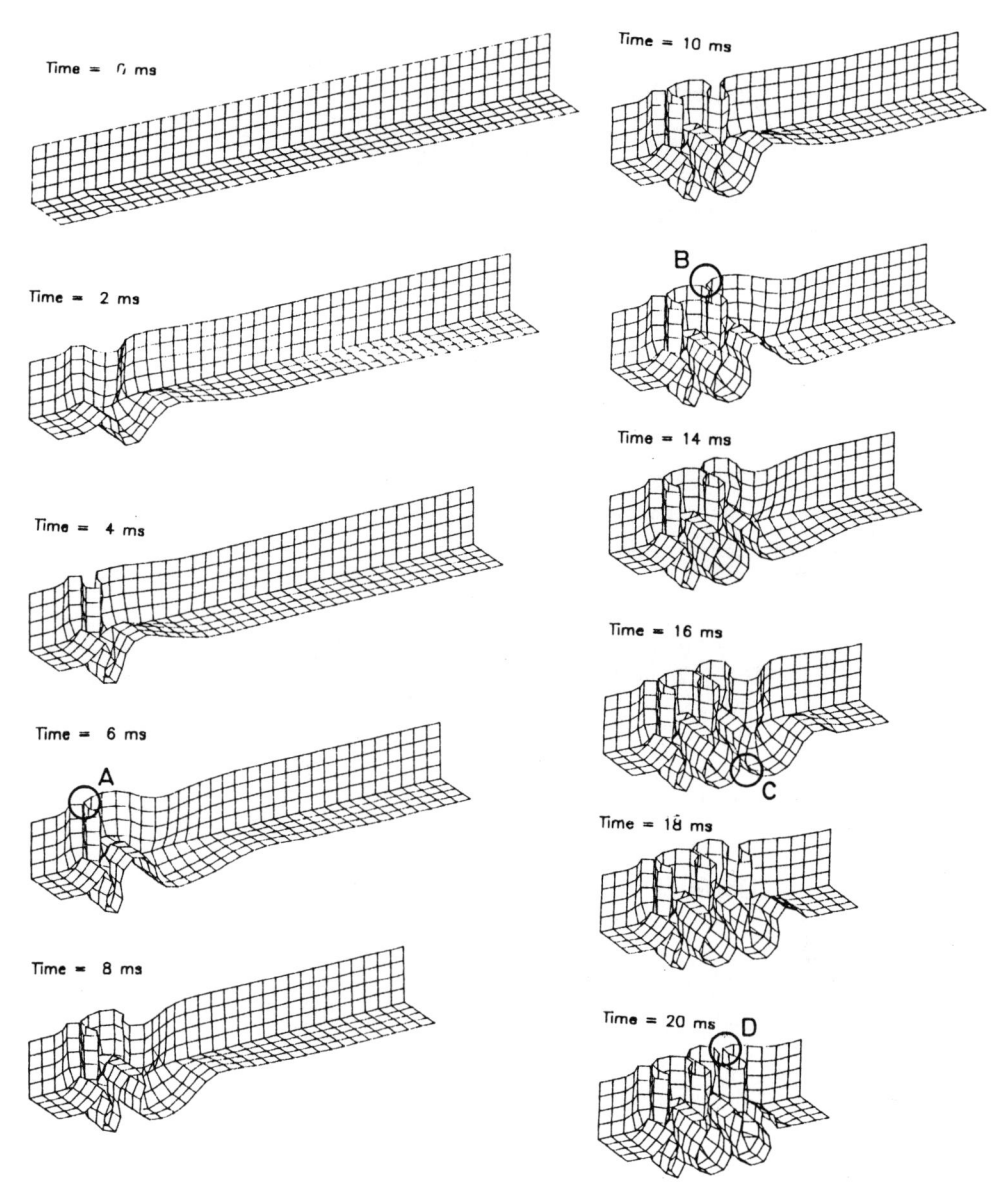

Bild 9: Verformungszustände bis 20 ms mit v_o = 14,44 m/s (PAMCRASH)

3.5 EINFLUSS DER DISKRETISIERUNG

Im nächsten Schritt wurde untersucht, welchen Einfluß eine Verfeinerung des Elementrasters auf die Energieumsetzung hat. Das 'feine' Netz ist in Bild 10 dargestellt.

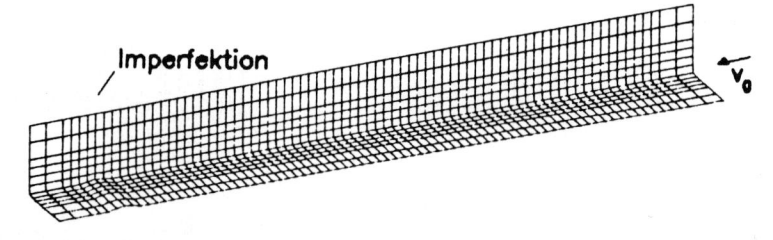

Bild 10   Viertelrohr - Feines Netz

In Bild 11 sind die Verformungen des Viertelrohres bei T = 20 ms dargestellt. Es wurde das Werkstoffgesetz nach (3.6) verwendet. Auf der linken Seite (A und C) sind die Ergebnisse für DYNA3D und auf der rechten Seite (B und D) die Ergebnisse für PAMCRASH dargestellt. Bei der Berechnung mit DYNA3D können keine signifikanten Unterschiede zwischen dem Belytschko- und dem Hughes/Liu-Element festgestellt werden.

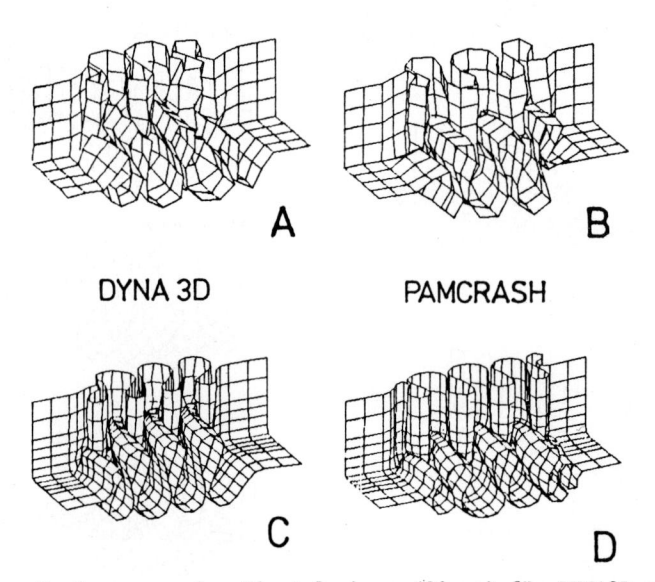

Bild 11   Verformungen des Viertelrohres (20 ms) für DYNA3D und PAMCRASH

Vergleicht man die vier Darstellungen in Bild 11, so erkennt man:

- Die Verformungen im Bereich der ersten Falte sind bei DYNA3D größer;
- die Anzahl der Falten für A, B und C sind gleich;
- beim 'feinen' Modell sind die Faltenradien in C etwas kleiner als in D, die Faltenlänge ist jedoch etwas größer.

Die mit PAMCRASH berechneten mittleren Faltenbeulkräfte sind in Tabelle 3 zusammengestellt. Die Werte für DYNA3D sind in jedem Fall etwas geringer (0,5 - 1,5 kN).

In Bild 12 ist der Verformungszustand (DYNA3D) des Quadratrohres bei T = 20 ms dargestellt. Eigene Versuche an Quadratrohren wurden nicht durchgeführt. Es kann jedoch festgestellt werden, daß die mit DYNA3D berechneten Verformungen am besten mit Beulmustern aus bekannten Versuchen übereinstimmen.

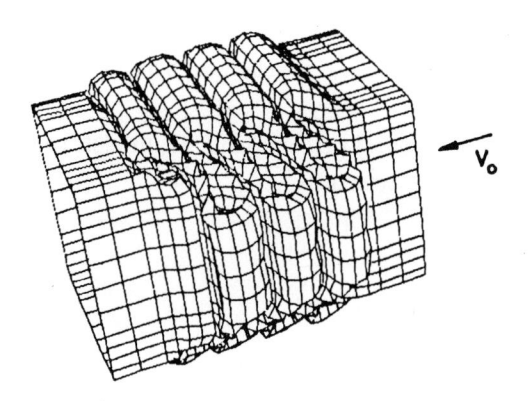

Bild 12   Verformungszustand für das Gesamtrohr bei 20 ms (DYNA3D)

3.6   BERECHNUNGSAUFWAND

Der Berechnungsaufwand kann mit Gleichung 3.8 abgeschätzt werden:

CPU-Sek. = Anzahl der Zeitschritte · Anzahl der Elemente · Time per zone cycle / 10^6 (3.8)

Anzahl der Zeitschritte = Gesamtzeit / mittlere Zeitschrittgröße
    Mittlere Zeitschrittgröße = 1,5 - 3 · l_{min} / c
      mit l_{min} - kleinste Elementlänge
        c   - Wellengeschwindigkeit

Der 'time per zone cycle' (Zykluszeit für ein Element) ist abhängig vom verwendeten Rechner, vom Element, vom Werkstoffgesetz und entscheidend von Art und Umfang der Kontaktbereiche. Für die CRAY-XMP/14 gilt:

	PAMCRASH	DYNA3D
elastisch	35 µs	25 µs
plastisch	↓	↓
plast.mit		
SS-Kontakt	≤ 455 µs	≤ 170 µs

Tabelle 1: Time per zone cycle für die Cray-XMP/14

	PAMCRASH	DYNA3D
Grobes Netz	26000 Zeitschr. = 3555 CPU-Sek.	27100 Zeitschr. 1020 Sek.
Feines Netz	151528 Zeitschr. = 64000 Sek.	67142 Zeitschr. 10120 Sek.

Tabelle 2: Anzahl der Zeitschritte und CPU-Sek. für das Viertelrohr (20 ms)

Folgendes kann festgehalten werden:

- Der mittlere Zeitschritt (feines Netz) ist bei der Berechnung mit PAM-CRASH mehr als doppelt so groß wie bei der Berechnung mit DYNA3D;

- bezogen auf den Zeitschritt arbeitet DYNA3D nahezu dreimal schneller als PAMCRASH.

Dies bedeutet, daß der Kontaktalgorithmus in DYNA3D wesentlich effizienter programmiert ist als in PAMCRASH.

3.7 ZUSAMMENFASSUNG

In Tabelle 3 sind die mittleren Faltenbeulkräfte (PAMCRASH) für die verschiedenen Werkstoffgesetze, unterschiedlichen Geschwindigkeiten und für zwei Diskretisierungen zusammengestellt. Die Werte für DYNA3D sind etwas geringer (0,5 - 1,5 kN).

	'Grobes Netz'		'Feines' Netz
	$v_0 = 7{,}22$ m/s	$v_0 = 14{,}44$ m/s	$v_0 = 14{,}44$ m/s
$\sigma_0 = 264{,}9$ N/mm²	13,5 kN	14,6 kN	12,5 kN
$\sigma_0 = 264{,}9$ N/mm² $D = 40{,}4$ $p = 5{,}0$	17,1 kN	18,6 kN	14,4 kN
σ vs $\ln(1+\varepsilon_{pl})$	15,7 kN	16,9 kN	13,0 kN

Tabelle 3   Mittlere Faltenbeulkraft (Viertelrohr) für verschiedene Werkstoffgesetze und unterschiedliche Geschwindigkeiten

Es zeigt sich, daß eine höhere Anfangsgeschwindigkeit zu etwas größeren Faltenbeulkräften führt (1,1 - 1,5 kN). Wird der Einfluß der Dehngeschwindigkeit im Werkstoffgesetz berücksichtigt, so führt dies beim 'groben' Netz zu 20 bis 30 % und beim 'feinen' Netz zu 10 bis 20 % größeren Kräften.
Beim 'feinen' Netz werden die Faltenradien gut angenähert. Die plastischen Zonen werden genauer erfaßt. Dies führt zu kleineren Faltenbeulkräften als beim 'groben' Netz. Die Form der Falten entspricht bei DYNA3D besser den aus Versuchen bekannten Beulmustern. Sowohl bei PAMCRASH als auch bei DYNA3D werden die Kontaktbedingungen erfüllt (keine Durchdringungen). Die Rechenzeiten liegen bei DYNA3D jedoch erheblich (3- bis 6fach) unter denen von PAMCRASH.
Die Extrapolation der Ergebnisse auf den statischen Fall ergibt eine mittlere Faltenbeulkraft von ca. 11,0 kN für den Viertelabschnitt mit einer Kantenlänge von 80 mm. Zur weiteren Überprüfung wurde ein Quadratrohr mit der Kantenlänge von 60 mm untersucht. In Tab.4 sind die mittleren Faltenbeulkräfte für die verschiedenen Ansätze und die Berechnungsergebnisse für das Quadratrohr zusammengestellt. Die Berechnungsergebnisse sind auch in Bild 5 eingetragen. Sie stimmen gut mit dem Ansatz von Abramowicz überein.

	80,0 mm	60,0 mm
Beermann	45,6 kN	45,6 kN
Wierzbicki	35,0 kN	31,8 kN
Abramowicz	47,5 kN	43,2 kN
DYNA3D/PAMCRASH	44,0 kN	41,0 kN

Es zeigt sich, daß die Eckbereiche den größten Anteil an der Energieumsetzung haben. Daher sollte bei der Auslegung crashbeanspruchter Strukturen - wenn konstruktiv möglich - ein Querschnitt mit vielen Ecken ausgewählt werden (vgl. Bild 4). Auch aufgeschweißte U-Profile leisten einen großen Beitrag zur Energieumsetzung.

4   AUSBLICK

Ingenieure sind heute - mit Hilfe von Vektorrechnern und der hier vorgestellten Software - in der Lage, rechnerische Aussagen über das Crashverhalten von Komponenten und Gesamtfahrzeugen zu liefern. Im Hause VW wurden verschiedene Längsträgerkonzepte rechnerisch untersucht und bezüglich der Energieaufnahme und des Versagensverhaltens (Faltenbeulen - Biegekollaps) optimiert. Dabei konnte bisher eine gute Übereinstimmung zwischen den Berechnungs- und Versuchsergebnissen festgestellt werden.

LITERATUR

/1/ Breitinger, R.; Bürger, H.; Muhs, H.:
Sicherheitsentwicklung von VW-Nutzfahrzeugen in der Prototypen-Phase.
Erscheint in ATZ Nr. 1 (1988)

/2/ Hallquist, J.O.; Schweizerhof, K.:
CRASH/IMPACT-Berechnungen mit DYNA3D - Neue Entwicklungen.
User-Seminar München (September 1987)

/3/ Belytschko, T.; Lin, J.I.; Tsay, C.S.:
Explicit Algorithms For The Nonlinear Dynamics Of Shells.
Comp. Methods In Applied Mechanics And Engineering 42 (1984), 225-251

/4/ Hughes, T.J.R.; Liu, W.K.:
Nonlinear Finite Element Analysis Of Shells.
Three-dimensional Shells. Computational Methods In Applied Mechanics 27 (1981), 331-362

/5/ Hallquist, J.O.; Goudreau, G.L.; Benson, D.L.:
Sliding Interfaces With Contact-Impact In Large-Scale Lagrangian Computations.
Comp. Methods In Appl. Mechanics And Engineering 51-52 (1985), 107-137

/6/ Beermann, H.-J.; Staisch, A.:
Aufpralluntersuchungen mit vereinfachten Strukturmodellen.
IfF-Tagung Braunschweig (1982), 205-237

/7/ Wierzbicki, T; Abramowicz, W.:
On The Crushing Mechanics Of Thin-Walled Structures.
Journal Of Applied Mechanics, Vol. 50 (Dez. 1983).

/8/ Hackenberg, H.-P.:
Untersuchungen zum regulären Faltenbeulen von Rechteckprofilen.
Diplomarbeit, Institut für Allgemeine Mechanik und Festigkeitslehre, TU Braunschweig (Juli 1987)

/9/ Abramowicz, W.; Jones:
Dynamic Axial Crushing Of Square Tubes.
Int. Journal Of Impact Engineering. V2 N2 (1984)

/10/ Wierzbicki, T.; Akerstrom:
Dynamic Crushing of Strain Rate Sensitive Box Colums.
Proc. Second Int. Conf. Vehicle Structural Mechanics, Southfield, SAE Paper No. 770592 (1977)

Interaktion zwischen globalem und lokalem Versagen dünnwandiger Stäbe

E. Ramm und G. Kammler, Stuttgart

Summary

The subject of the present study is the ultimate load analysis of 3-D framed structures with particular reference to local and distortional buckling. Based on a nonlinear finite beam element with an arbitrary, thin-walled open cross section, a special beam element with additional (local) degrees of freedom is derived.
The cross section of the beam element is composed of single plates. The local deformations of the cross section are described by plate bending equations. The membrane stresses are represented by the beam equations.
The new element is applied in geometrically and materially nonlinear analysis of beams and beam-columns. Eigenvalues and nonlinear load-deflection curves are calculated. To describe nonlinear effects due to plasticity an approximate yield criterion given by Ilyushin is used (stress-resultants are used instead of stresses).

Zusammenfassung

Für Traglastberechnungen räumlicher Stabtragwerke unter Berücksichtigung lokalen Querschnittsversagens und der Interaktion mit globalen Versagensformen wird ein spezielles finites Balkenelement entwickelt. Hierzu wird ein vorhandenes Balkenelement für beliebige, dünnwandige, offene Querschnitte um lokale Plattenfreiheitsgrade erweitert, um Profilverformungen zu beschreiben. Die inkrementellen Gleichgewichtsbedingungen werden auf kontinuumsmechanischer Grundlage mit dem Prinzip der virtuellen Verrückungen formuliert. Es wird eine mitgehende Koordinatendarstellung verwendet. Das Element wird zur geometrisch und materiell nichtlinearen Untersuchung räumlicher Stäbe eingesetzt. Plastische Werkstoffzustände werden durch ein Fließgesetz beschrieben, das in integralen Größen (Spannungsresultanten) formuliert ist. Verzweigungslasten sowie nichtlineare Last - Verformungsbeziehungen können berechnet werden.

1 Einleitung

Bei räumlichen Stab- und Rahmensystemen können zwei unterschiedliche Versagensarten der einzelnen Bauteile auftreten. Man unterscheidet globales Versagen eines ganzen Stabes (Kippen, Knicken, allg. Biegedrillknicken) und lokales, örtliches Versagen der einzelnen Querschnittsteile (Beulen von Gurt- oder Stegplatten). Bei bestimmten Querschnitts-Längenverhältnissen der Stäbe können sich beide Versagensarten gegenseitig ungünstig beeinflussen, so daß eine getrennte Betrachtung von lokalem und globalem Versagen nicht ausreicht. In /1/ wurde ein spezielles finites Element entwickelt, um die jeweils maßgebende Versagensart zu berechnen, beziehungsweise die Interaktion zu erfassen. Damit können Trag- und Verzweigungslasten für beliebige, offene, dünnwandige Querschnitte bei elastoplastischem Werkstoffverhalten berechnet werden. Die Formulierung ist eine Erweiterung des Balkenelements in /2/ um zusätzliche Plattenfreiheitsgrade, um die Profilverformung zu erfassen. In seiner einfachsten Form wird die Anzahl der Freiheitsgrade gegenüber einem herkömmlichen Balkenelement nur geringfügig erhöht. Die Berechnung der unterschiedlichen Versagensformen kann damit wirtschaftlich vorgenommen werden.

In den letzten Jahren sind in der Literatur ähnliche Entwicklungen beschrieben worden. Meistens wird jedoch eine aufwendigere Querschnittsidealisierung mit Platten - Scheiben-Elementen verwendet /3/ oder vergleichbare Elemente werden auf elastisches Werkstoffverhalten /4/, spezielle Annahmen bezüglich der Beulformen /5/, /6/ oder spezielle Querschnittsformen (I-Profile) /7/ begrenzt.

2 Grundgleichungen

Ausgehend vom Prinzip der virtuellen Verschiebungen für das dreidimensionale Kontinuum werden die inkrementellen Gleichgewichtsbeziehungen für einen Stab mit Profilverformung hergeleitet. Ziel der Herleitung ist die Beschreibung eines unbekannten, endlich deformierten Zustandes 2 aus einem bereits ermittelten, bekannten Verformungszustand 1 heraus (inkrementelles Vorgehen).

$$^2\delta W = {}^2\delta W_{(i)} + {}^2\delta W_{(a)} = 0 \qquad (1)$$

Bei Verwendung einer "updated Lagrange"- Formulierung und eines lokalen, mitgehenden Querschnittskoordinatensystems $\bar{x}$, $\bar{y}$, $\bar{z}$ kann die inkrementelle virtuelle Arbeit folgendermaßen angegeben werden.

$$\int_V s\,\delta\varepsilon\,dV + \int_V {}^1\tau\,\delta\eta\,dV = {}^2\delta W_{(a)} - \int_V {}^1\tau\,\delta e\,dV \qquad (2)$$

Alle Terme der Gleichung sind auf das lokale Koordinatensystem des Zustands 1 bezogen. Die linearen Anteile des Green - Lagrange Verzerrungstensors ε werden mit e, die nichtlinearen mit η bezeichnet. S bezeichnet den inkrementellen Kirchhoff - Piola Spannungstensor 2. Art und $^1\tau$ den Cauchy Spannungstensor. Die im Verzerrungstensor enthaltenen Gesamtverformungen setzen sich bei Berücksichtigung lokaler Querschnittsverformungen aus einem globalen Anteil (Balken) und einem lokalen Anteil (Platte) zusammen. Zur Bestimmung endlicher Deformationen wird der Balkenanteil in einen spannungsfreien Starrkörperanteil und einen

Relativverformungsanteil aufgespalten (siehe hierzu /2/). Die Plattenanteile stellen zusätzliche Verformungen dar, die nur die Biegewirkung der einzelnen Querschnittsplatten enthalten.

$$u = u^B + u^P \qquad (3\,a)$$

Entsprechend kann man die Spannungsinkremente aus Balken - bzw. Plattenanteilen zusammensetzen.

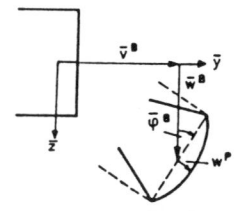

$$s = s^B + s^P \qquad (3\,b)$$

Bild 1: Verschiebungskomponenten von Balken und Platte

Daraus folgt die Arbeitsgleichung bezogen auf ein raumfestes kartesisches Koordinatensystem.

$$\int_V s^B \delta\varepsilon^B \, dV + \int_V s^P \delta\varepsilon^P \, dV + \int_V s^B \delta\varepsilon^P \, dV$$

$$+ \int_V s^P \delta\varepsilon^B \, dV + \int_V s^P \delta\varepsilon^{BP} \, dV + \int_V s^B \delta\varepsilon^{BP} \, dV$$

$$+ \int_V {}^1\tau \, \delta\eta^{BB} \, dV + \int_V {}^1\tau \, \delta\eta^{PP} \, dV \qquad (4)$$

$$+ \int_V {}^1\tau \, \delta\eta^{PB} \, dV + \int_V {}^1\tau \, \delta\eta^{BP} \, dV$$

$$= {}^2\delta W_{(a)} - \int_V {}^1\tau \, \delta e \, dV$$

Die doppelten Indizes bezeichnen die einzelnen Anteile bei Produkttermen. Um, der üblichen Balkentheorie folgend, nur mit Normalspannungen in Stablängsrichtung und Schubspannungen in der Ebene der Einzelplatten operieren zu können, wird ein lokales, mitgehendes Bezugskoordinatensystem verwendet. Außerdem ist es notwendig, für jedes Querschnittssegment (Platte) ein eigenes Koordinatensystem anzugeben, auf das die lokalen Querschnittsverformungen der Platte bezogen sind. Daher werden drei Koordinatensysteme zur Beschreibung des Problems benötigt :

- ein globales Bezugskoordinatensystem X, Y, Z,

- ein lokales mitgehendes Querschnittskoordinatensystem $\bar{x}$, $\bar{y}$, $\bar{z}$ für jedes Balkenelement,

- ein lokales, auf das aktuelle Querschnittssegment bezogene Koordinatenssystem.

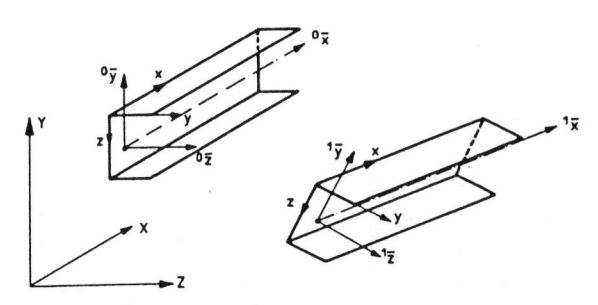

Bild 2: Koordinatensysteme

Im Sinne der finiten Elemente wird das Gesamtsystem in endliche Balkenelemente und jedes Element in eine bestimmte, vom Querschnitt abhängige Anzahl von Unterelementen (Segmente) aufgespalten. Die Arbeit des gesamten Systems folgt aus der Summation über alle Elemente und Unterelemente. Die weitere Herleitung kann damit für ein Element durchgeführt werden. Ihr liegen im wesentlichen die folgenden Annahmen zugrunde :

1. Der in den einzelnen Segmenten vorhandene Scheibenspannungszustand entsteht nur aus der Balkenwirkung. Die resultierenden Stablängsspannungen sind über die Dicke der Einzelplatten konstant verteilt.

2. Der Querschnitt ist in der Lage, seine Form zu ändern. Die daraus resultierenden Plattenmomente werden mit den Kirchhoff - Annahmen ermittelt.

3. Die lokalen Plattenverformungen sind endlich, aber mäßig groß.

4. Der sich durch lokales Ausbeulen der Platten ändernde Scheibenspannungszustand wird nur genähert erfaßt.

5. Schubverzerrungen werden vernachlässigt.

Mit diesen Annahmen werden die in Gleichung (4) enthaltenen Spannungen und Dehnungen eines allgemeinen Volumenelementes auf die für dünnwandige Einzelelemente relevanten Größen reduziert. Die Arbeitsgleichung erhält die folgende Form, wobei definitionsgemäß die Balken- und Plattenterme in unterschiedlichen Koordinatensystemen wirken.

$$\int_V s_{xx}^B \delta\varepsilon_{xx}^B \, dV + \int_V s_{xy}^B \delta(\varepsilon_{xy}^B + \varepsilon_{yx}^B) \, dV + \int_V {}^1\tau_{xx} \delta\eta_{xx}^{BB} \, dV$$

$$+ \int_V {}^1\tau_{xy} \delta(\eta_{yx}^{BB} + \eta_{xy}^{BB}) \, dV + \int_V {}^1\tau_{xz} \delta(\eta_{zx}^{BB} + \eta_{xz}^{BB}) \, dV$$

$$+ \sum_{ns} \Big[\int_V s_{xx}^P \delta\varepsilon_{xx}^P \, dV + \int_V s_{yy}^P \delta\varepsilon_{yy}^P \, dV + \int_V s_{xy}^P \delta(\varepsilon_{xy}^P + \varepsilon_{yx}^P) \, dV$$

$$+ \int_V {}^1\tau_{xx} \delta\eta_{xx}^{PP} \, dV + \int_V {}^1\tau_{yy} \delta\eta_{yy}^{PP} \, dV + \int_V {}^1\tau_{xy} \delta(\eta_{xy}^{PP} + \eta_{yx}^{PP}) \, dV$$

$$+ \int_V {}^1\tau_{xx} \delta\eta_{xx}^{BP} \, dV + \int_V {}^1\tau_{xy} \delta(\eta_{xy}^{BP} + \eta_{yx}^{BP}) \, dV$$

$$+ \int_V {}^1\tau_{xx} \delta\eta_{xx}^{PB} \, dV + \int_V {}^1\tau_{xy} \delta(\eta_{xy}^{PB} + \eta_{yx}^{PB}) \, dV \Big] \qquad (5)$$

$$= {}^2\delta W_{(a)} - {}^1\delta W_{(i)}$$

ns... Anzahl der Subelemente (Einzelplatten des Querschnittes)

Im weiteren werden die nichtlinearen Terme aus Normalspannungen in Plattenquerrichtung und Schubspannungen in der Plattenmittelfläche vernachlässigt (in (5) unterstrichen).

Im Hinblick auf den numerischen Lösungsprozeß wird Gleichung (5) in den Verschiebungsfreiheitsgraden linearisiert, d.h. $\delta\varepsilon_{ij}$ wird durch δe_{ij} ersetzt. Der Linearisierungsfehler wird dann iterativ beseitigt. In (5) werden die kinematischen Gleichungen eingebracht. Für den Balkenanteil kann hierbei die spezielle Querschnittskinematik berücksichtigt werden. Nach /2/ wird das Verhalten eines Querschnittspunktes durch die charakteristischen Querschnittsverschiebungen $\bar{u}_s$, $\bar{v}_M$, $\bar{w}_M$ und $\bar{\theta}_{xM}$ eindeutig beschrieben.

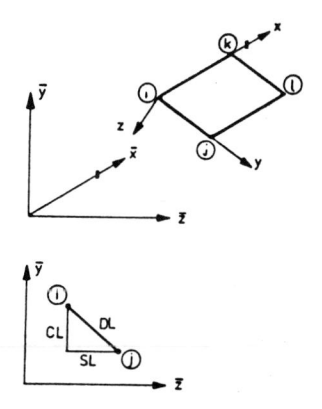

Bild 3: Transformationsbeziehung

Um eine Verknüpfung der Balken- und Plattengrößen vornehmen zu können, ist eine Transformation auf eine gemeinsame Basis notwendig. Die gemischten Terme in Gl.(5) werden dadurch auf ein einheitliches Koordinatensystem, das jeweilige Segmentkoordinatensystem der Einzelplatte, bezogen (vgl. Bild 3).

$$u_z^B = -\overline{v}^B \frac{SL}{CL} + \overline{w}^B \frac{CL}{DL} \qquad (6)$$

Durch die Kirchhoffschen Annahmen können die Verschiebungen außerhalb der Mittelfläche in der Ebene einer Einzelplatte $u_x^{(z)}$ und $u_y^{(z)}$ durch die Ableitung der Plattenquerverschiebung u_z ausgedrückt werden.

Im Sinne einer üblichen Balken- bzw. Plattentheorie ist es sinnvoll, die Annahmen bezüglich der Spannungsverläufe in die Arbeitsgleichung einzubringen und mit resultierenden Spannungen (Schnittgrößen) weiterzuarbeiten. Die Integration der Längsspannungen über die gesamte Querschnittsfläche in der üblichen Form liefert die resultierenden Kräfte der Balkentheorie P, $M_{\overline{y}}$, $M_{\overline{z}}$, M_w. Die Integration der Schubspannungen τ_{xy}, τ_{xz} in der Querschnittsebene und die Beachtung des über die Dicke des Segmentes linear verteilten Verlaufes führt zu den Querkräften $Q_{\overline{z}}$, $Q_{\overline{y}}$ und dem St. Venantschen Torsionsmoment. Durch Integration der linear veränderlichen Anteile der Spannungen τ_{xx}, τ_{yy} und τ_{xy} über die Segmentdicke werden die Plattenmomente ermittelt.

3 Werkstoffverhalten

In die Arbeitsgleichung ist die Werkstoffbeziehung einzusetzen. Für elastisches Material kann dies für Balken- und Plattengrößen getrennt geschehen. Die inkrementellen Balkenschnittgrößen werden mit dem Elastizitäts- bzw. Schubmodul aus den nichtlinearen Verzerrungsinkrementen bestimmt. Die Plattenmomente werden mittels des zweidimensionalen Hookeschen Werkstoffgesetzes aus den Plattenkrümmungen ermittelt.

Bei beginnender Plastizierung kann ein für den gesamten Querschnitt gültiges Werkstoffgesetz nicht mehr angegeben werden. Es existiert vielmehr in jedem Punkt des Querschnittes ein anderes Stoffverhalten. Darüber hinaus beeinflussen sich Balken- und Plattenschnittgrößen gegenseitig. Da auch das Materialverhalten über die Dicke einer Platte variiert, ist zur Ermittlung der Spannungsresultanten eine Schichtintegration notwendig. Der Aufwand der Berechnung steigt dadurch stark an. Um dies zu vermeiden, wurde hier ein Fließgesetz verwendet, das anstelle der Spannungen in Spannungsresultanten der Plattenmittelfläche formuliert ist. Die verwendete Beziehung wurde 1947 von Ilyushin aufgestellt und von Crisfield /8/ weiter verallgemeinert.

$$f = \frac{\overline{N}}{t^2 \sigma_F^2} + \frac{4 s \overline{MN}}{\sqrt{3}\, t^3 \sigma_F^2} + \frac{16 \overline{M}}{t^4 \sigma_F^2} \leq 1 \qquad (7)$$

$$\overline{N} = N_x^2 + N_y^2 - N_x N_y + 3 N_{xy}^2 \tag{8a}$$

$$\overline{M} = M_x^2 + M_y^2 - M_x M_y + 3 M_{xy}^2 \tag{8b}$$

$$\overline{MN} = M_x N_x + M_y N_y - \frac{1}{2} M_x N_y - \frac{1}{2} M_y N_x + 3 M_{xy} N_{xy} \tag{8c}$$

Die Schnittgrößen N_x, N_y, N_{xy}, M_x, M_y und M_{xy} folgen aus der Integration über die Dicke der Platten. Im Gegensatz zur von Mises - Fließbedingung wird die Plastizierung des Werkstoffes nicht bereits beim Beginn in der Randfaser angezeigt, das Verfahren beruht vielmehr auf einem energetischen Ausgleich der Zwischenzustände.

4 Diskretisierung und Gleichungslösung

Um aus der Arbeitsgleichung ein finites Element zu entwickeln, werden die unbekannten Systemverformungen durch diskrete Verschiebungsgrößen ausgedrückt. Die Balkenverformungen werden mit den bekannten Hermite - Polynomen auf die unbekannten Knotenverschiebungsgrößen an den Enden eines Balkenelementes diskretisiert.
Zur Beschreibung des Biegeverhaltens der Einzelsegmente werden zusätzliche Plattenfreiheitsgrade eingeführt, die an den Verzweigungskanten des Querschnittes wirken. Um nicht unnötig viele zusätzliche Freiheitsgrade einzuführen, wurden zwei unterschiedliche Grundplatten zum Aufbau des Querschnittes verwendet. Typ I hat einen linear - kubischen und Typ II einen bikubischen Verschiebungsansatz. Bild 5 zeigt beispielhaft den Zusammenbau des Querschnittes aus einzelnen Plattensegmenten.

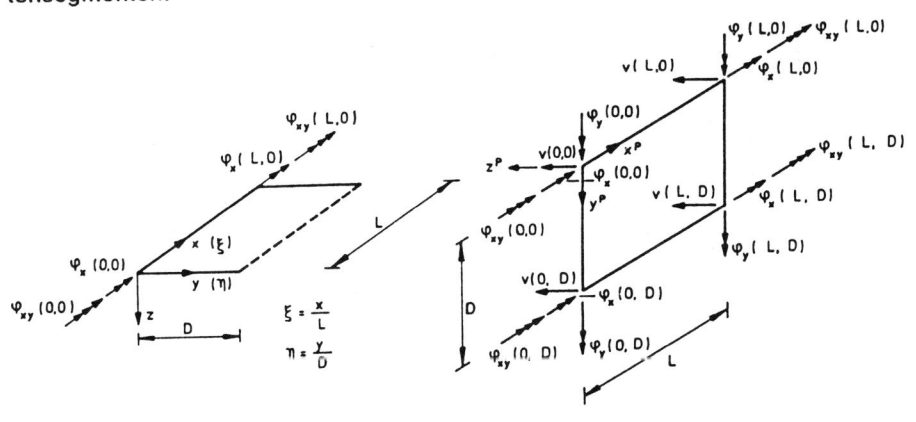

Bild 4: Plattentypen

Balken	Einzelplatten	Gesamtelement
14 Freiheitsgrade	4 - 16 Freiheitsgrade / Platte	14 Freiheitsgrade + 16 Freiheitsgrade 30 Freiheitsgrade

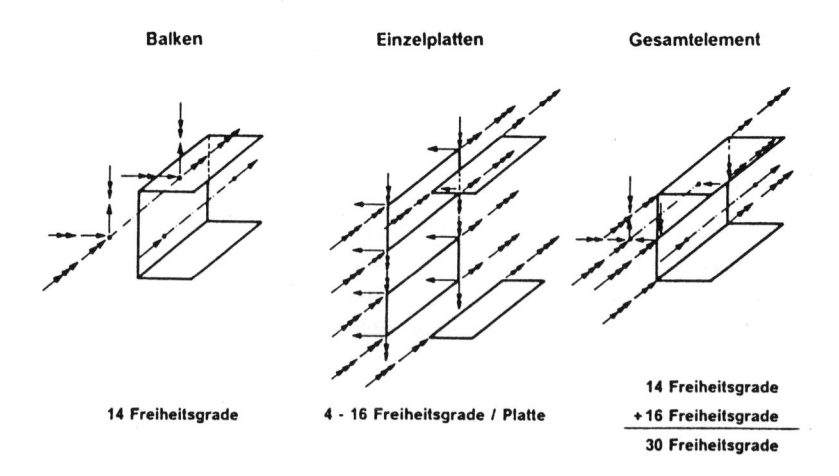

Bild 5: Elementaufbau am Beispiel eines [- Profiles

Mit dem beschriebenen Werkstoffgesetz und den Ansatzfunktionen werden aus den einzelnen Termen der Arbeitsgleichung die Steifigkeitsmatrizen des Elementes bestimmt. Werkstoffbehaftete Terme führen zur elastischen bzw. elastisch - plastischen Steifigkeitsmatrix K_{ep}. Integralausdrücke, die quadratische Verschiebungsableitungen enthalten, ergeben die geometrische Steifigkeitsmatrix K_g. Es entstehen einzelne Matrizen für die Balkenfreiheitsgrade, für die Plattenfreiheitsgrade und Kopplungsmatrizen, die entsprechend der Querschnittsgeometrie zur gesamten Elementsteifigkeitsmatrix zusammengefügt werden. Die einzelnen Matrizen können bei elastischem Werkstoff auf analytischem Weg bestimmt werden, nach dem Beginn der Plastizierung werden sie numerisch integriert.

Aus den einzelnen Elementsteifigkeitsmatrizen wird schließlich in der üblichen Weise die Gesamtsteifigkeitsmatrix zusammengebaut.

Mit dem entwickelten Element läßt sich die nichtlineare Last - Verformungs - Charakteristik bei schrittweiser Laststeigerung bestimmen. Auf die hierzu notwendige Ermittlung der inneren Kräfte und das gewählte iterative Rechenverfahren soll an dieser Stelle nicht eingegangen werden, siehe hierzu /1/. Die Berechnung von Verzweigungslasten im elastischen und plastischen Bereich ist durch die Lösung des Eigenwertproblems $[K_e + \lambda K_g] u = 0$ möglich. Bei nichtlinearem Verhalten, insbesondere für nichtelastisches Material, ist die Berechnung der Verzweigungslast nicht in einem Schritt durchführbar, da der zum Versagen führende Spannungszustand nicht von vornherein bekannt ist. Es muß eine begleitende Eigenwertuntersuchung in verschiedenen Laststufen vorgenommen werden und zwar solange bis sich der Eigenwert λ zu 1 ergibt, also der zugrunde gelegte Spannungszustand dem Versagenszustand entspricht.

5 Beispiele

Zunächst soll anhand zweier Beispiele die Berechnung der linearen, elastischen Verzweigungslast aufgezeigt werden. Für ein und denselben Querschnitt ergeben sich durch Veränderung der Stablänge unterschiedliche Versagensformen. Es kann hierdurch der Übergang von rein lokalem Querschnittsversagen zu dem globalen Versagensformen Stabknicken bzw. Biegedrillknicken aufgezeigt werden. Die Überschreitung der Fließgrenze für bestimmte Höhen / Längenverhältnisse wird hierbei außer acht gelassen.

Beispiel 1 : Gabelgelagerter Träger mit I - Profil unter konstanter Momentenbeanspruchung

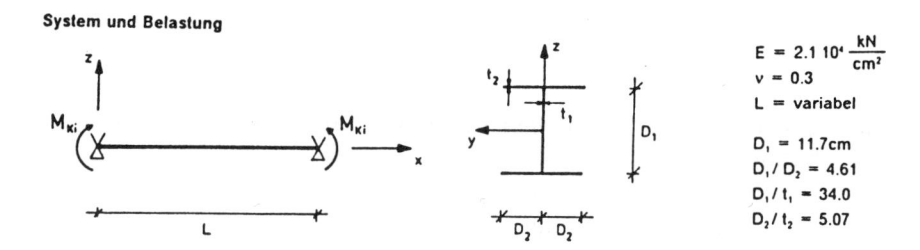

System und Belastung

$E = 2.1 \cdot 10^4 \frac{kN}{cm^2}$
$v = 0.3$
$L = \text{variabel}$

$D_1 = 11.7 \text{cm}$
$D_1 / D_2 = 4.61$
$D_1 / t_1 = 34.0$
$D_2 / t_2 = 5.07$

Im Bild 6 sind Vergleichswerte von drei anderen Autoren eingetragen. Die Querschnittswerte sind als Verhältnisse der Gurt- und Stegabmessungen angegeben, da nur das Steifigkeitsverhältnis entscheidend ist. Die Idealisierung auf Elementebene erfolgte für den Stegbereich mit vier Unterelementen des Typs II, die Gurte wurden durch jeweils 2 Unterelemente des Typs I abgebildet. Für die Gesamtidealisierung wurden je nach Trägerlänge 4 - 20 Elemente verwendet. Die Ergebnisse sind in Abhängigkeit der nominalen Knickspannung $\sigma_{ki} = M_{ki}/w_{el}$ aufgetragen.

Die angegebenen Bereiche für lokales, gekoppeltes oder globales Versagen wurden durch die Art der zur jeweiligen Verzweigungslast gehörenden Eigenform abgegrenzt. Die Ergebnisse zeigen eine gute Übereinstimmung mit den Werten anderer Autoren, vor allem mit Rajasekaran /4/ und Hancock /5/. Die starke Abweichung von Hancocks Ergebniswert bei $D_1/L = 2.0$ ist auf die von ihm gewählte Fourierreihenentwicklung des Versagensmodus zurückzuführen, da sich für diesen Wert die zum niedrigsten Beulwert gehörende Eigenform nicht einstellen kann.

Die Kopplung von lokalem und globalem Versagen ist bei diesem Beispiel jedoch nicht besonders ausgeprägt. Es besteht zwar im Bereich von $D_1/L = 2 - 5$ eine Kopplung, sie führt jedoch nur zu einer geringen Abminderung gegenüber getrennt betrachtetem lokalen bzw. globalen Versagen.

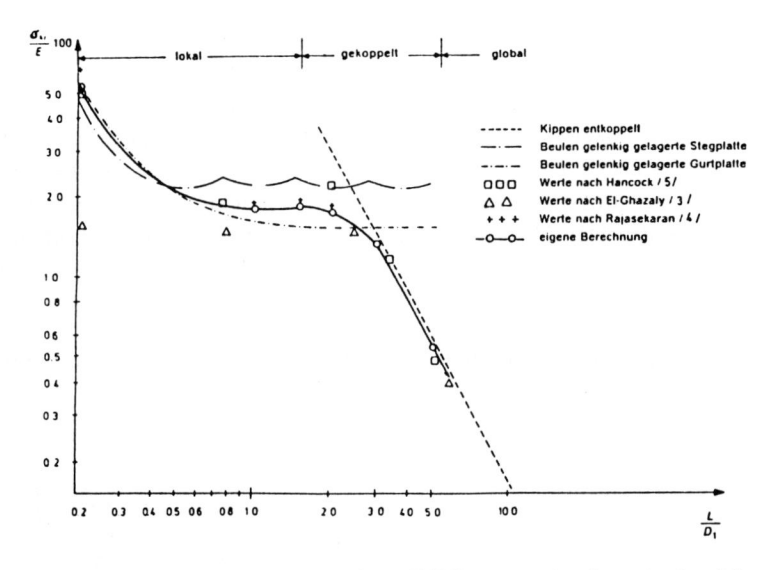

Bild 6 : Gekoppeltes Versagen eines I-Trägers unter konstanter Momentenbelastung

Im Gegensatz hierzu zeigt das im Beispiel 2 untersuchte [- Profil ein deutliches Zusammenwirken der globalen Versagensform "Biegedrillknicken" und des lokalen Querschnittsversagens, wodurch die Versagenslast merklich abgemindert wird.

Beispiel 2 : Gabelgelagerter Träger mit [-Profil unter konstanter Momentenbeanspruchung

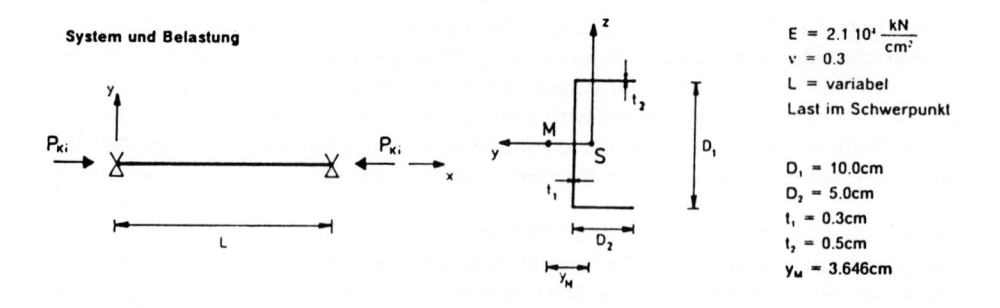

$E = 2.1 \cdot 10^4 \frac{kN}{cm^2}$
$\nu = 0.3$
L = variabel
Last im Schwerpunkt

$D_1 = 10.0 cm$
$D_2 = 5.0 cm$
$t_1 = 0.3 cm$
$t_2 = 0.5 cm$
$y_M = 3.646 cm$

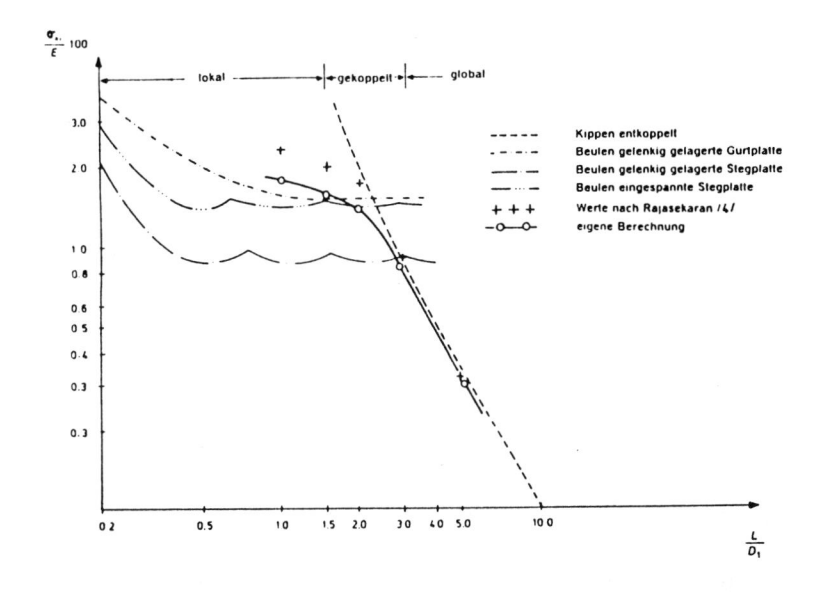

Bild 7: Ergebnisse

Beispiel 3: Berechnung der Verzweigungslast eines längsbelasteten I- Profiles

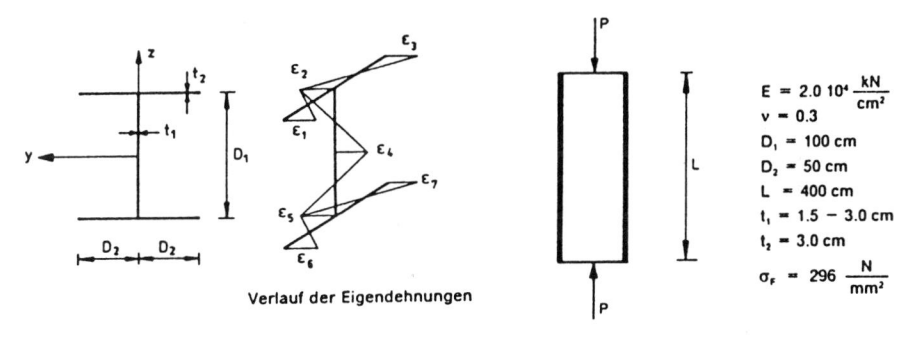

$E = 2.0 \cdot 10^4 \frac{kN}{cm^2}$
$\nu = 0.3$
$D_1 = 100 \text{ cm}$
$D_2 = 50 \text{ cm}$
$L = 400 \text{ cm}$
$t_1 = 1.5 - 3.0 \text{ cm}$
$t_2 = 3.0 \text{ cm}$
$\sigma_F = 296 \frac{N}{mm^2}$

Verlauf der Eigendehnungen

Als Vergleichslösung wurden die von Dawe und Kulak /7/ angegebenen Werte herangezogen. Sie wurden von den Autoren in einem speziellen Balkenelement ermittelt und durch Versuchsergebnisse bestätigt. Die Berechnung wurde unter Zugrundelegung des angegebenen Eigendehnungszustands durchgeführt. Die Maximalordinate der Eigenspannungen wurde dabei mit 0.3 σ_F angenommen.

Die plastische Verzweigungslast wurde durch eine begleitende Eigenwertuntersuchung gewonnen. Dazu wurde zunächst der Längsspannungszustand für eine vorgegebene Laststufe ermittelt und für diesen Spannungszustand eine Eigenwertuntersuchung durchgeführt. Die Eigenwertuntersuchung wurde solange für immer höhere Laststufen wiederholt, bis sich der kritische Eigenwert λ zu 1 ergab. Für die Verringerung des Eigenwertes ist hierbei die infolge teilweiser Plastizierung abnehmende Querschnittstragfähigkeit verantwortlich. Die plastischen Zonen ergaben sich aus dem aus äußerer Last und den Eigenspannungen resultierenden Längsspannungszustand.

Die Verzweigungslast wurde mit dem angegebenen Profil für drei unterschiedliche Längen berechnet. Die Ergebnisse sind im Bild 8 aufgetragen.

— plastische Verzweigungslast nach Dawe /24/
- - - elastische Verzweigungslast
o o eigene Berechnung

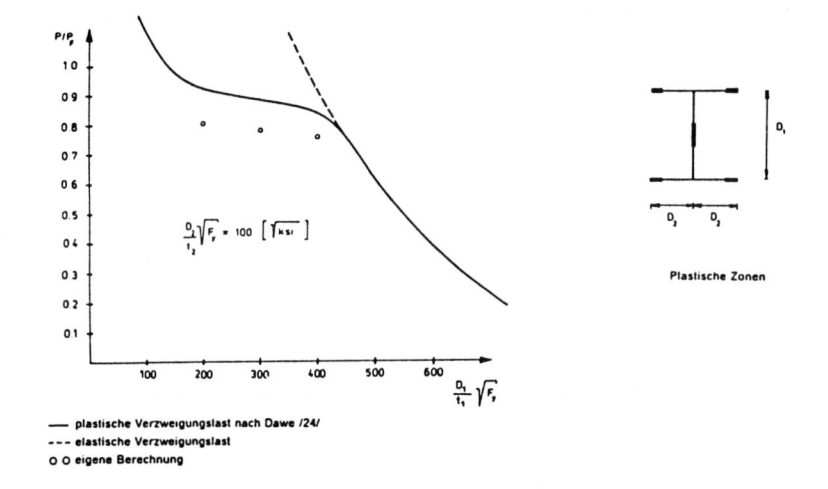

Bild 8: Verzweigungslasten

Je nach Länge des Trägers stellt sich ein Versagensmodus mit 3 - 5 lokalen Beulen ein. Infolge des über die Querschnittslänge konstant verlaufenden Spannungszustandes kommt es nicht zur Ausbildung einer dominierenden lokalen Beule, sondern, ähnlich dem elastischen Verhalten, zu einem regelmäßigen Beulmuster. Im Versagenszustand befinden sich ungefähr 25 % sowohl jeder Gurthälfte als auch des Steges im plastischen Bereich (vgl. Bild 8). Die eigenen Ergebnisse liegen ungefähr 10 % unter den von Dawe /7/ angegebenen Werten. Dieser Umstand dürfte hauptsächlich auf die hier verwendete Annahme von ideal-plastischem Materialverhalten nach Überschreiten der Fließgrenze zurückzuführen sein. Dawe hingegen berücksichtigt in seiner Berechnung Materialverfestigung.

6 Schlußfolgerungen

Mit dem vorliegenden Elementmodell läßt sich die Grenzlast und das räumliche Versagen mit globaler / lokaler Interaktion im elastischen und elastisch-plastischen Bereich berechnen. Insbesondere sind die Bereiche abzugrenzen, in denen der eine oder andere Versagensmodus oder ein Zusammenwirken maßgebend wird. Allerdings ist auf die Grenzen des Modells hinzuweisen, da eine Umlagerung des Spannungszustands durch das lokale Beulen nur angenähert wird.

7 Schlußbemerkung

Die vorliegende Untersuchung wurde dankenswerterweise von der Deutschen Forschungsgemeinschaft unter Ra218/6-1 gefördert.

Literatur

/1/ Kammler, G.: Ein finites Elementmodell zur Berechnung von Trägern und Stützen mit offenem dünnwandigem Querschnitt unter Berücksichtigung der Interaktion zwischen globalem und lokalem Versagen.
Dissertation, Universität Stuttgart, 1987
Bericht Nr. 7, Institut für Baustatik.

/2/ Osterrieder, P.: Traglastberechnung von räumlichen Stabtragwerken bei großen Verformungen mit finiten Elementen.
Dissertation, Universität Stuttgart, 1983
Bericht Nr. 1, Institut für Baustatik.

/3/ El - Ghazaly, H. A., Sherbourne, A., Dubey, R.: Inelastic Interactive Distorsional Buckling of W - Shape Steel Beams.
Computer & Structures No.19, (1984), 351-368.

/4/ Rajasekaran, S., Murray, D. W.: Coupled Local Buckling in Wide - Flange Beam - Columns.
Prof. ASCE, J. Struc. Div.99, (1973), 1003-1023.

/5/ Hancock, G. J., Bradford, M. A., Trahair, N. S.: Web Distortion and Flexural - Torsional Buckling.
Proc. ASCE, J. Struc. Div. (1980), 1557-1571.

/6/ Bulson, P.S.: Local Stability and Strength of Structural Sections.
Thin Walled Structures, Editor: A. Chilver, Chatto and Windus, 1967, 153-207.

/7/ Dawe, J. L., Kulak, L.: Plate Instability of W-Shapes.
J. Struct. Eng. 6 (1984), 1278-1291.

/8/ Crisfield, M. A.: Large - Deflection Elasto - Plastic Buckling Analysis of Plates Using Finite Elements.
Transport and Road Research Laboratory, Rep. LR 593, Crowthorne Berks, 1973.

Zu einer dehnungsorientierten Bemessung stählerner Stabtragwerke

J. Scheer und W. Maier, Braunschweig

SUMMARY

A concept is presented, which points out the advantages of a strain-based design. For a realistic analysis of the limit states in plastic design of steel beam structures the strain-based design is necessary. To perform realistic analyses, a model, which is close to reality, is an absolute prerequisite for the design of structures, which have to be safe as well as economic. The given considerations finally aim at progress in the practice of steel construction.

ZUSAMMENFASSUNG

Es wird ein Konzept vorgestellt, das die Vorteile einer Dehnungsorientierung deutlich macht. Die Dehnungsorientierung ist für einen wirklichkeitsnahen Nachweis der Grenzzustände bei plastischer Bemessung stählerner Stabtragwerke notwendig. Die Wirklichkeitsnähe ist unabdingbare Voraussetzung für eine Bemessung von Tragwerken, die nicht nur sicher, sondern auch wirtschaftlich errichtet werden sollen. Die Überlegungen zielen so letztlich auf Fortschritte für die Stahlbaupraxis.

1   EINLEITUNG

1.1   ZUR TRADITION SPANNUNGSORIENTIERTER BEMESSUNG

Bemessen, das ist das Bestimmen von Abmessungen eines Tragwerkes, soll hier in einem weiteren Sinne, nämlich als Bestimmen von Beanspruchbarkeit und deren Gegenüberstellung mit der Beanspruchung verstanden werden. Zur Bemessung gehören selbstverständlich auch Sicherheitselemente wie z. B. Sicherheitsbeiwerte. Der sicherheitstheoretische Aspekt wird aber in dieser Arbeit i. allg. nicht explizit behandelt. Für den in der Sicherheitstheorie Kundigen sei nur angemerkt, daß die folgenden Ausführungen auf den Bemessungspunkt bezogen sind. Auch die Frage nach der maßgebenden Streckgrenze (z.B. obere Streckgrenze oder statische Streckgrenze) wird hier ausgeklammert, da sie keinen qualitativen grundsätzlichen Einfluß auf die nachfolgenden Ausführungen hat.

Die Bemessung kann bekanntlich auf die Beanspruchung der Werkstoffe, von Querschnitten, von Bauteilen und von ganzen Tragwerken bezogen sein. Welche Vergleichsebene für die Bemessung benutzt wird, hängt u.a. von dem für die Berechnung der Beanspruchungen gewählten Verfahren ab.

Am Beginn ingenieurgemäßen Bemessens standen die heute nach wie vor bedeutsamen Verfahren, die auf der Elastizitätstheorie gründen. Die Beanspruchung konnte völlig gleichwertig z. B. für den Werkstoff in Spannungen oder Dehnungen oder für einen Querschnitt - wenn man die Bernoulli-Hypothese vom Ebenbleiben der Querschnitte hinzufügt - z. B. in Biegemomenten oder Krümmungen ausgedrückt werden, da die Elastizitätstheorie Proportionalität zwischen Spannungen und Dehnungen unbeschränkt voraussetzt: Spannungs- oder Dehnungsbemessung waren also gleichermaßen möglich. Daß sich die Praxis von vornherein für die Spannungsbemessung entschied, dürfte sicher an der mit Kräften und Spannungen verbundenen Vorstellung von Tragwirkung und nicht zuletzt auch an den Möglichkeiten früher Prüfmaschinen zur Bestimmung von Beanspruchbarkeiten gelegen haben: Es war relativ einfach, die Zug-Bruchkraft eines Probestabes oder sogar eines Bauteiles zu ermitteln, aber zunächst überhaupt nicht möglich und dann außerordentlich aufwendig, Dehnungen (nicht etwa die gegenseitige Verschiebung der Einspannköpfe einer Prüfmaschine) zu messen. Auf die Beschreibung der Versuche von Fairbain für Robert Stephensons Röhrenbrücken in der Mitte des letzten Jahrhunderts (vgl. z. B. [1]) soll in diesem Zusammenhang hingewiesen werden.

Was war und ist durch die Spannungsbemessung vorhσ < zulσ abzusichern? Offensichtlich das Aufreißen des "Werkstoffes", der Bruch des Bauteiles, aber auch das ausreichende Einhalten der Voraussetzungen der Elastizitätstheorie. Es sind also - in heutiger Terminologie ausgedrückt - zwei wesensverschiedene Grenzzustände kontrolliert, von denen der zweite, der Grenzzustand der Voraussetzungen, bestimmend sein und damit die Ausnutzbarkeit des Tragwerkes begrenzen und die Wirtschaftlichkeit beschränken kann.

1.2 ZUR ABGELAUFENEN ENTWICKLUNG IM STAHLBETONBAU

Die Einschränkung der Wirtschaftlichkeit durch eine Spannungsbemessung, also der Anwendung der Elastititzätstheorie, gilt in ausgeprägter Weise für den druckbeanspruchten Beton. Das wird durch einen Blick auf dessen Spannungs-Dehnungsdiagramm deutlich. So war der Schritt vom n-gebundenen Bemessungsverfahren - also einer Spannungsbemessung - hin zum n-freien Bemessungsverfahren des Stahlbetons - also einer Dehnungsbemessung - mit dem Verlassen der Elastizitätstheorie zur Berechnung der Beanspruchbarkeiten der aus den Werkstoffen Beton und Stahl bestehenden Querschnitte im Bemühen um Wirtschaftlichkeit dieser Bauweise nur konsequent: Die Gestalt der Arbeitslinien von Beton und Stahl, insbesondere deren Idealisierung, führten zwangsläufig dazu, die Beanspruchungen des Werkstoffes nicht mehr durch Spannungen, sondern durch Dehnungen auszudrücken.

Die Verfahren zur Berechnung der Beanspruchungen von Werkstoff sind zweistufig: Berechnung der Schnittgrößen des Tragwerkes infolge der Einwirkungen, Berechnung der Dehnungen des Werkstoffes infolge der Schnittgrößen. In beiden Stufen gilt die Bernoulli-Hypothese vom Ebenbleiben der Querschnitte. Bezüglich des Werkstoffverhaltens unterscheiden sich die Voraussetzungen in den beiden Stufen: in der ersten, der Querschnittsstufe, gilt linearelastisches Verhalten, in der zweiten, der Werkstoffstufe, dagegen nichtlineares Verhalten (Parabel-Rechteck-Diagramm für den Beton).

1.3 ZUR LAUFENDEN ENTWICKLUNG IM STAHLBAU

In den Entwürfen für die neuen Stahlbau-Grundnormen DIN 18 800 [2] werden wie im Stahlbetonbau zweistufige Verfahren zur Berechnung der Werkstoffbeanspruchungen unter der Bezeichnung "Elastisch-plastisch" (E-P) und darüber hinaus das Nachweisverfahren "Plastisch-Plastisch" (P-P) eingeführt.

Richten wir zunächst noch einmal den Blick zurück auf die Entwicklung der Bemessung im Stahlbau. Die Bemessungswege der beiden Bauweisen Stahlbeton und Stahlbau trennten sich vor etwa 20 Jahren dadurch, daß für den Stahlbeton das n-freie Verfahren eingeführt und im Stahlbau zunächst die zulσ-Spannungsbemessung beibehalten wurde, aber daneben im Stahlbau Traglastbemessungen entwickelt wurden, die eine Ausnutzung des Werkstoffes oberhalb des Fließbeginns erlaubten [3]. Entsprechende Regelungen, z.B. in der DASt-Richtlinie 008 [4] zielten - zumindest indirekt durch die festgelegten Sicherheitselemente - auf statisch unbestimmte Systeme. Es klingt daher im nachhinein eher kurios, daß sich für statisch bestimmte Tragwerke bislang die Nutzung des plastifizierten Bereiches nicht eingebürgert hat.

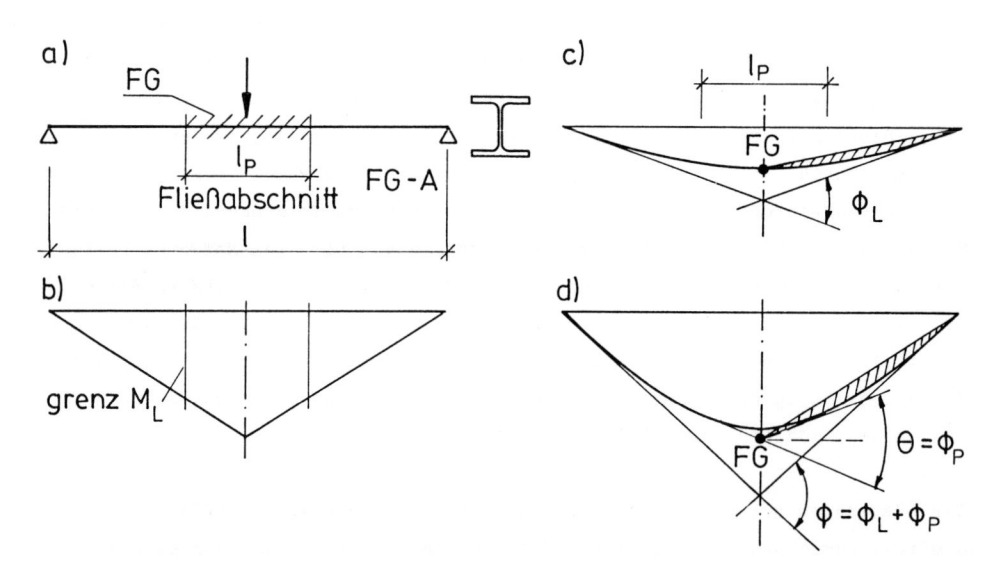

Bild 1a bis d. Fließgelenk (FG) und Fließabschnitt (FG-A). **a** System; **b** Verlauf der Biegemomente; **c** Biegelinie ohne Fließgelenke mit unbeschränkter linearelastischer Spannungs-Dehnungs-Beziehung; **d** Biegelinie mit Fließgelenk (- - -) und mit Fließzone (———)

Θ	Fließgelenkwinkel
Φ, Φ_L, Φ_P	Stabgelenkwinkel, gesamt, linearer (i. allg. elastischer) und plastischer Anteil
grenzM_L	Grenzmoment für lineare Momenten - Krümmungs - Beziehung (i. allg. das durch Erreichen der Streckgrenze definierte elastische Grenzmoment)

Das wichtigste Traglastbemessungsverfahren für statisch unbestimmte Tragwerke ist das auf der Grundlage der sogenannten Fließgelenktheorie. Mit ihm wollen wir uns nachfolgend zunächst beschäftigen.

Benutzt das n-freie Stahlbetonbemessungsverfahren nacheinander zwei unterschiedliche, inkonsistente Modelle des Tragwerkes, so verwendet die Fließgelenktheorie ein aus zwei inkonsistenten Teilmodellen zusammengesetztes Modell, indem das Tragwerk durch endlich viele Schnitte

- in Stababschnitte, für die die Elastizitätstheorie uneingeschränkt gilt, eingeteilt wird und die Stababschnitte

- durch Fließgelenke, für die idealstarr-idealplastische Arbeitslinien gelten,

gekoppelt werden.

Dadurch wird die Beziehung zwischen der Beanspruchung des Werkstoffes an den höchstbeanspruchten Stellen des Tragwerkes - das sind die Querschnitte, denen Fließgelenke zugeordnet werden - und den Schnittgrößen eine vermittelte. Das Fließgelenk FG steht stellvertretend für den plastischen Anteil des Tragverhaltens eines Stababschnittes (FG-A) in seiner Umgebung (Bild 1). In bezug auf die idealelastische-idealplastische Arbeitslinie wird das Tragverhalten durch das Fließgelenk jedoch nur angenähert erfaßt (Bild 2). Die Beanspruchung des Werkstoffes kann wie seine Beanspruchbarkeit nur durch Dehnungen ε bzw. grenz ε beschrieben werden.

Es ist darauf hinzuweisen, daß aus Gründen, die später deutlich werden, zwischen Fließmoment M_F und vollplastischem Biegemoment M_P unterschieden wird. M_F bezeichnet das angenommene Fließniveau, M_P ist ein neuer Rechenwert, Streckgrenze mal plastisches Widerstandsmoment gemäß /4/.

Zur Vereinfachung wurde bisher im Stahlbau auch bei den Traglastverfahren die Vermittlung zwischen Schnittgrößen und Dehnungen umgangen oder - mit anderen Worten - mit unbestimmten vorhandenen Dehnungen und unbestimmten Grenzdehnungen gearbeitet: Beanspruchung und Beanspruchbarkeit werden durch Schnittgrößen ausgedrückt, und Grenzschnittgrößen sind die sogenannnten vollplastischen Schnittgrößen.

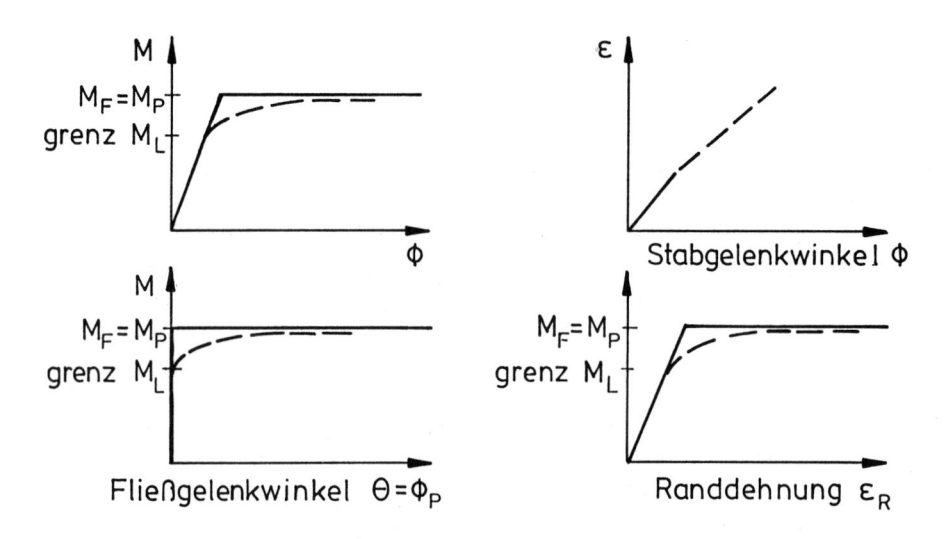

Bild 2. Übliche Idealisierungen (———) der Fließgelenktheorie im Vergleich zu Rechenwerten (- - -) auf der Grundlage der idealelastisch-idealplastischen Spannungs-Dehnungs-Beziehung für den Stab nach Bild 1
M_F Fließmoment, M_p vollplastisches Moment

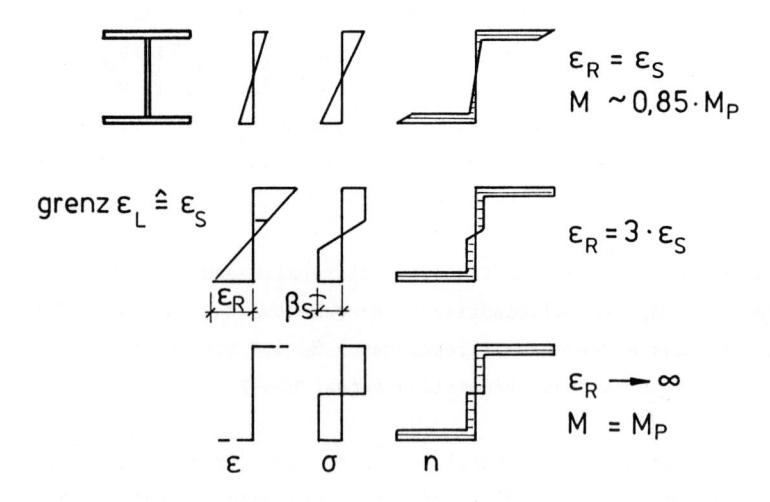

Bild 3. Zum "vollplastischen" Biegemoment als Grenzmoment
ε_R Randdehnung
grenz ε_L Grenzdehnung für ineares Verhalten des Werkstoffes i. allg. Dehnung ε_S, die zur Streckgrenze β_S gehörige Dehnung, n Querschnittswerte ·

Mit Bild 3, aus dem die Unempfindlichkeit der Größe des Biegemomentes gegenüber der Größe der Krümmung oder der Randdehnungen $e_R >$ grenz e_L deutlich wird, wird zusammen mit Bild 1b offenbar, daß dieses Vorgehen - allerdings unter bestimmten, stark einschränkenden Voraussetzungen, z.B. auf Querschnitte ähnlich Zweipunktquerschnitten - sehr gut brauchbar ist.

Bei der Bearbeitung des Entwurfs für DIN 18 800 Teil 1 (1987) zeigte sich das Bestreben, den Anwendungsbereich für die Verfahren elastisch-plastisch und plastisch-plastisch deutlich auszuweiten. Daß dies noch nicht in ausreichendem Maß gelang, liegt am noch vorhandenen Mangel hierfür notwendiger Kenntnisse und an geeigneten Vorschlägen für Verfahren, die von der Praxis akzeptiert werden.

Im folgenden sollen die anstehenden Probleme herausgearbeitet werden. Es wird gezeigt, daß eine dehnungsorientierte Bemessung ein angemessener Ansatz zu ihrer Lösung sein kann.

2 GRUNDSATZBETRACHTUNGEN

2.1 ZIEL

Wir wollen uns der Frage zuwenden, was tatsächlich an Tragwerken unter Einwirkungen passiert, wie das Tragverhalten in Stababschnitten beschrieben werden kann und welche Grenzzustände zu beachten sind.

Aus der Sicht der Statik ist das Querschnittsverhalten (Momenten- Krümmungs-Beziehung) Grundlage für die Berechnung des Tragverhaltens der Stabtragwerke. Naturgemäß kann Querschnittsverhalten nicht unmittelbar experimentell beobachtet werden, vielmehr muß man von dem Verhalten von Stababschnitten auf das von Querschnitten schließen, wobei die wesentlichen Schnittgrößen über die Länge dieses Stababschnittes konstant sein sollen.

Im Zusammenhang mit der Fließgelenktheorie ist es üblich, Stababschnitte zu betrachten, die den plastifizierten Bereich mit dem Fließgelenk enthalten. Der Schnittgrößenverlauf, der im Versuch dem des Tragwerkes entsprechen soll, ist dann i. allg. nicht mehr konstant. Bei Beanspruchungen durch Biegemomente ist es aus versuchspraktischen Gründen zweckmäßig, einen Stababschnitt zu betrachten, der in etwa zwischen zwei Momentennullpunkten liegt: wir kommen zum Einfeldträger.

Mit dem Tragverhalten eines derartigen Stababschnittes, der z.B. dem Bereich der Stützmomente eines biegebeanspruchten Durchlaufträgers zugeordnet ist, wollen wir uns beschäftigen. Die Übertragung der Ergebnisse auf einen Stababschnitt mit konstanten Biegemomenten ist offensichtlich und kann hier aus Platzgründen nicht erörtert werden.

Knicken von Stäben einschließlich Biegedrillknicken sei im weiteren ausgeschlossen.

2.2 EINFELDTRÄGER

Wir betrachten wieder den Einfeldträger nach Bild 1 unter einer Einzellast, die in einem Stababschnitt zu nichtlinearem Tragverhalten seiner Querschnitte (Momenten-Krümmungs-Beziehung) führt.

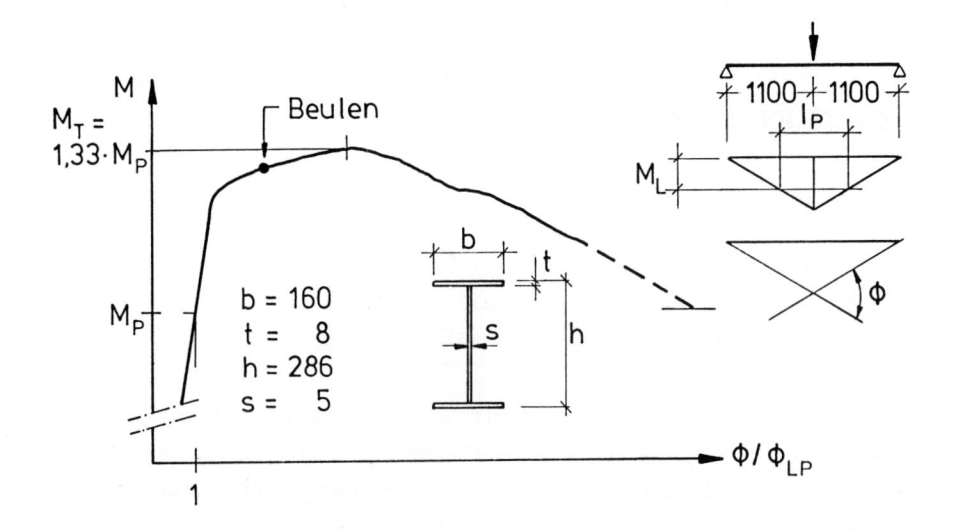

Bild 4. Momenten-Stabgelenkwinkel-Beziehung nach [5]

Φ_{LP} linearer Stabgelenkwinkel, der zu $M = M_P$ gehört

M_P Vollplastisches Biegemoment, mit dem experimentell ermittelten Wert der Streckgrenze β_S berechnet

Bild 4 - entnommen aus [5] - zeigt den Verlauf des Biegemomentes M in Stabmitte in Abhängigkeit vom Stabgelenkwinkel Φ für einen Stab mit doppeltsymmetrischem I-Querschnitt. Vergleichen wir Bild 4 mit dem entsprechenden

M-Φ-Diagramm von Bild 2, fällt unmittelbar auf:

- Das Erreichen des vollplastischen Biegemomentes M_P und das Fließplateau des Werkstoffes (und damit des Biegemomentes) zeichnen sich nicht aus.

- Das maximal aufnehmbare Biegemoment M_T ist deutlich größer als M_P.

Der Versuchskörper versagte infolge lokalen Beulens des gedrückten Flansches. Jedoch kann auch nach dem Auftreten der lokalen Beulen die Last noch etwas gesteigert werden und - was wichtiger ist - erst bei einem großen Wert des Stabgelenkwinkels Φ fällt das Biegemoment unter den Wert von M_P ab.

Verändert man den für lokales Beulen maßgebenden Parameter, das (b/t)-Verhältnis des gedrückten Flansches, dann ändert sich der M-Φ-Verlauf (Bild 5a). Bild 5b zeigt die entsprechenden M-θ-Diagramme für die Fließgelenke. Qualitative, (b/t)-abhängige Unterschiede in der Gestalt der Diagramme sind nicht erkennbar: die für die klassische Fließgelenktheorie erforderliche bilineare Approximation ist für alle Werte b/t möglich, allerdings nur dann, wenn von der derzeitigen Einschränkung $M_F = M_P$ abgegangen wird.

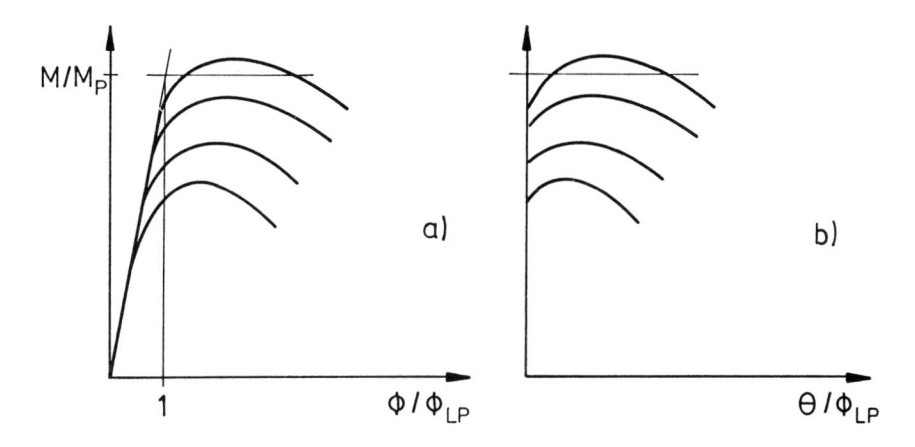

Bild 5a und b. a M-Φ- und b M-θ-Verlauf. Scharparmeter: Verhältnis b/t (dargestellt für Querschnitte mit gleichem Formbeiwert)

Bei der Festlegung des Fließmomentes M_F sind die Bereiche des Stabdrehwinkels Φ (oder des Fließgelenkwinkels θ) zu beachten (Bild 6). Mit der ideal-elastisch-idealplastischen Beziehung wird das Biegemoment im Bereich zwischen den Grenzwinkeln grenz Φ^u und grenz Φ^o unterschätzt. Im Bereich zwischen grenz Φ_L und grenz Φ^u werden dagegen Biegemoment und Steifigkeit überschätzt. Für Stabgelenkwinkel Φ > grenz Φ^o schließlich sinkt das Biegemoment rasch weit unter den Wert des Fließmomentes. Offensichtlich sind die Auswirkungen von Fehlern der Idealisierung auf die weitere Berechnung zu beachten. Dies gilt selbstverständlich auch für die Festlegung von $M_F = M_P$.

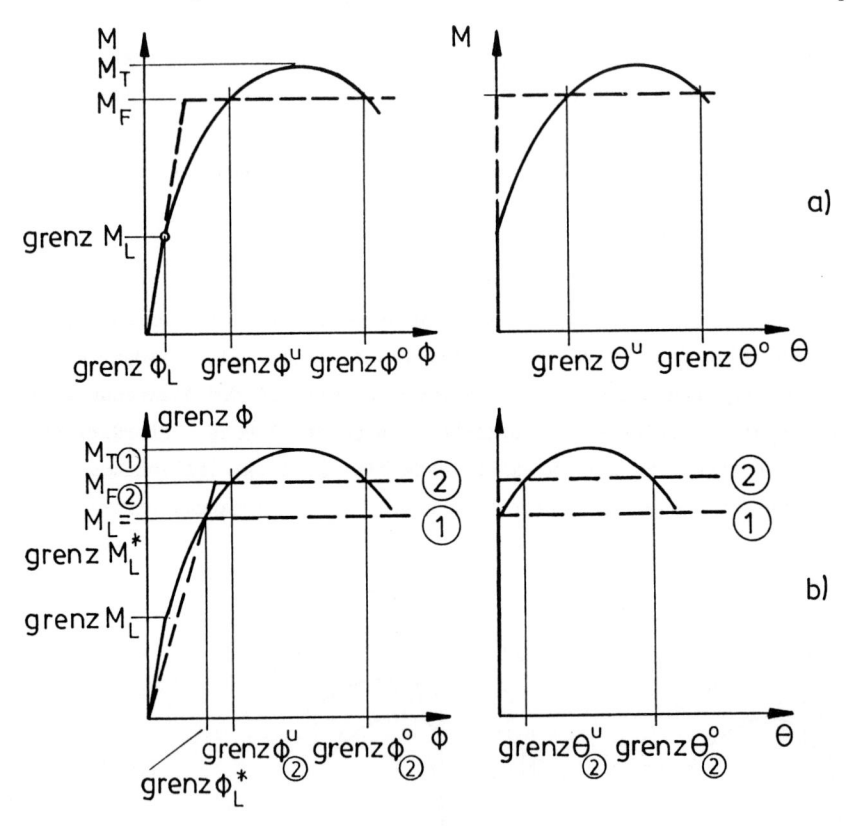

Bild 6a und b. Idealelastisch-idealplastische Momenten-Stabgelenkwinkel- und Momenten-Fließgelenkwinkel-Beziehungen. **a** Fließmoment wird festgelegt; **b** Fließmoment und Steifigkeit im linearen Bereich werden festgelegt

grenz M_L^* Grenzmoment für lineares Verhalten der Querschnitte
              bezogen auf die angenommene M-Φ Beziehung
grenz Φ_L^* Grenzstabgelenkwinkel, zugehörig zu grenz M_L^*

Es ist denkbar, nicht nur über das Fließmoment, sondern auch über die Steifigkeit im linearen Bereich frei zu verfügen, wie es aus Bild 6b hervorgeht. Dadurch läßt sich der Bereich, in dem Biegesteifigkeit und Biegemoment durch Idealisierung überschätzt werden, verkleinern (für die

Idealisierung 1 im Bild 6b verschwindet dieser Bereich). Die Idealisierung 2 zeigt, daß auch das Fließmoment erhöht werden kann, allerdings auf Kosten des oberen Grenzstabdrehwinkels grenz Φ^o.

Wird gegenüber der doppelsymmetrischen Querschnittsform der gezogene Flansch verkleinert, kann der Stab auch durch Reißen des gezogenen Flansches versagen. An der Gestalt der M-θ-Diagramme wird dadurch nichts Wesentliches geändert. Gleiches gilt auch, wenn das Versagen des Stabes durch Beulen des Steges eingeleitet wird.

Offensichtlich lassen sich die vorgetragenen Überlegungen auch auf Querschnittsbeanspruchungen durch mehr als eine Schnittgröße, z.B. durch zweiachsige Biegung mit Längskraft, übertragen.

Der nichtlineare Anteil des Tragverhaltens von Stababschnitten kann Fließgelenken zugeordnet werden. Durch Approximation dieses Verhaltens mit idealstarr-idealplastischen Kraft-Kraftweg-Beziehungen erhält man "Quasi"-Fließflächen, so daß die klassische Fließgelenktheorie angewandt werden kann. Selbstverständlich sind auch andere Approximationen für andere - dann allerdings aufwendigere - Rechenverfahren möglich. Ob in absehbarer Zeit die Verwendung von Computern derartige Verfahren auch für die Praxis bedeutsam werden läßt, kann hier dahingestellt bleiben.

Entscheidend wird die Frage sein, auf welchem Wege die Kraft-Kraftweg-Beziehungen der Fließgelenke erhalten und die erforderlichen Grenzwerte festgelegt werden können, wobei für die Grenzgrößen im nichtlinearen Bereich offensichtlich nur eine Beschreibung durch Weggrößen infrage kommt.

2.3 GRENZZUSTÄNDE

Durch die Bemessung ist sicherzustellen, daß bestimmte Grenzzustände (mit ausreichender Wahrscheinlichkeit) nicht überschritten werden.

Üblicherweise unterscheiden wir zwei Gruppen von Grenzzuständen, die der Tragfähigkeit und die der Gebrauchsfähigkeit. Dazu kommt die Gruppe der schon erwähnten Grenzzustände der Voraussetzungen.

2.3.1 Grenzzustände der Tragfähigkeit für statisch bestimmte Systeme

Da für statisch bestimmte Systeme der Schnittkraftverlauf längs der Stäbe unabhängig von deren Steifigkeiten ist, ist der Grenzzustand trivial: er ist durch die maximal aufnehmbaren Schnittgrößen festgelegt.

2.3.2 Grenzzustände der Tragfähigkeit für statisch unbestimmte Systeme

2.3.2.1 Rechenverfahren und Grenzzustand

Im Falle statisch unbestimmter Systeme wird der Grenzzustand durch Ausbilden einer kinematischen Kette definiert. Die Bedingungen dafür sind verfahrensabhängig.

Wir unterscheiden heute drei Gruppen von Verfahren, die kurz mit E-E (elastisch-elastisch), E-P (elastisch-plastisch) und P-P (plastisch-plastisch) bezeichnet werden [2].

Die Verfahren P-P, deren verbreitetster Vertreter die Fließgelenktheorie ist, zielen unmittelbar auf die Traglast des Systems, also auf die Fließgelenkkette. Die Verfahren E-E sind hier offensichtlich nicht von Interesse. Die Verfahren E-P zielen auf eine untere Schranke für die Traglast. Sie entsprechen dem Standardverfahren des Massivbaus, für den Stahlbau sind sie neu.

2.3.2.2 Verfahren E-P

Da die Schnittgrößen auf der Grundlage unbeschränkter Gültigkeit der idealelastischen σ-ϵ-Beziehung bestimmt werden, ist sicherzustellen, daß die so ermittelte Schnittgrößenverteilung für den Grenzzustand nicht erheblich von der tatsächlichen abweicht. Das einfachste Mittel hierzu ist die Begrenzung der Randdehnung auf ein Vielfaches der linearen Grenzdehnung:

$$\text{grenz } \epsilon_1 = \mu \cdot \text{grenz } \epsilon_L \tag{2.1}$$

Wenn außerdem die Schnittgrößen S die Grenzschnittgrößen grenz S_1, die zu grenz ϵ_1 gehören, nicht überschreiten und diese Grenzschnittgrößen nicht größer als die Tragschnittgrößen S_T sind, also

$$S \leq \text{grenz } S_1 \leq S_T \tag{2.2}$$

gilt, ist sichergestellt, daß die berechnete Schnittgrößenverteilung die tatsächliche hinreichend gut annähert und zu einer unteren Schranke der Traglast führt.

Der Faktor μ_1 ist sicherlich von der Art der statistischen Systeme (verschieblich, unverschieblich - Einfluß Th.II.O.) abhängig - sowohl für Stahl als auch für Stahlbetontragwerke. Es sollte gelingen, stählerne Stabtragwerke in zwei oder drei Gruppen mit festem Faktor μ_1 einzuteilen, zumal der Massivbau mit einer Gruppe auskommt (bei allerdings geringerer Querschnittsmannigfaltigkeit).

Ein Schritt in Richtung der P-P Verfahren ist das Verfahren E-P mit begrenzter Schnittkraftumlagerung. In den Fließgelenken, die hierbei unterstellt werden, muß dazu eine gewisse Rotation erfolgen. Analog zum Verfahren ohne Schnittkraftumlagerung muß sichergestellt werden, daß die umgelagerte Schnittkraftverteilung nicht erheblich von der tatsächlichen abweicht. Das einfachste Mittel für eine allgemeine Regelung ist Begrenzung der Rotation und dafür wiederum die der Randdehnungen auf ein Vielfaches der linearen Grenzdehnung:

$$\text{Grenz } \varepsilon_2 = \mu_2 \cdot \varepsilon_L \tag{2.3}$$

Für die Schnittgrößen in den "Fließgelenkquerschnitten" muß dann außerdem

$$S \leq \text{grenz } S_2 \leq S_T \tag{2.4}$$

gelten, wobei grenz S_2 die zum grenz ε_2 gehörige Querschnittgröße ist.

Es ist ein Vorteil der hier vorgeschlagenen Regelung, daß keine Einschränkungen des Anwendungsbereiches (in bezug auf Querschnitte, statische Systeme oder Beanspruchung) notwendig sind.

2.3.2.3 Verfahren P-P

Wir wollen uns hier auf die Fließgelenktheorie und den Fall einachsiger Biegemomentenbeanspruchung beschränken. Für die Beziehung zwischen Biegemoment und Fließgelenkwinkel gelten die Festlegungen nach Bild 6.

$$\text{grenz } \Theta^u \leq 0 \leq \text{grenz } \Theta^o \qquad (2.5)$$

Im Grenzzustand der Tragfähigkeit, der Ausbildung des letzten Fließgelenkes, müssen alle Fließgelenkwinkel offensichtlich kleiner sein als grenz Θ^o, sie dürfen aber auch nicht kleiner sein als grenz Θ^u (Bild 6), da sonst im Fließgelenk das Fließmoment M_F nicht erreicht wird: (2.5) Diese Forderung hat offensichtlich einen dominierenden Einfluß auf die Festlegung von M_F. Im Entwurf für die neuen Stahlbau-Grundnormen (/3/, Teil 2, Element 120) wird die Forderung $\Theta \geq$ grenz Θ^u durch die Beschränkung des Fließmomentes auf das 1,25fache des elastischen Grenzmomentes Rechnung getragen. Der Forderung $\Theta \leq$ grenz Θ^o entspricht im Entwurf von DIN 18 800 Teile 1 und 2 und des Eurocode 3 die Begrenzung der (b/t)-Verhältnisse der Querschnittsteile.

In der Umgebung der Fließgelenke kann das tatsächliche Biegemonment M größer als das Fließmoment M_F werden und das Moment M_T erreichen. Dadurch können z.B. spröde Verbindungen zum Versagen des Tragwerkes führen. Für den Nachweis der Verbindungen in der Nähe von Fließgelenken ist deshalb M_F durch M_T zu ersetzen:

$$\text{grenz } M_T \text{ (Verbindung} \geq M_T). \qquad (2.6)$$

Die Steifigkeit wird vom Beginn des Plastifizierens bis zum Erreichen des Fließdrehwinkels grenz Θ^u überschätzt, wodurch die Verformungen unterschätzt werden. Wenn der Einfluß der Verformungen auf die Gleichgewichtsbedingungen (Theorie 2. Ordnung) wirksam wird, kann dies zu erheblichen Überschätzungen der Grenzlast des Tragwerkes führen. Der oben eingeführte Nachweis $\Theta \geq$ grenz Θ^u sichert auch gegen diese Gefahr ab. - Die Einschränkung der Ausnutzung von Plastifizierung in [3] Teil 2 im Element 120 auf Querschnitte mit Formbeiwerten $\alpha < 1,25$ dämmt indirekt gegen derartige Überschätzungen ab.

2.3.3 Grenzzustände der Gebrauchsfähigkeit

Diese von der Nutzung des Tragwerkes her bestimmten Grenzzustände sind von mannigfaltiger Art. Hier sind die auf Verformungen bezogenen, wie Durchbiegungen, Schrägstellungen, Krümmungen (Knicke an Fließgelenken) und lokales Beulen, wichtig. Ob diese Grenzzustände im elastischen Bereich der Tragwerke liegen, hängt von zwei Faktoren ab:

- dem systembedingten Abstand zwischen dem maßgebenden Grenzzustand der Tragfähigkeit und dem elastischen Grenzzustand, z.B. ausgedrückt durch einen relativen Laststeigerungfaktor $(\lambda_T - \lambda_E)/\lambda_E$ und

- dem Unterschied im geforderten Sicherheitsniveau für den Grenzzustand der Tragfähigkeit und dem betrachteten Grenzzustand der Gebrauchsfähigkeit, z.B. ausgedrückt durch das Verhältnis der geforderten Sicherheitsbeiwerte γ_T/γ_G.

2.3.4 Grenzzustände der Voraussetzungen

Im Grenzzustand der Tragfähigkeit können die Verformungen des Tragwerkes ein Vielfaches der Verformungen des elastischen Grenzzustandes sein. Das Idealisieren der Systeme komplexer räumlicher Tragwerke durch Zerlegen in einfache, ebene Tragwerke wurde im Zusammenhang mit elastisch-elastischen Nachweisverfahren entwickelt. Dieses Vorgehen ist insofern bewährt, daß wir damit große Tragwerke, wie z.B. auch weitgespannte Schrägseilbrücken, weitgehend analysieren (z.B. [6]).

Wenn aber Effekte der Theorie 2.Ordnung zwischen den entkoppelt behandelten Teiltragwerken eine Rolle spielen, können sich daraus maßgebende Grenzzustände ergeben.

3 QUERSCHITTSGRÖSSEN - TRAGVERHALTEN UND GRENZSCHNITTGRÖSSEN

3.1 VOLL WIRKSAME QUERSCHNITTE UND QUERSCHNITTSTEILE - FASERMODELL

Ein Querschnittsteil wird als voll wirksam bezeichnet, wenn es weder eingeschnürt noch ausgebeult ist. Die Normalspannungen σ der einzelnen Fasern folgen dann dem σ-ε-Diagramm des Werkstoffes, wobei für die Verhältnisse zwischen den Dehnungen der einzelnen Fasern die Bernoulli-Hypothese gilt.

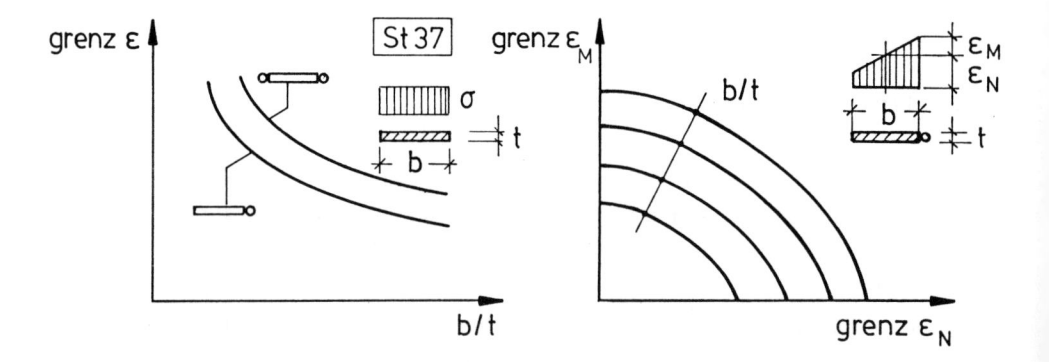

Bild 7a und b. Grenzdehnungen für rechteckige, gedrückte Querschnittsteile in Abhängigkeit von den (b/t)-Verhältnissen und der Beanspruchungsart

Die Grenze der vollen Wirksamkeit ist von der Beanspruchungsart (Spannungsverteilung), den Randbedingungen der Querschnittsteile und dem Werkstoff abhängig und durch Grenzdehnungen auszudrücken.

Für rechteckige, druckbeanspruchte Querschnittsteile können Grenzdehnungen in Abhängigkeit von den Schlankheiten b/t der Querschnittsteile z.B. nach Bild 7 festgelegt werden.

Ein Querschnitt ist voll wirksam, solange alle seine Querschnittsteile voll wirksam sind.

Schnittgrößen und Arbeitslinien von Querschnitten können, sofern der Querschnitt überwiegend durch Normalspannungen beansprucht wird, mittels Fasermodellen berechnet werden, wie es z.B. bei der angenäherten Berechnung vollplastischer Schnittgrößen üblich ist. Als σ-ϵ-Diagramm kann - wie es schon in [7] praktiziert wurde - in Anlehnung an das Parabel-Rechteck-Diagramm des Betons im Massivbau - ein Geraden-Parabel-Diagramm nach Bild 8 verwendet werden.

Führt man als generelle Grenzdehnung für das σ-ϵ-Diagramm die Gleichmaßdehnung ϵ_G ein, dann ist Einschnüren und Ausquetschen von vornherein ausgeschlossen.

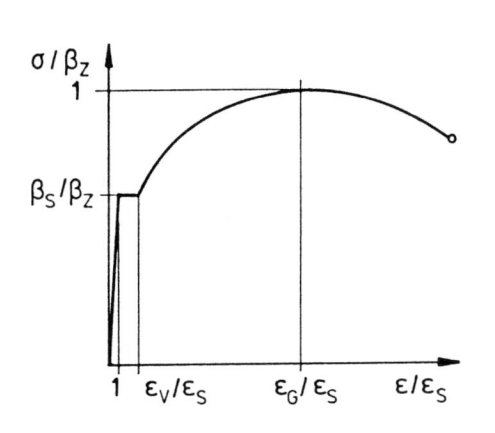

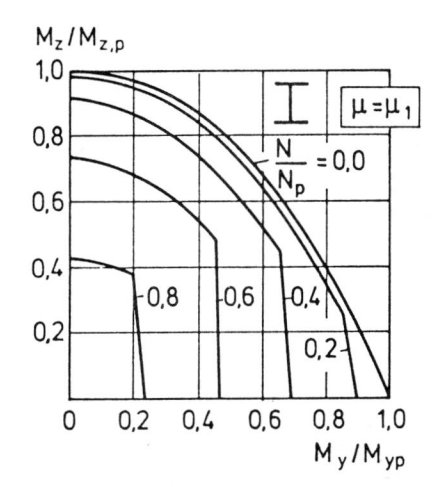

Bild 8. Geraden-Parabel als Näherung für die Arbeitslinie von Baustahl St 37 und St 52

Bild 9. Beispiel für Grenzlastdiagramme Scharparameter N/N_p, M_p = vollplastische Normalkraft

In Abhängigkeit vom statischen System (bestimmt oder unbestimmt) und dem gewähltem Nachweisverfahren (E-P oder P-P) können sich engere Grenzen für die Dehnungen ergeben (vgl. Abschnitt 2.3.2), die in der Form

$$\text{grenz } e_i = \mu_i \cdot e_E \qquad (3.1)$$
$$\text{mit } i = 1, 2, 3 \ldots$$

angegeben werden können. Für verschiedene Grenzdehnungen (Fälle 1, 2, ..) könnten Grenzlastdiagramme z.B. für Walzprofile gemäß Bild 9, als Rechenhilfen für Profile oder zusammengefaßt für Profilgruppen zur Verfügung gestellt werden.

3.2 NICHT VOLL WIRKSAME QUERSCHNITTE UND QUERSCHNITTSTEILE - TEILQUERSCHNITTSMODELL

Sobald ein Querschnittsteil lokal beult, ist er selbst und damit der Querschnitt nicht mehr voll wirksam. Damit ist das einfache Fasermodell für voll wirksame Querschnittsteile nicht mehr anwendbar.

Tragverhalten und Grenzlasten derartiger Querschnitte können experimentell ermittelt werden. Für einen in der Praxis wichtigen, aber eingeschränkten

Bereich (I-förmige Walzprofile, einachsige Biegung) wurden Versuche an Stababschnitten mit veränderlichem Biegemoment längs der Stabachse (Bild 4) durchgeführt [z.B. 5], aus denen prinzipiell auf die gesuchten Grenzschnittgrößen von Querschnitten geschlossen werden kann.

Für ein breites Anwendungsgebiet scheidet dieser Weg wegen der Anzahl und der Mannigfaltigkeit der Parameter (Querschnitte, Werkstoff) offensichtlich aus. Dies gilt nach Überzeugung der Autoren auch dann, wenn experimentelle und rechnerische Methoden miteinander kombiniert werden.

Erfolgversprechender scheint dagegen zu sein, das Tragverhalten von Stababschnitten (Querschnitten) auf das experimentell analysierte Tragverhalten rechteckiger Querschnittsteile zurückzuführen, da dadurch die Mannigfaltigkeit der Parameter drastisch reduziert und das Problem einer rechnerischen, dehnungsorientierten Kombination zugeführt werden kann.

Am Beispiel des I-Querschnittes soll dieses Vorgehen veranschaulicht werden (Bild 10). Dem nicht voll wirksamen Querschnitt wird der die lokale Beule einschließende Stababschnitt zugeordnet. Für die Endquerschnitte dieses Stababschnittes wird die Gültigkeit der Bernoulli-Hypothese vorausgesetzt. Auf der sicheren Seite liegend kann nun der gedrückte Flansch vom übrigen Querschnitt entkoppelt werden. Das Tragverhalten dieses so entkoppelten Querschnittsteiles kann mit wirtschaftlich vertretbarem Aufwand experimentell ermittelt werden und z.B. in Form von Diagrammen (Bild 11) als Rechenhilfe verfügbar gemacht werden. In vereinfachter Form ist für einander ähnliche $\sigma - \epsilon$ -Diagramme, z. B. für St 37 und St 52, auch die Darstellung in Formeln

$$\sigma = f(\epsilon, b/t, \beta_Z), \qquad (3.2)$$

jeweils für bestimmte Randbedingungen vorteilhaft, insbesondere bei mehr als einer Beanspruchungsgröße mit den Bezeichnungen nach Bild 7 etwa nach

$$\sigma_N = f(\epsilon_N, \epsilon_M, b/t, \beta_Z), \quad \sigma_M = f(\epsilon_N, \epsilon_M, b/t, \beta_Z), \qquad (3.3)$$

jeweils wieder für bestimmte Randbedingungen.

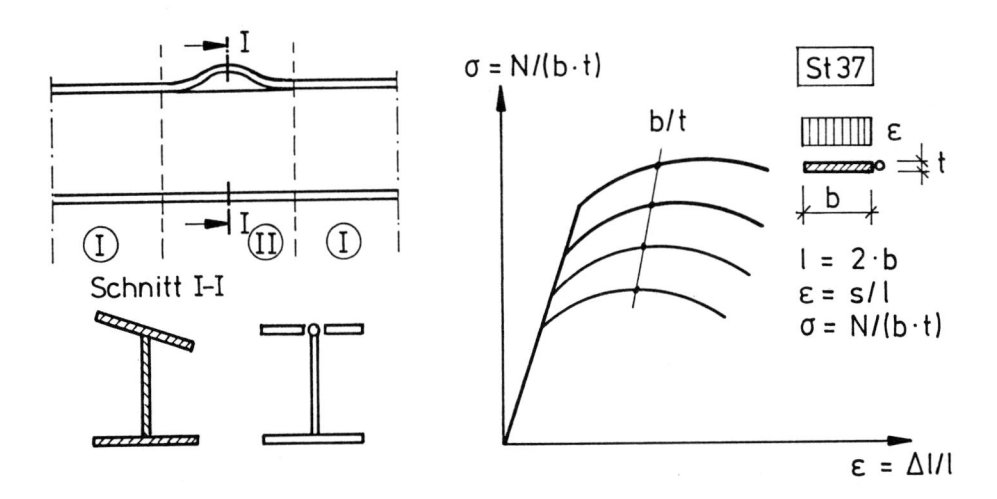

Bild 10. Stababschnitt mit lokalem Flanschbeulen, I Bereich voll wirksamer Querschnitte, II nicht voll wirksamer Querschnitte

Bild 11. Bezogenes Last-Stauchungs-Diagramm für nicht voll wirksame Querschnittsteile

4.1 VOLLWIRKSAME QUERSCHNITTE UND QUERSCHNITTSTEILE

Das Tragverhalten kann auf einfache Weise mit den im Abschnitt 3.1 dargestellten Verfahren mittels Fasermodell berechnet werden. Dazu unterteilt man den vom Fließgelenk repräsentierten Stababschnitt in Unterabschnitte mit über ihre Länge konstanten Schnittgrößen nach Bild 12

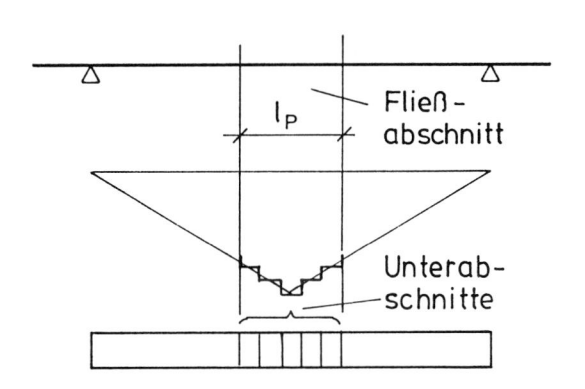

Bild 12 Einteilung des Stababschnittes mit Fließgelenk in Unterabschnitte

4.2 NICHT VOLL WIRKSAME QUERSCHNITTE UND QUERSCHNITTSTEILE

Die Berechnung erfolgt grundsätzlich nach der Beschreibung im Abschnitt 4.1. Für den die Beule enthaltenden Stababschnitt ist nach Abschnitt 3.2 vorzugehen. Die Darstellung soll daher zu erweiterter Forschung auf diesem Gebiet anregen, damit am Ende einfache Aufbereitungen und einfach anwendbare Hilfen für die Praxis entwickelt werden.

Vorteile einer dehnungsorientierten Bemessung im Stahlbau sind auch - zumindest bei Anwendung elastisch-plastischer Nachweisverfahren - auch in einem grundsätzlich gleichartigen Vorgehen bei der Bemessung von Stahlbeton- und Stahlkonstruktionen, z.B. für die Arbeit in den Ingenieurbüros zu sehen. Der derzeitige Unterschied ist nur historisch bedingt und dadurch entstanden, daß der Stahlbau dem Weg, den der Stahlbetonbau mit der n-freien Bemessung gegangen ist, bisher zu seinem Nachteil nicht gefolgt ist.

LITERATUR

/1/ Werner, E.: Die Britannia- und Conway-Röhrenbrücke. Düsseldorf: Werner-Verlag 1969

/2/ Entwürfe zu DIN 18 800 (Fassung 1987)
- Teil 1 "Stahlbauten - Bemessung und Konstruktion", - Teil 2 "Stahlbauten - Stabilitätsfälle - Knicken von Stäben und Tragwerken"

/3/ Duddeck, H.: Seminar Traglastverfahren. Bericht 72-6 aus dem Institut für Statik der TU Braunschweig. 1972

/4/ DASt-Richtlinie 008 "Richtlinien zur Anwendung des Traglastverfahrens im Stahlbau" (1973)

/5/ Kuhlmann. U.: Rotationskapazität von I-Praktiken unter Berücksichtung plastischer Beulen. Diss., Bochum 1986

/6/ G. Dittmann und K.G. Bondre: Die neue Rheinbrücke Düsseldorf-Flehe/Neuss-Uedesheim. Bauingenieur 54 (1979) 59-66

/7/ Klöppel, K.: Über zulässige Spannungen im Stahlbau. In "Stahlbau-Tagung Baden-Baden 1954". Köln: Stahlbau-Verlag 1958

Beulsicherheitsnachweis für baupraktische stählerne Rotationsschalen mit beliebiger Meridiangeometrie – mit oder ohne Versuche?

H. Schmidt und R. Krysik, Essen

SUMMARY

The common design specifications for shell structures do not provide any rules for the buckling design of general shells of revolution, except the reference to suitable model tests being necessary for experimental verification of numerical buckling analysis. In this paper, after a short description of present shell buckling design concepts in specifications, four possible strategies for a completely or partly theoretical-numerically based buckling design are discussed with regard to their limits without accompanying tests. For three examples of model tests, some aspects of comparison computations are shown.

ZUSAMMENFASSUNG

Die einschlägigen Regelwerke für Schalenkonstruktionen enthalten keine Regeln für den Beulsicherheitsnachweis allgemeiner Rotationsschalen, ausgenommen den Hinweis auf die Notwendigkeit geeigneter Modellversuche zur experimentellen Absicherung numerischer Beulberechnungen. Im vorliegenden Aufsatz werden, nach einer kurzen Beschreibung derzeitiger Schalenbeul-Nachweiskonzepte in Regelwerken, vier mögliche Vorgehensweisen für einen ganz oder teilweise theoretisch-numerisch fundierten Beulsicherheitsnachweis hinsichtlich ihrer Grenzen ohne begleitende Versuche diskutiert. Am Beispiel dreier Modellversuche werden einige Aspekte von Vergleichsrechnungen aufgezeigt.

1 EINLEITUNG

Zusammengesetzte stählerne Rotationsschalen unter beulrelevanter axialsymmetrischer Belastung sind als Bemessungsfall im Behälter- und Apparatebau nicht selten (Bild 1). Die einschlägigen Regelwerke im In- und Ausland, z.B. DASt-Ri o13 /1/, AD-Merkblätter /2/, ECCS-Rec. 4.6 /3/, BS 55oo /4/, ASME-Code /5/, enthalten für solche "nicht geregelten Fälle" nur allgemeine Hinweise. Beispielsweise heißt es in der DASt-Ri o13 u.a.: "Eine Abschätzung der abgeminderten Beulspannung $\sigma_e = \alpha \sigma_{Ki}$ ist für beliebig geformte Rotationsschalen möglich, wenn bei Axialbelastung als Abminderungsfaktor $\alpha = 0,10$ eingesetzt wird"; und weiter: "Falls eine Stabilitätsuntersuchung mit den in dieser Richtlinie angegebenen Formeln wegen der Abweichung in der Konstruktion oder in der Belastung nicht zweifelsfrei mit auf der sicheren Seite liegenden Annahmen möglich ist, kann auf geeignete Modellversuche nicht verzichtet werden. Die Anzahl der Versuche kann gering gehalten werden, wenn diese durch Vergleichsrechnungen ergänzt werden."

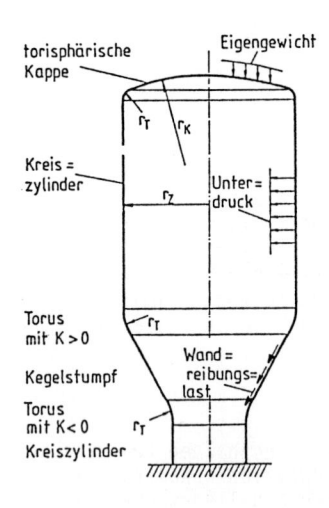

Bild 1.
Zusammengesetzte Rotationsschale unter axialsymmetrischer Belastung (fiktives Beispiel aus dem chem. Apparatebau, ggfs. erforderliche Ringversteifungen und Wanddickenabstufungen nicht gezeichnet)

Solche oder ähnliche Hinweise in einem Regelwerk bedeuten für den Berechnungsingenieur - sofern er sich nicht mit einem ausschließlich auf "genaueren" numerischen Schalenbeuluntersuchungen basierenden Beulsicherheitsnachweis bei der zuständigen Bauaufsichtsbehörde bzw. beim Prüfingenieur durchsetzen kann -, daß er entweder sehr konservativ bemessen muß ($\alpha = 0,1o$ ist ein vorsichtig angesetzter unterer Grenzwert für den Imperfektionsfaktor) oder kostspielige Beulversuche veranlassen muß. Es stellt sich zwangsläufig die Frage nach der Berechtigung für diese starke Stellung des Modellversuches, zumal man bei der heutigen Leistungsfähigkeit großer FE-Computerprogramme praktisch jedes strukturmechanische Problem "beliebig nichtlinear" rechnen kann /6-8/.

Die Frage wurde bei der Erarbeitung des in Kürze als Ersatz für die DASt-Ri o13 erscheinenden Entwurfes DIN 188oo Teil 4 /9/

wiederum heftig diskutiert. Die zentrale Stellung des Modellversuches wurde
dabei im Prinzip als immer noch notwendig bestätigt, die Wichtung allerdings
insofern modifiziert, als zumindest für nicht genormte Lastfälle und Randbedingungen der in E-DIN 18800/4 behandelten "einfachen" Schalenarten (Kreiszylinder-, Kegel- und Kugelschalen) "die reale Beulspannung durch geeignete
Berechnungsmethoden (z.B. FEM) ermittelt werden darf, sofern der Einfluß der
Verformungen auf das Gleichgewicht und das wirkliche nichtelastische Werkstoffverhalten berücksichtigt werden. Zur Berücksichtigung des Einflusses
geometrischer und struktureller Imperfektionen müssen auf der sicheren Seite
liegende Annahmen getroffen werden. Das Rechenverfahren ist durch Versuche
abzusichern." Weiter wird es heißen: "Bereits vorhandene Versuche sind zur
Absicherung nur dann geeignet, wenn sie in den das Beulverhalten beherrschenden Parametern (z.B. Schlankheitsgrad, Imperfektionsempfindlichkeit) ähnlich
sind". Und schließlich wird es für die vorgenannten "einfachen" Schalen explizit zulässig sein, "die idealen Beulspannungen durch geeignete Berechnungsmethoden (z.B. FEM) zu ermitteln, sofern sichergestellt ist, daß diese
die kritischen Beulmuster zuverlässig auffinden".

Rotationsschalen mit beliebiger Meridiangeometrie, wie z.B. das in Bild 1
skizzierte Beispiel mit torusförmigen Übergängen zwischen den "einfachen"
Teilschalen, werden in E-DIN 18800 Teil 4 nicht behandelt. Für sie soll in
einer zukünftigen neuen DASt-Schalenbeulrichtlinie u.a. versucht werden,
die Regeln für theoretisch-numerische Beulsicherheitsnachweise zu präzisieren; dabei kann auf ein unveröffentlichtes Arbeitspapier des mit der vorliegenden Festschrift Geehrten /10/ zurückgegriffen werden. Die Frage der
Absicherung durch Modellversuche wird erneut zu diskutieren sein.

Nachfolgend werden die Nachweiskonzepte der einschlägigen Regelwerke kurz
in Erinnerung gerufen, sodann einige grundsätzliche Überlegungen zu ganz
oder teilweise theoretisch-numerisch fundierten Beulsicherheitsnachweisen
dargelegt, und schließlich wird die Frage der experimentellen Absicherung
beispielhaft anhand von Vergleichen Versuch-Rechnung an drei Modellschalen
diskutiert.

2. BEULSICHERHEITS-NACHWEISKONZEPTE DER REGELWERKE

Bild 2 zeigt schematisch theoretische Lastverformungskurven einer typischen,
axialsymmetrisch belasteten Rotationsschale im elastisch-plastischen Übergangs-Schlankheitsbereich. Unter "Verformung" ist dabei <u>nicht</u> die lokale
Beulamplitude w, sondern beispielsweise für eine axialgedrückte Schale die
Verkürzung zu verstehen. Bild 2 veranschaulicht ferner die Beziehung der
Berechnungen unterschiedlicher theoretischer Schärfe zu den einschlägigen

Regelwerk-Nachweiskonzepten. Letztere basieren bekanntlich sämtlich auf den zwei Elementen

- <u>Verzweigungslast</u> $F_{Ki,kl}$ aus der klassischen linearen Beultheorie, bei der die Gleichgewichtsverzweigung aus einem biegungsfrei angenommenen Membranspannungszustand der geometrisch perfekten, elastischen Schale heraus berechnet wird, und

- <u>empirische Abminderung</u> auf die gesuchte Beultraglast F_u.

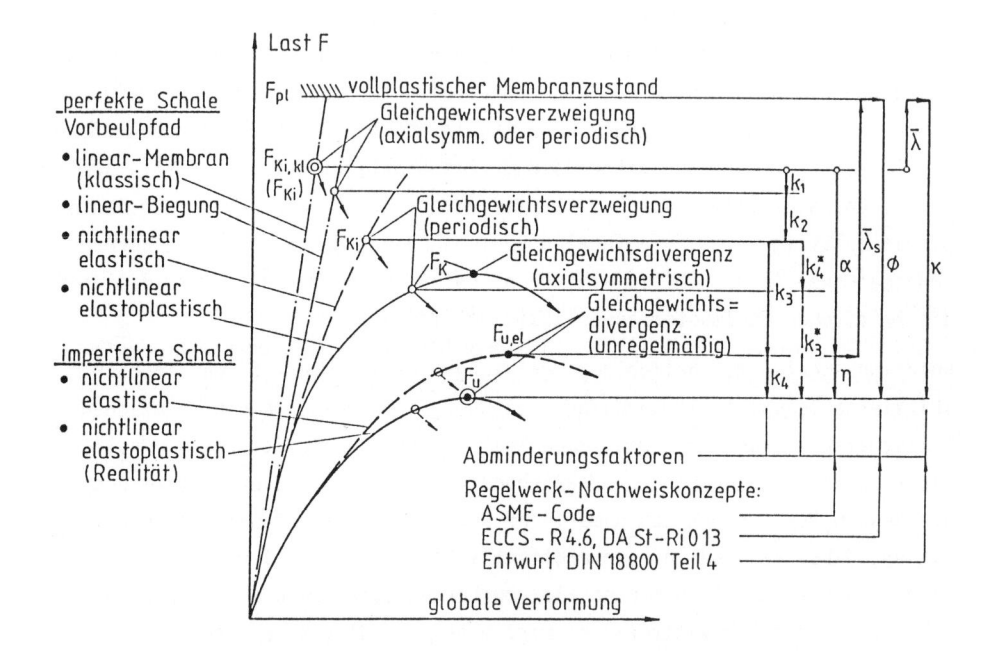

Bild 2.
Beulverhalten axialsymmetrisch belasteter Rotationsschalen - Berechnungsmöglichkeiten und Beulsicherheitsnachweiskonzepte (schematisch)

Die empirische Abminderung läßt sich wie folgt schreiben:

$$F_u = k_1 k_2 k_3 k_4 F_{Ki,kl}. \tag{1}$$

Die Abminderungsfaktoren k_j in Gl. (1) stehen für folgende Einflüsse beim stufenweise gedachten Übergang von der idealisierten zur realen Struktur:

k_1... Biegestörungen in der geometrisch perfekten, elastischen Schale,

k_2... nichtlineares Vorbeulverhalten der geometrisch perfekten, elastischen Schale,

k_3... geometrische und strukturelle Imperfektionen der elastischen Schale,

k_4... nichtelastisches Werkstoffverhalten der imperfekten Schale.

Gibt man die beiden wichtigsten Idealisierungen in umgekehrter Reihenfolge auf, so wird aus Gl. (1)

$$F_u = k_1 k_2 k_4^* k_3^* F_{Ki,kl} \tag{2}$$

mit den Abminderungsfaktoren

k_4^*... nichtelastisches Werkstoffverhalten der geometrisch und strukturell perfekten Schale,

k_3^*... Imperfektionen der nichtelastischen Schale.

Der Zusammenhang zwischen den Formulierungen (1) bzw. (2) und dem "α-Konzept" der einschlägigen Regelwerke bzw. dem "α-freien Konzept" der zukünftigen DIN 18800/4 ist in Bild 2 schematisch dargestellt. Die Unterschiede sind rein formaler Natur. Alle Abminderungsprozeduren haben die gleiche empirische Grundlage, nämlich die Auswertung mehr oder weniger großer Mengen von Beulversuchen in "einfachen" Schalenbeulfällen (Kreiszylinder unter konstantem Axialdruck, konstantem Außendruck oder konstanter Torsion, Kugelkalotte unter konstantem Außendruck) und daraus die Festlegung unterer Grenzwerte oder Grenzkurven aller Versuchsbeullasten; semiprobabilistisch formuliert: die Ermittlung charakteristischer Beultraglasten durch Schätzung eines geeigneten Fraktils mit einer geeigneten statistischen Aussagewahrscheinlichkeit. Da vor allem elastische Schalenbeulversuche in größerer Anzahl vorliegen, ist in der Regel der globale elastische "knock-down-Faktor"

$$\alpha = k_1 k_2 k_3 \tag{3}$$

experimentell besser belegt als die werkstoffliche Abminderung. Letztere erfolgt formal entweder direkt mit

$$\eta = k_4, \tag{4}$$

oder indirekt durch Bezug auf die dem biegungsfreien Membranzustand zugeordnete vollplastische Last F_{pl} über einen speziellen bezogenen Schalenschlankheitsgrad

$$\bar{\lambda}_S = \sqrt{F_{pl}/\alpha F_{Ki,kl}} \tag{5a}$$

mit

$$\phi = \bar{F}_u = F_u/F_{pl} = f(\bar{\lambda}_S), \tag{5b}$$

oder - die Schritte (3) und (5) zusammenfassend - über den allgemeinen bezogenen Stabilitätsschlankheitsgrad

$$\bar{\lambda} = \sqrt{F_{pl}/F_{Ki,kl}} \tag{6a}$$

mit

$$\chi = \bar{F}_u = F_u/F_{pl} = f(\bar{\lambda}). \tag{6b}$$

Bild 3 zeigt qualitativ die für E-DIN 18800/4 gemäß Gl. (6) vorgesehenen Beulkurven $\chi = f(\bar{\lambda})$. Dieses Nachweisformat hat zwei wesentliche Vorteile:

a) Es zeigt klar erkennbar, was theoretisch und was empirisch ist: Die Abszisse enthält den theoretischen und die Ordinate den empirischen Teil des Nachweises.

b) Die Darstellung ist kompatibel mit allen anderen in E-DIN 18800 zukünftig behandelten Stabilitätsfällen (Knicken, Biegedrillknicken, Plattenbeulen).

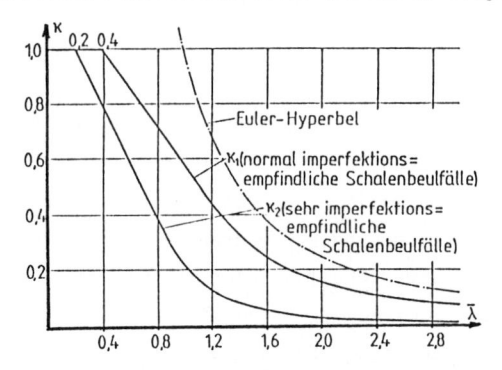

Bild 3.
Schalenbeulkurven nach Entwurf DIN 18800
Teil 4 (qualitativ)

3. MÖGLICHKEITEN FÜR BEULSICHERHEITSNACHWEISE AUF GANZ ODER TEILWEISE THEORETISCH-NUMERISCHER GRUNDLAGE

Aus den vorangegangenen Ausführungen wird die eingangs beschriebene starke Stellung des Modellversuches für den Beulsicherheitsnachweis nicht geregelter Schalenarten und -lastfälle erklärbar. Man wird sie aus Sicherheitsgründen erst dann aufgeben können, wenn die Beultraglasten baupraktisch imperfekter Modellschalen, deren Wanddicken und Werkstoffeigenschaften aus Messungen bekannt sind, mit derselben Zuverlässigkeit vorausberechnet (nicht nachgerechnet!) werden können, wie das heute z.B. für die Knick- oder Biegedrillknicktraglasten imperfekter Druckstäbe oder Biegeträger selbstverständlich ist.

Für den Beulsicherheitsnachweis einer allgemeinen Rotationsschale auf ganz oder teilweise theoretisch-numerischer Grundlage bieten sich unter Bezug auf Bild 2 die nachfolgend beschriebenen vier Vorgehensweisen an.

3.1 VORGEHENSWEISE A

Es wird für die beulrelevante Lastkombination F der kritische Verzweigungsfaktor der geometrisch perfekten, elastischen Schale und daraus die ideale Beullast F_{Ki} berechnet. Mit F_{Ki} wird an Stelle der sonst formelmäßig zu berechnenden $F_{Ki,kl}$-Werte der geregelten "einfachen" Schalenbeulfälle in das Nachweiskonzept des Regelwerks gegangen. Diese Vorgehensweise entspricht etwa der Ermittlung von Knicklängen bei Stabwerken. Sie ist im Prinzip unproblematisch, sofern

a) die Randbedingungen zutreffend formuliert und die kritische Eigenform mit zugehörigem kleinsten Eigenwert zuverlässig aufgefunden werden und

b) die Schale hinsichtlich ihrer Imperfektionsempfindlichkeit den geregelten "einfachen" Fällen zweifelsfrei zugeordnet werden kann (Wahl des richtigen Abminderungsfaktors α bzw. $\varkappa$).

Die erste Einschränkung bedeutet lediglich, daß ein ausgetestetes Programm und ein "beulerfahrener" Programmanwender vorausgesetzt werden müssen; einige Anmerkungen hierzu werden in Abschnitt 4 gemacht. Wird der Vorbeulpfad mit Biegebeanspruchung oder sogar geometrisch nichtlinear gerechnet, so sind in F_{Ki} die Anteile k_1 und ggfs. k_2 der globalen empirischen Abminderungsfaktoren (Bild 2) bereits erfaßt; die Verwendung der vollständigen Faktoren α bzw. $\varkappa$ ist dann möglicherweise sehr ungünstig. Das wird insbesondere bei solchen Schalenkonfigurationen der Fall sein, bei denen ein biegungsfreier Membranspannungszustand gar nicht möglich ist, d.h. bei denen die Biegung keine Zwängung, sondern eine für das Gleichgewicht erforderliche Beanspruchungskomponente darstellt (z.B. bei aus Kegelstümpfen zusammengesetzten Schalen), oder bei empfindlich nichtlinear reagierenden Schalen (z.B. flachen Kugelkalotten). Eine gewisse Korrektur ist dadurch möglich, daß man die Einflüsse k_1 und k_2 bei dem jeweils zugeordneten "einfachen" Schalenbeulfall, an dem die zu verwendenden empirischen Faktoren α bzw. $\varkappa$ kalibriert wurden, vorsichtig abschätzt und damit eine fiktive klassische Verzweigungslast

$$F_{Ki,kl}^{fiktiv} = F_{Ki}/k_1 k_2 \qquad (7)$$

ermittelt, um dann mit dieser in das Nachweiskonzept zu gehen. Für die der $\varkappa_2$-Kurve in Bild 3 zugrundeliegende Kreiszylinderschale unter konstantem Axialdruck wird beispielsweise von YAMAKI /11/ $k_1 k_2$ = ca. 0,85 angegeben.

In /12/ berichten SCHULZ et al. über einen Schalenbeulfall - es handelt sich um axialbelastete, konkave Torusschalen ähnlich dem unteren Übergangstorus in Bild 1 -, für den der auf die nichtlinear berechnete Verzweigungslast F_{Ki} bezogene Imperfektionsfaktor aus Modellversuchen /13/ zu k_3=0,83 bestimmt wurde, einem gegenüber den üblichen globalen Abminderungsfaktoren α recht hohen Wert. Die Erklärung dafür dürfte allerdings nicht allein in der Nichtlinearität des Vorbeulzustandes zu suchen sein, sondern auch in der geringen Imperfektionsempfindlichkeit axial belasteter Rotationsschalen mit negativer Gauß'scher Krümmung (K<o) /14/.

Das eigentliche Problem bei der Vorgehensweise A ist die richtige Zuordnung der Schale zu den im Regelwerk erfaßten Kategorien der Imperfektionsempfindlichkeit, um ohne Versuche den Abminderungsfaktor α bzw. $\mathcal{K}$ auf der sicheren Seite abschätzen zu können. Es ist naheliegend, die unter F_{Ki} vorhandene ungünstigste Kombination örtlicher Membranspannungskomponenten $\sigma_{x(FKi)}$ in Meridianrichtung, $\sigma_{\phi(FKi)}$ in Umfangsrichtung und $\tau_{(FKi)}$ zur Beurteilung heranzuziehen; u.a. schlägt MUNGAN /15/ das als "Konzept der den Beulvorgang auslösenden Spannungen bei Rotationsschalen" vor. Am Beispiel der beiden χ-Kurven der E-DIN 18800/4 (Bild 3), die am Kreiszylinder unter konstantem Manteldruck und konstanter Torsion ($\mathcal{K}_1$) bzw. am Kreiszylinder unter konstantem Axialdruck und an der Kugelkalotte unter konstantem Außendruck ($\mathcal{K}_2$) kalibriert wurden, würde das zu folgenden, allerdings ausschließlich auf Plausibilitätsüberlegungen beruhenden, allgemeinen Zuordnungsregeln führen:

- **Kreiszylinder- und Kegelschalen (K=0)**
  Druckspannung $\sigma_{x(FKi)}$ $\longrightarrow$ $\mathcal{K}_2$ (8a)
  Druckspannung $\sigma_{\phi(FKi)}$, Schubspannung $\tau_{(FKi)}$ $\longrightarrow$ $\mathcal{K}_1$

- **Schalen mit positiver Gauß'scher Krümmung (K>0)**
  Druckspannungen $\sigma_{x(FKi)}$ und/oder $\sigma_{\phi(FKi)}$ $\longrightarrow$ $\mathcal{K}_2$ (8b)
  Schubspannung $\tau_{(FKi)}$ $\longrightarrow$ $\mathcal{K}_1$

- **Schalen mit negativer Gauß'scher Krümmung (K<0)**
  Druckspannungen $\sigma_{x(FKi)}$ und/oder $\sigma_{\phi(FKi)}$ $\longrightarrow$ $\mathcal{K}_1$ (8c)
  Schubspannung $\tau_{(FKi)}$ $\longrightarrow$ $\mathcal{K}_1$

Die möglicherweise für die Imperfektionsempfindlichkeit positive Wirkung von

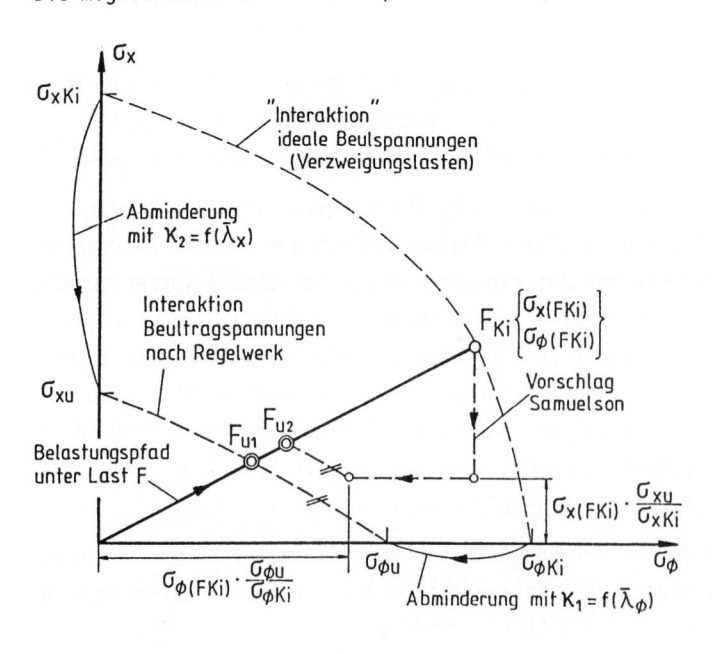

Bild 4.
Empirische Ermittlung der Beultraglast aus der idealen Beullast in einer Kreiszylinder- oder Kegelschale unter kombinierter Meridian- und Umfangsdruckbeanspruchung

Zugspannungen muß außer acht bleiben. Eine "Interpolation" zwischen $\varkappa_1$- und $\varkappa_2$-Spannungen könnte mit Hilfe der genormten Interaktion der Beultragspannungen erfolgen, wie in Bild 4 am Beispiel der Kreiszylinder- oder Kegelschale unter kombinierter Meridian- und Umfangsdruckbeanspruchung gezeigt. Vorausgesetzt wird dabei, daß die der Lastkombination F zugeordneten <u>einachsigen</u> idealen Beulspannungen σ_{xKi} und die daraus sinngemäß nach Gl. (6a) zu ermittelnden bezogenen Schlankheitsgrade $\bar{\lambda}_x$ und $\bar{\lambda}_\emptyset$ berechenbar sind. Ergebnis dieser Prozedur wäre die Beultraglast F_{u1} (Bild 4).

Ergibt sich die theoretische "Interaktionskurve" auf der Verzweigungslastebene völliger als die genormte Interaktionskurve, so könnte man das gemäß einem Vorschlag von SAMUELSON /16/, wie in Bild 4 eingezeichnet, durch Ermittlung einer entsprechend größeren Beultraglast F_{u2} berücksichtigen.

3.2 VORGEHENSWEISE B

Es wird die Beullast F_K der geometrisch perfekten Schale unter Berücksichtigung sowohl des geometrisch als auch des werkstofflich nichtlinearen Vorbeulverhaltens berechnet (vgl. Bild 2). Hierfür gibt es neben leistungsfähigen Programmen (z.B. /17-2o/) auch bereits Näherungsformeln für einzelne Schalentypen, die auf umfangreichen Parameterstudien basieren /21,22/. Im Sinne von Gl.(2) sind damit die Einflüsse $k_1 k_2 k_4^*$ theoretisch exakt erfaßt, es verbleibt der durch k_3^* beschriebene Einfluß der Imperfektionen:

$$F_u = k_3^* F_K. \tag{9}$$

Will man Versuche zur Ermittlung des speziellen Abminderungsfaktors k_3^* umgehen, so bleibt nichts anderes übrig, als ihn aus den empirischen globalen Abminderungsfaktoren α bzw. $\varkappa$ durch Vergleich von F_K mit F_{Ki} oder $F_{Ki,kl}$ "herauszufiltern" /16/, was aber de facto keine Verbreiterung der theoretischen Basis gegenüber Vorgehensweise A bedeuten würde. Deshalb wird sich eine Verwendung der elastoplastischen Beullast F_K für Beulsicherheitsnachweise ohne experimentelle Absicherung auf den gedrungenen Schlankheitsbereich ($\bar{\lambda}$<ca.1) beschränken, wo k_3^* kleiner ist als k_4^* und man sich deshalb mit einer einfachen Abschätzung zufrieden geben kann. Dabei müssen allerdings hinsichtlich der Imperfektionsempfindlichkeit folgende zwei Fälle unterschieden werden (vgl. Bild 2):

a) Die Rechnung liefert als maßgebend für F_K einen durch Gleichgewichtsdivergenz instabil werdenden axialsymmetrischen Verformungszustand ("limit load"), obwohl das Programm voraussetzungsgemäß in der Lage wäre, etwaige vorherige Gleichgewichtsverzweigungen in periodische Beulmuster zuverlässig aufzufinden. In diesem Fall kann in der Regel von vergleichsweise geringer Imperfektionsempfindlichkeit ausgegangen werden, die überdies auf Meridianimperfektionen beschränkt sein wird. Letztere lassen sich aber auf einfache Weise in einem zweiten Rechenlauf mit sinnvoll "entarteter" Meridiangeometrie simulieren (z.B. in Anlehnung an die Herstellungstoleranzen in /1,3/). Liegt die rechnerische Beullast dieser meridianimperfekten Schale nicht allzu weit unter F_K und wird sie wiederum ohne vorherige Gleichgewichtsverzweigung erreicht, so dürfte es in aller Regel zulässig sein, sie als Beultraglast F_u zu interpretieren.

b) Die Rechnung liefert als maßgebend für F_K eine Gleichgewichtsverzweigung in eine periodische Beulform vor Erreichen des axialsymmetrischen Lastmaximums. In diesem Fall ist es wesentlich schwieriger, die Imperfektionsempfindlichkeit ohne Versuche abzuschätzen (siehe auch Vorgehensweise C).

3.3 VORGEHENSWEISE C

Es wird - ergänzend zur idealen Beullast F_{Ki} - versucht, die reale Beullast $F_{u,el}$ der imperfekten elastischen Schale (vgl. Bild 2) durch geeignete nichtlineare Berechnungen auf der sicheren Seite abzuschätzen. Im Sinne von Gl. (1) würde das die theoretische Erfassung der sonst im empirischen Abminderungsfaktor α zusammengefaßten Einflüsse $k_1 k_2 k_3$ bedeuten, so daß lediglich noch die werkstoffliche Abminderung zu berücksichtigen wäre:

$$F_u = k_4 F_{u,el}. \tag{1o}$$

Für <u>schlanke</u> Schalen, bei denen sich der zu $F_{u,el}$ gehörende rechnerische Spannungszustand einschließlich aller durch die Imperfektionen verursachten Biegespannungen in der gesamten Schale als rein elastisch nachweisen läßt, könnte folgerichtig $k_4 = 1$ gesetzt werden, womit die Beultraglast F_u ohne empirische Abminderung ausschließlich theoretisch-numerisch ermittelt wäre. Die Aufgabe bestünde "lediglich" darin, die geometrisch-imperfekte Schale mit der erforderlichen Feinheit zu diskretisieren und das Lastmaximum $F_{u,el}$ der nichtlinear elastischen Lastverformungskurve zu berechnen (meist als Durchschlagslast bezeichnet). Dabei wäre wieder durch begleitende Eigenwertanalysen sicherzustellen, daß nicht vor Erreichen des Lastmaximums Gleichgewichtsverzweigungen auftreten.

Auf die nahezu unübersehbare Zahl von Veröffentlichungen zur finiten Berechnung solcher elastischen Schalen mit angenommener Abweichung von der Sollgeometrie kann hier nicht eingegangen werden. Sie vertiefen zunehmend die Einsicht in das komplexe Beul- und Nachbeulverhalten druckbeanspruchter Schalen. Das eigentliche Problem der Vorgehensweise C ist aber nicht die numerische Potenz des verwendeten Programmes, sondern die zuverlässige

Simulation der innerhalb der Herstellungstoleranzen in einer konkret geplanten Schalenkonstruktion ungünstigenfalls möglichen Imperfektionsfelder. (Man kann ja nicht die Schale erst bauen, dann sorgfältig vermessen und anschließend nach einer Serie nichtlinearer Rechenläufe dem Bauherrn die Gebrauchslast mitteilen!). Einige zu bedenkende Fragen seien ohne Anspruch auf Vollständigkeit aufgelistet:

- Sind regelmäßige geometrische Imperfektionen infolge des Fertigungsprozesses (z.B. Schrumpfknicke an Schweißnähten) zu erwarten?
 Diese lassen sich am ehesten rechnerisch erfassen.
- Sind zufällig verteilte geometrische Imperfektionen beulrelevant?
 Das ist umso mehr der Fall, je mehr Eigenformen der idealisierten perfekten Schale Eigenwerte derselben Größenordnung aufweisen und je kleinwelliger die Eigenformen sind. Es ist in jedem Falle anzuraten, alternativ mehrere, deutlich unterschiedliche Imperfektionsmuster durchzurechnen.
- Wie sollen strukturelle Imperfektionen (z.B. Walz-, Preß-, Schweiß-, Richteigenspannungen) und lokale geometrische Imperfektionen (z.B. Schweißnahtversätze) durch globale geometrische Ersatzimperfektionen simuliert werden? Reicht es aus, einfach die Imperfektionsamplitude mit einem "gegriffenen" Faktor zu vervielfachen?
- Reicht es aus, den Einfluß zufälliger Imperfektionen durch eigenformaffine Formabweichungen zu simulieren? Müssen nicht vielmehr auch nachbeulaffine Formabweichungen einbezogen werden? Und welche Nachbeulmuster sollen zugrundegelegt werden? Solche, die zum theoretischen elastischen Nachbeulminimum gehören, oder solche, die beim elastischen Beulvorgang theoretisch nur als Zwischenstufen durchlaufen werden, in Wirklichkeit aber bei metallischen Schalen nicht mehr "umspringen", sondern das endgültige Nachbeulmuster darstellen?
- Reicht es aus, mit Rücksicht auf die Rechenkosten nur einen imperfekten Schalenausschnitt zu berechnen?
 Unter Umständen wird dadurch das numerische "Umspringen" der Beulform bei Belastungssteigerung behindert.

Aus dieser Auflistung dürfte die Schwierigkeit klar werden, ohne experimentelle Absicherung und ohne Zuhilfenahme empirischer Abminderungsfaktoren die Beultraglast einer auszuführenden Schalenkonstruktion allein aufgrund einer nichtlinearen elastischen Berechnung der mit angenommener Abweichung von der Sollgeometrie versehenen Schale mit der gebotenen Zuverlässigkeit vorherzusagen. Eine Verbesserung der Aussagekraft solcher numerischen Ergebnisse ist möglicherweise durch die von KRÄTZIG et al. (u.a. in /23,24/) vorgeschlagene Strategie begleitender Anfangs-Nachbeulanalysen /25/ und membranreduzierter Verzweigungsanalysen /26/ zu erreichen. Es gibt übrigens zu denken, wenn in /24/ als Ergebnis solcher rechnerischer Analysen für einen Standardbeulfall - die kurze Kreiszylinderschale unter konstantem Mantel- und Axialdruck - ein gegenüber DASt-Ri o13 doppelt so großer Imperfektionsfaktor $\alpha = k_1 k_2 k_3$ vorgeschlagen wird (o,77 gegenüber o,39), wobei die Diskrepanz vor allem im Axialdruckanteil liegt (o,51 gegenüber o,11!). Das ist entweder ein Indiz dafür, daß unter den den α-Werten der DASt-Ri o13 zugrundeliegenden, überwiegend dem Flugzeugbau entstammenden Beulversuchen an elastischen Modellschalen sehr viele "Ausreißer" waren, - oder daß eben doch irgendetwas an den rechnerischen Imperfektionsannahmen nicht ungünstig genug war.

3.4 VORGEHENSWEISE D

Es wird versucht, in einer "vollständigen", d.h. geometrisch und physikalisch nichtlinearen FE-Berechnung der geometrisch imperfekten Schale die Beultraglast F_u auf der sicheren Seite abzuschätzen. Das entspricht einer Ausdehnung der Vorgehensweise C auf mittelschlanke und gedrungene Schalen, in denen $k_4 \neq 1$ ist. Es gelten sinngemäß die Überlegungen für die Vorgehensweisen B und C. Eine Anwendung für baupraktische Beulsicherheitsnachweise dürfte allein aus Kostengründen nur in Ausnahmefällen infragekommen.

4 BEISPIELE FÜR VERGLEICHSRECHNUNGEN ZU MODELLVERSUCHEN

Die im vorliegenden Aufsatz mehrfach erwähnte "experimentelle Absicherung" von Beulsicherheitsnachweisen bedeutet, daß mit dem eingesetzten Rechenprogramm Vergleichsrechnungen an im Versuch getesteten Modellschalen durchgeführt werden müssen, die der betreffenden Großausführung in den das Beulverhalten beherrschenden Parametern möglichst ähnlich sind. Nachfolgend werden beispielhaft an drei Modellschalen die Ergebnisse solcher Vergleichsrechnungen diskutiert.

Alle wiedergegebenen Vergleichsrechnungen wurden mit dem von Frau Prof. Dr.-Ing. M. ESSLINGER und Mitarbeitern entwickelten Programm Fo4Bo8 zur Berechnung von Spannungen, Deformationen und Beullasten dünnwandiger, geometrisch perfekter, axialsymmetrisch belasteter Rotationsschalen im elastischen und elastoplastischen Bereich durchgeführt. Für die unentgeltliche Überlassung dieses Programmes sei an dieser Stelle ausdrücklich gedankt.

4.1 KREISZYLINDER AUS PVC UNTER AXIALDRUCK

Die verwendete kreiszylindrische Modellschale (Abmessung siehe Bild 5) stammt aus einer früheren Untersuchung für Prof. ESSLINGER; sie war seinerzeit mit finanzieller Unterstützung der Fa. Uhde, Dortmund, von der Fa. Hoechst AG, Frankfurt, hergestellt und kostenlos zur Verfügung gestellt worden. Der hier kommentierte Axialdruckversuch wurde im Rahmen einer Diplomarbeit durchgeführt /27/, die Vergleichsrechnungen mit Fo4Bo8 im Rahmen einer weiteren Diplomarbeit /28/.

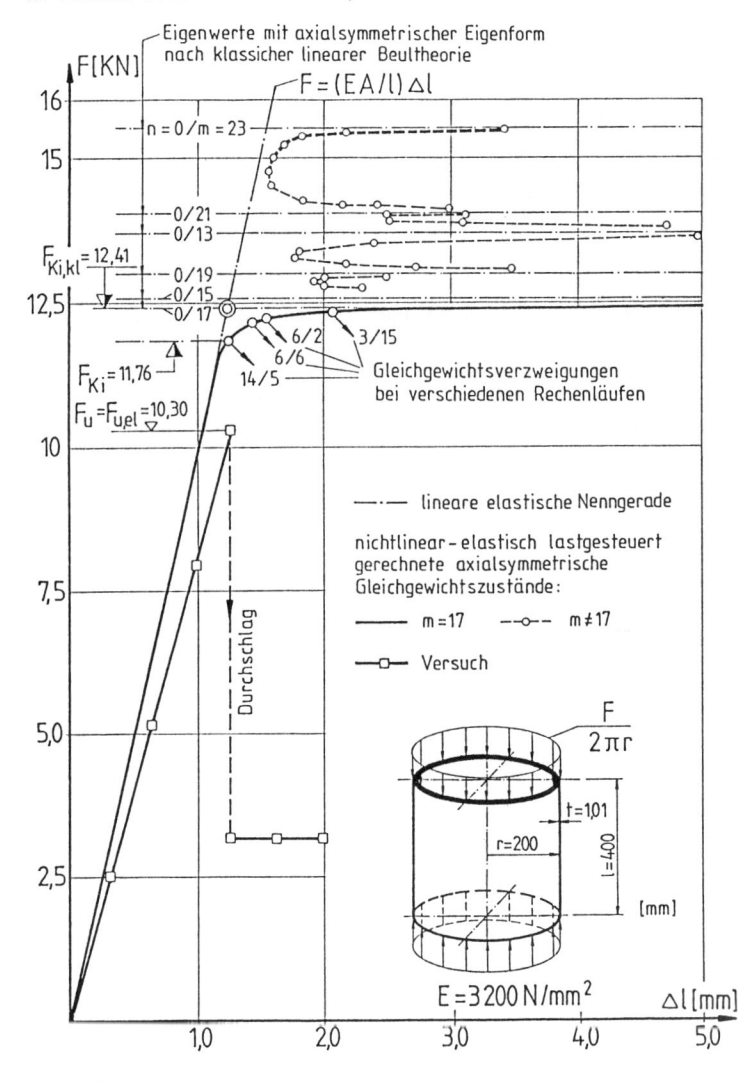

Bild 5. Axialgedrückte Kreiszylinder-Modellschale aus PVC: Versuch und diverse Vergleichsrechnungen

Der Zylindermantel bestand aus "PVC-glasklar", einer hochelastischen Kunststoffolie sehr gleichmäßiger Dicke. Der in Bild 5 eingetragene E-Modul ergab sich als Mittelwert dreier richtungsgleicher Zugproben aus einem mitgelieferten Folienrest ohne Zuordnung zu den Richtungen des Zylindermantels.

Die geometrischen Imperfektionen waren klein. Der Mantel war mit dicken Hostalit-Deckelplatten über kreisringförmige Nuten durch Verklebung monolithisch verbunden. Die beulmechanischen Randbedingungen entsprachen einer Unverschieblichkeit in allen drei Richtungen und einer elastischen Biegeeinspannung.

Im verkürzungsgeregelten Versuch fiel aus einem einwandfrei linear-elastischen Vorbeulzustand heraus (Bild 5) schlagartig ein über den gesamten Zylindermantel sich erstreckendes, versetzt zweireihiges, rautenförmiges, stabiles Nachbeulmuster mit n=8 Vollwellen in Umfangsrichtung und Rautenabmessungen von ca. 16o x 16o mm ein. Bei Zurücknahme der Verkürzung sprang das Beulmuster elastisch wieder heraus, der Beulvorgang ließ sich beliebig oft mit nur geringfügigen Abweichungen reproduzieren.

Aus den in Bild 5 eingetragenen Ergebnissen zahlreicher Rechenläufe mit ν=o,3 (angenommen) und mit gelenkiger Randlagerung(die Ergebnisse mit eingespanntem Rand sehen sehr ähnlich aus) lassen sich folgende Erkenntnisse ableiten:

a) Die Neigungen der gemessenen und gerechneten Vorbeulpfade stimmen nicht gut überein. Die Ursache liegt <u>nicht</u> in der theoretischen Schärfe der Rechnung, sondern - abgesehen von unvermeidbaren Meßungenauigkeiten - offenbar auch in den elastischen Werkstoffkenngrößen. Mögliche Ursachen: Druck-E-Modul ungleich Zug-E-Modul, Inhomogenität, Anisotropie, Kriecheinflüsse, Wärmebehandlung.
Fazit: Zur wirklich genauen Beschreibung des elastischen Vorbeulverhaltens reicht es nicht aus, Feindehnungszugversuche an "irgendwo" aus dem verwendeten Halbzeug entnommenen Zugproben durchzuführen. Im vorliegenden Versuch würde man den Beullastabfall $F_{u,el}/F_{Ki,kl}$=o,83 möglicherweise zu Unrecht als Imperfektionsfaktor $\alpha = k_1 k_2 k_3$ interpretieren.

b) Die asymptotisch gegen <u>höhere</u> axialsymmetrische Eigenwerte sich annähernden, nichtlinear elastisch gerechneten Lastverformungskurvenzüge, innerhalb derer auch Verzweigungsbeullasten geliefert werden (in Bild 5 nicht eingetragen), könnten einen nicht "beulerfahrenen" Programmanwender, der Rechenkosten sparen will, zu einer völlig falschen Beulbemessung verleiten.
Fazit: Bei nichtlinearen elastischen Beulberechnungen axialsymmetrisch belasteter Rotationsschalen nach Vorgehensweise A sollte grundsätzlich der <u>vollständige</u>, d.h. von F=0 beginnende Vorbeulpfad bekannt sein.

c) Da bei einer axialgedrückten Kreiszylinderschale viele Eigenwerte mit unterschiedlichen Eigenformen dicht beieinanderliegen, liefern verschiedene nichtlineare Rechenläufe, die sich nur in ihren numerischen Steuerparametern unterscheiden, unterschiedliche Verzweigungslasten F_{Ki}. Deren Unterschiede wären zwar für einen Beulsicherheitsnachweis nach Vorgehensweise A belanglos, die zugeordneten Beulmuster würden aber bei Vorgehensweise C mit eigenformaffin angenommenen Formabweichungen zu völlig unterschiedlichen Imperfektionsmustern führen.

Fazit: Bei "vollständig" nichtlinearen elastischen Beulberechnungen nach Vorgehensweise C sollten - abgesehen von sonstigen Fragezeichen hinter den eigenformaffin angenommenen Formabweichungen (vgl. Abschn. 3.3) - zumindest alle Eigenformen mit größenordnungsmäßig ähnlichen Eigenwerten erfaßt werden.

4.2 TORUSSEGMENTE AUS STAHL UNTER AXIALDRUCK

Im Rahmen eines ebenfalls von Prof. ESSLINGER angeregten, von der AIF über DECHEMA finanziell geförderten, umfangreichen Forschungsvorhabens /29/ wurden u.a. die beiden in Bild 6 gezeigten äquatorialen Torussegmentmodellschalen im Beulversuch getestet. Sie waren in je zwei Hälften aus 2 mm-Tiefziehblechen im Fließdrückverfahren hergestellt und am Äquator verschweißt worden; die Spuren vom Ebenschleifen der Schweißnähte sind auf dem Foto deutlich zu sehen.

Bild 6.
Torussegment-Modellschalen aus Stahl nach dem Beulversuch unter Axialdruckbelastung
a) TPX: Gauß-Krümmung positiv, b) TNX: Gauß-Krümmung negativ

Die Nennmaße der Schalenmittelflächen sind in Bild 7 eingetragen. Die Wanddicken waren herstellungsbedingt in Meridianrichtung stark veränderlich (t=1,10 - 1,98), in Umfangsrichtung aber ziemlich konstant. Von jedem der beiden Schalentypen waren drei nominell identische Exemplare gefertigt worden, von denen eines der Ermittlung der Werkstoffkennwerte mit Hilfe von Zug- und Druckproben in Meridian- und Umfangsrichtung diente. Die angestrebten beulmechanischen Randbedingungen entsprachen einer Unverschieblichkeit in allen drei Richtungen und einer zwischen "gelenkig" und "eingespannt" liegenden Biegelagerung. Weitere Einzelheiten zu den Modellschalen und zur verkürzungsgeregelten Versuchsdurchführung siehe /29/.

Das Beulverhalten der beiden Schalentypen erwies sich, wie aus der einschlägigen Literatur zu erwarten (z.B. /14/), als sehr unterschiedlich: Während die positiv gekrümmten Torussegmente TPX infolge Gleichgewichtsdivergenz durch Bildung einer axialsymmetrischen Ringwulstbeule am Rand versagten (Bild 6 a), fielen bei den negativ gekrümmten Torussegmenten TNX schlagartig ausgeprägte Rautenbeulen ein (Bild 6 b). Schon die erste Rautenbeule war, obwohl aus einem praktisch linear elastischen Vorbeulzustand heraus eingefallen, plastisch. Die beiden jeweils gleichen Schalen wiesen sehr ähnliche Lastverformungskurven auf (Bild 7), obwohl der jeweils zweite Versuch als unabhängiger Kontrollversuch mit über einjährigem Zeitabstand in einer anderen Prüfmaschine und mit anderer Meßausrüstung gefahren wurde.

In Bild 7 sind den Versuchsergebnissen eine Reihe vergleichsrechnerischer Ergebnisse für perfekte Schalen gegenübergestellt. Die membrantheoretischen Geraden wurden analytisch mit gemittelten Wanddicken und gemittelten Ist-Torusradien ermittelt. Für die numerischen Vergleichsrechnungen wurde die Wanddickenveränderlichkeit in Meridianrichtung durch Diskretisierung zu entsprechenden Ringelementen berücksichtigt. Als Werkstoffeigenschaften wurden die E-Moduli aus Zugversuchen in Meridianrichtung, eine zu $\nu=0,3$ angenommene Querdehnzahl und ideal elastisch-idealplastische Arbeitslinien mit der <u>statischen Druckstreckgrenze</u> aus Druckversuchen in Meridianrichtung eingesetzt. Die Ränder wurden unverschieblich gelenkig gelagert angenommen; bei eingespannt angenommenen Rändern erhöhen sich die rechnerischen Beullasten nur unwesentlich.

Die Problematik zutreffender Vergleichsrechnungen für Beulversuche an geometrisch und werkstofflich imperfekten Modellschalen aus Stahl wird aus den Auftragungen in Bild 7 deutlich, insbesondere aus der eklatanten Diskrepanz zwischen gerechneter und gemessener Verkürzungssteifigkeit (Anstieg der Lastverformungskurven im Vorbeulbereich), für die die verantwortlichen Imperfektionen bisher nicht identifiziert werden konnten. Über diese Fragen wird an anderer Stelle ausführlich berichtet werden.

Folgende Erkenntnisse lassen sich aus den Vergleichen in Bild 7 bisher ableiten:

a) Die numerischen Beulberechnungen sagen die Versagens<u>art</u> (axialsymmetrisch elastoplastisch bei TPX, periodisch elastisch bei TNX) zuverlässig voraus.

b) Vorgehensweise A unter Verwendung der Zuordnungsregeln (8) und der in Bild 7 eingetragenen Werte F_{Ki} und F_{pl} (letztere aus der größten Membranvergleichsspannung berechnet) würde bei TPX eine sichere Vorhersage, bei TNX dagegen eine um ca. 30 % unsichere Vorhersage der Beultraglast F_u liefern. Die Regel (8 c) ist also offenbar zu optimistisch.

c) Vorgehensweise B würde bei TPX zu einer nur geringfügigen, bei TNX dagegen zu einer katastrophalen Überschätzung der Beultraglast F_u führen; die Aussagen in Abschnitt 3.2 werden also bestätigt.

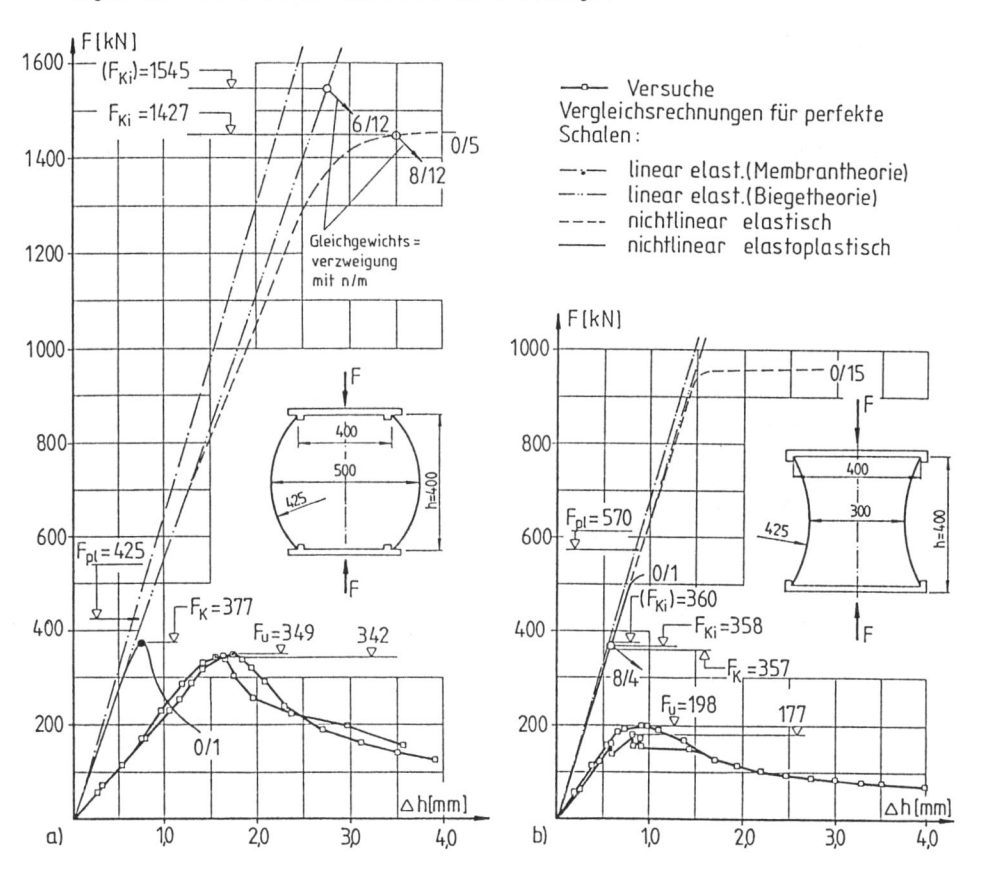

Bild 7.
Axialgedrückte Torussegment-Modellschalen aus Stahl:
Versuche und diverse Vergleichsrechnungen
a) TPX: Gauß-Krümmung positiv, b) TNX: Gauß-Krümmung negativ

LITERATUR

/1/ DASt-Richtlinie o13 - Beulsicherheitsnachweise f. Schalen. Köln: Stahlbau-Verlag 198o.

/2/ VdTÜV: AD-Merkblätter "Berechnung von Druckbehältern". Berlin: Beuth-Verlag 1977/1983.

/3/ ECCS: European Rec. f. Steel Constr. - R4.6: Buckling of Shells, 3rd ed. Brüssel: ECCS 1984.

/4/ BS 55oo - Spec. f. Unfired Welded Pressure Vessels. London: BSI 1976/1981.

/5/ ASME: Boiler a. Pressure Vessels Code - Section III, Code Case N-284. New York: ASME 198o.

/6/ Ramm, E. (Hrsq.): Buckling of Shells - Proc. of State-of-the-Art-Coll. Stuttgart 1982. Berlin: Springer 1982.

/7/ Sfintesco, D. (Hrsg.): Stability of Metal Structures. 3rd Int. Coll. Paris No v. 1983. Paris: CTICM 1983/1984.

/8/ Dubas, P.; Vandepitte, D. (Hrsg.): Stability of Plate and Shell Structures. Proc. of Int. Coll. Gent Apr. 1987. Gent: Uni. a. ECCS 1987.

/9/ Entwurf DIN 188oo Teil 4: Stahlbauten - Stabilitätsfälle: Schalenbeulen. (Unveröff. Normvorlage Nov. 1987).

/1o/ Duddeck, H.: Rechn. Nachweis der Beulsicherheit v. Schalen. (Unveröff. Arbeitspapier Nov. 1986).

/11/ Yamaki, N.: Elastic Stability of Circular Cylindrical Shells. Amsterdam: North-Holland 1984.

/12/ Schulz, U.; Knödel, P.; Ibach, D.: Die Stabilität von Torusschalen. Schlußber. Forsch.vorh. DASt-P85/o7. Karlsruhe: VA Stahl, Holz u. Steine 1987.

/13/ Schulz, U.: Das Stabilitätsverhalten von torusförmigen Schalen. Stahlbau 52 (1983), S. 321-328.

/14/ Mungan, I.: Über den Einfluß der Geometrie auf die Beulfigur und die Beullast v. Rotationsschalen. Bauingenieur 58 (1983), S. 421-426.

/15/ Mungan, I.: Schalenbeulung am Beispiel der Rotationsschalen. Stahlbau 49 (198o), S. 41-45.

/16/ Samuelson, L. A.: Buckling Analysis by Use of General Computer Programs - a Strategy for Determination of Allowable Loads. In: /8/ S. 249-254.

/17/ Bushnell, D.: BOSOR 5 - Program for Buckling of Elastic-Plastic Complex Shells of Revolution Incl. Large Defl. a. Creep. Computers a. Structures 6 (1976), S. 221-239.

/18/ Wunderlich, W.; Rensch, H.J.; Obrecht, H.: Analysis of Elastic-Plastic Buckling and Imperfektion-Sensitivity of Shells of Revolution. In: /6/, S. 137-174.

/19/ Esslinger, M.; Geier, B.; Wendt, U.: Berechnung d. Spannungen u. Deformationen v. Rotationsschalen im elasto-plastischen Bereich. Stahlbau 53 (1984), S. 17-25

/2o/ Dieselben: Berechnung d. Traglast ... Stahlbau 54 (1985), S. 76-8o.

/21/ Esslinger, M.; Van Impe, R.: Theoretical Buckling Loads of Conical Shells. In: /8/, S. 387-395.

/22/ Wunderlich, W.; Obrecht, H.; Schnabel, F.: Non Linear Behavior of Externally Pressurized Toriconical Shells - Analysis and Design Criteria. In: /8/, S. 373-384.

/23/ Form, J.; Krätzig, W. B.; Peters, H.L.; Wittek, U.: Ringversteifte Naturzugkühltürme aus Stahlbeton. Bauingenieur 59 (1984), S. 281-29o.

/24/ Eckstein, U.; Krätzig, W.B.: Stability a. Imperfection Sensitivity of a Ring-Stiffened Cryogenic Tank with Extremely Thin Wall. In: /8/, S. 523-528.

/25/ Koiter, W. T.: On the Stability of Elastic Equilibrium. Diss. Uni. Delft 1945; NASA-TT F-1o, 1967.

/26/ Wittek, U.: Beitrag zum Tragverhalten d. Strukturen bei endlichen Verformungen unter besonderer Beachtung des Nachbeulmechan ismus dünner Flächentragwerke. Habil. RU Bochum 198o; RUB-TWM 8o-1.

/27/ Mast, W.: Vergleichende Untersuchungen zum Nachbeulverhalten axialdruckbelasteter Kreiszylinderschalen. Dipl. Uni Essen 1986 (unveröffentlicht).

/28/ Tarsten, K.-G.: Vergleichende Untersuchungen zum elast. u. plast. Beul- und Nachbeulverhalten axialgedrückter Kreiszylinderschalen. Dipl. Uni Essen 1987(unveröffentlicht).

/29/ Stracke, M.; Düsing, H.; Krysik, R.; Schmidt, H.: Belastungs- u. Beulversuche an axialsymmetrisch belasteten Rotationsschalen aus Metall im elast.-plast. Bereich zur Überprüfung nichtlinearer Rechenprogramme. Forsch.ber. FB Bauwesen d. Uni GH Essen, H. 38.Essen: Selbstverlag 1986.

On the Development of Material Laws for Metal

E. Steck, Braunschweig

ZUSAMMENFASSUNG

Die mathematische Beschreibung des inelastischen Verhaltens metallischer Werkstoffe muß den Einfluß von Temperatur, Dehnungsgeschwindigkeit und plastischer Gesamtdehnung auf die makroskopische Antwort des Systems berücksichtigen.

Die bisher vorgeschlagenen Stoffgesetze erlauben es, die geschwindigkeitsunabhängige Plastizität unter Einschluß isotroper und kinematischer Verfestigung zu beschreiben. Für die "Viskoplastizität", d.h. Vorgänge bei hohen Temperaturen sind noch keine zufriedenstellenden Werkstoffmodelle vorhanden. Hierfür müssen die verantwortlichen Mechanismen im Mikrobereich identifiziert und in einer physikalisch begründeten Weise bei der Formulierung makroskopischer Stoffgesetze berücksichtigt werden.

SUMMARY

The mathematical description of the inelastic behaviour of metals has to consider the influence of temperature, strain rate and strain on the macroscopic response of the materials.

The constitutive equations, proposed up to now, are able to describe rate independent plasticity with inclusion of isotropic and anisotropic hardening in a manner which is usable for technical calculations. For "viscoplasticity", i.e. processes at high temperatures, satisfactory equations are not yet available. For their description, the governing processes on the microscale have to be identified and considered in a physically justified manner for the macroscopic description.

1 INTRODUCTION

If crystalline materials are loaded with stresses which result in inelastic strains, they always show a behaviour, which is dependent on strain, strain rate and temperature. How strongly these dependencies are recognized macroscopically, depends on the temperature range and on the magnitude of the strain rates with which they are loaded.

The temperature range, which is one of the most important physical circumstances which influence the material behaviour, can be classified by means of a comparison of the actual temperature, in which the processes occur, with the melting temperature of the individual material. The h o m o l o g o u s temperature is defined as the fraction of the actual temperature, divided by the melting temperature, both measured on the Kelvin scale. Temperatures with a homologous temperature <0.5 are considered as being in the low temperature range. Homologous temperatures >0.5 determine the high temperature region.

In the low temperature range, hardening is the most important phenomenon which is displayed during inelastic straining. If the materials remain during theses processes essentially isotropic, strain- or workhardening occurs. If the magnitude of the individual strain components or the strain direction is of importance, the process is named kinematic hardening.

The influence of strain rate is in the low temperature range not as important as at higher temperatures. There are certain strain rate regions, where the strain rate influence is nearly negligible. In these regions, rate independent plasticity is a reasonable assumption for the material behaviour, and the constitutive equations, which are available from the classical theory of plasticity, are usable. At higher strain rates, however, the strain rate dependency becomes visible and has to be taken into account. However, also in the low temperature range, temperature influences on the material behaviour are always present. As is well known, especially the temperature influence on the yield limits is always of importance.

The high temperature range is characterized by strongly time dependent processes, such as creep or stress relaxation. The strain rate influences on the stresses which are connected to a special deformation process, and vice versa, are the governing phenomena at high temperatures. The behaviour of the materials is therfore by many authors termed as "viscoplasticity".

In the high temperature range the yield stresses are comparatively low. Hardening is opposed by recovery processes. Strain rate effects are very strong. Changes in the metallurgical structure are possible. Forming processes can be performed with less force and mechanical energy. Embrittlement is less probable. Components which have to be used in the high temperature range, however, have to be designed so, that creep deformations and creep damage are kept in acceptable limits.

Of course there exist temperature ranges (transition ranges), where phenomena, which are characteristic for both temperature regions are occuring simultaneously. In these ranges the description of the material behaviour is especially complicated, but of considerable practical interest.

The inclusion of the described phenomena in theoretical predictions is up to now not possible in a satisfactory manner. The numerical methods for solving boundary value problems including strain-, strain rate and temperature effects are on a high standard. The difficulties for solving technical problems lies at this time in the fact, that the constitutive equations, which have to describe the mentioned phenomena mathematically, are not yet available.

2 MECHANISMS ON THE MICROSCALE

Inelastic deformations of crystalline materials are caused by slip processes in the crystal lattice, which are supported by the movement of dislocations. The dislocation movements are opposed by internal barriers, which have to be overcome by activation of the dislocations. This activation can be performed by stresses, which are in equilibrium with external forces, or by thermal energy. With the movement of dislocations and the connected slip processes, production of new dislocations occurs. The dislocations interact. This can result in either a reduction of their mobility or in annihilation. These processes are partly responsible for hardening and recovery.

Recovery processes can be caused by two different mechanisms, namely dynamic recovery, which results from interaction of dislocations during their movement and the connected annihilation of some of them, or a overcoming of barriers by processes such as cross slip, or thermally activated recovery, which is caused by diffusion processes which are supported by void migration.

The disturbance of the crystal lattice which is connected with the hardening processes results in residual stresses on the microscale, and with this, in a storage of elastic energy which supports recovery. Dynamic recovery is increased with increasing dislocation density, where the probability for the interaction of dislocations and the connected annihilation increases with the increased number of available dislocations.

The mechanisms which are responsible for the inelastic behaviour can therefore be described by two activation processes, at first a direct activation due to the external stress, which is responsible for the behaviour at low temperatures, and secondly the thermal activation, which is significant for processes in the high temperature range.

The activation, necessary for the overcoming of the internal barriers in the low temperature range, is mainly caused by the elastic energy induced by deformations in the lattice. The external stress causes a drift of the dislocations in its direction. Due to the always available, temperature dependent kinetic energy, there is a certain probability, that some of the dislocations will overcome the internal barriers and therefore cause macroscopic deformations.

The second activation mechanism is thermal activation, which is connected to the thermal energy in the material. At temperatures above about half of the melting temperature of the material, it results for stress ranges of technical interest in observable strain rates.

So it seems, that strain, strain rate and temperature influences on the behaviour of metallic materials can at least qualitatively be understood from some basic mechanisms on the microscale. The question is now, how these processes can be quantitatively related to physical properties of the materials, and how these relations can be transformed in a macroscopic description.

3 MACROSCOPIC DESCRIPTION

From a phenomenological point of view, the mathematical description of the relations between stress, temperature and strain rate, connected with inelastic processes, is derived from macroscopic experiments, and one tries to describe the processes on the microscopic scale and the changes of the internal structure of the materials by rate equations for internal (hidden) parameters. This procedure, which has resulted in a considerable number of different proposals for constitutive laws for plasticity and the so called viscoplasticity, is however confronted with the difficulty, that the algebraic structure of the constitutive equations can not directly be based on physical arguments, and is therefore to a certain degree arbitrary. Therefore, in recent times, efforts are started to deduce the properties of the macroscopic constitutive equations from findings on the microscale.

3.1 CLASSICAL PLASTICITY

The classical mathematical theory of plasticity describes the transition from the purely elastic behaviour of the materials to the plastic behaviour by means of a yield condition, and the relations between strain, strain rate and stress by a flow rule, which is generally associated with the yield condition over the rule of normality (Druckers Postulate).

Processes, where the deformation direction is reversed, show a behaviour which is well known under the name Bauschinger effect. This however is connected with the uniaxial tensile test, where the stress strain curve is not symmetric to the strain axis. Yield is reached at lower stress magnitudes when loading is opposed. For general stress and deformation states, these phenomena occur in a more complicated manner, for which is typical, that the properties of the deformation process (that means a tensorial quantity) has influence on the material behaviour. Due to this fact it is called kinematic hardening. The explanation, which is widely accepted, connects the changes in the yield strength with internally stored energy, either due to residual stresses from the incompatibility of the inelastic deformations of the individual grains in polycrystalline materials, or due to stored energy in the dislocation networks which are generated due to the dislocation production during plastic deformations in the grains.

In both cases the material will during the unloading process not reach a stress free equilibrium state, it only comes to a restrained equilibrium. The internally stored energy is able to support inelastic deformations if the body is loaded opposite to the initial loading direction. These effects are of high importance for cyclic loading of the materials. They are responsible for the shape of the hysteresis, which is observed in cyclic stress strain curves. The fact that saturated states can be reached, and not always shakedown will occur for constant strain ranges, is due to these phenomena.

It is possible to include in the formulations of the classical theory of plasticity strain dependent phenomena, such as isotropic or anisotropic hardening, by help of changes of the yield surface which is considered as dependent on the strain history. This results in yield conditions of the form:

$$F(\underline{\sigma}', \kappa, \underline{\alpha}) = 0 \tag{1}$$

where $\underline{\sigma}'$ is the deviatoric stress tensor, κ a scalar parameter which describes isotropic hardening, and $\underline{\alpha}$ a tensorial quantity for the description of the anisotropic hardening effects.

The normality rule results in a set of equations which connect the components of the strain rates with the deviatoric stress (flow rule):

$$\dot{\epsilon}_{ij} = \lambda \frac{\partial F}{\partial \sigma_{ij}} \tag{2}$$

During plastic flow, in addition to the yield condition

$$F = 0 \tag{3}$$

the "consistency condition":

$$dF = \frac{\partial F}{\partial \sigma_{ij}} d\sigma_{ij} + \frac{\partial F}{\partial \kappa} d\kappa + \frac{\partial F}{\partial \alpha_{kl}} d\alpha_{kl} \tag{4}$$

has to be fulfilled.

For the description of more complicated phenomena, which are of importance for the consideration of cyclic processes, formulations were proposed, which use even more than one yield surface.

3.2 STRAIN RATE AND TEMPERATURE INFLUENCES

The classical theories of plasticity are aimed on the description of rate independent materials, that means that the stresses during a deformation process are only dependent on the relation of the strain rate components, but not on their magnitude. At higher strain rates, however, dependency is observed between the magnitude of the yield stresses and the deformation rate. This can be explained by the fact, that the activation, which is necessary to allow the yield mechanisms on the microscale to overcome the internal barriers, is a process which needs time. As later will be shown, some kinetic models result in a description of the inelastic strain rate as a sum of individual processes with different time constants. Rate independent plasticity will be observed, if the deformation rates, which are applied by the boundary conditions of the processes are small compared to the internal times, so that the processes seem to follow the deformation rates, enforced by the external boundary conditions, immediately.

The influence of temperature is always very marked and results in the low temperature range mainly in the temperature dependency of the yield stress, and in the high temperature range additionally in an increase of the inelastic strain rates at given stresses. It can in both temperature ranges be explained from thermal activation, that means the help for the overcoming of the internal obstacles due to the fact, that the flow units have at higher temperatures higher kinetic energies.

The assumption that this energy follows a Boltzmann distribution results in expressions for the inelastic strain rates of the form:

$$\underline{\dot{\varepsilon}}^{ie} = \underline{f}(\underline{\sigma}, T) \exp\left(-\frac{U}{k_b T}\right) \qquad (5)$$

(where U is the activation energy for self diffusion, k_b is Boltzmanns constant, T is temperature and $\underline{\sigma}$ are the stresses due to external loads), which are widely verified by the experimental findings.

The phenomenological constitutive equations which are proposed in the moment to include these effects are of a great variety. The methods with which they are derived, can however for most of them be devided into two basic approaches, which can be called "additive models" and "unified models".

In the first case, it is assumed, that the total strain rate can be subdivided according to

$$\underline{\dot{\epsilon}} = \underline{\dot{\epsilon}}^{el} + \underline{\dot{\epsilon}}^{pl} + \underline{\dot{\epsilon}}^{cr} \tag{6}$$

in an elastic part, which follows Hookes law, a plastic part, which can be formulated with the classical methods of plasticity and a creep part, where if stress changes occur sufficiently slow, frequently Nortons law for stationary creep

$$\underline{\dot{\epsilon}}^{cr} = K(T) \, J_2^m \, \underline{\sigma}' \tag{7}$$

is used, where $\underline{\sigma}'$ is the deviatoric stress and J_2 its second invariant. This type of material equations is still used for design calculations in the engineering practice.

The realization, that there is no basic difference between the microscopic mechanisms of plasticity and creep has resulted in an increasing tendency, not to separate these phenomena in the constitutive equations, but using unified models, where the change from the behaviour in the low temperature range to the behaviour in the high temperature range is incorporated within one set of equations which usually take the general form

$$\underline{\dot{\epsilon}}^{ie} = \underline{\dot{\epsilon}}^{ie}(\underline{\sigma}, T, S) \tag{8a}$$

$$\dot{S}_{ij} = \dot{S}_{ij}(\underline{\sigma}, T, S) \tag{8b}$$

$\dot{S}_{ij}$ stands for parameters which describe the internal structure of the materials, which are of dominant influence for the inelastic behaviour.

These theories usually do not prescribe yield surfaces. The material behaviour is basically described by an expression for the inelastic strain rate. The changes in the material behaviour with time are expressed by rate equations (evolution laws) for the parameters which are used to describe the internal structure of the material.

An example for such a unified model, which ,however, still depends on the basic formulations known from classical plasticity for the low temperature range, and tries to transduce them also to the high temperature region stands for many similar approaches /1/.

Starting from a yield condition for the rate independent behaviour which includes kinematic and isotropic hardening:

$$F = J(\underline{\sigma} - \underline{\alpha}) - R - k \\ = \sqrt{(3/2\,(\underline{\sigma}' - \underline{\alpha}')(\underline{\sigma}' - \underline{\alpha}'))} - R - k \tag{9}$$

(where $\underline{\alpha}'$ is a "back" stress, which develops during the inelastic deformation process and is responsible for kinematic hardening, k is the initial yield limit and R its evolution), for the viscoplastic case a "flow potential" in the form

$$\Phi = \left\langle \frac{J(\underline{\sigma} - \underline{\alpha}) - k^* - R}{K} \right\rangle^{n+1} \tag{10}$$

is defined, from which, using the normality rule, the inelastic strain rates

$$\underline{\dot{\varepsilon}}^{ie} = \frac{\partial F}{\partial \underline{\sigma}} = 3/2\,\dot{p}\,\frac{\underline{\sigma}' - \underline{\alpha}'}{J(\underline{\sigma}' - \underline{\alpha}')} \tag{11}$$

are derived. The value $\dot{p}$ is obtained from

$$\dot{p} = \left\langle \frac{J(\sigma - \alpha) - K^* - R}{K} \right\rangle^n \tag{12}$$

This obviously results in a set of equations corresponding to (8).

The essence of the description of the material behaviour with unified models lies in the description for the rate equations for the structure of the material. Here the proposed models differ considerably. Frequently these evolution laws are taken from fits on a limited set of experiments, and very often they are not valid for experiments which are different from the initial set.

3.3 THERMODYNAMIC FRAME THEORIES

An attempt to formulate a physically well founded basis for the development of constitutive equations is performed on the basis of thermodynamics. All magnitudes occuring in equations (8a) and (8b) are considered as thermodynamic variables. Some of them, such as stress, temperature and elastic and inelastic strain can be influenced and measured by macroscopic procedures. Most of the variables which are describing the structural changes in the material can, however, not be accessed in this way. They are therefore called "internal" or "hidden" variables.

The thermodynamical frame is given by a set of equations which for processes close to thermodynamic equilibrium are derived from a thermodynamical fundamental equation. The procedures of classical thermodynamics then result in the relations, which form a frame for the macroscopic description of the material behaviour. For processes far from thermodynamic equilibrium, a dissipation function is considered as the basic description of the material. The evolution laws used for the variables of the constitutive models have to be in agreement with these equations /2,3/.

4 KINETIC MODELS

The difficulties which are connected with the attempt, to formulate the material equations for inelastic processes solely from the macroscopic point of view, have resulted in work directed towards the description of the governing microscopic mechanisms on an intermediate scale, where some of the details of the processes are already subsummed by thermodynamic averaging procedures, where however, the physical properties and the stochastic nature of the flow mechanisms still can be taken into consideration.

Describing the basic mechanisms for plastic deformations in crystalline materials by transition probabilities of a stochastic matrix over the state space of the internal barriers results in a stochastic model which has the properties of a Markov chain. It is possible to include in this model properties of the internal structure of the material and their changes during macroscopic deformation processes, such as hardening and recovery, or the influence of temperature on thermal activation. This description can be based on findings from metallurgy, so that the stochastic model can be used as an intermediate model between the microscopic and the macroscopic description of the processes during plastic deformations.

As mentioned above, the mechanisms which are responsible for the in elastic behaviour can be described by two activation processes, at first a direct activation due to the external stress, which is responsible for the behaviour at low temperatures, and secondly the thermal activation, which is significant for processes in the high temperature range.

4.1 HIGH TEMPERATURE RANGE

A stochastic model for high temperature plasticity which results in a Markov chain was presented in former articles of the author /4,5/. The model is based on a description of the internal structure of the material by the distribution of "flow units" z over a one dimensional state space, which represents the strength of the internal barriers.

The support of the dislocation movements by the external stress is described under consideration of thermal activation, where the thermal energy of the flow units is assumed to be Boltzmann distributed, by the following expression,

$$P(\sigma_i \rightarrow \sigma_i + \Delta\sigma_i) = C_1 \Delta t \exp\left(-\frac{U - \Delta V(\sigma - \sigma_i)}{k_b T}\right) \quad (13)$$

where U is the activation energy of the process, ΔV the activation volume, σ the external stress, σ_i the hight of the internal barriers, k_b Boltzmanns constant, Δt a characteristic time step, and C_1 a constant which connects the internal processes with the macroscopic strain rate.

Recovery, which is thermally activated as well, is described by transition probabilities of the form:

$$P(\sigma_i \rightarrow \sigma_i - \Delta\sigma_i) = C_2 \Delta t \exp\left(-\frac{Q - \Delta W \sigma_i}{k_b T}\right) \quad (14)$$

These probabilities can be arranged in a stochastic matrix $\underline{\underline{SM}}$ so that this description results in a Markov chain as stochastic process, from which the changes of situation and shape of the distribution $\underline{z}$ can be calculated by

$$\underline{z}(t + \Delta t) = \underline{\underline{SM}} \, \underline{z}(t) \quad (15)$$

With the dislocation movements, which are induced by the external stress, a macroscopic, inelastic strain rate is connected, which is assumed as

$$\dot{\epsilon}^{ie} = C_1 \lambda \sum_{i=1}^{\infty} \left(z_i \exp\left(-\frac{U - \Delta V(\sigma - \sigma_i)}{k_b T}\right)\right) \quad (16)$$

It could be shown, that this model allows a satisfactory description of stationary creep of metallic materials, and that macroscopic relations can be derived, which confirm the experimental results which are basis of Nortons creep law /6/.

The description of stress and strain transients with this model results in equations of the form:

$$\stackrel{ie}{\epsilon} = \stackrel{.}{\epsilon}_1 \exp(-\gamma_1 t) + \ldots + \stackrel{.}{\epsilon}_K \exp(-\gamma_K t) \qquad (17)$$

Relations of this form are known for some time from experimental examinations (e.g. Blackburn /7/). Due to a lack of theoretical basis they were, however, not examined to a large extent.

4.2 LOW TEMPERATURE RANGE

The extension of this model for the consideration of low temperature plasticity can be done by adding two further mechanisms, namely a temperature independent activation of dislocations which is only due to the stress, and a further mechanism which takes the dynamic recovery into account which takes place during the movement of the dislocations /8/.

The interaction of high- and low temperature plasticity can be considered in a single model by adding the corresponding transition probabilities. Equations (16) and (17) remain still valid. Physically, eqn.(17) allows the interpretation, that inelastic transients are a summation of individual processes with different time constants.

5 CONCLUSIONS

The increasing importance of the use of metallic materials at high temperatures has resulted in a considerable effort, to formulate valid constitutive equations for the strongly temperature- and strain rate dependent material behaviour in this temperature region.

The development of these constitutive laws is, however, if it is pursued from a purely phenomenological point of view, confronted with the difficulty that the description of the internal structure of the materials, which governs the macroscopic behaviour, needs information about internal variables and processes, which can not be directly observed from the macroscale. Therefore the algebraic structure of the material laws is to a certain extent open to speculation.

The investigation of the processes which occur during inelastic deformations of crystalline materials on the microscale, and the identification of the mechanisms which are most significant for the macroscopic behaviour, is an important prerequisite for the development of mathematical models which, at least for certain ranges of strain, strain-rate and temperature, supply a satisfactory description of these magnitudes with external loads and boundary conditions.

BIBLIOGRAPHY

/1/ Chaboche, J.L.: Cyclic plasticity modeling and ratchetting effects in: Constitutive Laws for Engineering Materials Theory and Applications, Vol.1, Elsevier 1987, p.47

/2/ Lehmann, Th.: On a generalized constitutive law for finite deformations in thermo-plasticity and thermo-viscoplasticity. in: Constitutive Laws for Engineering Materials Theory and Applications, Vol.1, Elsevier 1987, p.173

/3/ Muschik, W. Thermodynamical theories survey and comparison. Journal of applied sciences, Vol. 4,3,(1986).

/4/ Steck, E.: Entwicklung von Stoffgesetzen fuer die Hochtemperaturplastizitaet. Grundlagen der Umformtechnik, Internationales Symposium Stuttgart 1983. Springer Verlag 1983, p.83

/5/ Steck, E.: A stochastic model for the high-temperature plasticity of metals. Intern Journ. of Plasticity. Vol.1 (1985), p.243

/6/ Loesche, TH.: Zur Entwicklung eines Werkstoffgesetzes fuer die Hochtemperaturplastizitaet ueber einen Markov-Prozess. Dr.-Ing.-Thesis, Braunschweig 1985

/7/ Blackburn, L.D.: Isochronous stress-strain curves for austenitic steels. in: A.O.Schaefer (Ed.): The generation of isochronous stress-strain curves. New York, 1972, p.15.

/8/ Steck, E.: A stochastic model for the interaction of plasticity and creep in metals. 2nd International Conference on Low Cycle Fatigue and Elasto-Plastic Behaviour of Materials. Muenchen 1987

Grenzverdrehung plastifizierter Zonen in Stahlbetonbalken: Ermittlung mit einem experimentell abgesicherten Verfahren

S. Bausch, Bochum

SUMMARY

Based on characteristic results of experiments, a method is presented to determine the bending rotation capacity of reinforced concrete beams. Some calculations illustrate the influence of tension and compression reinforcement, hardening effects and geometry on the plastic part of a limit state of ultimate rotation.

ZUSAMMENFASSUNG

Gestützt auf Kennwerte experimenteller Ergebnisse, wird ein Berechnungsverfahren vorgestellt, mit dem die Verdrehungsfähigkeit plastifizierter Zonen in überwiegend biegebeanspruchten Stahlbetonbalken einfach ermittelt werden kann. Beispielhafte Parameterstudien zeigen Auswirkungen von Zugbewehrungsgrad, Anordnung von Druckbewehrung, Verfestigung der Zugbewehrung und Bauteilgeometrie auf den plastischen Anteil der Grenzverdrehung.

1 EINLEITUNG

Die Standsicherheit eines Bauwerks nur mit dem Nachweis eines ausreichend großen Verhältnisses von vorhandener Belastung zur Grenztragfähigkeit zu beurteilen, genügt nicht in allen Fällen. Damit in statisch unbestimmten Systemen der Grenzzustand der Tragfähigkeit erreicht werden kann, sind plastische Verformungen erforderlich. Sie sind bei überwiegenden Gewichtslasten meist klein und können vom Bauteil auch bereitgestellt werden, wenn besondere konstruktive Regeln beachtet werden. Soll die plastische Verformungsfähigkeit jedoch planmäßig genutzt werden, z.B. unter Einwirkungen geringer Auftretenswahrscheinlichkeit (Explosionen, Flugzeugabsturz, Erdbeben o. ä.), muß zusätzlich ein ausreichender Abstand von benötigter zu maximal möglicher plastischer Verformung vorhanden sein. Dieser Nachweis kann bei überwiegender Biegebeanspruchung meist mit der ausreichenden Verdrehungsfähigkeit einer plastifizierten Zone ("plastisches Gelenk") erfolgen (Bild 1).

Hierfür wurde aus experimentellen Ergebnissen ein Berechnungsverfahren entwickelt und in Vergleichsrechnungen getestet, vgl. /2/. In seiner für praktische Anwendungen verallgemeinerten Form wird es hier vorgestellt. Beispielhafte Parameterstudien zeigen u.a. Auswirkungen von Verfestigungsgrad der Zugbewehrung, Anordnung einer Druckbewehrung sowie Bauteilhöhe und Bauteillänge.

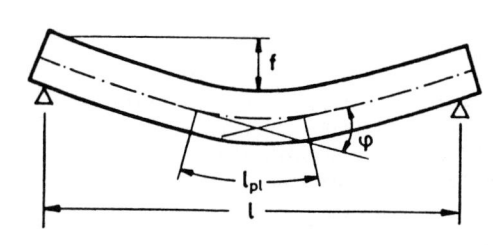

Bild 1: Zur Verdrehung einer plastifizierten Zone

2 DEFINITION DER GRENZVERDREHUNG

Bei überwiegender Biegebeanspruchung kann das mechanische Verhalten einer plastifizierten Zone genügend genau mit den Größen Moment M und Relativverdrehung φ ihrer Randquerschnitte beschrieben werden (Bild 1):

$$\varphi = \int_{l_{pl}} \kappa \, ds = \frac{1}{d-d_1-d_2} \int_{l_{pl}} (\varepsilon_{s2} + \varepsilon_{s1}) ds; \quad l_{pl} = l(\varepsilon_{s2} \geq \varepsilon(R_e)). \tag{1}$$

Wird eine globale Verformungsgröße (Verdrehung oder Durchbiegung) langsam gesteigert, läßt sich das eintretende Versagen an einer örtlich begrenzten, überproportionalen Dehnungszunahme erkennen. Druckversagen tritt ein, wenn in einem "kritischen" Querschnitt der plastifizierten Zone nach dem Ausbrechen der äußeren Betondeckung die Druckbewehrung nahezu freiliegt und auszuweichen beginnt. Zugversagen tritt ein, wenn die Gleichmaßdehnung der Zugbewehrung erreicht ist und das Einschnüren beginnt.

Die Verdrehung der plastifizierten Zone in diesem Grenzzustand wird Grenzverdrehung genannt. Das zugehörige Biegemoment kann hier seinen Maximalwert schon überschritten haben.

3 GRUNDLAGEN DER BERECHNUNG

Versuche und ihre Ergebnisse, aus denen das folgende Berechnungsverfahren abgeleitet wurde, sind in /5/ ausführlich beschrieben. Deshalb sollen hier nur die zum Verständnis notwendigen Zusammenhänge erläutert werden.

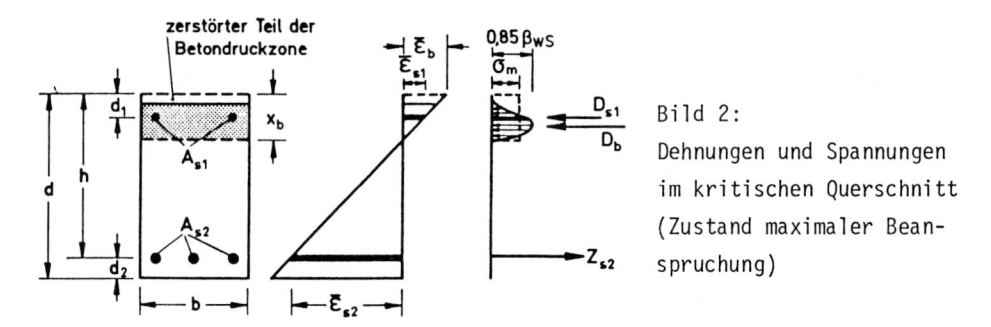

Bild 2:
Dehnungen und Spannungen im kritischen Querschnitt (Zustand maximaler Beanspruchung)

3.1 GLEICHGEWICHT UND VERTRÄGLICHKEIT AM GERISSENEN STAHLBETONQUERSCHNITT

Aus dem Gleichgewicht (hier Längskraft $N = 0$) am gerissenen Rechteckquerschnitt (Bild 2) und aus der Bernoulli-Hypothese folgt die kombinierte Gleichgewichts- und Verträglichkeitsbedingung

$$\alpha_w \beta_{ws} \left[1 - \frac{d_2}{d} - \frac{|\varepsilon_{s2}|}{|\varepsilon_{s2}| + |\varepsilon_{s1}|} \left(1 - \frac{d_1}{d} - \frac{d_2}{d}\right) \right] \stackrel{!}{\geq} \mu_{02} \sigma(\varepsilon_{s1}) \left[\frac{\sigma(\varepsilon_{s2})}{\sigma(\varepsilon_{s1})} - \frac{A_{s1}}{A_{s2}} \right]. \quad (2)$$

3.2 SPANNUNGS- DEHNUNGSBEZIEHUNGEN

3.2.1 Beton

Zur Bestimmung des Völligkeitsbeiwerts α_w in Gl. (2) wird das von Bazant/Kim entwickelte Stoffgesetz für Plastizität und Entfestigung /4/ ausgewertet. Die numerische Integration der aus vorgegebenen Dehnungen berechneten Spannungen - hier für den Fall einaxialer Beanspruchung - führt auf Werte, die analytisch leicht beschrieben werden können:

$$\alpha_w = \frac{\sigma_m}{\beta_{ws}} = 0{,}68 \cdot \frac{r_b + 0{,}25\, r_b^2}{1 - r_b + 1{,}25\, r_b^2} + T; \quad r_b = \varepsilon_b / \varepsilon_{b0}; \quad \varepsilon_{b0} = 4\, o/oo;$$

$$0 \leq r_b \leq 1: \quad T = 0,$$

$$1 < r_b \leq 5: \quad T = \frac{1}{250}(r_b - 1)(r_b - 5)^2. \tag{3}$$

Sie wurde in der von Sargin /3/ für Spannungsdehnungslinien angegebenen Form übernommen. Um den Zusatzterm T erweitert, gibt sie auch die integrale Form gut wieder, vgl. /2/.

Bei Dehnungen $\varepsilon_b = 8\, o/oo$ beginnt die Zerstörung der Randfaser. Spannungen treten hier nicht mehr auf. Dies ist in Gl. (3) bereits berücksichtigt.
Bei - nunmehr "fiktiven" - Randdehnungen $\varepsilon_b \geq 20\, o/oo$ wird die aufnehmbare Druckkraft überschätzt; in diesem seltenen Fall wird eine lineare Funktion angesetzt:

$$5 < r_b \leq 13: \quad \alpha_w = 0{,}456 - 0{,}035\, r_b \cdot \tag{4}$$

3.2.2 Betonstahl

Für den hier beabsichtigten Zweck, möglichst große plastische Verformungen zu erzielen, zeigt die naturharte Betonstahlsorte RU bzw. RUS günstige Voraussetzungen: große Gleichmaßdehnung und i.a. hohe Verfestigungsgrade. Allerdings streuen die Festigkeitswerte stark /5,6/. Die in DIN 1045 /1/ für Tragfähigkeitsnachweise angegebenen Mindestwerte liegen in dem hier vorgesehenen Anwendungsbereich nicht auf der sicheren Seite.

Deshalb bieten sich die gemessenen Spannungs-Dehnungslinien der Versuche /5/ für eine entsprechende Aufbereitung an. Zweckmäßig ist der Bezug auf die

Streckgrenze R_e. Vom Beginn der Verfestigung an lassen sich die einzelnen Verläufe mit einer leicht invertierbaren, hyperbolischen Beziehung

$$f_\sigma = \frac{\sigma(\varepsilon_{s2})}{R_e} = \frac{1}{a_0 + a_1(1-r_s)^3} \; ; \; r_s = (\varepsilon_{s2}-\varepsilon_{sV})/(\varepsilon_{s2}-A_{gl}) \qquad (5)$$

und den jeweiligen Konstanten für

oberen Verfestigungsgrad $(\bar{x} + s)$: $a_0 = 0{,}671$; $a_1 = 0{,}329$;
unteren Verfestigungsgrad $(\bar{x} - s)$: $a_0 = 0{,}870$; $a_1 = 0{,}130$ \qquad (6)
($\bar{x}$... Mittelwert, s...Standardabweichung)

genügend genau annähern (Bild 3). Zwischen Streckgrenze und Verfestigungsbeginn ist eine Gerade geringer Neigung zwischengeschaltet.

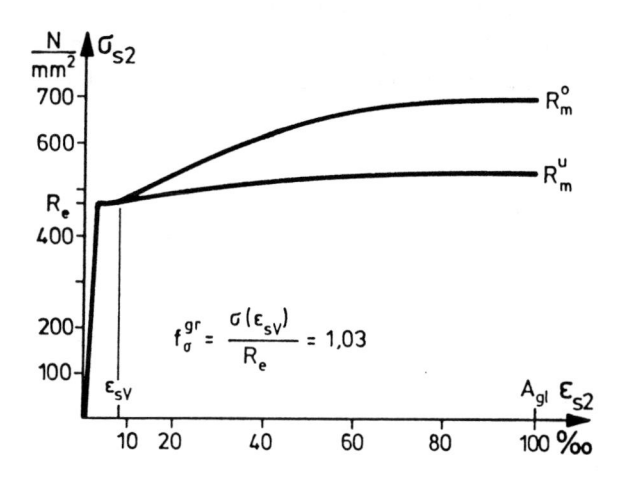

Bild 3:
Spannungs-Dehnungslinien von Betonstahl BSt 420 (RU), verwendet für die Parameterstudien in Kapitel 4

3.3 MAXIMALES MOMENT IM KRITISCHEN QUERSCHNITT

Bedingt durch Lastbild und evtl. Schwachstellen in der Betonstruktur, tritt in einem kritischen Querschnitt die maximale Beanspruchung auf. Hier ist der Hebelarm der inneren Kräfte minimal; zu beobachten sind ein klaffender Riß und eine teilweise zerstörte Betondruckzone.

Für diesen kritischen Querschnitt werden die Gln. (2) bis (6) ausgewertet.

Dabei fallen die inneren Biegemomente in diesem Stadium der fortgeschrittenen Teilzerstörung i.d.R. zu groß aus. Der Vergleich mit den Versuchswerten deutet auf eine näherungsweise lineare Beziehung, siehe /2/:

$$k_M = \frac{M_{max}(\bar{\varepsilon}_{s2})}{M_F} = \bar{f}_\sigma - 0{,}094 \geq 1{,}0 \tag{7}$$

Das Momentenverhältnis k_M verknüpft die auf den Fließbeginn bezogene Steigerung der Stahlspannungen mit der des plastischen Moments. Dies bestimmt unmittelbar die Länge der plastifizierten Zone.

3.4 LÄNGE DER PLASTIFIZIERTEN ZONE

Aus dem Verlauf der Momentenlinie läßt sich die Länge der plastifizierten Zone leicht berechnen, hier für den Fall einer "Einzeleinwirkung" in Bild 4 gezeigt. Zusätzlich ist das Versatzmaß v zu berücksichtigen (vgl. auch Abschnitt 3.5.1):

$$l_{pl} = 2(l_{pl}^1 + v) \tag{8}$$

Der Fall einer gleichmäßig verteilten Einwirkung ist darin mit $b_1 = a$ enthalten.

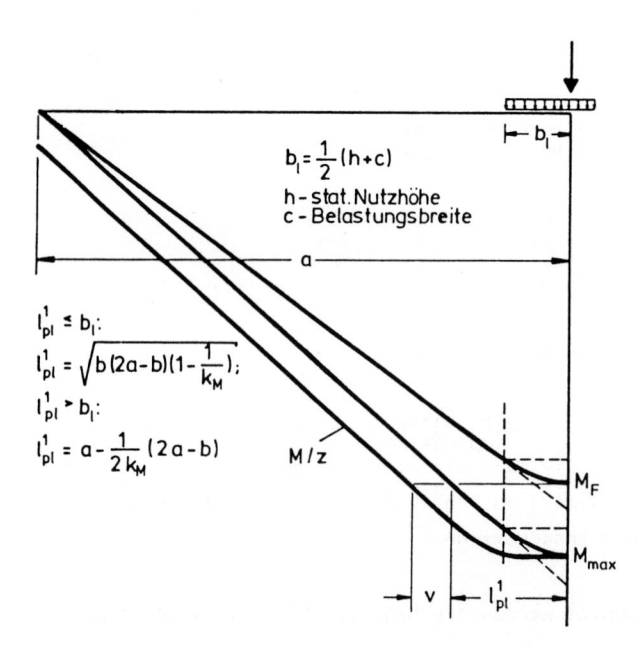

$l_{pl}^1 \leq b_1$:
$l_{pl}^1 = \sqrt{b(2a-b)(1-\frac{1}{k_M})}$;
$l_{pl}^1 > b_1$:
$l_{pl}^1 = a - \frac{1}{2k_M}(2a-b)$

$b_1 = \frac{1}{2}(h+c)$
h - stat. Nutzhöhe
c - Belastungsbreite

Bild 4:
Länge der plastifizierten Zone bei "Einzeleinwirkung"

3.5 DEHNUNGSVERLAUF IN DER BEWEHRUNG

3.5.1 Zugbewehrung

Die Betonstahldehnungen in der plastifizierten Zone sind - auch im Fall konstanten Momentenverlaufs - wegen Inhomogenitäten des Betons nicht konstant. Für den Verlauf der Stahlspannungen wird hier ein Ansatz gewählt, der den Versatz v von Momenten- und Zugkraftlinie entsprechend der Fachwerkanalogie berücksichtigt. Während im kritischen Querschnitt ein Verfestigungsgrad $\bar{f}_\sigma$ gemäß Gl. (5) erreicht ist, wird in dem benachbarten, um das Maß v versetzten Querschnitt ein geringerer Verfestigungsgrad beobachtet. Hierfür läßt sich aus den Versuchen ein Spannungsfaktor k_σ ableiten, der maßgebend vom Bewehrungsverhältnis A_{s1}/A_{s2} abhängt:

$$k_\sigma = \frac{\sigma(\varepsilon_{s2}^A)}{\sigma(\bar{\varepsilon}_{s2})} = \frac{1}{1{,}04 + 0{,}19(1 - r_A)^2} \quad ; \quad r_A = \frac{A_{s1}}{A_{s2}} \; . \tag{9}$$

Das Versatzmaß kann mit $v = h/2$ angenommen werden, was in diesem Anwendungsfall auf der sicheren Seite liegt.
Zwischen dem kritischen Querschnitt und einem Punkt A soll der Verfestigungsgrad nach einem kubischen Polynom verlaufen (Bild 5):

$$\begin{aligned}
f_\sigma(s) &= f_\sigma^A + (\bar{f}_\sigma - f_\sigma^A)(3\bar{\xi}^2 - 2\bar{\xi}^3 + \xi^2 - \xi^3); \\
f_\sigma^A &= k_\sigma \bar{f}_\sigma \geq f_\sigma^{gr} \quad (\text{vgl. Bild 3}); \\
\xi &= s/l_{pl}^1 ; \; \bar{\xi} = 1 - s/l_{pl}^1 ,
\end{aligned} \tag{10}$$

anschließend parabelförmig im Bereich $s \leq b_1/l_{pl}^1$ und linear im übrigen Bereich. Nun können die örtlichen Dehnungen aus Gl. (5) zurückgerechnet und nach Gl. (1) über die jeweiligen Teillängen der plastifizierten Zone integriert werden.

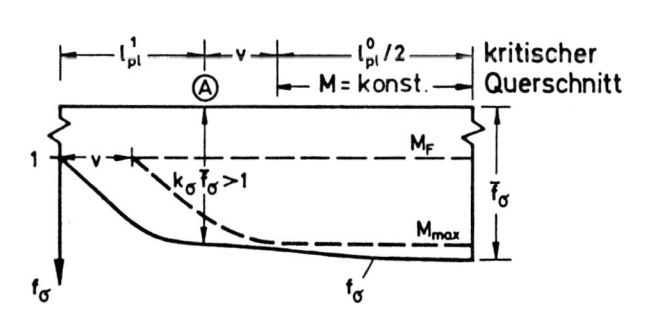

Bild 5:
Ansatz über den Verlauf des Verfestigungsgrads f_σ in der plastifizierten Zone

3.5.2 Druckbewehrung

In den Versuchen war die Druckbewehrung bei den dort vorhandenen Bügelabständen prinzipiell nicht knickgefährdet, solange die Stahlspannungen innerhalb des elastischen Bereichs blieben. Dies kann mit Bügelabständen $a_{bü} \leq 12\,d_{s1}$, wie sie nach DIN 1045 /1/ für Druckglieder gefordert werden, stets eingehalten werden. Eine engere Bügelteilung bis ca. $8\,d_{s1}$ (bzw. 11 cm) hat die Grenzverdrehung nicht nennenswert vergrößert.
Aus diesem Grund wird die Spannung in der Druckbewehrung im kritischen Querschnitt auf $\sigma_{s1} \leq R_e$ begrenzt, und da die Verformung der Betondruckzone einen ohnehin geringen Beitrag zur Gesamtverformung leistet, genügt ein einfacher, linearer Ansatz zum Dehnungsverlauf: Im kritischen Querschnitt tritt der nach Gl. (2) ermittelte Wert auf, in dem um das Versatzmaß nach "innen" verschobenen Randpunkt der bei Fließbeginn errechnete Wert. Entsprechend Gl. (1) wird hieraus der Grenzverdrehungsanteil ermittelt.

4 BEISPIELHAFTE PARAMETERSTUDIEN

Die folgenden Untersuchungen zeigen Auswirkungen auf die Grenzverdrehung am Beispiel eines durch "Einzeleinwirkung" beanspruchten Einfeldbalkens. Hier ist nur der plastische Anteil dargestellt. Soweit in den Bildern nichts anderes angegeben, sind folgende Kennwerte zugrunde gelegt:

--- Streckgrenze von Zug- und Druckbewehrung R_e = 470 N/mm^2,
--- Gleichmaßdehnung der Zugbewehrung A_{gl} = 100 o/oo,
--- Betonfestigkeitsklasse B 25 mit β_{wS} = 30 N/mm^2,
--- Belastungsbreite c = 0,20 m,
--- Einwirkungsbreite b_1 = c + d - d_2.

Bild 6 zeigt die Auswirkungen verschiedener Bewehrungsgrade der Zugbewehrung sowie der Anordnung von Druckbewehrung auf die plastische Grenzverdrehung. Die maximale Verdrehungskapazität ergibt sich, wenn in der Zugbewehrung die Gleichmaßdehnung A_{gl} erreicht werden kann; in allen anderen Fällen ist die Druckbewehrung knickgefährdet, so daß dort die Stauchung auf $\bar{\varepsilon}_{s1} = R_e/E_s$ begrenzt wird.
Mit stärkerer Druckbewehrung kann die Verdrehungsfähigkeit generell gestei-

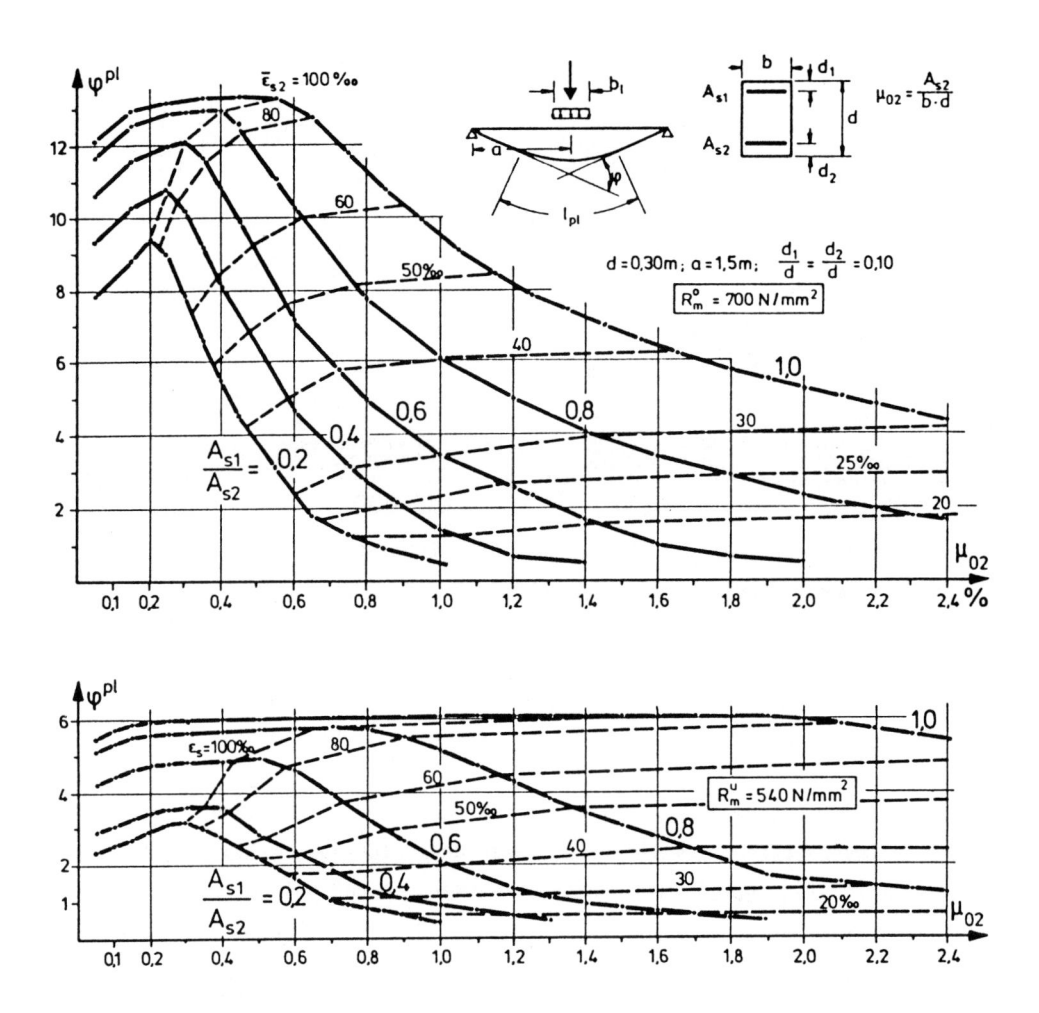

Bild 6: Plastische Grenzverdrehungen bei oberem und unterem Verfestigungsgrad der Zugbewehrung

gert werden. Dies macht sich besonders bei höheren Bewehrungsgraden bemerkbar. Da bei einer Entwurfsplanung der tatsächliche Verfestigungsgrad kaum vorhersehbar ist, sind entsprechende Grenzfälle zu betrachten. I. a. sind neben den hier variierten Zugfestigkeiten auch verschiedene Streckgrenzen, Gleichmaßdehnungen, Betonfestigkeiten etc. zu berücksichtigen.

Welche Grenzdehnungen $\bar{\varepsilon}_{s2}$ im kritischen Querschnitt auftreten, geben die strichlierten Linien an. Da für $\bar{\varepsilon}_{s2}$ = konst. mit i.a. $\bar{\varepsilon}_{s1} = R_e/E_s$ auch die bezogene Höhe der Nullinie $k_x = x_b/h$ konstant ist, vgl. Bild 2, zei-

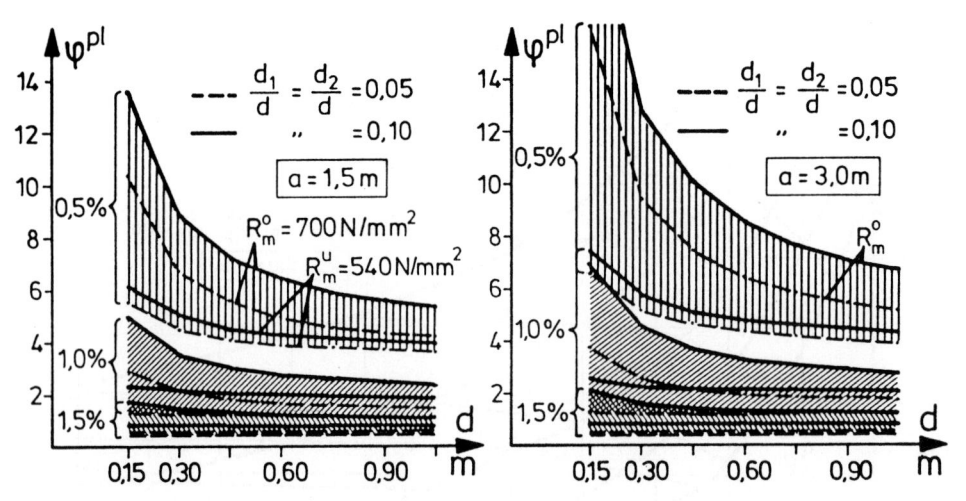

Bild 7: Einfluß der Bauteilhöhe d auf die plastische Grenzverdrehung
für zwei Momentennullpunkt-Längen a (A_{s1}/A_{s2} = 0,6)

gen sie auch, daß ein Bezug der Grenzverdrehung auf die Größe k_x ohne Einschluß von Zug- und Druckbewehrungsquerschnitt nicht sinnvoll ist.

Mit wachsender Bauteilhöhe und kleinerem Randabstand der Bewehrung verringern sich die Grenzverdrehungen (Bild 7). Bewehrungsgrade μ_{o2} = 1,5% lassen bei unterer Verfestigung 0,5° und weniger erwarten, so daß solche Prozentsätze für eine praktische Anwendung nicht überschritten werden sollten.

Entgegen den Angaben in anderen Arbeiten, z.B in /7/ zitiert, wächst die Rotationsfähigkeit mit abnehmender Querkraft, d.h. geringerem Momentengradient bzw. größerer Momentennullpunkt-Länge, nicht, vgl. Bild 8. Bei größeren Bewehrungsgraden ist sie nahezu unabhängig von der Länge bis zum Momentennullpunkt, bei kleinen Bewehrungsgraden überwiegt der Einfluß der Verfestigung. Mit a < 2d sind hier allerdings die Anwendungsgrenzen der technischen Biegelehre unterschritten.

Eine sinnvolle Beschränkung des Bewehrungsgrades auf Werte bis ca. 1,5 % vermeidet zugleich Schubprobleme. Mit dem vereinfacht angesetzten Hebelarm der inneren Kräfte z = d - d_1 - d_2 ergibt sich als Rechenwert der Schubspannung

$$\bar{\tau}_o = \mu_{o2} \cdot \frac{d}{a} \cdot \sigma(\bar{\varepsilon}_{s2}), \qquad (11)$$

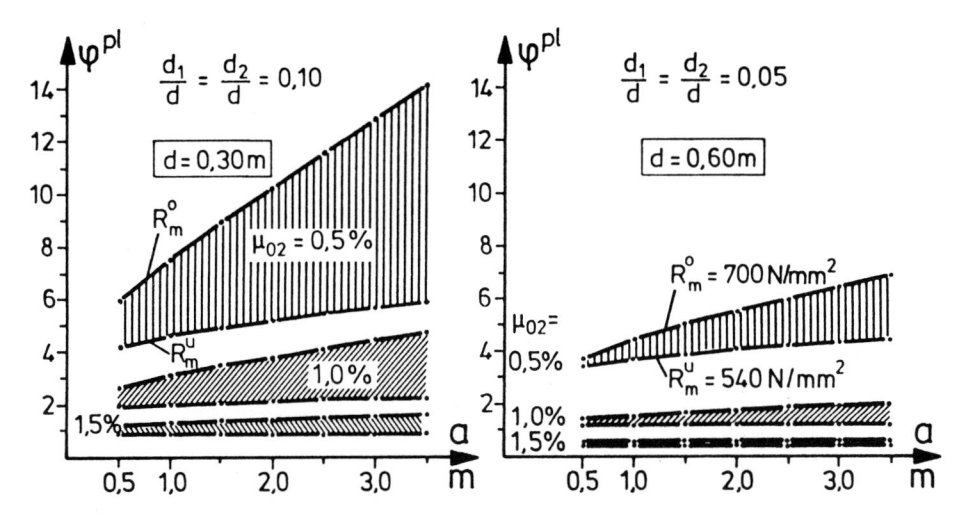

Bild 8: Einfluß der Momentennullpunkt-Länge a auf die plastische Grenzverdrehung für zwei Bauteilhöhen d ($A_{s1}/A_{s2} = 0,6$)

die bei einem Sicherheitsbeiwert $\gamma = 1,0$ im Falle senkrecht angeordneter Bügel auf etwa $0,3 \, \beta_{wN}$ zu begrenzen wäre. Dies kann auch im ungünstigsten Fall (d/a = 0,5, $A_{s1}/A_{s2} = 1,0$, oberer Verfestigungsgrad) von allen Betonfestigkeitsklassen B 25 und höher eingehalten werden.

LITERATUR

/1/ DIN 1045: Beton- und Stahlbeton, Bemessung und Ausführung. Dez. 1978

/2/ Bausch, S.; Twelmeier, H.: Zum Grenzverformungsvermögen biegebeanspruchter Stahlbetonbalken. Beton- u. Stahlbeton 12/1986 u. 1/1987

/3/ Sargin, M.: Stress-Strain Relationship for Concrete and the Analysis of Structural Concrete Sections. Study No. 4 Solid Mechanics Division, University of Waterloo, Ontario (Canada), 1971

/4/ Bazant, Z.P.; Kim, S.-S.: Plastic-Fracturing Theory for Concrete. Journ. Eng. Mech. Div., ASCE, June 1979, 407-428; Err.: Apr. 1980, 421

/5/ Bausch, S.: Experimentelle und rechnerische Untersuchungen zur Grenzverformungsfähigkeit von Stahlbetonbalken. Bericht Nr. 84-42, Institut für Statik, TU Braunschweig, 1984

/6/ Müller, F.P., Keintzel, E., und Charlier, H.: Dynamische Probleme im Stahlbetonbau, Teil I. Deutscher Ausschuß für Stahlbeton, Heft 342. Berlin: W. Ernst & Sohn 1983

/7/ Kupfer, H.B.: Auswirkung der begrenzten Plastizität im Betonbau. Bauingenieur 61 (1986), 155-160

Netzbewehrung von ebenen Flächentragwerken

G. Iványi, Essen und R. Lardi, Basel

SUMMARY

The well-known design models of slabs and in-plane loaded panels with various loading conditions and reinforcement nets have been discussed critically and compared with typical test results. Some topics have been completed furtheron.

ZUSAMMENFASSUNG

Die bekannten Bemessungsmodelle für beliebig bewehrte und beanspruchte ebene Flächentragwerke werden kritisch diskutiert, mit repräsentativen Versuchsergebnissen verglichen und bereichsweise ergänzt.

1 EINLEITUNG

Ebene Flächentragwerke des Massivbaus - Scheiben, Platten, Faltwerke - werden aus rationellen Gründen netzartig bewehrt, die Bewehrungsrichtung kann dementsprechend in größeren Tragwerksabschnitten von der der Hauptzugkräfte abweichen. Das hieraus folgende Bemessungsproblem wurde in der Vergangenheit hinsichtlich des Tragfähigkeitsnachweises unter Zugrundelegung unterschiedlicher Modellvorstellungen gelöst:

- Gleichgewichtsmodelle mit Anrechnung /1/ oder bei Vernachlässigung /2/ der Zugtragfähigkeit des Betons
- verträgliche Gleichgewichtsmodelle, ausgehend von den kinematischen Beziehungen des elastisch-gerissenen Zustandes (Stahlspannungen unterhalb der Streckgrenze, $\sigma_s < \beta_s$)/3/ oder von den des Grenzzustandes der Tragfähigkeit ($\sigma_s = \beta_s$) /4/.

Sieht man von dem Flügge-Modell wegen seiner heute nicht mehr üblichen Annahmen ab, stellt man fest, daß die übrigen drei Modelle in der überwiegenden Mehrzahl aller Bemessungsaufgaben auf dasselbe Ergebnis führen. Dieser überraschende Befund begründet sich darin, daß Bemessungsmodelle stets eine wirtschaftliche Nutzung der einzelnen Bewehrungselemente anstreben - unter diesen Umständen unterscheiden sich /3/ und /4/ nur in Ausnahmefällen und das Gleichgewichtsmodell nach /2/ erfüllt in der Regel auch die Verträglichkeitsbedingungen.

Keines der erwähnten Modelle ist allerdings für die Erfassung der Verhältnisse des Gebrauchszustandes ausgelegt. Sie sind auch nicht geeignet, um mit ihrer Hilfe werkstoffgesetzliche Zusammenhänge für numerische Berechnungen zu entwickeln, zumal viele aus Versuchen bekannte Phänomene mit diesen Modellen nicht oder nur widersprüchlich erklärbar sind.

Aus diesem Anlaß wurden in Zusammenarbeit der Institute für Baustoffe, Massivbau und Brandschutz der Technischen Universität Braunschweig und für Massivbau der Universität-Gesamthochschule Essen 20 unterschiedlich bewehrte Stahlbetonplatten mit wirklichkeitsnahen Abmessungen (Plattendicke d = 15 cm) in ein- und zweiachsigen Biegeversuchen geprüft.
Ziel dieser, im Braunschweiger Institut durchgeführten Versuche war es, das Verhalten von gerissenen Flächentragwerken im Gebrauchszustand näher zu beschreiben, den Grenzzustand der Tragfähigkeit beim Fließen der Bewehrung auf Übereinstimmung mit den bekannten Modellvorstellungen zu prüfen und werkstoffgesetzliche Beziehungen zu entwickeln.

Für ausführliche Darstellungen sei auf /5/ und /6/ verwiesen. Die nachfolgenden Betrachtungen beschränken sich auf einige wenige Phänomene, die durch die gemeinsame Forschungstätigkeit einer befriedigenden physikalisch-mechanischen Klärung zugeführt werden konnten.

2 REPRÄSENTATIVE VERSUCHSBEOBACHTUNGEN

2.1 RISSBILD, RISSORIENTIERUNG

Die Rißbilder wurden in einem nahezu 4 m^2 großen Beobachtungsbereich konstanter Beanspruchungen im Maßstab 1 : 1 erfaßt.

Bild 1 zeigt typische Rißbilder am Beispiel des Versuchskörpers P 11 (Bezeichnungen nach /5/) in der Erstrißphase und im Bruchzustand, Bild 2 die Entwicklung der laststufenweise neu entstandenen Rißlängen. Das erste Rißbild in Bild 1 gehört zu der Laststufe mit dem Spitzenwert im Bild 2. Die Rißbildung lief stets nach dem Schema ab: in der Nähe der Belastungszustände, bei welchen die Zugfestigkeit des Betons erreicht wurde, entstand der überwiegende Großteil aller Risse.

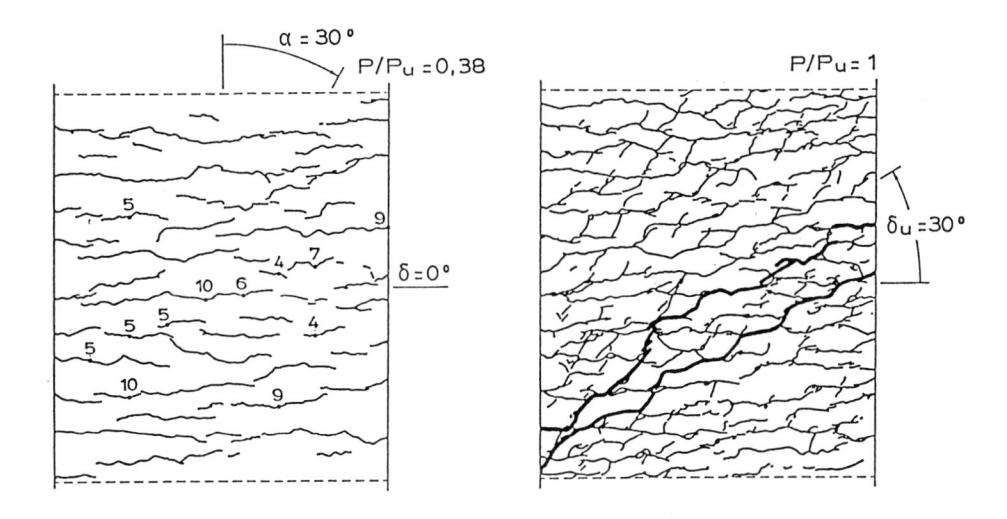

Bild 1
Rißbilder des Versuchskörpers P 11 /5/ bei unterschiedlichen Laststufen P/P_U (Zahlenwerte im Rißbild: Rißbreiten in 1/100 mm, für die Bezeichnungen vgl. Bild 3 und Bild 8)

Die statistisch mittlere Rißorientierung wurde nach einer in /7/ für die Analyse von Gefügerissen in Mikroschliffen eingeführten Methode bestimmt. Das Verfahren wird in Bild 3 verdeutlicht: der maßgebende Winkel δ ergibt sich bei der niedrigsten Zahl der Schnittpunkte mit einer gerichteten Linienschar. Bild 4 zeigt die beschriebene Auswertung aller Rißbilder am Beispiel von Versuchskörper P 11.

Die gewählte Auswertungsmethode läßt aus der Literatur sonst bekannte Fehlinterpretationen vermeiden, die Rißorientierungen durch Einlegen eines entsprechend gerichteten Achsenkreuzes "nachweisen". Die Auswertungen ergaben, daß die zuerst entstandenen Risse erwartungsgemäß stets senkrecht zur Richtung des größten Hauptmoments verliefen. Abweichungen von dieser Richtung von bis zu $\delta = 20°$ waren im elastisch-gerissenen und bis zu $\delta = 40°$ im Bruchzustand zu beobachten.

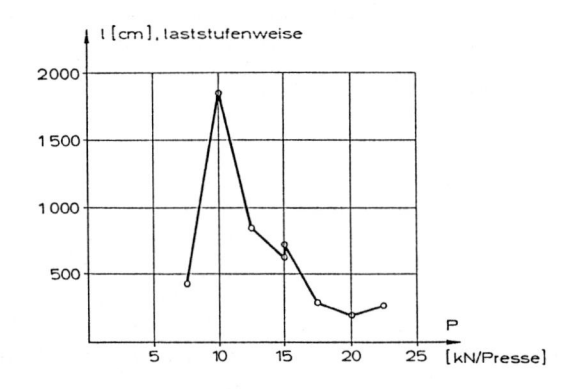

Bild 2   Lastabhängige Entwicklung
         der Rißlängen

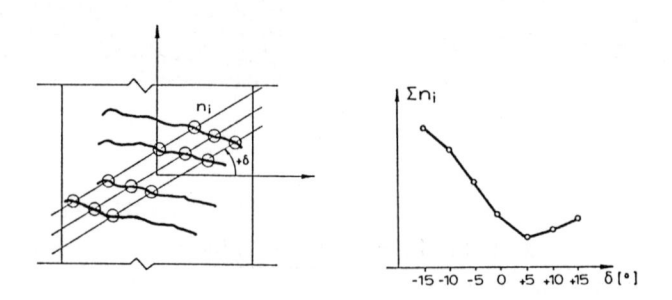

Bild 3   Ermittlung der mittleren
         Rißorientierung

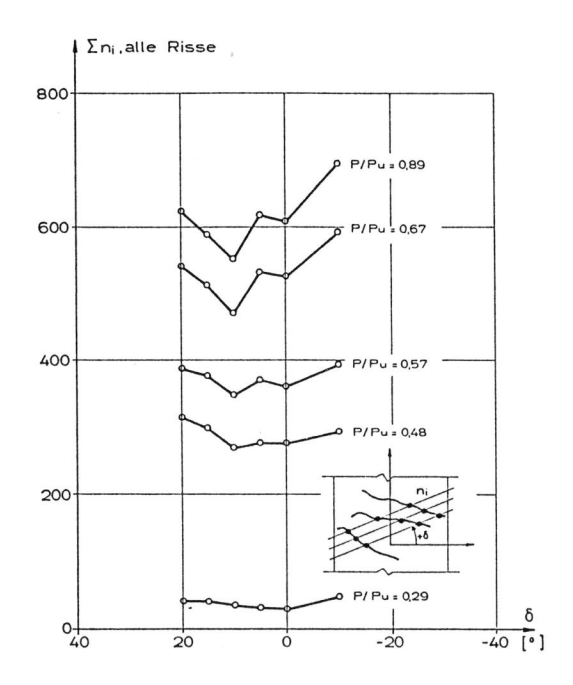

Bild 4
Mittlere Rißorientierungen,
Versuchskörper P 11 /5/

2.2 RISSBREITEN

Die Rißbreiten wurden im Beobachtungsbereich im Raster von 20 x 20 cm^2 gemessen.
Bild 5 zeigt am Beispiel des Versuchskörpers P 7, daß die Rißbreiten der zuerst entstandenen Risse den Mittelwert und Maximalwert bestimmen. Dieser Befund ist signifikant für alle Versuchskörper.

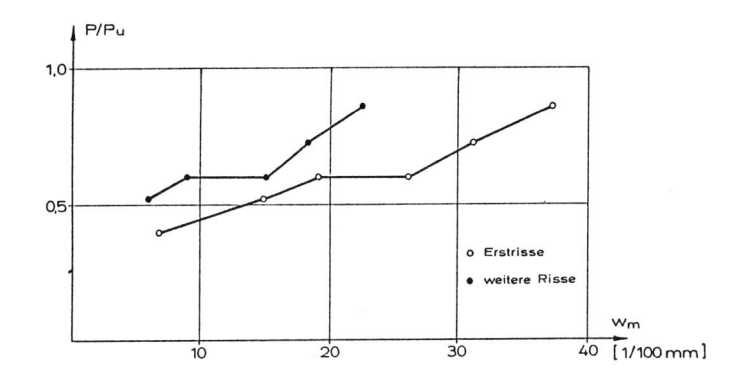

Bild 5
Lastabhängige Entwicklung der Rißbreiten, Versuchskörper P 7 /5/

2.3 STAHLDEHNUNGEN

Die gemessenen Stahldehnungen können wegen der großen Zahl der Meßstellen als mittlere Stahldehnungen interpretiert werden. Sie liegen dementsprechend niedriger als die Stahldehnung im gerissenen Querschnitt, weil sie Anteile aus der Mitwirkung des Betons zwischen den Rissen enthalten.
Bild 6 zeigt die lastabhängigen Stahldehnungen in beiden Bewehrungsrichtungen am Beispiel des Versuchskörpers P 12 zusammen mit Rechenwerten nach /3/.

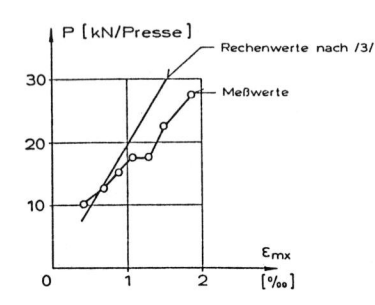

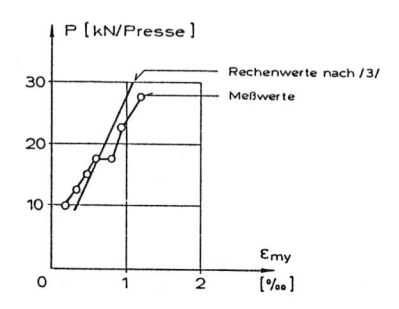

Bild 6 Mittlere Stahldehnungen, Versuchskörper P 12 /5/

2.4 BIEGETRAGFÄHIGKEITEN

Durch Messung aller für die rechnerische Grenztragfähigkeit relevanten Größen konnten die Versuchsergebnisse stets befriedigend nachvollzogen werden, da hierzu die gemessenen Bruchrißrichtungen verwendet wurden.
Den Einfluß der Abweichung der stärkeren Bewehrungsrichtung von der Hauptrichtung der Biegemomente auf die Biegetragfähigkeit zeigt Bild 7.

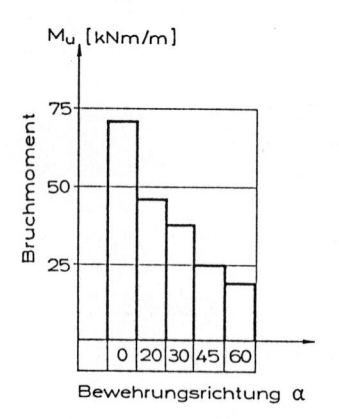

Bild 7 Grenztragfähigkeiten in Abhängigkeit von α
(für α s. Bild 8)

3 THEORETISCHE GRUNDLAGEN

Zur Lösung von allgemeinen Bemessungsproblemen ebener Flächentragwerke kann zweckmäßig von Betrachtungen an Scheiben ausgegangen werden; Platten werden näherungsweise als zwei miteinander schubfest verbundene Scheiben idealisiert. Die Schnittkräfte beider Scheiben lassen sich mit guter Näherung unter der Annahme eines richtungsunabhängig konstanten Hebelarmes der inneren Kräfte aus den äußeren Biegemomenten berechnen.

Für ein einfach gerissenes Scheibenelement (Bild 8) mit beliebig gerichteten Rissen im n-t-Koordinatensystem lassen sich Gleichgewichts- und Verträglichkeitsbedingungen unter folgenden Annahmen aufstellen (s. z. B. /8/, /9/ usw.):

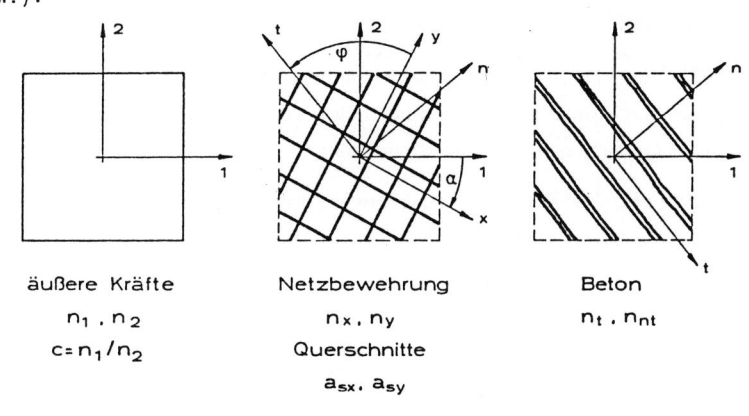

äußere Kräfte	Netzbewehrung	Beton
n_1, n_2	n_x, n_y	n_t, n_{nt}
$c = n_1/n_2$	Querschnitte	
	a_{sx}, a_{sy}	

Bild 8 Bezeichnungen

a) Die äußeren Schnittkräfte sind, z. B. im Koordinatensystem der Hauptachsen 1 - 2, bekannt.
b) Das Bewehrungsnetz, z. B. ein orthogonales Bewehrungsnetz mit den Einzelrichtungen x - y, nimmt nur Kräfte in Richtung der Stabachsen auf.
c) Der Beton kann senkrecht zur Rißrichtung (n-Achse) keine Kräfte übertragen. Die Kraftübertragung im Riß (n_{nt}) ist - vorwiegend durch Rißverzahnung - bedingt möglich.

Für vier unbekannte innere Kräfte (n_x, n_y, n_t, n_{nt}) liefern diese Bedingungen drei Gleichgewichtsgleichungen und eine kinematische Beziehung, die für elastische wie plastische Zustände des Bewehrungsnetzes gültig sind.

Für den allgemeinen Fall beliebiger Rißorientierung φ stellt eine von Null abweichende Schubsteifigkeit im Riß (Scheiben) oder die Annahme schubfester Verbindungen von Druck- und Zugzone (Platten) die Grundvoraussetzung für eindeutige Lösungen dar. Liegen diese Bedingungen nicht vor, so gibt es nur jeweils ein Koordinatensystem n - t für elastische (φ_1) wie plastische (φ_2) Stahlspannungszustände, in dem ein verträglicher Gleichgewichtszustand ohne Tangentialkräfte im Riß (n_{nt}) für beliebige Schubsteifigkeiten, d.h. auch für nicht mehr vorhandene, möglich ist.

4 ELASTISCHES MODELL

Beliebig gerissene Scheibenelemente mit der Rißrichtung φ streben im Sinne der vorangegangenen Überlegungan nach dem Modell von Baumann /3/ gegen eine Rißrichtung φ_1, die im elastisch gerissenen Zustand ein verträgliches Gleichgewicht ohne Schubkraftübertragung im Riß ermöglicht. Die neuen Risse werden dabei durch die Kräfte n_t und n_{nt} verursacht; letztere entstehen bei noch geringeren Breiten der φ- orientierten Risse infolge Rißverzahnung.

Für Platten gelten die gleichen Überlegungen, da Baumann eine schubfeste Verbindung von Zug- und Druckzone wegen der zugehörigen, stark überschätzt angenommenen Zugspannungen in der Druckzone in Frage stellt.

Baumann diskutiert die Möglichkeit einer weiteren schubfreien Rißrichtung φ_2, die sich im Grenzzustand der Tragfähigkeit beim Fließen der Bewehrung einstellen würde. Er geht jedoch davon aus, daß die zur Erzielung dieser weiteren neuen Rißrichtung erforderlichen Schubkräfte im Riß wegen der bis zum Grenzzustand stark vergrößerten Rißbreiten nicht mehr aufgenommen werden können.

Eine Prüfung dieses Modells ergibt:

a) die zur Umorientierung von Rissen mit der ursprünglichen Richtung von φ auf φ_1 erforderliche Schubkraft im Riß kann bei praktischen Bewehrungsverhältnissen nicht geweckt werden, wie dies in /6/ nachgewiesen wird.

b) Für Scheiben ergibt sich hieraus, daß Rißrichtungen mit φ beim Verlust der Schubsteifigkeit im Riß kein verträgliches Gleichgewicht mehr ermöglichen, wie dies anhand der Versuchsergebnisse von Peter /10/ auch bestätigt werden kann. Die praktische Auswirkung der hieraus folgenden großen Parallelverschiebungen der Rißufer ist jedoch nicht sehr groß, da bereichsweise nicht aufnehmbare Kräfte bei veränderlichen Beanspruchungszuständen den Randbereichen zugewiesen werden können.

c) Die Analyse der Steifigkeitsverhältnisse für Platten entspricht nicht der Wirklichkeit. Lenschow /4/ zeigt an seinem Modell, daß die schubfeste Verbindung von Druck- und Zugzone mit sehr geringen Spannungen möglich ist, sodaß bei Platten der Hauptort der Schubkraftübertragung nicht **die** gerissene Zugzone ist.

d) Entsprechend der nichtzutreffenden Einschätzung der maßgebenden Rißrichtungen des elastisch-gerissenen Zustandes weichen die mit Hilfe dieses Modells ermittelbaren Stahldehnungen stark von den Versuchsergebnissen ab. Die rechnerischen Stahldehnungen können daher einer Rißbreitenabschätzung auch nicht zugrunde gelegt werden.

e) Bruchrißrichtungen, die von der Richtung der kleineren Hauptmomente stark abweichen, können mit diesem Modell nicht zutreffend erfaßt werden.

5 PLASTISCHES MODELL

Lenschow /4/ entwickelt ein Traglastmodell für Platten, der elastisch-gerissene Zustand wird von ihm nicht weiter behandelt.

Lenschow's Modell veranschaulicht Bild 9. Die Bruchrißrichtung (Fließgelenk) ergibt sich bei einem Winkel φ_2, bei dem nur die Gleichgewichtsbedingungen für m_n und m_{nt} erfüllt werden und sich die Kurven der inneren Widerstandsmomente und der äußeren Beanspruchungen für m_n tangieren. φ_2 ist gleichzeitig eine Rißrichtung, zu der keine Schubverformung der Zugzone gehört.

Das Modell setzt nicht zwingend eine ausgeprägte Rißrichtung φ_2 voraus, vielmehr ist diese Richtung als eine Rotationsachse für die Bruchverformungen zu betrachten. Der zugehörige grobe Bruchriß entsteht in diesem Sinne als Folge großer plastischer Verformungen in der Zugzone.

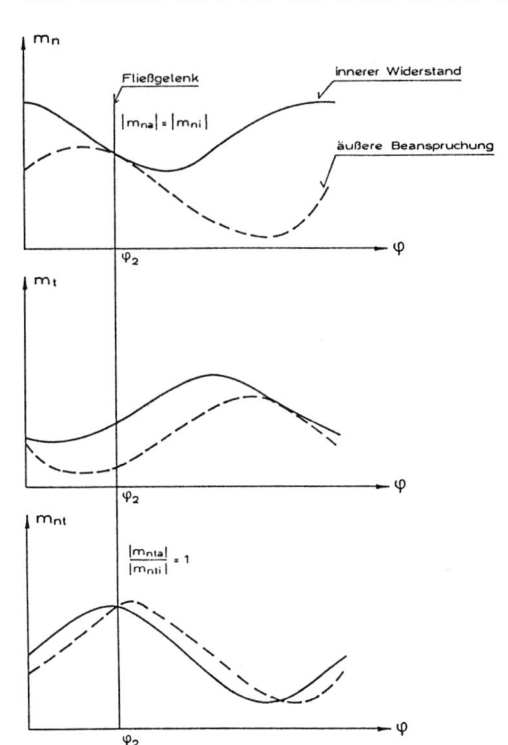

Bild 9 Plastisches Modell nach Lenschow /4/

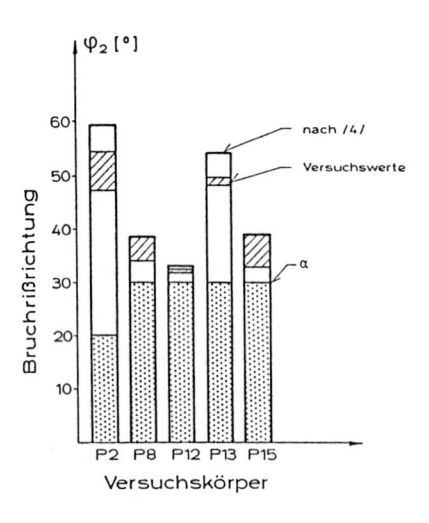

Bild 10 Bruchrißrichtungen einiger Versuchskörper /5/

Diese Modellvorstellung wird durch die vorangehend dargestellten Versuchsergebnisse im wesentlichen bestätigt. Bild 10 zeigt hierzu die errechneten und beobachteten Bruchrißrichtungen einiger Versuchskörper. Der theoretische Wert von φ_2 konnte nur dann nicht erreicht werden, wenn bei einer solchen Bruchrißrichtung das Fließen der einen Bewehrungsrichtung wegen der geringen Abweichung von φ_2 gar nicht hätte eintreten können. Dieses Problem hat Lenschow zwar erkannt, in seiner Auswirkung jedoch wegen nicht zutreffender Auswertung der Bruchrißrichtungen in seinen eigenen Versuchen falsch eingeschätzt.

6 FOLGERUNGEN

6.1 BEMESSUNGSMODELL

Bei Bemessungsaufgaben werden stets Bewehrungsnetze gewählt, deren einzelne Richtungen unter den rechnerischen Bruchschnittgrößen voll ausgenutzt werden. Wenn das zur Bruchrißrichtung φ_2 gehörende Koordinatensystem n - t im Sinne des in Abschnitt 5 beschriebenen Modells gleichzeitig das Korrdinatensystem der Hauptdehnungen (-krümmungen) ist, verlaufen die optimalen Bewehrungsrichtungen für beliebige Beanspruchungen unter $45°$ zu dieser Rißrichtung. Mit anderen Worten ist für eine wirtschaftliche Bemessung $\varphi_2 = 45°$ zu wählen. Diese Erkenntnis hat mit unterschiedlicher Begründung in alle drei bekannten Bemessungsmodelle /2 - 4/ Eingang gefunden. $\varphi_2 \neq 45°$ wird nur dann gewählt, wenn die erforderliche Querbewehrung unter 20 % der tragenden Bewehrung sinken würde. Ein unterer Grenzwert der optimalen Bruchrißrichtung muß schließlich aufgrund der Versuchsergebnisse zur Einhaltung der zulässigen Grenzdehnungen in den einzelnen Bewehrungslagen definiert werden: Hierzu ist eine Winkelabweichung von der Bewehrungsrichtung $\varphi_2 \geq 25°$ erforderlich.

Bild 11 stellt für $n_1/n_2 = c = 0$ die vervollständigten Grenzbedingungen für das Bemessungsmodell dar: Im Bereich II wird φ_2 abgemindert, um optimale Bewehrungsmengen bei einer Mindestquerbewehrung von 20 % zu erhalten, Bereich III ist wegen Überschreitung der Grenzdehnungen nicht zulässig.

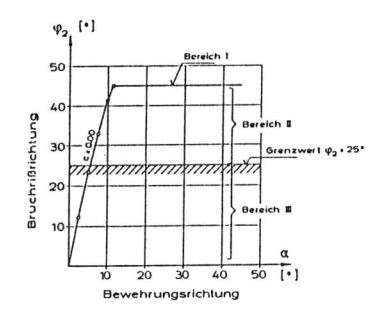

Bild 11   Grenzbedingungen

Nach der allgemeinen Praxis werden Bemessungsmodelle für Netzbewehrungen erst bei "nennenswerten" Abweichungen der Bewehrungsrichtungen von der Richtung der Hauptspannungen angewandt. Mit Hinweis auf Bild 7 muß nachdrücklich betont werden, daß die geltende Auffassung, erst bei Richtungsabweichungen von $\alpha > 25°$ eine richtige Bemessung durchzuführen, eindeutig nicht begründbar ist; der Grenzwert sollte $15°$ nicht überschreiten.

6.2 ERMITTLUNG DER RISSBREITEN

Anhand der Versuchsergebnisse konnte in /6/ zur Erfassung der Rißbreiten für beliebig bewehrte und beanspruchte ebene Flächentragwerke ein einfaches Modell entwickelt werden. Bei Einführung der auf die maßgebende Rißrichtung, d.h. nach den Versuchsergebnissen auf die Richtung der kleinsten Hauptspannungen, transformierten Bewehrungsmengen und des effektiven Stabdurchmessers der Netzbewehrung konnte ein modifizierter r-Beiwert (r') definiert werden, wie dieser für einachsige Bewehrungen und Beanspruchungen üblich ist. Bild 12 zeigt für $w_{95} = 0,30$ mm und $\sigma_s = 240$ N/mm² die verminderte Wirksamkeit einer Netzbewehrung für die Beschränkung von Rißbreiten.

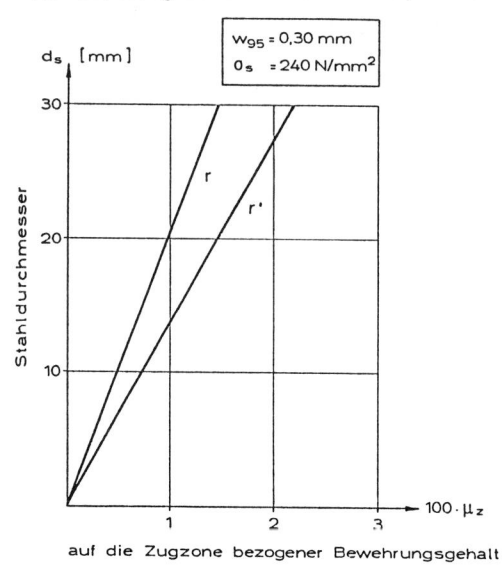

Bild 12   Gegenüberstellung der r-Beiwerte

LITERATUR

/1/ Flügge, W.: Statik und Dynamik der Schalen, 2. Auflage, Springer Verlag (1957

/2/ Kuyt, B.: Zur Frage der Netzbewehrung von Flächentragwerken, Beton- und Stahlbetonbau (1964), H. 7

/3/ Baumann, Th.: Tragwirkung orthogonaler Bewehrungsnetze beliebiger Richtung in Flächentragwerken aus Stahlbeton, Heft 217 der Schriftenreihe des DAfStb, Berlin, 1972

/4/ Lenschow, R.: A yield criterion for reinforced concrete under biaxial moments and forces, Dissertation, University of Illinois, 1966

/5/ Ivànyi, G.; Lardi, R.: Trag- und Verformungsverhalten von netzbewehrten Stahlbetonplatten, Heft 19 der Forschungsberichte aus dem Fachbereich Bauwesen der UGE, Essen, 1982

/6/ Lardi, R.: Zur Bemessung von Flächentragwerken aus Stahlbeton, Dissertation UGE, Essen, 1985

/7/ Stroeven, P.: Some aspects of the micromechanics of concrete, Stevin Laboratory, TH Delft, 1973

/8/ Eibl, J.; Ivànyi, G.: Studie zum Trag- und Verformungsverhalten von Stahlbeton, Heft 260 der Schriftenreihe des DAfStb, Berlin, 1976

/9/ Cervenka, V.: Inelastic finite element analysis of reinforced concrete panels in-plane loads, Dissertation, University of Colorado, 1970

/10/ Peter, J.: Zur Bewehrung von Scheiben und Schalen für Hauptspannungen schiefwinklig zur Bewehrungsrichtung, Dissertation, TH Stuttgart, 1964

Tunnelsegmente bei lokaler Brandeinwirkung – Berechnung unter Ansatz realistischer Stoffgesetze

M. Kiel, E. Richter und D. Hosser, Braunschweig

SUMMARY

The November 1987 catastrophic hazard in the London subway tube shows the necessity of fire protection in traffic tunnel facilities. An important supposition for protecting people and fighting the fire is a sufficient loadbearing capacity of the tube. This contribution presents a suitable Finite-Element method for a realistic computation of the loadbearing and deformation behaviour of tunnel lining segments using temperature-dependent material laws. In addition to conventional state variables crack propagation and height of compression zone is computed and may be used to judge the structural behaviour. An example demonstrates the useful application of the method.

ZUSAMMENFASSUNG

Der Brandschutz in unterirdischen Verkehrsanlagen gewinnt zunehmende Bedeutung, wie die verheerende Katastrophe in der Londoner U-Bahn vom November 1987 gezeigt hat. Eine wichtige Voraussetzung für notwendige Lösch- und Rettungsmaßnahmen ist die Standsicherheit der Tunnelröhre beim Brand. Im vorliegenden Beitrag wird ein Verfahren zur wirklichkeitsnahen Berechnung brandbeanspruchter Tunnelsegmente vorgestellt. Das Verfahren basiert auf der Finite-Element-Methode und verwendet temperaturabhängige Materialgesetze. Wichtige Zustandsgrößen wie Rißweite und Druckzonenhöhe können zusätzlich zu den Schnittgrößen ermittelt und zur Beurteilung herangezogen werden. Die nutzbringende Anwendung des Verfahrens wird am Beispiel eines Straßentunnels gezeigt.

1 EINLEITUNG

In wachsendem Umfang wird der straßen- und schienengebundene Verkehr von der Erdoberfläche in Tunnelbauwerke verlagert. Der Brandschutzes in diesen Bauwerken stellt ein besonderes Problem dar, wie die verheerende Brandkatastrophe in der Londoner U-Bahn im November 1987 auf traurige Weise unterstreicht: 30 Menschen starben im Inferno der Flammen.

Um die Sicherheit bei Tunnelbränden zu erhöhen, d.h. Flucht-, Rettungs- und Löschmöglichkeiten zu verbessern und eine weitgehende Erhaltung von Sachwerten sicherzustellen, ist das Brandverhalten der Tunnelsegmente bei lokaler Brandeinwirkung genauer zu untersuchen. Sowohl für die derzeit im Verkehrstunnelbau üblichen Tunnelsegmente, als auch für die in der Entwicklung befindlichen Konstruktionen sind möglichst realistische Aussagen über das Trag- und Verformungsverhalten im Brandfall erforderlich. Nur so können für bestehende Tunnelauskleidungen eventuell erforderliche Schutzmaßnahmen projektiert oder für neue Tunnelbauwerke brandschutztechnisch optimale Tunnelauskleidungen ausgewählt werden. Eine wirklichkeitsnahe Berechnung setzt ein Verfahren voraus, das die Tunnelstruktur hinreichend genau modelliert (Struktur-Modell) und die mit den Temperaturen beim Brand veränderlichen Materialkenngrößen berücksichtigt (Werkstoff-Modell).

2 STRUKTUR-MODELL

Bei der Strukturanalyse sind Vereinfachungen möglich, die jedoch die Aussagekraft des Ergebnisses im Hinblick auf den baulichen Objektschutz nicht beeinträchtigen. Die zu erwartenden Querschnitte sind recht gedrungen und große Verformungen sollen vermieden werden. Das rechtfertigt die Annahme, daß Verformungen auch im Brandfall klein bleiben. Angesichts der in Tunnellängsrichtung zu erwartenden Brandausbreitung auf wenigstens 40 m kann von einem ebenen Rahmenproblem ausgegangen werden. Weiterhin gilt die Bernoulli-Hypothese vom Ebenbleiben der Querschnitte, der Einfluß der Querkraft auf die Verformung wird vernachlässigt. Das nichtlineare Werkstoffverhalten muß jedoch berücksichtigt werden, da nur hiermit die Möglichkeit des statisch unbestimmten Systems zur Umlagerung der unvermeidlichen Zwangkräfte realitätsnah erfaßt werden kann.

Bei der Herleitung des Struktur-Modells fiel die Wahl daher auf ein Weggrößenverfahren, das Gleichgewicht nach dem Tangentenverfahren in der Formulierung von Newton-Raphson sucht. Das verwendete einfache Balkenelement (siehe Bild 2.1) kann bei feiner Diskretisierung die häufigen Änderungen von Querschnittsgeometrie, Bewehrung und Belastung abbilden. Der Verschiebungsraum des Elementes ist durch einen linearen Polynomansatz in Längsrichtung und einen kubischen Ansatz für die Durchbiegung definiert.

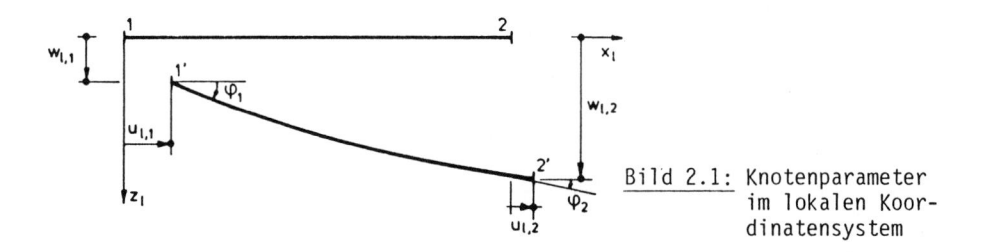

Bild 2.1: Knotenparameter im lokalen Koordinatensystem

Die Iterationsbeziehung $K \cdot \Delta v = \Delta p$ kann unter Anwendung des Prinzips der virtuellen Verrückungen hergeleitet werden. Man erhält die Elementsteifigkeitsmatrix und den Vektor der inneren Kräfte aus der Bildung eines Volumenintegrals über das Balkenelement. Im Programm sind die notwendigen Vorkehrungen zu treffen, um die in aller Regel gebettete Lagerung der Tunnelschale berücksichtigen zu können.

Die Strukturanalyse erfolgt allgemein unter statischer Gebrauchsbelastung. Tritt die Temperaturbelastung beim Brand hinzu, so ist bei ungeschützten Konstruktionen eine Systemversagen möglich, aber nicht wahrscheinlich. Die Eigenspannungen und die im System entstehenden Zwangkräfte verursachen jedoch Rißbildung, Fließen der Bewehrung und erhöhte Schubbeanspruchung. Im Rahmen einer Nachlaufrechnung müssen diese Zustände beschrieben werden, um das Tragwerk zutreffend beurteilen zu können.

Die Bestimmung der vorhandenen Schubspannung ist hierbei am schwierigsten. Das Verfahren nach Heft 220 DAfStb kann nicht angewandt werden, weil es davon ausgeht, daß der Stahlbetonquerschnitt nur eine Druckzone aufweist, in der die geneigte Druckstrebe ein Auflager findet; ein zweites Auflager muß durch Bügel oder Schrägaufbiegungen gebildet werden. Brandbeanspruchte Querschnitte weisen jedoch mehrere Druckzonen auf. Die einfache Formel:

$$\tau_o = \frac{Q_o}{b_o \cdot z} \tag{2.1}$$

gilt daher nicht mehr. Eine Berechnung der Schubspannung gelingt jedoch auf der Basis der für elastische Querschnitte geltenden sogenannten Kusinenformel. Erweitert man diese Formel um den Elastizitätsmodul und setzt weiterhin die bekannten Definitionen für die statischen Momente höherer Ordnung ein, so ergibt sich folgender Zusammenhang für die Schubspannung in der Faser z des Querschnitts:

$$\tau = \frac{Q \cdot _z\int_{}^{z_o} E \cdot \zeta \, dF}{b_z \cdot _{z_u}\int_{}^{z_o} E \cdot \zeta^2 \, dF} \qquad (2.2)$$

Die Schubspannung elastischer Querschnitte nach dieser Formel stimmt exakt mit der Elastizitätstheorie überein. Verwendet man den Tangentenmodul der Arbeitslinie, so erlaubt dieser Ansatz auch die Anwendung auf nicht temperaturbeanspruchte Stahlbetonquerschnitte. Die erzielten Ergebnisse entsprechen hier der Formulierung nach DIN 1045.

Zur Bildung des Gleichgewichts ist ein abschließender Nachweis der Schubdeckung durchzuführen. Dies kann von Hand für die Stellen der Struktur erfolgen, bei denen die Schubspannung im Brand deutlich von den Werten bei Normaltemperatur abweicht.

Weiterhin ist es erforderlich, die auftretende Rißweite abzuschätzen, denn die Rißbildung hat einen entscheidenden Einfluß auf die Dauerhaftigkeit von Stahlbeton- und Spannbetonbauteilen. Die Rißbildung kann zu Korrosion der Bewehrung führen, deren Intensität jedoch - ebenso wie Rißverteilung und Rißbreite - starken Streuungen unterliegt. Die Breite von Rissen, die die Bewehrung rechtwinklig kreuzen, hat nur geringen Einfluß auf den Korrosionsschutz der Bewehrung, solange deren Streckgrenze nicht überschritten wird. Risse, die entlang eines Bewehrungsstabs verlaufen, können jedoch nur dann als unbedenklich angesehen werden, wenn eine Betondeckung von ausreichender Dicke und Dichte vorhanden ist und die Rißbreite 0,3 mm nicht übersteigt.

Rißverteilung und -breite hängen von einer großen Anzahl von Parametern ab. In erster Linie ist die - stark streuende - Zugfestigkeit des Betons zu nennen. Weiterhin sind die Verteilung der Bewehrung in der Zugzone, die Verbundeigenschaft der Bewehrung und die Betondeckung von Bedeutung. Die langjährige Praxis bei der Durchführung von Versuchen an Stahlbetonbalken hat jedoch gezeigt, daß man vereinfachend eine Bildung von Primärrissen im Abstand der Querbewehrung annehmen kann. Dieser Umstand wird auf die Störung im Betongefüge in der Umgebung der Querbewehrung zurückgeführt. Die Berechnung der Rißbreite kann dann sehr einfach erfolgen, indem die vorhandene Dehnung mit dem vermuteten Rißabstand multipliziert wird. Bei weiterhin zunehmender Beanspruchung bilden sich Zwischenrisse, die von der Verbundeigenschaft der Bewehrung abhängen. Außerdem können Schubrisse parallel zu den geneigten Druckstreben (erweiterte Fachwerkanalogie) entstehen, wenn die Beanspruchung groß genug ist.

Die beiden letztgenannten Rißformen werden im vorgestellten Rechenmodell nicht näher untersucht. Zum einen gehören zu Zwischenrissen recht breite Primärrisse, die jedoch beim baulichen Objektschutz nach Möglichkeit vermieden werden sollen. Zum anderen treten die Schubrisse nur in einer Zone auf, in der für die Bewehrung wegen des großen Abstandes von der Oberfläche keine Korrosionsgefahr besteht.

Zusammenfassend kann man die Forderung, beim baulichen Objektschutz Langzeitschäden an Tunnelsegmenten durch Korrosion zu verhindern, auf zwei Kriterien reduzieren:

- Beschränkung der Breite der im Abstand der Querbewehrung auftretenden Risse auf 0,25 mm.

- Beschränkung der unter statischer Gebrauchslast und Zwang auftretenden Stahldehnung auf die Fließdehnung.

Das letztgenannte Kriterium gewährleistet gleichzeitig, daß in der Struktur nennenswerte bleibende Verformungen vermieden werden.

3 WERKSTOFFMODELL

Kenntnisse über das Verhalten der Werkstoffe unter Einwirkung erhöhter Temperaturen bilden eine wichtige Grundlage, um das Trag- und Verformungsverhalten der Bauteile bei Brandangriff zutreffend analytisch beschreiben zu können. Im Sonderforschungsbereich 148 /1/ ist ein Werkstoffmodell entwickelt worden,

- das die temperaturabhängigen Eigenschaften der wichtigsten Konstruktionswerkstoffe mit einem einheitlichen mathematischen Ansatz beschreibt,

- dessen physikalisch/mechanische Eignung durch Nachrechnung zahlreicher Brandversuche überprüft ist und

- das Vorteile bei der Programmierungsarbeit bzw. der Erweiterung bestehender Rechenprogramme um zusätzliche Werkstoffe bietet.

Dieses Rechenmodell beschreibt das charakteristische Last-Verformungs-Verhalten der Werkstoffe in integraler Form und wird deshalb auch als Rechengesetz der Werkstoffe bezeichnet. Grundlage sind Ergebnisse sog. instationärer Warmkriechuntersuchungen an Beton und Stahl /1/. Bei diesen Untersuchungen wird die Werkstoffprobe mechanisch belastet und anschließend mit konstanter Aufheizgeschwindigkeit erwärmt. Damit sind die thermischen und mechanischen Randbedingungen annähernd vergleichbar mit den Verhältnissen in einem belasteten, brandbeanspruchten Bauteil. Aus den Ergebnissen der instationären Warmkriechuntersuchungen werden die temperaturabhängigen Spannungs-Dehnungs-Linien (SDL) entwickelt. Sie ermöglichen die vollständige Berechnung des Tragverhaltens der Bauteile vom Zustand bei Normaltemperatur bis zum Erreichen der Versagenstemperatur bei Brandeinwirkung. Aufgrund ihrer zeitunabhängigen Formulierung erlauben sie aber auch, die Tragfähigkeit eines Bauteils unmittelbar zu bestimmen, ohne die vorhergehenden Zeitpunkte rechnerisch analysieren zu müssen.

Zur mathematischen Beschreibung der SDL wird ein Potenzansatz gewählt /1/. Er bietet den Vorteil einer stetigen Funktion mit stetigen Ableitungen und erfüllt damit Bedingungen, wie sie an temperaturabhängige SDL insbesondere beim Einsatz in Finite-Elemente-Programmen gestellt werden. Die temperaturabhängigen SDL sind durch Gleichung (3.1) in Verbindung mit Gleichung (3.2) bestimmt.

Für $\varepsilon_i \leq \varepsilon < \varepsilon_{i+1}$ gilt:

$$\sigma(\varepsilon) = \left(1 - \left(\frac{\varepsilon_{i+1} - \varepsilon}{\varepsilon_{i+1} - \varepsilon_i}\right)^n\right) \cdot \left(\sigma_{i+1} - \sigma_i - \frac{d\sigma_{i+1}}{d\varepsilon_{i+1}} \cdot (\varepsilon_{i+1} - \varepsilon)\right) + \sigma_i \qquad (3.1)$$

$$\text{mit } n = \frac{\frac{d\sigma_i}{d\varepsilon_i} \cdot (\varepsilon_{i+1} - \varepsilon_i)}{\sigma_{i+1} - \sigma_i - \frac{d\sigma_{i+1}}{d\varepsilon_{i+1}} \cdot (\varepsilon_{i+1} - \varepsilon_i)} \qquad (3.2)$$

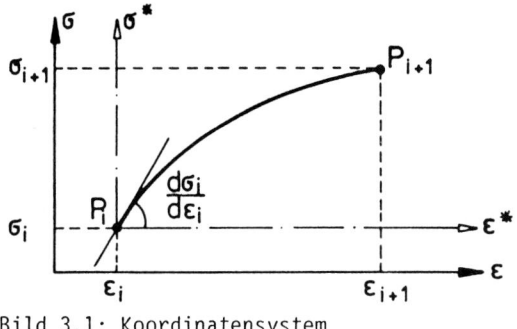

Bild 3.1: Koordinatensystem

Die SDL werden in Bereiche mit lokalem Koordinatensystem σ^*, ε^* nach Bild 3.1 unterteilt, wobei $d\sigma/d\varepsilon > 0$ sein muß. Die Spannung σ zu einer vorgegebenen Dehnung ε wird jeweils im 1. Quadranten des lokalen Koordinatensystems σ^*, ε^* berechnet.

Die Bereichsgrenzen werden im globalen Koordinatensystem durch temperaturabhängige Funktionen für den Dehnungs-, Spannungs- und zugehörigen Steigungsverlauf vorgegeben; Gleichungen (3.3) zeigt beispielsweise die funktionale Beschreibung für den Spannungsverlauf. Die Konstante β_o berücksichtigt das jeweilige Materialverhalten bei Raumtemperatur, während der Summenausdruck mit den Koeffizienten b_k die Temperaturabhängigkeit der Bereichsgrenzen bestimmt. In /1/ sind Listen mit den Koeffizienten für Beton, Baustahl und mehrere Beton- und Spannstahlsorten angegeben. Bild 3.2 zeigt exemplarisch Rechenwerte der Spannungs-Dehnungs-Linien für Beton.

$$\sigma_i(T) = \beta_o \cdot \sum_{k=0}^{3} b_k \cdot T^k \qquad (3.3)$$

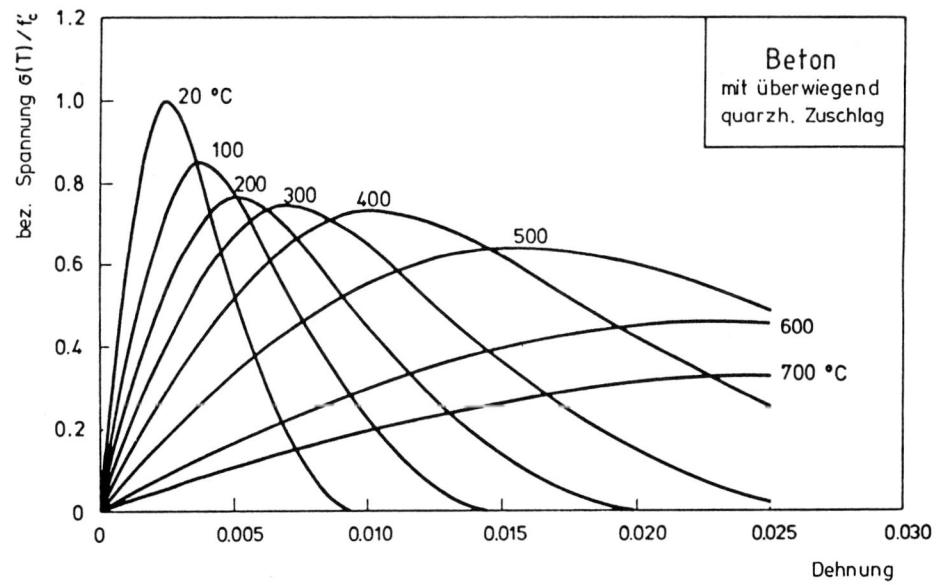

Bild 3.2: Rechenwerte der Spannungs-Dehnungs-Linien für Beton

4 BRANDSZENARIUM

Der zeitliche Verlauf der Brandraumtemperatur hat einen entscheidenden Einfluß auf die Temperaturverteilung in der Konstruktion. Seine Berechnung stößt jedoch zum Teil auf erhebliche Schwierigkeiten. Bei U- und S-Bahntunneln kann die zu erwartende Brandlast noch recht gut abgeschätzt werden; hier ist hauptsächlich zu klären, auf wieviele der gleich ausgestatteten Wagen sich ein Brand - bei den zu erwartenden Löschmaßnahmen - ausdehnen kann. Dies ist bei Vollbahn- und Straßentunneln nicht mehr möglich, so daß man sich mit "vernünftigen" Abschätzungen über Art und Menge der Brandlast begnügen muß. Allerdings liefern die bereits eingetretenen, zum Teil katastrophalen Schadensfälle zusätzliche Anhaltspunkte. Beispielsweise hat sich im Falle des Tomei-Tunnels in Japan (1979) gezeigt, daß bereits 41 Ätherfässer genügen, um einen mehrtägigen Tunnelbrand auszulösen. Es treten hierbei rasch Temperaturerhöhungen von über 1000 K auf; auf diesem Niveau bleiben die Temperaturen, bis die eingeleiteten Löschmaßnahmen wirksam werden oder - falls eine Intervention nicht möglich ist - bis die Brandlast verbraucht ist.

Wenn die Brandlast und als weiterer wichtiger Parameter die Frischluftzufuhr bekannt sind, erlauben die vorhandenen Brandraummodelle wegen der vorliegenden einfachen Raumgeometrie eine Ermittlung der Brandraumtemperaturen. Eine umfassende Absicherung der Modelle durch großmaßstäbliche Versuche steht jedoch noch aus. Die Untersuchung verschiedener Szenarien hat gezeigt, daß mit der sogenannten Tunnelkurve-RABT eine durchaus realistische Abgrenzung der in Versuchen und Berechungen erhaltenen Brandraumtemperatur-Zeit-Verläufe gelingt (Bild 4.1).

Nimmt man an, daß die Einsatzleitung der Feuerwehr bei der Bekämpfung des Brandes zunächst versuchen wird, die entstehenden Rauchgase mit Hilfe der Lüftungsanlage von gefährdeten Personen wegzudrücken, so kann daraus gefolgert werden, daß am Brandherd ausreichend Sauerstoff für die Verbrennung vorhanden ist. Bei kleinen Brandlasten (vergl. Straßenbahn auf Bild 4.1) löst sich das Problem dann rasch von selbst, wenn der Brandlastvorrat aufgebraucht ist. Dagegen ist diese Vorgehensweise bei großen Brandlasten ungünstig, weil der Brand sich infolge der hohen auftretenden Temperaturen und der Sauerstoffzufuhr auf weite Bereiche der vorhandenen Brandlast ausdehnen kann. Dies bestimmt die Länge des horizontalen Astes des Temperatur-Zeit-Verlaufes. Der Verlauf des anschließenden abfallenden Astes hängt hauptsächlich von den Löschmaßnahmen, der Raumgeometrie und den Ventilationsverhältnissen ab. Sein Beginn wird durch die zu erwartenden Alarmzeiten und die Entfernung vom Einsatzort bestimmt. Diesbezügliche Annahmen müssen daher in enger Abstimmung mit der örtlichen Feuerwehr erfolgen. Für U- und S-Bahnen kann unter Umständen eine genaue Abstimmung auf den verwendeten Wagentyp vorgenommen werden.

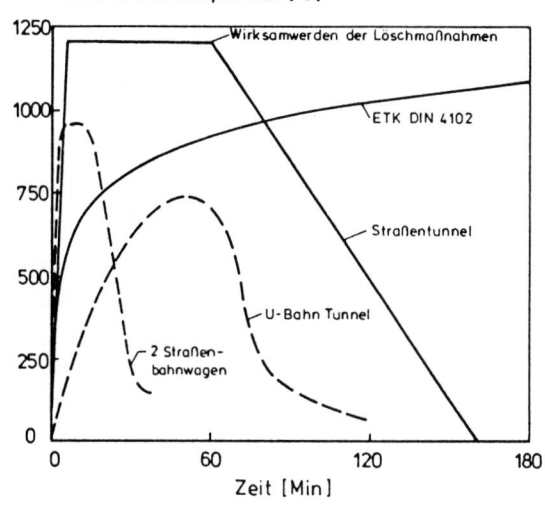

Bild 4.1: Brandraumtemperatur-Zeit-Verläufe bei Tunnelbränden

5 BEISPIEL

Das vorgestellte Rechenprogramm wurde erstmalig bei der brandschutztechnischen Begutachtung eines Straßentunnels eingesetzt. Es handelt sich dabei um einen dreizelligen Hohlkasten, dessen äußere Zellen jeweils zwei Fahrstreifen aufnehmen und dessen Mittelzelle als Versorgungskanal und als Fluchttunnel dient (Bild 5.1).

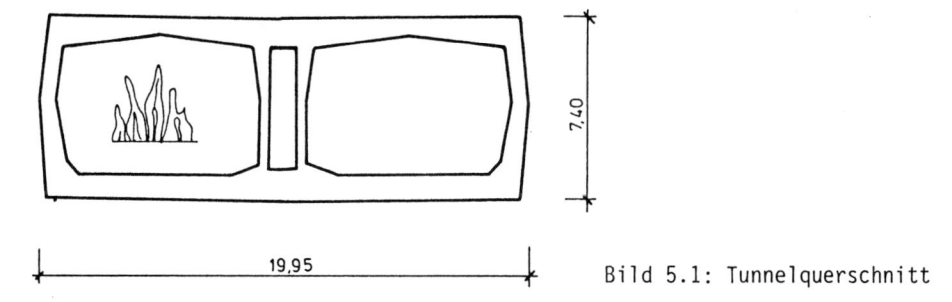

Bild 5.1: Tunnelquerschnitt

Die Sohlplatte weist eine im Mittel 45 cm starke Ballastbetonschicht zur Auftriebssicherung sowie eine ca. 7 cm starke Asphaltschicht auf. Dadurch ist die Tunnelsohle praktisch gegen Temperaturbeanspruchungen isoliert.

Wände und Decken des Tunnels sind in Sichtbeton ausgeführt, bei einer angestrebten Betonüberdeckung der Bewehrung von 30 mm.

Die örtliche Feuerwache liegt nahe am Tunnel, der mit einer Videoanlage ständig überwacht wird. Trotzdem ist bei dem anzunehmenden Brandszenario nicht mit einer merklichen Auswirkung der Löschmaßnahmen auf die Brandraumtemperatur vor der 60. Minute nach Brandausbruch zu rechnen. Bis zum vollständigen Abklingen des Brandes dürften noch einmal 110 Minuten verstreichen. Während dieser Zeit wird eine lineare Abnahme der Brandraumtemperatur von 1200 °C auf die Ausgangstemperatur angenommen.

Mit diesen Annahmen konnte die zeitabhängige Temperaturentwicklung in der Konstruktion berechnet und dem Programm zur Untersuchung des Trag- und Verformungsverhaltens zugeführt werden. Die mechanische Untersuchung stützt sich auf eine Diskretisierung des ganzen Tunnelquerschnitts in 46 Knoten und 48 Elemente unter strenger Beachtung von vorhandener Bewehrungsmenge, Betonüberdeckung, Bauteildicke und Materialgüten. Auch die Bettung der Tunnelsohle wurde wirklichkeitsnah berücksichtigt.

Zur Beurteilung möglicher Tragzustände waren zwei Lastfälle zu untersuchen, die eine Superposition der minimal (Lastfall MIN) bzw. maximal (Lastfall MAX) auftretenden ständigen Lasten und des Eigengewichts darstellen. Die folgenden Ausführungen beziehen sich lediglich auf den Lastfall MIN, der zu den größten Rißweiten führt. Im Lastfall MAX treten im Übrigen die maximalen Schubspannungen auf.

Auf den Bildern 5.2 und 5.3 sind die unter diesen Randbedingungen zu erwartende maximale Rißweite und die minimale Druckzonenhöhe in Abhängigkeit von der Branddauer aufgetragen. Die ermittelte maximale Rißweite von 2,8 mm macht massive Schutzmaßnahmen für das Bauwerk erforderlich. Sie führt nämlich zu erheblichen bleibenden Dehnungen der Stahleinlage und damit zu bleibenden Verformungen, zu bleibenden Tragfähigkeitseinbußen und, in Verbindung mit der Einschnürung der Druckzone (siehe Bild 5.3), zur Gefahr der Undichtigkeit des Bauwerks.

Das Ansteigen der Schubspannung um ca. 20 % gibt keinen Anlaß zur Besorgnis. Hingegen ist in erheblichem Maß mit Abplatzungen zu rechnen, und zwar vor allem an der Einspannstelle der Tunneldecke in die Mittelwand, da hier der Beton mit hohem Feuchtegehalt an der Innenseite hohen thermischen und zusätzlich mechanischen Beanspruchungen ausgesetzt ist.

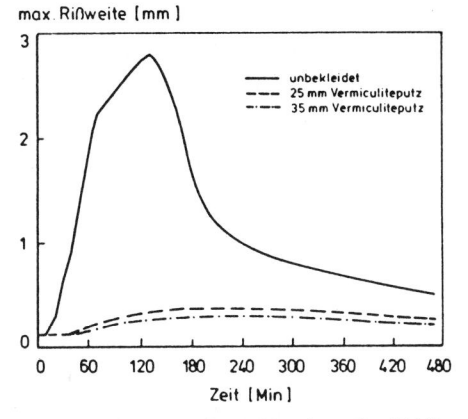

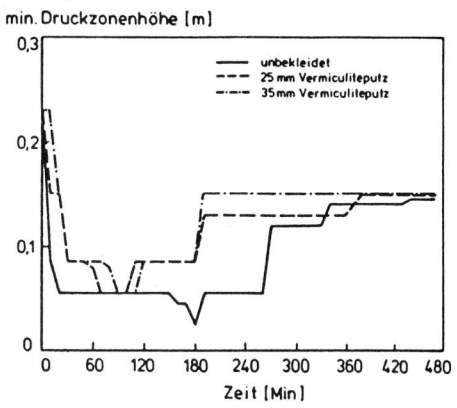

Bild 5.2: Maximale Rißweite in Abhängigkeit von der Branddauer

Bild 5.3: Minimale Druckzonenhöhe in Abhängigkeit von der Branddauer

Diesem Umstand kann nur durch die Anordnung eines ausreichend bemessenen Brandschutzputzes oder durch vergleichbare Maßnahmen begegnet werden. Es wurde daher untersucht, welche Auswirkungen ein auf Vermiculitebasis hergestellter Putz der Dicke 25 resp. 35 mm, aufgebracht auf der Innenseite von Außenwänden und Decke, auf das Trag- und Verformungsverhalten der Konstruktion hat. Die resultierende maximale Rißweite und die minimale Druckzonenhöhe sind auf den Bildern 5.2 und 5.3 mit eingezeichnet. Erst mit 35 mm Vermiculiteputz kann die Rißweite mit 0,3 mm soweit reduziert werden, daß den Stahleinlagen keine bleibende Dehnung aufgezwungen wird und daher auch keine nennenswerten bleibenden Verformungen zu erwarten sind. Auch die Gefahr einer Beschädigung der Weichabdichtung besteht dann nicht mehr, so daß die zeitweise geringe Druckzonenhöhe unbeachtet bleiben kann. Wegen der geringen Temperaturerhöhung von < 200 K sind keine Abplatzungen mehr zu befürchten.

Der sprunghafte Verlauf der rechnerischen Druckzonenhöhe rührt daher, daß im Programm jeweils nur über Bereiche mit negativer spannungserzeugender Dehnung integriert wird, ohne die genaue Lage der Nullstelle zu berechnen. Da hierbei nur Anhaltswerte benötigt werden, wäre der für eine genauere Berechnung zu treibende Aufwand nicht zu rechtfertigen.

Zum Schluß noch ein Hinweis auf die methodische Wahl der Putzdicke. Nimmt man an, daß die auftretende Rißweite das empfindlichste Instrument zur Beurteilung einer Schutzmaßnahme ist, so kann mit der im folgenden beschriebenen Methode aus zwei Rechenläufen die erforderliche Bekleidungsdicke ermittelt werden. Im ersten Rechenlauf wird das ungeschützte Bauwerk untersucht. Dann wird aus den vorliegenden Ergebnissen und der vorhandenen Erfahrung eine Putzdicke gewählt und damit ein zweiter Rechenlauf gestartet. Hiermit hat man insgesamt vier Parameter für die Konstruktion einer Interpolationsfunktion gewonnen, die sich aus folgenden Überlegungen ergeben:

a   bei wachsender Bekleidungsdicke muß sich die Rißweite asymptotisch der Rißweite des thermisch unbeanspruchten Bauwerks nähern und

b   die Interpolationsfunktion muß durch die beiden berechneten Punkte gehen.

Aus a kann abgeleitet werden, daß die Funktion f vom Typ $1/x+c$ sein muß, weil damit die asymptotische Eigenschaft gewährleistet wird. Aus b folgt die sinnvolle Erweiterung dieser Funktion um zwei Parameter, so daß die endgültige Form $f=a/(x+b)+c$ lautet. Hiermit wurden die in Bild 5.4 dargestellten Ergebnisse erzielt. Beginnend mit einem Schätzwert von 25 mm Putzdicke wurde nach Vorliegen der Rechenergebnisse obenstehende Formel ausgewertet und der erforderliche Wert zu 35 mm ermittelt. Die Kontrolle ergab eine Abweichung gegenüber der Interpolation von weniger als 1 %.

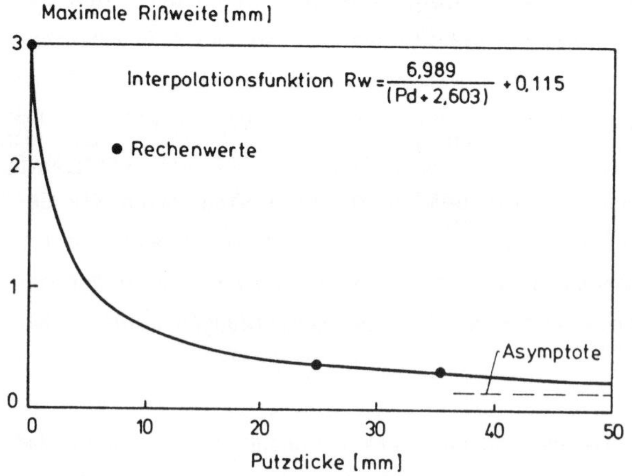

Bild 5.4: Einfluß der Putzdicke auf die maximale Rißweite

Interpolationsfunktion $Rw = \dfrac{6{,}989}{(Pd + 2{,}603)} + 0{,}115$

LITERATUR

/1/   Sonderforschungsbereich 148 "Brandverhalten von Bauteilen": Arbeitsberichte 1973-74, 1975-77, 1978-80, 1981-83, 1984-86, Technische Universität Braunschweig, 1974, 1977, 1980, 1983, 1987

/2/   Rudolph, K.: Über die Berechnung von zweiachsig biegebeanspruchten Stahlbetonstützen unter Brandbelastung. Dissertation, Technische Universität Braunschweig, 1987

Erhalten und Bewahren von Bauwerken – eine neue Ingenieur-Aufgabe

G. Klein, Hannover

SUMMARY
The lifetime of buildings not only depends on planning and erection. The same importance has the care and control after completion. A prolongation of lifetime requires systematical and coordinated efforts in planning, erection and usage of buildings.

ZUSAMMENFASSUNG
Die Lebensdauer von Bauwerken hängt nicht nur davon ab, wie sie geplant und errichtet werden. Einen gleichen Stellenwert hat ihre Betreuung nach der Fertigstellung. Eine Verlängerung der Lebensdauer bedarf systematischer und koordinierter Anstrengungen bei der Planung, Ausführung und Nutzung von Bauwerken.

Das Berufsbild des Bauingenieurs wird geprägt durch Fähigkeiten, die für das Planen, Berechnen und Ausführen von Bauwerken erforderlich und notwendig sind. Wenn auch in der Ausbildung noch immer das Berechnen im Vordergrund steht, so ist doch mit Genugtuung festzustellen, daß ein Teil der Ausbildungszeit, die z. B. durch die Anwendung der EDV gewonnen wird, für die Vermittlung von Wissen in den beiden anderen Tätigkeitsfeldern genutzt wird, nämlich insbesondere im Entwerfen und Planen, aber auch in der Arbeitsvorbereitung und im Ausführen. Mit der Übergabe eines Bauwerks an den Nutzer oder Betreiber sieht der Bauingenieur in aller Regel seine Arbeit als erledigt an. Daß in manchen Bereichen - etwa bei der Bundesbahn - auch Bauingenieure Bauwerke nutzen bzw. betreiben, ändert nichts an der Tatsache, daß hinsichtlich der Erhaltung von Bauwerken ein Ausbildungsdefizit besteht. Es stellt sich natürlich die Frage, ob die Betreuung eines fertiggestellten Bauwerkes zu den Aufgaben eines Bauingenieurs gehört. Diese Frage muß positiv beantwortet werden, denn Fehler aus der Zeit des Aufbaus haben gerade in jüngster Vergangenheit Sanierungsprobleme stark in den Vordergrund gerückt. Außerdem wird auch aus wirtschaftlichen Gründen die Verlängerung der Lebensdauer von Bauwerken eine immer größere Rolle spielen.

Im folgenden soll der Versuch unternommen werden, Fragen der Lebensdauer von Bauwerken in einer Gesamtbetrachtung systematisch zu untersuchen und damit einen Beitrag für das Erhalten und Bewahren von Bauwerken zu leisten. Das Ergebnis könnte Hinweise für eine Ergänzung der Ausbildung von Bauingenieuren, aber auch für die praktische Gestaltung einer wirtschaftlichen Betreuung von Bauwerken nach ihrer Fertigstellung geben. Schon jetzt wird der jährliche Aufwand für Erhaltungsmaßnahmen auf 50 Mrd DM geschätzt, das sind etwa 1 % des Zeitwerts des Nettoanlagevermögens der Bausubstanz von etwa 50.000 Mrd DM.

1 BAUWERKSPHASEN UND IHRE BEDEUTUNG FÜR DIE LEBENSDAUER

In Lebensdauerbetrachtungen müssen stets technische, kommerzielle und vertragliche Gesichtspunkte einbezogen werden; die Interdependanz zwischen diesen Einflüssen ist nicht vernachlässigbar. Aus chronologischer Sicht lassen sich vier Pha-

sen unterscheiden:
- Auslegungsphase
- Vertrags- und Entwurfsphase
- Ausführungsphase
- Betriebs- und Servicephase

Die in aller Regel zu erwartende Mitwirkung der am Bauwerk Beteiligten ist in der Tafel 1 dargestellt.

	Bauherr	Planender Ingenieur	Beratender Ingenieur	Ausführende Firma	Behörde
Auslegungsphase	x	x			x
Vertrags- und Entwurfsphase	x	x	x	x	
Ausführungsphase	x		x	x	x
Betriebs- und Servicephase	x		x	x	

Tafel 1: Mitwirkung in den Bauphasen

Bei den Aktivitäten in den einzelnen Phasen ist im Hinblick auf die Lebensdauer eines Bauwerks stets auf die Vermeidung von Fehlern und Schäden, aber auch auf deren mögliche Behebung zu achten. Entsprechende Vorkehrungen sind insbesondere auf der Auftraggeberseite und auf der Auftragnehmerseite zu treffen. Auch die Mitarbeit der Behörden ist sicherzustellen.

2 AUSLEGUNGSPHASE

In der Auslegungsphase geht es um die Definition des zu errichtenden Bauwerks. Neben den technischen Anforderungen an das Bauwerk wird sich der Auftraggeber die Frage nach der zweckmäßigen Lebensdauer des Bauwerks stellen müssen, einer Frage, die leider in den seltensten Fällen diskutiert, geschweige denn klar beantwortet wird. Kosten-Nutzen-Analysen können bei derartigen Überlegungen eine große Hilfe leisten. Dabei ist der Grundgedanke, daß die zukünftigen Kosten der Erhaltung und eventuellen Sanierung auf die Gegenwart bezogen werden. Kosten, die in der Zukunft liegen, wird ein geringerer Wert beigemessen als Kosten in gleicher Höhe, die sofort anfallen. Die Schwierigkeiten liegen in der Abschätzung der notwendigen Sanierungen und der Kostensteigerungsraten. Der Umstand, daß derartige Prognosen mit großer Unsicherheit behaftet sind, darf nicht dazu führen, sie zu unterlassen. Ein Null-Ansatz wäre nämlich gewiß weniger richtig als jeder realistisch geschätzte Wert. Immerhin verursachen Innovationen im Baubereich nicht so schnell Wettbewerbsnachteile wie im Produktionsbereich. Grundsätzlich dürfen also die Kosten eines Bauwerks mit verlängerter Lebensdauer nicht größer sein als die Kosten dieses Bauwerks mit normaler Lebensdauer plus Kosten für eine spätere Lebensdauerverlängerung. Möglicherweise sind bei wohlverstandenen und flexibel gestalteten Erhaltungsmaßnahmen Auslegungen für eine normale Lebensdauer kostengünstiger, weil Prognosen über 50 Jahre hinaus sehr unsicher sind.

Folgende Aspekte sind u. a. bei derartigen Prognosen zu berücksichtigen:

- Zeitabhängigkeit des Bauwerkszweckes
- Abhängigkeit des Bauwerkes von der Entwicklung anderer technischer Disziplinen
- Entwicklung natürlicher und zivilisatorischer Belastungsgrößen
- Entwicklung und Einsatz neuer Baustoffe

Für die Vergangenheit kann festgestellt werden, daß in der Auslegungsphase unausgesprochen und ohne erkennbare Untersuchungen von einer Lebensdauer von etwa 30 bis 50 Jahren ausgegangen wurde. Eine wesentliche Verlängerung der Lebensdauer wird sicherlich nicht für alle Bauwerksarten infrage kommen. Für Ingenieurbauwerke wird aber eine Verdoppelung der Lebensdauer, d. h. eine bis zu 100jährige Nutzung des Bauwerks zur Basis der Betrachtungen gemacht werden dürfen.

Festzuhalten ist, daß in der Auslegungsphase die geplante Lebensdauer eines Bauwerks ausdrücklich berücksichtigt werden muß. Es wird nicht mehr genügen, ganz allgemein von dauerhaften Lösungen zu sprechen.

3 VERTRAGS- UND ENTWURFSPHASE

Nach der Auslegung eines Bauwerks wird üblicherweise ein Vertrag über den Entwurf mit technischer Bearbeitung und über die Ausführung abgeschlossen. In derartige Verträge fließt meist die VOB ein, die anerkannten Regeln der Baukunst - das sind überwiegend die Normen - sind zu beachten, schließlich spielen die Gewährleistungsbestimmungen eine wichtige Rolle. Über das Erhalten und Bewahren steht in diesen Verträgen i. a. kein Wort. Eine Ausnahme ist gelegentlich zu beobachten: Für Dachdeckungsarbeiten wird eine 10jährige Gewährleistung angeboten, wenn eine regelmäßige Wartung vorgesehen ist. Diese Ausnahme könnte ein Ansatzpunkt für Maßnahmen bei anderen Gewerken sein, damit vertraglich eine gewisse Absicherung der Lebensdauer eines Bauwerks ermöglicht wird.

Für die Entwurfsphase - darunter soll die Berechnung und Bemessung des Bauwerkes verstanden werden - haben Lebensdauervorgaben einen deutlichen Einfluß. Die geltenden Normen nehmen in ihren Ansätzen kaum Rücksicht auf die Lebensdauer eines Bauwerks. Sowohl bei den einwirkenden als auch bei den widerstehenden Größen im Sinne der modernen Sicherheitstheorie werden bei Lebensdauerverlängerungen Korrekturen notwendig sein. Die Einwirkungsgrößen, d. s. die Belastungen im weitesten Sinne des Wortes, werden zu erhöhen sein, während die Widerstandsgrößen, d. s. im wesentlichen die Materialwerte, zu reduzieren sind. Beispielsweise wird im Einwirkungsbereich den dynamischen Belastungen ein größeres Gewicht zukommen müssen, im Widerstandsbereich wird etwa die Betondeckung der Bewehrung im Hinblick auf eine längere Einwirkung der zivilisationsgestörten Atmosphäre sehr kritisch zu untersuchen sein. Schließlich wird das Berechnungsmodell in seinem Verhältnis zur Realität hinsichtlich seiner Sicherheit zu überprüfen sein. Aber nicht nur im Entwurf sollte die Qualität der Lebensdauer und dem Zweck des Bauwerks angepaßt sein. Auch in der Darstellung des Entwurfs - das sind die Zeichnungen für die Ausführung auf der Baustelle - schlägt sich die Qualität dieser Phase nieder. Nicht das Bauen nach mündlicher Angabe eines möglicherweise hervorragenden Bauleiters ist ein Zeichen für gute Qualität, sondern die lückenlose und klare zeichnerische Darstellung dessen, was der zu Ende gedachten Absicht des Konstrukteurs entspricht. Es wäre eine Überlegung wert, bei größeren Bauwerken einen Satz Ausführungszeichnungen für Eintragungen zur Qualitätskontrolle vorzusehen, damit die Qualität auf der Baustelle geplant werden kann.

Eine vorgesehene Lebensdauer eines Bauwerks wird also in die Vertragsgestaltung und in den Entwurf des Bauwerks, zu dem auch die Zeichnungen für die Baustelle gehören, einfließen müssen und die eine oder andere Abweichung vom Gewohnten zur Folge haben.

4 AUSFÜHRUNGSPHASE

Diese Phase hat für das Erhalten und Bewahren von Bauwerken eine ganz besondere Bedeutung. Was während der Ausführung versäumt wird, läßt sich später nur mit hohem Aufwand, manchmal überhaupt nicht nachholen. Deshalb gibt es für diesen Bereich die meisten Vorschriften, Normen und Regeln, die unter dem Stichwort Qualitätssicherung zusammengefaßt werden. Im einzelnen geht es dabei um die Planung, Prüfung und Dokumentation der Qualität, und zwar für Baumaterialien, für vorgefertigte Baukomponenten, für das Bauen auf der Baustelle und für die Abnahme des Bauwerks. Je nachdem, wer diese qualitätssichernden Aktivitäten betreibt, spricht man von Eigen- und Fremdüberwachung.

Die Baustoffnormen bzw. -zulassungen regeln sehr detailliert die erforderlichen Eigenschaften und deren Überprüfung. Aussagen und Anforderungen zur Lebensdauer sind dagegen, wenn überhaupt, eher summarisch. Für neu entwickelte Baustoffe ist das verständlich, obwohl andererseits im Materialprüfwesen durchaus eine Reihe von Alterungsversuchen angeboten werden, die für Lebensdaueraussagen unentbehrlich sind.

Außerhalb der Baustelle vorgefertigte Bauwerkskomponenten, die überdies meist von Unterlieferanten stammen, stellen ein besonderes Problem dar. Im allgemeinen verläßt man sich auf die Qualitätssicherung dieser Unterlieferanten, daher wird oft die Eingangsprüfung auf der Baustelle vernachlässigt. Bedenkt man aber, daß Unterlieferanten für eine umfassende Schadenshaftung selten den notwendigen wirtschaftlichen Hintergrund haben, so gewinnt eine Eingangsprüfung besondere Bedeutung. Die Lebensdauer von Bauwerkskomponenten wird kaum angesprochen. Typische Beispiele sind Anker, Lager, Dichtungen.

Die Qualitätssicherung auf der Baustelle ist der Schlüssel für Lebensdauerfragen. Das Prüfingenieurwesen und die Prüfnormen bieten eine gute und bewährte Basis für qualitatives Bauen. Trotzdem muß festgestellt werden, daß die Qualitätssicherung auf den Baustellen im Verhältnis zur Qualitätssicherung der Baustoffe noch recht unterentwickelt ist. Das liegt zum Teil an den Auftraggebern, die eine intensive Baustellenüberwachung wegen der damit verbundenen Kosten oft scheuen. Außerdem sind "Kontrollingenieure" mit erfahrenem Sachverstand auf der einen Seite sowie wertebezogenem Augenmaß auf der anderen Seite sehr rar. Ein anderer Grund liegt in der überwiegenden Prüfung von Mustern und Probekörpern. Eine Ergänzung durch Prüfungen am schrittweise fertiggestellten Bauwerk ist gerade für Lebensdauerfragen unumgänglich. Im Grundbau ist diese zweifache Prüfung (Bohrungen mit Bodenproben und Kontrolle in der Baugrube) gang und gäbe. Auch am Bauwerk sollte z. B. die Betonqualität mit dem Betonhammer oder an Kernbohrungen, die Betonüberdeckung mit Suchgeräten, die Pfahlintegrität mit dynamischen Untersuchungen laufend überprüft werden. Auch die Einhaltung der Bautoleranzen bedarf einer ständigen Kontrolle.

Die Abnahme eines Bauwerkes ist die Endkontrolle der Ausführungsphase. Sie sollte im Zusammenhang mit der Kontrolle vor Ablauf der Gewährleistungsfrist gesehen werden. Für diese Abnahme muß die Dokumentation der während der Bauzeit gelaufenen Prüfungen in übersichtlicher, d. h. statistisch ausgewerteter Form vorliegen. Um die Prüfung auch nach der Abnahme in einem sinnvollen Umfang fortführen zu können, sollte die Abnahme so geplant werden, daß auch in der fertiggestellten Anlage, d. h. im genutzten Bauwerk wichtige Kontrollstellen zugänglich bleiben. Das gilt insbesondere für die Karbonatisierungstiefe, für Fugen und Lager, für evtl. schon bestehende Risse, für besonders der Korrosion ausgesetzte Bereiche, für Isolierungen usw.

Für Lebensdauerfragen in der Ausführungsphase spielen durchdachte Qualitätssicherungssysteme eine entscheidene Rolle. Dabei wird in Zukunft auf Prüfungen am fertigen Bauwerk großer Wert gelegt werden müssen.

5   BETRIEBS- UND SERVICEPHASE

Die Abnahme des Bauwerks am Ende der Ausführungsphase geht gleitend über in die Betriebs- und Servicephase. Bis auf wenige Ausnahmen ist es im Bauwesen üblich, sich seitens der Auftraggeber in dieser Phase auf die Behebung aufgetretener Schäden zu beschränken. Und auch das geschieht in der Regel nur, wenn diese Schäden erkannt und gemeldet werden. Die Allgemeinheit geht davon aus, daß ein Bauwerk im Gegensatz zu allen anderen technischen Systemen unverwüstlich ist. An diesem Image hat die Bauwelt fleißig mitgearbeitet. Bei allen langlebigen technischen Systemen ist dagegen für eine wirtschaftliche Nutzung ein gewisser Service oder Instandhaltungsdienst selbstverständlich. Wenn in Zukunft klare Aussagen über die Lebensdauer von Bauwerken gemacht werden sollen, ist ein solcher Instandhaltungsdienst auch im Baubereich zwingend notwendig. Er ist im Bauwesen nicht gänzlich neu, man denke beispielsweise nur an die Bundesbahn, die Verwaltung für Straßen, Wasserstrassen, Brücken. Auf diese Phase müssen sich also die Bemühungen für die Erhaltung und Bewahrung von Bauwerken hauptsächlich richten.

Wie könnte ein Instandhaltungsdienst für Bauwerke aussehen? In Anlehnung an die Gepflogenheiten bei maschinellen Anlagen werden die Instandhaltungsmaßnahmen unterteilt in Wartung, Prüfung und Instandsetzung. Die Wartung dient der Erhaltung des Sollzustandes, die Prüfung der Feststellung des Istzustandes und die Instandsetzung der Wiederherstellung des Sollzustandes. Die Wartung soll sicherstellen, daß das Bauwerk sich so verhalten kann wie es gewollt ist. Dazu gehören insbesondere Verformungen und Abdichtungen. Es sind also z. B. die Konstruktionsteile, die Bewegungen ermöglichen sollen, funktionstüchtig zu halten. Die Dichtungselemente sind so zu versorgen, daß sie den Bewegungen folgen können. Die Prüfung wird sich vor allem auf Bauwerksteile beziehen, die lebensdauerbestimmend sind. Das sind einerseits hoch beanspruchte Teile, andererseits Teile, für die bei der Bemessung vereinfachende Annahmen getroffen wurden. Wenn durch die Prüfung ein Istzustand festgestellt wird, der vom Sollzustand abweicht, werden Instandsetzungsmaßnahmen ausgeführt. Diese Maßnahmen können leistungs-, zeit- oder zustandsabhängig sein. Selbstverständlich kann eine Instandsetzung auch ohne Prüfung durch einen akuten Schaden bedingt sein.

Es empfiehlt sich, einen solchen Instandhaltungsdienst schon bei der Beauftragung für die Ausführung im Zusammenhang mit der Gewährleistung einzurichten. Die Qualität der Ausführung würde dadurch positiv beeinflußt, denn die ausführende Firma wird Wert darauf legen, daß auch nach der Gewährleistungszeit möglichst wenige Mängel auftreten.

6   SCHLUßFOLGERUNG

Die aufgeführten Gesichtspunkte zeigen, daß Erhaltungsmaßnahmen, die möglicherweise auch die Lebensdauer eines Bauwerks verlängern, bei der Planung, Errichtung und Nutzung von Bauten, vor allem aber bei Investitionsentscheidungen berücksichtigt werden müssen. Minimale Erstinvestitionen sind keine Kriterien für wirtschaftliches Bauen. Sie müssen immer in Bezug gesetzt werden zu den Kosten zur Behebung von Fehlentscheidungen (Tafel 2).

Insbesondere bei Industriebauten ist eine interdisziplinäre Zusammenarbeit schon in der Auslegungsphase notwendig. Zumindest die Wartungsfreundlichkeit eines Bauwerks sollte in der Auslegungsphase stärker berücksichtigt werden, um die Problematik der Folgekosten besser zu beherrschen. Für die Gestaltung qualitätssichernder Maßnahmen beim Bauen im weitesten Sinne des Wortes und für eine abgerundete Ausbildung des Bauingenieurs mögen diese Überlegungen als Anstoß für weitere qualitätssichernde und bauwerkserhaltende Arbeiten dienen.

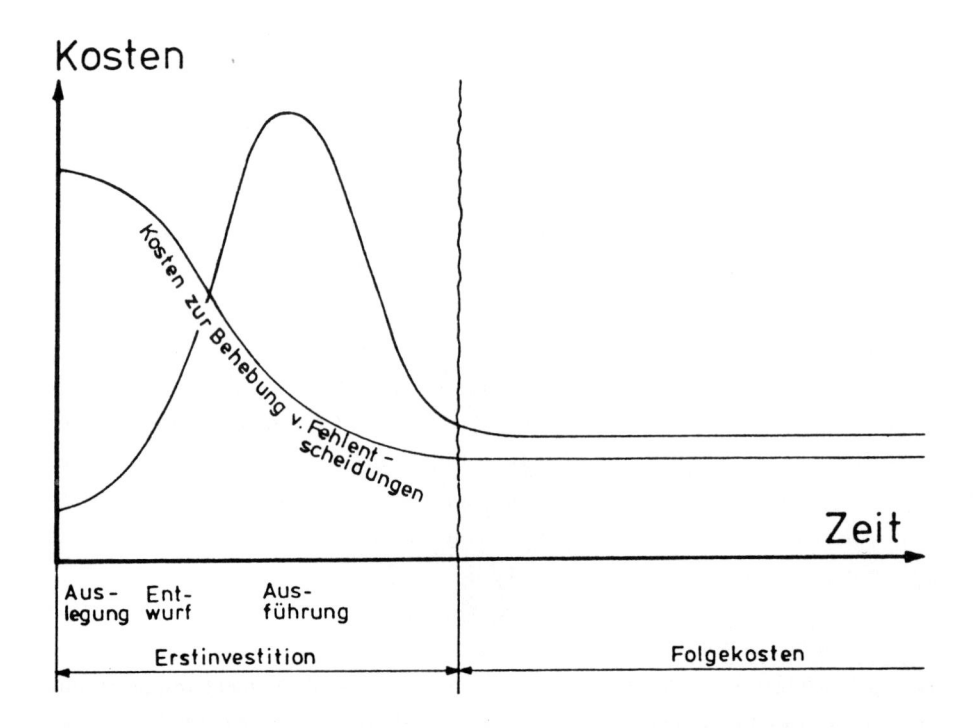

Tafel 2: Verhältnis der Investitionskosten zu den fehlerbedingten Kosten

LITERATUR

/1/ Springenschmid, R. (Hrsg.): Langzeitverhalten und Instandsetzen von Ingenieurbauwerken aus Beton. München: Baustoffinstitut 1987

/2/ KTA: allgemeine Forderungen an die Qualitätssicherung. Entwurf 2/87

Zur brandschutztechnischen Ertüchtigung von Gebäuden

K. Kordina, Braunschweig

SUMMARY

It is well known by experience, that difficulties arise to comply with preventive fire protection requirements, when existing buildings shall be redesigned, enlarged, get stories added or undergo a change in utilization. Even in new buildings the necessity of an improvement of the fire protection measures may occur occasionally. Problems of that kind become particularly important, when historical building monuments or collections shall be used again under modern aspects in consideration of actual fire requests or should be protected against fire damage respectively. This report tries to show examples and solutions for an improvement of fire precaution measures in existing buildings.

ZUSAMMENFASSUNG

Die Erfahrung zeigt, daß die Erfüllung feuerpolizeilicher Anforderungen im Rahmen des vorbeugenden, baulichen Brandschutzes zu Schwierigkeiten führt, wenn bestehende Bauwerke vergrößert (aufgestockt) oder in ihrer Nutzung verändert werden sollen. Aber auch bei Neubauten ergibt sich gelegentlich die Notwendigkeit einer nachträglichen brandschutztechnischen Nachrüstung. Probleme besonderer Art treten auf, wenn alte, denkmalgeschützte Bauwerke oder Sammlungen unter Beachtung feuerpolizeilicher Auflagen einer zeitgemäßen Nutzung zugeführt bzw. gegen Brandschäden geschützt werden sollen. Mit dem vorliegenden Bericht wird versucht, anhand ausgewählter Beispiele Lösungswege für eine brandschutztechnische Ertüchtigung aufzuzeigen.

PLANUNGSABLAUF UND BRANDSCHUTZKONZEPT

Von einer brandschutztechnischen Nachrüstung von Gebäuden wird in der Regel dann gesprochen, wenn die tragenden Bauteile eines bestehenden Bauwerkes etwa im Zuge einer Umnutzung in eine höhere Feuerwiderstandsklasse eingestuft werden sollen. Darüber hinaus haben vielfache Erfahrungen gezeigt, daß auch brandschutztechnisch "richtig" ausgelegte Bauwerke, deren tragende und raumabschließende Einzelbauteile den bauaufsichtlich gestellten Anforderungen als Einzelbauteile entsprechen, dennoch mangels einer umfassenden und konsequenten Planung des Brandschutzes Mängel in brandschutztechnischer Hinsicht zeigen. Die Gründe hierfür sind darin zu sehen, daß der Bauherr dem Planer gegenüber zunächst den Raumbedarf und seine Vorstellung von der Nutzung des zu errichtenden Bauwerks darlegt und in dieser ersten Planungsphase an die Forderungen des Brandschutzes nicht gedacht wird.

Charakteristische Mängel aus solchem Vorgehen sind beispielsweise fehlende oder unzureichende Unterteilungen des Gebäudes durch Brandwände, brandschutztechnisch mangelhafte Ausbaumaßnahmen - z. B. bei Einrichtungen der Klima- oder Elektrotechnik -, fehlender oder ungenügender Verschluß von Öffnungen in Bauteilen, die Brandabschnitte trennen und schließlich nicht hinreichend ausgestattete Rettungswege. Die nachfolgende Übersicht nennt die wichtigsten brandschutztechnischen Maßnahmen, die im Zuge der Planung zu beachten sind (Bild 1).

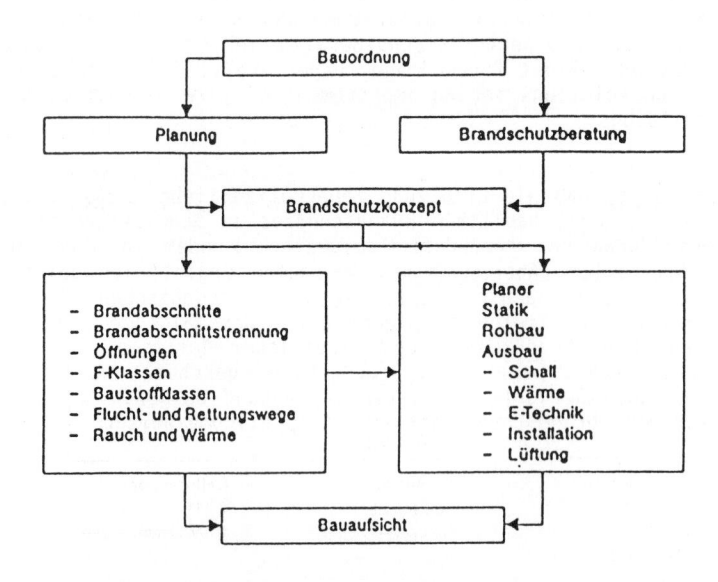

Bild 1: Planungsablauf und Brandschutzkonzept

Werden im Rahmen von Neubauplanungen rechtzeitig die bestehenden brandschutztechnischen Anforderungen beachtet und berücksichtigt, ergeben sich preiswerte Lösungen und werden nachträgliche Ertüchtigungsmaßnahmen unnötig. Demgegenüber zeigt die Erfahrung, daß die nachträgliche Behebung brandschutztechnischer Mängel ungewöhnlich hohe Kosten verursacht und unter Umständen die Nutzung des Bauwerks einschränkt oder verzögert. Bekanntlich kostet eine Vergrößerung der Betonüberdeckung um 1,0 cm weit weniger als eine nachträgliche Bekleidung von Stahlbetonbauteilen mit Brandschutzmaterialien!

Wer trägt nun die Verantwortung für Aufstellung und Einhaltung eines Brandschutzkonzepts? Nach gegenwärtiger Auffassung der Verwaltungsbehörden der Prüfingenieur für Baustatik; er soll deshalb demnächst die Berufsbezeichnung "Prüfingenieur für Bautechnik" erhalten. Sein Honoraranteil für diese Leistungen ist allerdings lächerlich gering und wird - zum Unterschied zum Architekten - nur aus der Rohbausumme abgeleitet; die ihm zur Prüfung vorliegenden Unterlagen zeigen aber auch nur die tragenden Bauteile und lassen den Ausbau mit seinen brandschutztechnisch oft entscheidenden Einzelheiten nicht erkennen. Aus solch einem Verfahren sind für schwierige Fälle keine brauchbaren Lösungen zu erwarten.

Bild 2 zeigt die Vielfalt der Brandschutzprobleme im Ausbau, deren planerische Bewältigung außerordentliche Sachkenntnisse und intensive Kleinarbeit erfordert. Ungeklärt ist auch bislang, wer die Überwachung der korrekten Ausführung dieser Arbeiten übernimmt und wer dies bezahlt. Der "Architekt 2000" wäre hierbei sicherlich überfordert! Aber auch der gut ausgebildete Bauingenieur verfügt in aller Regel nicht über die Kenntnisse und Erfahrungen, um Leistungen der hier infrage stehenden Art verantwortlich übernehmen zu können. Unter diesen Gesichtspunkten gewinnt eine Studienrichtung "Brandschutz" erhöhte Bedeutung.

Auslegung der Tragkonstruktion	Brandabschnittstrennung Verschluß von Öffnungen	Baustoffanforderungen
- dämmschichtbildende Anstriche - Putze - Plattenbekleidungen - Unterdecken	- Kabelschotts - Rohrschotts - Fugenverschlüsse - Türen - Verglasungen - Lüftungs-Kanäle	- Rettungswege (Flure) - Wandbekleidungen

Brandschutz im Ausbau

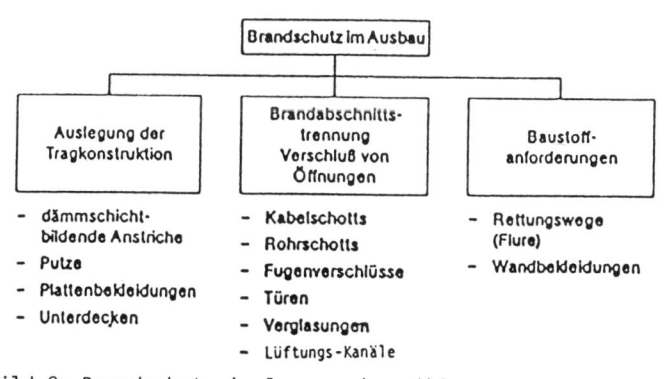

Bild 2: Brandschutz im Innenausbau /1/

BRANDSCHUTZTECHNISCHE ERTÜCHTIGUNG VON HOCHBAUTEN

Die nächträgliche brandschutztechnische Ertüchtigung bestehender und bereits genutzter Bauwerke des Hochbaues ist in aller Regel eine schwierige und sehr kostspielige Aufgabe. Es gibt Beispiele, wo elementare Forderungen des Brandschutzes - etwa die Bildung von Brandabschnitten, Vorkehrungen für Rettungswege und Nottreppenhäuser, der ordnungsgemäße Abschluß von Lüftungsleitungen und Kabeldurchführungen in Brandabschnitts-Grenzbauteilen - unberücksichtigt blieben und nachträglich erst verwirklicht werden mußten. Es läßt sich denken, welche Schwierigkeiten es bereitet, nachträglich Brandabschnitte zu bilden, wobei nicht nur neue Brandwände eingebaut werden müssen, sondern u. U. auch das gesamte betriebliche Versorgungssystem, das in aller Regel die neuen Abschnittsbegrenzungen durchdringt, vorschriftsmäßig abzuschotten ist. Ein schlechtes Beispiel zeigt Bild 3, eine nicht ordnungsgemäß ausgeführte Durchführung von Installations- und Lüftungsleitungen durch eine Brandwand, - was dann auch bei einem Brand zu einer schwerwiegenden Ausbreitung des Feuers geführt hat.

Bild 3: Unverschlossen verbleibene Öffnung zur Durchführung von Installations- und Lüftungsleitungen durch eine Brandwand

Bei der Prüfung bestehender Hochbauten in brandschutztechnischer Hinsicht ist mit größter Vorsicht vorzugehen, weil immer wieder die Beobachtung gemacht wird, daß beispielsweise Kabelabschottungen, die durch tragende Dekken hindurchführen, mit brennbarem Material verfüllt waren und lediglich oberflächlich durch dünne, nichtbrennbare und widerstandsfähig erscheinende Schichten abgeschlossen waren. Wiederholt wurde auch beobachtet, daß Türen in Wänden mit definierter Feuerwiderstandsdauer dieser zwar als solche brandschutztechnisch entsprachen, aber unzureichend in der Wand befestigt waren.

Bekanntlich sind bei Hochhäusern erhöhte Brandschutzanforderungen zu erfüllen; wird durch die Aufstockung eines bestehenden Gebäudes die Hochhausgrenze (oberste Decke > 22,0 m über Gelände) überschritten, müßten in allen Geschossen diese erhöhten Anforderungen durch Nachrüstung erfüllt werden, was in vielen Fällen zu unangemessen teuren baulichen Veränderungen führt. Ein Ausweg bietet sich insbesondere in großen unübersichtlichen Bauwerken dadurch an, daß erhöhten Brandschutzforderungen durch Verbesserung der Brandmelde- und Brandbekämpfungseinrichtungen entsprochen wird und hierdurch teure bauliche Veränderungen vermieden werden. Moderne Anlagen dieser Art sind in der Lage, frühzeitig zu warnen, den Nutzern des Bauwerks Fluchtwege unmißverständlich anzuzeigen und der Feuerwehr das Auffinden des Brandherdes zu erleichtern. Sprinklerung kann einen Brand schon in der Entstehungsphase löschen, zumindest an der Ausbreitung bis zum Eintreffen der Feuerwehr hindern. Solche kompensierenden Maßnahmen müssen natürlich in jedem Einzelfall mit den Bauaufsichtsbehörden abgestimmt werden.

Die Notwendigkeit sorgfältig geplanter Rettungswege wird am Beispiel von Krankenhäusern oder Altenheimen mit bettlägrigen Patienten deutlich: Rettungswege und Aufzüge müssen in ihren Abmessungen und brandschutztechnischen Vorkehrungen so gestaltet sein, daß die Patienten in ihren Betten kurzfristig evakuiert werden können. Aufzüge, in denen noch nicht einmal ein Bett Platz findet, sind hier nutzlos! Es muß auch bedacht werden, daß u. U. die Feuerwehr einen Lift für sich beansprucht, der im Brandfall nicht anderweitig benutzt werden darf.

Flure, die als Rettungswege dienen, sind im Regelfalle durch Wände und Decken der Feuerwiderstandsklasse F 90 zu begrenzen. Türen und andere Öffnungen (Verglasungen) in solchen Wänden werden meist in T 30 bzw. F 30 Ausführung zugelassen, wenn kompensierende Maßnahmen nachgewiesen werden.

Türen in Brandwänden müssen der Widerstandsklasse T 90 entsprechen und im Brandfalle verläßlich selbsttätig schließen; Türen, die Rettungswege abgrenzen, sollen möglichst auch selbstschließend ausgeführt werden. Die nachträgliche Erfüllung solcher Anforderungen ist nicht allzu schwierig, kann aber das Brandrisiko erheblich vermindern und als kompensierende Maßnahme gewertet werden.

In vielen Fällen ist der Einbau von Rauchschutztüren sinnvoll: Im Brandfalle kann bekanntlich eine Verrauchung großer Gebäudeabschnitte binnen weniger Minuten eintreten; dies erschwert nicht nur die Rettung der im Bauwerk befindlichen Personen und die Brandbekämpfung, sondern kann darüber hinaus auch zu unkontrollierten Handlungen der in Panik geratenden Bewohner führen.

BRANDSCHUTZTECHNISCHE ERTÜCHTIGUNG VON INDUSTRIEANLAGEN

Ertüchtigungsaufgaben dieser Art ergeben sich vorzugsweise im Zusammenhang mit Nutzungsänderungen der betreffenden Bauwerke. Oftmals muß zwischen baulichen, aber unangemessen teuren Nachrüstungsmaßnahmen und dem nachträglichen Einbau von Zusatzeinrichtungen auf dem Gebiet der automatischen Brandmelde- bzw. Brandbekämpfungstechnik abgewogen werden. Ein Entscheidungsversuch nur nach den Bestimmungen der Bauordnung und der brandschutztechnischen Regelwerke ohne Anhörung der Betroffenen und Abwägung der Verhältnismäßigkeit bzw. des Brandrisikos ist in aller Regel nicht hilfreich. Einige Beispiele:

Ältere Flachdächer, die im Industriebau noch häufig anzutreffen sind, stellen in mehrfacher Hinsicht ein brandschutztechnisches Gefahrenpotential dar, da sie - wegen damaliger mangelhafter Kenntnisse - unzureichend konzipiert sind. Handelt es sich um zweischalige Kaltdächer, besteht die Möglichkeit einer Brandausbreitung im Dachzwischenraum; wurden als Wärmedämmstoffe brennbare Materialien auf der Dachoberseite verwendet, besteht dort die Gefahr einer Brandausbreitung, erfahrungsgemäß vor allem bei Reparaturarbeiten an der Dachabdeckung mit offener Flamme. Eine brandschutztechnische Verbesserung solcher Gegebenheiten ist begreiflicherweise mit außerordentlichen Kosten verbunden; eine Begrenzung des Gefahrenpotentials könnte jedoch in vielen Fällen dadurch vergleichsweise billig herbeigeführt werden, daß vorhandene Trennwände zu Brandwänden ausgebaut und über die Dach-

fläche hinausgeführt werden, um solcherart im Falle eines Brandes dessen
Ausbreitung zu begrenzen. Auch ist die nachträgliche Anordnung von nicht-
brennbaren Dachbereichen möglich. Hier liegen allgemein bekannte Lösungen
vor (Bild 4).

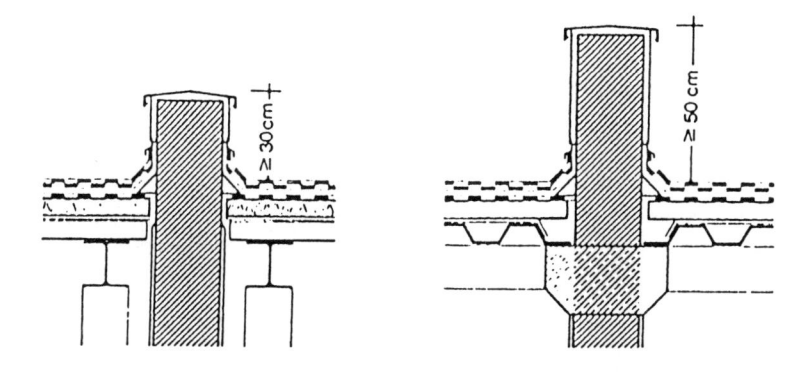

Bild 4: Unterteilung einer Dachfläche durch Verlängerung einer Trennwand über die Dachfläche hinaus

Ein weiteres, oft zu beobachtendes Gefahrenpotential bilden die aus dem
Fertigungsablauf des betreffenden Betriebs heraus notwendigen Öffnungen in
Brandwänden. Entsprechende Ertüchtigungsmaßnahmen können hier naturgemäß
nur im Einzelfalle festgelegt werden. T 30-Türen in Brandwänden sind sicher
fehl am Platze; sie sind durch T 90-Türen zu ersetzen. Dabei ist darauf zu
achten, daß diese Türen sicher verankert sind, automatisch schließen und
nicht etwa im Brandfalle offenstehen bleiben /2/.

Brandschutztechnisch unzureichend konzipierte Dehnfugen in Brandabschnitt-
Umschließungsbauteilen können die Brandausbreitung entscheidend begünsti-
gen, wie der "Linde"-Brand zeigte. Die Verfüllung der etwa 75 cm hohen und
nur 1 - 2 cm breiten Dehnfuge in der Decke zwischen Erd- und Obergeschoß
mit einer bituminierten Weichfaserplatte genügte zur Brandübertragung in
das nächst höhere Geschoß!

Eine brandschutztechnisch einwandfreie Nachrüstung ist bei Dehnfugen nicht
allzu schwierig; Eine Lösungsmöglichkeit zeigt Bild 5, die in abgewandelter
Form den örtlichen Gegebenheiten angepaßt werden könnte. Das eigentliche
Problem bildet die Forderung, daß Dehnfugen durch keinerlei Unebenheit in

der Fußbodenoberfläche den Verkehr behindern dürfen, ohne Wartung beweglich
und dicht bleiben müssen über Jahre hinweg und im Brandfall den Durchtritt
von Heißgasen oder Flammen zuverlässig zu verhindern haben.

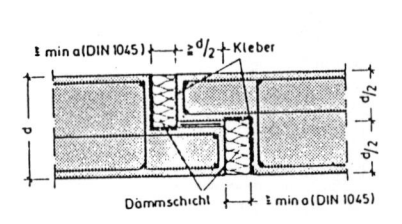

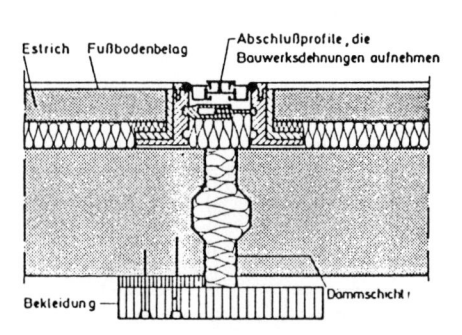

Bild 5: Beispiele für die Ausbildung von Dehnfugen
unter brandschutztechnischen Gesichtspunkten

Transformatorenstationen, die mit PCB-Ölen gefüllt sind, stellen insoferne
eine Gefahrenquelle dar, als in vielen Fällen Trafostationen von Bauteilen
umschlossen werden, deren Feuerwiderstandsdauer nicht ausreichend ist, um
eine Entzündung des PCB-Öles bei einem Brandangriff von außen zu verhindern. Bei einem Brande des PCB-Öles werden jedoch Dioxine frei, was zu einer schwerwiegenden Gefährdung der Umgebung führt. Eine Nachrüstung ist in
diesen Fällen geboten, aber i. d. R. einfach zu verwirklichen.

Besonderer Aufmerksamkeit im Zusammenhang mit Nachrüstungsproblemen bedürfen Kraftwerke, insbesondere auch Kernkraftwerke: Zwar sind die Brandlasten
in den sensitiven Bereichen solcher Industrieanlagen im allgemeinen klein,
doch besteht dennoch im Brandfalle die Gefahr der Verrauchung größerer Bereiche, die für die Bekämpfung des Brandes oder zur Flucht des Bedienungspersonals benötigt werden. Mehrere lebenswichtige Steuer- und Betriebssysteme nebeneinander zur Sicherung der Redundanz sind wertlos, so lange
die Versorgungs- und Steuerleitungen dieser Systeme nicht brandschutztechnisch getrennt geführt werden. Hier kann ein Bedarf an brandschutztechnischer Nachrüstung, wie einzelne Untersuchungen an bestehenden älteren Anlagen gezeigt haben, durchaus bestehen /3/. Bild 6 zeigt einen aus mehreren
Teilen bestehenden Brandabschnitt in einem KKW, in welchem die Temperaturentwicklung und Rauchweiterleitung bei natürlichen Bränden studiert wurde.

Die Brandlast in derartigen Anlagen besteht im sensitiven Bereich aus dem Ölvorrat in Pumpen und den Kabeltrassen. Zwar klingen die Temperaturen meist schon in vergleichsweise geringer Entfernung vom Brandherd ab, doch ergibt sich eine starke Verrauchung, deren Beseitigung bei Gefahr einer Strahlenbelastung der Rauchpartikel problematisch werden kann.

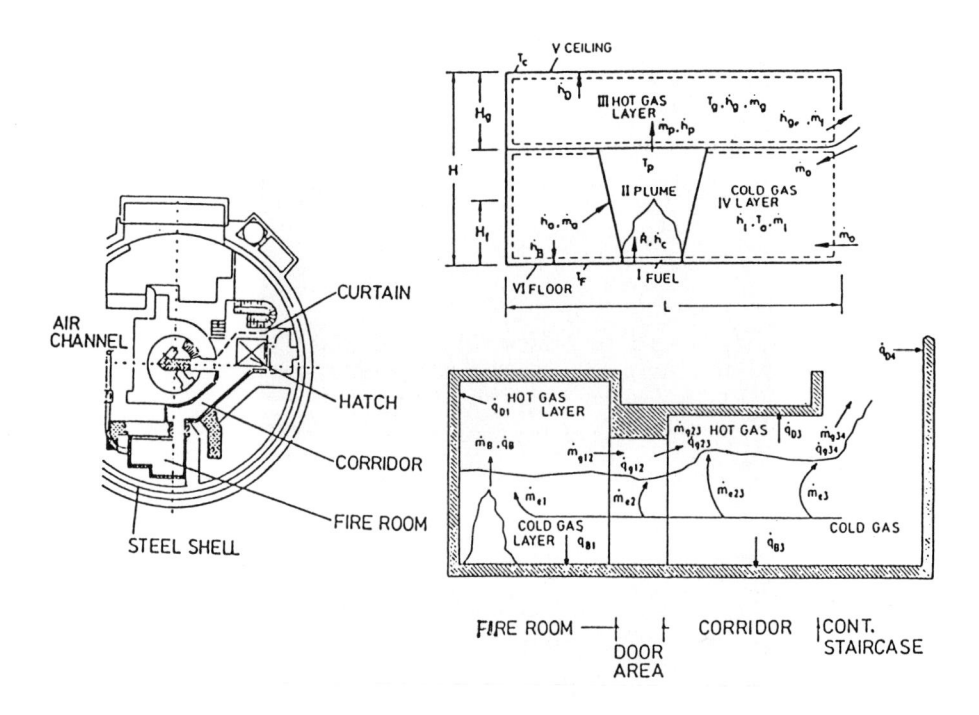

Bild 6: Brandabschnitt in einem Kernkraftwerk;
Mehrraum- und Mehrzonenmodell mit Angabe
der lokalen Energie- und Massenflüsse

Aufgaben besonderer Art ergeben sich dann, wenn umschlossene Verkehrswege, wie beispielsweise Tunnelanlagen, in brandschutztechnischer Hinsicht nachgerüstet werden sollen, um einen definierten Objektschutz sicherzustellen. Anhand der zu erwartenden Fahrzeuge und ihrer Brandlast und unter Berücksichtigung der Geometrie der Tunnelanlage und der Ventilationsverhältnisse konnte mit Hilfe von Wärmebilanzrechnungen der Ablauf von Fahrzeugbränden rechnerisch erfaßt werden; Brandversuche in Tunneln oder vergleichbaren Anlagen haben die Wirklichkeitsnähe dieser Rechenergebnisse gezeigt. Die Art der Ertüchtigungsmaßnahmen hängt naturgemäß von den im Einzelfall zu berücksichtigenden Randbedingungen ab.

Vor allem in Straßentunneln, wo große Brandlasten per LKW befördert werden und der Verkehrsfluß weit höher risikobehaftet ist als etwa beim Betrieb einer Vollbahn, sind Brandschutzmaßnahmen dringend geboten. Bild 7 zeigt den Autobahntunnel Moorfleet nach dem Brand eines LKW-Anhängers. Die etwa 1,0 m dicke Betonplatte (Tunneldecke) mußte auf nahezu 50 m erneuert werden /4/.

Bild 7: Autobahntunnel Moorfleet nach dem Brand eines LKW-Anhängers mit hoher Brandlast

Die Aufgabe von Vorsorge- und Nachrüstungsmaßnahmen in Tunnelanlagen ist meist weniger, einen Kollaps des Tunnels zu vermeiden, sondern die Schäden im stärksten anzunehmenden Brand soweit zu begrenzen, daß Reparaturen "von innen" in einfacher Weise ausgeführt werden können (definierter Objektschutz). Der Umfang des Objektschutzes wird in entscheidendem Maße von der

Art des Tunnelbauwerks, von seiner Nutzung und von dem gleichzeitig zu erfüllenden Personenschutz abhängen.

In engen U-Bahn-Tunnelröhren erreicht die Temperatur der Brandgase nach wenigen Minuten ∿ 1000 °C und verbleibt in dieser Höhe je nach Menge der Brandlast jedenfalls 10 Min., meist länger. Wenn demgegenüber U-Bahnen z. B. im großen Hohlkasten von Spannbeton-Brücken geführt werden (Reichsbrücke Wien), kann der Temperaturanstieg im Brandfalle deutlich langsamer erfolgen (Bild 8). Für Straßentunnel gelten höhere und länger anhaltende Heißgastemperaturen wegen der hohen und konzentrierten Brandlasten /4/. In diesen und einigen anderen, ähnlich gelagerten Fällen konnten wir wichtige Hinweise für eine sichere, wirtschaftliche und dauerhafte brandschutztechnische Ausführung im Sinne eines definierten Objektschutzes geben /4,5,6/.

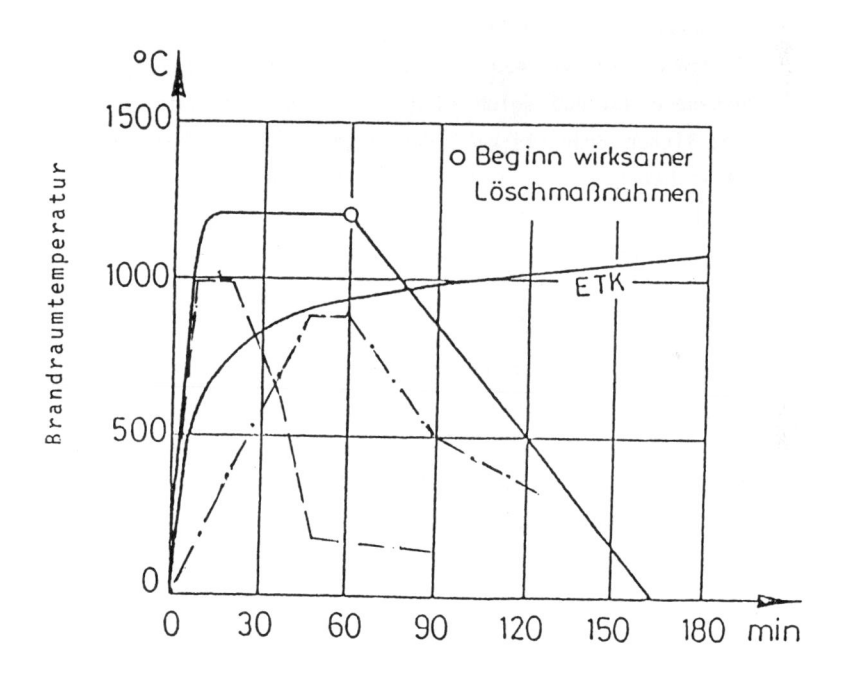

——— Straßentunnel
— — — U-Bahn-Kurzzug in eingleisigem Tunnel
—·—·— U-Bahn-Langzug in zweigleisigem Tunnel

Bild 8: Beispiele für Rechenannahmen über Temperatur-Zeitverläufe in unterirdischen Verkehrsanlagen

BRANDSCHUTZTECHNISCHE ERTÜCHTIGUNG DENKMALGESCHÜTZTER BAUWERKE, MUSEEN UND SAMMLUNGEN

Gegenwärtig wächst das Interesse an denkmalswürdigen Bauwerken zusehends; bisher ungenutzte, alte Bauwerke, die zu verfallen drohen, werden wieder instandgesetzt, um sie einer zeitgemäßen Nutzung zuzuführen. Da die Besitzer solcher Objekte in der überwiegenden Zahl aller Fälle Vereine, Organisationen (Kirchen) oder Kommunen sind, wird im Regelfalle eine Nutzung als Versammlungsstätte, als Bibliothek, als Kinderhort oder als Seniorenheim angestrebt.

Probleme des Brandschutzes ergeben sich dadurch, daß viele dieser Objekte zu einer Zeit errichtet wurden, als man mangels ausreichender Brandschutztechniken das Abbrennen des Gebäudes, ja ganzer Häuserzeilen, hinnehmen mußte. Der für Decken und Dachstühle eingesetzte Baustoff war Holz, es fehlte darüber hinaus an wirksamen Brandabschnittsunterteilungen. Zudem führt die vorgesehene Nutzung solch eines wiederinstandgesetzten Bauwerks dadurch zu zusätzlichen Brandrisiken, daß gegenüber dem früheren Zustand nun sehr viel mehr Bewohner oder Besucher im Falle eines Brandes in Gefahr geraten. Das zwingt den "Brandschützer" u. U. zu nachhaltigen Eingriffen in die Bausubstanz /7/, was jedoch der beamtete Denkmalschützer in der Regel zu verhindern sucht.

Durch radikale Entfernung aller brennbaren Stoffe und die Schaffung zusätzlicher Fluchtwege sowie den Einbau automatischer Brandbekämpfungsanlagen konnte z. B. eine alte Fabrikhalle mit schönen, unverkleideten gußeisernen Stützen als Versammlungsraum weitergenutzt werden. Der Umstand, daß solche alten Stützen oft überbemessen sind und zumindest teilweise massige Querschnitte zeigen, kann im Zuge einer detaillierten Untersuchung zu dem Ergebnis führen, daß die Feuerwiderstandsdauer dieser Bauteile die 30-Minuten-Grenze erreicht.

Auf der Grundlage solcher Untersuchungen und Überlegungen ist es wiederholt gelungen, Ausnahmegenehmigungen gegenüber der Forderung nach F 90-Ausbildung aller tragenden Bauteile zu erhalten.

Die Erfüllung brandschutztechnischer Forderungen unter Berücksichtigung der Gesichtspunkte des Denkmalschutzes führt gelegentlich zu schwierigen Auseinandersetzungen, da es ja das Anliegen des Denkmalschützers sein muß, das

Bauwerk nach Möglichkeit in seinem Originalzustand zu erhalten. Demnach muß es einem Denkmalschützer verständlicherweise schwerfallen zu erkennen, daß beispielsweise eine alte Holzbalkendecke über oder unter einem Versammlungsraum, die wie Zunder abbrennen könnte, nicht hingenommen werden darf; er wird sich zunächst weigern, als Ersatz eine Stahlbetonplatte zu akzeptieren, die - meist schon allein zur Wiederherstellung der Standsicherheit des Bauwerkes erforderlich - an ihrer Unterseite Teile der ursprünglichen Holzdecke zeigt und an ihrer Oberseite das seit Jahrhunderten mit Bohnerwachs gepflegte Parkett aufgeklebt erhält. In solchen Fällen wäre eine flexible Haltung des Denkmalschutzes sehr erwünscht.

Der Brandschutz kulturhistorisch wertvoller Bauwerke beschränkt sich nun in aller Regel nicht nur auf die Bausubstanz; solche Bauwerke enthalten meist auch wertvolle Einrichtungsgegenstände:

Der Schutz von Sammlungen, Kunstschätzen, von Wand- und Deckengemälden, Kircheneinrichtungen, Möbeln und ähnlichem mehr stellt die Eigentümer, aber auch die Feuerwehren, vor besondere Aufgaben: Soweit möglich, wird man die Unterbringung solcher Sammlungen in vergleichsweise kleinen Brandabschnitten anstreben und nach Löschmitteln Ausschau halten, die möglichst keine Wasserschäden hinterlassen. Automatische Brandmeldeanlagen, Bergungspläne für bewegliche Kunstschätze sowie regelmäßige Kontrollen durch ein Personal, das auf sofortiges Eingreifen im Falle eines Brandes mit Hilfe gut erreichbar bereitgestellter Handfeuerlöscher trainiert ist, kann hier Wesentliches zur Minderung der Brandgefahren beitragen.

Denkmalschützer sehen ihre Aufgabe naturgemäß vor allem in der Erhaltung der originalen Gebäudesubstanz, der Inneneinrichtung einschließlich aller Kunstgegenstände, der Bilder, Wandmalereien und vielem anderen mehr. In ihren Augen ist die größte Gefahr im Falle eines Brandes der Löschwasserschaden. Demgegenüber denken die Feuerwehren in erster Linie an den Personenschutz, dann an den Sachschutz und ganz zuletzt - wenn überhaupt - an Löschwasserschäden. Zwischen Denkmalschutz und Brandschutz besteht somit ein Konflikt sowohl hinsichtlich der Schutzziele als auch im Zusammenhang mit dem Streben nach Originalität der Bauteile im einzelnen oder des ganzen Bauwerks.

So sind z. B. die Fachwerkwände in originalen Bauwerken aus vergangenen Jahrhunderten brandschutztechnisch nutzlos.

Ein sachgemäßer Brandschutz von historischen Bauwerken mit besonders schützenswertem Inhalt kann angesichts des beschriebenen Zielkonflikts nur durch gegenseitiges Verstehen und Zusammenarbeit zwischen Denkmal- und Brandschützern erreicht werden. Es sei darauf hingewiesen, daß sich die Sachversicherer intensiv mit diesem Fragenkomplex beschäftigen und schon eine Reihe ausgezeichneter, auf den jeweiligen besonderen Fall bezogener Konzepte entwickelt haben /8/.

In jedem Einzelfall - und das gilt nicht nur für denkmalgeschützte Bauwerke - sollte die brandschutztechnische Nachrüstung von Gebäuden auf konstruktiven Lösungsmöglichkeiten beruhen, nicht nur auf vorbeugende bauliche, sondern auch auf betriebliche und organisatorische Schutzmaßnahmen zurückgreifen, keineswegs aber die starre Erfüllung gegenwärtiger baurechtlicher Forderungen verlangen, wenn das öffentliche und individuelle Sicherheitsbedürfnis auf anderen, neuen Wegen befriedigt werden kann /7,8/. Hier wünscht man sich eine auf solche Hochbauprobleme zugeschnittene neue DIN 18 230, welche die Ermittlung realistischer Brandschutzanforderungen erlauben sollte.

LITERATUR

/1/ Wesche, J.: Brandschutz im Ausbau - richtig geplant. Schadensprisma 4/1986

/2/ Verband der Sachversicherer und VBDB: Fachtagung Bauen und Brandschutz 1979

/3/ Kordina, K., Schneider, U., König, G., Hosser, D.: Bestandsaufnahme brandschutztechnischer Gegebenheiten, Maßnahmen und Bestimmungen in Kernkraftwerken. Forschungsvorhaben BMI SR 144

/4/ Kordina, K.: Baulicher Brandschutz in Straßen- und U-Bahn-Tunneln. Bauingenieur 1981

/5/ Kordina, K., Haksever, A.: Fire engineering design of the new Reichsbrücke in Vienna, 1983. ACI Special

/6/ Kordina, K., Krampf, L.: Empfehlungen für brandschutztechnisch richtiges Konstruieren von Betonbauwerken. DAfStb, Heft 352

/7/ Günther, K.P.: Probleme des Brandschutzes in denkmalgeschützten Gebäuden aus der Sicht der Feuerwehr. Schadensprisma 4/1986

/8/ Kallenbach, J., et al.: Brandschutz in Baudenkmälern und Museen. Arbeitsgruppe im Verband der Sachversicherer

Die Anwendung der Traglasttheorie im Massivbau erfordert auch eine nichtlineare Elastizitätstheorie

U. Quast, Hamburg

SUMMARY

With respect to safety the application of ultimate limit state design is prescribed to be used for slender elements under compression. For statically undeterminate beams German standards do only allow a moderate redistribution of the elastically computed moments of only $\pm$ 15 %. Test results show that in special cases redistributions up to 50 % are acceptable but then a check of the crack width under service load condition is unavoidable or fatigue has also to be considered. It is shown, that this can become the design criteria whereas the limited rotation capacity in the most stressed sections is less important. Therefore a nonlinear calculation method is more needed in concrete engineering than a plastic hinge procedure. This enables to make complete usage of the benefits of the nonlinear concrete behaviour, as far as simplified reinforcement, imposed actions or economic aspects are concerned.

ZUSAMMENFASSUNG

Mit zunehmender Umlagerung der elastisch berechneten Momente gewinnen Nachweise unter Gebrauchslast an Bedeutung. Das sichere Vermeiden des Fließens unter Gebrauchslast kann zum maßgebenden Nachweiskriterium werden. Hierfür ist die Anwendung nichtlinearer Berechnungsverfahren wichtiger als die Klärung der Voraussetzungen zur Anwendung der Fließgelenktheorie im Betonbau. Die an die Beanspruchung angepaßte Bemessung erlaubt ohnehin die Nutzung der Querschnittstragfähigkeit ohne übertrieben große Querschnittskrümmungen und allein mit Berücksichtigen des Aufreißens werden Zwängungen zutreffend erfaßt. Nichtlineare Berechnungen würden bei ihrer praktischen Anwendung sehr rasch ergeben, was der Bauweise nutzt und was ihr nicht nutzen kann.

1 EINLEITUNG

Während sich die Traglasttheorie in den zurückliegenden Jahren im Betonbau für die Bemessung von Druckgliedern durchgesetzt hat, halten die Meinungsverschiedenheiten über ihre Anwendung bei statisch unbestimmten Stabwerken noch an. Duddeck (1984) faßt die noch vorherrschende Meinung in /2/ folgendermaßen zusammen: "Die Anwendung des Traglastverfahrens wird jedoch im Stahlbau wegen der größeren Plastizierfähigkeit stets größere Bedeutung haben als im Stahlbetonbau". Walther (1984) hatte in /15/ darauf hingewiesen, daß die in Deutschland festzustellende Skepsis oder gar Ablehnung wohl auf dem Mißverständnis beruhen muß, daß unter dem Traglastverfahren fälschlicherweise immer bloß die vereinfachte Anwendung als kinematische Methode mit Fließgelenken verstanden wird. Die von Woidelko, Schäfer und Schlaich (1986) durchgeführten Versuche ergaben, daß in Durchlaufträgern Momentendeckungsgrade über den Stützen bis hinab auf 60 % der Momente nach der linearen Elastizitätstheorie möglich sind, wenn die Bewehrung zweckmäßig verteilt wird /16/. Die von ihnen angegebenen Grenzen für Schnittkraftumlagerungen werden auch von H. B. Kupfer (1986) im wesentlichen bestätigt und durch weitere Gesichtspunkte für die Berücksichtigung einer begrenzten Plastizität im Betonbau ergänzt /8/. Gemeinsam wird auf die besondere Bedeutung des Verhaltens im Gebrauchszustand hingewiesen, wenn die Schnittkraftumlagerung weitergehend ausgenutzt wird als dies gegenwärtig mit $\pm$ 15 % in üblichen Hochbauten nach DIN 1045 zulässig ist.

Obwohl von Beck und Bubenheim (1972) oder Janko (1974) schon seit langem programmierbare Verfahren in /1/ und /7/ bekannt sind, hat die Anwendung einer nichtlinearen Stabstatik im Betonbau - von ganz seltenen Einzelfällen abgesehen - keine rechten Fortschritte gemacht. Für das Verstehen der nichtlinearen Zusammenhänge und ihrer Auswirkungen ist eine vereinfachte Darstellung unerläßlich. Es ist zwar richtig, daß alles was vereinfacht wird, damit letztlich auch verfälscht wird; aber es trifft auch zu, daß vieles nur dadurch verständlich wird, daß es vereinfacht wird. Außerdem werden Näherungsverfahren auch für die unerläßlichen Kontrollen programmgesteuerter Berechnungen ihre Berechtigung behalten. Rothert und Gensichen (1986) sprechen andererseits den Nachteil vieler vereinfachter Verfahren im Hinblick auf die Wirtschaftlichkeit an und beschränken sich deshalb bezüglich des Betonbaues auf die Abhandlung der Grundlagen /14/.

Ein folgerichtiger Ansatz für eine vereinfachte Anwendung wäre eine Linearisierung der Moment/Krümmungs-Beziehung. Rabich (1969 und 1972) hat dies zur Berechnung statisch unbestimmter Tragwerke aus Stahlbeton und zur Berechnung der Formänderungen vorgeschlagen /11 - 13/. Quast (1970) hat die Linearisierung unabhängig von ihm zur analytischen Lösung für den ausmittig gedrückten Stahlbetonstab mitbehandelt /10/. Die Untersuchungen von Hees (1976, 1977) betrachten die Linearisierung eigentlich auch nur in Zusammenhang mit der Berechnung von Druckstäben nach der Theorie 2. Ordnung /4, 5/. Die Anwendung der Bemessungstafeln im Heft 220 des DAfStb, die ebenfalls einen linearisierten Moment/Krümmungs-Zusammenhang beinhalten, setzt sich gegenüber dem Ersatzstabverfahren mit der Anwendung der Bemessungsnomogramme nicht durch, weil es sich mehr und mehr durchgesetzt hat, programmgesteuert nachzuweisen.

Die gegenwärtige Lage ist dadurch gekennzeichnet, daß die Nichtlinearität im Betonbau zwar bezüglich der Querschnittstragfähigkeit seit langem ausschließlich berücksichtigt wird; daß sie aber bezüglich der Systemtragfähigkeit nur bei Druckstäben voll beachtet wird, weil dies aus Gründen der Sicherheit verbindlich so vorgeschrieben ist. Die Vorteile des nichtlinearen Verhaltens können für andere Tragwerke nach deutschen Regelwerken bislang nur ganz bescheiden genutzt werden. Eigentlich sollte die Lage als paradox empfunden werden: Die Nichtlinearität muß in komplizierten Fällen beachtet werden, sie darf hingegen in einfachen Fällen nicht gleichermaßen genutzt werden. Es wird weiterhin versäumt werden, diesen Widerspruch zu beseitigen, wenn die Anwendung der Traglasttheorie weiterhin davon abhängig gemacht wird, auch noch die letzten Fragen großer Gelenkrotation geklärt zu haben, obwohl sie garnicht von so vorrangiger Bedeutung ist, wie dies fälschlicherweise immer noch gesehen wird. Hierzu werden einige Gedanken erläutert.

2 ANWENDUNG DER TRAGLASTTHEORIE

2.1 VORTEILE

Über die Vorteile bei Anwendung der Traglasttheorie besteht Klarheit. Nur sie erlaubt überhaupt eine wirklichkeitsnähere Beurteilung /2/, wie sie erforderlich ist, um
- die Materialfestigkeit ausnutzen zu können und um
- die Auswirkung von Zwängungen zutreffend zu erfassen.

Hieraus folgen als weiter genannte Vorteile im Betonbau /8/:
- Einfachere Bewehrungsführung,
- Vermeiden von störenden Bewehrungsanhäufungen,
- Entlasten von Druckzonen und
- allgemein gleichmäßigere Materialausnutzung.

2.2 VORAUSSETZUNGEN

In welcher Weise die Traglasttheorie sinnvoll angewendet wird, hängt auch entscheidend von der Bauart ab.
- Bei Verwendung von Walzträgern hat man stabweise einheitliche Querschnitte, die zu ihrer vollen Ausnutzung große Querschnittskrümmungen voraussetzen und die sich in Tragwerken wie Fließgelenke ansehen lassen. Im Betonbau wird die Bewehrung an die örtliche Beanspruchung angepaßt, so daß auch bei einheitlichen Betonabmessungen unterschiedliche Querschnittstragfähigkeiten vorliegen, zu deren Ausnutzung auch kleinere Querschnittskrümmungen erforderlich sind, weil nur die am Rande angeordneten Bewehrungsstäbe voll ausgenutzt werden müssen. Fließgelenke sind im Betonbau weitaus weniger Voraussetzung, um in statisch unbestimmten Tragwerken alle maßgebenden Querschnitte bezüglich ihrer Tragfähigkeit ausnutzen zu können /15/.
- Das Fließen unter Gebrauchsbeanspruchung stört bei vielen Stahlkonstruktionen überhaupt nicht. Im Betonbau wirkt es sich dagegen immer nachteilig auf das Rißbild aus, weshalb es absolut vermieden werden muß /8/. Die Begrenzung der Rißweiten ist in der Regel überhaupt unmöglich, wenn die Bewehrung fließt.
- Die lineare Elastizitätstheorie gilt im Stahlbau praktisch bis zum Erreichen der Streckgrenze; ohne beanspruchungsabhängige Abminderung der Biegesteifigkeit EI_b im Betonbau dagegen nur bis zum Aufreißen. Gegenüber den großen Querschnittskrümmungen in den Fließgelenken sind die elastischen Krümmungen der übrigen Bereiche im Stahlbau vernachlässigbar; im Betonbau sind die Krümmungen in gerissenen Bereichen mit zunehmender Schlankheit dagegen nicht mehr vernachlässigbar, auch deshalb nicht, weil sich die Querschnittskrümmungen zur Ausnutzung der Querschnittstragfähigkeit und die Krümmungen im gerissenen Zustand nicht so sehr in ihrer Größe unterscheiden.

Daß die Anwendung der Fließgelenktheorie im Betonbau ungeeignet sein kann, selbst dann, wenn die begrenzte Plastizierfähigkeit nicht maßgebend ist, ergibt sich beispielsweise bei näherem Besehen des Vorschlages von Herzog (1984) in /6/. Bei gleichzeitigem Erreichen der Streckgrenze ε_s = 1.53 mm/m in der Stielbewehrung an beiden Rändern mit dem Schwerpunktsabstand z_s = 4.9 cm ergibt sich eine Krümmung von $1/r = \varepsilon_s/z_s$ = 1.53/0.049 = 31.2 1/km. Bei parabelförmigem Krümmungsverlauf würde hieraus eine Stielverformung von $v = 0.1 \cdot 31.2 \cdot 5.6^2$ = 98 mm folgen, die deutlich größer als die in Bild 1 angegebene Verformung nach Bilden eines plastischen Gelenks von 56 mm ist. Der Rahmen versagte tatsächlich auch infolge Steifiggkeitsverlustes nach dem Aufreißen noch lange vor Erreichen der Streckgrenze. Außerdem ist beim Vorschlag Herzog unverständlich, weshalb die Lastausmitte von a = 7.1 cm allein auf den Stiel angesetzt wird, was einer vollständigen Vernachlässigung der Biegetragfähigkeit des Riegels entspricht. Die Überschätzung der Tragfähigkeit würde bei folgerichtigem Vorgehen noch größer werden als die ohnehin schon angegebenen 35 %. Die Voraussetzungen zur Anwendung der Fließgelenktheorie sind somit in diesem Fall bei sorgfältiger Betrachtung einfach nicht gegeben.

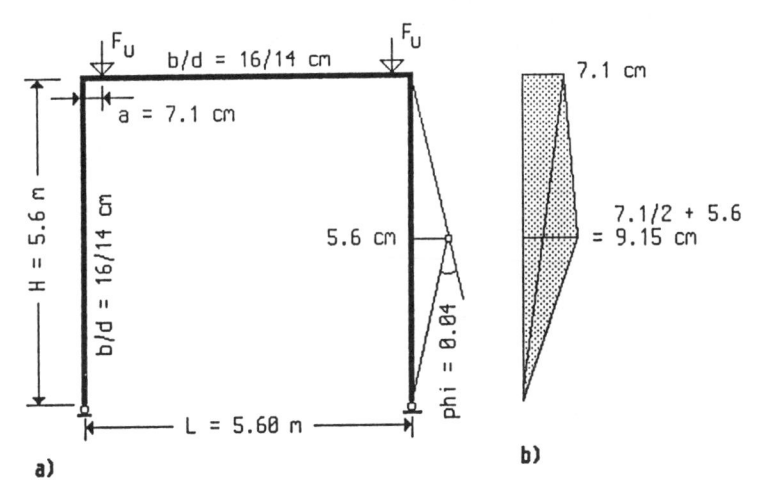

Bild 1. Dresdner Versuchsrahmen Nr. 22 von Bochmann und Röbert (1965).
a) Abmessungen, b) Lastausmitte beim Bruch nach Herzog (1984) /6/.

2.3 GRENZEN

Die praktische Anwendung der Traglasttheorie auch zur Nutzung der vollen Systemtragfähigkeit wird im Betonbau entsprechend deutschen Regelwerken bislang nur durch eine begrenzte Umlagerung der nach der Elastizitätstheorie errechneten Momente verfolgt.

H. B. Kupfer (1986) unterbreitet einen Vorschlag, die Schnittkraftumlagerung im Hinblick auf die begrenzte Plastizität auf 15 bis 50 % zu begrenzen /8/. Er erläutert, daß im üblichen Hochbau jedoch nur Umlagerungen bis zu 30 % ausgenutzt zu werden brauchen, um die in 2.1 genannten Vorteile zu erreichen. Bei Umlagerungen von mehr als 20 % werden im Hinblick auf die Beanspruchung unter Gebrauchslast gesonderte Nachweise für die Rißbreitenbeschränkung und ggf. für die Ermüdungsfestigkeit verlangt.

Woidelko, Schäfer und Schlaich (1986) nennen die Abdeckung von 60 % der elastisch ermittelten Stützmomente als absolute Grenze, um "hoffnungslose" Fälle von vornherein auszuscheiden, wobei ihr Einhalten andererseits ausdrücklich nicht den Nachweis für Gebrauchslasten erübrigt /16/.

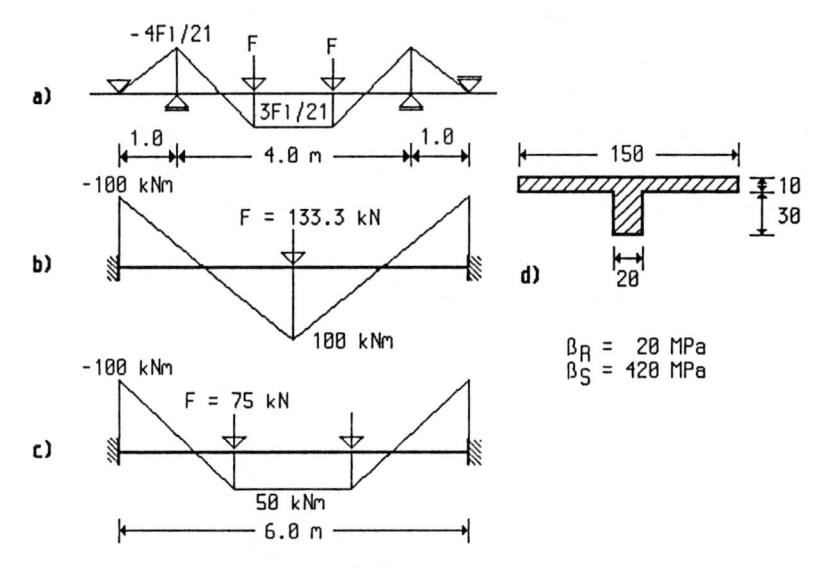

Bild 2. Untersuchte Balken. a) Stuttgarter Versuchsbalken nach Woidelko, Schäfer und Schlaich (1986) /16/, b) Balken mit einer Einzellast, c) Balken mit zwei Einzellasten, d) Betonquerschnitt.

2.3.1 Gebrauchszustand

In statisch unbestimmten Tragwerken stellt sich die Beanspruchung unter Gebrauchslast nach Maßgabe einer verträglichen Krümmungsverteilung ein. Sie bestimmt die Schnittgrößenverteilung und die für die Rißbreitenbeschränkung maßgebenden Dehnungen der Bewehrungsstäbe. Nachfolgend werden die Auswirkungen unterschiedlich großer Schnittkraftumlagerungen auf die Krümmungsverteilung betrachtet. Hierzu wurden die beidseitig eingespannten Träger nach Bild 2 b) und c) mit dem Betonquerschnitt der

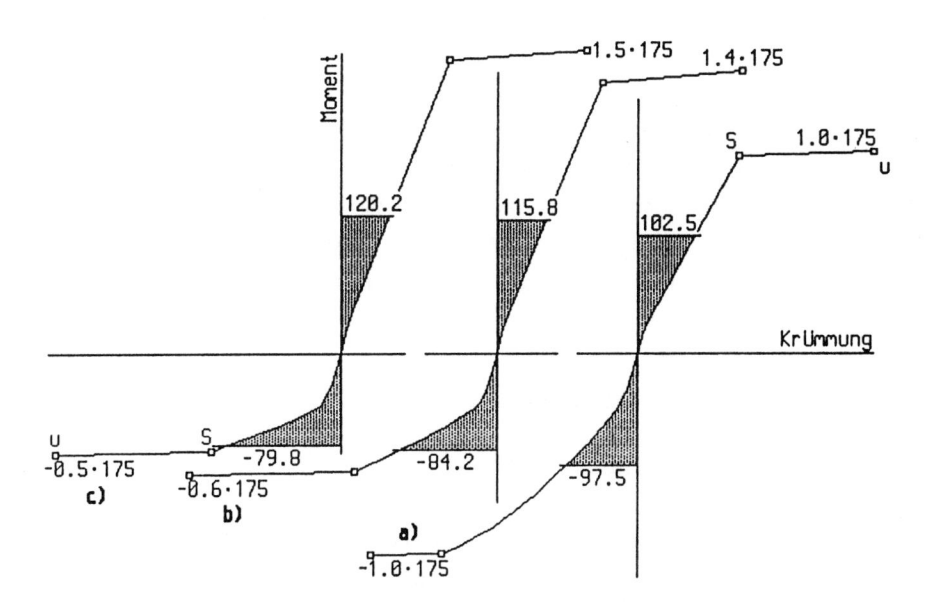

Bild 3. Moment/Krümmungs-Beziehungen und Momente unter Gebrauchslast für den eingespannten Balken mit einer Einzellast. a) Momentendeckungsgrad η_{st} = 100 %, b) 60 %, c) 50 %.

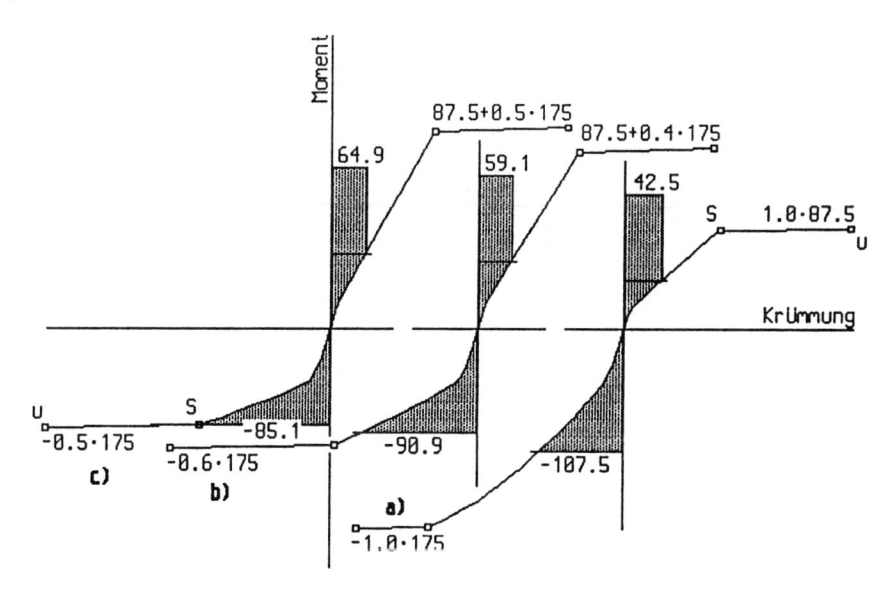

Bild 4. Moment/Krümmungs-Beziehungen und Momente unter Gebrauchslast für den eingespannten Balken mit zwei Einzellasten. a) Momentendeckungsgrad η_{st} = 100 %, b) 60 %, c) 50 %.

Stuttgarter Versuche nach Bild 2 d) bemessen und unter Berücksichtigung des Aufreißens und der versteifenden Mitwirkung des Betons in der Zugzone berechnet. Das Verhältnis M_{st}/M_F der elastisch ermittelten Stütz- und Feldmomente ist unter Gebrauchslast im Fall b) 1:1 und im Fall c) 2:1. Bei den Stuttgarter Versuchen war das Verhältnis für Fall a) 4:3; es lag somit zwischen den hier untersuchten Fällen. Die Moment/Krümmungs-Beziehungen sind in den Bildern 3 und 4 maßstäblich dargestellt und die wesentlichen Ergebnisse enthält Tabelle 1.

Tabelle 1.   Zusammenstellung der wesentlichen Ergebnisse

| | | < Eine Einzellast > | | | < Zwei Einzellasten > | | |
		< F = 133.3 kN >			< F = 75.0 kN >		
η_{st}	%	100	60	50	100	60	50
-- Stütze							
M	kNm	-97.5	-84.2	-79.8	-107.5	-90.9	-85.1
A_{s1}	cm²	14.94	7.94	6.48	14.94	7.94	6.48
ω		0.43	0.23	0.19	0.43	0.23	0.19
1/r	1/km	-4.99	-6.65	-7.88	-5.80	-7.74	-9.19
ε_{s1}	mm/m	0.76	1.32	1.71	0.90	1.54	2.05
ξ_{st}	%	-2.5	-15.8	-20.2	+7.5	-9.1	-14.9
-- Feld							
M	kNm	102.5	115.8	120.2	42.5	59.1	64.9
A_{s2}	cm²	12.15	17.18	18.45	5.98	10.90	12.15
1/r	1/km	3.94	3.33	3.26	2.57	2.26	2.31
ε_{s2}	mm/m	1.12	0.91	0.88	0.76	0.64	0.65
v	mm	5.81	5.71	5.87	6.49	6.11	6.25

Wegen des abschnittsweise geradlinigen Verlaufes der Biegemomente läßt sich die Krümmungsverteilung jeweils einer Balkenhälfte unmittelbar in den Moment/Krümmungs-Beziehungen in den Bilder 3 und 4 darstellen. Gegenüber dem Fall a) ohne Umlagerung nimmt die Länge des Feldbereichs mit positiver Krümmung in den Fällen b) und c) mit η_{st} = 60 und 50 % Abdeckung des elastischen Einspannmomentes zu. Die positive Krümmung nimmt umgekehrt wegen der jeweils größeren Feldbewehrung nicht zu sondern leicht ab. Die Verträglichkeit der Verformungen erfordert in den hier betrachteten Fällen, daß die Flächen der positiven und negativen Krümmungen gleich groß sind. Bei abnehmender Abdeckung der elastischen Einspannmomente und der daraus folgenden abnehmenden Länge des negativen Krümmungsbereiches muß die negative Krümmung an der Einspannstelle entsprechend anwachsen. Sie wächst beim Balken mit zwei Einzellasten gegenüber dem mit einer Einzellast mehr an, und bei η_{st} = 50 % wird die Fließdehnung unter Gebrauchslast überschritten.

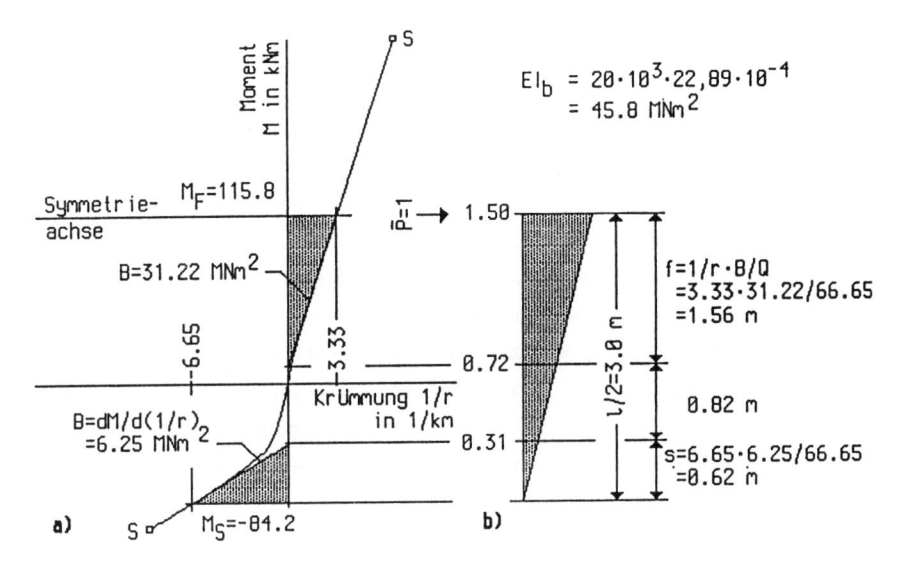

Bild 5. Linearisierte Krümmungsverläufe zu Fall b) nach Bild 3. a) Stabkrümmungen einer Balkenhälfte, b) fiktive Momente.

Die unter Gebrauchslast errechnete Umlagerung ξ_{st} entspricht den in /16/ tatsächlich gemessenen Werten. Auch die Durchbiegung v wird wie in /16/ angegeben praktisch gleich groß, eher kleiner errechnet. Dies ist keineswegs überraschend, sondern läßt sich mit Hilfe des Bildes 5 beispielsweise für den Fall b) in Bild 3 einfach erläutern und auch rechnerisch einfach kontrollieren. Aus der Berechnung sind die Werte der Biegesteifigkeiten B als Anstieg der Moment/Krümmungs-Beziehung an der Stelle der Momente an der Einspannung und im Feld bekannt. Sie betragen B = dM/d(1/r) = 6.25 und 31.22 MNm². Dies sind 14 bzw. 68 % der Biegesteifigkeit EI$_b$ des ungerissenen Querschnitts. Die Tangenten markieren auf der M-Achse die Momentenabschnitte M - M$_0$ = (1/r)·B, aus denen sich wegen der hier konstanten Querkraft Q die zugehörigen Längen der Stababschnitte s und f wie in Bild 5 angegeben errechnen. Die Durchbiegung in Feldmitte ergibt sich aus den Arbeitsintegralen der markierten, vereinfachten Krümmungsflächen und der markierten Momentenfläche zu einer fiktiven Einheitslast zu

$$v = -2 \cdot 0.62 \cdot 6.65 \cdot 0.31/6 = -0.43 \text{ mm}$$
$$+2 \cdot 1.56 \cdot 3.33 \cdot 1.50/3 = 5.19$$
$$+2 \cdot 1.56 \cdot 3.33 \cdot 0.72/6 = 1.25 \quad = 6.01 \text{ mm},$$

Dieser einfach ermittelte Wert weicht nur 5 % vom rechnerisch exakten Werte v = 5.71 mm nach Tabelle 1 ab. Der Krümmungsverlauf an der Einspannung beeinflußt die Durchbiegung nur unbedeutend, und wegen annähernd gleich großer positiver Krümmungsflächen unabhängig vom Deckungsgrad η_{st} der elastischen Momente müssen sich zwangsläufig auch annähernd gleich große Durchbiegungen v ergeben.

Aus der gezeigten Kontrollrechnung ergibt sich auch, daß sich die benötigten Krümmungsflächen mit der Hilfe der von der Beanspruchung weniger abhängigen Tangentensteifigkeit B zweckmäßig vereinfachen lassen. Die von der Beanspruchung abhängige Sekantensteifigkeit $EI_{ef} = M/(1/r)$ ist dagegen hierfür weniger gut geeignet. Entsprechend den Vorschlägen von Rabich (1969) reicht für baupraktische Anwendungen eine geradlinige Verbindung zwischen dem Rißmoment und dem Moment bei Erreichen der Streckgrenze vollkommen aus. Das Rißmoment und die zugehörige Krümmung lassen sich immer einfach mit Hilfe der Biegesteifigkeit EI_b errechnen; das Moment bei Erreichen der Streckgrenze und die zugehörige Krümmung (Punkt S) könnten auf einfache Weise aus entsprechenden Bemessungshilfen entnommen werden, wenn der Zustand bei Erreichen der Streckgrenze auch für die Querschnittsbemessung verwendet würde. Damit wären dann auch keine besonderen Hilfen zur Ermittlung der Durchbiegung erforderlich, und insgesamt würden alle Berechnungen auf einheitlichen, vereinfachten Grundlagen aufbauen, was für das Verständnis nur zuträglich sein würde. Diese Verfahren würden auch allgemein für alle Beanspruchungszustände gelten. Solche Verfahren sind unerläßlich, wenn die Rißweitenbeschränkung bei Ausnutzung größerer Umlagerungen zu kontrollieren ist. Die Furcht vor unverständlichen, unkontrollierbaren Computerrechnungen muß nicht bestehen bleiben. Allerdings bedarf es hierzu überzeugender Verfahren für den Umgang mit nichtlinearen Moment/Krümmungs-Beziehungen. Das anfänglich bequem erscheinende Arbeiten mit abgeminderten Ersatzsteifigkeiten /3/ kann den gestellten Anforderungen auf Dauer nicht gerecht werden. Leistungsfähiger sind die in Heft 220 des DAfStb enthaltenen Ansätze mit linearisierten Moment/Krümmungs-Beziehungen, die nicht nur für die Bemessung schlanker Druckstäbe taugen sondern viel allgemeiner angewendet werden könnten.

2.3.2 Sicherheit

Melchers (1987) berichtet über einen interessanten Aspekt bezüglich der akzeptablen operativen Versagenswahrscheinlichkeit /9/. Die gegenwärtigen Werte orientieren sich allgemein an bisher üblichen Bauausführungen, die noch weitgehend im Hinblick auf den Gebrauchszustand bemessen waren und nicht im Hinblick auf die Sicherheit gegenüber dem Erreichen der Grenztragfähigkeit. Es ist deshalb unmöglich, die operativen Versagenswahrscheinlichkeiten und die tatsächlich eingetretenen Tragwerkseinstürze unmittelbar zueinander in Beziehung zu setzen. Hinzu kommt, daß Situationen infolge Überbeanspruchung durch Nutzlasten in der Regel rechtzeitig an gefahrankündigenden Zeichen bemerkt werden und entsprechende Abhilfe eingeleitet wird. Die im zuverlässigkeitstheoretischen Konzept angenommene Verteilungsfunktion für den Tragwerkswiderstand kann diesen Einfluß des menschlichen Verhaltens nicht unmittelbar berücksichtigen. Der tatsächliche Versagensbereich wird aber erheblich verkleinert.

Ähnlich verhält es sich mit groben Irrtümern, die in der Regel zu unerwarteten und damit auffallenden Ergebnissen führen. Sie sind während der Projektbearbeitung Anlaß zu besonderen Kontrollen, wodurch der Versagensbereich auch wieder erheblich verkleinert wird, ohne daß dies durch eine entsprechende Veränderung der Verteilungsfunktion berücksichtigt werden kann. Melchers zieht hieraus den Schluß, daß es eigentlich sinnvoller wäre, die Bemessung am Gebrauchszustand zu orientieren, weil seine nachteiligen Beeinflussungen tatsächlich registriert werden können und damit eine entsprechende Abstimmung des Nachweiskonzeptes ermöglichen. Anderenfalls bleibt das Dilemma bestehen, daß zwar der Grenzzustand sehr zutreffend berechnet werden kann, es aber unbekannt bleibt, welcher Sicherheitsabstand ihm gegenüber einzuhalten ist. Tatsächlich haben auch in der zurückliegenden Zeit Beeinträchtigungen des Gebrauchszustandes häufig schon zu Verschärfungen in den Regelwerken geführt und nicht erst Einstürze. Man denke beispielsweise an die Begrenzung der Plattenschlankheit, an die Nachweise der Koppelfugen in Brücken oder die Rißbreitenbeschränkung, um nur einige Beispiele zu nennen.

3 AUSBLICK

Es ist bemerkenswert, daß dem Gebrauchszustand allgemein mehr Bedeutung zugemessen wird; sei es, daß die Anwendung des Traglastverfahrens in der Form stattfinden soll, daß eine größere Umlagerung der elastisch berechneten Schnittkräfte genutzt werden soll, sei es, daß dies zur besseren Abstimmung der Zuverlässigkeit für zweckmäßiger gehalten wird. Die Weiterentwicklung der Traglastverfahren darf im Betonbau also nicht in erster Linie auf die Rotationskapazität abgestellt sein, um schließlich ein dem Fließgelenkverfahren ähnliches Verfahren zu erhalten. Es ist viel zu gewinnen, wenn Berechnungsverfahren angewendet werden, die das nichtlineare Verhalten des gerissenen Betons zutreffend erfassen. Programmierbare Verfahren sind hierfür bekannt. Ihre praktische Anwendung würde sehr bald Klarheit schaffen, was der Weiterentwicklung der Bauweise förderlich ist und was nicht.

LITERATUR

/1/ Beck, H. ; Bubenheim, H.J. : Ein Verfahren zur optimalen Bemessung ebener Stahlbetonrahmen. Bauingenieur 45 (1972), H. 6, 194-200

/2/ Duddeck, H. : Traglasttheorie der Stabwerke. Betonkalender, Teil II, 1007-1095. Berlin: Ernst & Sohn, 1984

/3/ Duddeck, H. ; Ahrens, H. : Statik der Stabtragwerke. Betonkalender, Teil I, 295-429. Berlin: Ernst & Sohn, 1988

/4/ Hees, G. : Beitrag zur Berechnung von Stahlbetontragwerken nach Theorie II. Ordnung. Beton- und Stahlbetonbau (1976), H. 4, 89-92

/5/ Hees, G. : Annäherung bilinearer Momenten-Krümmungs-Beziehungen durch eine lineare Beziehung. Die Bautechnik 54 (1977), H. 4, 109-113

/6/ Herzog, M. : Die Traglast schlanker Stahlbetonrahmen nach Versuchen. Beton- und Stahlbetonbau (1984), H. 7, 189-191

/7/ Janko, B. : Verfahren zum Nachweis der Stabilität ebener Stahlbetonrahmen mit Hilfe von elektronischen Rechenautomaten. Die Bautechnik (1974), H. 10, 344-351

/8/ Kupfer, H. B. : Auswirkung der begrenzten Plastizität im Betonbau. Bauingenieur (1986), 155-160

/9/ Melchers, R. E. : Human Errors, Human Intervention and Structural Safety Predictions. IABSE PROCEEDINGS P-119/87, 177-190

/10/ Quast, U. : Geeignete Vereinfachungen für die Lösung des Traglastproblems der ausmittig gedrückten prismatischen Stahlbetonstütze mit Rechteckquerschnitt. Dissertation, TU Braunschweig, 1970

/11/ Rabich, R. : Beitrag zur Berechnung statisch unbestimmter Tragwerke aus Stahlbeton unter Berücksichtigung der Rißbildung. Aus Theorie und Praxis des Stahlbetonbaues (Franz-Festschrift). Berlin; München: W. Ernst & Sohn, 1969

/12/ Rabich, R. : Die Formänderungen des Stahlbetonbalkens bei Biegung, Längskraft und Rissen. Bauplanung - Bautechnik 26 (1972), H. 4, 176, 177, 182

/13/ Rabich, R. : Biegefläche und Biegemomente der drehsymmetrisch belasteten Kreisplatte aus Stahlbeton vor und nach der Rißbildung. Bauplanung - Bautechnik 26 (1972), H. 6, 291-293

/14/ Rothert, H. ; Gensichen, V. : Nichtlineare Stabstatik. Berlin; Heidelberg; New York; London; Paris; Tokyo: Springer, 1987

/15/ Walther, R. : Anwendung der Plastizitätstheorie im Stahl- und Spannbetonbau. Beton- und Stahlbetonbau (1984), H. 3, 70-74

/16/ Woidelko, E.-O. ; Schäfer, K. ; Schlaich, J. : Nach Traglastverfahren bemessene Stahlbeton-Plattenbalken. Beton- und Stahlbetonbau (1986), H. 8, 197-201, H. 9, 244-248

Werkstoffprobleme des kerntechnischen Ingenieurbaus

F. S. Rostásy, Braunschweig

SUMMARY

The planning and execution of structures for the production of electric energy were always a great stimulance for research and development in structural engineering. This is especially valid for nuclear power plants. For the example of the prestressed concrete pressure vessel of the high temperature gas cooled reactor type the important problems of materials research and testing are presented.

ZUSAMMENFASSUNG

Planung und Bau von Anlagen der Energietechnik, vornehmlich zur Stromerzeugung, haben stets die Forschung und Entwicklung im konstruktiven Ingenieurbau gefördert. Das ist bei Kernkraftwerken besonders ausgeprägt. Am Beispiel des Spannbetondruckbehälters des Hochtemperaturreaktors werden die wesentlichen Probleme der Werkstofforschung und Materialprüfung aufgezeigt.

1 EINLEITUNG

Planung und Bau von Anlagen der Energietechnik, wie Wasser- und Wärmekraftwerke, Staumauern, Bohrinseln, Speicher für Gas und Öl sowie anderes mehr, haben stets als Motor der Forschung und Entwicklung im konstruktiven Ingenieurbau gewirkt. Diese Stimulation ist bei den Bauwerken der Kerntechnik besonders ausgeprägt. Auch die Werkstofforschung und Materialprüfung haben dabei beträchtlich profitiert. Die bei Kernkraftwerken anzusetzenden, außergewöhnlichen Einwirkungen bedingen neue Wege des Experimentierens mit Werkstoffen und des Formulierens von Stoffgesetzen. Welche Fragen dabei auftreten und welche Lösungen gefunden wurden, soll am Beispiel des Spannbetondruckbehälters des Hochtemperaturreaktors gezeigt werden.

2 ÜBER ENERGIEENTWICKLUNG

Die Entscheidung über den Ausbau der Energiearten fällt die Politik. Aber auch dann muß sich der verantwortungsbewußte Bauingenieur, der am Ausbau mitarbeitet, einen Überblick über Energie verschaffen, weil er nur so den gesellschaftlichen Sinn und die ethische Implikation seines Handelns erkennt.

Nirgendwo wird die Energiediskussion so heftig und konträr wie bei uns geführt. Der Überblick setzt deshalb am heute bekannten an. Wie sich der Verbrauch an Primärenergie in den vergangenen zwanzig Jahren in der Bundesrepublik entwickelt hat, zeigt Bild 1 /1/. Rd. 35 % der Primärenergie fließen in die Stromerzeugung. Diese wird zu rd. 32 % durch Kernkraft, zu rd. 60 % durch fossile Energieträger und zu rd. 7 % durch Wasserkraft gedeckt /2/.

Wie sich der Primärenergieverbrauch in der Zukunft entwickeln könnte, ist Gegenstand zahlreicher Prognosen. Allen gemeinsam ist die Unsicherheit. Die Faktenbasis ist schmal. Das Resultat wird durch Prämissen, wie "mit oder ohne Kernkraft", vorbestimmt. Aus der PROGNOS-Studie /3/ sind einige Folgerungen für die Bundesrepublik bis zum Jahr 2000 ableitbar: Der Primärenergieverbrauch wird nur schwach ansteigen, dies wird durch rationellere Energiewandlungstechniken erreicht. Der Anteil des Öls sinkt, jener der regenerativen Energien bleibt noch sehr gering. Der Anteil der Kernkraft wird sich wenig verändern, jener der Kohleverstromung etwas zunehmen.

Das Beschränken von Vorhersagen auf die Bundesrepublik greift zu kurz, weil sie zum einen rd. 70 % der Primärenergie importiert und zum anderen Teil der Weltwirtschaft ist. Mit dem globalen Aspekt befassen sich zahlreiche Studien, deren Ergebnisse wie folgt verdichtet werden können (Bild 2): Die Erdbevölkerung explodiert. Dem kann nur Einhalt geboten werden, wenn die Entwicklungsländer über ein Minimum an Wohlstand verfügen. Dies bedingt auch das Zurverfügungstellen von preiswerter und umweltschonender Energie, hierzu müssen die Industrieländer ihren Beitrag leisten.

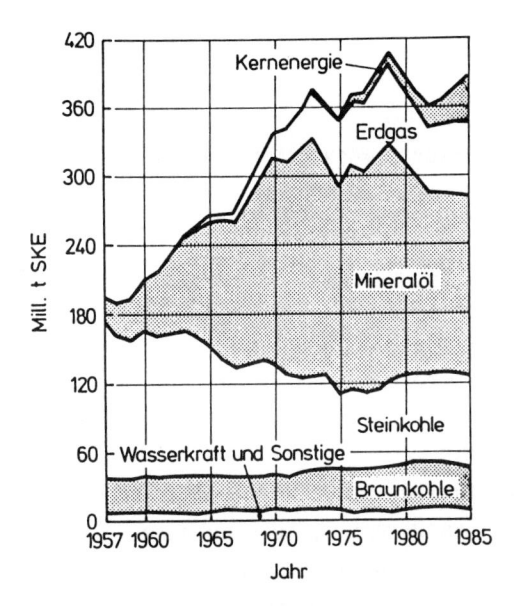

Bild 1: Entwicklung des Primärenergieverbrauchs in der Bundesrepublik

Noch über mehrere Jahrzehnte werden die fossilen Energieträger dominieren, die Kernkraft wird beträchtlich ansteigen. Die umweltfreundlichen, regenerativen Energien, wie die Wind-, Solar- und Wasserstoffenergie werden erst in Folgejahrzehnten nach dem Jahr 2000 an Bedeutung gewinnen. Der notwendige Ausbau der Energieversorgung wird eine umfangreiche Bautätigkeit erfordern.

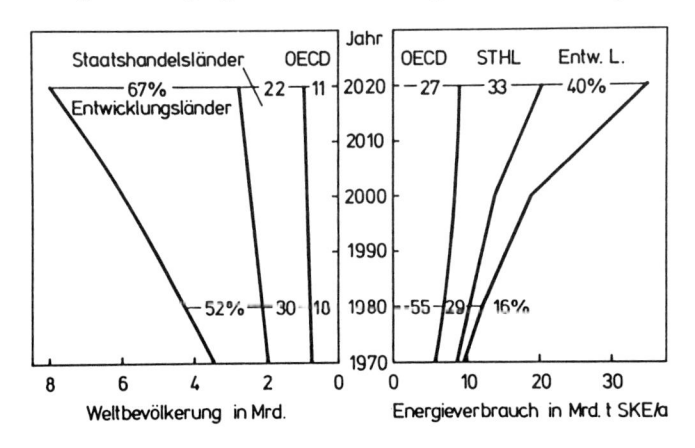

Bild 2: Weltbevölkerung und Weltenergieverbrauch

3 GEFAHREN UND DEREN BEHERRSCHUNG

Entwurf und Realisierung von Bauwerken für unkonventionelle Energietechniken werfen Probleme auf, die außerhalb des Bereichs gesicherter Erfahrung liegen. Das damit verbundene Betreten von Neuland ist bei kerntechnischen Anlagen besonders ausgeprägt. Es gilt aber auch für die chemische Energie gespeicherter Gase /4/, ebenso für jene, die zur Kohlevergasung, zur Chemie- und Bioreaktion benötigt wird. All diesen Anlagen ist gemeinsam: Energieballung auf engstem Raum, extreme Temperaturen und Drücke sowie vielfältige Gefahren.

Die Gefahrenpotentiale sind mit den inneren und äußeren Einwirkungen verbunden. Dabei sind insbesondere jene von Bedeutung, die zu einer Freisetzung von Hitze und Radioaktivität führen können /5/. Dies gilt auch für Fehlfunktion und Fehlbedingung der Anlage, wie schwere Unglücke der jüngsten Geschichte beweisen.

Ziel der Gefahrenbeherrschung ist es, die Freisetzung von toxischen, explosiven und radioaktiven Stoffen sowie von Kernstrahlen zu verhindern. Dem Bauen fallen dabei folgende Aufgaben zu (s. Bild 3):

- Das Erstellen der Funktionshülle für den Reaktionsprozeß
- Das Errichten von Barrieren definierten Widerstands gegen die Einwirkungen von innen und von außen

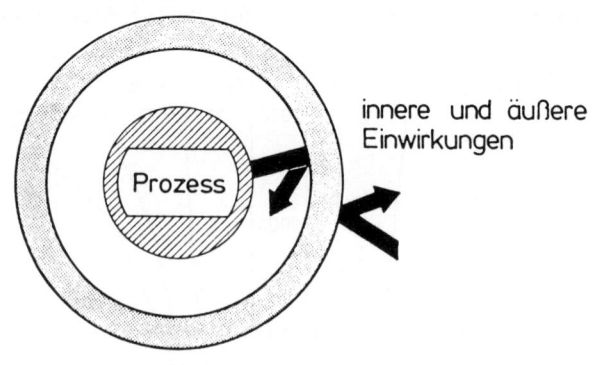

Bauwerk = Funktionshülle + Barriere

Bild 3: Baulicher Schutz von Menschen, Umwelt, Anlage und Betrieb

Beide Aufgaben sind miteinander über die Verfahrens- und Sicherheitstechnik verknüpft. Gerade beim Schutzwiderstand fällt den Werkstoffen eine tragende Rolle zu, er muß zuverlässig und wirklichkeitsnah beschrieben werden.

4 REAKTORBAULINIEN

Die beiden, heute gebräuchlichen Reaktorbaulinien zeigt Bild 4. Sie unterscheiden sich i.w. durch das Kühlmittel für den Abtransport der nuklearen Prozeßwärme. Die obere Baulinie verwendet Wasser als Kühlmittel. Der Prozeß erfolgt im Stahldruckgefäß, ein Bioschild aus Stahlbeton absorbiert die Kernstrahlung. Beim Hochtemperaturreaktor beherbergt der Spannbetondruckbehälter den Prozeß, er ist auch biologischer Schutzschild. Das Kühlmittel ist Helium. Bild 5 zeigt den Druckbehälter des THTR 300 von Schmehausen.

- **Siede- u. Druckwasserreaktor, Schneller Brüter**
  - Prozess im Stahldruckgefäß
  - Stahlbeton-Bioschild
  - Reaktorschutzgebäude RSG

- **Hochtemperaturreaktor HTR**
  - Prozess im Spannbetondruckbehälter = Bioschild
  - RSG

Bild 4: Reaktorbaulinien

Die äußere Barriere bildet das Reaktorschutzgebäude /5/. Seine Form hängt vom Reaktortyp ab. Druckwasserreaktoren werden von zwei konzentrischen Kugelschalen mit Luftabstand umschlossen: die äußere aus Stahlbeton, die innere aus Stahl. Das Reaktorschutzgebäude wird im Betrieb durch normale Temperaturen und übliche Lasten beansprucht; es muß vor allem bei dynamischen, externen Einwirkungen Schutz bieten und das Austreten radioaktiver Stoffe bei Störfällen verhindern.

Bild 5: Spannbetondruckbehälter THTR

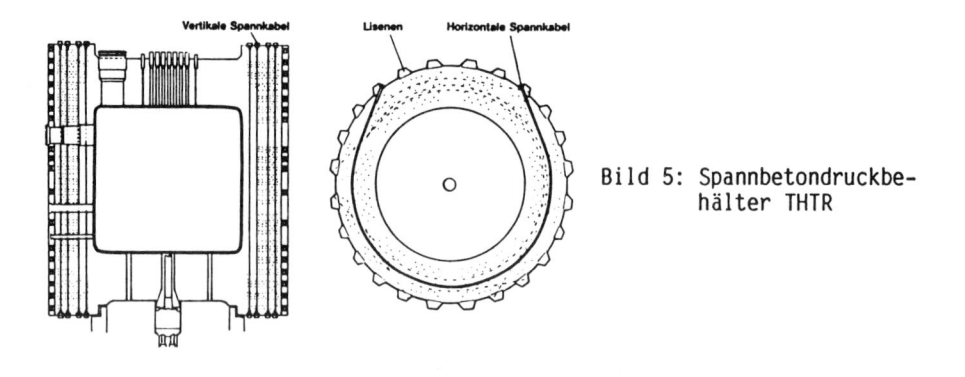

300-MW-THTR-Kernkraftwerk
Anordnung der Spannkabel im Reaktordruckbehälter

5 EINWIRKUNGEN BEIM HOCHTEMPERATURREAKTOR

Der Spannbetondruckbehälter (SBB) ist ein massiges Bauteil, in Längs- und Umfangsrichtung vorgespannt. Der Behälter ist innenseitig mit einer Stahldichthaut, dem Liner, ausgekleidet. Thermischer Schild, Wärmedämmung und Linerkühlung schirmen den Beton vor der Temperatur des Kühlgases ab, die rd. 800 °C beträgt. Außergewöhnliche dynamische Lastfälle wie Erdbeben, Strahlstoß u.a. müssen erfaßt werden, s. /5/.

Neben den dynamischen Einwirkungen (Bild 6), die durch Koppelung mit dem Reaktorschutzgebäude entstehen, bestimmen beim SBB folgende Parameter die Forschung und Bemessung:

- stationäre mittlere Betontemperaturen von rd. 70 °C und heiße Stellen mit rd. 120 °C im Regelbetrieb,

- instationäre Temperaturspitzen von rd. 300 °C und längerer Dauer bei Störungen; Temperaturzyklen infolge An- und Abfahrvorgängen,

- Betonoberflächentemperaturen von rd. 1200 °C bei ungehinderter Aufheizung des Reaktorkerns (hypothetischer Fall),

- Innendruck bis 50 bar, Betondruckspannungsspitzen von rd. 35 N/mm².

Die schlaffe Bewehrung, Spannglieder und Liner werden, lageabhängig, entsprechend beansprucht.

- Betrieb: Betontemperatur 60°C
  heiße Stellen 120°C

- Störfall: Betontemperatur 200°C
  heiße Stellen 300°C

Bild 6: Beanspruchungen des HTR-Druckbehälters aus Spannbeton

- Kernschmelze: 1200°C

- Druck 50 bar

- max. Betondruckspannung 35 N/mm^2

Diese Zustände zeigen die Komplexität der Materialbeanspruchung. Räumlich und zeitlich veränderliche Temperaturen und Betonfeuchten sowie mehrachsige Beanspruchungen treten gleichzeitig auf. Weil Festigkeit und Verformung des Betons durch Temperatur und Feuchte beeinflußt werden, müssen letztere sowohl bei der Werkstoffprüfung als auch im Werkstoffgesetz wirklichkeitsnah modelliert werden.

Der Zustand des Regelbetriebs ist einfach zu modellieren. Die Temperaturverteilung ist stationär. Die Feuchte des massigen Bauteils ist kaum zeitvariant, sie kann im Versuch durch die Bedingungen freie Austrocknung oder Versiegelung eingegrenzt werden. Aber bereits die Aufheizung des Reaktors in den Betriebszustand ist mit transienten Temperaturen und Betonspannungen infolge Zwang verbunden. Besonders ausgeprägt ist die Veränderlichkeit der Zustände und Spannungen durch Temperaturspitzen und -zyklen in Störfällen. Hohe Dauertemperatur und Feuchte führen, zusammen mit mechanischer Spannung, zu irreversibler Änderung der Betonstruktur. Das Materialverhalten widerspiegelt nicht nur die momentanen Einwirkungen sondern auch deren Geschichte.

6 PHYSIKOCHEMISCHE ASPEKTE DES WERKSTOFFVERHALTENS

Die wesentlichen physikochemischen Aspekte nennt Bild 7. Ihre Klärung für Beton ist aus folgenden Gründen erforderlich:

- stationäre und transiente Temperaturen
- Wärmedehnung
- Wärme- u. Feuchtetransport
- hydrothermale Reaktion, Entwässerung, Zersetzung, Schmelzen
- Betonstrukturänderung
- Stahlkorrosion
- Werkstoffgesetze

Bild 7: Physikochemische Aspekte des Werkstoffverhaltens

- Beanspruchung und Beanspruchbarkeit hängen von Temperatur und Feuchte ab.
- Das beobachtete mechanische Verhalten wird erst durch dessen Verknüpfung mit den Phänomenen der Thermodynamik und Strukturphysik erklärbar.
- Werkstoffoptimierung wird erst mit ihrer Kenntnis möglich.

Der Behälter wird in allen Zuständen durch thermischen Zwang und Eigenspannungen beansprucht, die Makrorisse erzeugen können. Hinzu treten Gefügespannungen und Mikrorisse infolge der thermischen, hygrischen und mechanischen Unverträglichkeit von Zementstein und Zuschlag. Zur Berechnung der Temperatur- und Spannungsfelder im Kontinuum sind die Koeffizienten der Wärmeleitung und -dehnung erforderlich. Diese Koeffizienten sind aber nicht konstant, sondern feuchte- und temperaturabhängig. Bild 8 zeigt beispielhaft die Temperaturdehnungen der Betonkomponenten. Der Unterschied zwischen Zementstein und Zuschlag signalisiert den Gefügezwang und die rißbedingte Strukturänderung des Betons bei Temperaturzunahme /6/.

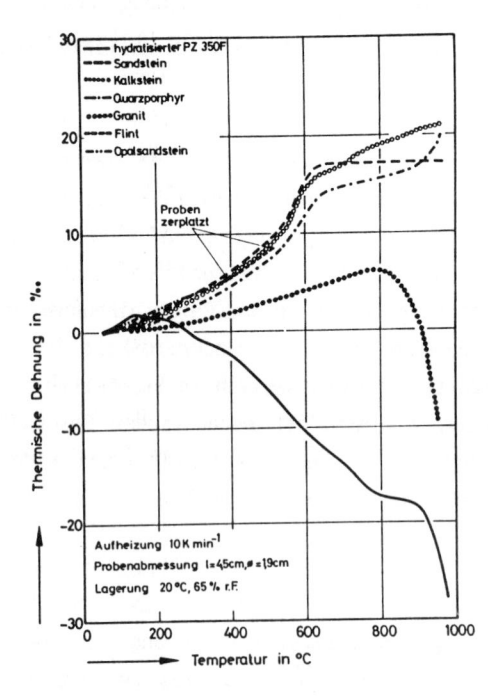

Bild 8: Thermische Dehnung der Betonkomponenten

Festigkeit und Verformbarkeit des Betons werden im Bereich der Betriebstemperatur von der Betonfeuchte beeinflußt (Bild 9). Die verdampfbare Feuchte ist zu Anfang eine Funktion der Zusammensetzung und Reife des Betons. Sie wird durch das stationäre Temperaturgefälle, allerdings sehr langsam, an der kalten Seite der Wand ausgetrieben. Bei plötzlichen, hohen Temperaturspitzen findet die Ausdampfung auch an der heißen Seite statt. Dabei könnten u.U. Druckspitzen des Wasserdampfes auftreten und den Liner verformen.

Die Beschreibung des gekoppelten Wärme- und Stofftransports im Beton ist schwierig und noch nicht befriedigend gelungen. Seine treibenden Potentiale sind Gradienten der Temperatur, des Partialdrucks des Wasserdampfes und des im Porenraum generierten Gesamtdrucks. Der Durchströmungswiderstand der Betonstruktur wird durch die Permeabilität beschrieben. Diese ist aber keine Konstante, sie hängt - außer von der Mikrostruktur - sowohl von den Zustandsgrößen als auch von den Mechanismen der Einzeltransporte ab.

Für Sicherheitsanalysen muß das Temperaturverhalten der Werkstoffe bis hin zum Schmelzen bekannt sein. Mäßige Temperaturen bis rd. 150 °C treiben das freie und sorptiv gebundene Wasser aus dem Beton. Höhere Temperaturen erzeugen im Zementstein und Zuschlag Umwandlungs- und Zersetzungsreaktionen. Bild 10 zeigt beispielhaft einige Ergebnisse /8/. Die oberste Linie der Differentialthermoanalyse DTA zeigt durch ihre Peaks jene Temperaturen an, bei denen Reaktionen mit Energieumsatz stattfinden. Aus der mittleren Linie der Thermogravimetrie TG kann man den temperaturabhängigen Masseverlust ablesen, der durch Trocknung und Zersetzung entsteht. Schließlich kann man diesen Beobachtungen auch die thermische Dehnung zuordnen.

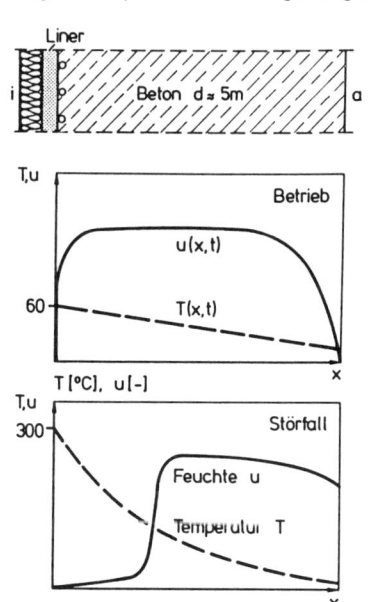

Bild 9: Temperatur und Feuchte über der Bauteildicke beim HTR-Druckbehälter

DTA und TG vermitteln noch kein vollständiges Bild der thermisch bedingten Veränderung der Werkstoffstruktur. Dies gelingt erst mit der Porenanalyse. Das temperaturabhängige Volumen der Poren und Mikrorisse kann durch die

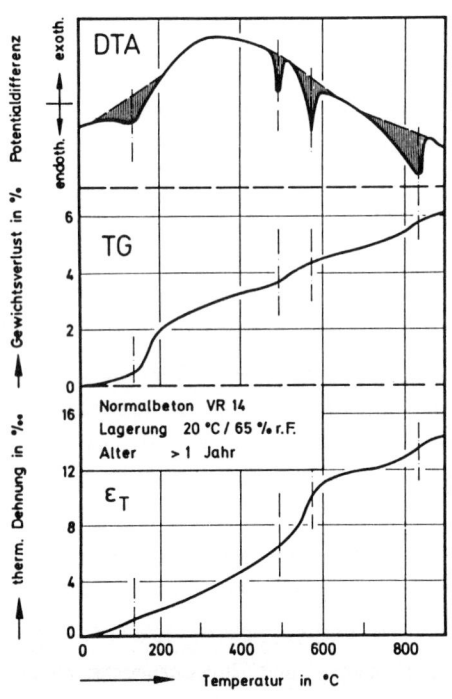

Quecksilberdruckporosimetrie gemessen werden. Dies zeigt Bild 11 exemplarisch für einen Mörtel nach Temperaturbeanspruchung. Dargestellt sind die Dichtefunktionen des Porenvolumens als Funktion des Porenradius. Die Fläche unter der Kurve ist das Porenvolumen. Es existieren zwei Porenstrukturen: die eine, engschraffierte, im Zementstein; die andere umfaßt die Mikrorisse im Mörtel sowie um die gröberen Körner. Beide Porositäten nehmen mit der Temperatur zu. Dieses Verhalten findet seinen Niederschlag in der Festigkeit, Wärmeleitzahl und Permeabilität.

Bild 10: Enthalpieänderung, Gewichtsverlust und Temperaturdehnung von Beton

7 THERMOMECHANISCHE ASPEKTE DES WERKSTOFFVERHALTENS

Die wichtigsten thermomechanischen Aspekte des Werkstoffverhaltens zeigt Bild 12. Zentrale Bedeutung besitzt die Verknüpfung von Temperatur und Feuchte mit der Verweichung und Entfestigung des Betons. Abhängig von den Komponenten und der Zusammensetzung sind folgende Fragen zu klären:

- Wie wirken sich Höhe, Dauer, Zyklen sowie Zeitfunktion der Temperatur auf Festigkeit und Verformung aus?

- Welche Rolle spielt die Feuchte?

- Welchen Einfluß üben gleichzeitig wirkende mechanische Spannungen aus?

Allgemeingültige Aussagen sind wegen der vielen Einflüsse schwierig. Mit Zunahme der Temperatur und deren Dauer nehmen i.allg. Verweichung und Entfestigung zu. Im Bereich der Betriebstemperaturen um 100 °C spielt die Betonfeuchte eine tragende Rolle /7/. Dies zeigt Bild 13 exemplarisch für die Druckfestigkeit. Daß die Druckfestigkeit bei Normaltemperatur mit abnehmender Betonfeuchte zunimmt, ist als das sog. drying-strengthening seit langem

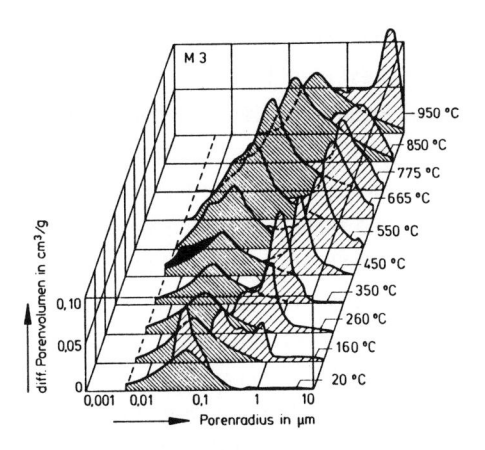

Bild 11: Porenradienverteilung von PZ-Mörtel abhängig von der Temperatur

- Beton
  - Verformung / Festigkeit
  - Temperatur / Feuchte
  - Zeitpfad / Geschichte
  - Struktur
  - Risse

- Spannstahl, System, Bewehrung
  - Relaxation
  - Entfestigung
  - Korrosion

- Werkstoffgesetze

Bild 12: Thermomechanische Aspekte des Werkstoffverhaltens

bekannt. Dies zeigt die obere Linie. Man sieht, daß diese Feststellung auch für erhöhte Temperatur zutrifft, jedoch auf einem niedrigeren Niveau: Es findet hier eine zusätzliche Entfestigung durch Dauertemperatureinwirkung statt. Die Temperaturhöhe ist von geringerem Einfluß als die Feuchte.

Beim Elastizitätsmodul kehren sich die Verhältnisse um. Er verweicht mit der Feuchteabnahme und Temperaturhöhe, wegen der inneren Unverträglichkeit und wegen der resultierenden Mikrorisse. Über rd. 250 °C nehmen Verweichung und Entfestigung zu. Dies hängt vor allem mit der Zersetzung der CSH-Phasen des Zementsteins und mit vermehrter Mikrorißbildung zusammen. Ab rd. 1100 °C schmilzt der Beton /8/.

Von Bedeutung für den Korrosionsschutz der Bewehrung und für die Festigkeit des Betons ist die sog. hydrothermale Reaktion. Diese entsteht bei hoher Betonfeuchte und Temperatur und ist durch den Abbau des Kalziumhydroxids sowie dessen Einbau in CSH-Phasen des Zementsteins gekennzeichnet. Dabei sinkt die Basizität des Betons /9/.

Die Forschung hat sich bislang auf das einaxiale Betonverhalten konzentriert. Dem Sicherheitsnachweis muß aber die mehrachsige Festigkeit und Verformbarkeit zugrunde gelegt werden. Hierüber weiß man jedoch nur wenig. Die Braunschweiger biaxialen Druckversuche schließen einen Teil der Kenntnislücken /10/. Bild 14 zeigt die biaxiale Druckfestigkeit, abhängig von der Temperatur und vom Spannungsverhältnis. Die Werte sind auf die axiale Druckfestigkeit bei 20 °C bezogen, weil so der Vergleich mit Bekanntem möglich wird.

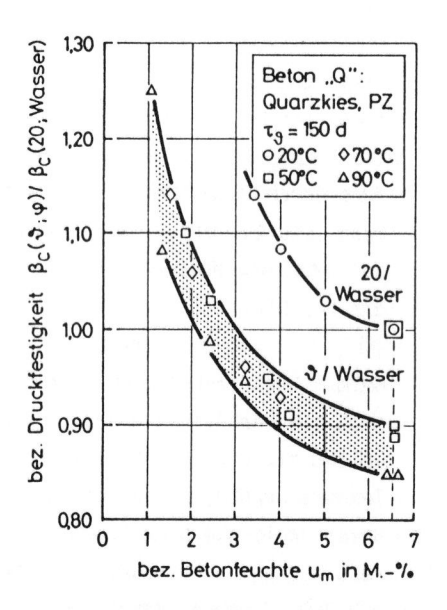

Bild 13: Einfluß der Feuchte und Temperatur auf die Druckfestigkeit von Beton (T ≤ 100 °C)

Messung und Modellierung des Kriechens von Beton bei erhöhter Temperatur sind schwierig. Deformation und Zwang, Vorspannung und Rißbildung des Behälters werden durch Kriechen und Relaxieren maßgeblich bestimmt /7, 11/.

Das Kriechen bei erhöhter Temperatur wird von der zeitlichen Abfolge von Temperatur und kriecherzeugender Spannung nachhaltig beeinflußt. Diesen Einfluß erklärt Bild 15: Beim isothermischen Kriechen erfolgt die Erwärmung vor der Belastung. Beim transienten Kriechen, das man auch Übergangskriechen nennt, ist der Beton bereits vor der Erwärmung belastet. Man erkennt, daß das Übergangskriechen das isothermische Kriechen um ein temperaturabhängiges Stockwerk über-

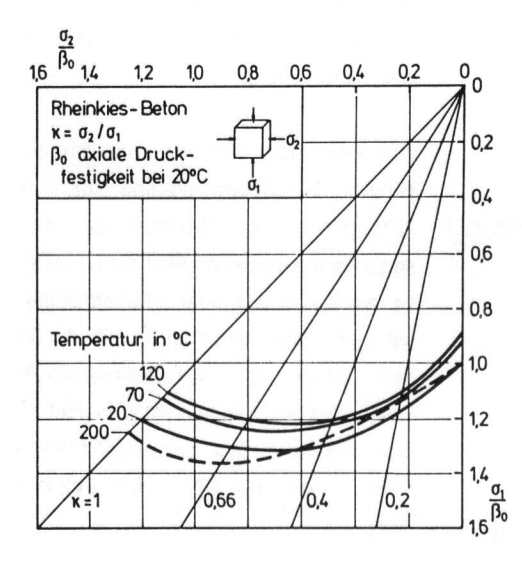

Bild 14: Biaxiale Hochtemperaturfestigkeit von Beton

steigt, dann aber der Zeitfunktion des isothermischen Kriechens folgt. Sowohl das isothermische als auch das transiente Kriechen nehmen mit der Temperatur und Betonfeuchte zu. Über die Ursachen dieser thermischen Aktivierung wird noch gerätselt.

Beide Fälle sind von Bedeutung. Der Verlust von Vorspannung wird durch das Übergangskriechen verursacht, weil der vorgespannte Behälter erst später erwärmt wird. Betonspannungen infolge Innendruck sind mit isothermischem Kriechen verbunden. Bei Betonspannungen infolge von Temperaturzwang liegt ein Mischproblem vor. Versuche zeigen, daß sich das Übergangskriechen durch den Abbau lokaler Spannungsspitzen wohltätig auswirkt.

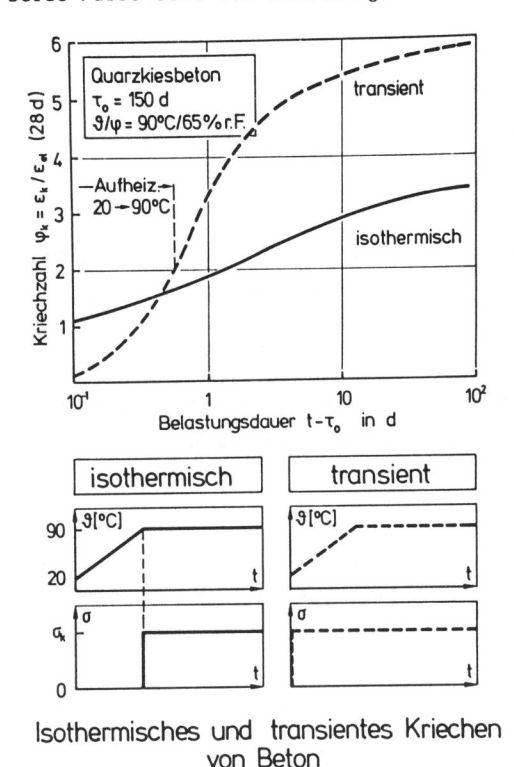

Bild 15: Transientes und stationäres Kriechen von Beton bei erhöhter Temperatur

Der Einfluß der thermischen Aktivierung des Kriechens und der Relaxation wird auch bei gespanntem Stahl beobachtet. Für die Sicherheitsanalyse wird es nun notwendig, die beobachteten physikochemischen und thermomechanischen Phänomene in Werkstoffgesetze einzubauen. Dies ist bislang erst ansatzweise gelungen und stellt deshalb die wesentliche künftige Aufgabe dar.

LITERATUR

/1/ Der Absatz sinkt noch schneller als die Produktion. VDI nachrichten 41 (1987), Nr. 16

/2/ Kordina, K.: Energiereserven-Energiebedarf. DAfStb-Heft 333, Verl. Wilh. Ernst u. Sohn, Berlin 1982

/3/ Sparen von Energie bleibt Trumpf. VDI nachrichten 41 (1987), Nr. 41

/4/ Rostásy, F.S.: Verfestigung und Versprödung von Beton durch tiefe Temperaturen. G. Rehm-Festschrift, Verl. Wilh. Ernst u. Sohn, Berlin, 1984

/5/ Zerna, W.: Fortschrittliche Betonbauten für Wärmekraftwerke. DAfStb-Heft 333, Verl. Wilh. Ernst u. Sohn, Berlin, 1982

/6/ Hinrichsmeyer, K.: Strukturorientierte Analyse und Modellbeschreibung der thermischen Schädigung von Beton. Diss. TU Braunschweig, 1986

/7/ Budelmann, H.: Zum Einfluß erhöhter Temperatur auf Festigkeit und Verformung von Beton mit unterschiedlichen Feuchtegehalten. Diss. TU Braunschweig, 1987

/8/ Schneider, U.; Diederichs, U.: Physikalische Eigenschaften von Beton von 20 °C bis zum Schmelzen. Betonwerk + Fertigteil-Technik 47 (1981); H. 3, S. 141 - 149; H. 4, S. 223 - 230

/9/ Seeberger, I.; Kropp, I.; Hilsdorf, H.K.: Festigkeitsverhalten und Strukturänderungen von Beton bei Temperaturbeanspruchung bis 200 °C. DAfStb-Heft 360, Verl. Wilh. Ernst u. Sohn, Berlin, 1985

/10/ Ehm, C.: Versuche zur Festigkeit und Verformung von Beton unter zweiaxialer Beanspruchung und hohen Temperaturen. Diss. TU Braunschweig, 1985

/11/ Schneider, U.: Ein Beitrag zur Frage des Kriechens und der Relaxation von Beton unter hohen Temperaturen. Habil. TU Braunschweig, 1979

Die Beanspruchung des unteren Schalenrandes eines Naturzugkühlturms während der Herstellung

G. Schaper, Braunschweig und M. Bergmann, Essen

SUMMARY

The lower edge of natural draught cooling towers is supported by columns. In the final state different to the analysis assumption as a continuous membrane support the lower edge has to carry the shell membrane stresses as a deep beam into the columns. During segmental construction the lower edge develops different carrying systems. The necessary reinforcement during construction is compared to the final state using the Herne cooling tower as example.

ZUSAMMENFASSUNG

Der untere Schalenrand von Naturzugkühltürmen wird von Einzelstützen getragen. Im Endzustand muß der untere Schalenrand die Membrankräfte der Schale wie ein scheibenartiger Träger abfangen und in die Stützen einleiten. Für diese Beanspruchung wird der untere Schalenrand bemessen. Bei einer abschnittsweisen Herstellung wird das untere Randglied während der Bauphase gänzlich anders beansprucht. Ausgehend von einem gekrümmten Träger durchläuft es verschiedene statische Systeme, bis es als Teil der Schale wirkt. Am Beispiel des Kühlturmes in Herne wird untersucht, wie weit diese Beanspruchungen für das untere Randglied maßgeblich werden können.

1 EINLEITUNG

Naturzugkühltürme für Kraftwerke werden vorwiegend als Hyperboloidschalen in Stahlbetonbauweise errichtet. Über die Ermittlung wirklichkeitsnaher Lastansätze und das Tragverhalten der Hyperboloidschalen sind zahlreiche intensive Untersuchungen durchgeführt worden, vgl. u.a. /1/, /2/, /4/, die den Endzustand der Kühltürme betrachten. Während der Bauphase treten aber gänzlich andere Belastungen und statische Systeme auf, die besonders den unteren Schalenrand in erheblichem Maße beanspruchen können. Dies ist umso ausgeprägter, wenn - wie beim Bau des Kühlturmes in Herne - die unteren Ringe in Abschnitten hergestellt werden. Dabei entwickelt sich der untere Randträger mit zunehmender Anzahl der Betonierabschnitte von einem kreisförmig gekrümmten Träger über einen geschlossenen Kreisring zum unteren Randglied einer bis auf die endgültige Höhe wachsenden Hyperboloidschale (vgl. Bild 1). Die vom jeweiligen Tragsystem abhängigen Beanspruchungen werden im folgenden am Beispiel des Naturzugkühlturms für das Heizkraftwerk Herne IV der STEAG AG erläutert.

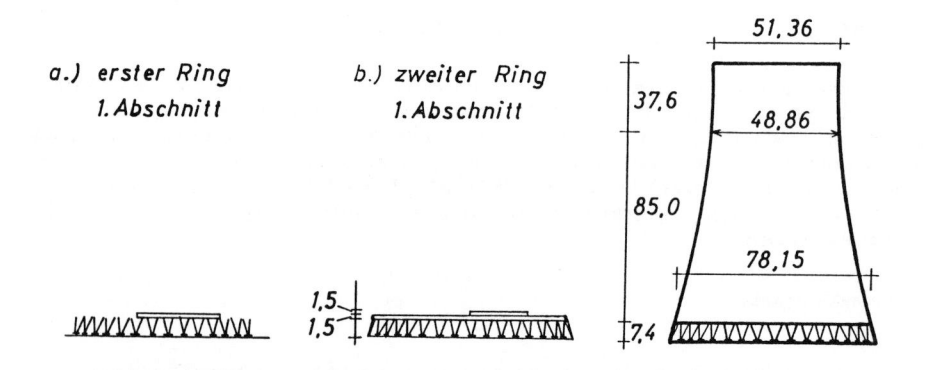

Bild 1 Kühlturm - Bauzustände unterer Rand und Endzustand -

2 HERSTELLUNG DES UNTERSTEN SCHALENRINGES

Nachdem die Fertigteilstützen in V-förmiger Anordnung in die pfahlgegründeten Einzelfundamente einbetoniert sind, wird ein abschnittsweise verfahrbares Stahlrohrgerüst zur Abtragung der Betonierlasten des unteren Schalenringes aufgestellt. Wegen des Arbeitsablaufes werden Rüsttürme für drei der vorgesehenen acht Betonierabschnitt vorgehalten. Auf dieser konventionellen Rüstung werden seitlich verfahrbare Schlitten zur Aufnahme der Großtafel-Schalelemente montiert. Die Anordnung ist in Bild 2a skizziert.

a.) Betonieren des ersten Ringes

b.) Betonieren des zweiten Ringes

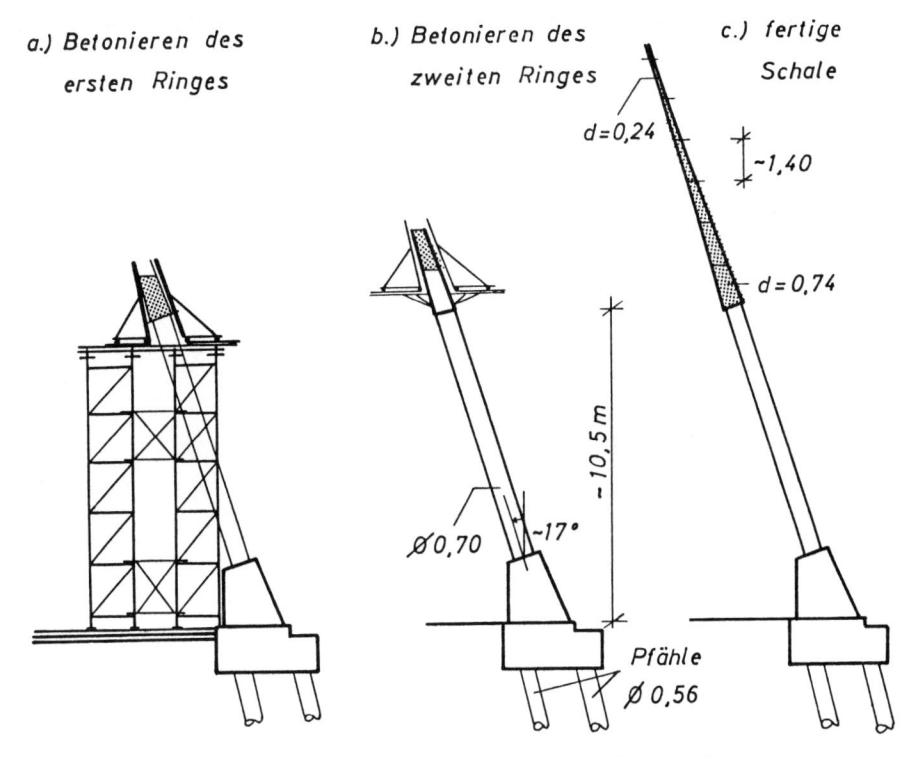

c.) fertige Schale

Bild 2   Unterer Schalenrand - Bauzustände und Endzustand -

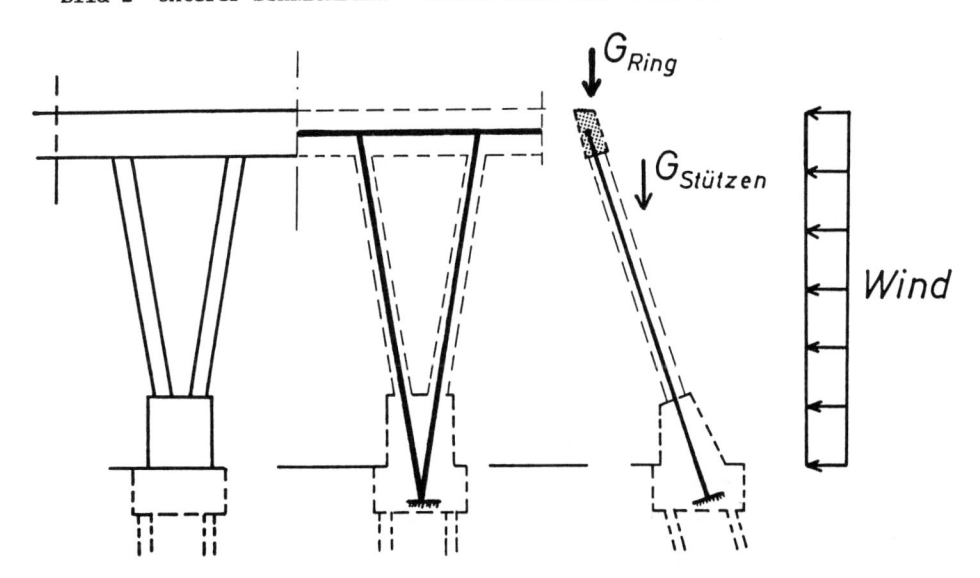

Bild 3   Unterster Ring und Stützen - Statisches System und Belastung -

Das Betonieren erfolgt in Abschnitten, die jeweils vier Stützenpaare überspannen. Nach dem Ausschalen des ersten Bauabschnitts bildet sich ein räumliches Tragwerk, bestehend aus acht geneigten Stützen und dem im Grundriß gekrümmten Abschnitt des untersten Schalenringes (vgl. Bild 4a).

a.) ein Abschnitt des untersten Ringes betoniert

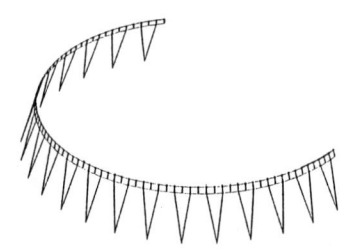

b.) fünf Abschnitte des untersten Ringes betoniert

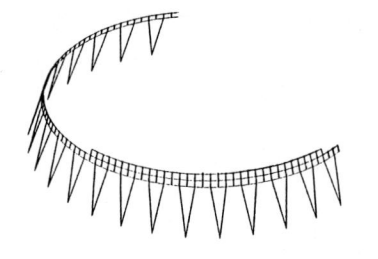

c.) zwei Abschnitte des zweiten Ringes betoniert

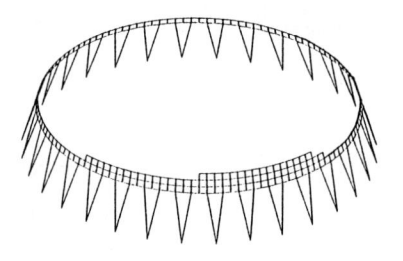

d.) ein Abschnitt des dritten Ringes betoniert

Bild 4 Bauzustände des unteren Schalenrandes

Eine Berechnung als räumliches Stabwerk mit dem in Bild 3 skizzierten System erfaßt die Tragwirkung für die Lasten aus Eigengewicht des Ringes (ca. 26 kN/m) und Wind (gem. DIN 1055) näherungsweise. Biegemomente und Normalkräfte für die Lastfälle Eigengewicht und Wind sind in Bild 5 aufgetragen. Dabei tragen die Stützen ihr Eigengewicht allein als Kragträger mit Längskraft ab (vgl. Bild 5a). Das Eigengewicht des Ringes wird erst mit dem Ausschalen in das Tragsystem Ring und Stützen eingeleitet (vgl. Bild 5b). Die Beanspruchungen in den Stützen ergeben sich aus der Superposition der an verschiedenen Systemen ermittelten Schnittgrößen. Die in Bild 5c eingetragenen Schnittgrößen ergeben sich aus einer auf den Kühlturmmittelpunkt gerichteten Windlast. Die in die Fundamente eingespannten Fertigteilstützen tragen die Lasten - anders als bei einem ebenen Tragwerk - nur zu einem Teil über Längsdruckkraft und Kragarmwirkung ab. Dieses im Grundriß der Schale 45 Grad umfassende Kreisringteilstück mit den geneigten Stützen zeigt in seinem Tragverhalten bereits einen spürbaren Einfluß der Krümmung. Die Stützen bilden im Zusammenwirken mit dem ringartigen Träger Zug- und Druckkraftpaare aus, die einen erheblichen Anteil der Lasten abtragen. Die sehr schlanken Stützen verformen sich am Kopf um etwa 3 cm. Wegen der Anordnung im Kreis ergeben sich aus den Verträglichkeitsbedingungen für den ringartigen Träger und die entsprechend der späteren Schalenneigung einmündenden Stützen neben geringen Torsionsmomenten erhebliche Biegemomente im untersten Ringabschnitt. Diese Biegemomente betragen ein Vielfaches derjenigen eines Durchlaufträgers entsprechender Stützweite.

Die Stützen, die im Endzustand als hochbelastete Druckstreben wirken, werden in diesem für die Bemessung maßgeblichen Bauzustand durch Zugkraft mit Biege- und Torsionsmomenten beansprucht. Auf die Darstellung der Momentenverläufe in den Stützen und der verhältnismäßig geringen Momentensprünge an der Einmündung der Stützen in den Ring wird hier verzichtet.

Im Zuge des Betonabbindeprozesses wird der Kreisringträger des unteren Schalenringes in seiner Verkürzung aus abfließender Hydratationswärme von den geneigten Fertigteilstützen behindert. Schnittgrößen aus einer Berechnung zur näherungsweisen Erfassung dieser Zwangbeanspruchung, die von einer Abkühlung von 30 Grad als Temperaturfall unter Annahme ungerissener Steifigkeiten ausgeht, sind in Bild 5d dargestellt. Infolge Rißbildung vermindert sich die Steifigkeit des zugbeanspruchten Ringträgers spürbar. Als wirklichkeitsnahe Abschätzung der mittleren Steifigkeit werden in /3/ etwa 65 % der Steifigkeit des ungerissenen Zustandes angenommen. Dieser Wert wurde für biegebeanspruchte Balken ermittelt. Bei der hier vorliegenden Normalkraftbeanspruchung kann die Steifigkeit infolge Rißbildung noch weiter abfallen. Wegen der Entstehung des Zwanges infolge abfließender Hydratationswärme bei gleichzeitiger Festigkeitsentwicklung des Betons ist die Beanspruchung tatsächlich geringer als rechnerisch mit einer von Beanspruchungsbeginn an vorhandenen Betonnennfestigkeit ermittelt. Eine Bemessung für 65% der Schnittgrößen des Bildes 5d entsprechend dem Steifigkeitsabfall liegt daher im Lastfall Zwang aus abfließender Hydratationswärme auf der sicheren Seite.

a.) Eigengewicht Stützen

b.) Eigengewicht 1.Ring

c.) Wind auf Ring und Stützen

d.) Zwang aus abfließender Hydratationswärme

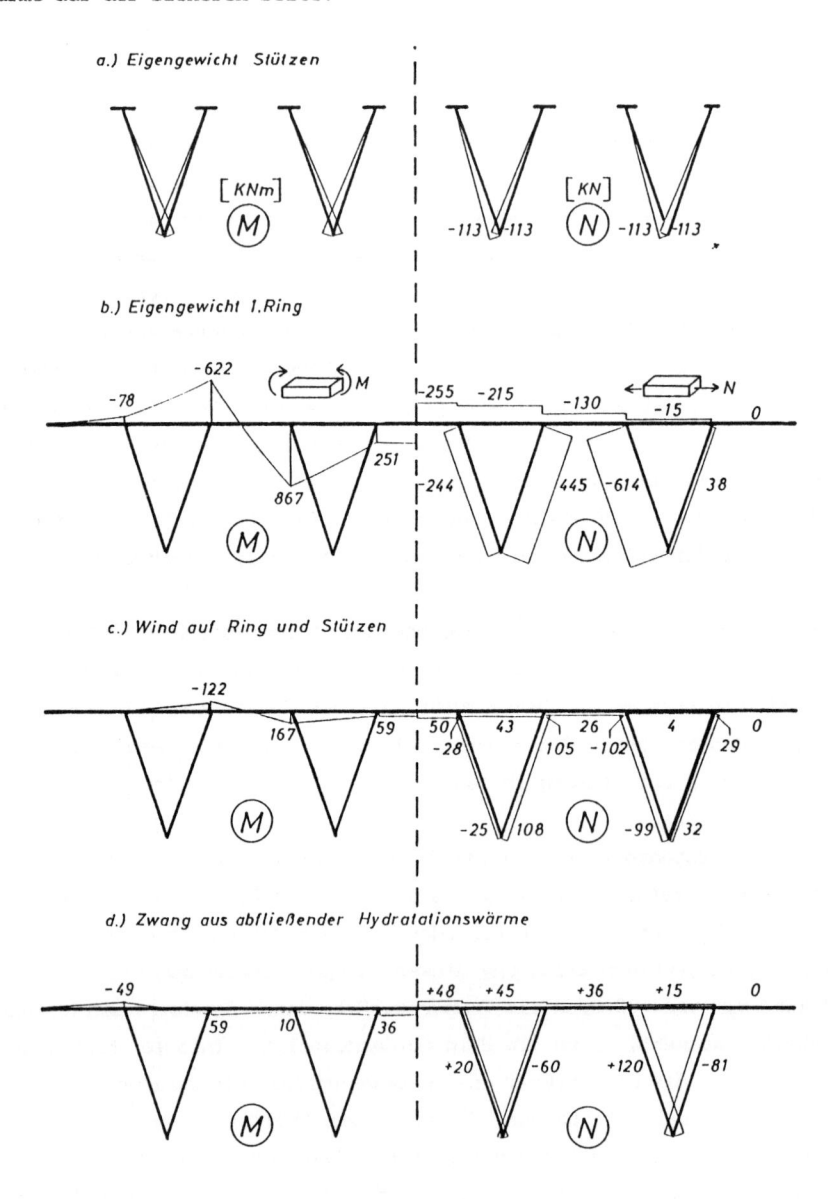

Bild 5 Schnittgrößen des ersten Betonierabschnittes unterster Ring

Das Betonieren weiterer Abschnitte des unteren Ringes führt zu einer Änderung des statischen Systems (vgl. Bild 4b). Dabei werden die weiteren Abschnitte des ringartigen Trägers ähnlich wie der erste Abschnitt beansprucht. Biegemomente und Normalkräfte bleiben wegen der einseitig vorhandenen Stützung etwas unter denen des ersten Betonierabschnittes.

Beim Schließen des letzten Teilstücks ergibt sich ein gänzlich anderes System. Der neue Beton stützt sich an beiden Seiten gegen vorhandene Abschnitte des untersten Ringes. Hier wird die Beanspruchung infolge Abfließen der Hydratationswärme aus diesem letzten Betonierabschnitt des ersten Ringes untersucht, das von dem bereits vorhandenen Gesamtsystem Ring/Stützen bei der Verkürzung behindert wird. Dabei ergeben sich mit den o. erl. Annahmen (Temperaturabfall von 3o Grad, Zustand I) Zwang-Zugkräfte von etwa 830 kN (vgl.Bild 6). Das ist weniger als ein Zehntel derjenigen Zugkraft, die in dem Träger bei beidseitig starrer Festhaltung entstehen würde. Das Tragsystem Ring/Stützen reagiert sehr nachgiebig. Dennoch liegen die Zugkräfte erheblich über denjenigen der anderen Belastungszustände. Außerdem zeigt sich im Grundriß eine Einspannwirkung in die beidseitig vorhandenen Ringabschnitte (vgl. Bild 6). Die entstehenden Momente bewirken erhebliche Biegespannungen im Ring. Diese Zwangbeanspruchungen werden entsprechend der Steifigkeit des gerissenen Zustandes mit einem auf 65 % abgeminderten Wert mit einer Sicherheit $v = 1,0$ bei der Bemessung berücksichtigt. Außerdem wird ein Nachweis der Rißbreitenbeschränkung geführt.

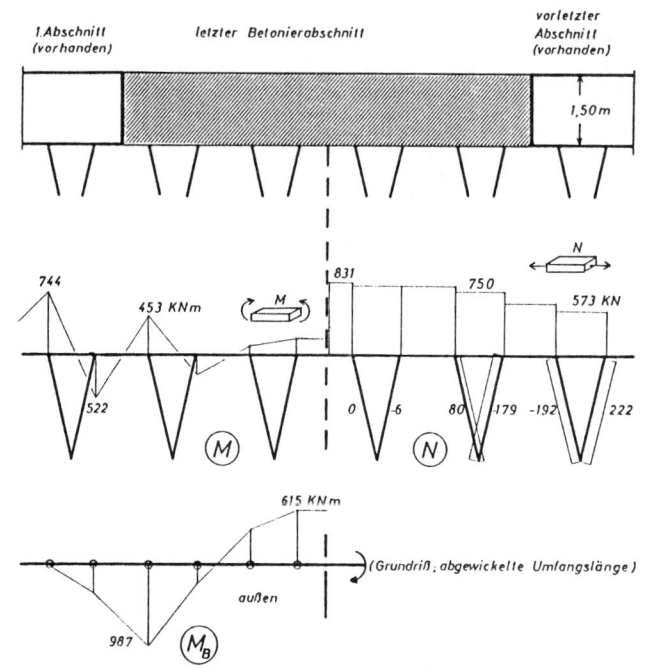

Bild 6 Schnittgrößen aus abfließender Hydratationswärme
nach Betonieren des letzten Abschnittes vom untersten Ring

3 DER UNTERE SCHALENRAND BEI DER HERSTELLUNG WEITERER RINGE

Der erste Betonierabschnitt des zweiten Ringes wird nach Fertigstellung von mindestens drei Abschnitten des ersten Ringes begonnen (vgl. Bild 4c). Dies geschieht aus Gründen des Arbeitsfortschritts und zur Ausnutzung einer möglichst weitgehenden räumlichen Tragwirkung.

Bei der Herstellung des zweiten Ringes werden Betonierlast von etwa 25 kN/m und Schalungsgewicht über Stahlkonsolen in den fertigen ersten Ring eingeleitet (vgl. Bild 2b), wodurch sich größere Biegemomente im untersten Ring ergeben. Außerdem sind bis zur Erhärtung des zweiten Ringes, wenn eine plattenartige Tragwirkung aktiviert werden kann, im Fall ungünstig angreifenden Windes zum Betonierzeitpunkt zusätzliche Kräfte und Torsionsmomente vom untersten Ring abzutragen. Bei etwa doppelter Last erhöht sich die Biegebeanspruchung im untersten Ring nur um etwa ein Viertel gegenüber der Belastung aus seinem Eigengewicht, weil der vorhandene Ringträger die Lasten gleichmäßig in die Stützen einleitet, wie aus den in Bild 7 dargestellten Biegemomenten- und Normalkraftverläufen zu entnehmen ist. Die Verformungen der Stützen sind damit weniger unterschiedlich, so daß im Vergleich mit der Herstellung des untersten Ringes nur noch geringere Biegemomente entstehen. Die Torsionsmomente bleiben in einer Größenordnung, die vom Beton noch ohne Bewehrung abzutragen ist.

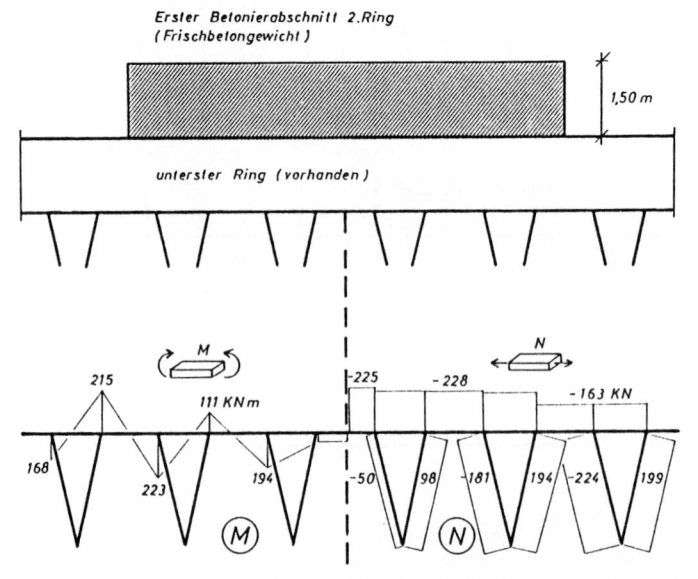

Bild 7 Schnittgrößen im untersten Ring infolge Frischbetongewicht des ersten Abschnittes vom zweiten Ring

Die Biegung des untersten Ringes erfordert nennenswerte Bewehrungsquerschnitte am unteren und auch am oberen Rand (vgl. Tabelle 2). Die exzentrisch angreifenden Schalungs- und Betonierlasten des zweiten Ringes werden bis zum Schließen dieses Ringes über plattenartige Tragwirkung abgetragen. Wegen der geringen Neigung der Schale von ungünstigst etwa 17 Grad gegen die Lotrechte und der daraus resultierenden geringen Exzentrizität ist diese Beanspruchung vom Beton aufnehmbar, so daß dafür die Mindestbewehrung ausreicht.

Ein anderer Effekt, der hier nur angedeutet werden soll, ist die waagerechte Verkürzungsbehinderung des zweiten Ringes beim Abfließen der Hydratationswärme durch den untersten, bereits hergestellten Ring. Dadurch ergeben sich Spannungen in Ringrichtung, die lotrechte Risse bewirken können. Über die Verteilung der Spannungen über die Höhe sind Angaben in /6/ abhängig von den geometrischen Verhältnissen zu finden. Daraus kann die Rißneigung abgeschätzt werden. Bei der Bemessung der Ringbewehrung ist eine Betrachtung dieser Spannungen und eine Ermittlung der zur Rißbreitenbeschränkung erforderlichen Bewehrung nach /5/ sinnvoll.

Die Herstellung des dritten Ringes (vgl. Bild 4c) erfolgt mit der gleichen Rüstung wie beim zweiten Ring durch Betonieren einzelner Ringabschnitte. Dabei wird der unterste Ring nicht mehr so stark beansprucht, da er die Last als geschlossener Kreisringträger in die Stützen abträgt, wodurch sich nur wenig unterschiedliche und auch erheblich kleinere Verformungen der Stützen ergeben.

Vom vierten Schalenring ab wird eine Kletterrüstung eingesetzt und in einem Betoniergang jeweils ein Ring betoniert. Die örtliche Beanspruchung des unteren Randes aus den Betonierlasten tritt zurück. Die Eigengewichte und Windlasten wachsen kontinuierlich bis zum Erreichen der endgültigen Höhe. Dabei geht die Tragwirkung stetig in den Endzustand über.

4 VERGLEICH DER BAUZUSTÄNDE MIT DEM ENDZUSTAND

Die aus der Berechnung als membrangelagerte Schale ermittelten Auflagerkräfte werden vom unteren Randglied getragen und in die Einzelstützen eingeleitet. Das Randglied wirkt dabei unter Vernachlässigung der Grundrißkrümmung näherungsweise wie ein wandartiger Träger (vgl. Bild 8). Diese scheibenartige Tragwirkung muß bei der Bemessung berücksichtigt werden. Dadurch ergeben sich entsprechende Bewehrungen im Feld und über der Stütze. Überlagert wird diese Tragwirkung von Zug- und Druckkräften in Schalenringrichtung aus den V-förmig angeordneten Stützen (vgl. Bild 8). Innerhalb des aus Stütze und unterem Ring gebildeten V wirken Ringzugkräfte im unteren Ring, jeweils zwischen zwei V wirken Druckkräfte. Abhängig von einem unterschiedlichen Steifigkeitsabfall infolge Rißbildung kann sich die Tragwirkung mehr zu einem Sprengwerk hin umlagern, was höhere Druckkräfte und abgeminderte Zugkräfte zur Folge hat.

Diese Beanspruchungen sind der Bemessung der Scheibenzustände ungünstig zu überlagern. Darüberhinaus ist die Lastausbreitung über den Stützen durch Spaltzugbewehrung abzudecken.

Aus Wind ergeben sich außerdem tangentiale Kräfte mit Größtwerten im Flankenbereich, die in den V-förmigen Stützen Zug/Druckkräftepaare hervorrufen, die den anderen Bemessungsgrößen ungünstig überlagert werden müssen.

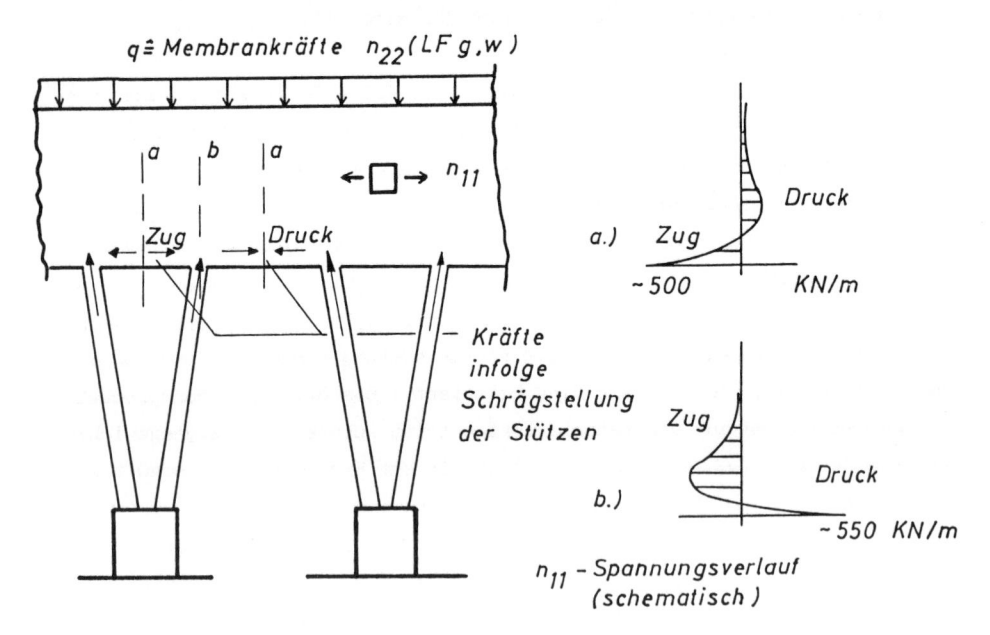

Bild 8 Unterer Schalenrand im Endzustand - Lastabtragung in Stützen -

Die wesentlichen Anteile der Ringkräfte des unteren Randes im Endzustand sind in Bild 9 aufgetragen. Neben Eigengewicht und Wind verursacht der Betrieb des Kühlturms im Winter wegen der Temperaturdifferenz der Schalen-

wand (außen kälter) Ringzugkräfte. Diese Zwangsschnittgrößen , die mit der
Steifigkeit des gerissenen Zustandes (65% der Steifigkeit von Zustand I
nach /3/) ermittelt wurden, werden mit einer Sicherheit $v = 1,0$ nach DIN
1045 bei der Bemessung berücksichtigt. Eine wahrscheinliche weitere Abminderung der Steifigkeit in diesem vorwiegend zugkraftbeanspruchten Bereich
wird auf der sicheren Seite liegend nicht berücksichtigt. Zusätzlich wird
nach DIN 1045 (Entwurf 1985) oder DBV /5/ der erforderliche Nachweis der
Rißbreitenbeschränkung geführt.

a.) Eigengewicht   b.) Wind ($\varphi = 0$)   c.) Temperaturdifferenz (EI_{II})

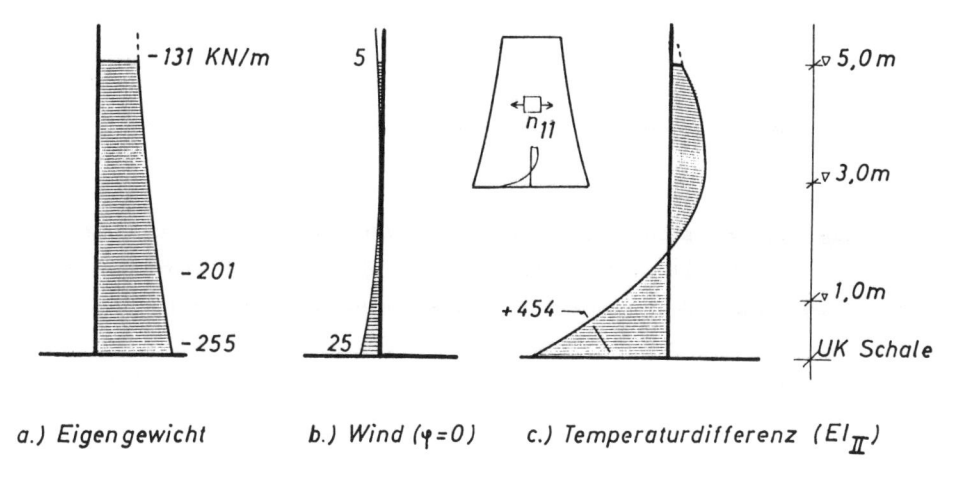

Bild 9 Ringkraft n_{11} am unteren Schalenrand im Endzustand

Für den Endzustand sind die Schalen-Schnittgrößen aus Eigengewicht und
Wind sowie aus Temperatur im Winterbetrieb an ungünstigster Stelle im Hinblick auf bemessungsmaßgebende Zugbeanspruchung in Tabelle 1 angegeben.
Außerdem sind die Schnittgrößen aus der Scheibenwirkung des unteren Randes
zur Lasteinleitung in die Stützen und Zugkräfte aus Stützenschrägstellung
genannt.

Aus den Bildern 5 bis 7 sind die für den Bauzustand bemessungsmaßgebenden
Schnittgrößen zu entnehmen. Die Superposition der Schnittgrößen aus Eigengewicht einschließlich Wind des ersten Betonierabschnittes unterster Ring
mit denen des Frischbetongewichtes erster Abschnitt zweiter Ring ergibt
Biegemomente M_{Feld} von etwa 1200 kNm und $M_{Stütz}$ von etwa 900 kNm. Die
Zwangzugkraft ist in diesem Lastfall mit etwa 48 kN (EI_I) gering. Dagegen
ergibt sich allein aus Abfließen der Hydratationswärme nach dem Ringschluß
des untersten Ringes eine Zwangzugkraft von etwa 830 kN (EI_I).

Tabelle 1   Schnittgrößen des unteren Randes im Endzustand

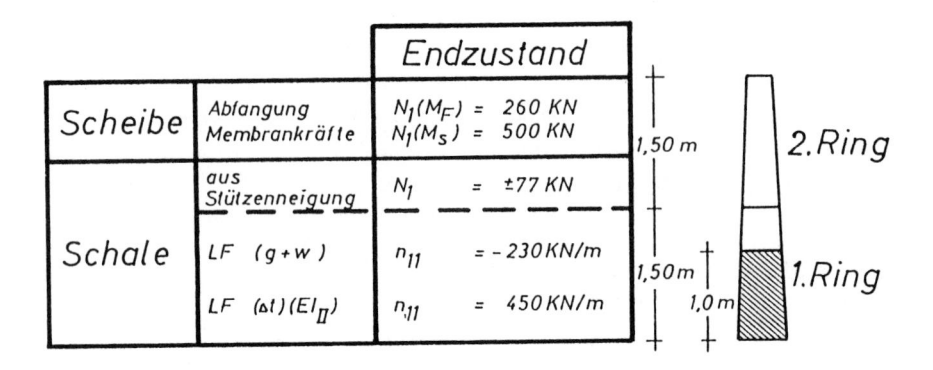

Scheibe	Ablangung Membrankräfte	Endzustand		
Scheibe	Ablangung Membrankräfte	$N_1(M_F)$ = 260 KN $N_1(M_S)$ = 500 KN		2.Ring
Schale	aus Stützenneigung	N_1 = ±77 KN		
Schale	LF (g+w)	n_{11} = -230 KN/m		1.Ring
Schale	LF (∆t)(EI$_{II}$)	n_{11} = 450 KN/m		

Die in Bau- und Endzustand erforderlichen Bewehrungsgehalte des unteren Ringes werden in Tabelle 2 gegenübergestellt. Zum Vergleich wird auch die nach BTR-Kühltürme /3/ erforderliche Mindestbewehrung angegeben. Eine Bemessung des in B 35 auszuführenden Ringes im Bauzustand mit den Sicherheiten nach DIN 1045 (v = 1,75 bzw. 2,1 für Last und v = 1,0 für Zwang - in Verbindung mit Nachweisen der Rißbreitenbeschränkung -) erfordert am unteren Rand eine größere Bewehrung BSt 500/550 als im Endzustand. Da es sich bei den Lasten fast ausschließlich um Eigengewicht handelt, ist z.B. in Anlehnung an die CEB-FIP-Mustervorschrift /7/ eine verminderte Sicherheit v = 1,4 im Bauzustand ausreichend. Wegen der Kurzzeitigkeit des bemessungsmaßgebenden Bauzustandes kann diese auch für Wind angesetzt werden. Damit ist die im Bauzustand erforderliche untere Bewehrung A_{su} nur geringfügig größer als im Endzustand. Die in Tabelle 2 angedeutete obere Bewehrung A_{so} wird nicht eingebaut. Stattdessen werden zur Abdeckung der Stützmomente im Bauzustand die seitlich vorhandenen Bewehrungsstäbe genutzt. Durch den geringeren Hebelarm sind diese aber nicht ausreichend, so daß zusätzliche Bewehrung angeordnet werden muß. Im Bereich des zugkraftbeanspruchten letzten Betonierabschnittes unterster Ring sind im Bauzustand die hinzutretenden Querbiegemomente den Biegemomenten über den Stützen zu überlagern. Dadurch ergeben sich im oberen Randbereich seitlich größere Bewehrungsquerschnitte als im Endzustand. Die Bewehrung A_{so} muß darüberhinaus im oberen Bereich seitlich zugelegt werden.

Die Bewehrung zur Aufnahme der Schalen- und Scheibenschnittgrößen im Endzustand wird mit Annahmen über mitwirkende Querschnittsbereiche so gewählt, daß auch die Bauzustände möglichst wirtschaftlich abgedeckt sind.

Tabelle 2 Bewehrung des unteren Randes im Bau- und Endzustand
           - Ringrichtung -

Bauabschnitt	Bauzustand			Endzustand		
	$\gamma_{g+w} = 1,75$ $\gamma_{T(EI_{II})} = 1,0$	$\gamma_{g+w} = 1,4$ $\gamma_{T(EI_{II})} = 1,0$		$\gamma_{g+w} = 1,75$ $\gamma_{T(EI_{II})} = 1,0$	Mindest-bewehrung	
1.Ring erster Abschnitt (LF g+w)	$A_{su} = 20$ $A_{so} = 16$	16 13		$A_{su} = 22$ $A_{so} = 0$	6 0	
1.Ring mit Frischbetongewicht 2.Ring erster Abschnitt (LF $g_1 + g_2 + w + T$)	$A_{su} = 28$ $A_{so} = 22$	22 17		$a_{s\,außen} = 12$	10,5	
1.Ring letzter Abschnitt (Ringschluß) (LF g+w+T)	$A_{su} = 30$ $A_{so} = 23$ $a_{s\,außen} = 16$ $a_{s\,innen} = 11$	25 19 15 10		$a_{s\,innen} = 12$	10,5	

$[cm^2] / [cm^2/m]$

Für die endgültige Bemessung stellt sich die Frage, inwieweit eine Superposition der Schnittgrößen des Bauzustandes mit denen des Endzustandes vorzunehmen ist. Die Schnittgrößen des Bauzustandes werden infolge Betonkriechen zeitabhängig auf einen Restbetrag abgebaut /8/, bei einer Kriechzahl $\varphi = 3$ zum Zeitpunkt $t = \infty$ auf etwa 10% ihres Ursprungswertes. Dabei ist eine Steifigkeitsverminderung infolge Rißbildung noch nicht berücksichtigt. Im Laufe der langen Bauzeit der Kühlturmschale von mindestens einem halben Jahr und einem weiteren Jahr bis zur Inbetriebnahme des Kühlturms werden die Schnittgrößen aus Bauzuständen auf ein vernachlässigbares Maß abgebaut, so daß eine Superposition der Schnittgrößen nicht erforderlich ist. Wenn man keine breiteren Risse infolge Anpassung des Systems an die Tragwirkung erhalten will, ist jedoch eine zumindest konstruktive Berücksichtigung der Superposition der Schnittgrößen des Endzustandes mit denen des Bauzustandes erforderlich.

Das Verfahren der abschnittsweisen Herstellung der unteren Ringe eines Naturzugkühlturmes mit seinen wirtschaftlichen Vorteilen hinsichtlich vorzuhaltendem Rüstmaterial und Schalungseinsatz ist nach den obigen statischen Untersuchungen bei einem nur geringfügigen Bewehrungsmehraufwand anwendbar. Dieser Mehraufwand ergibt sich insbesondere im ersten Ring im oberen

Bereich und im Bereich des Ringschlusses an Innen- und Außenseite. Die konstruktive Durchbildung sollte auch größere rechnerisch nicht erfaßte Zwangbeanspruchungen in Bau- oder Endzustand berücksichtigen, um Risse möglichst klein zu halten. Im Hinblick auf die zum Kühlturmmittelpunkt gerichteten Verformungen der Stützen bei der Herstellung des ersten Ringes ist eine entsprechend überhöhte Herstellung der Stützen erforderlich.

LITERATUR

/1/ ZERNA, W.: Kühlturm-Symposium 1977, Theorie-Konstruktion - Bauausführung Konstruktiver Ingenieurbau Berichte, Heft 29/30, Vulkan-Verlag, Essen, 1977.

/2/ GOULD, P.L., KRÄTZIG, W.B., MUNGAN, I., WITTEK, U.(ed.): Natural Draught Cooling towers. Proceedings of the 2. International Symposium. Ruhr-Universität Bochum, Germany, September 5 - 7, 1984. Springer-Verlag, Berlin, 1984.

/3/ Bautechnik bei Kühltürmen - Teil 2 - Bautechnische Richtlinien - BTR - für den bautechnischen Entwurf, die Berechnung, die Konstruktion und die Ausführung von Kühltürmen. Hrsg.: VGB-Vereinigung der Großkraftwerksbetreiber, Essen, 1979.

/4/ ZERNA, W.: Vorträge der Tagung Naturzug-Kühltürme - Ihre Festigkeitsberechnung und Konstruktion -. Haus der Technik, Essen, 19. April 1968. Vulkan-Verlag, Essen, 1968.

/5/ Merkblatt: "Begrenzung der Rißbildung im Stahlbeton- und Spannbetonbau" (Fassung April 1986). Hrsg.: Deutscher Beton-Verein e.V., Wiesbaden, 1986.

/6/ SCHLEEH, W.: Bauteile mit zweiachsigem Spannungszustand (Scheiben). Beton-Kalender 1983, Teil II, S. 713 - 848. Ernst & Sohn, Berlin, 1983.

/7/ CEB-FIP-Mustervorschrift für Tragwerke aus Stahlbeton und Spannbeton. Berlin, 1978.

/8/ TROST, H.: Zur Auswirkung des zeitabhängigen Betonverhaltens unter Berücksichtigung der neuen Spannbetonrichtlinien. in: Konstruktiver Ingenieurbau in Forschung und Praxis (Festschrift W. Zerna), S. 169 - 173, Werner-Verlag, Düsseldorf, 1976.

Vor- und Nachteile fester Teilsicherheitsbeiwerte im Grundbau

G. Gudehus, Karlsruhe

SUMMARY

Following concepts of structural engineering, attempts are made to fix partial safety factors for ground engineering. Equations and examples are proposed and discussed: weight factors and safety index can hardly be fixed, statistical parameters remain partly subjective; limit state and probability distribution functions can be systematically wrong. It is proposed to provide options in the regulations instead of fixed factors: variable weight factors, allowance for load tests and on-site measurements (observational method). Some rather philosophical hints are added.

ZUSAMMENFASSUNG

Nach Vorbildern im Konstruktiven Ingenieurbau sollen nun auch für den Grundbau Teilsicherheitsbeiwerte festgelegt werden. Dafür werden Formeln mit Beispielen vorgelegt und diskutiert: Gewichtsfaktoren und Sicherheitsindex sind schwer festzulegen, statistische Parameter bleiben teilweise subjektiv; Grenzzustands- und Verteilungsfunktionen können systematisch falsch sein. Es wird vorgeschlagen, in den Vorschriften Optionen anstelle fester Beiwerte vorzusehen: variable Gewichtsfaktoren, Berücksichtigung von Probebelastungen und Baustellenmessungen (Beobachtungsmethode). Einige beinahe philosophische Hinweise bilden den Schluß.

Es hat sich herumgesprochen, daß Sicherheitsnachweise - auch im Grundbau - künftig mit Teilsicherheitsbeiwerten zu führen sind. Mit der "GruSiBau" /1/ ist ein Rahmen vorgegeben, der unsere Normen vereinheitlichen soll. Ganz ähnlich ist der entstehende Rahmen der Eurocodes zu sehen. Nun sind nur noch die Beiwerte festzulegen, dann können alle zufrieden sein.

Im Entwurf des EC7 findet man keine Sicherheitszahlen und auch keine Anleitung dazu, wie man sie festlegt. Die jetzigen Grundbauvorschriften enthalten schon hier und da Teilsicherheitsbeiwerte; sie sind aber nicht begründet im Sinne der GruSiBau (1981), sondern - mehr oder weniger treffend - geschätzt. Trotz oder gerade wegen einiger Forschungsarbeiten ist es bisher nicht gelungen, möglichst wenige Teilsicherheitsbeiwerte festzulegen. Stimmt etwas nicht im Grundbau?

Dieser Aufsatz soll bei der Diskussion helfen. Die Sache ist so wichtig, daß man sich reichlich Zeit dafür nehmen sollte. Zunächst sei dargelegt, wie man Teilsicherheitsbeiwerte bestimmt und was sie nützen. Es folgt die Kritik: Es läßt sich zeigen, warum die Forderungen der GruSiBau nicht streng einzuhalten sind und inwiefern der Boden nicht in dieses Schema paßt. Ein Ausweg aus dem Dilemma ist nicht leicht - und streng genommen nie - zu finden. Daraus ergeben sich einige Schlußbemerkungen über die unvermeidliche Unschärfe der erfolgreichen Entwurfstätigkeit.

TEILSICHERHEITSBEIWERTE: WOHER UND WOZU?

Das einzige bekannte korrekte Maß des Risikos R ist das Produkt aus Schadenssumme S (z.B. in DM) und Versagenswahrscheinlichkeit p_f : $R = p_f S$. Von unersetzbaren Schäden abgesehen läßt sich S kalkulieren, wenn der Versagensmechanismus klar ist; beschränken wir uns also auf solche Fälle. Auch dann wird aber p_f fast immer eine fiktive Größe bleiben: Die statistische Datenbasis reicht nicht, und die mechanischen Modelle werden wohl nie genau zutreffen. Wichtig ist, daß die Methoden der Statistik grundsätzlich logisch einwandfrei sind, aufgrund von Erfahrungen kalibriert werden können und daher den Hintergrund spezieller Nachweisverfahren bilden dürfen. Die direkte Ermittlung von p_f (sog. Stufe III) bleibt anderen Bereichen der Technik vorbehalten.

Gemäß GruSiBau ist p_f durch den Sicherheitsindex β zu ersetzen. Dazu ist vorauszusetzen daß

- Versagen durch eine Ungleichung $f(X_i)<0$ gekennzeichnet ist, wobei f eine bekannte Funktion der streuenden Variablen X_i ist;
- die X_i sich auf unabhängige Zufallsvariable mit Normalverteilung transformieren lassen.

Auch im Grundbau gibt es einfache Versagensfälle, bei denen sich beide Voraussetzungen erfüllen lassen. Liegt β nicht unter dem Sollwert der jeweiligen Gefahrenklasse, ist der Sicherheitsnachweis der sog. Stufe II erbracht.

Besonders einfach wird dieser Nachweis, wenn die Grenzzustandfunktion sich in der Form

$$f = \Sigma(\pm) A_i X_i \tag{1}$$

linearisieren läßt. Dabei mag man sich die A_i als Flächeninhalte vorstellen, die durch die Bemessung festzulegen sind; + gilt für widerstehende und − für einwirkende X_i. Die X_i seien außerdem normalverteilt. Dann ist der Nachweis erbracht, wenn $f(A_i X_{iB}) \geq 0$ mit den Bemessungswerten

$$X_{i\beta} = m_i \mp \alpha_i \sigma_i \beta \tag{2}$$

erfüllt ist, wobei die sog. Gewichtsfaktoren α_i sich aus

$$\alpha_i = |A_i| \sigma_i / \sqrt{\Sigma(A_i \sigma_i)^2} \tag{3}$$

ergeben. m_i bezeichnet die Mittelwerte und σ_i die Standardabweichungen der X_i.

Solche Nachweise lassen sich auch im Grundbau ohne weiteres durchführen /2/. Solange die Funktion f und die Verteilungsparameter m_i und σ_i gerechtfertigt sind, wird damit das Risiko infolge der Variablenstreuung sinnvoll — wenn nicht gar optimal — begrenzt. Gleichung (2) entspricht auch dem gesunden Menschenverstand: Man verändert zur Bemessung die streuenden Größen zur sicheren Seite umso mehr, je größer ihr Gewicht (α_i), ihre Streuung (σ_i) und die Schadensfolge (β) ist. Der Grundgedanke der verteilten und ausgewogenen Sicherheit ist so in einfachster Weise präzisiert.

Wie kann aus Gleichung (2) eine rechtsverbindliche Vorschrift werden? β -Werte sind in der GruSiBau bereits festgelegt. Für bestimmte Mechanismen lassen sich Formeln für $f(X_i)$ in Berechnungsnormen festlegen. In Last- bzw.

Festigkeitsnormen kann man vorschreiben, wie die Parameter m_i und σ_i zu bestimmen sind. Um die mit Gleichung (3) verbundene Iteration bei der Bemessung zu vermeiden, können schließlich fallweise feste Gewichtsfaktoren vorgegeben werden /2/.

Da diese Festlegungen weitgehend auf freiem Ermessen beruhen, liegt eine weitere Pauschalierung nahe. Nach GruSiBau sind Teilsicherheitsbeiwerte so festzulegen, daß damit der β - Sollwert höchstens um 0,5 unterschritten wird. (Wenn die Mittelwerte verschwinden, sind statt dessen additive Korrekturen festzulegen. Daran ist im Grundbau z.B. bei Grundwasserständen zu denken. Wir wollen auf solche Fälle hier nicht weiter eingehen.)

Aus Gleichung (2) ergeben sich die Teilsicherheitsbeiwerte

$$\gamma_i = 1 + \alpha_i V_i \beta \quad \text{bzw.} \quad 1/(1 - \alpha_i V_i \beta) \tag{4}$$

wobei $V_i = \sigma_i/m_i$ die zu X_i gehörenden Variationskoeffizienten bezeichnet. Zur Bemessung sind die Mittelwerte mit γ_i zu multiplizieren bzw. zu dividieren. (Es wird hier davon abgesehen, γ_i auf andere Fraktilen als m_i zu beziehen.) Wenn $\ln[f(X_i)]$ bezüglich X_i linear ist und die X_i log-normalverteilt sind, gilt statt Gleichung (4)

$$\gamma_i = \exp(+ \alpha_i V_i \beta). \tag{5}$$

Bei der Wahl zwischen Gleichung (4) und (5) ist zu berücksichtigen, daß

- die Linearisierung von $f(X_i)$ öfter als diejenige von $\ln[f(X_i)]$ zutrifft, da f = 0 sich meist aus der Bilanz von Kräften ergibt;
- andererseits die X_i eher log-normal- als normalverteilt sind, da sie i.d.R. nicht negativ sind;
- beide Gleichungen in erster Näherung, d.h. für kleine $\alpha_i V_i \beta$ übereinstimmen.

Es liegt nahe, die Variationskoeffizienten V_i für bestimmte Klassen der streuenden Variablen X_i aufgrund der Erfahrung vorsichtig festzulegen. Ebenso sollten sich, nach Bemessungsfällen geordnet, Mindestwerte der Gewichtsfaktoren α_i festlegen lassen. Der GruSiBau folgend sind nun mit dem vorgegebenen β Faktoren zu berechnen und auf die erste Stelle hinter dem Komma zu runden. In bewährten Fällen sollten sich etwa die gebräuchlichen globalen Sicherheitsfaktoren ergeben (Kalibrierung).

Beispiel: Sohlreibungswinkel ϕ_s für den Nachweis der Gleitsicherheit. $\alpha_\phi = 0,7$ ergibt sich, wenn kein anderer Widerstand mitwirkt, $V_\phi = 0,1$ ist ein vorsichtiger Erfahrungswert. $\beta = 4,7$ ist einzuhalten, da Gleiten Verlust der Tragfähigkeit bedeutet. Man erhält nach Gleichung (3) $\gamma_\phi = 1,49 \cong 1,5$ und Gleichung (4) $\gamma_\phi = 1,38 \cong 1,4$.

So ergibt sich leicht eine große Vielfalt von Beiwerten. Man wird aber versuchen, mit einem kleinen Satz fester Zahlen auszukommen. Dem steht zunächst entgegen, daß die Gewichtsfaktoren α_i vom Mechanismus - also von der Funktion $f(X_i)$ - und den Abmessungen - also z.B. den Flächeninhalten A_i - abhängen. Will man jedem Variablentyp und jeder Gefahrenklasse nur einen Beiwert zuordnen, muß man den größtmöglichen Gewichtsfaktor zugrunde legen (i.d.R. $\alpha = 0,7$).

So erhält man beispielsweise mit $\beta = 4,7$ und $\alpha = 0,7$ für den Reibungswinkel mit $V_\phi = 0,05$ $\gamma_\phi \cong 1,2$ und für die Kohäsion mit $V_c \cong 0,2$ $\gamma_c \cong 0,2$. Diese Zahlen finden sich schon seit über 30 Jahren in den Dänischen Normen, die sich praktisch bewährt haben. Auch bewährte DIN-Vorgaben lassen sich so wiederfinden, z.B. Gleitsicherheit = 1,5 und Auftriebsicherheit = 1,1.

Die Sache scheint klar zu sein. Warum tun sich trotzdem die Grundbauer so schwer mit der Festlegung ihrer Beiwerte, und warum lehnen unsere englischen Kollegen feste Beiwerte bislang überhaupt ab?

EINWÄNDE

Gehen wir den zu festen Sicherheitswerten führenden Weg rückwärts und sehen uns dabei kritisch um.
Feste Beiwerte erfordern zunächst feste Gewichtsfaktoren α_i. Da es fast immer mindestens zwei streuende Variable - Einwirkung und Widerstand - gibt, ist α_i i.d.R. höchstens ca. 0,7. Wenn α_i tatsächlich kleiner ist, wird Sicherheit verschenkt. Das ist wirtschaftlich nicht zu vertreten, wenn der mit genauerer Berücksichtigung von α_i verbundene Ingenieuraufwand billiger ist als die Ersparnisse bei der Bauausführung.

Schwieriger ist es, die Festlegung der Variationskoeffizienten V_i zu beurteilen. Bei Baustoffen und Bauteilen kann man Kontrollen verlangen, um die

Einhaltung von V_i-Sollwerten sicherzustellen. Bei naturgegebenen Einwirkungen und Widerständen sind die V_i hinzunehmen. Wie aber soll man die V_i nach den Regeln der Statistik bestimmen? Die Anzahl der Stichproben - wenn es sich überhaupt um eine Grundgesamtheit unabhängiger Einzelereignisse handelt - ist für gute Tests fast immer zu gering. Man kommt also um subjektive Schätzungen gar nicht herum. Erschwerend kommt hinzu, daß die Variationskoeffizienten von den Flächengrößen - also den A_i in Gleichung (1) - abhängen.

Aus diesen Schwierigkeiten könnte man simplifizierend schließen, daß wenige feste Teilsicherheitsbeiwerte genügen, weil die V_i ohnehin nur grob geschätzt werden können. Dies widerspräche aber gerade im Grundbau der bewährten Praxis: Man setzt Sicherheitsfaktoren umso niedriger an, je mehr Probebelastungen oder gleichwertige Geländebeobachtungen vorliegen, aber umso höher, je ungleichmäßiger der Boden angetroffen wird. In die statistische Sicherheitstheorie übersetzt heißt dies: Die Variationskoeffizienten hängen vom Stichprobenumfang und vom Befund ab, damit auch die Teilsicherheitsbeiwerte.

Um dennoch mit wenigen festen Beiwerten auszukommen, könnte man an andere Fraktilen anstelle der Mittelwerte m_i denken. Das kann aber im Grundbau kaum gutgehen:

- Schon die m_i lassen sich kaum statistisch seriös ermitteln, also viel weniger andere Fraktilen;
- die Forderung der GruSiBau, β bis auf ± 0,5 einzuhalten, wäre kaum einzuhalten.

Auch die Mittelwerte der Bodenwiderstände kann man nicht wie bei Baustoffen normativ festlegen und durch Kontrollen einhalten. Sie müssen sich nach Umfang und Befund der Bodenuntersuchung richten. Geschieht dies nicht, wird das statistische Ziel, nämlich β ± 0,5 einzuhalten, verfehlt. (Von systematischen Erkundungsfehlern wird hier abgesehen, da Teilsicherheitsbeiwerte nur stochastische Abweichungen abdecken sollen.)

Die folgenden Einwände beziehen sich weniger auf feste Teilsicherheitsbeiwerte als auf das β-Konzept. Sie sollen die Anwendungsgrenzen verdeutlichen.

Gegen die verwendeten statistischen Verteilungsfunktionen ist wenig einzuwenden. Sehr pragmatisch spricht die GruSiBau von "operativen" p_f-Werten und setzt die β -Werte vorsichtig an. Jedenfalls scheint so ein einheitlicher Maßstab vorzuliegen.

Die geforderte stochastische Unabhängigkeit der Variablen X_i ist gerade bei Bodenwiderständen nicht leicht nachzuweisen oder zu erreichen. Man denke etwa an eine verankerte Stützwand: Der Reibungswinkel auf der Gleitfläche und der Ausziehwiderstand der Anker sind positiv korreliert, aber bisher nicht auf eine einzige Variable zurückzuführen. Bleibt eine Korrelation beider Variablen unberücksichtigt, wird β überschätzt.

Leicht übersehen wird auch, daß die Grenzzustandsgleichung $f(X_i) = 0$ gar nicht existieren muß. (Es geht hier nicht um systematische Fehler der Darstellung von f.) Wenn ein Versagensmechanismus nicht allein von der Größe, sondern auch von der zeitlichen Abfolge der Variablen abhängt, kann er grundsätzlich nicht durch eine Gleichung erfaßt werden. Beispiele sind die Verflüssigung und der progressive Bruch des Bodens.

Streng genommen ist fast jedes Versagen ein stochastischer Prozeß. Bei außergewöhnlichen Einwirkungen ist dies besonders augenfällig. Katastrophen sind nur ganz selten eine Folge unabhängiger Zufallsereignisse. Es kann aber nicht das Ziel von Sicherheitsnormen sein, dafür stochastisch korrekte Nachweise durchzusetzen.

Es ist auch darauf hinzuweisen, daß die β -Sollwerte der GruSiBau für den Grundbau zu hoch sein können. In den USA hält man β = 3 für Grenzzustände der Tragfähigkeit durchaus für genügend /4/. Unsere dortigen Kollegen sind nicht unvorsichtiger, haben aber wohl an die nach Terzaghi so genannte Beobachtungsmethode /5/ gedacht:

- Man macht aufgrund der Vorerkundung vorläufige Prognosen über - hinreichend sicher auszuschließende - Versagensmechanismen;
- durch Meßüberwachung wird beim Bauen geprüft, ob sich gefährliche Mechanismen ankündigen;
- ist es so, wird der weitere Bauablauf angepaßt;
- technische Optionen dafür werden von vornherein vorgesehen.

Dieses Vorgehen ist in der GruSiBau nicht vorgesehen und wäre durch feste

Teilsicherheitsbeiwerte geradezu verboten. Man könnte meinen, daß es dem statistischen Sicherheitskonzept sogar widerspricht.

EIN KOMPROMISSVORSCHLAG

Auf die Vorteile fester Teilsicherheitsbeiwerte sollte man auch im Grundbau nicht verzichten: Sie gewähren das Sicherheitsniveau zuverlässiger als Globalfaktoren, tragen zur Vereinheitlichung und Vereinfachung bei, knüpfen an's Gewohnte an, beruhigen schließlich Laien eher als p_f- oder β-Werte.

Zur Festlegung genügen Gleichung (2) und (3). Jeder Klasse von Böden und Bauteilen im Boden ist möglichst nur ein Variationskoeffizient und ein Gewichtsfaktor zuzuordnen, so daß sich nur wenige feste Beiwerte ergeben. Dieses grobe Raster sollte für die Mehrzahl aller Fälle erlaubt sein. Dazu gehören selbstverständlich Mindestanforderungen zur Bodenerkundung.

Damit werden die Nachweise zwar einfach, aber die Bauwerke können zu teuer werden. Es sollten daher schon in die Vorschriften Anreize für eine bessere Annäherung an das Optimum eingebaut werden. Dies fängt mit den Gewichtsfaktoren an: Wer das Verfahren nach Stufe II beherrscht, sollte das Recht haben damit - übrigens ohne höheren Aufwand - zu arbeiten. Dafür sollten dieselben Mindestwerte der Variationskoeffizienten vorgegeben sein, wie sie auch den festen Teilbeiwerten zugrunde liegen; damit sind rechnerische Manipulationen zu Lasten der Sicherheit hinreichend verhindert.

Ebenso sollte ein Bonus dafür eingeräumt werden, Mittelwerte m_i und Variationskoeffizienten V_i statistisch zuverlässiger zu ermitteln. Sichere Grenzwerte sind vorzuschreibenden Mindesterkundungen zuzuordnen (in bescheidenen Grenzen bauwerks- und bodenabhängig). Zuverlässigere Werte ergeben sich grundsätzlich nach dem Bayes-Verfahren; Hettler /6/ hat gezeigt, daß damit beispielsweise die Sicherheitsvorgaben der Pfahlnorm präzisiert und erweitert werden können. Man sollte aber nicht versuchen, zusätzliche Probebelastungen allein durch Korrekturfaktoren zu berücksichtigen:

Beispielsweise nimmt nach Hettler /6/ der Variationskoeffizient bei n Probebelastungen mit dem Faktor $\sqrt{[1/(n+1)+1]/2}$ ab, wenn die Variationskoeffizienten vorab gleich sind. Damit wird aus dem Sicherheitsbeiwert nach Gleichung (5)

$$\gamma_i = \gamma_{i0}^{\sqrt{[1/(n+1)+1]/2}}, \qquad (6)$$

wenn γ_{i0} denjenigen für n = 0 bezeichnet. Diese Korrektur läßt sich - ebensowenig wie diejenige der Mittelwerte - durch von n abhängende Faktoren nicht ausdrücken. (Gleichung 6 ist nicht der Weisheit letzter Schluß, zeigt aber, daß man mit Faktoren nicht auskommt.)

Selbstverständlich sind auch für solche Verfahren Mindestanforderungen, die sich grundsätzlich aus der GruSiBau ergeben, festzulegen. (Daneben sind Vorkehrungen gegen deterministische Fehler zu treffen, um die es hier nicht geht.)

Der schwierigste Schritt zu solchen Vorschriften besteht darin, die Vorinformationen nach Klassen von Böden und Bauteilen im Boden geordnet festzulegen. Man ist geneigt, mit wenigen Klassen auszukommen, muß aber dafür auf Kostenvorteile verzichten. Wie bei den Sicherheitsbeiwerten sollten neben einer Grobeinteilung Optionen für feinere Einteilungen ausdrücklich vorgesehen sein. Damit spiegeln die Vorschriften den Erkenntnisfortschritt wider, der durch eine starre Klasseneinteilung unmöglich wäre. Ein solcher Eingriff in den Ermessensspielraum des Bodengutachters ist heikel.

Es sei noch erwähnt, daß die geotechnischen Kategorien des Eurocode 7-Entwurfs keine Klassen in diesem Sinne sein können. Die Kriterien des EC 7 sind so verschiedenartig, daß allenfalls der Erkundungsaufwand in drei Stufen eingeteilt werden könnte. Der Erkundungsaufwand kann zwar zu Sicherheitsanforderungen führen, muß sich aber auch nach ihnen richten.

Wir müssen uns noch denjenigen Fällen zuwenden, wo die Daten statistisch nicht ausreichen und/oder die Grenzzustandsfunktion nicht bekannt ist oder gar nicht existieren kann. In der Geotechnik greift man dann zur Beobachtungsmethode /5/. So geschieht es heute beim bergmännischen Hohlraumbau, seltener auch bei Stützbauwerken.

Warum nicht auch bei Flach- und Tiefgründungen, wenn es auf die Wechselwirkung von Bauwerk und Baugrund ankommt? Die GruSiBau hat bisher nichts daran geändert, daß Statiker meist Setzungsdifferenzen als Einwirkungen behandeln und allenfalls mit Bettungsmodulrechnen. Beim Versuch, den Schadensmechanismen gemäß β-Konzept feste Teilsicherheitsbeiwerte zuzuordnen, stößt man rasch auf Hindernisse:

- Es gelingt kaum, abgeleiteten Hilfsgrößen wie Setzungsdifferenzen und Bettungsmoduln statistische Parameter wie m_i und σ_i zuzuweisen;
- man findet die Grenzzustandsfunktion im allgemeinen nicht, also auch nicht die Gewichtsfaktoren.

Man kann versuchen, das Tragwerk so zu bauen, daß die Wechselwirkung keine Rolle spielt. Derart umgehen läßt sich aber das Problem im allgemeinen nicht. Es wäre unredlich, Teilsicherheitsbeiwerte trotzdem undifferenziert - und zwangsläufig willkürlich - festzulegen. Das geschieht auch nicht im bergmännischen Tunnelbau (oder doch?).

Nach einer - hier nur zur Diskussion gestellten - Beobachtungsmethode könnte die Bemessung einer Flach- oder Pfahlgründung etwa so ablaufen:

1) Aufgrund der Vorerkundung und früherer Probebelastungen wird die Nachgiebigkeit der Fundamentkörper vorsichtig nach oben und unten abgeschätzt;
2) mit Mittelwerten wird eine Vorbemessung durchgeführt;
3) mit Grenzwerten wird das Spektrum von Mechanismen numerisch durchgerechnet;
4) Bauanweisungen werden für den Regelfall (2) und Abweichungen davon (3) erarbeitet;
5) wenn es Kostenvorteile bringt, werden zusätzliche Probebelastungen durchgeführt;
6) bei der Bauausführung werden Verschiebungen und Dehnungen gemessen;
7) wenn die Meßwerte im Sinne von (3) kritisch werden, ist der Bauablauf gemäß (4) anzupassen.

Dieser Ablauf sollte sich - vermutlich mit Hilfe des Bayes-Verfahrens /6/ - eines Tages mit der statistischen Sicherheitstheorie erfassen lassen. Vorerst genügt es, wenn die Sicherheitsrichtlinien Mindestanforderungen dafür stellen, aber mindestens die Option erlauben.

Noch ein wenig Zukunftsmusik: Auch für Baumaßnahmen an und bei bestehenden Bauwerken sind Sicherheitsnachweise zu führen. Die Sicherheitsreserven der Altbauten sind mehr als vorher auszunutzen oder konstruktiv zu erhöhen. Feste Teilsicherheitsbeiwerte hätten keinen Sinn. Es bleibt nur die Beobachtungsmethode, wobei an den oben beschriebenen Ablauf zu denken ist.

EIN WENIG PHILOSOPHIE

Der Streit um Sicherheitsnachweise rührt an das Grundverständnis des Ingenieurs. In der "Logik der Forschung" von K.Popper findet man einen philosophischen Hintergrund. Nach Popper sind Theorien erforderlich, um die Wirklichkeit mit Hilfe von Prognosen zu bewältigen, gelten aber nur, soweit sie logisch sind und durch Experimente oder Beobachtungen nicht widerlegt sind. Um ein Maß für streuende Phänomene zu gewinnen, führte Popper - erstmals und unabhängig von Kolmogorow - die axiomatische Statistik ein. Prognosen müssen so klar sein, daß sie widerlegt werden können.

In der Technik kommen einige Aspekte hinzu:

- die Prognoseverfahren müssen möglichst einfach sein, damit der Ingenieur in vernünftiger Zeit fertig wird ("Technische Modelle" im Sinne von Duddeck /7/ sind gefragt);
- der Ingenieur muß für seine Prognosen einstehen und das Vertrauen des Laien haben.

Sicherheitsnormen sind dabei ein nützliches, aber nicht unbedenkliches Hilfsmittel. Normen legitimieren Berechnungs- und Erkundungsverfahren, zementieren sie aber auch. Feste Sicherheitszahlen sind hilfreich und beruhigend, verführen aber leider zur bürokratischen Erstarrung. Normen sollen Mindestanforderungen festlegen, dürfen aber den Fortschritt nicht behindern (daher die oben vorgeschlagenen Optionen).

Noch ein Wort zu Korrekturfaktoren: Wenn eine Einflußgröße umgangssprachlich als Faktor bezeichnet wird, folgt daraus noch lange nicht, daß sie in der Berechnung durch einen algebraischen Faktor zu erfassen ist (Gegenbeispiel: Gleichung (6)). Zahlenfaktoren beruhigen, weil man an sie gewöhnt ist, können aber auch täuschen. Wer nur mit Faktoren arbeitet, läuft auch Gefahr, verschiedene Einflüsse undifferenziert zu vermischen; Sicherheitsnachweise dürfen nicht zum Herumschieben von Faktoren degenerieren.

Nach dem statistischen Konzept wird die Sicherheit besser eingefangen, aber nie ganz exakt. Feste Teilsicherheitsbeiwerte können durchaus nach heutigem Wissensstand das Sicherheitsniveau stützen. Sie können aber auch vom kreativen Ingenieurdenken abhalten. Der Ingenieur soll eben nicht wie ein Bürokrat sein Denken völlig in Schubladen (oder Aktenordner) zerlegen. Er muß sozusagen integrieren und differenzieren können: Entwurf mit ganzheitlicher Intuition, Nachweis mit ausgewogener Detailanalyse.

LITERATUR

/1/ GruSiBau (1981): Grundlagen zur Festlegung von Sicherheitsanforderungen für bauliche Anlagen. 1. Aufl., DIN-Institut, Beuth-Verlag.

/2/ Gudehus, G. (1987): Sicherheitsnachweise für Grundbauwerke. Geotechnik 10. Jahrg., S. 4-34.

/3/ Vanmarcke, E.H. (1977): Probabilistic Modelling of Soil Profiles. J. Geot. Div. ASCE, p. 1227-1266.

/4/ Whitman, R.V.: (1983): Evaluating Calculated Risk in Geotechnical Engineering. J.Geot. Div. ASCE, p. 145 - 188.

/5/ Peck, R.B. (1969): Advantages and Limitations of the observational method in applied soil mechanics. Géotechnique, p. 171 - 187.

/6/ Hettler, A. (1987): Statistisch begründete Sicherheitsnachweise für Betonrammpfähle. Erscheint demnächst in "Der Bauingenieur".

/7/ Duddeck, H. (1979): Ingenieure sind viel mehr als "nur" Techniker. Beratende Ingenieure 7/8.

Instationäre Porenwasserdrücke bei nichtlinearen Kontinuumsberechnungen

F.T. König, Hannover und D. Winselmann, Braunschweig

SUMMARY

In saturated cohesive soils transient pore water pressures are built up during loading. Depending on the soil's permeability, its drainage conditions and its deformation characteristics large excess pore pressures may develop. The pore pressures reduce the effective hydrostatic stresses and thus increase the relative shear stresses, which decide about the failure capacity of the soil. For stability analyses it is of fundamental importance to separate effective and total stresses. Numerical analyses of the time dependent stress-strain-flow problem require constitutive laws which accurately describe the nonlinear stress-strain behaviour and the volumetric deformation properties.

ZUSAMMENFASSUNG

In bindigen weitgehend wassergesättigten Böden bauen sich bei Belastungen instationäre Porenwasserdrücke auf. Sie können je nach Durchlässigkeit und Drainagebedingungen einen großen Teil der hydrostatischen Spannungskomponenten abtragen und zu einer Erhöhung der für den Versagenszustand maßgebenden Scherbeanspruchung führen. Für Standsicherheitsnachweise in bindigen wassergesättigten Böden muß daher zwischen Totalspannungen und den im Korngerüst wirksamen Effektivspannungen unterschieden werden. Über die Volumenverformungen sind die Porenwasserdrücke von den Verformungen des Bodens abhängig. In Kontinuumsberechnungen zur Lösung des gekoppelten Spannungs-Verformungs-Durchströmungsproblems müssen daher für den Boden Stoffgesetze verwendet werden, die das nichtlineare Spannungs-Verformungsverhalten und die Volumenverformungen zutreffend beschreiben.

1 EINLEITUNG

Grundbauprobleme der Baupraxis verlangen häufig sowohl Aussagen über Spannungszustände als auch über zugehörige Verformungen. In Kontinuumsberechnungen sind beide von der zutreffenden Beschreibung des Spannungsverformungsverhaltens der Böden abhängig.

In weitgehend wassergesättigten Böden rufen Beanspruchungen zusätzlich Porenwasserdrücke hervor, die vorübergehend innere Verformungszwänge auf den Boden ausüben. Bei gering wasserdurchlässigen bindigen Böden halten diese inneren Zwänge lange an. Die Porenwasserdrücke reduzieren die für die Tragfähigkeit maßgebenden Kontaktkräfte zwischen den Bodenpartikeln, so daß die relative Scherbeanspruchung des Bodens zunimmt und damit seine Standsicherheit vermindert wird. Maßgebend für die Größe des Porenwasserdrucks sind die Volumenverformungen des Bodens mit Dilatanz und Kontraktanz. Ihre Erfassung in einer numerischen Berechnung stellt hohe Anforderungen an das verwendete Stoffmodell, da das Spannungs-Verformungsverhalten von Böden ausgeprägt nichtlinear ist und die Verformungen vom Beginn der Belastung an aus reversiblen und irreversiblen Anteilen bestehen.

Für Kontinuumsberechnungen werden Stoffmodelle benötigt, die für allgemeine räumliche Spannungspfade gültig sind. Sie müssen das Spannungs-Verformungsverhalten auch bei einer Änderung der Hauptspannungsverhältnisse und bei wechselnder Beanspruchung richtig wiedergeben. Bei Berücksichtigung der Porenwasserdruckentwicklung erfährt der Boden bereits bei langsamer monotoner Laststeigerung zusätzlich zyklische Beanspruchungen durch zwischenzeitliche Konsolidationsphasen.

Bei Entstehung und Dissipation der Porenwasserdrücke sind die Spannungen und Verformungen sowie die Durchströmung des Bodens miteinander gekoppelt. Die rechnerische Erfassung der Porenwasserdrücke in Kontinuumsstrukturen erfordert daher neben einer zutreffenden Beschreibung des Spannungs-Verformungsverhaltens die Lösung des damit gekoppelten räumlichen Durchströmungsproblems.

2 STOFFMODELLE

Elasto-plastische Stoffmodelle mit isotroper und kinematischer Verfestigung sind in der Lage, die aufgezeigten Eigenschaften von Böden phänomenologisch richtig zu beschreiben.

Das isotrop-kinematische Kegelmodell /2/ gilt für nichtbindige Bodenarten. Es besteht aus einer deviatorischen Fließbedingung (Kegel) mit gekoppelter isotroper und kinematischer Verfestigung und einer hydrostatischen Fließbedingung (Kappe) mit isotroper Verfestigung. Aufweitung und Rotation des Fließkonus werden durch eine konusförmige Bruchfläche begrenzt.

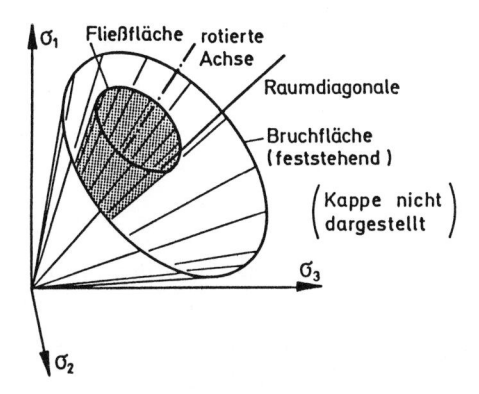

Bild 1   Das kinematische Kegelmodell

Bei bindigen Böden ist das volumetrische Verformungsverhalten infolge hydrostatischer Belastung wesentlich stärker ausgeprägt als bei nichtbindigen Böden. Als Erweiterung wurde daher das isotrop-kinematische "Critical State" Modell /1/ entwickelt. Es enthält kinematische und isotrope Verfestigunsregeln sowohl für deviatorische als auch für hydrostatische Beanspruchungen. Die Fließbedingungen dieses Modells lassen sich im Hauptspannungsraum als geschlossene Ellipsoide darstellen.

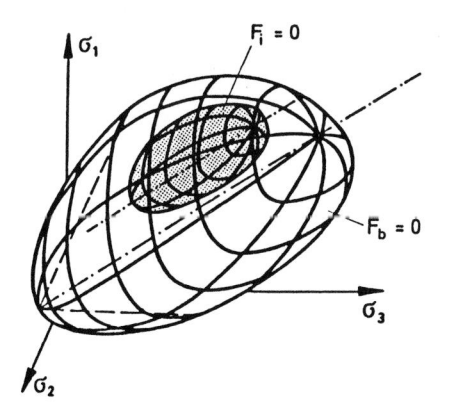

Bild 2   Das isotrop-kinematische "Critical State" Modell

In beiden Modellen grenzen die inneren Fließflächen den elastischen Bereich ein. Sie folgen jeweils dem Spannungspfad gemäß einer kinematischen Bewegungsregel und ermöglichen so die Beschreibung von Hystereseeffekten. Mittels Lage und Größe der Fließflächen besitzen die Modelle ein (begrenztes) Erinnerungsvermögen für Ereignisse der Spannungsgeschichte, die durch Ereignisse mit größerer Intensität wieder ausgelöscht werden können.
Die Stoffmodelle gelten für allgemeine räumliche Zustände. Die Fließregeln sind nichtassoziiert, um die Volumenverformung zutreffend wiederzugeben.

3 AUSWIRKUNGEN UNTERSCHIEDLICHER BRUCHKRITERIEN UND FLIESSREGELN

Das Verformungsverhalten von Böden wird entscheidend durch das Fließkriterium und die Fließregel geprägt. Bei Stoffgesetzen mit assoziierter Fließregel kann der Vektor des plastischen Dehnungsinkrementes $\delta Q/\delta\sigma$ im Hauptspannungsraum anschaulich als Normale an die Fließfläche $\delta F/\delta\sigma$ dargestellt werden. Bei nichtassoziierten Gesetzen weichen beide voneinander ab. Im Bild 3 ist im Hauptspannungsraum ein Horizontalschnitt durch verschiedene Bruchflächen, die affin zu den Fließflächen sind, dargestellt. In diesem Schnitt ist $\sigma(y)$ konstant. Alle Spannungspfade, die ein Volumen-

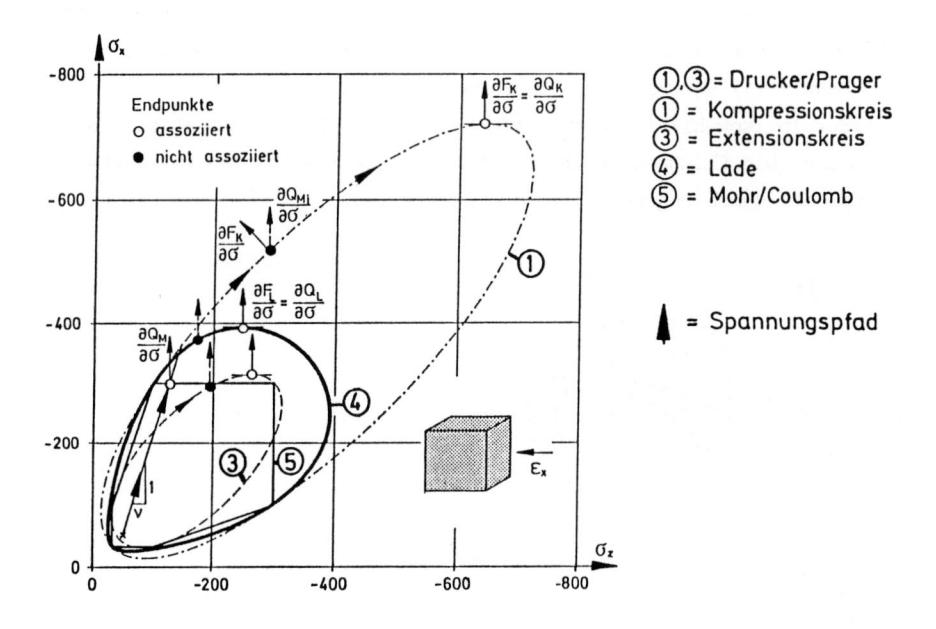

Bild 3 Endpunkte der Spannungspfade (horizontale Stauchung)

element im Boden bei unveränderter Auflast durchläuft, können hierin dargestellt werden. Der Schnitt zeigt, wie stark die Kriterien für den gleichen rechnerischen Reibungswinkel voneinander abweichen. Als Auswirkungen der Unterschiede auf die Volumenverformungen sind im Bild 4 die rechnerischen Ergebnisse dargestellt, die sich für einen Bodenwürfel im ebenen Verformungszustand ergeben, wenn er bei konstanter Auflast horizontal gestaucht wird. Als Versagensgrenze stellt sich der rechnerische Erdwiderstand ein. Er weicht für die unterschiedlichen Bruchkriterien weit voneinander ab. Die zugehörigen Spannungspfade zeigt Bild 3. Der Grenzzustand auf der Bruchfläche ist erst erreicht, wenn die statische und die kinematische Grenzbedingung erfüllt sind. D.h. hier, wenn der Vektor des plastischen Dehnungsinkrements keine Komponente in z-Richtung mehr aufweist.

Deutlich wird jedoch vor allem, daß die dilatanten Volumenverformungen, die für die Entwicklung der Porenwasserdrücke mit entscheidend sind, bei Ansatz assoziierter Fließregeln weit überschätzt werden. Zur realistischen Ermittlung der Volumenverformungen, bei der auch eine Anpassung an Versuchsergebnisse unabhängig vom Bruchkriterium erforderlich ist, müssen in Berechnungen des gekoppelten Spannungs-Verformungs-Durchströmungsproblems nichtassoziierte Fließregeln eingesetzt werden.

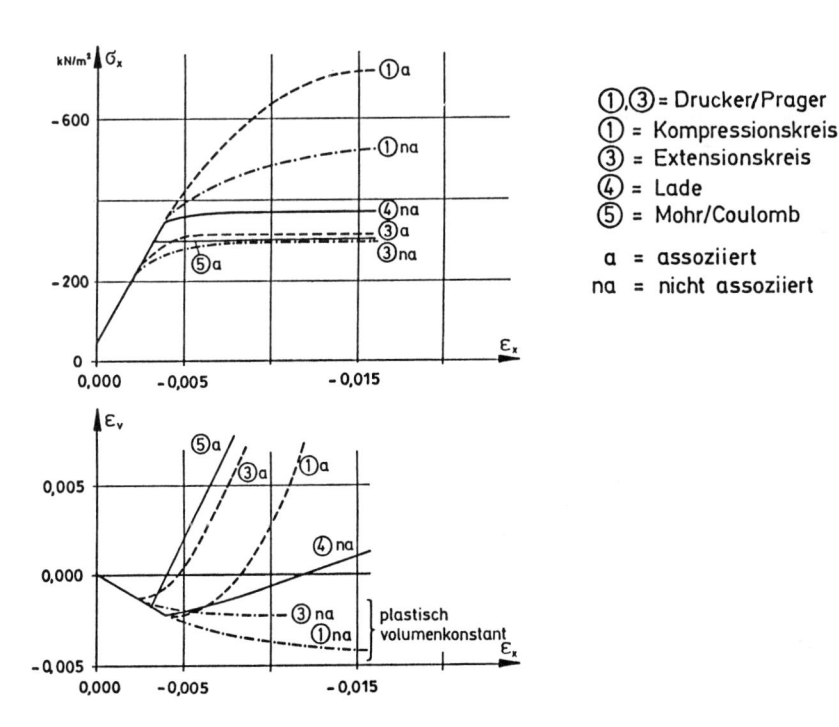

Bild 4 Der rechnerische Erdwiderstand und zugehörige Volumenverformungen

4 BERECHNUNG DES ZEITLICH UND RÄUMLICH INSTATIONÄREN PORENWASSERDRUCKS

Bei der Berechnung des Zwei-Phasen-Stoffs aus Boden und Wasser muß zwischen Totalspannungen, die von außen auf ein Volumenelement einwirken, und den im Korngerüst wirksamen Effektivspannungen unterschieden werden. Die Porenwasserspannungen tragen einen Teil der hydrostatischen Spannungen ab und vermindern dabei das für die Tragfähigkeit des Bodens maßgebende Effektivspannungsniveau. Bild 5 zeigt die Definition der unterschiedlichen Spannungen.

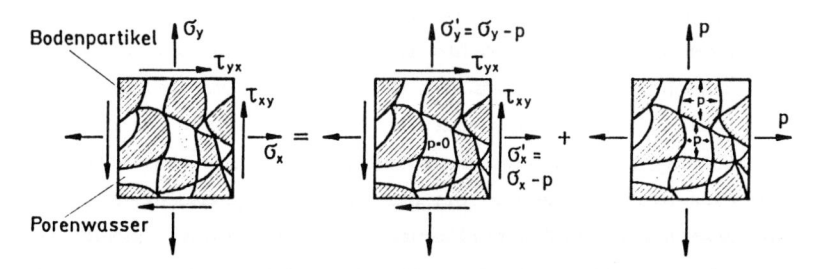

Totalspannungen $\underline{\sigma}$ = Effektivspannungen $\underline{\sigma}'$ + Porenwasserspannungen p

Bild 5 Spannungen des Boden-Wasser-Gemisches

Porenwasserüberdrücke entstehen, wenn das Porenwasser einer Verdichtung des Bodens entgegenwirkt. In gering durchlässigen bindigen Böden mit ausgeprägt kontraktanten volumetrischen Verformungseigenschaften werden so mit zunehmender Belastung hohe Porenwasserüberdrücke aufgebaut, die den Boden in einen plastischen Fließzustand versetzen oder bis zum Bruchzustand führen.

In einem Kontinuum mit örtlich unterschiedlichen Belastungsintensitäten entsteht dabei ein Porenwasserüberdruckgefälle zu den geringer belasteten Zonen und zu den durchlässigeren Bodenschichten oder freien Oberflächen. Dieses Druckgefälle löst einen Durchströmungsvorgang aus, der zu einer Konsolidation des Bodens führt. Er hält solange an, bis der Porenwasserüberdruck vollständig abgebaut ist.

Der zeitliche und räumliche Verlauf des Auspreßvorgangs des Porenwassers stellt ein instationäres Durchströmungsproblem dar. Die Spannungen und Verformungen des Bodens sind in jeder Phase mit der Durchströmung gekoppelt. Bild 6 zeigt die schematische Formulierung für eine Finite Element Berechnung. Zusätzlich zu den beim Weggrößenverfahren unbekannten Knotenverschiebungen $\hat{\underline{u}}$ sind jetzt auch die Knotenporenwasserdrücke $\hat{\underline{p}}$ als Unbekannte im Gleichungssystem enthalten. Aus dem reinen Weggrößenverfahren wird ein "gemischtes" Verfahren /1/.

$$\begin{bmatrix} [\underline{K}] & [\underline{C}] \\ [\underline{C}^T] & [\underline{w}] \end{bmatrix} \cdot \begin{bmatrix} [\hat{\underline{u}}] \\ [\hat{\underline{P}}] \end{bmatrix} = \begin{bmatrix} [\hat{\underline{F}}] \\ [\hat{\underline{Q}}] \end{bmatrix}$$

Bild 6   Das gekoppelte Spannungs-Verformungs-Durchströmungsproblem

Der obere Teil der Matrizengleichung fordert das Gleichgewicht zwischen den Beanspruchungen (Lasten) und den Totalspannungen des Bodenelementes. Die Steifigkeitsmatrix $\underline{K}$ beschreibt das nichtlineare Spannungs-Verformungsverhalten des Bodens in Abhängigkeit vom Stoffgesetz. Sie stellt über die elastoplastische Stoffmatrix die Beziehung zwischen den Effektivspannungen und den Dehnungen des Korngerüstes her. Durch die Kopplungsmatrix $\underline{C}$ gehen auch die Porenwasserdrücke in das Kräftegleichgewicht ein.

Der untere Teil der Matrizengleichung fordert die Verträglichkeit der Volumenverformungen. Die Wasserstrommatrix $\underline{w}$ repräsentiert das reine Durchströmungsproblem. Sie beschreibt den sich aus den Knotenporenwasserdrücken ergebenden Wasserausfluß aus einem Bodenelement. Über die Matrix $\underline{C}^T$ wird der Wasserfluß mit den Volumenverformungen des Bodens gekoppelt.

Analog zur Berechnung plastischer Verformungen über Nebenbedingungen in den Stoffgleichungen erfolgt die Berechnung der Porenwasserdrücke über eine Volumenbilanznebenbedingung. Zur Herleitung der Gleichungen in Bild 6 wird die volumetrische Kontinuitätsgleichung zunächst in Geschwindigkeiten formuliert, so daß die Volumenbilanzgleichung mit zeitlichen Ableitungen behaftet ist /1/.

Es liegt ein Anfangswertproblem vor, das über die Zeit zu integrieren ist. Neben der räumlichen Diskretisierung ist daher auch eine zeitliche Diskretisierung erforderlich. Für den Verlauf innerhalb eines Zeitinkrementes Δt wird ein linearer Ansatz gewählt und die Zeitintegration nach dem Galerkin Verfahren mit der Ansatzfunktion ξ als Wichtungsfunktion durchgeführt. Das Ergebnis dieser Integration in Gl.(1) entspricht einer punktförmigen Wichtung des Funktionsverlaufes innerhalb des Zeitschrittes mit dem Wert an der Stelle $\xi = 2/3$.

$$\begin{bmatrix} \underline{K} & \beta \cdot \underline{C} \\ \beta \cdot \underline{C}^T & -\beta^2 \left(\frac{2}{3}\Delta t \cdot \underline{W}_F + \underline{W}_S\right) \end{bmatrix} \cdot \begin{bmatrix} \Delta \hat{\underline{u}}_{(\Delta t)} \\ \Delta \hat{\underline{p}}^*_{(\Delta t)} \end{bmatrix} = \begin{bmatrix} 0 & 0 \\ 0 & \beta \cdot \Delta t \cdot \underline{W}_F \end{bmatrix} \cdot \begin{bmatrix} \hat{\underline{u}}_{(t)} \\ \hat{\underline{p}}_{(t)} \end{bmatrix} + \begin{bmatrix} \Delta \underline{F}_{(\Delta t)} \\ \beta \cdot \Delta t \left(\underline{Q}_{(t)} + \frac{2}{3} \Delta \underline{Q}_{(\Delta t)}\right) \end{bmatrix} \quad (1)$$

Bei der Herleitung von Gl.(1) wurde die Kompressibilität des Porenwassers berücksichtigt. Neben der Wasserflußmatrix $\underline{w}_F$ erscheint daher zusätzlich die Wasserspeichermatrix $\underline{w}_S$. Der Einfluß der Wasserkompressibilität ist bei Lockerböden in der Regel so klein, daß $\underline{w}_S$ vernachlässigt werden kann. Der Faktor β dient der besseren Konditionierung des Gleichungssystems. Da auf der Hauptdiagonale große Steifigkeiten sehr kleinen Durchlässigkeiten gegenüberstehen, können besonders bei kleinen Zeitschritten, z.B. zu Beginn der Konsolidation, numerische Probleme auftreten. β wird für jeden Zeitschritt so bestimmt, daß die Hauptdiagonalterme in ihrer Größenordnung angeglichen werden. Bei dieser Vorgehensweise wird der Vektor der Porenwasserdruckinkremente $\Delta \hat{p}$ zunächst durch die Zwischenvariable $\Delta \hat{p}^*$ ersetzt, die nach Lösung des Gleichungssystems noch mit dem Faktor β multipliziert werden muß.

Die vorgestellte Lösung zur Erfassung instationärer Porenwasserdrücke sieht neben der zeitlichen Inkrementierung des Anfangswertproblems auch eine Lastinkrementierung des Randwertproblems vor. Die inkrementelle Formulierung ermöglicht die Berücksichtigung des nichtlinearen, elastoplastischen Spannungs-Verformungsverhaltens des Bodens mit den in Kapitel 2 gezeigten Stoffgesetzen. Sie ermöglicht gleichzeitig die Berechnung zeitlich veränderlicher Belastungsvorgänge und Zyklen.

5 BEISPIELE

Die Möglichkeiten und Grenzen der vorgestellten Berechnung der Porenwasserdrücke werden durch den Vergleich elastischer Konsolidationsrechnungen mit analytischen Lösungen aufgezeigt.

Der eindimensionale Konsolidationsvorgang einer Bodenschicht auf undurchlässigem Untergrund wurde mit einer Diskretisierung von nur 16 Dreieckselementen rechnerisch nachvollzogen. Die äußere Last Δq wurde dazu sprunghaft auf eine frei entwässernde Oberfläche aufgebracht. Bild 7 zeigt den Verlauf des auf die Last bezogenen Porenwasserüberdrucks über die Höhe der

Bodenschicht für verschiedene Zeitpunkte. Der Zeitfaktor T ist ein normierter Zeitmaßstab, der die Durchlässigkeit des Bodens, den Steifemodul, die Wichte des Wassers, die Schichtdicke und die reale Zeit t enthält.

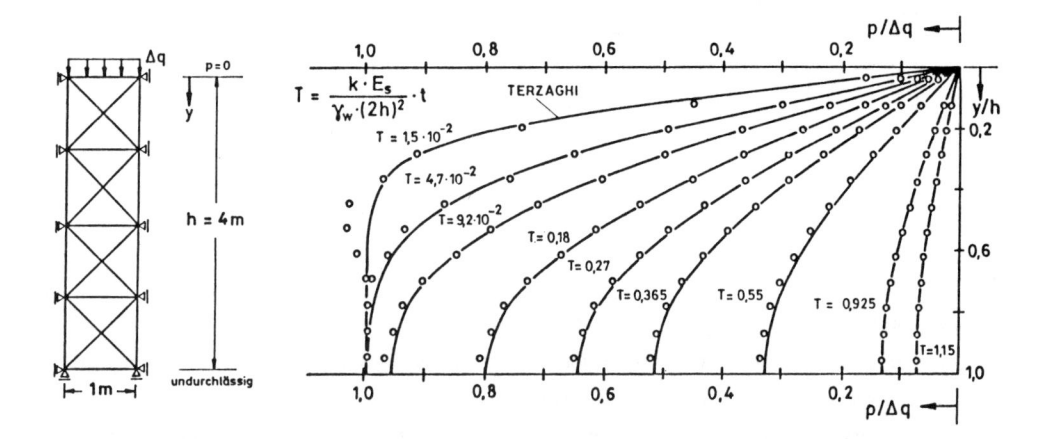

Bild 7   Porenwasserüberdrücke bei eindimensionaler Konsolidation

Die in der Finite Element Berechnung ermittelten Porenwasserdrücke stimmen gut mit der analytischen Lösung von Terzaghi (durchgezogene Linien) überein, obwohl für die Zeitspannen zwischen den Kurven z.T. nur je ein Zeitinkrement angesetzt wurde.

In der Anfangsphase der Konsolidation herrscht nahezu über die gesamte Schichtdicke ein konstanter Porenwasserüberdruck, der an der Oberfläche bis auf Null abfällt. Die Belastung wird fast vollständig vom Porenwasserüberdruck abgetragen und nur die Randbedingung am oberen Ende der Schicht erzwingt den Abfall auf Null. Dieser große Druckgradient innerhalb einer dünnen Oberflächenschicht wird bei der relativ groben Diskretisierung mit nur 16 Elementen nur unzureichend erfaßt, so daß sich in der Anfangsphase der Konsolidation rechnerisch Oszillationen des Porenwasserdrucks über die Tiefe ergeben. Sobald sich der Porenwasserdruck auf mehrere Elemente verteilt hat, sind diese Oszillationen nicht mehr vorhanden. Die räumliche Diskretisierung größerer Strukturen muß daher große Druckgradienten (Übergangsbereiche zu durchlässigen Medien) durch Netzverdichtungen berücksichtigen.

Die Auswirkung der gewählten Zeitschrittgröße in Verbindung mit dem Integrationsparameter ξ zeigt Bild 8. Aufgetragen ist der zeitliche Verlauf des Porenwasserüberdrucks für einen Punkt nahe der Oberfläche ($y/h=0.1$) und für einen Punkt in der Mitte der Bodenschicht ($y/h=0.48$).

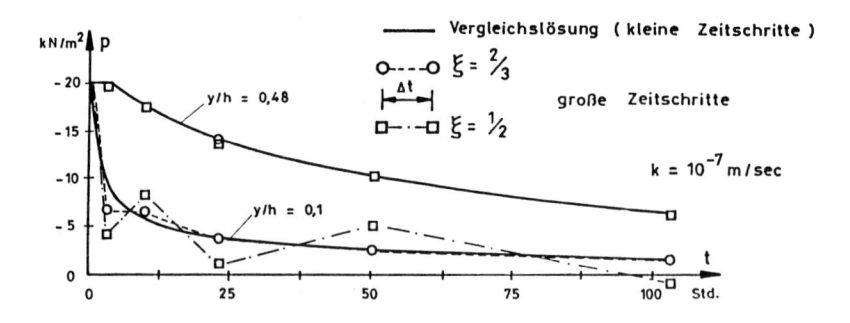

Bild 8 Auswirkung von Zeitschrittgröße und Zeitintegrationsparameter

Die Ergebnisse mit $\xi = 2/3$ konvergieren deutlich besser. In Schichtmitte ist die Abnahme des Porenwasserüberdrucks gleichmäßiger, so daß der Integrationsparameter ξ an Einfluß verliert.

Die guten Ergebnisse für eindimensionale Konsolidationsvorgänge werden auch für zweidimensionale Konsolidationsberechnungen bestätigt. Bild 9 zeigt den Verlauf des Porenwasserüberdrucks unter einer Streifenlast. Die elastischen Konsolidationsrechnungen im ebenen Verformungszustand wurden für zwei Diskretisierungsvarianten durchgeführt. Der Vergleich des zeitlichen Verlaufs des Porenwasserüberdrucks in einem Punkt mittig unter der Streifenlast mit der analytischen Lösung nach Schiffmann et al /3/ zeigt eine gute Übereinstimmung der Rechenergebnisse, sobald die Dissipation des Druckes einsetzt. Der Abbau des Porenwasserdrucks erfolgt bei diesem 2-D-Problem erst nach einem verzögerten Anstieg, der als Mandel-Cryer-Effekt bezeichnet wird. Für die gröbere Diskretisierung des ersten Netzes ergeben sich in dieser ersten Phase der Berechnung sehr große Porenwasserdruck-

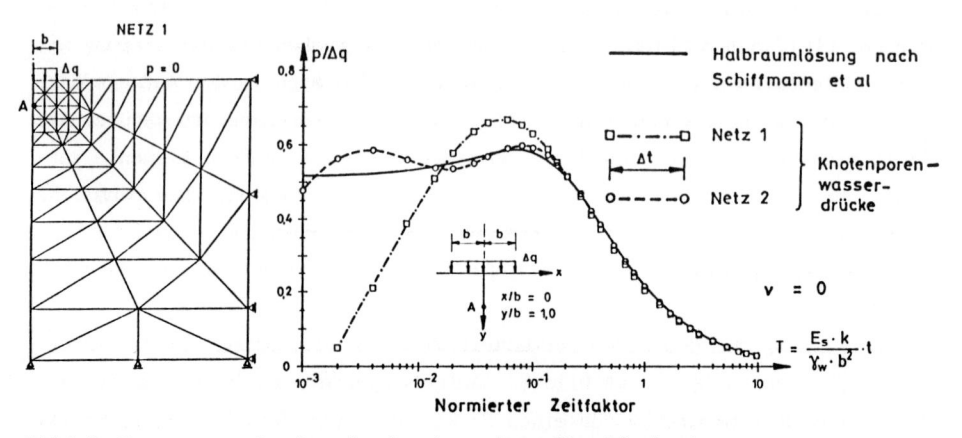

Bild 9 Porenwasserdruckverlauf unter einer Streifenlast

schwankungen, während mit dem doppelt so fein geteilten Netz 2 auch schon für den frühen Zeitbereich gute Ergebnisse erzielt werden.

Als Anwendungsbeispiel, das den großen Einfluß des Porenwasserüberdrucks auf die Tragfähigkeit des Bodens aufzeigt, wird der Konsolidationsvorgang unter einer Dammschüttung auf weichem bindigem Untergrund dargestellt. Die Dammschüttung entspricht wiederum einer Streifenlast. Zur Beschreibung des Bodenverhaltens wird das in Kap.2 vorgestellte isotrop kinematische "Critical State" Modell verwendet. Bild 10 zeigt den Berechnungsauschnitt und die Randbedingungen.

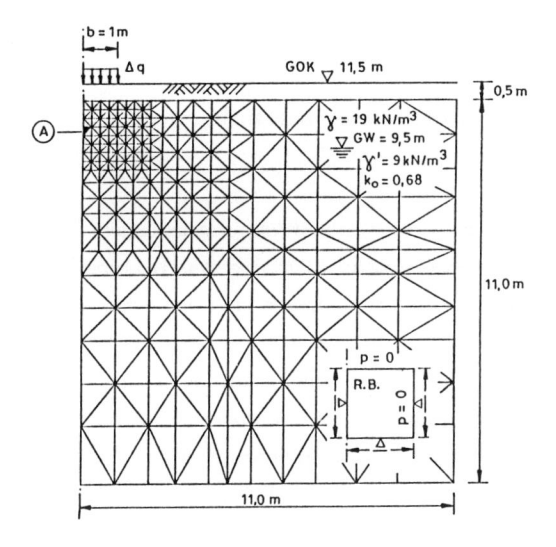

Bild 10 Streifenlast auf weichem Untergrund

Die Last wird, wie in Bild 11 angegeben, in Stufen aufgebracht. In Bild 12 ist der Spannungspfad für den Punkt A unter der Dammschüttung dargestellt. Der Spannungspfad für die Beanspruchung des Punktes A unter dem Damm zeigt

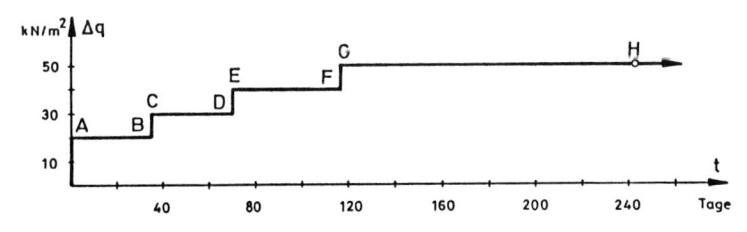

Bild 11 Last - Zeit - Diagramm

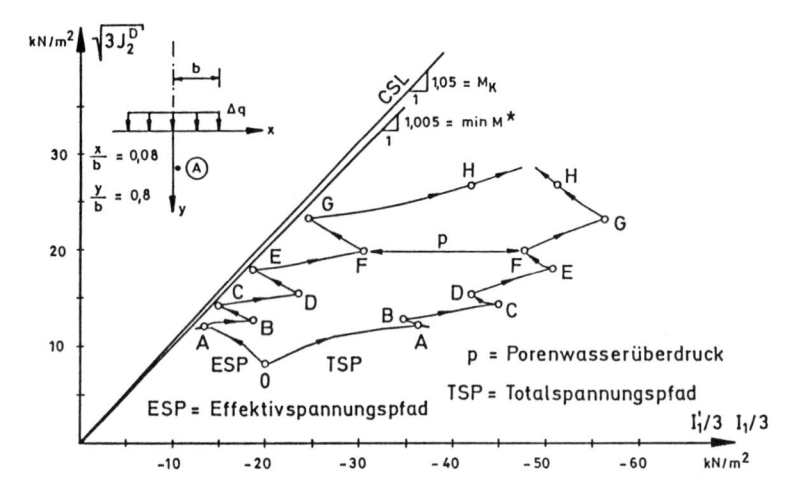

Bild 12 Spannungspfad im Punkt A bei stufenweiser Lastaufbringung

deutlich, wie wichtig die Trennung von Total- und Effektivspannungen und damit die Erfassung des Porenwasserüberdrucks für die Beurteilung der Standsicherheit ist. Der Totalspannungspfad liegt immer weit unterhalb der für das Versagen des Bodens maßgebenden Critical State Linie, die Effektivspannungen erreichen diese Grenzgerade jedoch schon fast nach der ersten Laststufe. Ohne die zwischenzeitliche Konsolidation wären weitere Laststeigerungen gar nicht möglich. Der Effektivspannungspfad zeigt deutlich, daß auch bei äußerer monotoner Belastung im Innern einer Gesamtstruktur häufig wechselnde Belastungen vorliegen, für deren realistische Beschreibung Stoffmodelle mit kinematischer Verfestigung erforderlich sind.

LITERATUR

/1/ König, F.T.: Stoffmodelle für isotrop-kinematisch verfestigende Böden bei nichtmonotoner Belastung und instationären Porenwasserdrücken. Bericht Nr. 85-46, Institut für Statik, Technische Universität Braunschweig 1985

/2/ Winselmann, D.: Stoffgesetze mit isotroper und kinematischer Verfestigung sowie deren Anwendung auf Sand. Bericht Nr. 84-44, Institut für Statik, Technische Universität Braunschweig 1984

/3/ Schiffman, R.L.; Chen, A.T.-F.; Jordan, J.C.: An analysis of consolidation theories. J. Soil Mech. and Found. Div., ASCE, 95, SM1 (1969), S.285-312

Geotechnische Bewertung geologischer Barrieren bei Untertagedeponien

M. Langer, Hannover

SUMMARY

According to the multi barrier principle, in waste repositories the geological setting must be able to contribute significantly to the waste isolation over long periods. The assessment of the integrity of the geological barrier can only be performed by making calculations with validated geomechanical and hydrogeological models. Site investigation and site characterisation are important parts of this assessment. The proper idealization of the host rock in a computational model is the basis of a realistic calculation of thermal stress distribution and excavation damage effects. The determination of water permeability along discontinuities is necessary in order to evaluate the barrier efficiency of crystalline host rock.

ZUSAMMENFASSUNG

Entsprechend dem Mehrfach-Barrierenprinzip muß die geologische Umgebung eines Abfallendlagers wesentlich zur Isolierung des Abfalls von der Biosphäre beitragen. Die Bewertung der Integrität der geologischen Barriere kann nur durch Berechnungen mit validierten geomechanischen und hydrogeologischen Modellen erfolgen. Erkundung und Charakterisierung des Standortes sind wichtige Teile dieser Bewertung. Die richtige Idealisierung des Wirtsgesteins im Rechenmodell ist die Grundlage für realistische Berechnungen von Thermospannungen und Rißbildungen. Die Bestimmung der Wasserdurchlässigkeit entlang Trennflächen ist notwendig, um die Barrierenwirksamkeit von Kristallingebirge zu berechnen.

1 SCHUTZZIELE UND SICHERHEITSKONZEPT VON UNTERTAGEDEPONIEN

Alle Überlegungen zur Sicherheit von Untertagedeponien, z.B. Endlagerbergwerken und Deponiekavernen haben sich auf die Schutzziele der Endlagerung auszurichten. Insbesondere muß eine Störung der Langzeitstabilität des Ökosystems in der Nachbetriebsphase ausgeschlossen werden, d.h. der Transport unzulässig hoher Mengen von Schadstoffen in die Biosphäre muß verhindert werden /1/. Um Gesundheit und Sicherheit der Menschen zu gewährleisten, werden mehrere unabhängige technische und natürliche Barrieren im gekoppelten und vernetzten System "Abfall/Endlagerbergwerk/geologisches Medium" zur Behinderung der Freisetzung von Schadstoffen herangezogen (multiple barrier system). Es sind dies
- Technische Barrieren (Abfallform, -verpackung),
- Gebirgsmechanische Barrieren (Bohrlochverfüllung/-verschluß, Versatzmaterial, Dämme, Wirtsgestein),
- Geologische Barrieren (geologisches Umfeld als geohydraulische Barriere).

Die Entwicklung eines realistischen und prüffähigen Sicherheitskonzeptes zur Erfüllung der Schutzforderungen unter Berücksichtigung aller vorhandenen Barrieren ist äußerst schwierig und unterliegt zur Zeit großer internationaler Forschungsaktivitäten. Ein mögliches Konzept für eine umfassende Sicherheitsanalyse ist vom Verfasser aufgezeigt worden /2/. Dieses Konzept (Abb. 1) beinhaltet die getrennte Analyse der einzelnen Barrieresysteme (technische, gebirgsmechanische, geologische), die Analyse der physikalischen und geochemischen Prozesse im Nah- und Fernfeld des Endlagers sowie eine zusammenfassende Szenarien- bzw. Störfallbewertung. Für die Beurteilung technischer Barrieren steht die probabilistische Risikoanalyse zur Verfügung. Die Bewertung gebirgsmechanischer Barrieren erfolgt durch den geotechnischen Standsicherheitsnachweis. Das geologische System wird durch die Prognose zukünftiger geochemischer, hydrogeologischer und tektonischer Vorgänge analysiert ("prognostische Geologie"). In der zusammenfassenden Störfallanalyse wird das Zusammenwirken aller Barrieren bei bestimmten theoretisch denkbaren Ereignissen (Störfälle), die eine Gefahr der Freisetzung von Schadstoffen in die Biosphäre (Freisetzungspfade) bewirken könnten, untersucht.

2 PRINZIP DES GEOTECHNISCHEN STANDSICHERHEITSNACHWEISES

Man erkennt, daß geotechnische und gebirgsmechanische Arbeiten ein Kernstück des Sicherheitsnachweises für die Deponierung radioaktiver Abfälle sind, da sowohl technische Barrieren (z.B. Versatzmaterial, Verschlußbauwerke) als auch geologische Barrieren, also das Wirtsgestein, berücksichtigt bzw. bewertet werden müssen. Da bei einer solchen Bewertung der Barrieren, als auch für den sicheren und wirtschaftlichen Entwurf des Endlagerbauwerks, sowohl das Tragverhalten als auch die Langzeitstabilität des Endlagerbereiches eine wesentliche Rolle spielen, kann ein solcher Sicherheitsnachweis nicht rein bauingenieurmäßig geführt werden, sondern muß geologische Faktoren und Prozesse integrieren; Standsicherheitsbegriffe und Sicherheitsfaktoren des normalen Ingenieurbaus reichen hier nicht aus.

Ausgerichtet auf die zu erreichenden Schutzziele wurde deshalb für die Belange der Endlagerung, ein komplexer geotechnischer Standsicherheitsnachweis entwickelt, der auf folgenden Grundüberlegungen beruht /3/.

Wegen der Komplexität der zu berücksichtigenden Randbedingungen kann der Standsicherheitsnachweis für Endlagerhohlräume im konkreten Fall nur durch eine Kombination verschiedener Untersuchungen und Berechnungen gelingen. Ingenieurgeologische Erkundungen, geotechnische Untersuchungen, felsmechanische Messungen, statische Berechnungen, meßtechnische Überwachungen und bergbauliche Betriebserfahrung müssen zusammenwirken (Abb. 2).

Dem rechnerischen Teil des Standsicherheitsnachweises kommt im Rahmen der Gesamtanalyse der Sicherheit eine besondere Bedeutung zu, da im Zuge der Planung und Planfeststellung bereits verläßliche und überzeugende Nachweise der Sicherheit geliefert werden müssen. Darüberhinaus werden durch die zusätzliche thermische Belastung (bei wärmeentwickelnden radioaktiven Abfällen) Spannungsänderungen sowohl im Nahfeld (Bergwerk) als auch im Fernfeld (Gebirge) hervorgerufen, die sich bisherigen bergmännischen Erfahrungen und meßtechnischen in situ-Beobachtungen entziehen.

Erstes Ziel solcher Standsicherheitsberechnungen ist - den genannten Kriterien folgend - der Nachweis, daß die durch den Hohlraumausbruch hervorgerufenen Spannungsumlagerungen bruchlos einen Gleichgewichtszustand erreichen, sich keine unzulässigen Konvergenzen und Schäden während der Nutzungszeit (z.B. durch thermische Spannungen) einstellen und die Lang-

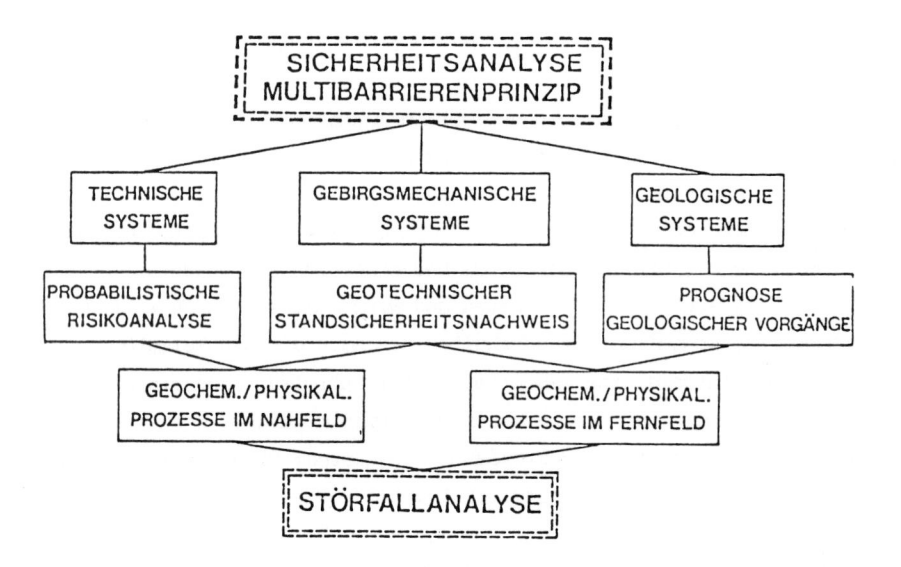

Bild 1: Konzept der Sicherheitsanalyse

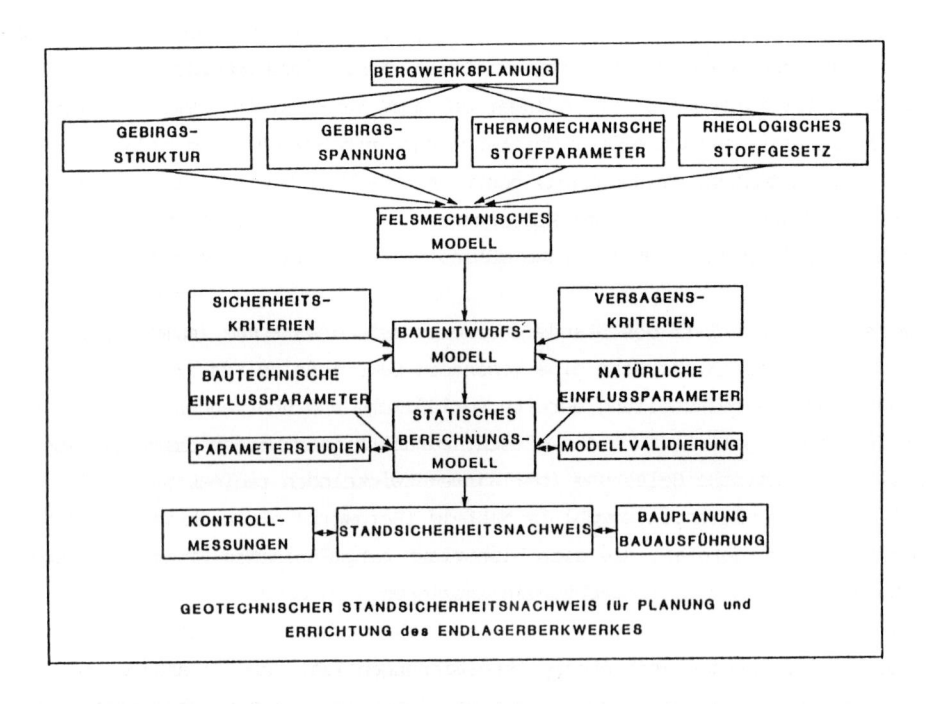

Bild 2: Prinzip des geotechnischen Sicherheitsnachweises

zeitintegrität des Gebirges erhalten bleibt. Es müssen also Spannungs- und
Verformungsverteilungen im Gebirge berechnet werden. Dazu gehört vor allem
die Formulierung eines mechanischen Gebirgsmodells und des dazugehörigen
Berechnungsmodells, Parameterstudien sowie die Festlegung von Sicherheits-
und Versagenskriterien.

3 GEOTECHNISCHE ANFORDERUNGEN UND STANDORTKRITERIEN

Eine Deponie als Bauwerk im geologischen Medium ist eine interdisziplinäre
Unternehmung. Planung und Durchführung erfordern in jedem Einzelfall gründliche geowissenschaftliche und technische Untersuchungen zur Erarbeitung
eines Deponiekonzeptes, in dem Abfallort, Deponiemethode, Eigenschaften des
Wirtsgesteins und seine regionalgeologische Position so aufeinander abgestimmt sind, daß eine optimale Nutzung technischer wie natürlicher Barrieren
zum Schutz von Mensch und Umwelt gewährleistet werden kann.

Durch eine Bewertung der Barrierenwirksamkeit des Wirtsgesteins ist nachzuweisen, daß eine unzulässige Verunreinigung der Grund- und Oberflächenwässer
nicht zu besorgen ist. Technische Barrieren (z.B. Kavernenabdichtungen,
Abfallbehälter) können aufgrund ihrer zeitlich begrenzten Funktionsfähig-
keit bei einer Endablagerung nicht zur Gewährleistung der Langzeitsicher-
heit herangezogen werden. Deshalb dürfen solche Untertagedeponien nur in
einem geologischen Medium angelegt werden, in dem hydrogeologische und
geochemische Umlagerungsprozesse so langsam ablaufen, daß vom eingelagerten
Abfall keine unzulässigen Veränderungen der Biosphäre zu erwarten ist. Bild
3 zeigt das Prinzip einer solchen Bewertung der Barrierenwirksamkeit für
ein Endlagerbergwerk im Salzgestein für radioaktive Abfälle.

Aus dieser Konzeption ergeben sich die notwendigen geotechnischen und geowissenschaftlichen Untersuchungen /4/. Zunächst ist anhand der bekannten
Angaben über Abfallart und Abfallmenge sowie unter Berücksichtigung der
regionalgeologischen Möglichkeiten die günstigste Deponierungsmethode festzulegen und ihre grundsätzliche Ausführbarkeit zu beurteilen. Hierzu gehört aus geowissenschaftlicher Sicht die Suche nach einer geeigneten
Struktur (z.B. Salzstock). Eine erste Standortauswahl erfolgt anhand geologischer Karten und der Auswertung aller vorhandenen Archivunterlagen, wie
Bohrungen, seismische Untersuchungen und sonstige Tiefenaufschlüsse unter
Berücksichtigung infrastruktureller Gegebenheiten.

Auch konkurrierende Nutzungsinteressen wie Wasserschutz- und Rohstoffsicherungsgebiete sollten in diesem frühen Planungsstadium schon abgeklärt werden. Darüber hinaus sind anhand des aus den vorhandenen Unterlagen ersichtlichen Kenntnisstandes Vorschläge für gezielte geowissenschaftliche Untersuchungen des Standortes auszuarbeiten.

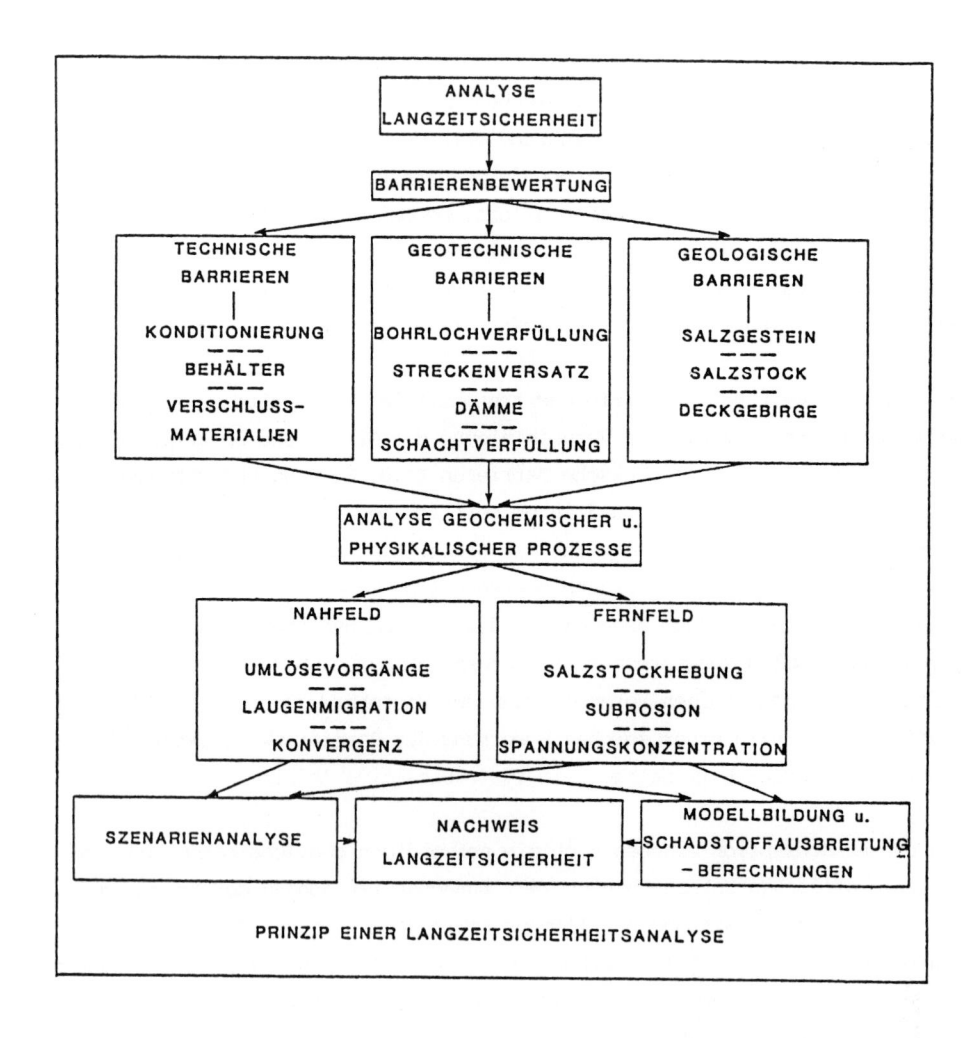

Bild 3: Barrierebewertung im Rahmen einer Langzeitsicherheitsanalyse

In der dann folgenden Phase der Standortuntersuchung müssen alle projektrelevanten Gebirgsparameter erarbeitet werden, die für eine abschließende Beurteilung der technischen Durchführbarkeit und langfristigen Sicherheit des Deponieprojektes notwendig sind (Abb. 4).

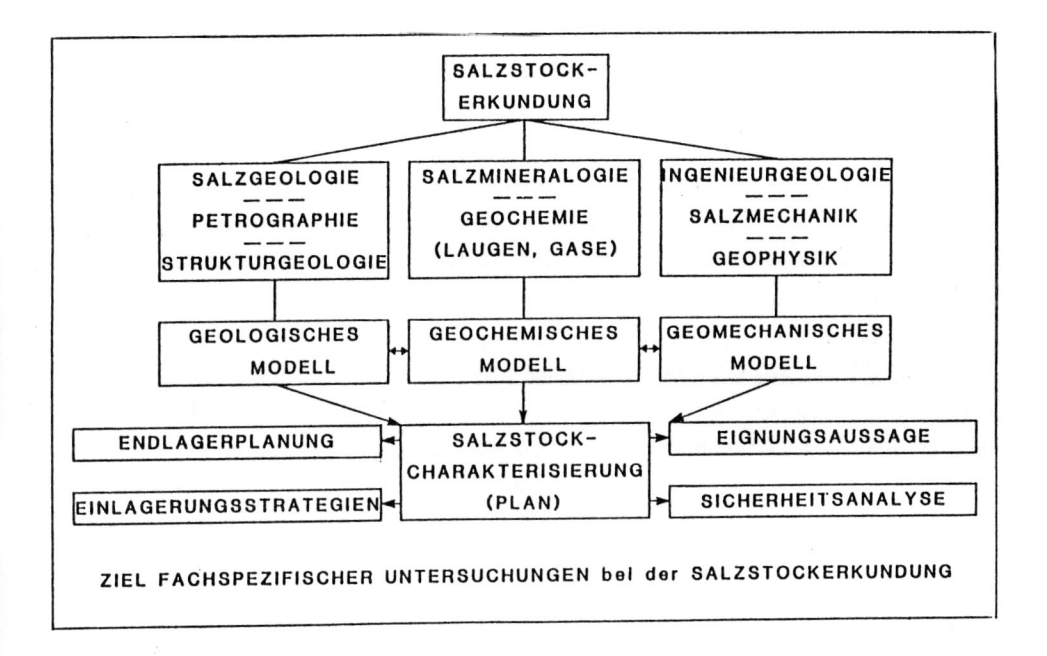

```
                        SALZSTOCK-
                        ERKUNDUNG
         ┌─────────────────┼─────────────────┐
   SALZGEOLOGIE      SALZMINERALOGIE    INGENIEURGEOLOGIE
     ---                 ---                 ---
   PETROGRAPHIE         GEOCHEMIE         SALZMECHANIK
     ---             (LAUGEN, GASE)          ---
  STRUKTURGEOLOGIE                         GEOPHYSIK
         │                 │                 │
    GEOLOGISCHES      GEOCHEMISCHES     GEOMECHANISCHES
      MODELL     ↔      MODELL      ↔       MODELL

 ENDLAGERPLANUNG  ←    SALZSTOCK-    →   EIGNUNGSAUSSAGE
                    CHARAKTERISIERUNG
EINLAGERUNGSSTRATEGIEN ← (PLAN) →     SICHERHEITSANALYSE

   ZIEL FACHSPEZIFISCHER UNTERSUCHUNGEN bei der SALZSTOCKERKUNDUNG
```

Abb. 4: Standorterkundung und Modellbildung

Hierzu gehört zunächst eine Bestandsaufnahme (Beschreibung des Ist-Zustandes):

- Klärung der Lagerungsverhältnisse durch Bohrungen und geophysikalische Untersuchungen (Seismik, Bohrlochgeophysik), Kluftsysteme, Störungen,
- Hydrogeologische Bestandsaufnahme, z.B. Aquiferbeschaffenheit, Stockwerksgliederung, abdeckende Schichten, hydraulische Kontakte, regionale Ausdehnung, Pumpversuche, Durchlässigkeitstests in Bohrungen,
- Entnahme von Wasserproben für chemische Untersuchungen, evtl. Altersbestimmungen,
- Entnahme von Proben zur Ermittlung der natürlichen Eigenschaften der Gesteine, z.B. Mineralgehalt, Porenvolumen, Durchlässigkeit,

- Geomechanische Bestandsaufnahme, z.B. Gesteinsfestigkeit und -verformbarkeit an Proben im Labor,
- Auswertung seismischer Unterlagen zur Klärung der regionalen Erdbebentätigkeit (geodynamische Risiken).

Die Auswertung und Interpretation dieser Untersuchungen sind Grundlage für die Erarbeitung geomechanischer und geohydraulischer Rechenmodelle, mit deren Hilfe die Reaktion des gesamten Systems auf den technischen Eingriff zu überprüfen ist (Abb. 4). Die chemische Untersuchung der Formationswässer gibt in Verbindung mit dem Mineralgehalt Hinweise auf die Genese und damit die zukünftige Entwicklung des jeweiligen Deponiestandortes. Sie liefert gleichzeitig Daten zum Lösungspotential der Bergwässer und ist damit wichtige Grundlage für die Beurteilung der Reaktionen zwischen Abfall und Wirtsgestein.

4 MODELLIERUNG GEOLOGISCHER GEGEBENHEITEN

Die geologische Barriere (Wirtsgestein) muß bei einer Untertagedeponie wesentlich zur Langzeitisolierung der Abfälle von der Biosphäre beitragen. Die Wirksamkeit dieser Barriere innerhalb des Systems "Abfall - Untertagedeponie - Wirtsgestein" ist durch quantitative Berechnung mit validierten geomechanischen und hydrogeologischen Modellen nachzuweisen. Die richtige Beschreibung der Eigenschaften des Wirtsgesteins und des umgebenden Gebirges in einem solchen Berechnungsmodell ist die eigentliche Basis realistischer Berechnungen. Das natürliche System muß dabei hinsichtlich seiner Eigenschaften (z.B. Durchlässigkeit, thermo-mechanisches Verhalten, tektonische Strukturen, in-situ-Spannungen) idealisiert werden. Es ist offensichtlich, daß Modelle solcher Art nur ein gewisses Maß an Genauigkeit erreichen können, da die im allgemeinen komplexen geologischen Strukturen nur bis zu einem gewissen Grad quantifiziert werden können. Die Angemessenheit der Berechnungsmodelle muß deshalb durch einen Validierungsprozess nachgewiesen werden. Die Modellvalidierung erfolgt durch Verifizierung des Rechencodes und durch Überprüfung von Berechnungen durch in-situ-Messungen /5/.

Gebirgsmechanische Modelle umfassen

- den geologischen Aufbau des Gebirgskörpers,
- Materialgesetze zur Beschreibung des zeit-, temperatur- und spannungsabhängigen Formänderungs- und Festigkeitsverhaltens des Gebirges und

- den Primärzustand des Gebirges (Spannungen, Temperatur),
- Geometrie (Erfassung des Tragverhaltens des Gebirges durch räumliche, ebene oder rotationssymmetrische Ersatzsysteme) und
- Beanspruchungszustände und deren zeitlichen Ablauf:
  a) thermische Einwirkungen (z.B. Einlagerung wärmeentwickelnder Abfälle, Bewetterung) und
  b) mechanische Einwirkungen (z.B. Solung, Verfüllung, statische Lasten u.ä.).

Insbesondere der Primärzustand des Gebirges, also der in-situ Spannungszustand beeinflußt entscheidend die Rechenergebnisse und damit die ingenieurmäßige Sicherheitsaussage. Die Bestimmung des natürlichen Spannungszustandes im Gebirge ist eine der schwierigsten Aufgaben der Meßtechnik im Fels. Deshalb ist weltweit gerade für die Entwicklung effektiver Spannungsmeßmethoden viel Forschungskapazität eingesetzt worden.

Zur Bestimmung der in situ-Spannung mit Hilfe der Überbohrmethode im Bohrloch werden Spannungsgeber und Dilatometer benötigt. Diese bekannten Verfahren konnten bisher nur in Bohrungen kleiner als 100 m eingesetzt werden. Durch Weiterentwicklung der Meßmethode und durch gezielte Geräteentwicklung ist es nunmehr möglich, Deformations- und Spannungsmessungen in Bohrungen in 300 m und mehr Teufe durchzuführen. Das ist insbesondere dadurch erreicht worden, daß mit der Meßsonde auch ein Kleincomputer in die Bohrung eingelassen wird, der die Aufzeichnung der Meßwerte übernimmt, ohne daß eine Kabelverbindung durch das Bohrgestänge hindurch notwendig wird /6/.

Ein für die Lösung geomechanischer Problemstellung geeignetes Rechenverfahren stellt die Finite-Element-Methode dar. Dieses computergerechte numerische Rechenverfahren ermöglicht es, die für die Barrierenwirksamkeit und Standsicherheit wichtigen Einflußfaktoren wie Geologie, Betriebsbedingungen, Hohlraumgeometrie und Bauverfahren in wirklichkeitsnahen Ansätzen zu berücksichtigen.

Von der BGR wurde deshalb in Zusammenarbeit mit der Firma Control Data das Finite-Element-Programmsystem ANSALT als "special purpose program" für Lösung von Endlageraufgaben entwickelt. Zielsetzung dieser Entwicklung war die Erstellung eines nach neuesten Erkenntnissen der Geomechanik (insbesondere der Salzmechanik) und der Rechentechnik zur Lösung nichtlinearer thermomechanischer Problemstellungen konzipierten Rechenprogramms /7/. Das Programm ANSALT enthält in seiner Elementbibliothek alle ein-, zwei-, und dreidimensionalen isoparametrischen Elemente zur Diskretisierung untertägiger Hohlraumstrukturen, die zur Bearbeitung gebirgsmechanischer Problemstellungen notwendig sind. Darüber hinaus werden bestimmte Rand- und Anfangsbedingungen, die sich aus der besonderen Aufgabenstellung bergbaulicher Tätigkeit unter Tage ergeben, in geeigneter Weise simuliert.

Hydrogeologische Modellberechnungen müssen Faktoren berücksichtigen, die den möglichen Transport von Schadstoffen im Grundwasser beeinflussen. Dazu gehören:
- konvektiver Transport durch Fließen,
- dispersiver und diffusiver Transport,
- chemische Wechselwirkung mit dem Gestein entlang dem Fließweg (z.B. Absorption),
- Lösungsraten.

Um ein vollständiges Modell möglicher Schadstoffausbreitung im Grundwasser zu erstellen, muß die Verfügbarkeit von Schadstoffen aus dem Abfall bekannt sein. Diese Verfügbarkeit hängt entscheidend von der Abfallform ab. Im einfachsten Fall der eindimensionalen Grundwasserbewegung im porösen Medium ist die Grundwasserbewegung durch das DARCY-Gesetz zu beschreiben.

Im geklüfteten Fels sind zur Beurteilung von Ausbreitungsvorgängen kontaminierter und toxischer Stoffe besondere felshydraulische Untersuchungen erforderlich. Hierzu müssen in Versuchen die Wasserbahnen in Form von Klüften und Störungen bei einer weitgehend dichten Gesteinsmatrix ermittelt werden. Zu der natürlichen Klüftung des Gebirges wird durch die bergmännische Auffahrung von Hohlräumen und den damit verbundenen Auflokkerungen des Gebirges eine zusätzliche Klüftung geschaffen bzw. das primär vorhandene Trennflächengefüge durch Auflockerung verändert. Die Ermittlung der richtungsabhängigen Durchlässigkeit und eine Quantifizierung der hydraulischen Eigenschaften der einzelnen Kluftscharen oder mehrerer Großklüfte ist erforderlich. Die Meßergebnisse können für bestimmte Gebirgsbereiche eine richtungsabhängige Durchlässigkeit zeigen. Hierbei muß die Durchlässigkeit abhängig vom Gebirgs- und Wasserdruck in den Klüften getestet werden. Eine entsprechende Versuchsanordnung (system fracture flow test = Bohrlochkranzversuch) ist von der Bundesanstalt für Geowissenschaften und Rohstoffe entwickelt und eingesetzt worden /6/. Die Versuche haben bisher folgende prinzipielle Ergebnisse erbracht:

- Die Wasserführung bleibt auf einzelne Kluftindividuen beschränkt.
- Großklüfte ermöglichen einen raschen und weiträumigen Transport von Flüssigkeiten.
- Die Durchlässigkeit der Klüfte ist im Vergleich zur Durchlässigkeit des Gebirges um das 100 bis 1000fache größer.
- Die Druckhöhe in den untersuchten Gebirgstypen Buntsandstein und Granit ist in einem Radius von 50 - 100 m von der Eintrittstelle nahezu abgebaut. Außerhalb des Wirkungskreises des Verpreßdrucks kann ein Transport von kontaminierten Stoffen nur durch Grundwasserbewegungen sowie durch Schwerkraft erfolgen.
- Die Ausbreitungsgeschwindigkeit in geklüftetem Fels unter ungünstigen geologischen Bedingungen kann gegenüber Lockergestein mit vergleichbarer Durchlässigkeit um 2 -3 Zehnerpotenzen größer sein.
- Die Kluftgeometrie-Öffnungsweite, Rauhigkeit und Durchtrennungsgrad können von Kluft zu Kluft selbst bei homogenen Klüftungen des Gebirges stark variieren, so daß sich zwischen den einzelnen Kluftindividuen große Unterschiede in der Durchlässigkeit ergeben.
- Bohrungen, die im Rahmen der Baumaßnahmen erstellt werden, schaffen eine Vielzahl von möglichen Wasserwegen im Gebirge. Hier müssen Injektionsmaßnahmen vorgesehen werden.

5 SCHLUSSBEMERKUNG

In der Bundesrepublik stehen Standorte für Sonderabfalldeponien - sowohl übertage wie untertage - nicht unbegrenzt zur Verfügung. Deshalb ist man gezwungen, verschärfte technische Anforderungen an die Erzeugung und Vorbehandlung von Abfällen zu stellen, um den jeweiligen spezifischen Gegebenheiten der Deponie Rechnung tragen zu können. Dies gilt auch für die oft als "problemloser letzter Rettungsanker" angesehene Untertage-Deponie. Die im vierten Änderungsgesetz zum Abfallbeseitigungsgesetz vorgesehene TA-Abfall wird insbesondere die Zuordnung von Abfallarten zu bestimmten Beseitigungsmethoden und die technischen Annahmebedingungen, bezogen auf den jeweiligen Abfall- und Deponietyp, einheitlich regeln müssen. Ein Blick in die Vergangenheit lehrt uns, daß die technischen Anforderungen an die Lagerung von Abfällen offensichtlich zu gering waren. Die vielbeklagten Schäden aus alten Ablagerungen, deren Sanierung uns technisch, rechtlich, organisatorisch und finanziell vor große Probleme stellt, rechtfertigen die neuen Anstrengungen sicherlich.

Als Ziel aller dieser wissenschaftlichen, technischen und gesetzgeberischen Tätigkeiten gilt es, die Umweltrisiken bei der Beseitigung von Sonderabfällen zu minimieren. Die Umwelt ist ein sehr komplexes System. Im Sinne eines einheitlichen Umweltschutzes müssen Luftreinhaltung, Bodenschutz und Gewässerschutz im Zusammenhang beachtet und optimiert werden.

Bei der Anlage von Sonderabfall-Deponien stehen dabei Boden- und Gewässerschutz naturbedingt im Vordergrund und damit gilt der Besorgnisgrundsatz, daß eine Verunreinigung der Gewässer (Grundwasser, Oberflächenwasser) oder eine sonstige nachhaltige Veränderung der Gewässereigenschaften durch gefährliche Stoffe beim und nach dem Betrieb von Deponien nicht zu besorgen ist.

LITERATUR

/1/ Langer, M.: Die Deponierung von Sonderabfällen
- Methoden, Sicherheitskriterien, Standortvoraussetzungen-
in: Sonderabfall in Niedersachsen, Hrsg. NMU, Hannover, 1987 , 333-353

/2/ Langer, M.: Safety criteria required for waste disposal. Proc. Int. Expert Meeting on Geoenvironment and Waste Disposal, UNESCO, Vienna 1983, 203-215

/3/ Langer, M.: Grundlagen des Sicherheitsnachweises für ein Endlagerbergwerk im Salzgebirge. Proc. 4. Nat. Tagung Felsmechanik Aachen, DGEG, Essen, 1980, 365-408

/4/ Langer, M. u.
Venzlaff, H.: Die geowissenschaftlichen Zielsetzungen der untertägigen Erkundung des Salzstocks Gorleben. Jahrestagung Kerntechnik 87, Fachsitzung Endlagerung, Dt. Atomforum, Bonn 1987, 27-46

/5/ Duddeck, H.: Der interaktive Bezug zwischen in-situ-Messungen und Standsicherheitsberechnungen im Tunnelbau. Felsbau 2, 1, Essen 1984, 8-16

/6/ Pahl, A. u.a.: Results of engineering-geological research in granite. Bull IAEG, 34, Paris 1986, 59-65

/7/ Wallner, M. u.
Wulf, A.: Thermomechanical calculations concerning the design of a radioactive waste repository in rock salt. Proc. ISRM Symp. Rock Mech. Cavern and Pressure Shafts. Aachen, Vol. 2, 1982, 1003-1012

Randbedingungen, beim Wort genommen

L. Müller, Salzburg

SUMMARY

Limit conditions - conditions delimitating a component (section; element) out of the whole. It is the nature that makes the terms, but the man who formulate them. A task charged with a high responsibility; it can hardly be managed in a formalistic way but only by facing the totality.

ZUSAMMENFASSUNG

Randbedingungen - Bedingungen der Ausgrenzung eines Teiles aus dem Ganzen. Die Natur stellt sie, der Mensch formuliert sie. Eine mit hoher Verantwortung beladene Aufgabe mitunter, nicht formalistisch, sondern nur mit dem Blick auf das Ganze schöpferisch zu bewältigen.

Irgendwann im Laufe seiner Denkerziehung hört der angehende Ingenieur von Randbedingungen. Eine Grenzziehung, notwendig, um ein aus seiner Umwelt herausgelöstes System zu einem geschlossenen zu machen, exakt und einleuchtend. Und seither hat er nie mehr vergessen, wo immer er Aufgaben der Mechanik mathematisch zu formulieren hat, sich über die Randbedingungen eines Zustandes, Vorganges, einer Rechnung, Klarheit zu verschaffen. Ein solches Denktraining genoß auch ich. Erst spät, erst als ich mit Staumauern zu tun hatte, welche, unter Berücksichtigung aller gebotenen Randbedingungen berechnet, dennoch versagten, begann ich zu denken. (Vorher hatte ich nur Vor=gedachtes nach=gedacht).

R a n d b e d i n g u n g e n - Bedingungen also: wer stellt sie wem? Wer darf sie stellen, aufgrund welcher Legitimation? Entspricht der Ausdruck überhaupt dem Begriff, um den es geht? Grenzen Randbedingungen nicht oft in einer Weise ab, welche mehr die beschränkten Möglichkeiten der Berechnung berücksichtigt als die Natur des Abzugrenzenden? Das Wort verführt; verführt zu einem oft unkritischen Vertrauen in die Rechnung, da diese doch unter Bedingungen aufgemacht wird, welche ja streng eingehalten werden. Realiter sind es ganz einfach Randbedingungen, mit deren Formulierung wir in eigener Kompetenz a u s grenzen, was unbequem oder zu schwierig wird. Dahinter verbergen sich oft genug Simplifizierungen und - euphemistisch benannt - "Idealisierungen".

A u s g r e n z u n g wäre aufrichtiger; enthielte das sokratische Geständnis, daß wir nicht so viel wissen, als wir wissen sollten, um auf rechnerischem Wege Vorgänge vorhersagend zu"beschreiben". Wer dagegen Bedingungen erfüllt, erscheint in einem weit besseren Licht. Erscheint. Scheint.

Um Ausgrenzung von Teilsystemen aus ihrer Umgebung, mit der zusammen sie ein Ganzes bilden, handelt es sich. Nehmen wir Fundierungsaufgaben als Beispiel. Da grenzen wir ein irgendwie belastetes Bauwerk ab gegen einen auf mehr oder weniger dürftig bekannte Weise reagierenden Baugrund. Diesen denken wir passiv reagierend, das Bauwerk aktiv, belastend. Das wird am offensichtlichsten bei Staumauern, denn je größer das Bauwerk, je größer der "mittragende Bereich" des Untergrundes und je kom-

plizierter dieser, desto deutlicher wird das Problem erkennbar.
Denn eigentlich reagieren Mauer und Untergrund in Wahrheit ganzheitlich auf die Wasserlast, als e i n (mit gütiger Erlaubnis von de St. Venant) geschlossen zu betrachtendes System.
Dieses, in seiner Ganzheit, nimmt Last auf und reagiert auf
dieselbe. Die gedachte Grenze schneidet mitten durchs System,
das zur Hälfte aus Beton, zur anderen aus Fels besteht; ist
reine Fiktion.

Nur um diese Mauer "exakt" - gemeint ist: mit großer Rechenschärfe - statisch, z.B. nach dem üblichen trial load-Verfahren beschreiben zu können, schneiden wir an der Gründungsfuge
die Natur einfach weg und stellen der Berechnung des Mauerkörpers "Randbedingungen". Diese sollten das Verhalten des Felsuntergrundes, in den genauso große Kräfte eingetragen werden
- Millionen von Tonnen - repräsentativ formulieren, dürfen aber
nicht zu kompliziert sein. In die Randbedingungen gehen aber
nur ein E_{horiz} und E_{vert}, vielleicht noch in einigen wenigen Abschnitten der Gründungsfläche variiert, ein; ferner eine (angenommene) Querdehnungsziffer und als geometrische Randbedingung eine (gar niemals vorhandene) ebene Begrenzung eines gedachten Halbraumes. Und damit basta. Schon daß der Schubmodul
weit davon entfernt ist, dem Gesetz der Kontinuumsmechanik zu
gehorchen, wird verdrängt. Auch das Trennflächengefüge, seine
kraftablenkende, den Kraftfluß sozusagen filternde Wirkung,
wird einbezogen, obgleich Modellversuche vielfach gezeigt haben, daß die theoretische Überlastbarkeit des Bauwerks auf
etwa ein Drittel absinkt, sobald anstelle der angenommenen
Homogenität und Kontinuität des Baugrundes die Komplexität desselben, seine Anisotropie berücksichtigt wird. So wird konstruiert, als ob die aus dem Gewölbe errechneten Auflagerkräfte vom Untergrund wirklich so, in derselben Weise und in derselben Richtung, angenommen und weitergeleitet werden, wie sie
in der Statik ausgewiesen sind. Von den Rückwirkungen des untertägigen Komplexes auf den oberen ist schon gar nicht mehr
die Rede. Isaak NEWTON muß wegschauen.

Solche Randbedingungen der rechnerischen Prozedur sind ganz
einfach nicht mehr identisch mit jenen wirklichen Bedingungen,
welche die Natur dem Bauwerk stellt. Die uneingestandene Wahrheit aber ist, daß sich die Rechenkunst, anstatt Wege zur

"systemischen" Berechnung ganzheitlicher Systeme zu suchen, hinter Randbedingungen nur verschanzt. Insoferne ganzheitliche Ansätze noch nicht gelingen, sollte wenigstens versucht werden, sich iterativ, wenn auch in ganz grober Näherung, materialentsprechenden Randbedingungen anzunähern. Man würde dann wenigstens näherungsweise der wichtigen Tatsache entsprechen, daß die Umfangskräfte einer Mauer oft in ganz anderer Richtung in den Untergrund eingetragen, von diesem aufgenommen und fortgeleitet werden, als sie die übliche Mauerstatik "ausweist". Vielleicht könnte in Szenarien sogar das durchaus unterschiedliche Formänderungsverhalten bei Zug und Druck, bei Be- und Entlastung und Wiederbelastung angenähert werden, sodaß die gewohnten Abweichungen zwischen errechneten und tatsächlich gemessen Verschiebungen weniger groß ausfielen.

Ähnliche Überlegungen gelten auch für andere Bauwerke, für Tunnel, Brücken usw.; im Staumauerbau erlangt dies alles nur eben eine ganz besondere Bedeutung. Wenn aber ein See aufgestaut wird, handelt es sich um Kräfteverschiebungen von fast geologischer Größenordnung: eine Wasserlast von einer, mitunter sogar von vielen Milliarden Tonnen, wird aufgebracht. Viele Millionen Kubikmeter Fels werden unter Auftrieb gesetzt und dadurch a u c h entsprechend bewegt, verformt und entfestigt. Und all das vollzieht sich als Schaukelbewegungen zwischen Winter und Sommer.

Eingeräumt muß freilich werden, daß der andere, der ganzheitliche Weg vollständiger Berechnung schwierig und mühsam wäre. Die komplexen Materialeigenschaften, die Einflüsse der Belastungsgeschichte, das Wechselspiel der Kräfte und die Dreidimensionalität der Aufgabe machen geschlossene Lösungen unmöglich und bereiten auch numerischen Berechnungen, die ja auch dreidimensional geführt werden müßten, durch einen enormen Aufwand Schwierigkeiten.

Es gibt aber - wie immer - noch einen d r i t t e n W e g : Randbedingungen zu s c h a f f e n , und zwar so, daß sie einfach genug sind, um eingehalten werden zu können, anderseits aber der Natur nicht allzu viel Gewalt angetan wird. Viele italienische Staumauerkonstrukteure sind einen solchen Weg gegangen: sie schufen Randbedingungen, welche per se einfach waren, und zwar durch konstruktive Voraussetzungen. Sie bauten anstelle der starr und ungelenkig aufgelagerten, ja teilweise eingespannten ungelenken Gewölbegewichtsmauern gelenkig gelagerte Gewölbeschalen (Abb. 1). Anstatt hohe Einspanngrade zu akzeptieren, welche die Mauer nicht immer, der Fels aber gar niemals ohne Schaden mitmacht, setzten sie die Mauer auf eine U m f a n g s f u g e , die als Abrollgelenk geformt und entsprechend gedichtet wird. Die Mauerschale ruht so auf einem zwischen ihr und dem Felsgrund eingeschalteten Sockel, dessen Funktion durch die italienische Bezeichnung "Pulvino", d.h. Pölsterchen, bestens beschrieben ist.

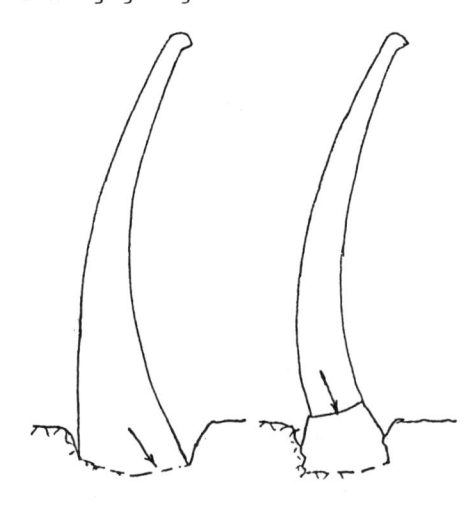

Abb. 1: Gründung ohne und mit Umfangsfuge

Es ist nicht Absicht dieses Aufsatzes, dem statischen Vorteil der Umfangsfuge und ihren baulichen Vorteilen - beide sind enorm - das Wort zu reden; allein das soll erörtert werden, wieviel damit für die Handhabung klarer und ehrlicher Randbedingungen, damit aber auch für die Treffsicherheit der Berechnung und für die Sicherheit des Bauwerkes, gewonnen ist. Die Idee der Umfangsfuge als Konstruktionselement war ursprünglich wesentlich auf die Besonderheiten der Baumaterialien Massenbeton und Fels abgestellt, auf deren hohe Druckfestigkeit, welche mit einer gewissen Unfähigkeit zur Aufnahme größerer Zug- und Schubkräfte verbunden ist, beim Massenbeton durch die Schwind- und Arbeitsfugen, beim Fels durch seine Diskontinuumsnatur gegeben /1/. Die Umfangsfuge schneidet an einer Grenze, wo sich die wesentlichsten Zug- und Schubspannungen entwickeln, den Kraftfluß ab, eine Methode, welche schon seit langem Maschinenbauern und insbesondere Flugzeugkonstrukteuren geläufig ist. Durch die Fuge erhält der Betonkörper ein umlaufendes Gelenk, auf welchem die Gewölbeschale einspannungsfrei aufruht und entlang dessen die Kämpferkräfte mit einer nur geringen Ausmittigkeit stets innerhalb des Kerns und relativ steil in den Sockel eingetragen werden. Dadurch werden sehr klare Auf-

lager- und Randbedingungen für die Gewölbeschale, aber auch für
den Sockel und für den Fels geschaffen. Die Schale kann weitestgehend unabhängig von den geologischen Auflagerbedingungen und
deren Unstetigkeiten gestaltet werden, weil der Sockel anderseits in seiner Ausgestaltung so vielfältig variiert werden
kann, daß dies einer regelrechten Korrektur der Auflagerbedingungen gleichkommt. Sie stützt sich auf weitgehend geomechanisch ausgeglichenes, homogenisiertes Fundament. Dieser Vorteil ist auch noch an der Auflagerfläche zwischen Sockel und
Fels gegeben. Auch dort werden die Auflagerkräfte weitgehend
zentriert, was "vor allem eine starke Verringerung der Felspressungen bewirkt" /2/. Angriffspunkt und Richtung der Kämpferkräfte variieren bei dem jährlich wiederholten Lastwechsel
zwischen vollem und leerem Becken weniger stark als ohne Fuge.
Dies ist dadurch garantiert, daß die Schalenform in allen
Schnitten grundsätzlich nach dem Stützlinienverlauf gestaltet
werden kann und von guten Konstrukteuren auch gestaltet wird
/3/. Die bei dem in Europa so beliebten dickfüßigen Zwitter
der Gewölbemauern außerordentlich hohen Biegemomente und Randspannungen sind gemindert, die vertikalen Zugspannungen der
Wasserseite, welche theoretisch auch dem Fels zugemutet werden, obwohl dieser sie gar nicht aufnehmen kann, treten nicht
mehr auf.

Wenig beachtet wurde bisher die Tatsache, daß in den Berechnungen der dickfüßigen Gewölbegewichtsmauern auch die geometrischen Auflagerbedingungen gar nicht naturentsprechend formuliert werden. Weder werden die von Querschnitt zu Querschnitt
oft krass wechselnden Formen der Auflagerfläche (Abb. 2) berücksichtigt, noch der höchst unorganische Querschnittsprung

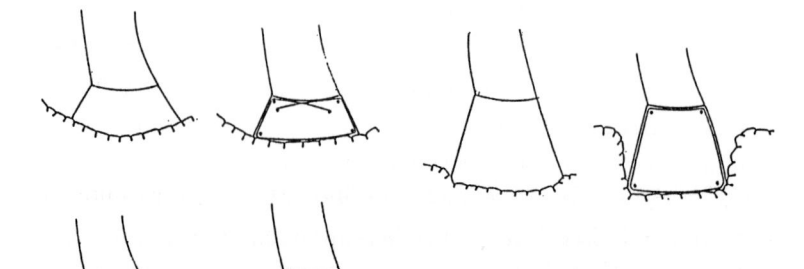

Abb. 2: Bauformen des Pulvino

am Übergang vom Beton zum Fels (Abb. 3), welcher ja keine kinematische Freiheit gewährende "Auflagerfuge" darstellt, da der Beton, wie sich z.B. bei Katastrophen gezeigt hat, unlösbar am Fels haftet.

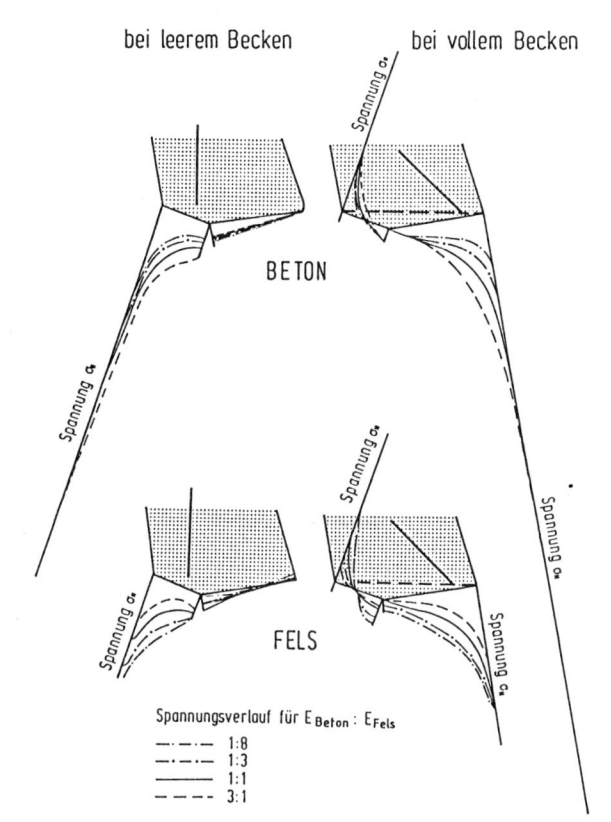

Abb. 3: Normalspannungen an der Gründungsfläche

Schon bei den ersten Ausführungen der späten Dreißigerjahre (!) wurde erkannt, daß diese geniale Konstruktion in großzügigster Weise ermöglicht, morphologische wie geologische Unstetigkeiten des tragenden Felsbereiches zu überbrücken. In den kompliziertesten Talformen, über Klammen und Unausgeglichenheiten hinweg, kann eine wohlgerundete Form der Aufstandfläche geschaffen werden; Weichzonen, Störungen und Härtlingszüge können ausgeschaltet werden (Abb. 4).

Viererlei Faktoren sind es vor allem, welche die Randbedingungen überschaubar machen, überschaubarer jedenfalls, als bei allen übrigen Gewölbemauer-Bauarten:

1) Die statischen Verhältnisse im Fels werden transparenter und unterliegen weniger dem Lastwechselspiel. Mit der gelenkigen

Auflagerung wird die Statische Unbestimmtheit (deren Vorteil, Tragreserven zu bilden, bei den üblichen Konstruktionen wegen der ungeklärten Auflagerverhältnisse nicht ausgenützt werden kann) herabgesetzt. Das mechanische Verhalten des Gebirges kann angesichts des einfacher gewordenen Kräftespiels mit besserer Näherung quantifiziert werden. Anisotropie des Gebirges und Richtungsbeschränkungen der Krafteinleitung verlieren ihre dominierende Bedeutung. Die klarer gewordenen Auflagerreaktionen beeinflussen ihrerseits die Aktionen der Auflagerkräfte in der Mauer selbst in günstiger Weise. An der Gründungsfläche des Sockels wird durch die weit günstigere Krafteinleitung allgemein eine starke Verringerung der Felspressungen bewirkt /2/.

2) Zwängungen werden ausgeschaltet oder doch gemildert. Hier sind anzuführen: die bewußte Eliminierung der "unberechenbaren" Einspannmomente, somit der "Kragträgerwirkung"; die Zentrierung der Kraftdurchleitung und eine stumpfwinkeligere Krafteintragung; geringe Querkräfte. Dadurch werden die Druckbeanspruchungen viel geringer (was übrigens FÖPPL /4/ an berühmt gewordenen spannungsoptischen Versuchen für die Kapruner Talsperren ins Bewußtsein gehoben hat); vertikale Zugspannungen im Fels entfallen ganz. Die Mauer kann als wirkliche Schale konstruiert und gerechnet werden, mit allen (auch wirtschaftlichen) Vorteilen einer solchen.

Mit dem Wegfall vertikaler Zugspannungen entfällt auch das Aufreißen waagrechter Fugen im Fels und damit die Gefahr erhöhter Sohldrücke auf die Mauer. Nur die waagrechten Zerrungen und "Aufhängezugspannungen" (im Sinne von HILTSCHER /5/) bleiben im wasserseitigen Vorland erhalten.

3) Wirkliche verbessernde Korrekturen der physikalischen Auflagerbedingungen werden ermöglicht. Die Hauptaufgaben betreffen die örtlichen Korrekturen der natürlich gegebenen Auflagersteifigkeit und die Homogenisierung der Auflagerverhältnisse entlang des Sperrenumfangs, über deren erreichbares Ausmaß man nur staunen kann. Durch verschieden breite und verschieden hohe Ausbildung des Sockels, durch Variierung der Sockelsteife (Betonqualität, Bewehrung) können die Auflagerkräfte jeweils auf eine größere oder kleinere Fläche

verteilt, tiefer oder seichter in den Fels eingetragen werden, wodurch eine Modifizierung des natürlichen E-Moduls um eine bis anderthalb Größenordnungen erzielt werden kann - eine lange Reihe verbesserter Randbedingungen, welche einer der erfahrensten europäischen Talsperrenkonstrukteure, Carlo SEMENZA /6/, als "geradezu segensreich" bezeichnete. Die Überlagerung solcher Wirkungen bietet einem einfühlsamen Konstrukteur eine weitgestreute Palette qualitativer und quantitativer Korrektive, sowohl in Längsrichtung des Auflagerbandes wie in den einzelnen Querschnitten. Eine ganz besondere Wirkung ist (laut OBERTI /7/) der vom Betonsockel stets geleisteten Querstützung des Gebirges, der Verhinderung strukturschwächender Querdehnungen beizumessen, welche durch Bewehrung noch gesteigert werden kann.

4) Auch die geometrischen Auflagerbedingungen können weitgehend klarer gestaltet werden. Die durch die Fuge ermöglichten Korrekturen der geometrischen Auflagerbedingungen, und damit der Randbedingungen, wirken sich in einem Maße aus, das nur der zu würdigen weiß, der Gelegenheit hatte, die Vorteile der Fugenkonstruktion mit jenen Schwierigkeiten und Verlegenheiten zu vergleichen, in die ein Talsperrenkonstrukteur gerät, wenn er sein Gewölbe in einen morpholo-

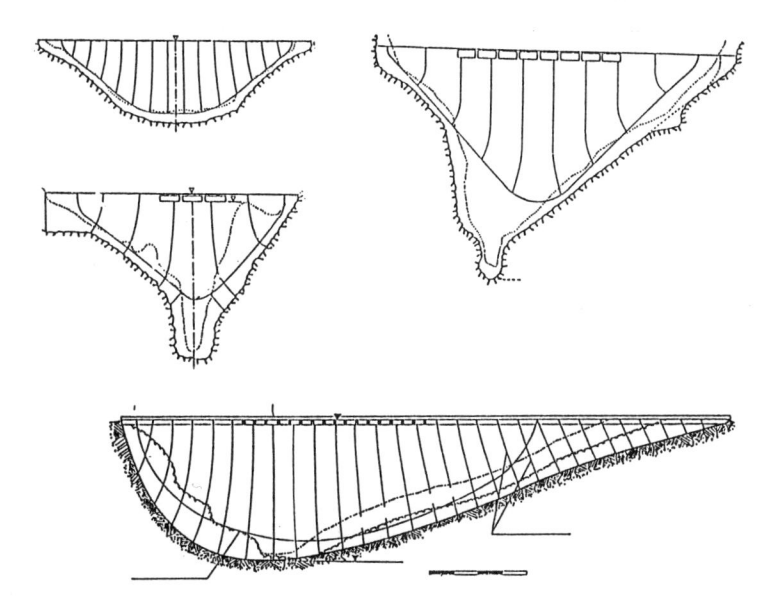

Abb. 4: Umfangsfugen der Talsperren Cecita, Ponte Racli, Grotta Campanaro und Gusana (Italien)

gisch und/oder geologisch unstetigen Talquerschnitt einpassen muß. Das wird besonders deutlich in Talquerschnitten großer Unregelmäßigkeit (Abb. 4). Geradezu drastische Vereinfachungen der Konstruktion und Statik - bis zur Erreichung annähernder (kostensparender) Symmetrie in völlig asymmetrischen Tälern - werden auf diese Art ermöglicht.

Die Kunst der Fuge besteht im Wahrnehmen aller der vielen Ausgestaltungen und Möglichkeiten, die sie bietet, im Kombinieren und Überlagern ihrer Wirkungen. Das kann freilich nicht immer auf eine rechnergestützte Weise geschehen, auch nicht allein durch statische Kunstfertigkeit, sondern erfordert jene besonderen Fähigkeiten, welche den Talsperrenkonstrukteur eben zu einem Baukünstler machen. Dazu gehört auch das Wissen um die Grenzen zwischen statischer und dynamischer, mechanischer und kinematischer Behandlung der Probleme. Eine faire Handhabung des Konzepts der Randbedingungen und deren schöpferische Gestaltung scheint mir dabei eine wesentliche Mittlerrolle zu spielen.

LITERATUR

/1/ Semenza, C.: Einige praktische Überlegungen zum Problem der Gründung von Staumauern und Staudämmen. Geol. u. Bauw., Jg. 24, H. 2 (1958), S. 63

/2/ Schnitter, G.: Die Katastrophe von Vajont in Oberitalien. Wasser- u. Energiewirtschaft (Baden), Nr. 2/3 (1964)

/3/ Oberti, G.: Diga di Val Gallina. Criteri di progetto e ricerche sperimentali. Estr. d. fasciolo no. 6, Vol.XXXII della Rivista mensile "L'Energia Elettrica" (1955)

/4/ FÖPPL, L.: (bei MÜLLER, L.: Beispiele für den Einfluß der Gebirgs-Anisotropie auf Talsperrengründungen). Geol. u. Bauw., Jg. 24, H.2 (1958b), S. 82

/5/ Hiltscher, R.: Die Spannungsverteilung im Gebirge in Talsperrenwiderlagern bei verschiedener Richtung der Krafteinleitung. Felsmech. u. Ing. Geol., Suppl. III (1967), S. 58

/6/ Semenza, C.: Überlegungen zur Ausgestaltung der Auflager von Bogenstaumauern. Die Bautechnik, Vol. 32, No. 12 (1955), S. 393

/7/ Oberti, G. u. A. Rebaudi: Bedrock stability behaviour with time at the Place Moulin arch-gravity dam. 8th Congr. ICOLD, Q. 32, R. 52 (Istanbul 1967), p. 849

Numerische Untersuchungen zum dynamischen Tragverhalten von Sanden

W. Wunderlich, München und M. J. Prabucki, Bochum

SUMMARY

A constitutive relation for statically and dynamically loaded sands is presented which accounts for nonlinear elastic and plastic behavior in both compression and shear. The material model is based on a modified Mohr-Coulomb criterion, a non-associated flow rule and a combined isotropic-kinematic hardening hypothesis. To distinguish between initial loading and unloading/reloading the well known bounding surface concept is employed. In addition, a cap-function is used to account for yielding under isotropic loading conditions. All necessary material parameters are obtained from standard triaxial tests. Finally, the application of the material model is demonstrated in finite element calculations of a dam.

ZUSAMMENFASSUNG

Für die konstitutive Modellierung des Verhaltens von Sanden bei statischen und dynamischen Belastungen wird ein elastoplastisches Materialgesetz vorgestellt, das sich aus einem nichtlinear elastischen sowie jeweils einem plastischen Teilgesetz für Kompressions- und Scherbeanspruchung zusammensetzt. Das Modell basiert auf einem modifizierten Mohr-Coulomb Kriterium mit nichtassozierter Fließregel sowie einer kombiniert isotrop-kinematischen Verfestigungshypothese und verwendet zur Unterscheidung von Erst- sowie Ent-/Wiederbelastungsvorgängen das aus der Metallplastizität bekannte "Mehrflächen"-Konzept. Zusätzlich werden Plastizierungen bei isotropen Belastungen durch eine Kappenfunktion berücksichtigt. Alle erforderlichen Materialparameter können aus den üblichen bodenmechanischen Versuchen bestimmt werden. Ihre Ermittlung wird kurz erläutert und die Anwendung des Modells in der Finite-Element-Berechnung eines Dammes gezeigt.

1 EINLEITUNG

Nach den geltenden Sicherheitsbestimmungen muß für bestimmte Bauwerke die Gebrauchsfähigkeit auch bei Eintritt von Erdbeben- oder Explosionsvorgängen gewährleistet sein. Zum Nachweis einer ausreichenden Widerstandskapazität gegenüber diesen extremen Beanspruchungen sind aufwendige Analysen erforderlich, in denen die Struktur und ihre Wechselwirkung mit der Umgebung möglichst wirklichkeitsnah modelliert werden muß. Verschiedene Schadensfälle haben gezeigt, daß der Baugrund häufig einen signifikanten Einfluß auf die Bauwerksreaktion besitzt und unter bestimmten Umständen die Versagensmechanismen im Boden das Gesamtsystem dominieren. Bedingt durch die ausgeprägt nichtlinearen Vorgänge im Boden sind vereinfachende Ersatzmodelle wie Feder-Dämpfersysteme ungeeignet, das Bodenverhalten bei diesen extremen Beanspruchungen korrekt zu beschreiben. Vielmehr müssen kombinierte Untersuchungen des Tragwerks samt Baugrund durchgeführt werden, um die komplizierten Interaktionsvorgänge zwischen beiden Bereichen realistisch zu erfassen. Für die Modellbildung des Bodens ist dabei zu beachten:

1. Der Boden ist als Gemisch fester, flüssiger und gasförmiger Bestandteile anzusehen. Sein heterogener Aufbau muß in der kontinuumsmechanischen Beschreibung berücksichtigt werden.
2. Kohäsionslose wie auch kohäsive Böden sind durch nichtlineare Spannungs-Dehnungsbeziehungen gekennzeichnet. Bei zyklischen Beanspruchungen wird Energie dissipiert.
3. Der Bodenbereich muß häufig als halbunendliches Gebiet modelliert werden, bei dem es aufgrund der geometrischen Gegebenheiten zu Energieverlusten durch Wellenabstrahlung kommt.

Untersuchungen zur geometrisch linearen wie auch nichtlinearen Beschreibung trockener und wassergesättigter Böden (Zweiphasensysteme) wurden in /1,2/ erläutert. In Verbindung mit dem hier vorgeschlagenen Materialgesetz, das bei monotonen und wechselnden Beanspruchungen gültig ist, läßt sich das Tragverhalten von Sandböden in der statischen und dynamischen Rechnung erfassen. Die Wellenabstrahlung in den Halbraum kann durch spezielle energieabsorbierende Randelemente berücksichtigt werden.

2 MATERIALMODELL FÜR SANDE

Typisches Merkmal des Sandes ist sein diskreter Aufbau aus einzelnen Körnern unterschiedlicher Form und Verteilung. Die Belastung eines Bodenelementes führt zu Verformungen, die aus einer Vielzahl willkürlich verteilter Bewegungs- und Bruchvorgänge auf Kornebene resultieren. Die abgeleiteten

Materialparameter sind als statistische Mittelbildung diskontinuierlicher Prozesse auf lokaler Ebene zu interpretieren und mit einer erheblichen Varianz behaftet. Da diese Größen Eingang in die konstitutive Modellierung finden, sind einer exakten Beschreibung des Materialverhaltens deutliche Grenzen gesetzt. Aus diesem Grund orientiert sich die Herleitung der Stoffgesetze verstärkt an den bei granularen Materialien beobachtbaren Phänomenen. Scher- und Kompressionsbelastungen führen jeweils zu volumetrischen und deviatorischen Verformungen, die sich zudem aus reversiblen oder irreversiblen Komponenten zusammensetzen. Die Spannungs-Dehnungs-Beziehungen sind nichtlinear und können daher nur in Form von Ratengesetzen

$$\dot{\sigma}_{ij} = D^{ep}_{ijkl}(\sigma_{mn}, \dot{\sigma}_{mn}) \, \dot{\varepsilon}_{kl} \tag{1}$$

für die zugehörigen Zuwächse angegeben werden. Darin hängt der Stofftensor sowohl von der Belastungsgeschichte als auch von der Art der Belastung ab. Sofern die elastischen Dehnungszuwächse klein sind, können die Spannungszuwächse in elastische und plastische Komponenten aufgespalten werden:

$$\dot{\sigma}_{ij} = D^{el}_{ijkl} (\dot{\varepsilon}_{kl} - \dot{\varepsilon}^{pl,iso}_{kl} - \dot{\varepsilon}^{pl,dev}_{kl}) \, . \tag{2}$$

Damit lassen sich die Spannungsänderungen direkt ermitteln, indem zunächst die plastischen Dehnungsraten berechnet werden, die infolge von Scher- (dev) und Kompressionsbelastungen (iso) entstehen.

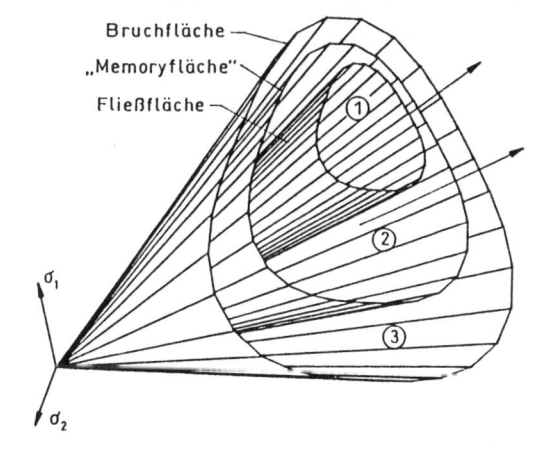

Bild 1: Mehrflächenmodell im Hauptspannungsraum

① elastischer Bereich
② Ent- und Wiederbelastugsbereich
③ Frstbelastungsbereich

Für die Materialmodellierung allgemeiner Spannungszustände ist es üblich, eine anschauliche geometrische Interpretation im Hauptspannungsraum heranzuziehen (Bild 1). Ausgehend von einer verallgemeinerten Mohr-Coulomb'schen

Bruchbedingung werden in Anlehnung an experimentelle Erkenntnisse ein elastischer Bereich, begrenzt durch die Fließfläche, ein elastoplastischer Erst- sowie Ent-/Wiederbelastungsbereich, getrennt durch die "Memory"-Fläche, sowie ein idealplastischer Bereich durch die Bruchfläche definiert. Der elastische Bereich wird zusätzlich durch eine Kappe auf der Fließkegelfläche beschränkt (hier nicht dargestellt). Die verschiedenen Zonen hängen vom aktuellen Spannungszustand und der Richtung der Spannungszuwächse ab, so daß für jeden dieser sich während des Belastungsprozesses ändernden Bereiche separate Stoffgesetze eingeführt werden müssen. Für eine koordinatenunabhängige Formulierung dieser Gesetze werden Spannungsinvarianten verwendet:

$$\sigma_{ij} = S_{ij} - \frac{1}{3} \sigma_{kk} \delta_{ij} , \tag{3}$$

$$I_1 = \frac{1}{\sqrt{3}} \sigma_{kk} , \quad J_2 = \frac{1}{2} S_{ij} S_{ij} , \quad J_3 = \frac{1}{3} S_{ij} S_{jk} S_{ki} .$$

2.1 NICHTLINEAR ELASTISCHES MATERIALMODELL

Im isotropen Kompressionsversuch zeigen zyklisch beanspruchte Proben, daß vor allem bei Erstbelastung mit elastoplastischen Verformungen zu rechnen ist, während die Entlastungsäste eher auf ein quasi-elastisches, gleichwohl nichtlineares Verhalten schließen lassen. Aufgrund dieser Eigenschaften wird häufig ein vom hydrostatischen Druck abhängiger Kompressionsmodul angesetzt. Es läßt sich jedoch zeigen, daß eine derartige Beziehung die für elastische Werkstoffe erforderliche Wegunabhängigkeit nicht erfüllt. Richtiger ist es, den Modul allgemein als Funktion der aktuellen Scher- und Druckspannungen zu definieren:

$$K^{el} = k_o^{el} (1 + \frac{1+\nu}{1-2\nu} \frac{2 J_2}{I_1^2})^{n/2} (\frac{1}{\sqrt{3}} I_1)^n . \tag{4}$$

Diese Vorgehensweise führt auf das in (4) angegebene Potenzgesetz, für das die beiden Parameter k_o^{el} und n experimentell bestimmt werden müssen.

2.2 ELASTO-PLASTISCHES MATERIALMODELL FÜR SCHERBELASTUNG

Das plastisch deviatorische Stoffgesetz, eine Modifikation des von POOROOS-HASB/PIETRUSZCZAK vorgeschlagenen Materialmodells /3/, beschreibt die aus volumetrischen und deviatorischen Anteilen zusammengesetzten plastischen Verformungen bei reiner Scherbeanspruchung. Es basiert auf dem in Bild 1 dargestellten Mehrflächenmodell. Die Hyperflächen werden in invarianter Form durch eine modifizierte Mohr-Coulomb Beziehung (5) angegeben, wobei abweichend von der Ursprungsform ihre Gestalt in der Deviatorebene durch eine kontinuierliche Funktion (7) mit dem Lode-Winkel θ definiert ist /4/. Die Größe der Bruchfläche ergibt sich aus dem Reibungswinkel, der für triaxiale Kompression und Extension (6) unterschiedliche Werte annehmen kann:

$$F_b(I_1, J_2, \theta) = \sqrt{(2 J_2)} - \eta_b \, g(\theta) \, I_1 \, , \tag{5}$$

$$\eta_b = \eta_b^{komp} = \frac{\sqrt{2} \; 2 \sin \phi^{komp}}{3 - \sin \phi^{komp}} \quad , \quad \eta_b^{ext} = \frac{\sqrt{2} \; 2 \sin \phi^{ext}}{3 + \sin \phi^{ext}} \, , \tag{6}$$

$$g(\theta) = k \, \left(\frac{2}{(1-\sin 3\theta) + k^4 \, (1+\sin 3\theta)} \right)^{0.25} , \quad k = \frac{\eta^{ext}}{\eta^{komp}} \, . \tag{7}$$

Bei Erstbelastung wird die Plastizierung des Materials mit Hilfe der isotropen Memoryfunktion (8) beschrieben. Diese Fläche, die die maximalen, während des Belastungsprozesses erreichten Spannungen definiert, dient gleichzeitig als Abgrenzungskriterium zum elastoplastischen Entlastungsvorgang. Ihre Aufweitung wird durch ein hyperbolisches Verfestigungsgesetz (9) bestimmt, das eine Beziehung zwischen dem Öffnungswinkel und der Deviatorinvarianten der akkumulierten plastischen Dehnungen herstellt:

$$F_m(I_1, J_2, \theta, \eta_m) = \sqrt{(2 J_2)} - \eta_m \, g(\theta) \, I_1 \, , \tag{8}$$

$$\eta_m = \eta_b \, \frac{\zeta}{a + \zeta} \quad , \quad \zeta = \sqrt{(2 J_2^{\varepsilon, pl})} \, . \tag{9}$$

Die Größe der plastischen Dehnungszuwächse hängt von dem plastischen Modul H_p ab, der aus der Verfestigungsfunktion und der Kontinuitätsbedingung ermittelt wird. Die Dehnungsrichtungen werden aus einer plastischen Potentialfunktion (10) bestimmt, die auf den Arbeiten von LUONG /5/ basiert. Seine Untersuchungen zeigen, daß der Übergang von kontraktanten zu dilatanten Volumenänderungen durch ein konstantes Spannungsverhältnis $\eta_c = \sqrt{(2 J_2^c)} / I_1^c$ gekennzeichnet ist. Unterhalb dieses Grenzwertes (subcharakteristischer Bereich) wird das Material bei Scherbeanspruchung verdichtet, oberhalb dieser Linie erfolgt eine Auflockerung. In Verbindung mit diesem Parameter wird eine dem "Critical-State" Modell /6/ entlehnte Funktion benutzt, um mittels ihrer Normalenableitungen die vom Spannungsniveau abhängige Richtungsänderung bei Erstbelastungsvorgängen zu beschreiben (siehe auch Bild 3).

$$G_m(I_1, J_2, \theta) = I_1 \exp\left(\frac{\sqrt{(2 J_2)}}{I_1 \, g(\theta) \, \eta_c}\right) - I_o , \qquad (10)$$

$$\dot\varepsilon_{ij}^{pl,dev} = \frac{1}{H_p} \left(\frac{\partial F_m}{\partial \sigma_{kl}} \dot\sigma_{kl}\right) \frac{\partial G_m}{\partial \sigma_{ij}} . \qquad (11)$$

Mit steigender Belastung ist eine zunehmende Anisotropie des Materials feststellbar, d.h. der elastische Bereich ändert sich. Dieses Verhalten kann durch eine Aufweitung und Verschiebung der Fließfläche modelliert werden. Beide Flächen müssen im aktuellen Spannungspunkt tangential aneinanderliegen, so daß die Kinematik der Fließfunktion bei Erstbelastung eindeutig definiert ist.

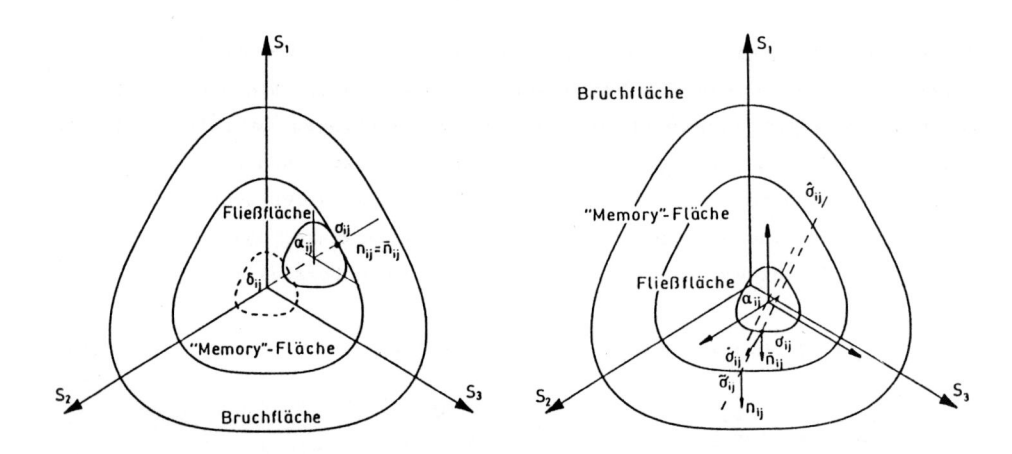

Bild 2: Änderung der Flächen bei Erst- (a) sowie Ent-/Wiederbelastung (b)

Die Verschiebung der Fließfläche (12), die als Verschwenkung des Fließkegels um den Ursprung des Spannungsraums zu verstehen ist, wird durch die Positionsänderung des Richtungstensors α_{ij} der Kegelmittelachse beschrieben. Für die 'anisotrope' Fließfunktion werden entsprechende Spannungsinvarianten (13) eingeführt, die geometrisch als Zerlegung des Spannungsvektors in Richtung der verschwenkten Mittelachse sowie einer Komponente senkrecht dazu interpretiert werden können:

$$F_f(\bar I_1, \bar J_2, \bar\theta, \eta_f, \alpha_{ij}) = \sqrt{(2 \bar J_2)} - \eta_f \, g(\bar\theta) \, \bar I_1 , \qquad (12)$$

$$\sigma_{ij} = \bar{S}_{ij} - (\sigma_{kl}\,\alpha_{kl})\,\alpha_{ij} \quad , \quad |\alpha_{ij}| = 1 \quad , \tag{13}$$

$$\bar{I}_1 = \sigma_{ij}\,\alpha_{ij} \quad , \quad \bar{J}_2 = \frac{1}{2}\bar{S}_{ij}\bar{S}_{ij} \quad ,$$

$$n_f = n_b \frac{b\,\zeta}{a + \zeta} \quad . \tag{14}$$

Bei Ent- und Wiederbelastung können Spannungszustände innerhalb der Memoryfläche erreicht werden, bei denen Plastizierungen im Material auftreten. Die Fließfläche rotiert innerhalb der Memoryfläche. Ihre Bewegung muß so erfolgen, daß sich bei erneuter Erstbelastung beide Flächen tangential berühren. Um diese Forderung zu erfüllen, wird ein zum aktuellen Spannungspunkt σ_{ij} korrespondierender Punkt $\bar{\sigma}_{ij}$ auf der Memoryfläche gesucht, der die gleiche Normalenrichtung (bezogen auf die isotrope Deviatorachse) besitzt. Eine Verschiebung kann nur parallel zu der Ebene, die durch die beiden Punkte und den Ursprung aufgespannt wird (Bild 2), erfolgen.

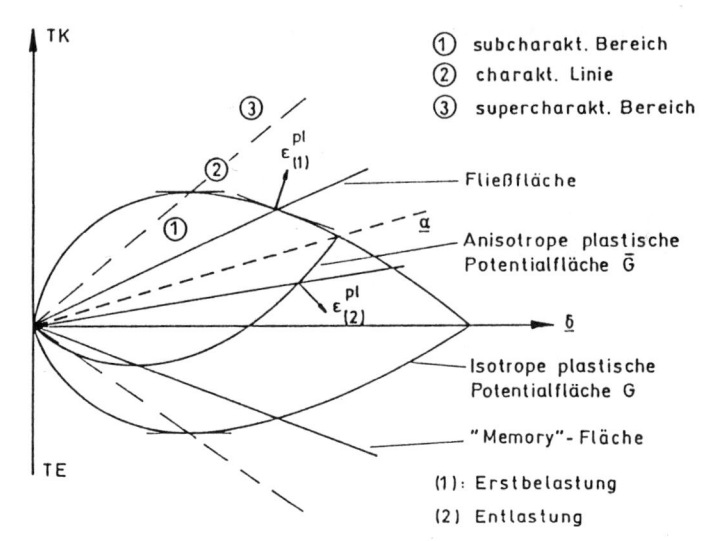

Bild 3: Isotrope und anisotrope Potentialfunktion in der Trixialebene
(TK = triax. Kompression, TE = triax. Extension)

Die Größe der plastischen Dehnungszuwächse wird entsprechend dem "bounding surface"-Konzept /7/ durch einen plastischen Modul $\bar{H}_p$ bestimmt, der vom Abstand beider Flächen und dem plastischen Modul der Memoryfläche abhängt. Für die Richtungsbestimmung wird wie bei Erstbelastung eine nichtassoziierte Fließregel angenommen, so daß zugehörig zur Fließfläche eine anisotrope plastische Potentialfunktion (15) notwendig ist. Für sie ist zu fordern, daß bei Erstbelastung ihre Normalenrichtung mit denen der isotropen Potentialfunktion übereinstimmen muß:

$$G_f = \bar{I}_1 (1 - \bar{M} g(\theta^\alpha)) \tan \beta_o) \exp \left(\frac{\bar{M}}{\eta_c \cos \beta_o (1 - \bar{M} g(\theta^\alpha) \tan \beta_o)} \right) , \quad (15)$$

$$\bar{M} = \frac{\sqrt{(2 \bar{J}_2)}}{\bar{I}_1 g(\bar{\theta})} \quad , \quad \beta_o = (\alpha_{ij}, \delta_{ij}) ,$$

$$\dot{\varepsilon}^{pl,dev}_{ij} = \frac{1}{\bar{H}_p} \left(\frac{\partial F_f}{\partial \sigma_{kl}} \dot{\sigma}_{kl} \right) \frac{\partial G_f}{\partial \sigma_{ij}} , \qquad (16)$$

$$\bar{H}_p = \bar{H}_p \{H_p, (\frac{\delta_o}{\delta_o - \delta})^d\}, \quad \delta_o = (\sigma_{ij}, \sigma_{ij}) , \quad \delta = (\sigma_{ij}, \sigma_{ij}).$$

Diese Forderung führt unter Berücksichtigung der geometrischen Zusammenhänge im Spannungsraum auf die gesuchte Funktion (Bild 3).

2.3 ELASTO-PLASTISCHES MATERIALMODELL FÜR ISOTROPE BELASTUNG

Aufgrund der Beobachtungen im isotropen Kompressionsversuch ist es notwendig, elastoplastische Verformungen bei isotropen Belastungszuwächsen zu modellieren. Dazu wird eine Kappenfunktion (17) verwendet, die den elastischen Bereich als Ebene auf dem Fließkegel begrenzt:

$$F_{iso}(\bar{I}_1, \alpha_{ij}, \kappa) = \bar{I}_1 - \kappa , \qquad (17)$$

$$H_{p,iso} = k^{pl}_o (\sqrt{3} I_1)^m (\dot{\bar{I}}_1 \cos \beta_o) / (3 \dot{I}_1) , \qquad (18)$$

$$\dot{\varepsilon}^{pl,iso}_{ij} = \frac{1}{H_{p,iso}} \left(\frac{\partial F_{iso}}{\partial \sigma_{kl}} \dot{\sigma}_{kl} \right) \alpha_{ij} . \qquad (19)$$

Diese Fließbedingung wird nur bei Erstbelastung aktiviert, d.h. eine Entlastung erfolgt elastisch. Für die Ermittlung der plastischen Dehnungen wird eine nichtassoziierte Fließregel zugrundegelegt und der zugehörige plastische Modul aus einem Potenzgesetz (18) mit den Parametern k^{pl}_o und m bestimmt. Wichtig ist, daß im Fall eines auf Scherung vorbelasteten Materials neben volumetrischen auch deviatorische Dehnungszuwächse wiedergegeben werden. Dies entspricht dem im Trixialversuch erkennbaren Verhalten.

3 BESTIMMUNG DER MATERIALPARAMETER

Für die Ermittlung der in den drei Teilgesetzen verwendeten Materialparameter sind verschiedene Experimente erforderlich, um die teilweise sich überlagernden Phänomene eindeutig erfassen zu können. Den gezeigten Versuchsergebnissen liegen Untersuchungen von feinkörnigen, mitteldicht gelagerten Sanden /8/ zugrunde.

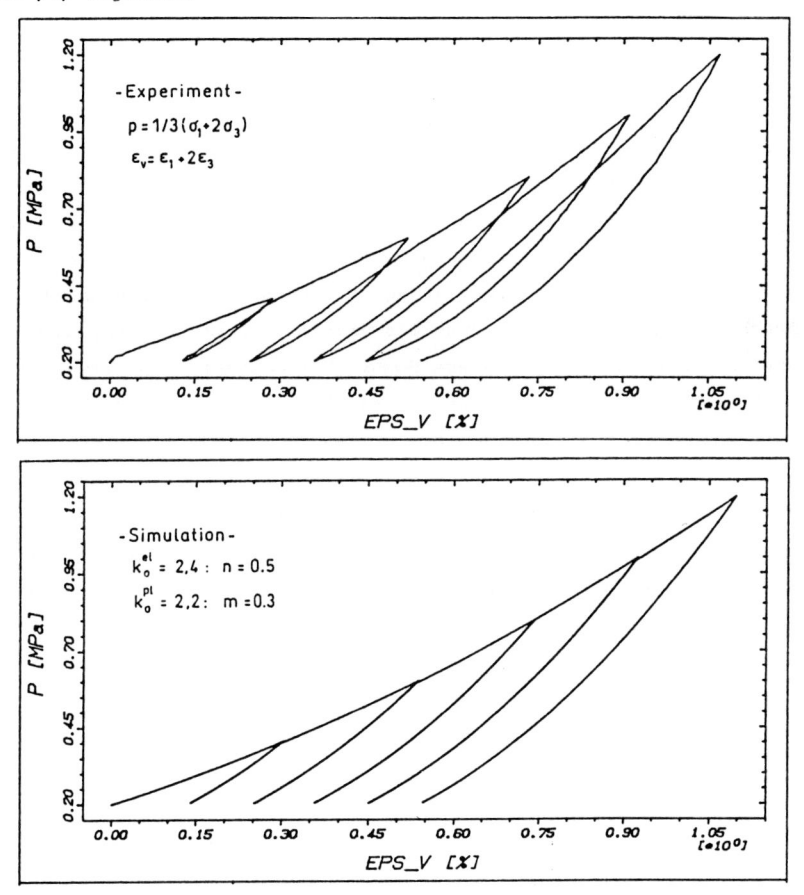

Bild 4: Isotroper Kompressionsversuch - Experiment (a) und Simulation (b)

Die Kennwerte für das nichtlinear elastische (k_o^{el}, n) sowie isotrop plastische Stoffgesetz (k_o^{pl}, m) lassen sich aus einem zyklischen Kompressionsversuch (Bild 4) ermitteln. Dabei sind die bereits erwähnten Plastizierungen bei Erstbelastung deutlich erkennbar. Bei Entlastung treten dagegen schmale Hysteresen auf, die der Annahme eines elastischen Verhaltens widersprechen. Der nichtlineare Zusammenhang zwischen den Volumendehnungen und dem Druck kann daher nur näherungsweise durch das elastische Stoffgesetz wiedergegeben werden.

Alle verbleibenden Parameter sind prinzipiell aus zyklischen Triaxialtests abzuleiten, obwohl es sich wegen der versuchstechnischen Probleme empfiehlt, die den Bruchzustand kennzeichnenden Reibungswinkel ϕ^{komp} und ϕ^{ext} sowie den Verhältniswert k aus statischen Experimenten zu ermitteln. Ferner sollte der elastische Schubmodul als Anfangsmodul im $\sqrt{(J_2)} - \sqrt{(J_2^\varepsilon)}$ Diagramm bestimmt werden, um dann die plastischen Dehnungen infolge reiner Scherbeanspruchungen zu berechnen. Da bei den üblichen Triaxialtests sowohl die Scher- als auch die hydrostatischen Spannungen variiert werden, ist es zweckmäßig, die Spannungs-Dehnungsbeziehungen mittels des Spannungsverhältnisses $\eta^* = \sqrt{(2J_2)}/(I_1 k^*)$ auszudrücken, wobei k^* im triaxialen Kompressionsbereich den Wert 1, für triaxiale Extension den Wert k erhält. Der Parameter a des hyperbolischen Verfestigungsgesetzes ergibt sich aus den Erstbelastungsästen der $\eta^* - \sqrt{(2J_2^{\varepsilon,pl})}$ Beziehung. Hingegen liefern die Entlastungsäste Aufschlüsse über die Aufweitung des elastischen Bereiches, die durch die Größe b nach Gl. 14 definiert wird. Verschiedene Experimente deuten darauf hin, daß dieser Wert zwischen 0. und 0.5 liegt; d.h., der Öffnungswinkel der Fließfläche erreicht höchstens 50 % des Öffnungswinkels der Bruchfläche. Der Wert für das charakteristische Spannungsverhältnis η_c ist dem $\eta^* - I_1^{\varepsilon,pl}$ Diagramm zu entnehmen. Dieser Übergang von kontraktanten zu dilatanten Volumendehnungen wird durch die Bedingung, daß die zugehörige Rate in diesem Punkt verschwinden muß, gekennzeichnet. Als letzte Größe ist der Potenzfaktor d zu ermitteln, der den plastischen Modul bei Ent- und Wiederbelastung beeinflußt. Er kann zwar für verschiedene Entlastungspunkte direkt ermittelt werden. Zweckmäßiger ist es jedoch, eine optimale Anpassung in der Simulationsrechnung zu suchen. Auf der Grundlage dieser Auswertungsprozeduren ergaben sich folgende Parameter:

Elastisches Stoffgesetz : $k_o^{el} = 2.4$, n=0.5

Iso. plast. Stoffgesetz : $k_o^{pl} = 2.2$, m=0.3

Dev. plast. Stoffgesetz : $\eta_b = 0.8$, $k = 0.7$, $\eta_c = 0.5$

$a = 0.3$, $b = 0.1$, $d = 2.5$

Die Ergebnisse der numerischen Simulation, die mit diesen Materialparametern durchgeführt wurden, sind in Bild 4 und 5 im Vergleich mit den jeweiligen Experimenten dargestellt. Alle wichtigen Eigenschaften werden zutreffend modelliert, obwohl - wie anfangs erwähnt - eine gewisse quantitative Abweichung nicht zu vermeiden ist.

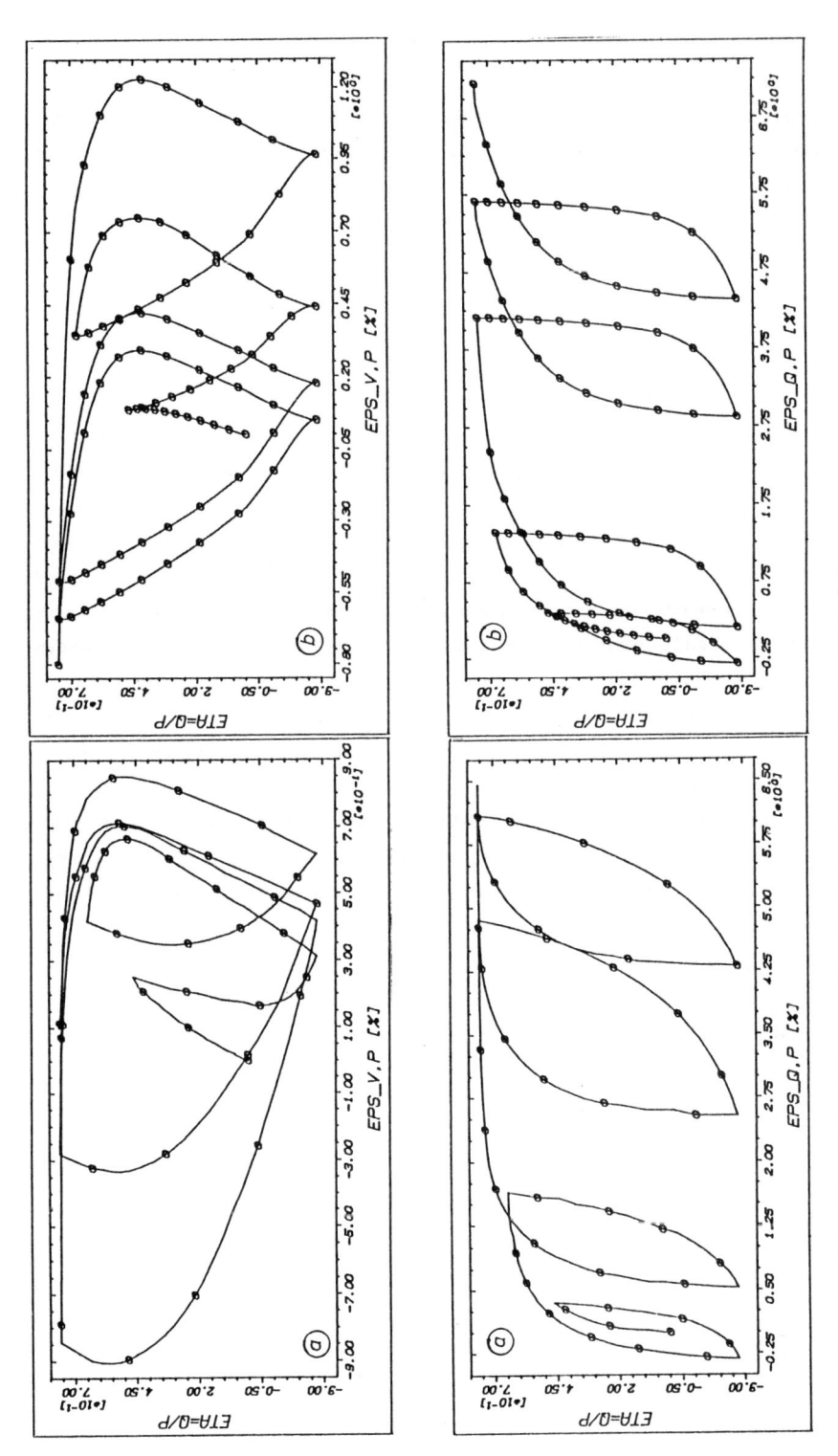

Bild 5: Zyklischer Triaxialversuch - Experiment (a) - Simulation (b)

4 ANWENDUNG BEI DER NUMERISCHEN RECHNUNG

Um die Unterschiede zwischen verschiedenen Materialmodellierungen anschaulich zu verdeutlichen, wurde der in Bild 6 dargestellte Fahrbahndamm unter Wirkung eines kurzzeitigen Beschleunigungsimpulses (a=0.5 g, t= 0.1 s) berechnet.

FE-Modell

Materialparameter:
$E = 20 \text{ MN/m}^2$
$v = 0.2$
$\eta_B = 0.8$
$\eta_C = 0.5$
$h = 0.7$
$a = 0.3$
$b = 0./1.0$
$d = 2.5$

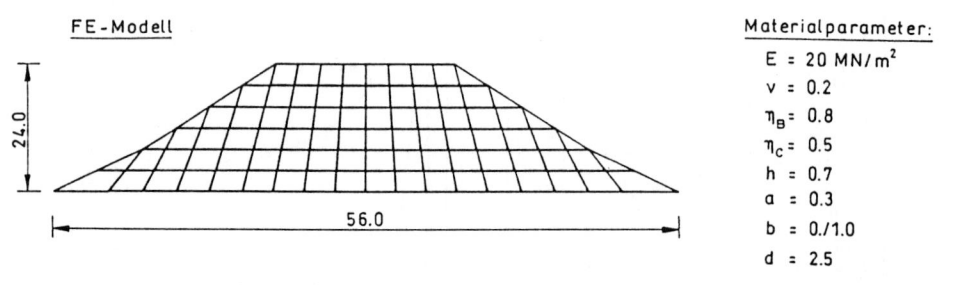

Bild 6: System und Materialkennwerte

Zur Materialbeschreibung wurden ein linear-elastisches sowie zwei elastoplastische Stoffgesetze mit unterschiedlichen Verfestigungshypothesen benutzt. Im ersten Fall lag dem nichtlinearen Stoffgesetz die Annahme einer kontinuierlichen Aufweitung des elastischen Bereiches zugrunde, so daß bei Ent- und Wiederbelastung lediglich elastische Dehnungsänderungen entstehen konnten. Das Materialmodell entspricht den üblicherweise bei monoton wachsenden Belastungen verwendeten Stoffgesetzen mit isotroper Verfestigung /1/. Im Unterschied dazu wurde bei der zweiten Modellierung eine kombiniert isotrop-kinematische Verfestigung angesetzt, um so bei Spannungsumkehr auch plastische Verformungen erfassen zu können.

Die errechneten Verschiebungsantworten an der Dammkrone sind in Bild 7 dargestellt. Wie erwartet, zeigt sich bei Annahme eines linear-elastischen Werkstoffverhaltens nach anfänglicher Auslenkung eine Schwingung um die statische Ruhelage. Der Zyklus setzt sich beliebig lange fort, da die Antwort nicht gedämpft wird. Die Verschiebungsverläufe bei Verwendung elastoplastischer Materialgesetze stimmen zunächst überein, da die Modellierung bei Erstbelastungsvorgängen identisch ist. Die zugehörigen Amplituden sind erwartungsgemäß deutlich größer als bei der elastischen Lösung. Zwischen den beiden plastischen Stoffgesetzen treten jedoch Unterschiede auf, sobald lokale Entlastungen entstehen. Beim isotropen Modell sind dann die für elastische Materialien typischen Schwingungen erkennbar, während bei der kombiniert isotrop-kinematischen Verfestigung die Energie fast vollständig durch die plastischen Verformungen dissipiert wird. Zudem kann eine zunehmende Verdichtung des Korngerüstes bei Ent- und Wiederbelastung festgestellt werden. Diese Eigenschaft korrespondiert zu dem bei wassergesättigten Böden beobachtbaren Porenwasserdruckanstieg, dem eine kontinuierliche Kompaktion infolge zyklischer Scherbeanspruchungen zugrundeliegt. Daher kann auch das Phänomen der Bodenverflüssigung simuliert werden, wenn die mechanischen Grundgleichungen für ein Festkörper-Fluidgemisch verwendet werden.

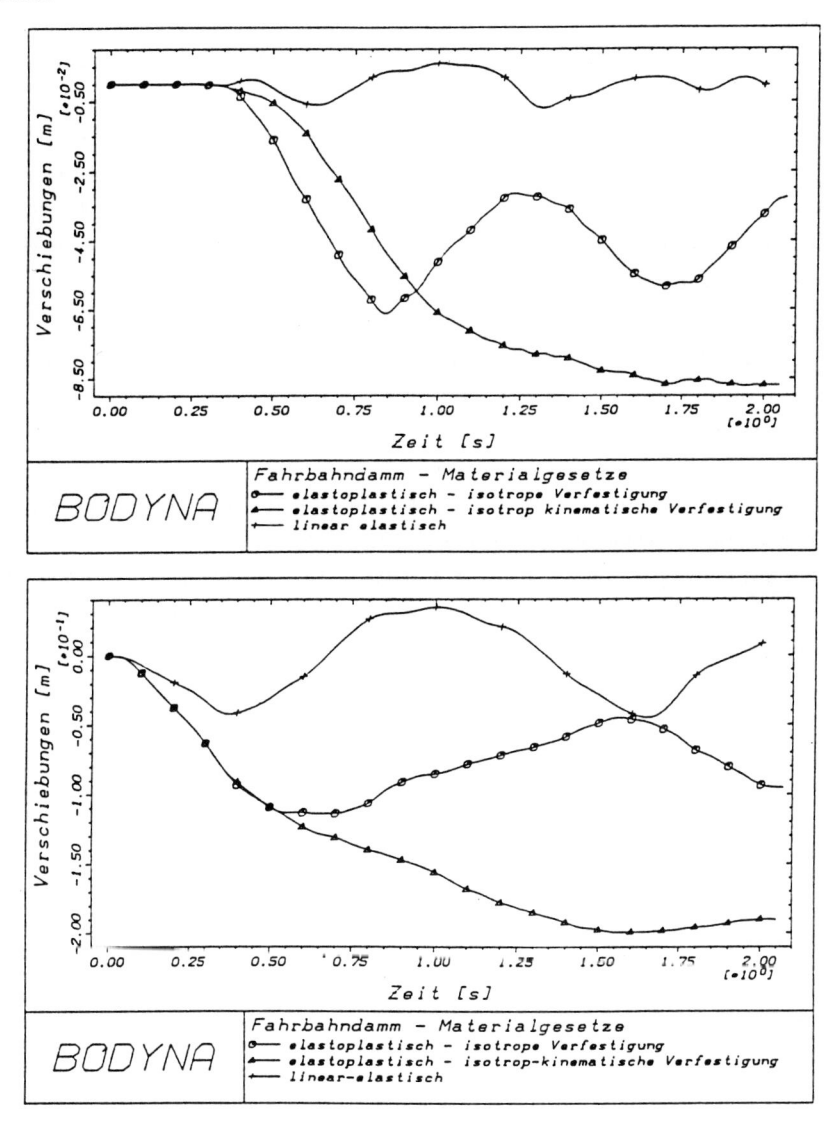

Bild 7: Vertikale (a) und horizontale (b) Verschiebungen

5 ZUSAMMENFASSUNG

Durch das beschriebene Materialgesetz werden wesentliche Aspekte der typischen Reaktion von Sanden zufriedenstellend erfaßt. Dies gilt insbesondere für die Volumenänderungen bei monotoner und zyklischer Scherbeanspruchung sowie für die plastischen Verformungsanteile bei Ent- und Wiederbelastung. Neben dem Scherversagen von trockenen Sanden kann daher auch das Tragverhalten von wassergesättigten Böden unter Einschluß des Versagens durch Bodenverflüssigung realistisch modelliert werden. In der dynamischen Berechnung wird der mechanische Energieverlust durch die Hysterese zutreffend dargestellt. Dies hat den Vorteil, daß die Werkstoffdämpfung nicht, wie bei linearen Berechnungen üblich, durch globale Parameter erfaßt werden muß, sondern implizit in der genaueren Materialbeschreibung enthalten ist. Außerdem ist hervorzuheben, daß alle erforderlichen Materialparameter aus bodenmechanischen Standardversuchen ermittelt und das Gesetz ohne Schwierigkeiten an verschiedene Sande angepasst werden kann.

LITERATUR

/ 1/ Strauß, J., Cramer, H., Wunderlich, W.: Numerische Modellierung des Verhaltens wassergesättigter Böden unter harmonischer und dynamischer Belastung. In Natke (ed.): Dynamische Probleme - Modellierung und Wirklichkeit, Hannover (1984), 177-194

/ 2/ Prabucki, M.J., Wunderlich, W.: Numerical simulation of the behavior of saturated sand. Int. Conf. Num. Meth. Geomech., Innsbruck (1987)

/ 3/ Poorooshasb, H.B.; Pietruszczak, S.: A generalized flow theory for sand. Soils and Foundations 26 (1986), 1-15

/ 4/ Stutz, P.: Comportement elasto-plastique des milieux granulaires. Proc. Int. Symp. Foundation of Plasticity, Warscaw (1972)

/ 5/ Luong, M.P.: Mechanical aspects and thermal effects of cohesionless soils under cyclic and transient loading. In P.A. Vermeer and H.J. Luger (eds.): Deformation and Failure of Granular Material, Wiley (1982), 239-246

/ 6/ Schofield, A.; P. Wroth: Critical state soil mechanics. McGraw-Hill, London (1968)

/ 7/ Dafalias, Y.F.; E.P. Popov: A model of nonlinearly hardening materials for complex loading. Acta Mechanica 21 (1972), 173-192

/ 8/ Versuchsreihe des Lehrstuhles für Grundbau und Bodenmechanik: Interner Bericht. Ruhr-Universität Bochum, (1987)

Beulsicherheit von wasserdichten Tunnelinnenschalen

H. Ahrens und T. Westhaus, Braunschweig

SUMMARY

A method is presented to calculate the safety against buckling of thin inner linings of tunnels and pipes under water pressure. Possible methods to consider geometric nonlinearities are presented, the chosen method is described and compared to other publications by two examples. It is shown, that in many cases 2nd order theory is not sufficient, so a 3rd order theory has to be used. The method is not limited on the presented problems but also suitable for the calculation of two-layered concrete lining and for tubbings with joints in a staggered arrangement.

ZUSAMMENFASSUNG

Es wird ein Berechnungsverfahren angegeben, mit dem die Beulsicherheit dünner Innenschalen von Tunneln und Rohren bei Wasserdruck nachgewiesen werden kann. Mögliche Lösungswege zur Berücksichtigung geometrischer Nichtlinearität werden vorgestellt, das gewählte Berechnungsverfahren wird beschrieben und anhand von zwei Beispielen mit anderen Veröffentlichungen verglichen. In einem Anwendungsbeispiel wird aufgezeigt, daß in vielen Fällen die Theorie II. Ordnung nicht genau genug ist, sondern eine Theorie III. Ordnung gewählt werden muß. Das Verfahren ist nicht auf die hier vorgestellte Problematik beschränkt, sondern auch für die Berechnung eines zweischaligen Betonausbaus oder bei Tübbingen mit ringweise versetzten Fugen geeignet.

1 AUFGABENSTELLUNG

Im Tunnelbau werden in jüngster Zeit Überlegungen angestellt, bei einem Ausbau in Beton die Wasserdichtigkeit durch eine zusätzliche dünne Innenauskleidung in Stahl zu gewährleisten /1/. Diese kann möglicherweise auch bereits als Schalung für die Beton-Außenschale mitgenutzt werden. Auch Kanalisationsrohre erhalten häufig zum Schutz des Betons und zur Abdichtung eine Innenauskleidung aus Kunststoff, die entweder sofort beim Bau oder nachträglich im Zuge einer Sanierung eingebaut werden.

Werden diese Innenauskleidungen ohne kraftschlüssigen Verbund mit der Außenschale erstellt, so werden sie in erster Linie durch Grundwasser belastet, während die Beton-Außenschale den Erddruck aufnimmt. Maßgebend für die Dimensionierung der Innenschale ist in der Regel die Beulsicherheit unter Wasserdruck.

Vorgestellt wird ein Berechnungsverfahren, mit dem die Beulsicherheit derartiger Auskleidungen nachgewiesen werden kann. Die hier vorgestellten Ergebnisse beschränken sich auf die Untersuchung von Kreisprofilen. Das allgemeingültige Lösungsverfahren ist aber auch z.B. auf Maulprofile anwendbar. Die Untersuchungen wurden angeregt durch Anfragen aus der Baupraxis.

2 LÖSUNGSMÖGLICHKEITEN

Wegen der in der Regel größeren Umfangsverkürzung der Innenschale gegenüber der Außenschale wird sich die Innenschale im Bereich der Sohle als der Stelle des größten Wasserdrucks von der Außenschale abheben. Es entsteht eine symmetrische Biegefigur, die in ihrer Form der Beulfigur des niedrigsten Eigenwert entspricht. Das Problem kann deshalb als Spannungsproblem gelöst werden. Um das Stabilitätsversagen und die Verformungen genauer zu erfassen, ist eine Theorie großer Verformungen (Theorie III. Ordnung) erforderlich.

Ein unsymmetrisches Ausbeulen, wie es bei Bögen sonst üblich ist, vgl. Abschnitt 4.1, ist hier in der Regel nicht maßgebend. Ein unsymmetrisches Ausweichen des ungestützten Bereiches der Innenschale nach einer Seite aktiviert in diesem Bereich die stützende Wirkung der Außenschale, was eine stabilisierende Änderung des statischen Systems bewirkt.

Die Lösung des Problems kann nach einer Schalentheorie großer Verformungen mit der Methode der Finiten Elemente (FEM) in Weggrößen oder in gemischter Formulierung mit unterschiedlicher Wahl der Elemente bzw. der Elementansätze erfolgen.

Da es hier nicht um die Erfassung des Bauablaufs gehen soll, ist - wie im Tunnelbau allgemein üblich - die Reduktion auf das ebene Problem eines Tunnelabschnitts von z.B. 1 m Länge und damit auf ein kreisförmig gekrümmtes Stabsystem möglich.

Die Lösung kann dann nach einer Stabtheorie großer Verformungen wiederum nach der FEM erfolgen. Es ist aber auch eine numerisch genaue Lösung der Differentialgleichungen zum Beispiel mit dem Übertragungsmatrizenverfahren möglich.

Infolge Auftrieb wird sich die Innenschale bis auf den Sohlbereich an die Außenschale anlegen. Nimmt man die Außenschale starr an und berücksichtigt diese Stützung durch radial feste und tangential verschiebliche Auflager in den Knotenpunkten des Systems, so führt dies zu örtlichen Momentenspitzen über den Auflagern. Außerdem kann sich der gekrümmte Stab zwischen den Auflagern verbiegen. Bei größeren Elementlängen wird insbesondere die Einspannwirkung im Übergangsbereich vom gestützten zum ungestützten Bereich nicht ganz richtig erfaßt. Als Alternative für den Ansatz der Stützung durch die Außenschale bietet sich der Ansatz einer sehr steifen, kontinuierlichen radialen Bettung an. In beiden Fällen wird von der Annahme einer starren Außenschale ausgegangen. Es bietet sich jedoch auch an, die gegenseitige Beeinflussung beider Schalen gleichzeitig durch zwei gekrümmte Stäbe zu erfassen, die im abstützenden Bereich durch Relativbettung gegenseitig gekoppelt sind. Dieses gekoppelte System ist nicht nur für die Lösung des vorliegenden Problems geeignet, sondern allgemein bei der Berechnung von zweischaligem Ausbau oder beim Tübbingausbau mit ringweise versetzten Fugen geeignet. Im letzteren Fall werden zwei nebeneinanderliegende Ringe gleichzeitig und gekoppelt untersucht.

3   GEWÄHLTES BERECHNUNGSVERFAHREN

3.1 LÖSUNGSVERFAHREN

Die hier gewählte Problemformulierung und das Lösungsverfahren lehnen sich an /2/ an.

Die Lösung erfolgt mit Hilfe des Übertragungsmatrizenverfahrens, das für das vorliegende Stabsystem und für eine elektronische Berechnung besonders geeignet ist. Beim Übertragungsmatrizenverfahren werden in einem Rechengang Gleichgewicht und Verträglichkeit erfüllt. Wählt man als Unbekannte die Schnitt- und Weggrößen des Kreisringes, so lassen sich die Rand- und die Übergangsbedingungen direkt formulieren. Alle Zustandsgrößen werden gleichzeitig berechnet.

Die Übertragungsmatrix U_a^b gibt für einen Stababschnitt von Knoten a bis Knoten b den linearen Zusammenhang zwischen den Zustandsgrößen am Anfang Z_a und am Ende Z_b an:

$$Z_b = U_a^b \cdot Z_a + \bar{Z}_b. \tag{3.1}$$

$\bar{Z}_b$ ist die in den Knoten b reduzierte Partikularlösung des Abschnitts. Besteht ein Stab aus mehreren Abschnitten, so ergibt sich der Zusammenhang zwischen Anfangs- und Endgrößen durch mehrfache Anwendung von Gl. (3.1). Hieraus lassen sich die Zustandsgrößen des Stabanfangs, die zunächst unbekannt sind, aus den Randbedingungen am Stabende bestimmen.

Zur Ermittlung der Übertragungsmatrix wird ein numerisches Verfahren gewählt, das unabhängig vom untersuchten Problem und vom Typ der Differentialgleichung ist. Dies macht es erforderlich, daß die Grundgleichungen am differentiellen Stabelement als Differentialgleichungssystem 1. Ordnung bereitgestellt werden in der Form

$$\frac{d}{ds}(Z) = A(s) \cdot Z(s) + P(s). \tag{3.2}$$

Gl. (3.2) ist in Abhängigkeit von der Bogenlänge s formuliert. Da als Unbekannte alle Schnitt- und Weggrößen gewählt werden, bleibt die mechanische Bedeutung der Elemente der Koeffizientenmatrix A(s) in Gl. (3.2) erkennbar. Die Berechnung der Übertragungsmatrix wird hier für den Sonderfall eines Differentialgleichungssystems mit abschnittsweise konstanten Koeffizienten angegeben. Auch bei der vollständigen, nichtlinearen Theorie ist durch konstante Koeffizienten eine gute Annäherung bei entsprechend enger Unterteilung des Stabsystems möglich. Eine bessere Annäherung ist möglich durch eine Potenzreihenentwicklung der Koeffizientenmatrix.

3.1.1 Homogene Lösung

Entsprechend der Lösung einer Differentialgleichung erster Ordnung mit konstanten Koeffizienten erfüllt der Lösungsansatz

$$Z(b) = e^{A \cdot l} \cdot Z(a) \tag{3.3}$$

das Differentialgleichungssystem (3.2). Der Vergleich mit der Definitionsgleichung der Übertragungsmatrix Gl. (3.1) zeigt

$$U_a(A) = e^{A \cdot l}. \tag{3.4}$$

Gl. (3.4) läßt sich in eine gleichmäßig konvergierende unendliche Matrizenreihe entwickeln, für die ein einfaches Bildungsgesetz angebbar ist:

$$U_a(A) = e^{A \cdot l} = \sum_{k=0}^{\infty} A^k \cdot \frac{l}{k!}. \tag{3.5}$$

3.1.2 Partikularlösung

Der Lastvektor wird bis zum linearen Glied entwickelt:
$$P = P_0 + P_1 \cdot s. \tag{3.6}$$

Mit Hilfe der Variation der Konstanten ergibt sich die Partikularlösung allgemein zu

$$\bar{Z}_b = \overset{0}{U}{}_a^b \cdot P_0 + \overset{1}{U}{}_a^b \cdot P_1 \tag{3.7a}$$

mit den wiederum einfachen Bildungsgesetzen

$$\overset{0}{U}{}_a^b = \sum_{k=0}^{\infty} A^k \frac{l^{k+1}}{(k+1)!} \quad \text{und} \quad \overset{1}{U}{}_a^b = \sum_{k=0}^{\infty} A^k \frac{l^{k+2}}{(k+2)!}. \tag{3.7b}$$

3.1.3 Numerische Schwierigkeiten

Bei der mehrfachen Matrizenmultiplikation für ein System mit mehreren Abschnitten kann die Rechnung zu kleinen Differenzen großer Zahlen führen. Die numerischen Schwierigkeiten treten nicht auf, wenn man Gl. (3.1) für jeden Abschnitt in einem Gesamtgleichungssystem zusammenfaßt und dieses löst. Zusätzlich sind in das Gleichungssystem die Randbedingungen sowie gegebenenfalls auch Zwischenbedingungen einzuarbeiten. Das Gleichungssystem hat Bandstruktur.

Es ist auch eine spezielle Darstellung und Lösung des Gleichungssystems in Untermatrizen möglich, die sich mechanisch anschaulich deuten läßt. Schwierigkeiten bereitet hier die Einarbeitung von fest vorgegebenen Zwischenbedingungen in den Rechenablauf.

3.2 PROBLEMFORMULIERUNG

3.2.1 Lineare Theorie

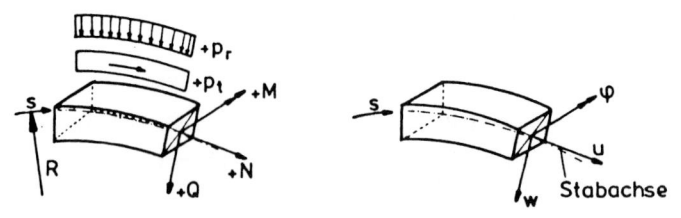

Bild 3.1: Vorzeichendefinition

Mit der Vorzeichendefinition nach Bild 3.1 ergibt sich nach /2/ das Differentialgleichungssystem 1. Ordnung nach der linearen Theorie unter Berücksichtigung von radialen und tangentialen Streckenlasten sowie Temperaturbeanspruchungen zu

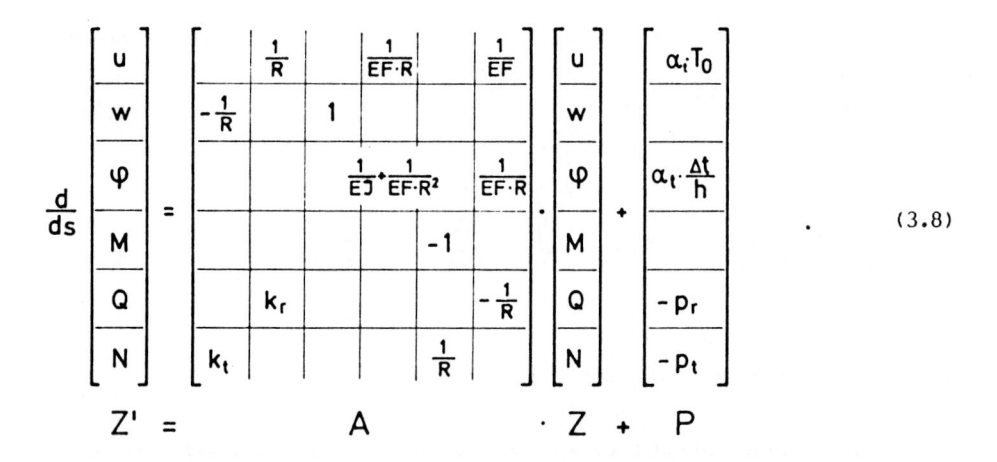

$$\frac{d}{ds}\begin{bmatrix} u \\ w \\ \varphi \\ M \\ Q \\ N \end{bmatrix} = \begin{bmatrix} & \frac{1}{R} & & \frac{1}{EF \cdot R} & & \frac{1}{EF} \\ -\frac{1}{R} & & 1 & & & \\ & & & \frac{1}{EJ}+\frac{1}{EF \cdot R^2} & & \frac{1}{EF \cdot R} \\ & & & & -1 & \\ & k_r & & & & -\frac{1}{R} \\ & k_t & & & \frac{1}{R} & \end{bmatrix} \cdot \begin{bmatrix} u \\ w \\ \varphi \\ M \\ Q \\ N \end{bmatrix} + \begin{bmatrix} \alpha_i T_0 \\ \\ \alpha_t \cdot \frac{\Delta t}{h} \\ \\ -p_r \\ -p_t \end{bmatrix} \quad (3.8)$$

$$Z' = A \cdot Z + P$$

Zur linearen Theorie kommen noch nichtlineare Anteile aus den Theorien II. und III. Ordnung /2/. Dabei wird nachfolgend der sehr geringe Einfluß der Verkürzung der Bogenlänge s infolge Längskraftverformungen auf die nichtlineare Theorie vernachlässigt.

3.2.2 Theorie II. Ordnung

Die Formulierung der Gleichgewichtsbedingungen am verformten Element (Theorie II. Ordnung) ist in zwei verschiedenen Darstellungen möglich. Dabei werden die Schnittkräfte N und Q richtungsmäßig entweder auf die verformte oder auf die ursprüngliche Systemachse bezogen. Die Entscheidung für eine der beiden gleichberechtigten Darstellungen hat Einfluß auf die Formulierung der Randbedingungen und auf die anzusetzende Richtung der Belastung.

a) Schnittkräfte (hier weiterhin mit Q und N bezeichnet)
auf die unverformte Achse bezogen:
Die Momentengleichgewichtsbedingung erweitert sich auf
(nichtlineare Terme sind unterstrichen)

$$M' = -\left(1 + u' - \frac{w}{R}\right) \cdot Q + \left(w' + \frac{u}{R}\right) \cdot N \quad . \tag{3.9}$$

b) Schnittkräfte auf die verformte Achse bezogen:
Die Kräftegleichgewichtsbedingungen erweitern sich auf
(nichtlineare Terme sind unterstrichen)

$$N' = \frac{1}{R} Q + \varphi' Q + k_t \cdot u - p_t \quad \text{und}$$

$$Q' = \frac{1}{R} N - \varphi' N + k_r \cdot w - p_r \quad . \tag{3.10}$$

Die Gl. (3.10) hat in dieser Form nur Gültigkeit unter der Annahme, daß sich Belastung und Bettung auf die Richtungen des verformten Systems beziehen. Während Gl. (3.9) einer konservativen Belastung entspricht, läßt sich mit Gl. (3.10) direkt eine nichtkonservative, d.h. nicht richtungstreue Belastung wie z.B. beim Wasserdruck erfassen.

3.2.3 Theorie III. Ordnung

In der Theorie III. Ordnung wird zusätzlich zu den nichtlinearen Gleichgewichtsbedingungen eine Verformungsbedingung nichtlinear (nichtlinearer Term unterstrichen):

$$u' = \frac{w}{R} + \frac{M}{EF \cdot R} + \frac{N}{EF} + \frac{1}{2} \varphi^2 \quad . \tag{3.11}$$

Alle nichtlinearen Terme werden rechentechnisch ähnlich wie bei der FEM erfaßt. Da alle Schnitt- und Weggrößen als Unbekannte mitgeführt werden, können die Gl. (3.9) bis (3.11) direkt in Gl. (3.8) berücksichtigt werden. Bei größerem Einfluß der nichtlinearen Theorie, wie in den nachfolgenden Beispielen, wird ein inkrementelles Rechenverfahren mit der Iteration nach Newton-Raphson gewählt.

3.2.4 Gekoppeltes System

Betrachtet werden zunächst zwei gekrümmte Stäbe, die noch völlig entkoppelt sind, jedoch gleichzeitig gerechnet werden sollen. Das entkoppelte Differentialgleichungssystem lautet

$$\begin{bmatrix} Z'_I \\ \hline Z'_{II} \end{bmatrix} = \begin{bmatrix} A_I & \\ \hline & A_{II} \end{bmatrix} \cdot \begin{bmatrix} Z_I \\ \hline Z_{II} \end{bmatrix} + \begin{bmatrix} P_I \\ \hline P_{II} \end{bmatrix} . \qquad (3.12)$$

Die zusätzliche Kopplung zwischen den beiden Stäben erfolgt dadurch, daß eine Relativbettung eingeführt wird. Deren Werte werden zu den schon vorhandenen addiert. In Gl. (3.13) werden nur die Teile des Differentialgleichungssystems angegeben, die zusätzlich durch die Relativbettung $k_{r\,I/II}$ bzw. $k_{t\,I/II}$ gekoppelt sind:

$$\begin{bmatrix} Q'_I \\ N'_I \\ Q'_{II} \\ N'_{II} \end{bmatrix} = \begin{bmatrix} \frac{R_I}{R_{II}} \cdot k_{r\,I/II} & & -\frac{R_I}{R_{II}} \cdot k_{r\,I/II} & \\ & \frac{R_I}{R_{II}} \cdot k_{t\,I/II} & & -\frac{R_I}{R_{II}} \cdot k_{t\,I/II} \\ -k_{r\,I/II} & & k_{r\,I/II} & \\ & -k_{t\,I/II} & & k_{t\,I/II} \end{bmatrix} \cdot \begin{bmatrix} u_I \\ w_I \\ u_{II} \\ w_{II} \end{bmatrix} \qquad (3.13)$$

4 KONTROLLBEISPIELE

4.1 KNICKLASTEN EINES KREISRINGES

Die Beispiele dieses Abschnitts dienen der Kontrolle der im Abschnitt 3 angegebenen Gleichungen und des Lösungsverfahrens.
Gesucht ist die Knicklast für den Kreisring nach Bild 4.1 unter konservativer und nichtkonservativer Belastung.
Mit der Längskraft im Grundspannungszustand $N = -p_r R$ ist der homogene Teil des Differentialgleichungssystems Gl. (3.8) durch die Gleichgewichtsbedingungen am verformten System alternativ nach Gl. (3.9) oder nach Gl. (3.10) zu ergänzen.
Gesucht ist in beiden Fällen die Größe der Belastung, bei der die Determinante des Gleichungssystems Null wird. Die Knickfigur ist jeweils antimetrisch.

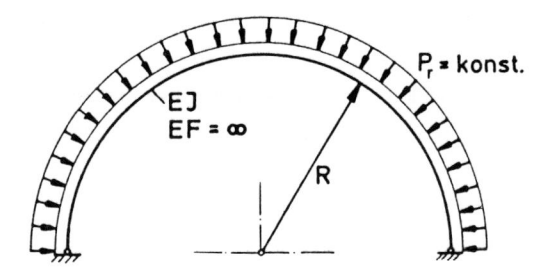

Bild 4.1: Kreisring unter konstantem Druck

Die Ergebnisse zeigen eine sehr gute Übereinstimmung mit /3/:

Belastung	eigene Ergebnisse	Ergebnisse nach /3/
konservativ	$p_{rk} = 3{,}271 \dfrac{EJ}{R^3}$	$p_{rk} = 3{,}265 \dfrac{EJ}{R^3}$
nicht konservativ	$p_{rk} = 3{,}000 \dfrac{EJ}{R^3}$	$p_{rk} = 3{,}000 \dfrac{EJ}{R^3}$

4.2 SPANNUNGSTHEORIE II. UND III. ORDNUNG

Am Beispiel eines gelenkig gelagerten, halbkreisförmigen Bogens entsprechend Bild 4.2, vgl. /4/, wird der Einfluß der Theorie II. Ordnung (Gleichgewicht am verformten System nach Gl. (3.10), lineare Verzerrungs-Verschiebungsbeziehungen) gegenüber der Theorie III. Ordnung (Gleichgewicht am verformten System nach Gl. (3.10), nichtlineare Verzerrungs-Verschiebungsbeziehungen nach Gl. (3.11)) untersucht.

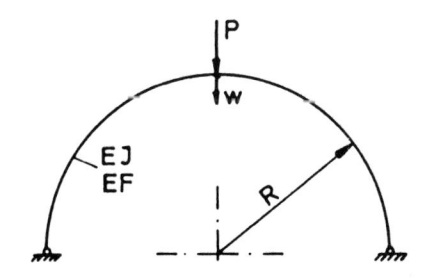

Radius $\quad R = 0{,}50\,\text{m}$
Trägheitsmoment $\quad J = 2{,}88\,\text{cm}^4$
Fläche $\quad F = 100\,\text{cm}^2$
E - Modul $\quad E = 7200\,\text{kN/cm}^2$

Bild 4.2: Kreisring unter Einzellast

Es werden nur die Ergebnisse für den Fall eines symmetrischen Ausweichens des Systems dargestellt. Es ergibt sich bei diesen sehr großen Verformungen und, was hier noch entscheidender ist, bei den Versagenslasten ein größerer Unterschied zwischen Theorie II. und III. Ordnung, vgl. Bild 4.3. Die Ergebnisse der Theorie III. Ordnung stimmen gut mit denen aus /4/ überein.

Die Berechnungen ergeben, daß der Kreisring bei einer Verschiebung des Scheitelpunktes von etwas über 60% des Radius durch symmetrisches Durchschlagen versagt. Derartige Verschiebungen liegen jedoch in der Regel weit jenseits der baupraktisch tolerierbaren, sodaß das Berechnungsverfahren für das folgende Anwendungsbeispiel als abgesichert angesehen wird.

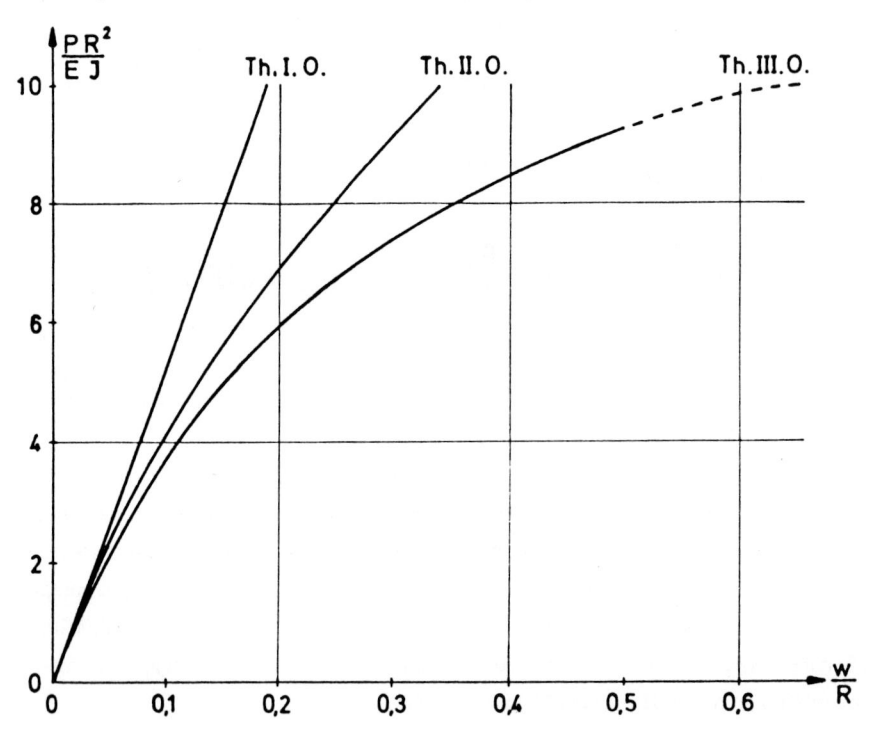

Bild 4.3: Last-Verschiebungskurven für das Beispiel Bild 4.2

5 BEISPIEL KANALISATIONSROHR

Ein Kanalisationsrohr mit einer Beton-Außenschale und einer Auskleidung aus Kunststoff wird nach dem vorgestellten Verfahren berechnet. Bild 5.1 zeigt das gewählte System und die Belastung.

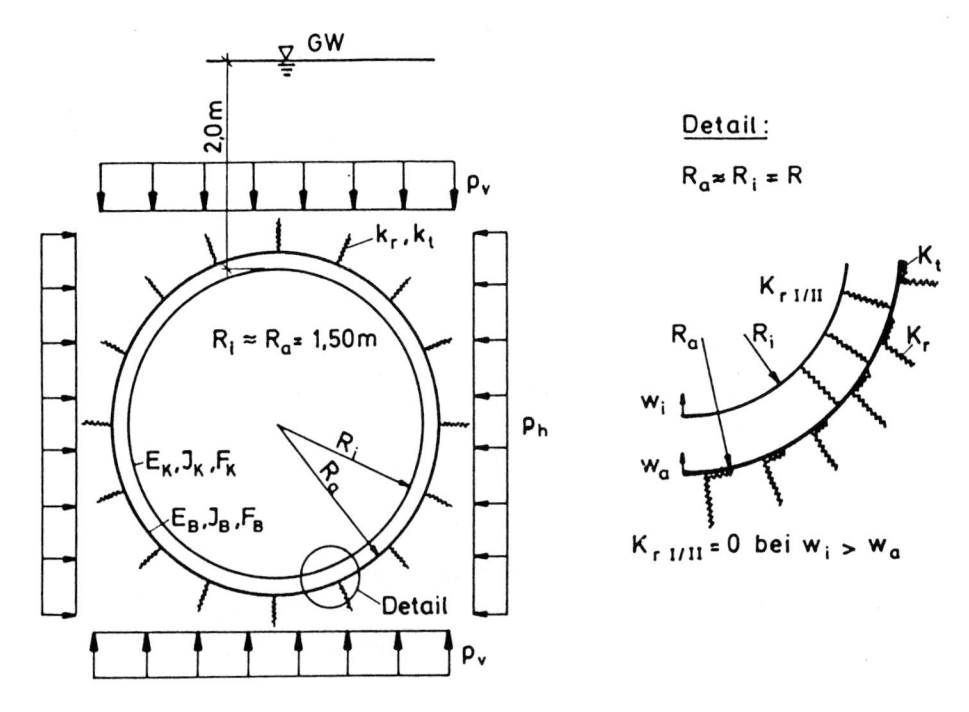

Bild 5.1: System und Belastung

Im Berechnungsmodell wird davon ausgegangen, daß sich die Verhältnisse in Längsrichtung des Rohres nicht ändern, so daß die Berechnungen am ebenen System eines Rohrabschnitts von 1 m Länge durchgeführt werden können. Die stützende Wirkung der Außenschale durch den Baugrund wird durch Bettungsfedern ersetzt. Die allseitige Bettung des Betonrohres wird in Anlehnung an /5/ gewählt zu

radiale Bettung: k_r = 3000 kN/m²
tangentiale Bettung: k_t = -1500 kN/m².

Der Erddruck p_v und p_h wird auf die Außenschale und der Wasserdruck auf die Innenschale angesetzt. In den Bereichen, in denen sich die Innenschale an die Außenschale anlehnt, wird eine sehr hohe radiale Relativbettung zwischen den Kreis-Stäben angenommen.
Den Berechnungen werden folgende Kennwerte zugrundegelegt:

<u>Beton-Außenschale</u>   Dicke d_B = 10 cm
E-Modul E_B = 24000 MN/m²

<u>Kunststoff-Innenschale</u>   E-Modul E_K = 1000 MN/m²

Der Querschnitt der Kunststoff-Innenschale wird wie folgt variiert:

a) Vollquerschnitt mit einer Dicke $d_K = 4$ cm,
   EI = 5,33 kN m² und EF = 40000 kN
b) Sandwichquerschnitt mit Deckplatten von je 1 cm Dicke und einer schubsteifen und dehnweichen Zwischenschicht von 4 cm Dicke,
   EI = 12,67 kN m² und EF = 20000 kN.

Die Berechnungen erfolgen für den ungünstigsten Lastfall: leeres Rohr und maximaler Wasserdruck außen. Es wird angenommen, daß sich alle Materialien elastisch verhalten. Die Sicherheit gegen Durchschlagen wird zum einen über eine Variation des spezifischen Gewichts des Wassers und zum anderen über eine Variation der Höhe des Wasserspiegels untersucht. Die Erddruckbelastung wird konstant gehalten. Alternativ zu der Berechnung am zweischaligen System wird die Innenschale allein untersucht, wobei eine sehr hohe radiale Bettung in den Bereichen angesetzt wird, in denen sich die Schale nach außen bewegen will. Der ungebettete Bereich in der Sohle verringert sich mit zunehmender Wasserlast. Die Untersuchungen werden für die Theorien II. Ordnung und III. Ordnung durchgeführt.

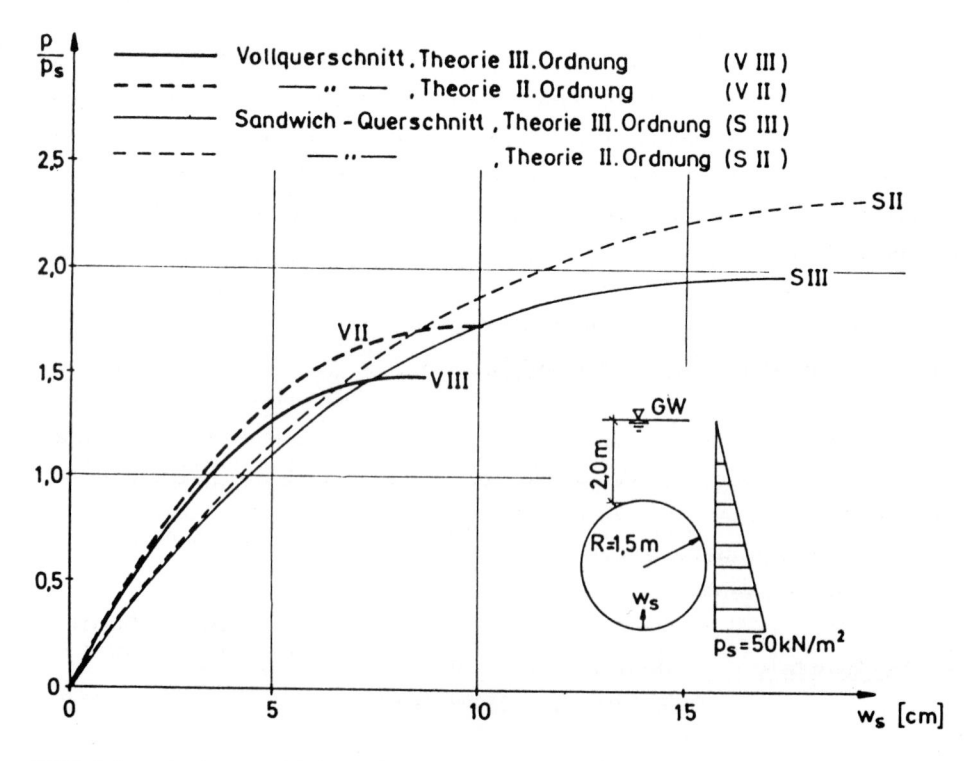

Bild 5.2: Last-Verschiebungskurven für das Beispiel Bild 5.1

Wesentliche Ergebnisse sind in Bild 5.2 für den Fall aufgetragen, daß die Innenschale allein untersucht und das spezifische Gewicht des Wassers erhöht wird. Für das Beispiel zeigt sich außerdem, daß die Ermittlung der Versagenslast durch Variation der Höhe des Wasserspiegels oder mit einem zweischaligen System mit einer Genauigkeit von etwa 2% die gleichen Ergebnisse wie Kurve V III bringt. Diese Ergebnisse sind deshalb nicht dargestellt.

Die Verschiebungen und die Versagenslasten zeigen ebenso wie das Beispiel in Abschnitt 4.2 größere Unterschiede zwischen Theorie II. Ordnung und Theorie III. Ordnung. Für den Vollquerschnitt ergibt sich nach Theorie II. Ordnung (Kurve V II) eine um etwa 17% höhere, und damit auf der unsicheren Seite liegende Versagenslast als nach Theorie III. Ordnung (Kurve V III). Für den Sandwichquerschnitt beträgt der Unterschied zwischen Theorie II. Ordnung (Kurve S II) und Theorie III. Ordnung (Kurve S III) ebenfalls etwa 17%. Zur Veranschaulichung der Größe der Verformungen: In allen Fällen ergibt sich in der Sohle kurz vor Erreichen der Versagenslast eine Gegenkrümmung, d.h. die Krümmung aus dem Biegemoment ist zahlenmäßig größer als die Anfangskrümmung des Kreises.

LITERATUR

/1/ Tunnelauskleidungen aus Stahlblechen und Hinterfüllbeton. Studiengesellschaft für unterirdische Verkehrsanlagen e.V. (STUVA), Heft 20/86

/2/ Ahrens, H.: Geometrisch und physikalisch nichtlineare Stabelemente zur Berechnung von Tunnelauskleidungen. Bericht Nr. 76-14 des Instituts für Statik, Braunschweig 1976

/3/ Chawalla, E. und C. F. Kohlbrunner: Beiträge zum Knickproblem des Bogenträgers und des Rahmens. Der Stahlbau 1938, S. 73

/4/ Schelke, E.: Zur Berechnung des Stabilitäts- und Nachbeulverhaltens dünner Schalentragwerke nach der Methode der Finiten Elemente. Dissertation Universität Stuttgart, 1981. Siehe auch:
Argyris, J. und H.P. Mlejnek: Die Methode der Finiten Elemente, Band II, Vieweg-Verlag 1987

/5/ Ahrens, H., E. Lindner und K.-H. Lux: Zur Dimensionierung von Tunnelbauten nach den "Empfehlungen zur Berechnung von Tunneln im Lockergestein (1980)". Die Bautechnik 1982, S. 260-273 und S. 303-311

Standsicherheit der flüssigkeitsgestützten Ortsbrust bei schildvorgetriebenen Tunneln

H. Balthaus, Düsseldorf

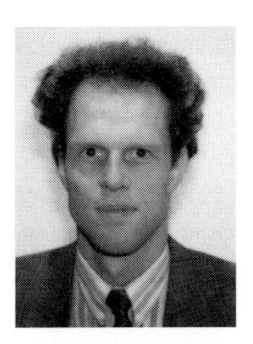

SUMMARY

For slurry shield tunnelling machines the stability of the tunnel face depends on the geometrical and soil conditions and the prevailing support pressure. This support pressure at the tunnelface has to be adjusted to a value that gives as well sufficient safety against a collapse of the tunnel face as against a blowout because of too high pressure. In this paper a method for the determination of the support pressure and the related safety level will be introduced. The method will be compared to others and a example is used to illustrate its application in practice.

ZUSAMMENFASSUNG

Die Standsicherheit der Ortsbrust bei Schildvortrieben mit Flüssigkeitsstützung hängt von den geometrischen und bodenmechanischen Randbedingungen und dem herrschenden Stützdruck ab. Dieser Stützdruck an der Ortsbrust muß so eingestellt werden, daß sowohl ausreichende Sicherheit gegen ein Einbrechen der Ortsbrust als auch gegen Ausbläserbildung durch zu hohen Druck herrscht. Im vorliegenden Beitrag wird ein Verfahren zur Ermittlung des Stützdrucks und des zugehörigen Sicherheitsniveaus vorgestellt. Das Verfahren wird in seiner Leistungsfähigkeit mit anderen Methoden verglichen und an einem Praxisbeispiel veranschaulicht.

1   EINLEITUNG

Der Schildvortrieb mit flüssigkeitsgestützter Ortsbrust hat im vergangenen Jahrzehnt insbesondere für den oberflächennahen Verkehrstunnelbau im Lockergestein erheblich an Bedeutung zugenommen. Die Stützung der Ortsbrust mit Hilfe von Ton-Wasser-Stützflüssigkeiten beim maschinellen Schildvortrieb unterhalb des Grundwasserspiegels im Lockergestein hat gegenüber der traditionellen Druckluftstützung eine Reihe von Vorteilen:

- Ein- und Ausschleusungszeiten entfallen
- höhere Arbeitssicherheit
- größere Standsicherheit der Ortsbrust durch affinen Verlauf von stützendem und einwirkendem Druck aus Erd- und Wasserdruck
- Stützwirkung durch Filterkuchenbildung
- geringere Ausbläsergefahr durch verkleinerten Überdruck an der Tunnelfirste und durch geringere Durchlässigkeit des Lockergesteins für das Stützmedium
- Stützmedium kann zur hydraulischen Förderung des Abraumes eingesetzt werden.

Die Standsicherheit der Ortsbrust bei Schildvortrieben mit Flüssigkeitsstützung hängt von den geometrischen und geologischen Randbedingungen, den bodenmechanischen Eigenschaften des Lockergesteins, den Eigenschaften der Stützflüssigkeit und dem Stützdruck ab.

Die Eigenschaften des Stützmediums müssen auf die Korncharakteristiken und chemischen Eigenschaften des abzubauenden Lockergesteins zugeschnitten werden.

Zur Festlegung des Stützdrucks sind rechnerische Standsicherheitsbetrachtungen in allen maßgebenden Berechnungsquerschnitten der Tunneltrasse anzustellen.

Auf die Abstimmung des Stützdrucks auf die gegebenen äußeren Randbedingungen wird in diesem Beitrag eingegangen.

2 STANDSICHERHEIT UND FESTLEGUNG DES STÜTZDRUCKS

2.1 MÖGLICHE STANDSICHERHEITSPROBLEME

Trotz des raschen Bedeutungszuwachses der flüssigkeitsgestützten Schildvortriebe in den letzten Jahren liegen bisher nur wenige Arbeiten und praxisnahe Untersuchungen zu dem Thema der Standsicherheitsermittlung an der Ortsbrust vor. Im folgenden soll nach einer eingehenden Betrachtung der möglichen Standsicherheitsprobleme ein systematischer Vergleich der bisher veröffentlichten Verfahren vorgenommen werden und ein Verfahren beschrieben werden, das den Erfordernissen der Praxis gerecht wird.

Die Standsicherheit offener, flüssigkeitsgestützter Schlitze wird in der für Ortbeton-Schlitzwände geltenden DIN 4126 /1/ angesprochen. Beim Schildvortrieb mit flüssigkeitsgestützter Ortsbrust treten vergleichbare Standsicherheitsfragen auf.

Nach DIN 4126 sind die folgenden Sicherheiten zu untersuchen:

- Sicherheit gegen Zutritt von Grundwasser
- Sicherheit gegen Abgleiten von Einzelkörnern
- Sicherheit gegen Unterschreiten des statisch erforderlichen Flüssigkeitsdrucks
- Sicherheit gegen Ausbildung von Gleitflächen im Boden

Bei Schildvortrieben sind zusätzlich zu untersuchen:

- Sicherheit gegen Abheben des überlagernden Erdreichs
- Sicherheit gegen Ausbläserbildung

Die ersten drei Sicherheitsanforderungen können für den Tunnelvortrieb in vollem Einklang mit DIN 4126 erfüllt werden. Der Stützdruck sollte mindestens dem 1,05fachen Wasserdruck entsprechen. Gegen das Abgleiten von Einzelkörnern oder Korngruppen ist eine vom charakteristischen Korndurchmesser d_{10}, dem Reibungswinkel des Bodens und seiner Wichte unter Suspensionsauftrieb abhängige Mindestfließgrenze τ_F der stützenden Suspension einzuhalten.

Die Sicherheitsbestimmung für das Ausbilden von Gleitflächen im Boden, d.h. das Einbrechen der Ortsbrust, und für das Abheben des überlagernden Erdreichs (Aufbrechen) erfordern speziell auf die geometrischen Randbedingungen des Tunnelbaus zugeschnittene Methoden. Bestimmungen der DIN 4126 sind hier nur im Grundsatz anwendbar.

Die Bildung von Ausbläsern hängt außer von der Höhe des Stützdrucks an der Tunnelfirste auch von bevorzugten Strömungspfaden im überlagernden Erdreich und von möglicherweise vorhandenen Zonen mit hoher Durchlässigkeit ab und entzieht sich dementsprechend einer generellen Betrachtung.

2.2 SICHERHEIT GEGEN GLEITFLÄCHENBILDUNG

DIN 4126 definiert den Sicherheitsbeiwert gegen Ausbildung von Gleitflächen als den Quotienten der um die Wasserdruckkraft W verminderten Stützkraft S und der Erddruckkraft E:

$$\eta = \frac{S-W}{E} \tag{1}$$

Liegen im kritischen Bereich bauliche Anlagen, so fordert DIN 4126 eine Mindestsicherheit $\eta = 1,3$. Es erscheint sinnvoll, diesen Wert für Tunnelvortrieb zu übernehmen. Ob niedrigere Sicherheiten in Streckenabschnitten ohne Bebauung oder besondere Gefährdungspotentiale ausreichen, ist im oberflächennahen Tunnelbau nur eine Frage von zweitrangiger Bedeutung, da die Bereitstellung eines ausreichenden Stützdrucks bei geringen Tiefen keine Probleme aufwirft. Allerdings können zu hohe Stützdrücke das Sicherheitsniveau gegen Aufbrechen und Ausbläserbildung herabsetzen.

Für die Ermittlung der Stützkraft S nach Gl.1 unterscheidet DIN 4126 zwei Fälle. Kann sich an der lotrechten Bodenoberfläche eine Filterkuchen-Membrane ausbilden, so errechnet sich die Stützkraft S allein aus dem Tiefenprofil des Suspensionsdrucks. Dringt dagegen die Suspension bis zu einem Stagnationspunkt ins Erdreich ein, so ist eine Abminderung der Stützkraft vorzunehmen.

Bild 1 überträgt die Regelung der DIN 4126 auf den Tunnelvortrieb und weist die Anwendbarkeit der Bestimmungen in diesem Fall nach.

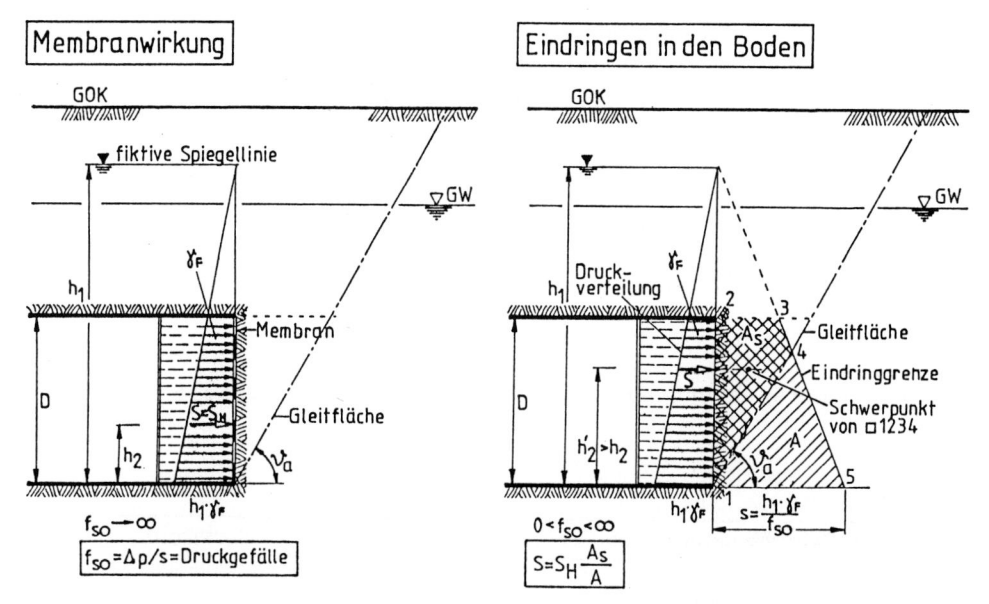

Bild 1: Stützwirkung bei Ausbildung einer Membrane auf der Ortsbrust und bei Eindringen der stützenden Flüssigkeit in den Boden

2.3 BERECHNUNGSMODELLE ZUR BESTIMMUNG DES STÜTZDRUCKS

Eine Reihe von Berechnungsverfahren zur Bestimmung des erforderlichen Stützdrucks bei Schildvortrieben mit Flüssigkeitsstützung ist in der Literatur dokumentiert /2-5/. Die Verfahren sollen an dieser Stelle weder detailliert vorgestellt werden, noch können die Auswirkungen parametrischer Veränderungen (vgl. hierzu /5/) auf den rechnerischen Stützdruck nach verschiedenen Verfahren untersucht werden. Vielmehr sollen in einem tabellarischen Überblick wesentliche Merkmale herausgestellt und miteinander verglichen werden. Dabei wird hauptsächlich dargestellt, inwieweit die Verfahren den Bodenaufbau, die Lage des Grundwasserspiegels, Zusatzlasten, die Überdeckung der Tunnelfirste und die räumliche Erddruckwirkung sowie die Scherparameter des Bodens berücksichtigen können.

Bild 2 erläutert vorab die in der tabellarischen Zusammenfassung benutzten Kurzzeichen.

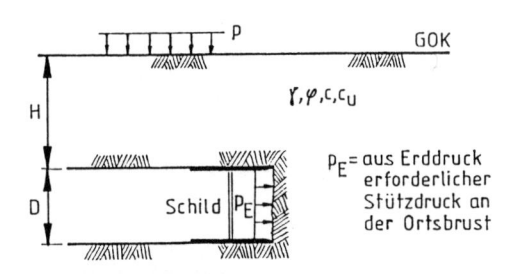

Bild 2: Erläuterung der in Bild 3 verwendeten Symbole

Berechnungsmethode			Merkmale					
Beschreibung		Quelle	Formel	Schichtung u. Auflasten	Innere Reibung φ	Kohäsion $c\,(c_u)$	Räuml. Erddruck	Überdeckung	Grundwasserstand
Log. Spirale		/6/	$p_E = f(\gamma, c, \varphi, p, H, D)$	−	+	+	−	+	+
Obere und untere Grenzwerte		/2/	$p_E \geq \gamma(H+D/2)+p-Nc_u \quad N\approx 6$	−	−	+	+	+	−
		/3/	$\frac{\mu}{\mu^2-1}\gamma D < p_E < \frac{1/\tan\varphi+\gamma-\pi/2}{4\cos\varphi}\gamma D \Big/ \mu=\frac{1+\sin\varphi}{1-\sin\varphi}$	−	+	−	+	−	−
		/4/	$p_E = \gamma(H+D/2)+p-Nc_u \quad N=f(H/D)$	−	+	+	+	−	−
Halbkreis, 2D			$p_E = (\gamma D/6 - \pi c/2)/\tan\varphi$	−	+	+	−	−	−
Viertelkreis, 2D		/5/	$p_E = (\gamma D/3 - \pi c/2)/(0{,}5+\tan\varphi)$	−	+	+	−	−	−
Halbkugel			$p_E = (\gamma D/9 - \pi c/2)/\tan\varphi$	−	+	+	−	−	−
Erdkörpermodell mit Seitenreibung		−	$p_E = f(\varphi, c, \gamma, p, H, D, \eta)$	+	+	+	+	+	+

Bild 3: Vergleich verschiedener Verfahren zur Bestimmung des Stützdrucks an der Ortsbrust

Es zeigt sich, daß einfache Berechnungsverfahren naturgemäß nur eine begrenzte Anzahl äußerer Einflüsse und Parameter berücksichtigen. Für einen konkreten Anwendungsfall können solche Verfahren durchaus zutreffende Resultate liefern. Ein für die Praxis geeignetes Verfahren, wie im folgenden Abschnitt noch erläutert wird, sollte jedoch die wechselnden örtlichen Gegebenheiten mit ausreichender Genauigkeit berücksichtigen können und eine Beurteilung des bei einem bestimmten Stützdruck zu erreichenden Sicherheitsniveaus zulassen.

2.4 PRAXISNAHES VERFAHREN ZUR FESTLEGUNG VON STÜTZDRÜCKEN UND SICHERHEITSERMITTLUNG

2.4.1 Allgemeines

Welche Merkmale muß ein für Anwendungen in der Praxis geeignetes Berechnungsverfahren aufweisen?

Es sollte folgendes ermöglichen:
- Berücksichtigung von Reibungswinkel φ' und Kohäsion c' des Bodens
- Bodenschichtung
- Auflasten als Flächen- und Streifenlasten
- Lage des Grundwasserspiegels
- Überdeckung der Tunnelfirste
- Räumliche Erddruckwirkung an der Ortsbrust
- Darstellung der Zunahme des Stützdrucks an der Ortsbrust mit der Tiefe
- Angabe der Mindestsicherheit an der Ortsbrust bei einem bestimmten Stützdruck

Vorteilhaft ist ferner, wenn sich die Abminderung der Erdauflast an der Tunnelfirste infolge Gewölbewirkung (z.B. Terzaghi /7/) berücksichtigen läßt.

Außerdem muß in einem zusätzlichen Nachweis eine Abgrenzung des

Stützdrucks nach oben vorgenommen werden können, um die Gefahr eines Aufbruchs vor der Ortsbrust auszuschalten.

Daß die Berücksichtigung der Bodenschichtung eine wesentliche Forderung ist, zeigt Bild 4. Dort ist dargestellt, wie eine nicht standfeste Schicht zum Ausgangspunkt eines Versagens der Ortsbrust werden kann. Ein Rechenverfahren, das die Bodenschichtung berücksichtigt und ein Sicherheitsprofil über der Ortsbrust liefert, hätte den Schwachpunkt aufzeigen können.

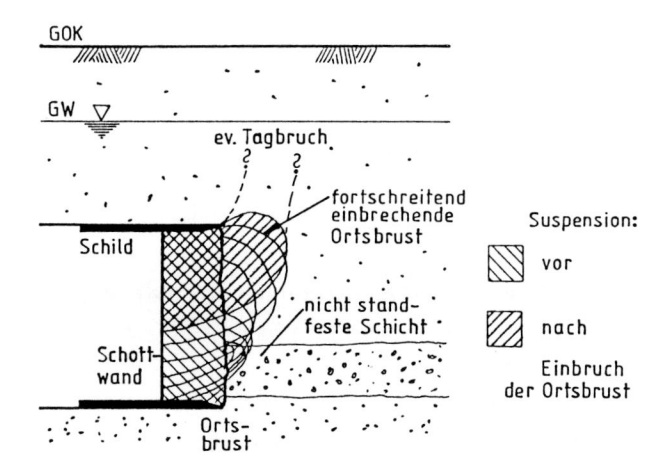

Bild 4: Vorgang des Einbrechens der Ortsbrust bei Anfahren einer nicht standfesten Schicht

2.4.2 Sicherheit gegen Einbrechen der Ortsbrust

Ein Verfahren, das die zuvor aufgestellten Bedingungen erfüllt, kann auf dem von Walz u. Pulsfort /8/ beschriebenen, computergestützten Rechenverfahren zur Bestimmung der Standsicherheit suspensionsgestützter offener Schlitze aufgebaut werden.

Bild 5 erläutert die Grundlagen des Verfahrens. Der Tunnelquerschnitt wird durch einen auf der sicheren Seite liegenden Ersatzrechteckquerschnitt angenähert. Die Ortsbrust betrachtet man als einen offenen suspensionsgestützten Schlitz und berechnet dessen

Standsicherheit nach dem obigen Verfahren. Dazu ist an der Tunnelfirste eine unter Berücksichtigung möglicher Gewölbewirkung berechnete Auflast anzusetzen. Der Suspensionsdruck wird durch einen angenommenen (fiktiven) Suspensionsspiegel definiert. Das Verfahren berechnet nun iterativ für verschiedene Tiefen unter Variation des Neigungswinkels der Gleitfuge die Standsicherheit eines abgleitenden Erdkeils. Als Berechnungsergebnis ergibt sich ein Sicherheitsprofil über der Ortsbrust und eine minimale Sicherheit. Der Suspensionsspiegel, der Übereinstimmung der minimalen Sicherheit mit der geforderten Mindestsicherheit $\eta = 1,3$ liefert, kann auf iterativem Wege computergesteuert ermittelt werden. Er entspricht dem Mindeststützdruck in dem untersuchten Querschnitt der Tunneltrasse.

2.4.3 Vereinfachte Berechnungsverfahren

Neben dem verhältnismäßig aufwendigen zuvor beschriebenen Verfahren wird der Stützdruck in der Praxis oft auch einfacher bestimmt. Einfachere Verfahren können sich auch besonders dazu eignen, nach einer grundsätzlichen Prüfung ihrer Eignung durch Vergleich mit dem genaueren Verfahren Zwischenwerte an verschiedenen Punkten einer Tunnelstrecke einzuschalten.

Zwei einfache Methoden sollen vorgestellt werden. Sie wurden im Rahmen der Stützdruckfestlegung für einen U-Bahnbau-Abschnitt mit dem Erdkeilverfahren verglichen und lieferten gute Übereinstimmung.

Das erste Verfahren berechnet den Suspensionsdruck an der Tunnelfirste aus dem Wasserdruck und dem zwischen Geländeoberkante und Tunnelsohle gemittelten horizontalen aktiven Erddruck (Bild 6).

Das zweite Verfahren beruht auf einer Auswertung von Ergebnissen der Erdkeilmethode und Darstellung der Ergebnisse in der Form

$$p_s^F = u_F + k\,(\sigma_v' + p) \tag{3}$$

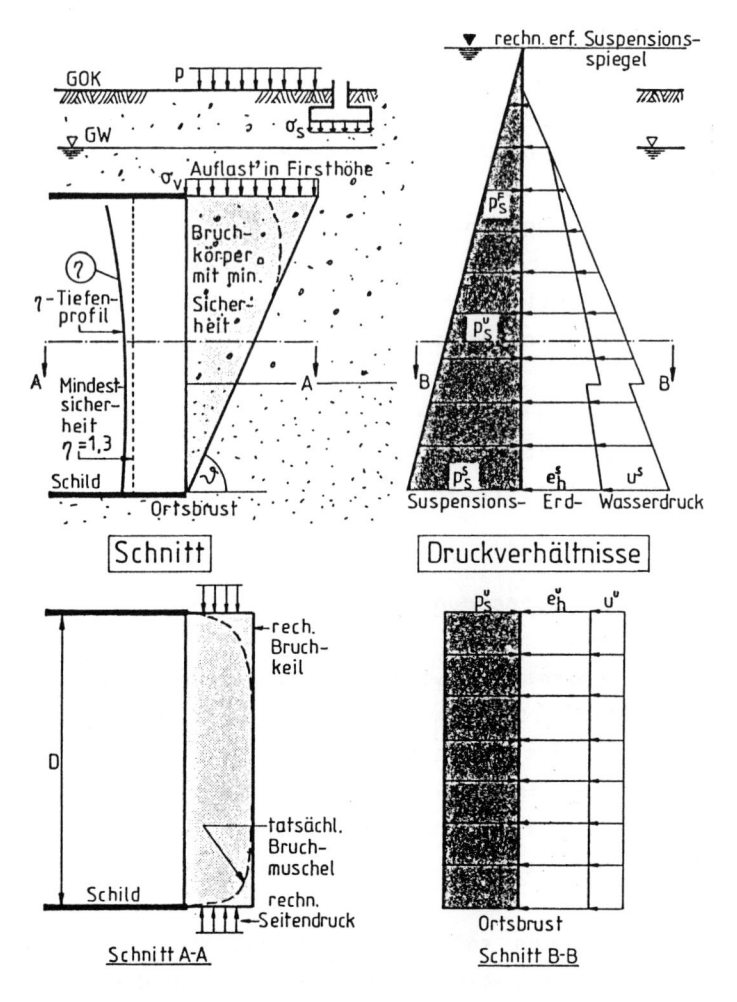

Bild 5: Berechnungsmodell für die Standsicherheit der Ortsbrust
gegen Einbrechen (Erdkeilmodell)

Darin ist k ein vom Bodenaufbau und den Bodeneigenschaften abhängiger, aus der Erdkeilmethode ableitbarer, empirischer Erddruckbeiwert, der die Verhältnisse für einen bestimmten Tunnelabschnitt in guter Näherung beschreibt. Die Auflast $\sigma_v' + p$ in Höhe der Tunnelfirste sollte mit der Abminderung nach /7/ ermittelt werden. Werte um k = 0,4 sind typisch für oberflächennahe Tunnel.

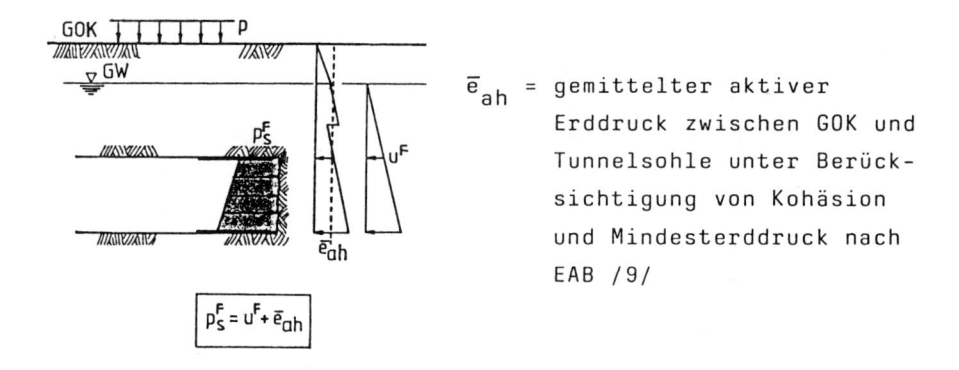

Bild 6: Mitteldruckverfahren zur Bestimmung des Stützdrucks

$\bar{e}_{ah}$ = gemittelter aktiver Erddruck zwischen GOK und Tunnelsohle unter Berücksichtigung von Kohäsion und Mindesterddruck nach EAB /9/

$p_s^F = u^F + \bar{e}_{ah}$

2.4.4 Einfluß der Lage des Grundwasserspiegels

In Bild 7 ist die Berechnung der lotrechten Spannungen an der Tunnelfirste für einen homogenen Boden mit Grundwasserspiegel dargestellt. Wird der Grundwasserspiegel um einen als positiv betrachteten Anteil Δh abgesenkt, so ergeben sich Spannungsänderungen

$$\Delta \sigma_v' = \Delta h \, (\gamma - \gamma') \tag{4}$$

und

$$\Delta u = - \Delta h \cdot \gamma_w \tag{5}$$

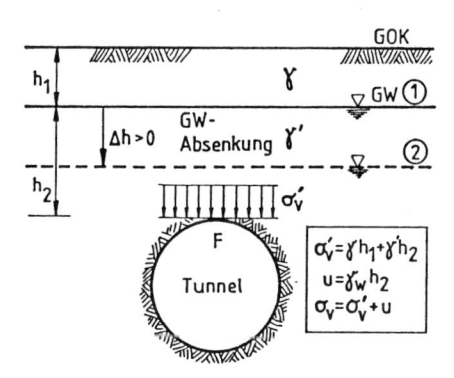

$\sigma_v' = \gamma h_1 + \gamma' h_2$
$u = \gamma_w h_2$
$\sigma_v = \sigma_v' + u$

Bild 7: Einfluß einer Grundwasserabsenkung auf die Auflast an der Tunnelfirste

Stellt man den zur Stützung der Ortsbrust erforderlichen Suspensionsdruck aus einem Wasserdruck- und einem Erddruckanteil kombiniert dar

$$p_S = u + p_E \tag{6}$$

so treten bei Absenken des Grundwasserspiegels folgende Veränderungen auf:

- der Wasserdruck wird um Δu verändert
- der Erddruckanteil wird im Verhältnis der wirksamen Vertikalspannungen nach und vor Absenken des Grundwassers erhöht:

$$p_{S2} = u + \Delta u + \frac{\sigma'_{v2}}{\sigma'_{v1}} \cdot p_E \tag{7}$$

oder mit Gl. (4) und (5) und einem $\varkappa < 1$:

$$\Delta p_S = -\Delta h \left(\gamma_w - \frac{\gamma - \gamma'}{\sigma'_{v1}} \cdot p_E\right) = -\Delta h \left[\gamma_w - (\gamma - \gamma')\varkappa\right] < 0 \tag{8}$$

Bei einer Grundwasserabsenkung kann der erforderliche Stützdruck folglich herabgesetzt werden. Wird der Suspensionsdruck beibehalten, erhöht sich die Sicherheit gegen Einbrechen der Ortsbrust.

Für typische Werte $\gamma_w \approx \gamma' = 10$, $\gamma \approx 20$, $\varkappa \approx 0{,}4$ gilt:

$$\Delta p_S = -6 \cdot \Delta h < -\gamma_w \cdot \Delta h \tag{9}$$

Die Wasserspiegelsenkung wird also zum Teil durch eine Zunahme der wirksamen Auflast ausgeglichen.

2.4.5 Sicherheit gegen Aufbrechen

Eine Erhöhung des Suspensionsdrucks an der Ortsbrust führt zwar rechnerisch zu einer Vergrößerung der Standsicherheit der Ortsbrust, doch muß beachtet werden, daß ein zu hoher Stützdruck auch zu vergrößerter Ausbläsergefahr und im Grenzfall auch zu einem Aufbrechen (Abheben) des Erdreichs über der Ortsbrust führen kann.

Während die Ausbläserbildung hauptsächlich von der im Vergleich zur Druckluft geringen Durchlässigkeit des Bodens für stützende Flüssigkeiten (z.B. Bentonitsuspension) und möglicherweise vorhandenen bevorzugten Strömungskanälen abhängt, kann die Sicherheit gegen ein Aufbrechen der Ortsbrust mit einem verhältnismäßig einfachen Modell rechnerisch erfaßt werden.

Dazu wird nach Bild 8 die Kräftebilanz an einem obeliskförmigen Aufbruchkörper vor und über der Ortsbrust aufgestellt. Setzt man das Gewicht des Aufbruchkörpers mit dem abhebend wirkenden Druck von unten in Beziehung, so ergibt sich eine Sicherheitsdefinition. In den Gleichungen von Bild 8 sind α und β von B unabhängige Konstanten.

$$G = \frac{\gamma \cdot H}{6}[A \cdot B + A' \cdot B' + (A+A')(B+B')] = \alpha + \beta B$$

$$P = A \cdot B \cdot p_S^F$$

$$\eta = \frac{G}{P} = \frac{\beta}{A \cdot p_S^F} + \frac{\alpha}{A \cdot B \cdot p_S^F} > \eta_1 = \frac{\beta}{A \cdot p_S^F} > \eta_2 = \frac{\gamma \cdot H}{p_S^F}$$

A = Breite des Ersatzrechteckquerschnitts
B = Wirkungslänge des Stützdrucks an der Tunnelfirste

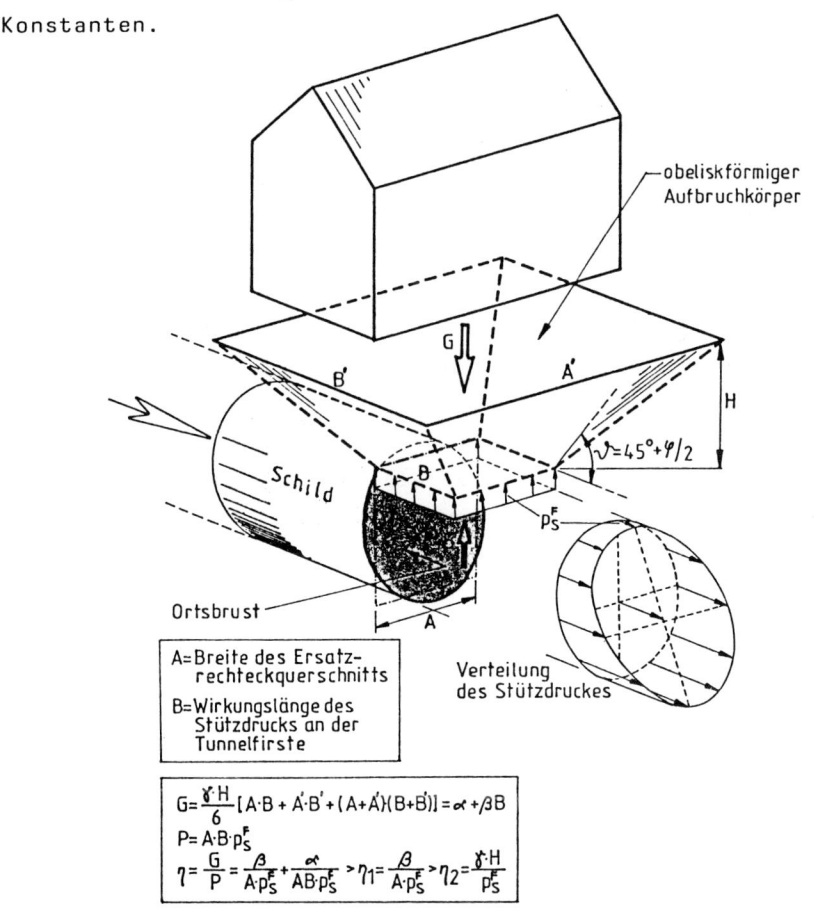

Bild 8: Berechnungsmodell zur Bestimmung der Sicherheit gegen Aufbrechen

Anstatt nun die Sicherheit η zu betrachten, die noch die unbekannte und in der Regel nicht bestimmbare Wirkungslänge B des Stützdruckes an der Tunnelfirste enthält, reicht es auf der sicheren Seite liegend aus, den ersten Term der Sicherheitsdefinition allein zu berücksichtigen ($\eta > \eta_1 > \eta_2$, vgl. Bild 8).

Bei großer Tieflage des Tunnels kann auf die Sicherheit η_2 nach Bild 8 zurückgegriffen werden. In Anlehnung an den Nachweis der Auftriebssicherheit der DIN 1054 /10/ sollte eine Mindestsicherheit gegen Aufbrechen von η = 1,1 an der Ortsbrust nachgewiesen werden.

2.5 ANWENDUNGSBEISPIEL

Um den Suspensionsdruck und die Spanne, innerhalb derer er ohne Standsicherheitsrisiken schwanken darf, festzulegen, müssen für jeden charakteristischen Punkt einer Tunneltrasse die Sicherheiten gegen Einbrechen und Aufbrechen der Ortsbrust bestimmt werden. Die Tiefenlage des Tunnels, der Aufbau und die Eigenschaften des Bodens, die Lage des Grundwasserspiegels und vorhandene Auflasten gehen in die Berechnung ein.

Trägt man die zu bestimmten Sicherheiten (η = 1,3 gegen Einbrechen und η = 1,1 gegen Aufbrechen) gehörenden Suspensionsspiegellagen entlang der Tunneltrasse auf (Bild 9), so ergibt sich ein Sicherheitsprofil, anhand dessen ein optimaler Suspensionsdruck aus einer zwischen den Sicherheitslinien festzulegenden ausgeglichenen Spiegellinie ermittelt werden kann. Der Suspensionsdruck im Schild errechnet sich einfach aus dem Produkt der Suspensionswichte und der Höhendifferenz zwischen Suspensionsspiegel und Höhenlage des Manometers im Schild.

Bild 9 veranschaulicht die Wirkung von Überdeckung, Bebauung und Spiegellage des Grundwassers auf die Sollage des Suspensionsspiegels.

Wegen der Lastausstrahlung unter den Fundamenten von Gebäuden wurden dort nur allmähliche Suspensionsdruckveränderungen festgelegt.

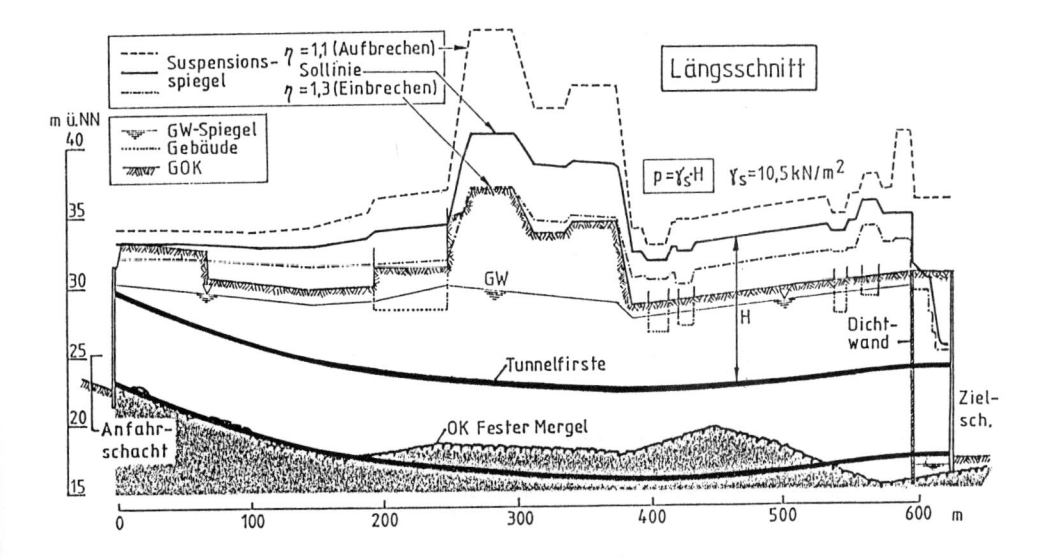

Bild 9: Darstellung des Suspensionsdrucks und seiner Sicherheitsgrenzen als Spiegellinien entlang der Tunneltrasse (vgl. /11/)

Der bis etwa zur halben Querschnittshöhe reichende, standfeste Mergel im Mittelbereich der Tunneltrasse wirkt sich auf die rechnerische Standfestigkeit der Tunnelortsbrust nicht merkbar aus, weil die für die niedrigste Sicherheit maßgeblichen Gleitkörper erst oberhalb des Mergels beginnen.

Die Höhe des Suspensionsdrucks hängt vorrangig von der Überdeckung bzw. von der Sohlspannung unter Fundamenten ab.

Für die Ausführung des Tunnelvortriebs wurde aus Bild 9 für jeden einzubauenden Tübbingring ein Solldruck in der stützenden Bentonitsuspension sowie die zulässige Schwankungsbreite nach oben und unten festgelegt. Mit Hilfe eines automatisierten Steuer- und Regelsystems wird der eingestellte Solldruck konstant gehalten /11/.

LITERATUR

/1/ DIN 4126: Ortbeton-Schlitzwände, August 1986

/2/ Broms, B.B.; Bennermark, H.:
Stability of clay at vertical openings, Journal of the Soil Mechanics and Foundations Division, ASCE, No. SM 1 (1967), S.71 - 94

/3/ Atkinson, J.H., Potts, D.M.:
Stability of a shallow circular tunnel in cohesionless soil
Géotechnique 27 (1977), No. 2, S. 203 - 215

/4/ Davis, E.H., Gunn, M.J., Mair, R.J., Senerivatne, H.N.:
The stability of shallow tunnels and underground openings in cohesive material
Géotechnique 30 (1980), No. 4, S. 397 - 416

/5/ Krause, T.: Schildvortrieb mit flüssigkeits- und erdgestützter Ortsbrust
Dissertation, TU Braunschweig, 1987

/6/ Murayama: wiedergegeben in:
Taschenbuch für den Tunnelbau 1986,
Glückauf-Verlag, Essen

/7/ Terzaghi, K., Jelinek, R.:
Theoretische Bodenmechanik
Springer Verlag, Berlin 1954

/8/ Walz, B., Pulsfort, M.:
Rechnerische Standsicherheit suspensionsgestützter Erdwände, Teil 1 und 2
Tiefbau, Ingenieurbau, Straßenbau, H.1 (1983), S. 4 - 7, und H.2 (1983), S. 82 - 86

/9/ EAB: Empfehlungen des Arbeitskreises "Baugruben"
Wilhelm Ernst & Sohn, Berlin 1980

/10/ DIN 1054: Zulässige Belastung des Baugrundes
November 1976

/11/ Mayer, L.: Thixschildvortrieb mit Stahlausbau im Bergsenkungsgebiet
Vortrag auf der STUVA-Tagung 1987, Essen

Vergleichende Berechnung von Luftbogenschalen in der Kalotte beim Anschlag und in Voreinschnitten von Tunneln

A. Eber und W. Weigl, München

SUMMARY

The employment of gunnite concrete shells in an open cut as self-contained design elements in tunnels requires a structural analysis. This article investigates the influence of various parameters - the elastic modulus and lateral pressure coefficient of the backfill as well as the thickness of the shell. The boundary conditions are determined by using an unbedded two-centered arch model and a finite-element model as the basis of calculation. If bedding and the additional bearing action of the lattice trusses are taken into account, the calculated bending moment and normal forces can also be accomodated by shells that are 20 cm in thickness.

ZUSAMMENFASSUNG

Die Verwendung von Luftbogenschalen als eigenständiges Konstruktionselement von Tunneln im Voreinschnitt erfordert eine statische Berechnung. In diesem Beitrag wird der Einfluß verschiedener Parameter - E-Modul und Seitendruckbeiwert der Hinterfüllung sowie Schalendicke - untersucht. Durch Verwendung eines ungebetteten Stabzugmodells und eines Finite-Element-Modells als Berechnungsansatz werden die Grenzzustände erfaßt. Die errechneten Schnittkräfte können bei Berücksichtigung der Bettung und der mittragenden Wirkung der Gitterträger auch von Schalen mit einer Dicke von 20 cm aufgenommen werden.

1   EINLEITUNG

Beim Anschlag von Tunneln werden heutzutage einige Ausbaubogen direkt vor der Anschlagböschung im Freien aufgestellt, mit Betonstahlmatten bewehrt, einseitig mit Streckmetall abgedeckt und bis zur Anschlagböschung hin eingespritzt. Diese Bögen werden im Fachjargon als "Luftbogen" bezeichnet, weil sie im Freien und nicht im Berg aufgestellt werden.

Von diesen Luftbogenschalen aus kann sicher und leicht der Tunnel angeschlagen werden.

Fährt man den Tunnel im Vollprofil auf, so baut man auch die Luftbogen im Vollprofil; treibt man zunächst nur eine Kalotte vor - wie bei den Tunneln der Neubaustrecke der DB -, so stellt man auch nur Kalottenbögen im Freien auf.

Diese Luftbogenschalen sind als Anschlaghilfe nur einige Meter lang. Man macht sich wegen ihrer statischen Beanspruchung meist wenig Gedanken und behandelt diesen Abschnitt wie ein Stück des Tunnels.

Nach außen hin folgen meist ein oder mehrere im offenen Einschnitt betonierte Tunnelabschnitte und ein Portalblock, die eigens berechnet und bemessen werden.

Eine eigene statische Untersuchung für den Abschnitt mit Luftbogen wäre sicher nötig. Dies gilt umso mehr, wenn man diese Luftbogenschalen tatsächlich als eigenes konstruktives Tragelement betrachtet und diese Lösung aus technischen oder wirtschaftlichen Gründen auf eine größere Länge anwendet.

Für Tunnelschalen in Voreinschnitten gibt es Veröffentlichungen über statische Berechnungen als Stabzug oder nach der Methode der finiten Elemente. Statische Untersuchungen über Luftbogenschalen sind meines Wissens noch nicht veröffentlicht worden.

In diesem Beitrag wird eine vergleichende Untersuchung von Luftbogenschalen in der Kalotte als Stabzug- und als FE-Rechenmodell vorgelegt.

2 LUFTBOGENSCHALEN ALS KONSTRUKTIVE LÖSUNG

Zunächst wird der Voreinschnitt bis auf die Höhe der Kalottensohle mit entsprechenden Böschungen und einer gewissen Überbreite ausgehoben. Auf diesem Niveau werden seitlich zwei bewehrte Längsbalken betoniert.

In entsprechenden Aussparungen dieser Längsbalken werden Tunnelbögen - am besten Gitterträger - mit einem passenden Toleranzmaß aufgestellt, beidseitig mit Betonstahlmatten abgedeckt und gegen Streckmetall eingespritzt. Der Kalottenfuß soll in Analogie zum Rechenmodell so ausgebildet werden, daß ein gelenkiger Anschluß an den Fußbalken entsteht.

Nach dem Abbinden wird die Kalottenschale in Lagen jeweils zu einem Meter bis auf die gewünschte Höhe überschüttet. Wenn keine besonderen Umstände dazu zwingen, wird das Schüttmaterial nicht oder nur leicht verdichtet.

Wenn der Vortrieb der Kalotte weit genug fortgeschritten ist, wird die Strosse auch im Bereich des Voreinschnittes wie üblich abgebaut und die Längsbalken auf Ulmenhöhe unterfangen.

Alle Ausbauschritte wie Abdichtung, Entwässerung, Betonieren der Sohle und des Innengewölbes werden auf die gleiche Weise wie im eigentlichen Tunnel auch in der Voreinschnittsstrecke bis zum Portal weitergeführt.

3 GEOMETRIE

Den Untersuchungen wurde ein Kalottenabschnitt des Regelquerschnittes der Tunnel der Neubaustrecke der Deutschen Bundesbahn mit einem Achsradius von 6,90 m zugrundegelegt.

Die Kalottensohle liegt 6 m unter ihrem Scheitel. In der Strosse wurde die Ausbruchlinie dem Regelquerschnitt der Neubaustrecke der Deutschen Bundesbahn angepaßt.

Bei den vergleichenden Berechnungen wurde von einem Voreinschnitt auf Kalottensohle ausgegangen, wobei ein FE-Modell sowohl ohne als auch mit beidseitigen Böschungen von 45 Grad untersucht wurde.

Die Luftbogenschale wurde mit einer Anschüttung in Schritten von jeweils einem Meter belastet. Mit 6 m Höhe erreicht sie den Gewölbescheitel; sie wurde bis auf 7 m über diesen Punkt weitergeführt. Die Dicke der Luftbogenschale wurde von d = 20 cm auf d = 30 cm variiert.

4   RECHENMODELLE

Um den Umfang der Untersuchungen einzuschränken wurden nur die beiden Grenzzustände untersucht:

- Stabzug-Modell ohne Bettungsansatz des umgebenden Bodens

- FE-Modell

Auf das statische System eines gebetteten Stabzuges wurde wegen der losen Anschüttung und der Absicht, lediglich Grenzbetrachtungen anzustellen, verzichtet.

4.1   STATISCHES SYSTEM DES UNGEBETTETEN STABZUGES MIT BEIDSEITS GELENKIGER LAGERUNG

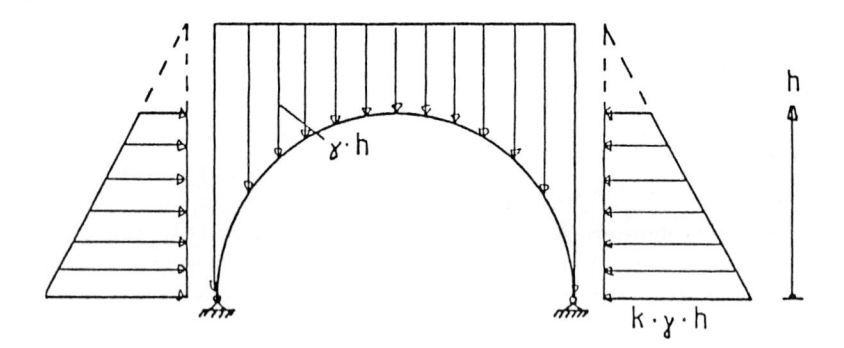

4.2 FE-RECHENMODELL

Dem ebenen FE-Modell lag folgendes Netz zugrunde:

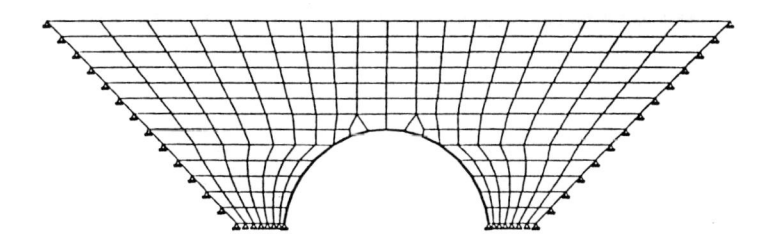

Im ersten Rechenschritt wurde die Kalottenschale als beidseitig gelenkig gelagerter, statisch unbestimmter Bogen unter Eigengewicht gerechnet.

Diesem Grundsystem wurden folgende Veränderungen in weiteren Rechenschritten überlagert:

- Anschüttung in Schritten von jeweils 1,0 m Höhe, wobei der jeweils vorangegangene Berechnungsschritt als Primärlastfall berücksichtigt wurde.

- Dabei wurde zunächst eine Gleitschicht zwischen Schale und Überschüttung durch Federn simuliert, dann aber auch eine schubsteife Verbindung in dieser Ebene untersucht.

- In den Rechenschritten wurde anfangs von einer symmetrischen Anschüttung ausgegangen, dann aber auch eine wechselseitige Anschüttung mit einem Höhenunterschied von 1,0 m studiert.

- Da absichtlich von einer losen Anschüttung ausgegangen wurde und deren E-Modul nicht leicht bestimmt werden kann, war es notwendig, den Einfluß des E-Moduls in einem gewissen Schwankungsbereich zu untersuchen. Hierzu wurde sowohl die Steifigkeit der Schale als auch die Steifigkeit der Anschüttung variiert und die Veränderung des Kraftflusses zum steiferen Element hin studiert. Eine Zunahme des Elastizitätsmoduls des Bodens als Folge der Anschüttung wurde aufgrund fehlender bodenmechanischer Kennwerte im Rechenmodell nicht berücksichtigt.

- Analog zum Stabzugmodell wurde auch im FE-Modell der Erddruckbeiwert und die Schalendicke variiert.

5 RECHENANNAHMEN

Für beide Rechenmodelle wurden folgende Rechenwerte zugrunde-gelegt:

E-Modul für Spritzbeton, da zum Zeitpunkt der Hinterfüllung die Endfestigkeit (B25) erreicht ist.	30.000 MN/qm
E-Modul der Hinterfüllung	5, 10, bzw. 30 MN/qm
Eigengewicht der Hinterfüllung	20 kN/cbm
Erddruckbeiwert	k_o = 0,5 bzw. 0,8
Winkel der inneren Reibung	φ = 30 Grad
Kohäsion	c = 0

6 RECHENERGEBNISSE

6.1 SCHALENDICKE d = 20 cm

6.1.1 Ungebettetes Stabzugmodell

Wegen der noch fehlenden Auflast über dem Scheitel überwiegt der horizontale Erddruck, bis die Hinterfüllung den Scheitel der Kalottenschale erreicht hat, und führt zu einer ständigen Zunahme der Absolutwerte der Biegemomente. Dann nehmen sie wieder ab, bis der Scheitel ca. 3 m überschüttet ist, um dann wegen des nun überwiegenden Auflastanteils wieder anzuwachsen.

Die Normalkräfte nehmen bis zur Anschüttung auf Scheitelhöhe parabolisch zu. Bei einer weiteren Überschüttung wachsen sie linear an.

Die Verformungen verhalten sich affin zum Momentenverlauf.

Die beschriebene Veränderung der Parameter (k_o u. E) wirkt sich stark auf die Verformungen und die Momente, weniger auf die Normalkräfte aus.

6.1.2 Fe-Modell

Die Kurven, welche die Rechenergebnisse darstellen, haben die gleiche Tendenz wie bei der Stabzugberechnung.

Die Absolutwerte der Momente im aufsteigenden Ast bis zur Anschüttung auf Höhe des Kalottenscheitels (6 m) sind für einen Erddruckbeiwert $k_o = 0,5$ und einem E-Modul der Anschüttung von 5 MN/qm fast identisch.

Bei zunehmender Überschüttung wirkt sich die einsetzende Gewölbetragwirkung stark aus. Die Absolutwerte der Momente nehmen langsamer ab und nach einer Schütthöhe von 4 m über Scheitel (10 m) auch langsamer wieder zu.

Die FE-Berechnung liefert annähernd die gleichen Werte für den Anstieg der Normalkräfte wie die Berechnung nach dem Stabzugmodell.

Die Firstverschiebung verhält sich konform zum Momentenverlauf und zeigt die gleiche abgeschwächte Verformung bei zunehmender Überschüttung des Scheitels.

Durch die angegebene Veränderung der Parameter (E-Modul, k_o) errechnet sich bei den Momenten und den Firstverschiebungen ein zunehmend breites Band zwischen den Umhüllenden der Momente, wogegen die Normalkräfte nur geringfügig schwanken.

Im einzelnen hat eine Veränderung von $k_o = 0,5$ auf $k_o = 0,8$ bis 6 m Schütthöhe nur eine geringe Auswirkung, bei einer Überschüttung des Scheitels bis zu 9 m aber werden Momente und Verformung erheblich reduziert.

Eine schubsteife Verbindung zwischen Kalottenschale und Anschüttung hat auf die Momente und die Verschiebung geringen Einfluß, nur die Absolutwerte der Maxima und Minima der Normalkräfte liegen nicht mehr so dicht beisammen.

Beim Ansatz einer wechselseitigen Anschüttung erhöhen sich die Werte für Momente und Firstverschiebungen nur bei einer Anschüttung bis zum Gewölbescheitel. Die Normalkräfte sind nur bei einer Anschüttung von wenigen Metern Höhe etwas größer.

SCHALENDICKE D=20 CM

MAXIMALMOMENTE
INNEN ZUG

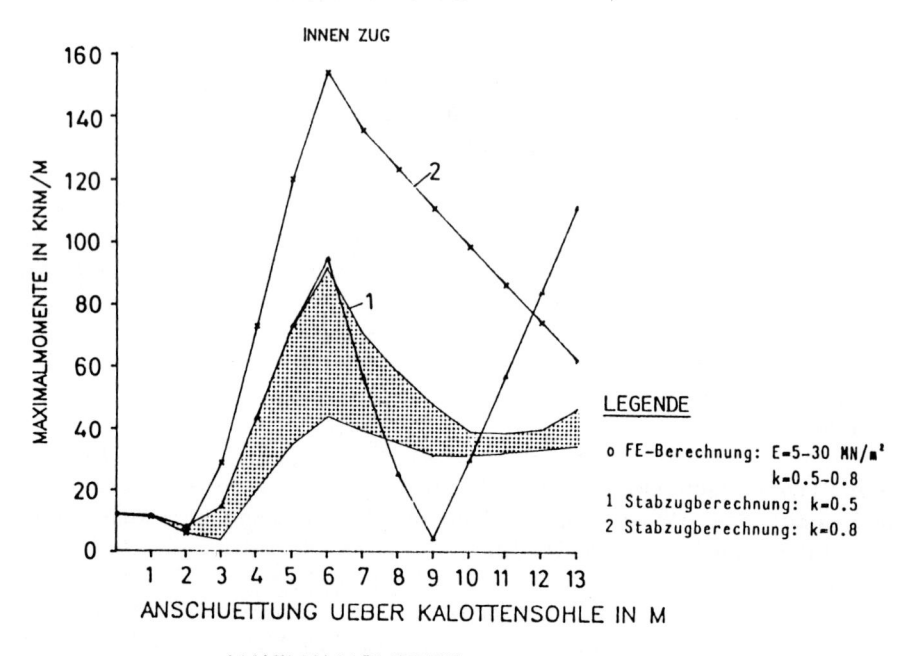

LEGENDE

o FE-Berechnung: E=5-30 MN/m²
  k=0.5-0.8
1 Stabzugberechnung: k=0.5
2 Stabzugberechnung: k=0.8

MAXIMALMOMENTE
AUSSEN ZUG

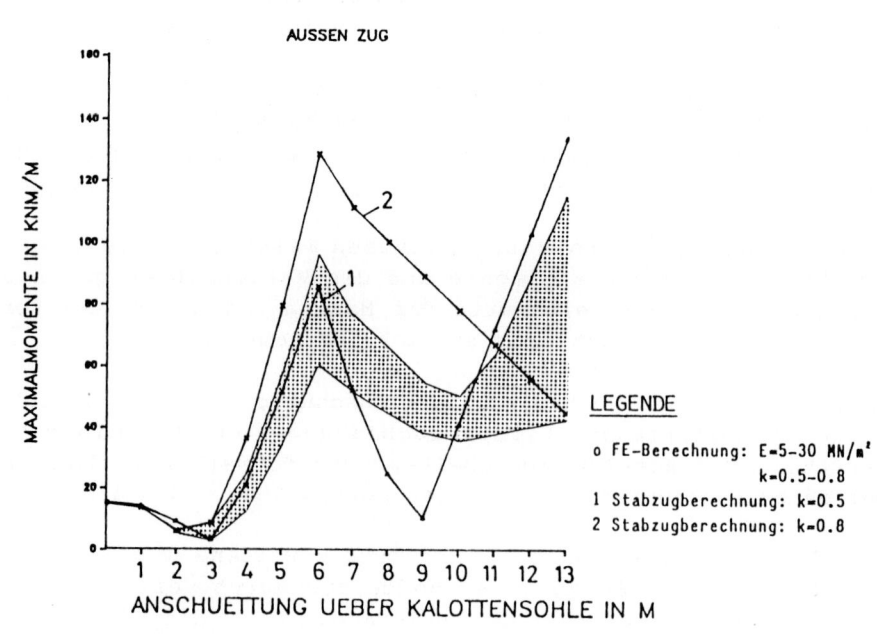

LEGENDE

o FE-Berechnung: E=5-30 MN/m²
  k=0.5-0.8
1 Stabzugberechnung: k=0.5
2 Stabzugberechnung: k=0.8

SCHALENDICKE D=20 CM

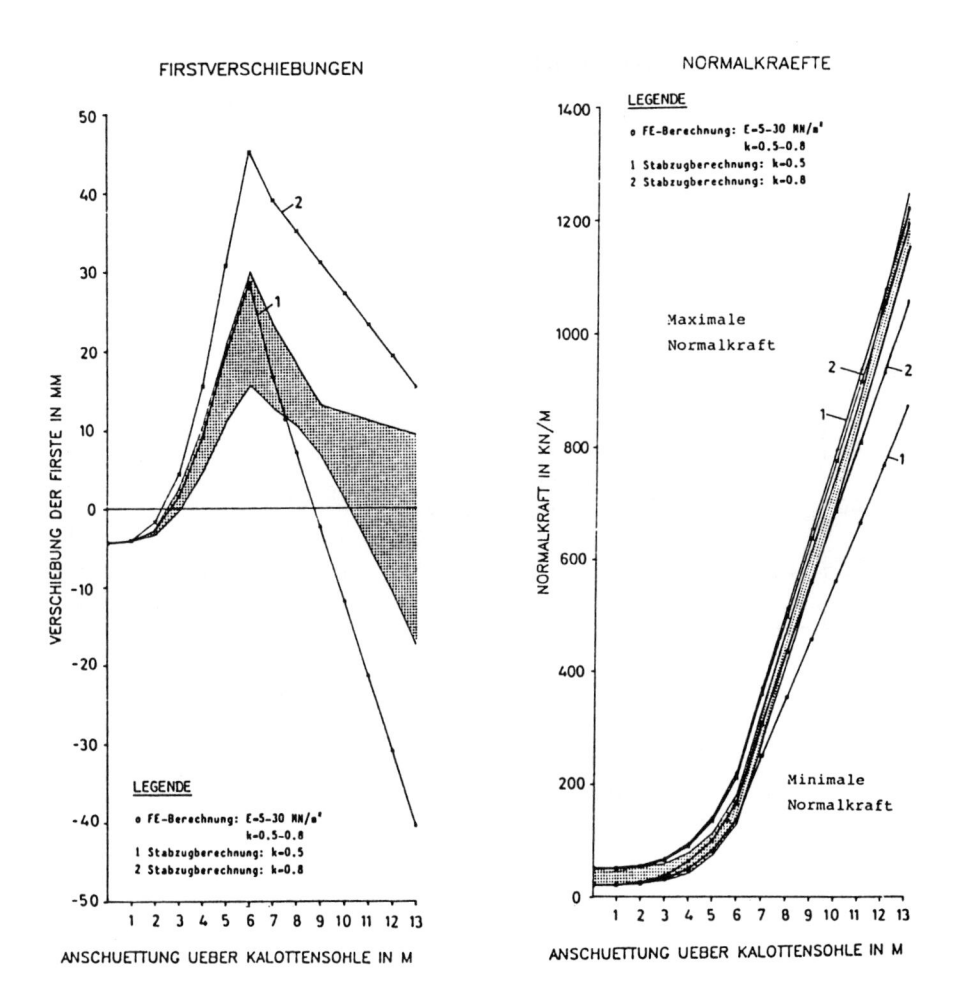

FIRSTVERSCHIEBUNGEN — VERSCHIEBUNG DER FIRSTE IN MM vs. ANSCHUETTUNG UEBER KALOTTENSOHLE IN M

LEGENDE
o FE-Berechnung: E=5-30 MN/m²
  k=0.5-0.8
1 Stabzugberechnung: k=0.5
2 Stabzugberechnung: k=0.8

NORMALKRAEFTE — NORMALKRAFT IN KN/M vs. ANSCHUETTUNG UEBER KALOTTENSOHLE IN M

LEGENDE
o FE-Berechnung: E=5-30 MN/m²
  k=0.5-0.8
1 Stabzugberechnung: k=0.5
2 Stabzugberechnung: k=0.8

Maximale Normalkraft

Minimale Normalkraft

6.2 SCHALENDICKE d = 30 cm

Aufgrund dieser Ergebnisse wurde für eine Schalendicke von 30 cm für jedes Rechenmodell nur eine Parameterkombination gerechnet.

Die Steifigkeit der Schale ist größer geworden, die Verformung dadurch kleiner. Da aber der Boden nur durch Verformung zum Mittragen herangezogen wird, unterscheiden sich die Ergebnisse beider Rechenmodelle in geringerem Ausmaß als bei einer dünneren, weicheren Schale.

SCHALENDICKE D=30 CM

MAXIMALMOMENTE
INNEN ZUG

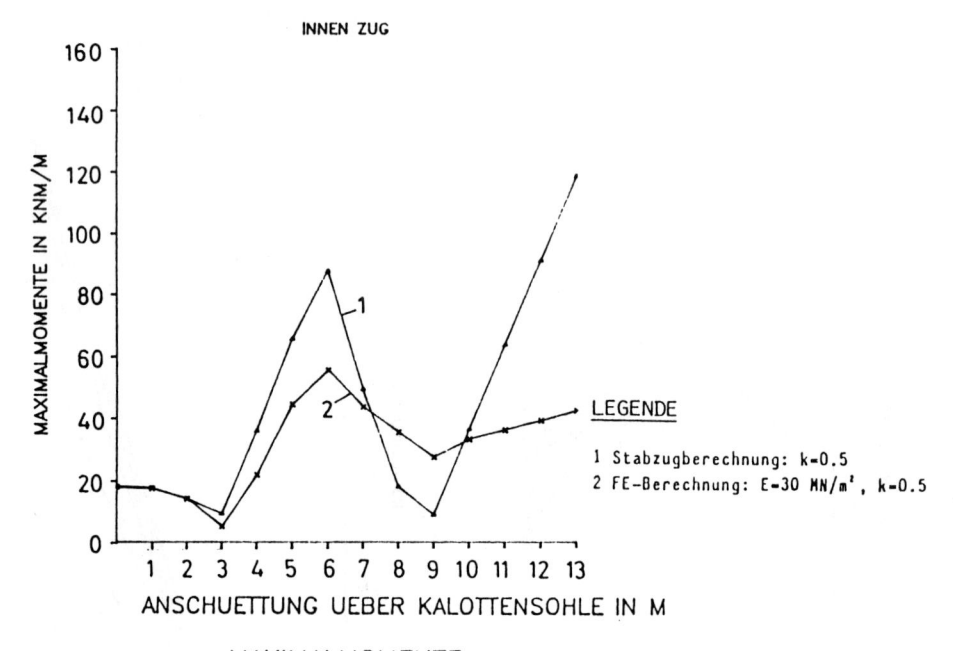

LEGENDE

1 Stabzugberechnung: k=0.5
2 FE-Berechnung: E=30 MN/m², k=0.5

ANSCHUETTUNG UEBER KALOTTENSOHLE IN M

MAXIMALMOMENTE
AUSSEN ZUG

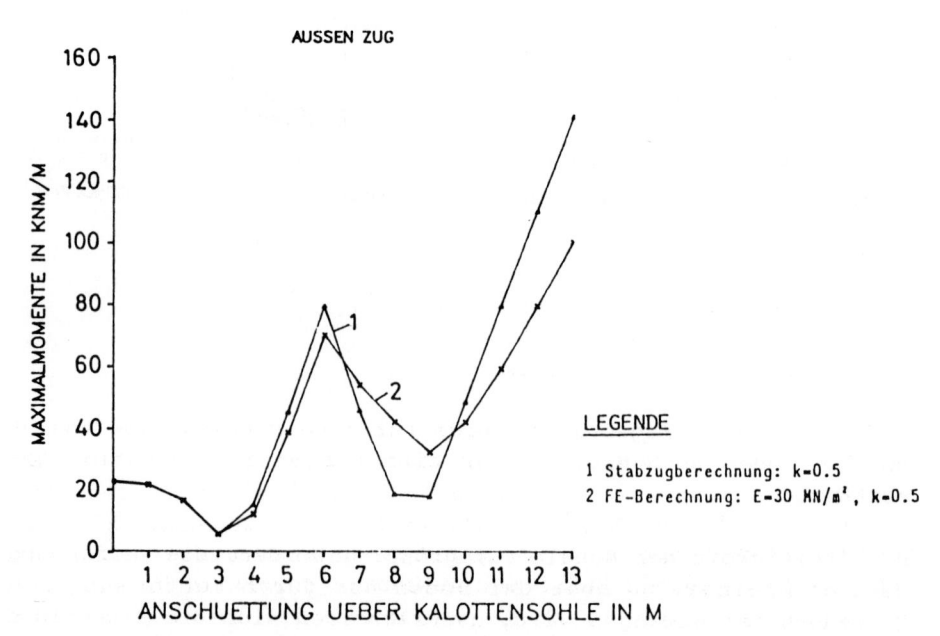

LEGENDE

1 Stabzugberechnung: k=0.5
2 FE-Berechnung: E=30 MN/m², k=0.5

ANSCHUETTUNG UEBER KALOTTENSOHLE IN M

SCHALENDICKE D=30 CM

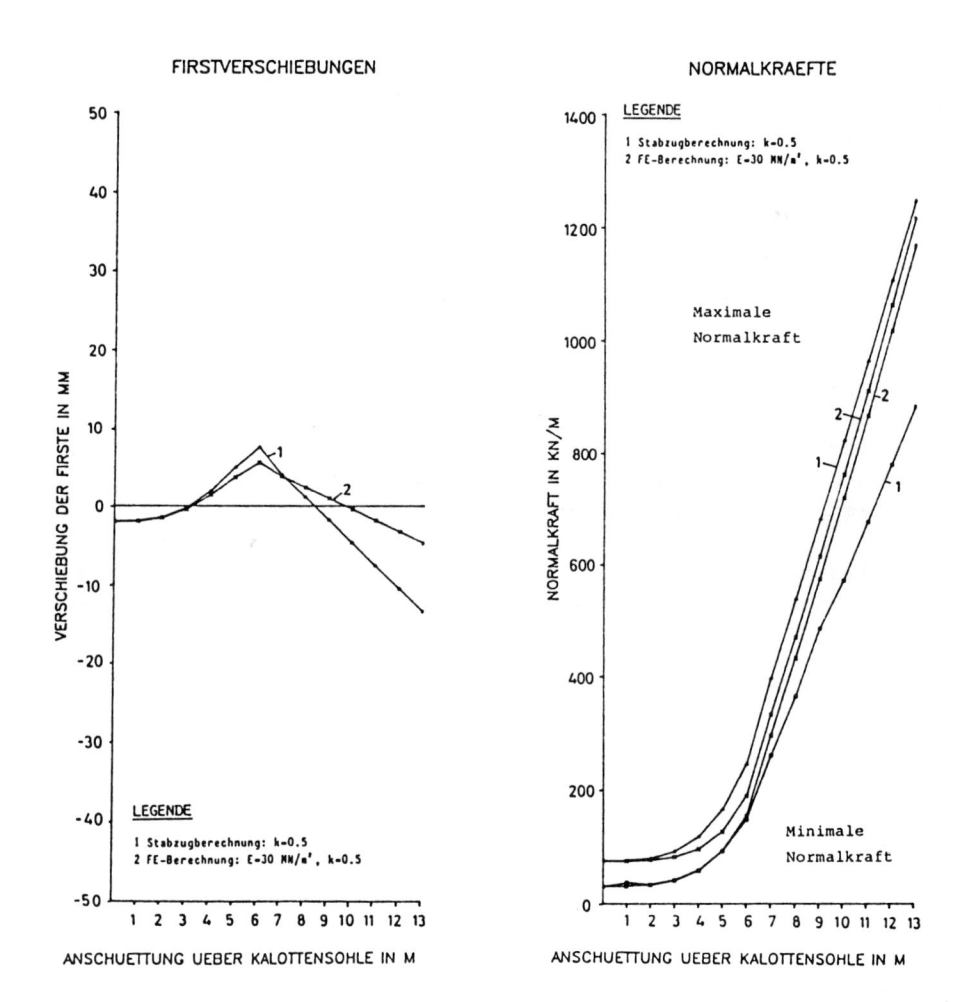

FIRSTVERSCHIEBUNGEN (Verschiebung der Firste in mm vs. Anschüttung über Kalottensohle in m)

LEGENDE
1 Stabzugberechnung: k=0.5
2 FE-Berechnung: E=30 MN/m², k=0.5

NORMALKRAEFTE (Normalkraft in kN/m vs. Anschüttung über Kalottensohle in m)

LEGENDE
1 Stabzugberechnung: k=0.5
2 FE-Berechnung: E=30 MN/m², k=0.5

Maximale Normalkraft

Minimale Normalkraft

7 SCHLUSSBETRACHTUNG

Natürlicherweise wirkt sich das Steifigkeitsverhältnis zwischen Anschüttung und Luftbogenschale sehr stark auf das Rechenergebnis des FE-Modells aus. Deshalb gleichen sich die Ergebnisse mit abnehmendem Steifigkeitsverhältnis den Resultaten der Berechnung eines ungebetteten Stabzuges an. Es ist sehr schwierig, den E-Modul der Anschüttung wirklichkeitsgetreu zu erfassen, auch deshalb, weil er sich in den unteren Schüttlagen durch die zunehmende Auflast schrittweise entsprechend einer Druck-Steifemodul-Kurve verändert.

Bei der Stabzugberechnung ist die Schwierigkeit, eine zu treffende Bettungsziffer anzusetzen, ebenso groß.

Trotzdem kann man mit Parameterstudien die Schnittkräfte und Verformungen genügend genau eingrenzen und einer Bemessung zugrunde legen.

Die Rechenergebnisse zeigen auch, daß man die vorgestellte technische Lösung durchaus in die Wirklichkeit übertragen kann. Die errechneten Verformungen sind geringer als die üblichen Einbautoleranzen. Man wird mit einer Überhöhung der Bogen von 10 cm auskommen.

Die errechneten Momente und Normalkräfte können mit einem für den Bauzustand reduzierten Sicherheitsbeiwert in bewehrten und gespritzten Bogenschalen aufgenommen werden. Auch Schalendicken von 20 cm reichen noch aus, wenn die Gitterträger als mittragend angesetzt werden.

Vorteilhaft scheint mir auf jeden Fall zu sein, daß das technische Konzept, wie es für den eigentlichen Tunnel entworfen wurde, bis zum Portal nicht gewechselt werden muß und die Lage der Abdichtung und die Dicke der Innenschale gleich bleibt. Ob sich auch wirtschaftliche Vorteile durch den gleichbleibenden Arbeitstakt ergeben, wird an anderer Stelle untersucht.

STUVA-Forschung für den Tunnelbau: Rückblick und Zukunftsperspektiven

G. Girnau und A. Haack, Köln

SUMMARY
For nearly 30 years STUVA is involved in research and consulting in the field of planning, construction and operation of underground facilities. Some selected research works and results are presented and evaluated concerning their importance and interdependencies. Firstly the paper describes some results concerning construction costs as one of the basic questions in the phase of the political decision, but also in the planning stage. Considerations resulting from this and aiming at an improved economy of tunnelling are discussed within the target of development of a single shell tunnel lining. An undisturbed operation of a tunnel needs watertightness of the lining. Last but not least, environmental protection as well as the safety of the tunnellers during the construction works and the safety in operation of a tunnel are dealt with.

ZUSAMMENFASSUNG
Aus der nahezu dreißigjährigen Forschungs- und Beratertätigkeit der STUVA zur Gesamtthematik Planung, Bau und Betrieb unterirdischer Anlagen werden einige ausgewählte Arbeiten in wichtigen Ergebnissen, ihrer Wertigkeit und ihrem inneren Zusammenhang vorgestellt. Zunächst wird dabei auf die Frage der Baukosten als einer der entscheidenden Ausgangsgrößen in politischer, aber auch planerischer Hinsicht näher eingegangen. Daraus resultierende Überlegungen zur verbesserten Gesamtwirtschaftlichkeit werden mit dem Entwicklungsziel der einschaligen Tunnelauskleidung angesprochen. Für den störungsfreien Betrieb eines Tunnels kommt es wesentlich auch auf dessen Wasserdichtigkeit an. Schließlich werden Umwelt und Arbeitsschutz beim Bau von Tunneln sowie die Sicherheit beim Betrieb eines Tunnels erörtert.

1 KOSTENORIENTIERTE PLANUNG

Fast immer wird im Tunnelbau das Hauptaugenmerk auf die Bauausführung gelegt. Dabei ist die "richtige" Planung in technischer Hinsicht mindestens ebenso wichtig; in bezug auf die Wirtschaftlichkeit sogar viel bedeutsamer. Hier werden die Weichen gestellt, um öffentliche Mittel entweder zu vergeuden oder sie einer sinnvollen und fachgerechten Nutzung zuzuführen. Bild 1 macht am Beispiel des U-Stadtbahnbaues deutlich, in welchen Größenordnungen in den einzelnen Entscheidungsphasen eines Bauprojektes die Kosten beeinflußt werden können. Vor dem Hintergrund der dargestellten Zusammenhänge sind

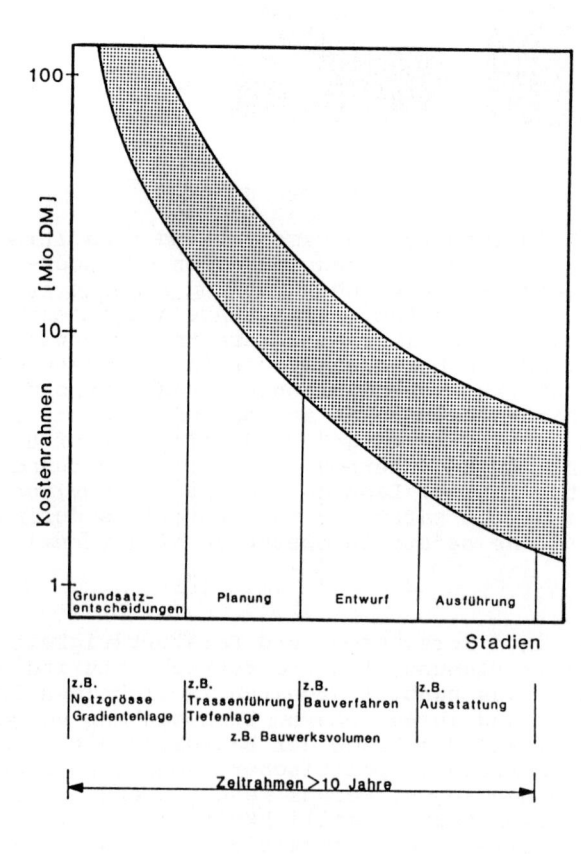

Bild 1:
Kostenrelevanz von Entscheidungen und Maßnahmen in verschiedenen Stadien des U- und Stadtbahnbaus
/3/

folgende Erkenntnisse aus den vielfältigen Untersuchungen zu Kosten und Wirtschaftlichkeitsfragen im Tunnelbau /1/2/3/4/ besonders wichtig (hier bezogen auf den U-/Stadtbahnbau):

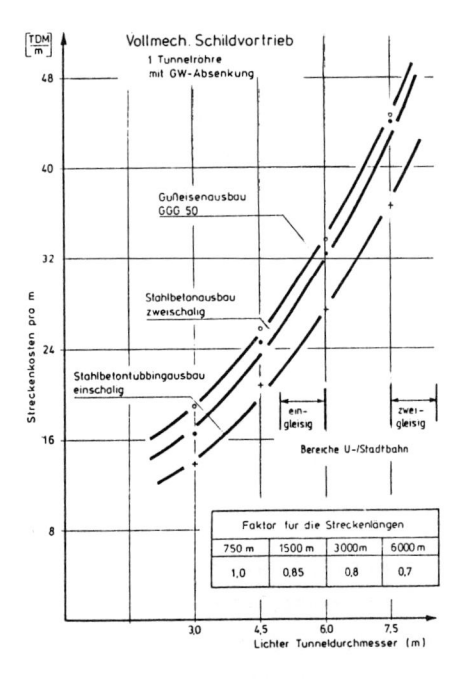

A: Vom Tunneldurchmesser beim Schildvortrieb /1/

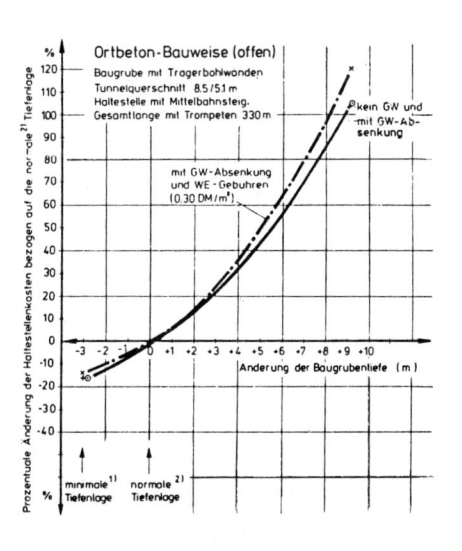

B: Von der Baugrubentiefe in offener Bauweise /1/

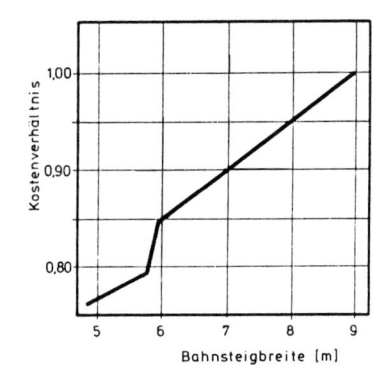

C: Von der Bahnsteigbreite /4/ (nur HSt-Kosten)

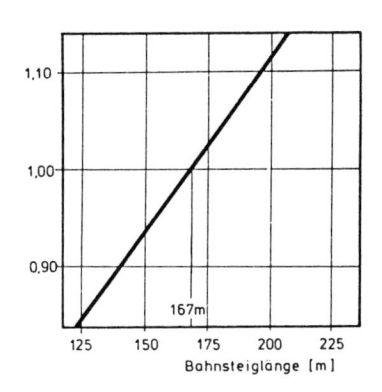

C: Von der Bahnsteiglänge /4/ (nur HSt-Kosten)

Bild 2: Abhängigkeit der Baukosten von U-Bahntunneln von verschiedenen Parametern

- Die Entscheidung zur Gradientenführung im Tunnel ist mit großer Sorgfalt
  zu treffen; sie ist i.a. nur sinnvoll ab einem bestimmten Verkehrsaufkommen
  auf der jeweiligen Linie; die unterste Grenze dürfte nach bisherigen Erkenntnissen etwa bei 30.000 Fahrgästen pro Tag in beiden Richtungen liegen.
  Bei geringerem Verkehrsaufkommen stehen Aufwand und Nutzen in keinem ausgewogenen Verhältnis. Außerdem besteht dann die Gefahr, daß die Anlagen aus
  Gründen der persönlichen Sicherheit der Fahrgäste (vor allem nachts) nicht
  angenommen werden.

- Fällt die Entscheidung zugunsten der Tunnellösung, so ist das unterirdische
  Bauvolumen zu minimieren; jeder zusätzliche Kubikmeter Aushub kostet Geld.
  Vor allen Dingen sind von Einfluß (Bild 2): Die Querschnittsgröße, die Tiefen-
  lage (bei offenen Bauweisen), die Haltestellenlängen und -breiten.

- Die Kosten der verschiedenen Tunnelbauverfahren sind zwar einerseits
  stark abhängig vom jeweiligen Boden, aber andererseits auch von der
  "richtigen" Festlegung des maschinellen Aufwandes (z.B. Handschild, Voll-
  schnitt-/Teilschnittmaschinen) unter Beachtung der zugehörigen wirtschaftlich optimalen Bauloslängen (Bild 3).

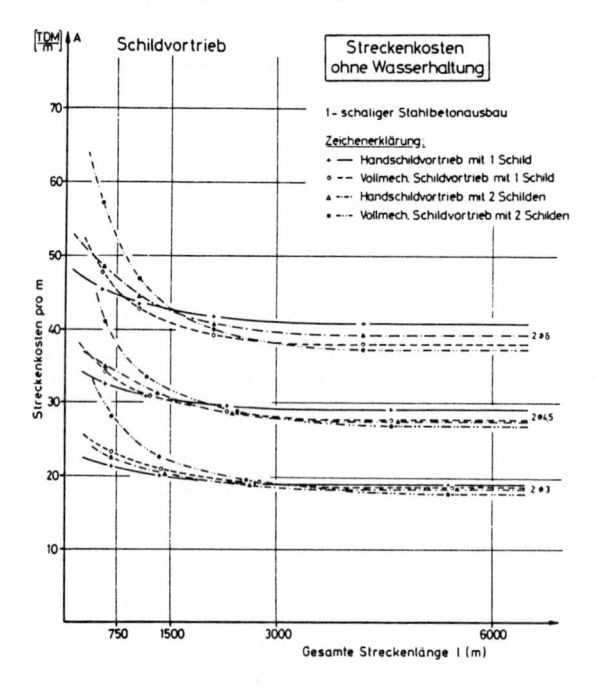

Bild 3:
Beispiel für die Abhängigkeit der Kosten von der Bau-
loslänge bei verschiedenen
Schildvortrieben /1/

- Sowohl die obigen Planungskriterien als auch die Ausrüstung der Tunnel
  (Oberbau, Leiteinrichtungen) und Haltestellen (Fahrtreppen, Aufzüge) beein-

flussen entscheidend die Betriebskosten (z.B. Ersatzinvestitionen; Energiebedarf; Wartung; Reinigung). Diese können sich über die Lebensdauer der Tunnel unter Umständen sogar ungünstiger auswirken als die Inkaufnahme von Mehrkosten bei den Erstinvestitionen in den Bau.

Die vorstehenden Aussagen klingen selbstverständlich. Dennoch wird gegen sie in der Praxis immer wieder verstoßen. Das mag daran liegen, daß Planung, Bau und Betrieb oft in unterschiedlichen Händen liegen, was zur Optimierung in Teilbereichen, aber nicht zur Gesamtwirtschaftlichkeit führt. Hier ist unbedingt eine Änderung anzustreben, wenn wirtschaftlicher Tunnelbau stärker als bisher Platz greifen soll.

2 DAS ENTWICKLUNGSZIEL: EINSCHALIGE TUNNELAUSKLEIDUNG

Für die Bauausführung, die Standsicherheit und die Lebensdauer des Tunnels hat die Auskleidung eine herausragende Bedeutung; aber auch für die Rohbaukosten hat sie einen nicht zu übersehenden Einfluß - insbesondere wenn man sich noch einmal rückblickend vor Augen führt, daß die Gußeisen-Tübbing-Auskleidung beim Schildvortrieb früher etwa 40-50 % der Rohbaukosten ausmachte. Die Auskleidungen verfahrensorientiert zu optimieren, war daher schon immer das Ziel. In mehrfacher Hinsicht hat die STUVA hieran mitgewirkt:

2.1 FUGENABDICHTUNGEN BEI STAHLBETONTÜBBINGS

Stahlbetontübbings sind normalerweise preiswerter herstellbar als Gußeisentübbings. Dieser Vorteil wurde anfänglich dadurch weitgehend aufgezehrt, daß zur Wasserdichtung eine Ortbeton-Innenschale (mit bzw. ohne Hautabdichtung) erforderlich war. Erst mit der Entwicklung präziser Herstellungsmethoden und eines speziellen Neopren-Fugendichtungsprofils wurde es möglich, einschalige Stahlbetontübbing-Auskleidungen erfolgreich einzusetzen. Die offene Frage war allerdings, wie dieses Fugenprofil bezüglich seiner Gestaltung und Abmessungen bei unterschiedlichen Tübbing - und Fugenabmessungen sowie den jeweils zu erwartenden Bauwerksbewegungen und Wasserdrücken ausgelegt werden mußte. Hierzu hat die STUVA zahlreiche Versuche durchgeführt. Das Ergebnis drückt sich in Vorschlägen zu bestimmten Profiltypen für unterschiedliche Anforderungen aus (Bild 4).

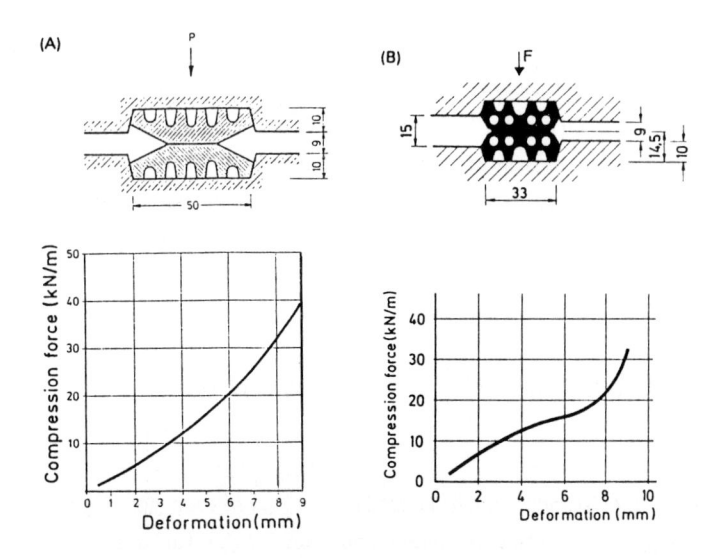

Bild 4: Fugendichtungsprofil für unterschiedliche Anwendungsbereiche mit zugehörigen Kraft-Verformungs-Kurven /7/

2.2 EXTRUDIERTE STAHLBETON-TUNNEL-AUSKLEIDUNGEN

Anfang der 80er Jahre kamen zum ersten Mal extrudierte Tunnelauskleidungen aus Stahlfaserpumpbeton zur Anwendung. Damit wurde ein "Traum" der Tunnelbauer weitgehend Wirklichkeit, die Auskleidungen kontinuierlich unmittelbar hinter der Vortriebsmaschine herzustellen. Während nach Anfangsschwierigkeiten die verfahrenstechnische Seite relativ schnell beherrscht werden konnte, blieben zwei Fragen ungelöst:
- Die "endlos extrudierte Röhre" weist keine Fugen auf, was zwangsläufig zu Rissen in der Auskleidung und damit zu Undichtigkeiten führt.

- Bei Stillstand der Vortriebsmaschine, Reparatur an Geräten oder durch längere Arbeitspausen entstehen Arbeitsfugen, die ebenfalls ein Dichtungsproblem darstellen.

Beide Probleme sind vorerst nur durch eine zusätzliche kostenaufwendige Ortbeton-Innenschale lösbar. Die STUVA wurde beauftragt, an einem Baulos der

Frankfurter U-Bahn gemeinsam mit der zuständigen Baufirma die Möglichkeiten zu einer einschaligen Lösung zu untersuchen. Folgende Maßnahmen und Ergebnisse sind zu verzeichnen:

Möglichst bald nach Entfernen der Gleit- oder Umsetzschalung werden im Abstand von etwa 7 bis 8 m Ringfugen in die "junge" Tunnelschale geschnitten. Sie dienen als Sollbruchstelle und Bewegungsfuge und damit der Vermeidung von Rissen in der Schale. Zur Erreichung der Wasserdichtigkeit werden Einstemmprofile aus porigem Gummimaterial oder speziell entwickelte schlauchartige Injektionsfugenbänder eingebaut (Bild 5). Das Einstemmprofil ist unter Berücksichtigung von Relaxation des Bandmaterials und der Toleranzen des Fugenschnitts für ein Fugenspiel bis 2 mm und max. 1 bar Wasserdruck geeignet. Das Injektionsfugenband läßt bei einem Wasserdruck von 2,5 bar ein Fugenspiel bis 4 mm zu.

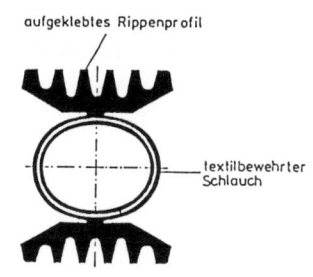

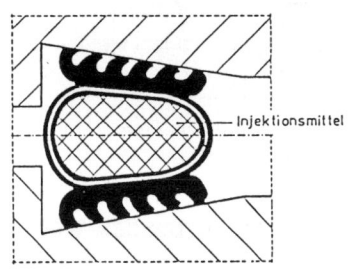

Bild 5: Neuentwickeltes Injektionsfugenband /8/9/

2.3 SPRITZBETON-AUSKLEIDUNGEN

Die Aufgabenstellung ist bei Spritzbetonauskleidungen annähernd die gleiche wie bei extrudierten Stahlfaserbeton-Auskleidungen. Allerdings kommen zwei Erschwernisse zusätzlich hinzu: Verfahrensbedingt ist der Spritzbeton in seiner Qualität ungleichmäßiger. Außerdem stellen die meist angeordneten Stahlbögen für die Wasserundurchlässigkeit Schwachzonen dar. Eine Hautabdichtung mit stützender Ortbeton-Innenschale oder ein in sich wasserundurchlässiger Innenausbau ist daher auch hier bisher unumgänglich.

Die STUVA wurde beauftragt, auf einer Stadtbahn-Tunnelbaustelle in Bochum Großversuche durchzuführen und einen Versuchstunnel (gemeinsam mit den bauausführenden Firmen) zu erstellen. Dabei war zu prüfen, ob bzw. unter welchen Bedingungen eine einschalige Spritzbetonlösung möglich ist. Die bisherigen Ergebnisse sind wie folgt zusammenzufassen /10/:

- Risse können in einer Spritzbetonschale bei der heute üblichen Bauweise nicht vermieden werden. Eine nachträgliche Abdichtung mit Hilfe geeigneter Injektionsharze ist deshalb von vornherein einzuplanen.

- Die unbewehrte, gebirgsseitige Spritzbetonversiegelung sollte möglichst 5 cm dick sein, um das Grund- oder Gebirgswasser aus der Spritzbetonschale weitgehend fernzuhalten.

- Unverzichtbare Bewehrung ist besonders sorgfältig einzuspritzen.

- Die Anzahl der Vortriebs- und verfahrenstechnisch bedingten Arbeitsfugen ist zu minimieren.

- Die Ausgangsmischung des Spritzbetons sollte nach den allgemein anerkannten Regeln zur Herstellung von wasserundurchlässigem Rüttelbeton zusammengestellt werden.

Weiterhin offene Fragen werden zur Zeit in einem ergänzenden Forschungsvorhaben geklärt.

2.4 BETONAUSKLEIDUNGEN MIT STAHLINNENHAUT

Zusammen mit verschiedenen Baufirmen, der Stahlbauindustrie und einem Grundbauinstitut hat die STUVA wiederum mit der Zielsetzung der einschaligen Bauweise Überlegungen angestellt /11/, die Auskleidung großer Verkehrstunnel aus einer innenliegenden, voll verschweißten Blechhaut und unbewehrtem Hinterfüllbeton zu erstellen (Bild 6). Eine solche Bauweise ermöglicht bei taktweisem Einbringen des Endausbaus in einem Arbeitsgang das Erreichen des endgültigen Sicherheitstandards. Im Gegensatz dazu weisen die heutigen Spritzbetonbauweisen mit zweischaligem Ausbau über Monate hinweg eine verringerte Standsicherheit auf. Bei der neuen "Stahlverbundbauweise" dürften sich die Ausbauarbeiten stärker mechanisieren lassen. Sie ermöglicht außerdem eine hochwertige, im Schadensfall wegen der direkten Zugänglichkeit auch leicht reparierbare Abdichtung durch die innenseitige Stahlblechhaut. Im Rahmen eines Demonstrationsprojektes sollten die Überlegungen vertieft und für eine breitere Anwendung ausgefeilt werden.

Bauzustand | Endzustand

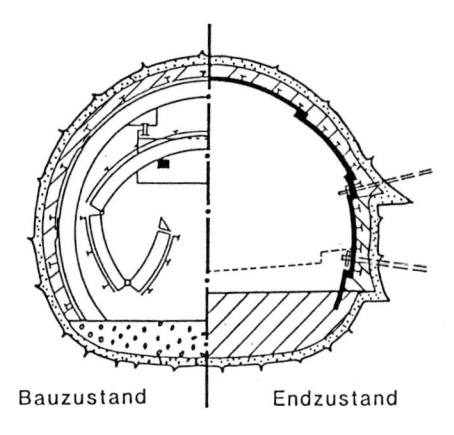

Bild 6: Prinzip der einschaligen Bauweise mit innenliegender Stahlblechhaut und unbewehrtem Hinterfüllbeton /11/

Insgesamt zeigen die vorstehenden Ausführungen die vielfältigen intensiven Bemühungen um einschalige Ausführungen und damit preiswertere Lösungen im Tunnelbau. Sie machen aber auch deutlich, daß bei Forschung und Entwicklung nicht immer mit sofortigem Erfolg zu rechnen ist. Dennoch sind die Versuche nicht nutzlos gewesen, denn sie haben zu zahlreichen Verbesserungen bei der herkömmlichen Technik (z.B. beim Spritzbeton geführt). Die STUVA wird ihre Bemühungen in Richtung einschaliger Lösungen fortsetzen, denn sie ist überzeugt, daß das Ziel eines Tages erreichbar ist und daß sich der Einsatz hierfür lohnt.

3 DAS PROBLEM DES WASSERDICHTEN TUNNELS

Für die spätere Nutzung (aber auch für die Lebensdauer) ist die Wasserdichtigkeit eines Tunnels von herausragender Bedeutung. Wenn heute die Sanierung alter Tunnel notwendig wird, so heißt das in fast allen Fällen: Beseitigung von Undichtigkeiten und daraus herrührenden Folgen für das Bauwerk und dessen Nutzung. Daraus wird die Bedeutung dieses (immer wieder vernachlässigten) Fachgebietes deutlich. Seit nahezu 20 Jahren befaßt sich die STUVA mit diesen Problemen, wobei die Fragen des mechanischen Verhaltens von Abdichtungen bei Bauwerksbewegungen und der Erhöhung der dauerhaften Dichtungswirkung im Vordergrund standen. Eigene Versuchseinrichtungen wurden entwickelt, um diesen Problemen praxisnah auf den Grund zu gehen, und zwar sowohl bei flächenhaften Abdichtungen aus Bitumen und Kunststoffen als auch bei Fugenabdichtungen im Zusammenhang mit wasserundurchlässigem Beton.

3.1 FLÄCHENABDICHTUNGEN

Bei den Flächenabdichtungen liegt ein entscheidender Schlüssel zum dauerhaften Erfolg in der genaueren Kenntnis des Zusammenspiels zwischen Baukörper und Abdichtungshaut sowie in der fachgerechten Ausbildung der Details /12/. In zahlreichen theoretischen und praxisorientierten experimentellen Untersuchungen konnten u.a. folgende Fragen geklärt werden:
- mechanisches Verhalten von im Baukörper angeordneten Flächenabdichtungen z.B. im Bereich von hohen Pressungen, über Rissen bzw. Bewegungsfugen sowie unter Scherbeanspruchung in Gefällestrecken (Bild 7) /13/14/.

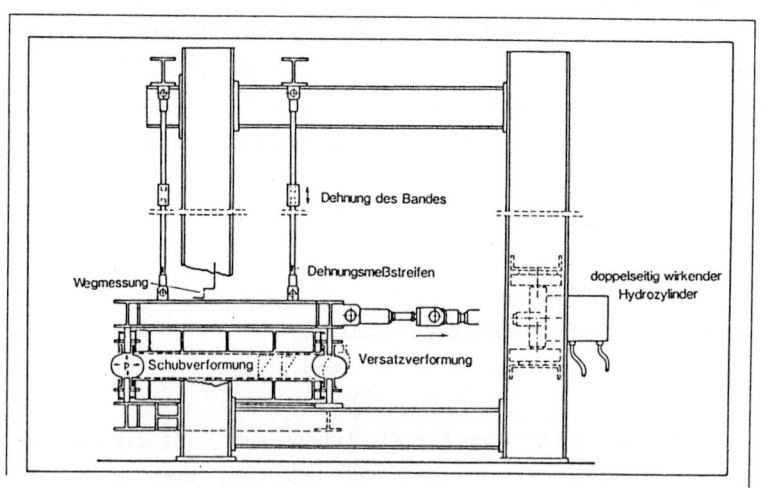

Bild 7: Versuchseinrichtung zur Untersuchung des mechanischen Verhaltens von Flächenabdichtungen

- Wasserdichte Gestaltung besonderer Abdichtungsdetails wie z.B. Durchdringungen (Rohrleitungen, Kabel), Telleranker, Los- und Festflanschkonstruktionen sowie Dichtungsübergänge /12/.

- Verhalten von eingebauten Flächenabdichtungen unter Schockbeanspruchung z.B. infolge Erdbeben /15/.

- Brandverhalten verschiedener Abdichtungssysteme und -werkstoffe insbesondere im Bauzustand /15/.

Die Ergebnisse sind weitgehend in Normen und behördlichen Richtlinien eingeflossen.

3.2 FUGENABDICHTUNGEN BEI WU-BETON

Die Qualität von WU-Beton hat in den letzten 2 Jahrzehnten bedeutende Fortschritte gemacht. Als Schwachstellen haben sich jedoch immer wieder die Bewegungsfugen erwiesen. Will man in dieser Hinsicht Verbesserungen erreichen, so sind 3 Punkte besonders zu beachten:
- Richtige Fugendimensionierung (Abstand, Breite),
- richtige konstruktive Ausbildung der Fuge (Gestaltung, Bewehrungsführung),
- richtige Wahl des Fugenbandes (Material, Form, Abmessungen).

Auf allen drei Gebieten hat die STUVA gearbeitet /5/6/7/. Als Ergebnis konnten vor allem bestehende Fugenbänder konstruktiv verbessert, neue Fugenbandtypen entwickelt (Injektionsfugenbänder - Bild 8) sowie die Anwendungsmöglichkeiten und Grenzen verschiedener Fugenbandtypen deutlich gemacht werden (Bild 9). Damit wurde ein zuvor mehr intuitiv und empirisch behandeltes Fachgebiet in eine auf exakte Versuchsergebnisse aufbauende Planung überführt.

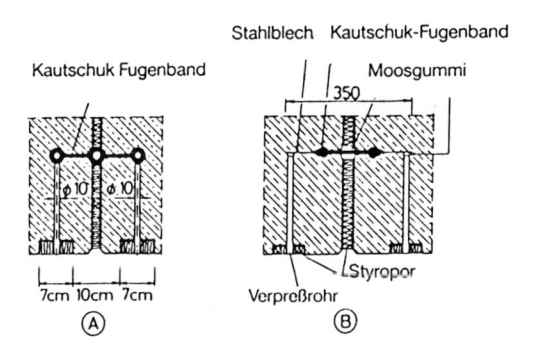

Bild 8: Beispiele für injizierbare Fugenbänder /7/

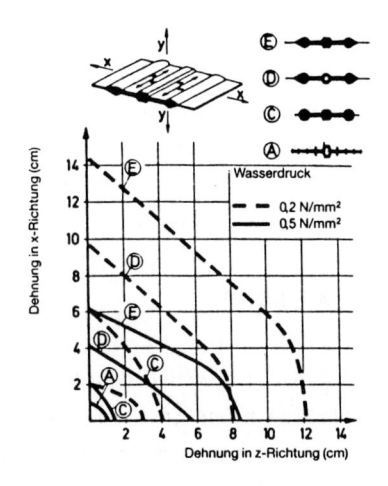

Bild 9: Grenzkurven für verschiedene Fugenbandtypen, bis zu denen
keine Undichtigkeit auftritt /7/
A   PVC-Fugenband
C, D, E Kunstkautschuk-Fugenband

4 GESUNDHEIT UND SICHERHEIT DER ARBEITER IM TUNNEL

Es ist eine feststehende Tatsache, daß Maßnahmen auf diesem Gebiet lange
Zeit als "unnötige Zusatzinvestitionen" angesehen wurden. Lärm, Staub, Abgase usw. gehörten einfach unabdingbar zum Tunnelbau und waren vom Arbeiter
hinzunehmen. Erst als es gelang, deutlich zu machen, daß Arbeitsschutz
nicht nur eine soziale, sondern auch eine nicht zu übersehende wirtschaftliche Komponente hat, wurde sich dieser Aufgabe mit wissenschaftlicher
Präzision angenommen. Die STUVA hat gerade in den letzten Jahren vielfältige
Arbeiten (meist gemeinsam mit der Tiefbau-Berufsgenossenschaft TBG) auf
diesem wichtigen Gebiet durchgeführt:

4.1 LÄRMMINDERUNG

Bereits 1974/1975 wurde eine Bestandsaufnahme der Hauptquellen des Lärms im
Tunnelbau und der Lärmbelastung der einzelnen Arbeitsplätze durchgeführt.
1984/1985 wurden erneut stichprobenartig Lärmbelastungen ermittelt. Die Untersuchungen auf insgesamt 23 Baustellen mit unterschiedlichen Querschnitten
und verschiedenen Vortriebs- und Ausbaumethoden zeigten, daß die Beurtei-

lungspegel der meisten Arbeitsplätze den zulässigen Wert von 90 dB(A) überschreiten. Dies gilt auch für die heute weit verbreiteten Spritzbetonbauweisen (vgl. Bild 10).

Gegenüber einer Obertagebaustelle erzeugt die Schallreflektion an den Tunnelwänden beim Vortrieb in geschlossenen Bauweisen deutlich höhere Schallpegel. Dies stellt entsprechend größere Anforderungen an wirksame Lärmbekämpfungsmaßnahmen. Hierfür wurden entsprechende Empfehlungen ausgearbeitet /17/.

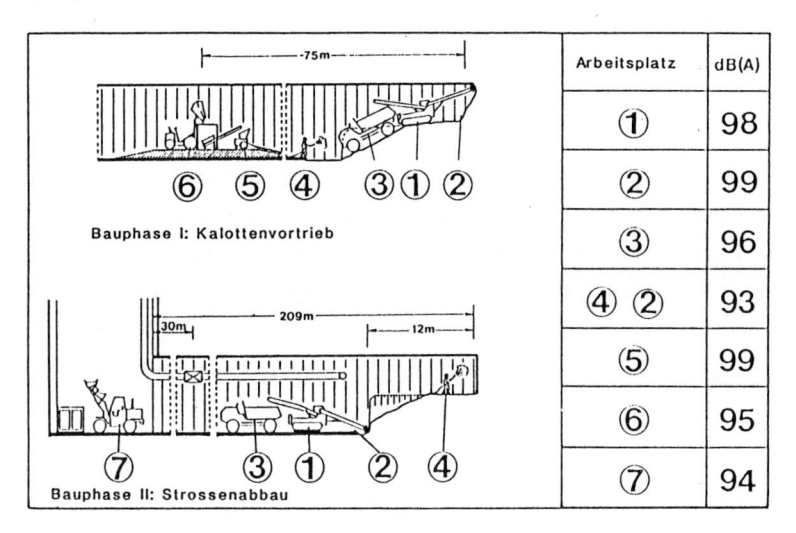

Arbeitsplatz	dB(A)
①	98
②	99
③	96
④ ②	93
⑤	99
⑥	95
⑦	94

Bild 10: Beurteilungspegel der Arbeitsplätze bei der Spritzbetonbauweise im Münchener U-Bahnbau (Querschnitt 36 m², Durchmesser 6,8 m)

4.2 VERMINDERUNG DER STAUBBELASTUNG

Besonderen Staubbelastungen sind die Vortriebsmannschaften ausgesetzt. Hier Verbesserungen zu erreichen, ist eines der Hauptziele. Dabei standen folgende Fragen im Vordergrund:

- die medizinische Wirkung von mineralischen Stäuben auf Druckluftbaustellen im Vergleich zur Wirkung unter normalem Luftdruck,

- die Staubbekämpfung bei maschinellen Vortriebsarbeiten und beim Sprengen,

- die Staubbekämpfung beim Betonspritzen sowie die

- Weiterentwicklung persönlicher Staubschutzmittel z.B. eines belüfteten Schutzhelms mit Staubfilter für Spritzbetonarbeiten (Bild 11).

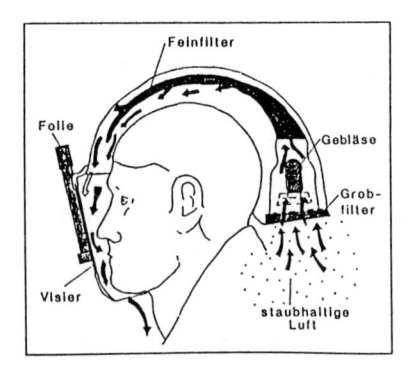

Bild 11: Belüfteter Staubschutzhelm für Spritzbetonarbeiten /18/

Diese Forschungsvorhaben sind gekennzeichnet durch eine umfangreiche Versuchs-und Meßtätigkeit auf Tunnelbaustellen. Es werden aber auch speziell entwickelte Versuchsmodelle eingesetzt wie z.B.:
- strömungsmechanische Modelle zur Beurteilung der Wirksamkeit bestimmter Lüftungsanlagen,

- Versuchsstände zur Ermittlung von Staubquellstärken (z.B. beim Schneiden mit Teilschnittmaschinen),

- Spritzbeton-Versuchsstände zur Untersuchung von Verfahrensparametern (z.B. Luftdurchsatz an der Spritzbetondüse) und der Wirkung von Betonzusatzmitteln auf die Betoneigenschaften sowie die Staubentwicklung beim Betonspritzen.

Die Ergebnisse zeigen /19/, daß eine Verminderung der Staubbelastung auf den Tunnelbaustellen durchaus erreichbar ist. Dies bedarf aber einer vorausschauenden und gezielten Planung beim Einrichten der Baustelle.
Spätere Änderungen z.B. an der Belüftungsanlage sind i.a. sehr kosten- und zeitaufwenig.

4.3 VERMINDERUNG DER ABGASBELASTUNG

Die Motorabgase auf stark verdieselten Baustellen großer Verkehrstunnel werden als belästigend und zunehmend als gesundheitsgefährdend angesehen. Dieselruß mit angelagerten Kohlenwasserstoffverbindungen ist daher in jüngster Zeit in die MAK-Wert-Liste aufgenommen worden. Ziel der diesbezüglichen STUVA-Forschungsarbeiten ist es, die Dieselmotorenemission auf Tunnelbaustellen zu vermindern. Hierzu ist es zunächst erforderlich, auf den Baustellen u.a. die Motor-Auslastungsgrade zu ermitteln. Die Ergebnisse werden den Motorprüfstandsversuchen mit seriengleichen Motoren zugrundegelegt, um detaillierte Aussagen zur Abgaszusammensetzung zu erhalten. Möglichkeiten der Abgasnachbehandlung wie Rußfilter, Abgaswäscher oder Katalysatoren müssen unter den Gesichtspunkten des rauhen Baustellenbetriebes und der tunnelbauspezifischen Motorauslastungen neu untersucht werden. Diese Versuche laufen zur Zeit.

5. DIE SICHERHEIT DES BETRIEBES DER TUNNEL

Vor allem zwei Komponenten sind es, denen in dieser Hinsicht besondere Aufmerksamkeit zu schenken ist. Der Lüftung bei Straßentunneln sowie der Brandgefahr bei Straßen- und Bahntunneln. Beide Probleme spielen bei den augenblicklichen Arbeiten der STUVA eine bedeutende Rolle:

5.1 DIE LÜFTUNG VON STRASSENTUNNELN

Die Lüftungsanlage eines Straßentunnels erfüllt drei Funktionen /20/:

- Verdünnung der Abgase im Tunnelfahrraum,
- Unterstützung der Rettungs- und Löschmaßnahmen bei Fahrzeugbränden,
- Begrenzung der Einwirkung von Tunnelabluft auf die Anlieger von Tunnelportalen und Lüftungsgebäuden z.B. durch weitere Verdünnung und/oder Abgasbehandlung.

Durch Verbesserung der Motoren und den zunehmenden Einsatz von Katalysatoren sinkt die Schadstoffemission der Pkw- und Kombi-Fahrzeuge mit Otto-Antrieb ständig. Dennoch ist eine Verringerung der Frischluftzufuhr in einen Tunnel bisher nicht möglich gewesen, da die Rauchemission der Diesel-Fahrzeuge (Pkw- und Nutzlast-Verkehr) nicht im gleichen Maße verringert werden konnte. Auch wenn demnächst einsatzfähige Rußfilter zur Verfügung stehen und gesetzlich vorgeschrieben werden, dauert es noch mehrere Jahre, bis die Rußemission in der Fahrzeugflotte entscheidend zurückgeht (Bild 12) und der Frischluftbedarf der Straßentunnel gesenkt werden kann. Der verringerte

Frischluftbedarf wird sich auf die Betriebskosten der Lüftungsanlagen
günstig auswirken. Die Investitionskosten beim Bau der Lüftungsanlage
hingegen werden zunehmend von den erhöhten Brandschutz-Anforderungen bestimmt. Es wird daher z.Zeit auch untersucht, welche Brandereignisse überhaupt noch lüftungstechnisch beherrscht werden können.

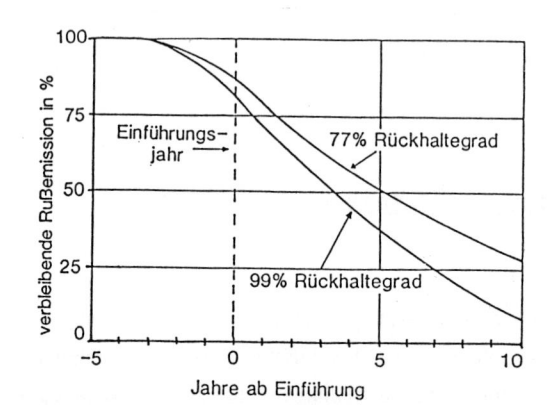

Bild 12: Abnahme der Rußemission in der Flotte der schweren Nutzfahr-
zeuge relativ zum Jahr der gesetzlichen Einführung der Rußfilter

5.2 BRANDPHÄNOMENE, BRANDBEKÄMPFUNG UND BRANDVERHÜTUNG

Die möglichen verheerenden Auswirkungen von Brandereignissen in Verkehrstunneln sind gerade auch aus jüngster Zeit hinreichend bekannt. Nicht ausreichend geklärt sind dagegen die Brandphänomene wie die zeitliche und
räumliche Ausbreitung von Temperaturen und Brandgasen sowie die genaue
Auswirkung eines Brandes auf die verschiedenen Tunnelauskleidungen (z.B.
Spritzbeton, Stahlbeton, Gußeisen, Stahl). Verbesserte Kenntnisse in diesen
Fragen sind Voraussetzung einerseits für einen sachgerechten vorbeugenden
baulichen Brandschutz sowie anderseits für eine zielgerechte Ausbildung
und Ausrüstung der Feuerwehren im Bereich innerstädtischer Tunnelsysteme,
vor allem aber auch längs der überregionalen Verkehrswege. Die geplanten
und zum Teil schon fertiggestellten Schnellverbindungen der Deutschen
Bundesbahn sowie die angedachten langen Bahn- und Straßentunnel zur Querung
der Alpen führen auf dem Gebiet des Brandschutzes und der Brandbekämpfung
unzweifelhaft zu neuen Dimensionen. Einen Beitrag zur Klärung zahlreicher
offener Fragen leistet die STUVA zusammen mit der TU Braunschweig und
anderen Forschungsstellen durch eine großangelegte Versuchsreihe in einem

stillgelegten Eisenbahntunnel /21/. Neben dem Einsatz von genormten Modell-
brandlasten ist vor allem der Abbrand moderner Schienen- und Straßenbahn-
fahrzeuge geplant. Diese Versuche werden Aufschluß über die Schadstoff-
freisetzung, die Brandentwicklung, die Rettungs- und Löschmöglichkeiten in
engen Tunnelbauwerken sowie über das Verhalten verschiedenartiger Tunnelauskleidungen bei hohen Brandlasten geben. Bei der weltweit zu beobachtenden
Zunahme des Tunnelverkehrs sind die Ergebnisse dieser Forschung auch von
hoher internationaler Aktualität.

6 ZUKUNFTSPERSPEKTIVEN

Die vorstehenden Ausführungen zeigen die ganze Breite und Vielschichtig-
keit der Forschung im unterirdischen Bauen. Dies wird noch ergänzt um
Fragen der menschengerechten Gestaltung unterirdischer Räume, was eindrucks-
voll auf der STUVA-Tagung '87 in einem Bericht über die architektonische
Gestaltung von U-Bahn-Haltestellen deutlich wurde /22/. Obwohl von
den Tunnelbauern meist "belächelt", spielen diese Fragen eine immer aus-
schlaggebendere Rolle. Das Ausmaß des Vandalismus, die persönliche Sicherheit der Fahrgäste und damit letztendlich die "Annahme" der Anlagen durch
die Bürger werden hierdurch maßgeblich beeinflußt. Stellt man hier wiederum die Frage nach der Wertigkeit, so ist diese relativ einfach, aber nichts-
destoweniger eindringlich zu beantworten: Die Politiker werden die Tunnel-
bau-Ingenieure in Zukunft nur weiterbauen lassen, wenn die Anlagen auch
intensiv genutzt werden.

Daraus geht als Resümee hervor: Unterirdisches Bauen ist mehr als nur
"ein Loch in die Erde zu graben". Es ist vielmehr ein integriertes System,
das sehr unterschiedliche Fachgebiete berührt und das viele "sensible
Stellen" berücksichtigen muß, wenn es wirklich erfolgreich sein soll. Dies
zu erkennen und zu berücksichtigen ist die wahre "Kunst des Tunnelbaues".
Durch die Breite ihrer Forschung versucht die STUVA, diesem Gedanken
Rechnung zu tragen. Soeben hat sie die Weichen gestellt, um noch weiter in
die Tiefe gehend neue Wege zu eröffnen und bestehende zu verbessern. Mit
der Inbetriebnahme einer neuen Versuchshalle und eines Meßlabors Mitte 1988
wird sie einerseits in der Lage sein, ihr Programm für Umwelt- und
Arbeitsschutz-Untersuchungen zu erweitern und andererseits können erstmals
auch große Belastungsversuche aller Art im Maßstab 1 : 1 durchgeführt

werden (Bild 13). Damit werden in enger Kooperation mit den Statikern z.B. praxisnahe Tests mit neuen Werkstoffen und neuartigen Konstruktionen für Tunnelauskleidungen möglich - ein weiterer Schritt in Richtung wirtschaftlicherer Bauweisen. Sicherlich aber auch eine neue Chance zur Zusammenarbeit mit Heinz Duddeck.

Bild 13: Schema eines Belastungsversuches an Tübbingringen im Maßstab 1 : 1

LITERATUR

/1/ Girnau, G./Klawa, N./Schreyer, J.: Tunnelbaukosten und deren wichtigste Abhängigkeiten; Forschung + Praxis*), Bd. 22; 1979

/2/ Girnau, G.: Wo kann gespart werden im U- und Stadtbahnbau; DER NAHVERKEHR, 1 (1983) H. 1

/3/ Blennemann, F.: Kostensenkung im Tunnelbau, Forschung + Praxis, Bd. 31; 1987

/4/ O'Neil, R.S./Worrell, J.S./Hopkinson, P./Henderson, R.H.: Study of Subway Station Design and Construction; Report Nr. Umta-MA-06-0025-77-6; US Department of Transportation, Washington, 1977

/5/ Girnau, G./Klawa, N.: Fugen und Fugenbänder; Forschung + Praxis, Bd. 13, 1972

*) Die Buchreihe "Forschung + Praxis, U-Verkehr und unterirdisches Bauen" wird von der STUVA herausgegeben und erscheint im Alba-Fachverlag, Düsseldorf, Römerstr.

/6/ Girnau, G./Klawa, N./Sabi-El-Eish, A.: Neue Fugenbänder; Forschung + Praxis, Bd. 18, 1975

/7/ Girnau, G.: Waterproofing for Linings of Shield-driven Tunnels; Zeitschrift: Advances in Tunnelling Technology and Subsurface Use, Vol. 4, Nr. 4; sowie: Zeitschrift Tunnel, H. 3, 1985 (incl. deutscher Fassung)

/8/ Schreyer, J.: Fugenabdichtung beim einschaligen Stahlfaserpumpbeton im Tunnelbau: Untersuchung eines Injektionsfugenbandes; STUVA-Prüfbericht vom 15.3.1983

/9/ Klawa, N.: Abdichtung von Bauwerksfugen mit Fugenbändern; Tiefbau Ingenieurbau Straßenbau 26 (1984) 11, S. 662 - 672

/10/ Laue, G./Schreyer, J.: Einschalige Spritzbetonbauweise - Probleme der Wasserundurchlässigkeit; Forschung + Praxis, Bd. 29; 1984

/11/ Schreyer, J./Heffels, P.: Tunnelauskleidung aus Stahlblechen und Hinterfüllbeton; STUVA-Forschungsbericht 20/86

/12/ Haack, A.: Bauwerksabdichtung - Hinweise für Konstrukteure, Architekten und Bauleiter; Bauingenieur 57 (1982), S. 407 - 412

/13/ Haack, A./Poyda, F./Zimmermann,K.: Mechanisches Verhalten bituminöser Bauwerksabdichtungen - zusammenfassende Auswertung experimenteller und theoretischer Untersuchungen; STUVA-Bericht, 1981

/14/ Poyda, F.: Mechanisches Verhalten von lose verlegten PVCweich-Abdichtungen; Forschung + Praxis, Bd. 24, 1980

/15/ Poyda, F./Zimmermann, K.: Verhalten von Bauwerksabdichtungen unter schockartiger Belastung; STUVA-Prüfbericht vom Oktober 1980

/16/ Haack, A.: Brandschutz beim Tunnelbau: Gefährdungen und Sicherheitsmaßnahmen beim Einsatz von Bitumenabdichtungsbahnen nach dem Schweißverfahren insbesondere unter Erdgleiche; Forschung + Praxis, Bd. 10, 1971

/17/ Meyeroltmanns, W./Klawa, N./Ramisch, H.: Lärmbekämpfung auf Baustellen unter Tage; Empfehlungen für den Lärmschutz; Tiefbau-Berufsgenossenschaft 93 (1981) 10

/18/ Schreyer, J.: Stand der Spritzbetontechnik; Tiefbau-Berufsgenossenschaft 99 (1987) 12, S. 794 - 800

/19/ Haack, A.: Neue Erkenntnisse zur Staubbekämpfung im Tunnelbau; Glückauf 122 (1986) 3, S. 241 - 245

/20/ Meyeroltmanns, W.: Abluftemissionen aus Tunnellüftungsbauwerken; Straßen- und Tiefbau 37 (1983) 2, S. 12 - 18

/21/ Haack, A.: Geplante Brandversuche in einem stillgelegten Eisenbahntunnel; Transport gefährlicher Güter durch Straßentunnel und über Kunstbauten; 1986, S. 90 - 101, Herausgeber: Österr. Bundesministerium tur öffentliche Wirtschaft und Verkehr

/22/ Steckeweh, P.: Verkehrskonzept des öffentlichen Nahverkehrs und Gedanken zur Gestaltung der U-Bahnhöfe in Essen; Forschung + Praxis, Bd. 32, 1988 (in Druck)

Die Kugelschale als Modell für unbewehrte Abschlußwände

J. Hogrefe, Essen

SUMMARY
The following paper presents a simple method for the calculation of plain, circular walls. It is the extension of an already known method /1/, which, however, imposes the simplification that the load at the wall is identical with the support pressure on the slab edge. This assumption approximately applies to traffic tunnels in general. Nevertheless, an extension of this method is required on grounds of foundation slabs for round shafts that are loaded by water- and earth pressure, since in this case the equality of the load parts does not apply.

ZUSAMMENFASSUNG
Im folgenden wird ein einfaches Verfahren zur Berechnung von unbewehrten kreisförmigen Wänden vorgestellt. Es ist die Erweiterung eines bereits bekannten Verfahrens /1/, das jedoch von der Vereinfachung ausging, daß Belastung auf die Wand und Stützdruck auf den Plattenrand gleich groß sind. Für Verkehrstunnel trifft diese Annahme im allgemeinen näherungsweise zu. Sohlen für runde Schächte, die durch Wasser- und Erddruck belastet werden, machen jedoch eine Erweiterung des Verfahrens erforderlich, da die Gleichheit der Belastungsanteile nicht zutrifft.

1 ALLGEMEINES

Der Bau von Verkehrstunneln (Bild 1a), Abwassersammlern oder Schächten (Bild 1b) macht oft eine Abschlußwand erforderlich, die bei Fortsetzung der Baumaßnahme leicht entfernbar sein sollte.
Der Abschluß erfolgt gegen das Erdreich und gegen drückendes Grundwasser. Bei kreisförmigen oder nahezu kreisförmigen Querschnitten, dazu gehören z.B. auch maulförmige 1-gleisige NÖT - Tunnel, geschieht der Abschluß teilweise mit relativ dickwandigen unbewehrten Ortbetonwänden oder mit gekrümmten Spritzbetonschalen.
Speziell bei Schächten, aber auch bei tiefliegenden Tunneln müssen diese Kreisplatten oft einen beachtlichen Außendruck aufnehmen. Bei einem großen Verhältnis von Plattendicke h zu Plattendurchmesser 2a sind die Voraussetzungen für die Anwendung der Plattentheorie für dünne Platten nicht mehr gegeben. Wegen der untergeordneten Rolle, die diese Abschlußwände oftmals im Verhältnis zum Gesamtobjekt haben, lohnt sich jedoch eine genauere Untersuchung nach der räumlichen Elastizitätstheorie, z.B. mittels der Methode der finiten Elemente, nicht.

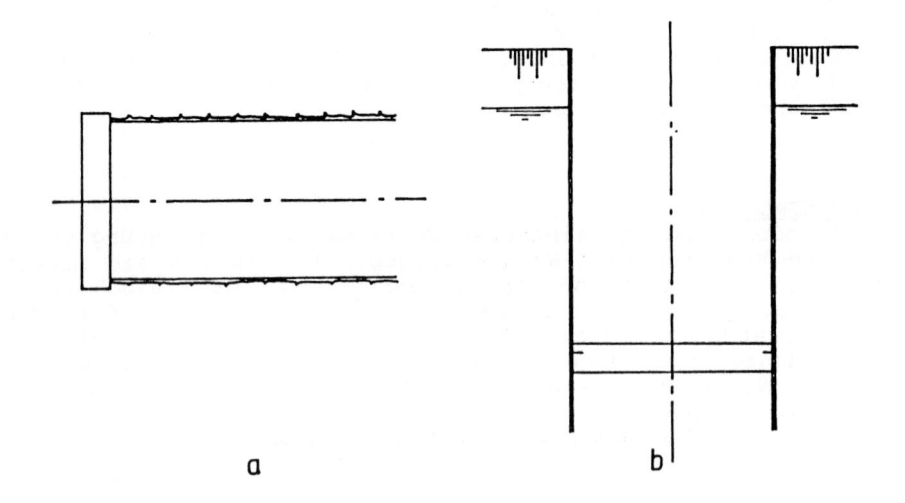

Bild 1: Unbewehrte kreisförmige Endwände
    a) Tunnelabschlußwand
    b) Schachtsohle

In /1/ wurde bereits ein einfaches Verfahren zur Herleitung der Schnittgrößen und zur Bemessung nach Schweizer Normen für unbewerte kreisförmige Abschlußwände beschrieben. Dabei wurde jedoch die Belastung p auf die Platte und auf den Plattenrand (im Folgenden q genannt) als gleich angenommen, was für den speziellen Fall der Tunnelendwände im allgemeinen auch zutrifft. Beim nachfolgend beschriebenen ebenso einfachen Verfahren wird das Verhältnis dieser beiden Lasten variiert, so daß es auch für Schachtsohlen anwendbar ist. Der in /1/ beschriebene Fall q/p = 1,0 ist hierbei enthalten.

2 STATISCHES MODELL, GEOMETRIE UND BELASTUNG

Der kreisförmigen Abschlußwand mit der Dicke h und dem Durchmesser 2a (Bild 2) wird eine gedachte Kugelschale mit der Dicke $\alpha \cdot h$ und mit dem Radius R_o einbeschrieben (räumliches Stützgewölbe). Diese Kugelschale stützt sich an ihrem Rand gegen den Ausbau ab. Sie wird belastet durch einen über die Höhe als konstant angenommenen Außendruck p. Der seitliche Stützdruck q ist ebenfalls konstant und ein Vielfaches von p. Das Verhältnis der Drücke q/p wird im Bereich von 0 bis 4 variiert.

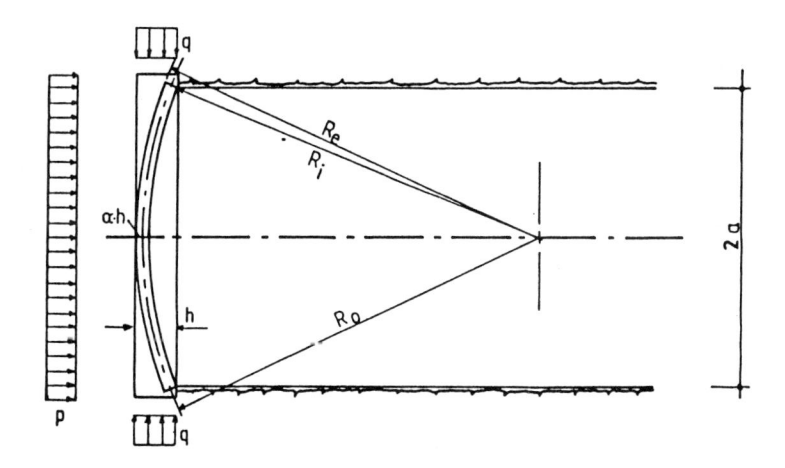

Bild 2: Geometrie und Belastung

3 HERLEITUNG DER GLEICHUNGEN

Die Normalkraft im Zentrum der Kugelschale (Schacht- oder Tunnelachse) infolge p und q beträgt

$$N_t = R_e \cdot \frac{p}{2} + \alpha \cdot h \cdot q \ . \tag{1}$$

Der Radius R_i kann mit Hilfe von Bild 2 durch α und die bekannten Größen a und h ausgedrückt werden

$$[R_i - (1 - \alpha) \cdot h]^2 + a^2 = R_i^2 \tag{2}$$

bzw.

$$R_i = \frac{(1 - \alpha)^2 \cdot h^2 + a^2}{2 \cdot h \cdot (1 - \alpha)} \ . \tag{3}$$

Damit läßt sich der äußere Kugelradius R_e wie folgt beschreiben

$$R_e = R_i + \alpha \cdot h = \frac{h \cdot (1 + \alpha)}{2} + \frac{a^2}{2 \cdot h \cdot (1 - \alpha)} \ . \tag{4}$$

Setzt man nun R_e nach Gleichung (4) in Gleichung (1) ein, so erhält man

$$N_t = \frac{1}{4} [h \cdot (1 + \alpha) + \frac{a^2}{h \cdot (1 - \alpha)}] \cdot p + \alpha \cdot h \cdot q \tag{5}$$

bzw. die daraus resultierende tangentiale Normalspannung zu

$$\sigma_t = \frac{1}{4} \cdot [1 + \frac{1}{\alpha} + \frac{1}{\alpha \cdot h^2} \cdot \frac{a^2}{(1 - \alpha)}] \cdot p + q \ . \tag{6}$$

Die Stärke des Stützgewölbes und damit die Höhe h der Platte folgen gemäß /1/ aus der Bedingung, daß die innere Arbeit U (Verzerrungsenergie) ein Minimum annimmt:

$$\frac{dU}{d\alpha} = 0 \ . \tag{7}$$

Der räumliche Spannungszustand in der Faserschicht $0 < x < \alpha \cdot h$ unter der Belastung p und q läßt sich wie folgt beschreiben:

$$\sigma_{t1} = \sigma_{t2} = \sigma_t = \frac{1}{4} \cdot [1 + \frac{1}{\alpha} + \frac{1}{\alpha \cdot h^2} \cdot \frac{a^2}{(1 - \alpha)}] \cdot p + q \tag{8}$$

$$\sigma_r = \frac{p}{\alpha \cdot h} \cdot x \tag{9}$$

$$\tau_{t1,t2} = \tau_{t2,r} = \tau_{t1,r} = 0 \ . \tag{10}$$

Die Verzerrungsenergie U ergibt sich dann gemäß /2/ zu

$$U = \int_V \frac{1}{2} \cdot (2 \cdot \sigma_{t1} \cdot \varepsilon_{t1} + \sigma_r \cdot \varepsilon_r) \ dU \ . \tag{11}$$

Die Verzerrungen ε lassen sich nach dem verallgemeinerten Hooke'schen Gesetz in Spannungen ausdrücken, so daß dann für die Einheitsverzerrungsenergie gilt

$$\bar{U} = \frac{1}{2} \cdot [\sigma_t^2 \cdot \frac{2 \cdot (1-\mu)}{E} - \sigma_t \cdot \sigma_r \cdot \frac{4 \cdot \mu}{E} + \frac{1}{E} \cdot \sigma_r^2] . \quad (12)$$

Die Integration über die Schalendicke $\alpha \cdot h$ ergibt nach Einsetzen von σ_r in Gleichung (9)

$$U = \int_0^{\alpha \cdot h} \bar{U} \, dx$$

$$= \frac{\alpha \cdot h}{2 \cdot E} \cdot [2 \cdot (1-\mu) \cdot \sigma_t^2 - 2 \cdot \mu \cdot p \cdot \sigma_t + \frac{p^2}{3}] . \quad (13)$$

Mit Gleichung (7) kann dann geschrieben werden

$$\frac{dU}{d\alpha} = \frac{d}{d\alpha} \left\{ \frac{\alpha \cdot h}{2 \cdot E} \cdot [2 \cdot (1-\mu) \cdot \sigma_t^2 - 2 \cdot \mu \cdot p \cdot \sigma_t + \frac{p^2}{3}] \right\} \quad (14)$$
$$= 0 .$$

Nach Einsetzen von σ_t in Gleichung (6) oder (8) und nach Vorgabe von μ sowie der Verhältnisse h / a bzw. q / p stellt die Gleichung (14) nur noch eine Funktion von α dar, deren Nullstellen zu bestimmen sind. Dies geschieht nach dem Verfahren von Newton, das auf einem Tischrechner HP 41 C programmiert wurde. In Bild 3 ist dieser Zusammenhang für μ = 0,2 nach DIN 1045 Abschn. 15.1.2 und für q / p von 0 bis 4,0 dargestellt. Den Einfluß von μ zeigt Tabelle 1 für ein Belastungsverhältnis von q / p = 1,0. Er ist von untergeordneter Bedeutung. Für den Fall, daß nur die Tangentialspannungen σ_t berücksichtigt werden sollen, ist Gleichung (6) lediglich nach α abzuleiten und = 0 zu setzen, da die Spannungen und Dehnungen über den ganzen Schalenquerschnitt konstant sind

$$\frac{d\sigma_t}{d\alpha} = 0 = \frac{1}{4} \cdot [-\frac{1}{\alpha^2} + (\frac{a}{h})^2 \cdot \frac{2 \cdot (1 - 2 \cdot \alpha)}{\alpha^2 \cdot (1-\alpha)^2}] \cdot p . \quad (15)$$

Diese Beziehung ist unabhängig vom Verhältnis q / p und von μ. Der Zusammenhang zwischen dem Dickenparameter α und dem Verhältnis h / a ist in Bild 4 dargestellt.

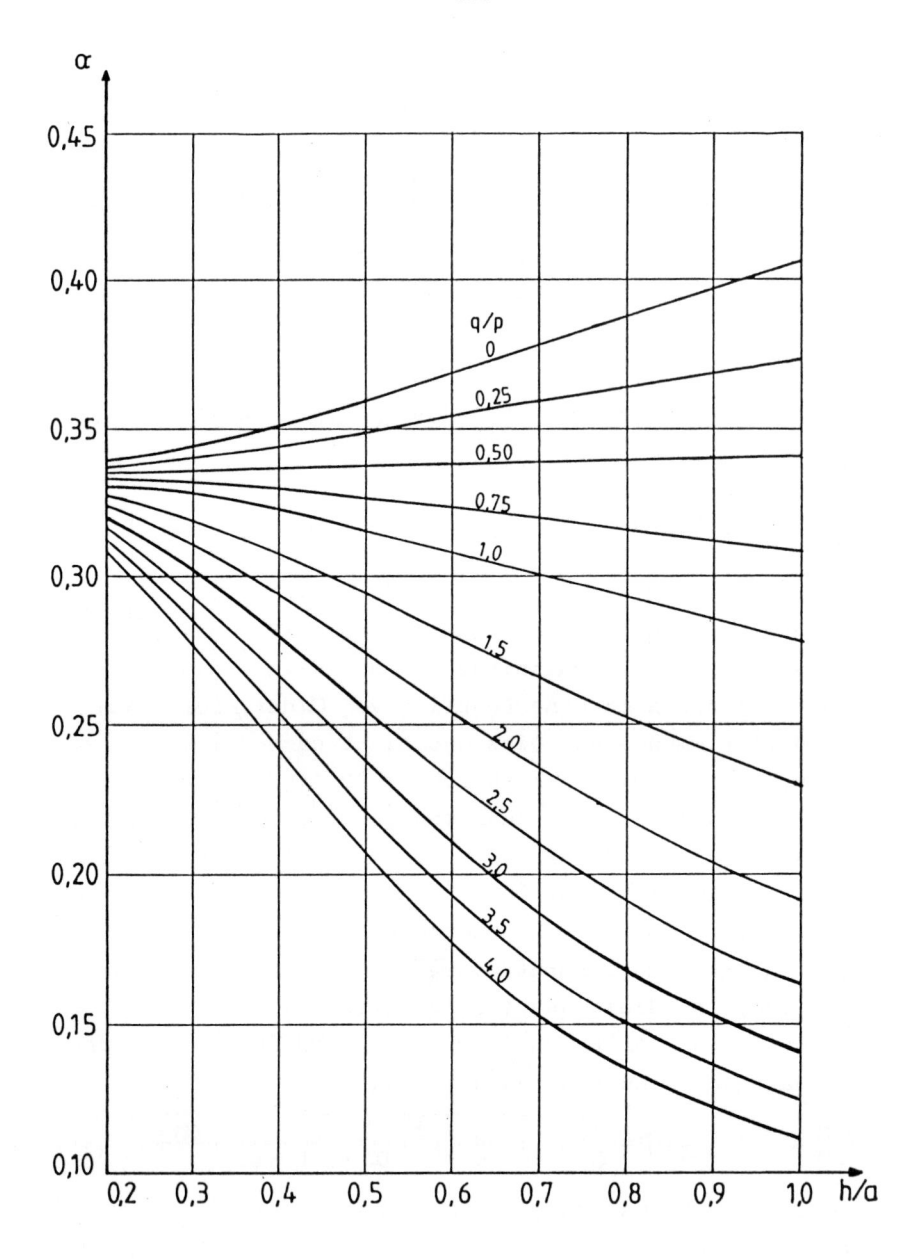

Bild 3: Dickenparameter α als Funktion von h/a und q/p für $\mu = 0{,}20$

h/a μ	0,2	0,3	0,4	0,5	0,6	0,7	0,8	0,9	1,0
0	0,329	0,325	0,318	0,310	0,301	0,292	0,283	0,274	0,265
0,1	0,330	0,326	0,320	0,313	0,305	0,296	0,287	0,279	0,271
1/6	0,330	0,326	0,321	0,314	0,307	0,299	0,291	0,283	0,275
0,2	0,330	0,327	0,322	0,315	0,308	0,301	0,293	0,285	0,278
0,25	0,331	0,327	0,323	0,317	0,311	0,304	0,297	0,290	0,283
0,5	0,333	0,333	0,333	0,333	0,332	0,332	0,331	0,330	0,329

Tabelle 1: Dickenparameter als Funktion von h/a und μ für q/p = 1,0

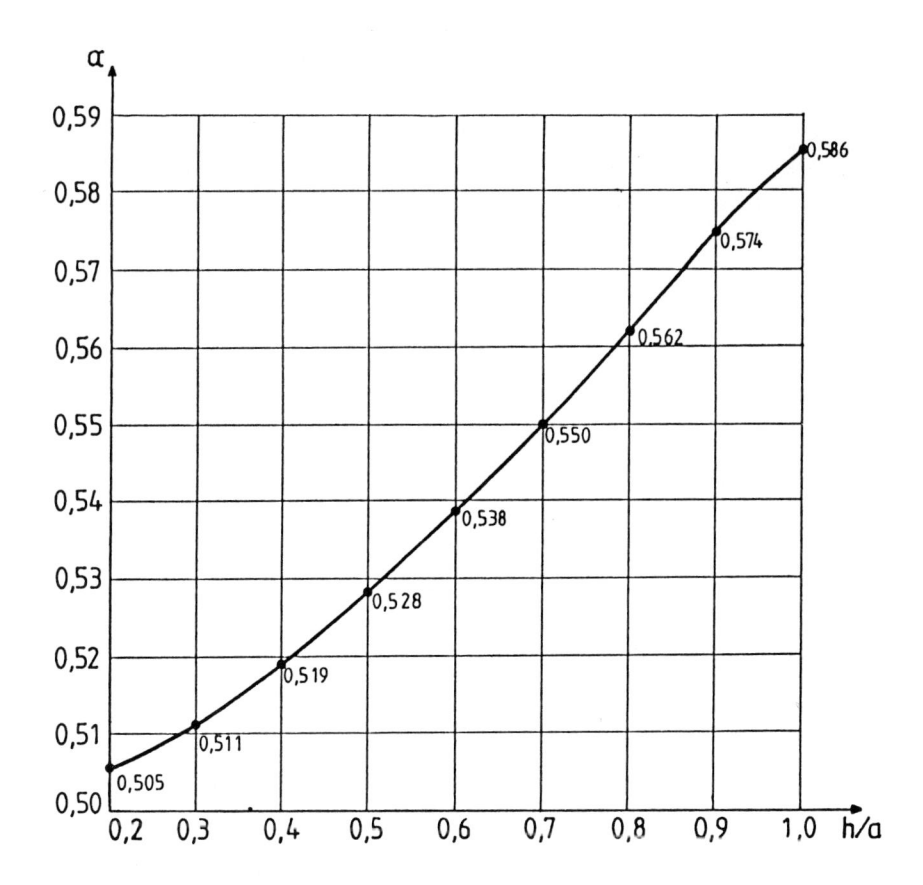

Bild 4: Dickenparameter α als Funktion von h/a für alle q/p und alle μ ohne Ansatz von G_R

4 BEMESSUNG

Die Ermittlung der Schnittgrößen und die Bemessung muß iterativ erfolgen. Dabei ist die Wandstärke h vorzugeben und damit nach Ablesen des Dickenparameters α aus Bild 3 die Tangentialspannung σ_t nach Gleichung (6) zu ermitteln. Bei einer Vernachlässigung der Radialspannungen σ_r ist α aus Bild 4 abzulesen.

Der Wert σ_t muß mit der zulässigen Spannung nach DIN 1045 Abschn. 17.9 verglichen werden.

Auf einen Schubspannungsnachweis am Plattenrand sollte nicht verzichtet werden, da er erfahrungsgemäß oftmals maßgebend werden kann. Als zulässige Schubspannung τ_1 sollte der Wert τ_{011} nach Zeile 1b aus Tabelle 13 in DIN 1045 herangezogen werden. Bei vorsichtiger Einschätzung der Beanspruchung kann dieser Wert um den Faktor k_1 oder k_2 nach Gleichung (14) bzw. (15) in DIN 1045 reduziert werden.

Die vorhandene Schubspannung am Plattenrand ergibt sich zu

$$\tau_{vorh.} = \frac{p \cdot a}{2 \cdot h} \quad . \tag{16}$$

5 BEISPIELE

Tunnelabschlußwand

Geometrie	a	= 3,50 m
	h	= 0,70 m
Belastung	p	= 200 KN/m^2
	q	= 200 KN/m^2
Materialkennwerte	B25	
	β_R	= 17500 KN/m^2
	τ_{0m}	= 500 KN/m^2
	ν	= 2,5
	μ	= 0,2
Berechnung	h/a	= 0,70/3,50 = 0,20
	q/p	= 200/200 = 1,00
	Tabelle 1	α = 0,330
	Gleichung 6	σ_t = 6055 KN/m^2
		ν = 2,89 > 2,50
	Gleichung 16	τ_1 = 500 KN/m^2 ≦ 500 KN/m^2

Schachtsohle

    Geometrie $a = 8,00$ m

                        $h = 2,00$ m

    Belastung $p = 300$ KN/m^2

                        $q = 450$ KN/m^2

    Materialkennwerte   B 25

                        $\beta_R = 17500$ KN/m^2

                        $\tau_{011} = 500$ KN/m^2

                        $V = 2,5$

                        $\mu = 0,2$

    Berechnung $h/a = 2,00/8,00 = 0,25$

                        $q/p = 450/300 \quad = 1,50$

                        Bild 3 : $\alpha = 0,322$

                        Gleichung 6: $\sigma_t = 6255$ KN/m^2

                                    $V = 2,80 > 2,50$

                                    $\tau_1 = 600$ KN/m$^2 > 500$ KN/m^2

                $\hookrightarrow$ __erf h = 2,40 m__

6   SCHLUSSBEMERKUNG

Mit dem vorgestellten Verfahren ist eine einfache Bestimmung der Wanddicke von Tunnelendwänden oder Schachtsohlen möglich. Das Tragverhalten wurde bewußt einfach gehalten. Für Sonderprobleme wie z.B. Öffnungen in den Wänden muß von Fall zu Fall auf eine genauere Betrachtung als Trägerrost oder Balkenkreuz zurückgegriffen werden.

/1/ Bemessungen von kreisförmigen Tunnelendwänden aus unbewehrtem Beton
    M. Gysel, Schweizer Ingenieur und Architekt 1979, H. 1
    S. 9-11

/2/ Ziegler, H.: Mechanik I, Statik der starren und flüssigen Körper sowie Festigkeitslehre.
    4. Auflage, Birkhäuser Verlag, Basel und Stuttgart, 1962

Zur Einbeziehung des Faktors Zeit beim Entwurf von Hohlraumbauten im Festgebirge

K.-H. Lux, Clausthal-Zellerfeld und R. B. Rokahr, Hannover

SUMMARY

The inclusion of time-dependent processes, summed by Rabcewicz under the term "Time Factor", is often of primary importance in the design of subsurface load-bearing systems. Salt cavern construction, and tunnel building using the shotcrete support-lining technique in rock masses of limited strength, represent 2 such cases. This paper deals in particular with the influence on the load-bearing behaviour of a bonded rock mass/lining system of the viscous properties of shotcrete. Consideration of various calculation models and their suitability is discussed. Predominance is given to a critical look at the interpretation of in situ measurements taken concurrently to building work and in which as far as possible all influences stemming from shotcrete creep are borne in mind.

ZUSAMMENFASSUNG

Die Einbeziehung zeitabhängiger Vorgänge, von Rabcewicz unter dem Begriff "Faktor Zeit" subsumiert, kann für den Entwurf von untertägigen Tragwerken zentrale Bedeutung erlangen. Zwei Beispiele hierfür sind der Salzkavernenbau und der Felstunnelbau im bedingt standfesten Gebirge mit Spritzbetonausbau. Der Beitrag befaßt sich insbesondere mit dem Einfluß der viskosen Eigenschaften des Spritzbetons auf das Tragverhalten des Verbundsystems Gebirge - Ausbau. Neben der Betrachtung von Berechnungsmodellen und ihrer Aussagekraft wird vor allem kritisch auf die Interpretation von baubegleitenden Feldmessungen unter Berücksichtigung möglicher Einflüsse aus dem Spritzbetonkriechen eingegangen.

1   PROBLEMATIK

Im Gegensatz zu der Planung obertägiger Ingenieurbauwerke sind beim Entwurf von untertägigen Tragsystemen wie Tunnel- und Kavernenbauwerken in sehr viel stärkerem Maße zeitabhängige Vorgänge zu berücksichtigen. Diese von RABCEWICZ /1/ unter dem Begriff 'Faktor Zeit' subsumierten Einflüsse haben bei Untertagebauwerken zwei Ursachen: einerseits kann das Materialverhalten von Gebirge und/oder Ausbau viskose Eigenschaften aufweisen, andererseits führt das sukzessive Auffahren des Hohlraumes in einem vorbeanspruchten Gebirge in Verbindung mit der jeweils gewählten Bau- und Betriebsweise zu einer Zeitabhängigkeit. Neben der materialbedingten wird diese systembedingte Zeitabhängigkeit deutlich in Parametern wie der Vortriebsgeschwindigkeit, dem Zeitpunkt des Einbaus der Sicherungsmittel, dem Zeitpunkt des Nachführens von Strossen- und Sohlvortrieb im Anschluß an das Auffahren der Kalotte oder der Ringschlußzeit. Von den vielfältigen Erscheinungsformen des Faktors Zeit bei Untertagebauwerken, dessen Bedeutung schon früh von HEIM /2/ oder ANDREAE /3/ erkannt wurde und der ausführlich von MÜLLER /4/ beschrieben wird, sind die materialbedingten Einflüsse im Hinblick auf das Tragwerksverhalten mitunter so dominant, daß ihre Vernachlässigung bei der Suche nach und Verwendung von möglichst einfachen Berechnungsmodellen zu unzutreffenden, wesentliche Mechanismen nicht erfassenden Ergebnissen führen kann.

2   ZUM MATERIALBEDINGTEN EINFLUSS DES FAKTORS ZEIT

Der materialbedingte Einfluß des Faktors Zeit wird in verschiedenen Bereichen des untertägigen Bauens wirksam. Markante Beispiele hierfür sind der Hohlraumbau im Salinargebirge und der Tunnelbau in bedingt standfesten Gebirge mit Spritzbetonausbau.

Bei den nicht befahrbaren, soltechnisch aufgefahrenen Salzkavernen steht nur das Gebirge als einziges Tragelement zur Verfügung. Bereits unter Betriebsbedingungen zeichnet sich jedoch das Steinsalzgebirge durch eine ausgeprägte Kriechfähigkeit aus, so daß die Berücksichtigung der viskosen Gebirgseigenschaften unerläßlich ist für einen wirtschaftlichen Entwurf dieser Tragwerke.

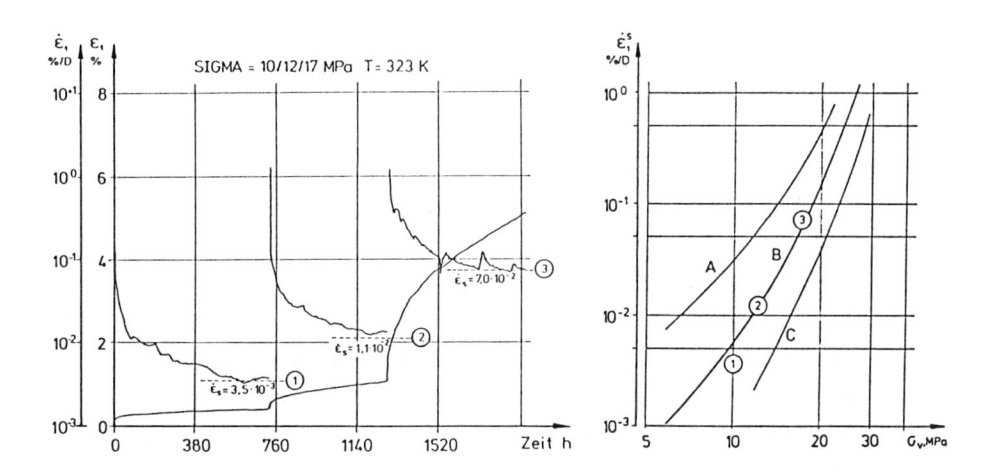

Bild 1 Kriechverhalten von Steinsalz

Bild 1 zeigt zur Illustration einige Labordaten zum Kriechverhalten von Steinsalz. Links im Bild sind Kriechkurven aus Spannungswechselversuchen dargestellt, aus denen zu ersehen ist, daß das Steinsalz auf Beanspruchungserhöhungen zunächst mit einer signifikanten Erhöhung der Kriechrate reagiert. Diese Übergangskriechrate klingt dann bei konstanter Beanspruchung allmählich ab auf einen Wert, der als stationäre Kriechrate bezeichnet wird und der das Kriechverhalten spannungs- und temperaturabhängig für große Zeiräume charakterisiert. Die Spannungsabhängigkeit dieser stationären Kriechrate ist rechts im Bild für Steinsalz aus verschiedenen Lokationen aufgetragen. Bemerkenswert ist hierbei die signifikante Zunahme der Kriechrate mit ansteigendem Beanspruchungsniveau und die lokationsbedingte Streubreite.

Damit wird deutlich, daß die Tragwerksanalyse im Kavernenbau die Betrachtung großer und auch sehr unterschiedlicher Zeiträume erfordert. So umfaßt die Dauer von Feldversuchen einen Zeitraum von wenigen Wochen bis zu einigen Monaten, die Betriebsphase von Speicherkavernenanlagen einige Jahrzehnte und die Nachbetriebsphase von Deponiekavernen nach Kavernenverschluß zumindest Jahrhunderte bis Jahrtausende. Einzelheiten zum Materialverhalten von Salzgesteinen, zu Berechnungsmodellen und zum Betriebsverhalten von Salzkavernenspeichern sowie Angaben über weiterführende Literatur sind zu finden bei Lux/Rokahr /5/, Lux /6/, Lux/Rokahr/Kiersten /7/. Darüber hinaus wird von Lux/Quast/Rokahr /8/ über einen weltweit einmaligen Feldversuch an einer Hochdruck-Erdgaskaverne berichtet.

Im Gegensatz zum Salzkavernenbau mit dem ausgesprochen viskosen Gebirgsverhalten und den daraus folgenden, mitunter sehr großen, weit in die Zukunft weisenden Zeiträumen, für die die Auswirkungen der Materialeigenschaften auf das Tragsystem prognostizierend zu analysieren sind, sind bei der hier im Vordergrund stehenden Betrachtung - Auswirkungen der viskosen Eigenschaften des Spritzbetons im Felstunnelbau - vor allem Zeiten von nur wenigen Stunden bis zu einigen Wochen und damit leicht überschaubare Zeiträume von wesentlichem Interesse. Ob dadurch allerdings auch die für die Abschätzung des Tragverhaltens des Verbundsystems Gebirge - Ausbau relevanten Auswirkungen entsprechend leichter zu erkennen, zu quantifizieren und entsprechend zu berücksichtigen sind, bleibt abzuwarten.

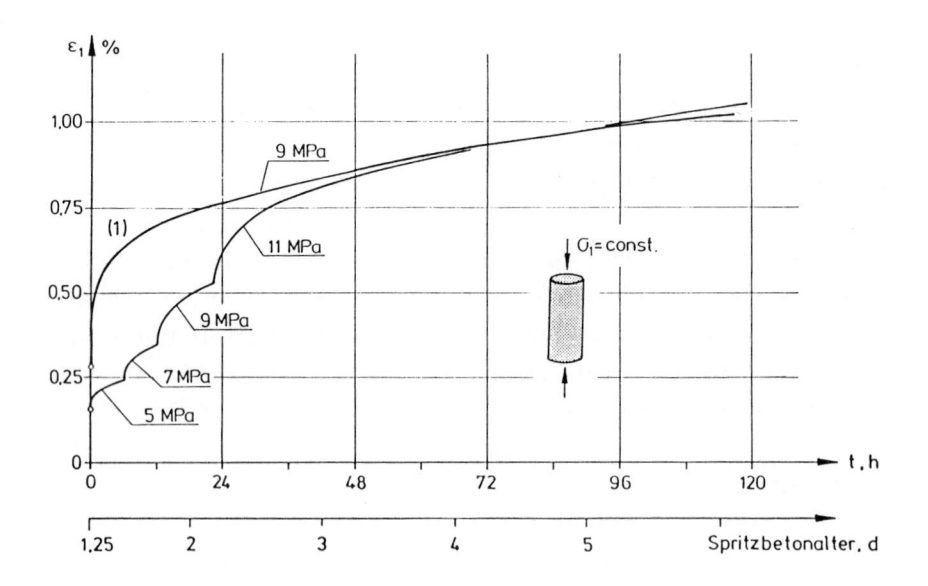

Bild 2 Prinzipielles Materialverhalten von jungem Spritzbeton bei unterschiedlicher Belastungsgeschichte

Um einen ersten Eindruck des viskosen Materialverhaltens von Spritzbeton zu vermitteln, zeigt Bild 2 das zeitabhängige Verformungsverhalten von zwei Spritzbetonprüfkörpern, die im Alter von 30 h Kriechversuchen mit unterschiedlicher Belastungsgeschichte unterzogen wurden.

Aus Versuch (1) mit einer über die Versuchszeit konstanten Beanspruchung von $\sigma_1 = 9$ MPa ist zu ersehen, daß bereits 24 h nach Belastungsbeginn elastisch-viskose Gesamtverzerrungen von $\varepsilon_1 = 7,5$ $^o/oo$ erreicht sind, die bis zum vollständigen Aushärten natürlich noch weiter zunehmen. Damit wird deutlich, daß eine Berechnung der Beanspruchung des Spritzbetonausbaus mit den in DIN 1045 angegebenen Kennwerten, die für die Materialeigenschaften von ausgehärteten Beton gelten, nicht oder zumindest nicht ohne zusätzliche Überlegungen möglich ist.

Darüber hinaus zeigt der Versuch(2) in diesem Bild mit einer nunmehr in den Stufen $\sigma_1 = 5/7/9$ MPa aufgebrachten Beanspruchung, daß in der gleichen Zeit von 24 h im Vergleich zum Versuch (1) nur deutlich geringere Gesamtverzerrungen erreicht werden.

Daraus folgt, daß neben der Höhe der Beanspruchung auch die Belastungsgeschichte einen wesentlichen Einfluß hat auf die sich mit der Zeit einstellenden Spritzbetonverformungen und somit insbesondere der Zeitpunkt, zu dem die Belastung des jungen Spritzbetons erstmalig erfolgt sowie die Intensität und zeitliche Abfolge weiterer Belastungsstufen.

Nachfolgend soll betrachtet werden, wie sich der durch dieses exemplarisch aufgezeigte viskose Verhalten des Spritzbetons bedingte Faktor Zeit auf die Einschätzung des Tragverhaltens von Felstunneln auswirken kann.

3 VERBUNDTRAGSYSTEM GEBIRGE - SPRITZBETONAUSBAU

3.1 EINIGE GEOMECHANISCHE CHARAKTERISTIKA

Das mechanische Verhalten eines Felshohlraumes in bedingt standfestem Gebirge, der statisch als Verbundtragsystem Fels - Spritzbetonausbau anzusehen ist, wird wesentlich bestimmt durch die Materialeigenschaften der beiden Tragelemente. Während den Materialeigenschaften des Felses als Diskontinuum sowohl hinsichtlich ihrer Ermittlung in Labor und Feld wie auch ihrer Beschreibung durch Stoffgesetze in den vergangenen Jahren größte Aufmerksamkeit geschenkt wurde - WITTKE /9/ gibt hierzu einen eindrucksvollen Überblick - liegen zu den Materialeigenschaften von Spritzbeton keine vergleichbaren Erkenntnisse vor. Diese offensichtliche Diskrepanz ist eigentlich nur dadurch zu erklären, daß statischen Berechnungen im Rahmen von Projektplanungen vorwiegend das Tragsystem Gebirge - Ausbau im Endzustand mit bereits als ausgehärtet angesehenem Spritzbeton zugrunde gelegt wird. Bei der Betrachtung von Bauzuständen wird allenfalls noch von einer reduzierten Festigkeit entsprechend dem Erhärtungsgrad ausgegangen, während das Verformungsverhalten - abgesehen von einer Bemessung nach Zustand I - in jedem Fall als linear-elastisch angesehen wird.

Auch bei nur oberflächlicher Betrachtung des Bauablaufs eines Felstunnels wird jedoch deutlich, daß die in Ortsbrustnähe eingebaute Spritzbetonschale bereits durch den nachfolgenden Tunnelvortrieb und die dadurch aktivierten Umlagerungskräfte im Rahmen des Verbundsystems Gebirge - Ausbau in einem Alter von nur wenigen Stunden belastet und infolge des Verbundes mit dem Gebirge auch zum Mittragen herangezogen wird. In diesem Alter weist der Spritzbeton neben einer geringen Festigkeit entsprechend Bild 2 auch eine ausgeprägte Kriechfähigkeit auf. Mit der im Lauf der Zeit zunehmenden Erhärtung des Spritzbetons nimmt dann allerdings die Festigkeit zu, während sich gleichzeitig die Kriechfähigkeit verringert.

Dieses Materialverhalten ist qualitativ und bezüglich der Festigkeitsentwicklung auch quantitativ bekannt, wenngleich eine konsequente Einbeziehung beider Spritzbetoneigenschaften in statische Berechnungen noch sehr selten zu finden ist. Eine realistische Einschätzung des sich mit der Zeit und damit auch während des Bauablaufs ändernden Tragverhaltens und darüber hinaus auch des Tragvermögens des Verbundsystems Gebirge - Ausbau kann nur dann gelingen, wenn die Belastungsgeschichte des Tragsystems in Verbindung mit den inelastischen zeitabhängigen Materialeigenschaften des Spritzbetons betrachtet wird. Damit kann aber nicht erwartet werden, daß die übliche Betrachtung des Tragsystems im Endzustand, charakterisiert durch die Verwendung von zwei- oder eindimensionalen Berechnungsmodellen mit bereits als ausgehärtet angesehenem, ein linear - elastisches Stoffverhalten aufweisendem Spritzbeton, zu Ergebnissen führt, die das tatsäch-

liche Tragverhalten hinreichend erfassen. Daß dennoch eine sowohl sichere
wie auch wirtschaftliche Bauausführung gelingen kann, beweisen zahlreiche
Beispiele aus der Praxis des Tunnelbaus.

3.2   EINIGE ANMERKUNGEN ZU DEN BERECHNUNGSMODELLEN

Trotz aller Anstrengungen steht bis heute noch kein allgemein anerkanntes
Modell zur Berechnung tiefliegender Tunnel im Fels zur Verfügung, das sowohl den wissenschaftlichen wie auch den baupraktischen Anforderungen gerecht wird. Diese Anforderungen bestehen einerseits darin, daß die mit
dem Auffahren eines Tunnels verbundenen Spannungs- und Verschiebungszustän-
de in Gebirge und Tunnelausbau in realistischer Größe im voraus abgeschätzt
werden können - Voraussetzung und Grundlage zugleich für eine sichere und
wirtschaftliche Festlegung der Sicherungsmittel. Andererseits ist es darüber hinaus aber auch erforderlich, daß die notwendigen Berechnungen mit
einem vertretbaren Aufwand an Kosten und Zeit durchgeführt werden können.

Die bisherige Erfahrung zeigt, daß trotz der von der bauausführenden Seite
beherrschten Aufgabe 'Erstellung von Tunnelbauwerken' die zur Zeit zur Verfügung stehenden und überwiegend angewendeten Berechnungsansätze die tatsächlich vorliegenden Mechanismen im Verbundtragsystem Gebirge - Ausbau
nur unzureichend, mitunter nicht einmal widerspruchsfrei zu nur qualitativen Erkenntnissen aus Bauwerksmessungen beschreiben.

Einer der Gründe für diese unbefriedigende Situation mag darin liegen, daß
die tatsächlichen Mechanismen, die das Tragverhalten eines Tunnelbauwerks
bestimmen, nicht mit einfachen statischen Modellen erfaßt werden können,
insbesondere unter dem Gesichtspunkt, daß im Rahmen des Verbundsystems
Fels - Ausbau das Gebirge unter dem Gesichtspunkt der Beanspruchungsauf-
nahme das Haupttragelement darstellt und dem Spritzbetonausbau eine nur
sekundäre Bedeutung zukommt. Im Hinblick auf die optimale Ausnutzung der
Tragfähigkeit des Haupttragelementes Gebirge und einen sicheren Tunnelvortrieb wird der Spritzbeton jedoch zu einem unverzichtbaren Bauteil. Hierauf ist von Rokahr/Lux /10/ bereits ausführlich eingegangen worden.

Bei allen Berechnungsmodellen, die von einem Verbundsystem Gebirge - Ausbau
ausgehen, ist es notwendig, die Steifigkeit des Ausbaus in die Berechnung
einzuführen. Bei der überwiegend im Mittelpunkt statischer Berechnungen

stehenden Betrachtung des Endzustandes wird überwiegend so verfahren, daß für den Spritzbeton neben der planmäßigen Dicke der Verformungsmodul eines erhärteten Betons angesetzt wird. Um einen langfristig denkbaren Abbau der Beanspruchung durch Kriechverformungen zu berücksichtigen, wird mitunter auch ein reduzierter Verformungsmodul gewählt /11,12/.

Bei dieser Vorgehensweise wird jedoch außer Betracht gelassen, daß nicht nur der ausgehärtete Spritzbeton ebenso wie der im Gegensatz zu Spritzbeton im Tunnelbau allerdings erst spät belastete Ortbeton ein Kriechvermögen aufweist, sondern in noch sehr viel stärkerem Maße natürlich auch der noch junge Spritzbeton, der in Ortsbrustnähe dem Tunnelvortrieb folgend auf die freigelegte Gebirgsoberfläche aufgespritzt und daher bereits zu einem sehr frühen Zeitpunkt im Rahmen des Verbundtragsystems Gebirge - Ausbau durch die durch den weiteren Tunnelvortrieb aktivierten Umlagerungskräfte belastet wird.

Nun ist aber auch bekannt, daß das Superpositionsgesetz nur bei idealelastischem Stoffverhalten einer Struktur gilt, mithin bei inelastischem Materialverhalten die Beanspruchungsverteilung in einem statisch unbestimmten System entscheidend auch von der Belastungsgeschichte abhängt - hier der Tunnelvortrieb und damit die räumlich-zeitliche Aktivierung der Umlagerungskräfte in Verbindung mit dem Zeitpunkt des Einbringens der Sicherungsmittel.

Daraus folgt, daß die Entwicklung zutreffender 'einfacher' statischer Modelle für die Bemessung von Tunneln im Fels erst dann gelingen kann, wenn das komplizierte, durch das Bauverfahren und die viskosen Eigenschaften des Spritzbetons und u. U. auch des Gebirges bestimmte Tragverhalten hinreichend bekannt ist. Diese Forderung setzt jedoch voraus, daß systematisch aufwendige Berechnungen zur Simulation des Tunnelvortriebes und zur Erforschung der wesentlichen Tragwerks-Mechanismen durchgeführt werden. Bild 3 zeigt exemplarisch ein dreidimensionales Berechnungsmodell, das ersten derartigen Grundsatzuntersuchungen zugrunde gelegt wurde.

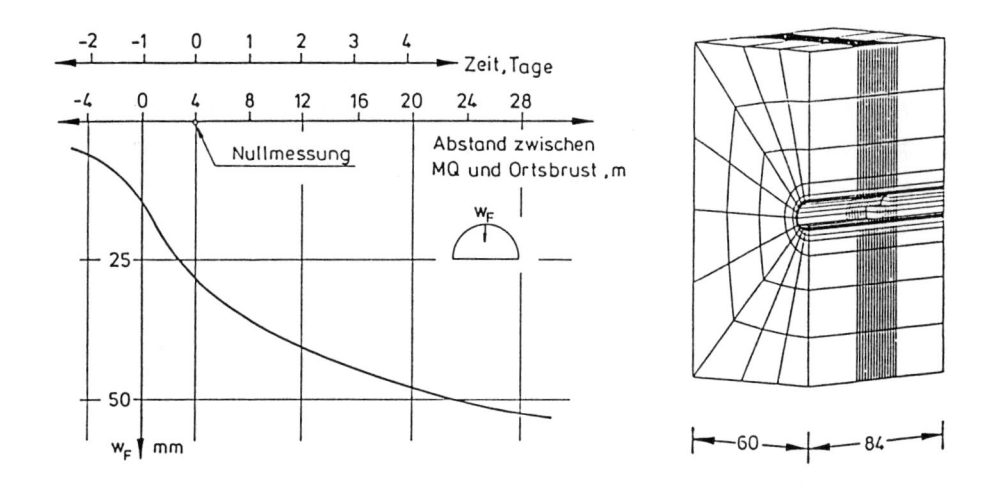

Bild 3   FE-Modell zur Simulation eines Kalottenvortriebes nach /10/

Es zeigt sich, daß mit diesem Berechnungsmodell unter Ansatz eines viskosen Materialverhaltens für den Spritzbetonausbau einerseits die im Gegensatz zu Ergebnissen der üblichen statischen Berechnungen tatsächlich auftretenden relativ geringen Betonspannungen und relativ großen Tragwerksverformungen zunächst von der Tendenz her erklärt werden können. Andererseits findet bei der Interpretation der Berechnungsergebnisse die zunächst mehr intuitiv entwickelte Theorie des Ausbauwiderstandes eine überraschende Bestätigung.

Neben den Vorausberechnungen zum Tragverhalten eines Tunnelbauwerkes sind angesichts der geschilderten Unzulänglichkeiten der verwendeten theoretischen Modelle die baubegleitenden Messungen und vor allem ihre Interpretation von ausschlaggebender Bedeutung für einen der jeweiligen geologisch-geomechanischen Situationen angepaßten sicheren und zugleich wirtschaftlichen Vortrieb. Daher soll auch die Interpretation der baubegleitenden Messungen unter dem Gesichtspunkt 'Faktor Zeit: viskoses Spritzbetonverhalten' näher betrachtet werden.

4   INTERPRETATION VON FELDMESSUNGEN

Da bei Tunnelbauwerken vortriebsbegleitend am häufigsten die Verformungen im Tunnelfirst (Firstsetzungen) gemessen und als Indikator für den Nachweis eines standsicheren Tragsystems herangezogen werden, soll nachfolgend diskutiert werden, wie sich die Erkenntnis von der signifikanten Kriechfähigkeit des frühzeitig belasteten Spritzbetons auf ihre Interpretation auswirken kann.

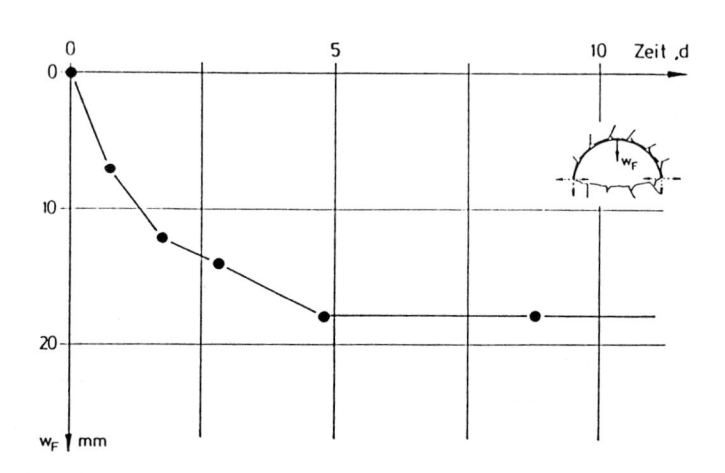

Bild 4 Firstsetzungen in einem Meßquerschnitt eines Kalottenvortriebes

Auf Bild 4 ist dazu als erstes der typische Verlauf der Firstsetzungen in einem Meßquerschnitt eines Kalottenvortriebes in Abhängigkeit von der Zeit über einen Zeitraum von etwa 10 Tagen aufgetragen. Verbunden damit ist die Frage: Welche Informationen im Hinblick auf den Tragwerkszustand sind aus diesen Meßwerten abzulesen?

Ein erster Blick zeigt, daß nach etwa 5 Tagen die Verformungen zur Ruhe gekommen sind - nach übereinstimmender Fachmeinung ein Hinweis darauf, daß sich im Verbundsystem Gebirge - Ausbau ein (neuer) Gleichgewichtszustand eingestellt hat. Weiterhin ist aus der Meßkurve zu ersehen, daß die Firstsetzungen kleiner als 20 mm sind. Eine Bewertung dieser Meßdaten unter Berücksichtigung der Gebirgsqualität- Wechsellagerung Sandstein-Schluffstein-Tonstein - des Innendurchmessers von 14 m und der Teufenlage von 160 m würde wohl zu einer günstigen Einschätzung der Tragwerkssituation führen: Verformungen relativ schnell abgeklungen mit einem relativ geringen Maximalwert.

Über diese erste Einschätzung hinaus können jedoch noch weiterführende Fragen gestellt werden:

- Der Meßzeitraum beträgt nur 10 Tage. Ist dieser Zeitraum ausreichend für eine abschließende Bewertung oder sind zu einem späteren Zeitpunkt weitere zunehmende Verformungen zu erwarten? Mit anderen Worten: Hat das Tragsystem tatsächlich schon den endgültigen Gleichgewichtszustand erreicht?

- Die aufgetragenen Verformungen beginnen zum Zeitpunkt t = o. Welchem Stand der Ortsbrust entspricht dieser Nullpunkt, d. h. der Beginn der Messungen? Wurde bereits nach dem ersten Abschlag gemessen oder wurde mit den Messungen erst einige Tage nach dem Ausbruch im Bereich des Meßquerschnitts und damit weit hinter der vorgefahrenen Ortsbrust begonnen?

Darüber hinaus kann auch gefragt werden, an Hand welchen Maßstabs die gemessenen Firstsetzungen von 20 mm beurteilt werden. Können die gemessenen radialen Firstsetzungen in einfacher Weise in tangentiale Verzerrungen oder sogar Spannungen der Außenschale umgerechnet werden, die dann entsprechenden zulässigen Materialkennwerten des Spritzbetonausbaus gegenübergestellt werden könnten? Oder muß eine Beschränkung darauf erfolgen, Zeit-Setzungskurven nur miteinander vergleichen zu können, z. B. hinsichtlich ihres qualitativen Verlaufs, vielleicht auch hinsichtlich der Setzungsrate, und die Bewertung der Meßdaten dann auf der Erfahrung aufzubauen?

Eine weitere Frage ergibt sich im Hinblick auf die Bewertung dann, wenn der Kurvenverlauf nicht nach wenigen Tagen bereits durch ein Abklingen der Firstsetzungen das Erreichen eines neuen endgültigen Gleichgewichtszustandes signalisiert. Aber was heißt 'nach wenigen Tagen'? Geht hier in die Betrachtung nicht auch die Vortriebsgeschwindigkeit ein, die ja durchaus zwischen 2 m und 6 m je Arbeitstag schwanken kann? Die Vortriebsgeschwindigkeit und damit der nach einer bestimmten Zeit erreichte Abstand der Ortsbrust vom betrachteten Meßquerschnitt hat sicher einen Einfluß, wird durch den Abstand Ortsbrust - Meßquerschnitt doch bestimmt, in welchem Umfang die durch den Vortrieb aktivierten Umlagerungskräfte bereits im Bereich des Meßquerschnitts wirksam geworden sind.

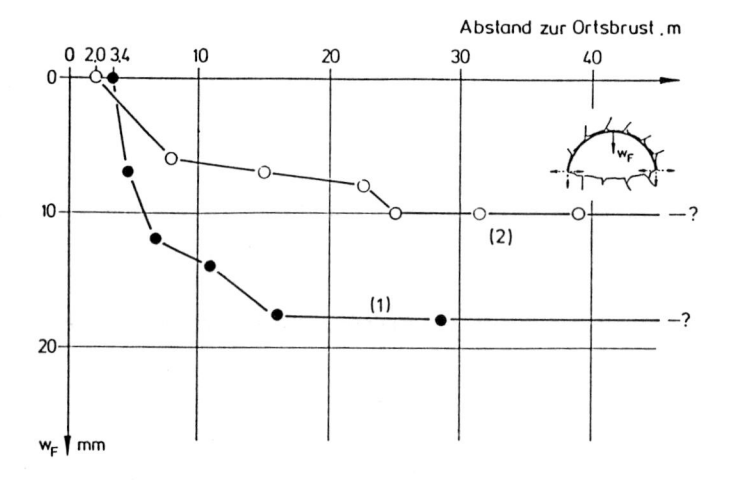

Bild 5   Vergleich von Firstsetzungsverläufen verschiedener
         Meßquerschnitte eines Kalottenvortriebes

Hierzu zeigt Bild 5 vergleichend den Verlauf der Firstsetzungen in zwei Meßquerschnitten eines Kalottenvortriebes, wobei auf der Abszisse der Abstand zur Ortsbrust aufgetragen ist. Die Firstsetzungskurve (1) entspricht der Firstsetzungskurve aus Bild 4. Bei einem Vergleich sind aus baupraktischer Sicht zwei Fälle zu unterscheiden:

Fall (1): Der Kurvenverlauf (2) wird nach dem Kurvenverlauf (1) in einem nachfolgenden Meßquerschnitt gemessen. Die Firstsetzungen im im Meßquerschnitt (2) sind 40 m hinter der Ortsbrust mit ca. 10 mm offensichtlich deutlich kleiner als im Meßquerschnitt (1). Da im Bereich des Meßquerschnitts (1) keine Schäden im Spritzbeton aufgetreten sind (Risse, Abplatzungen) und damit auch keine Hinweise für eine Überbeanspruchung vorhanden sind, ist für den Meßquerschnitt (2) bei unterstellten sonst gleichen Verhältnissen eine eher geringere Spritzbetonbeanspruchung als im Meßquerschnitt (1) zu erwarten.

Fall (2): Nunmehr wird angenommen, daß der Kurvenverlauf (1) erst nach dem Kurvenverlauf (2) gemessen wurde und im Meßbereich (2) mit den kleineren Firstsetzungen von 10 mm keine Schädigung/Überbeanspruchung der Spritzbetonschale vorliegt. Welche Konsequenz ergibt sich aus dieser Erfahrung aber nun für den Bereich des Meßquerschnitts (1) angesichts dessen fast doppelt so großer Firstsetzung?

Zusätzlich sind bei dem Vergleich und der damit beabsichtigten Einschätzung der Beanspruchung der Spritzbetonschale zwei weitere Fragen zu stellen:

(1) Ist ein unmittelbarer Vergleich angesichts des unterschiedlichen Abstandes zur Ortsbrust von 2,0 m bzw. 3,4 m zur Zeit der Nullmessung überhaupt zulässig?

(2) Ist der betrachtete Meßbereich überhaupt groß genug, um einen endgültigen Vergleich der Verformungen in beiden Meßquerschnitten ziehen zu können?

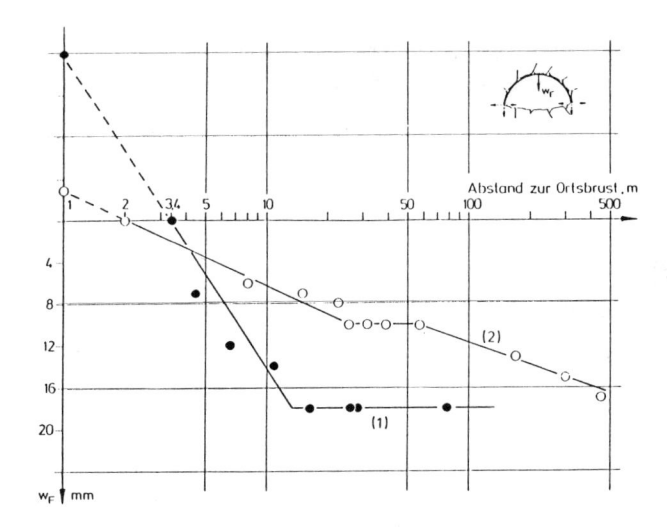

Bild 6 Firstsetzungen aus zwei Meßquerschnitten eines Kalottenvortriebes mit der Abszisse in logarithmischem Maßstab

Dazu zeigt Bild 6 die Meßkurven aus Bild 5 in einer anderen Darstellung - Abszisse mit dem Abstand zur Ortsbrust in logarithmischem Maßstab - und über einen sehr viel größeren Meßbereich von nunmehr 500 m. Im Gegensatz zu Bild 5 mit einem gekrümmten Verlauf der Meßkurve kann der Verlauf der Meßwerte nunmehr offensichtlich durch Geradenabschnitte angenähert werden.

Dabei ist der im Rahmen der baubegleitenden Meßwertinterpretation gesuchte Übergang in den Ruhezustand (= Abklingen der Verformungen), der auch oft als das Erreichen eines 'neuen Gleichgewichtszustandes' und damit eines 'Tragsystems mit ausreichender Sicherheit' interpretiert wird, deutlich zu erkennen, sehr viel markanter jedenfalls als in der üblichen Darstellung.

Ferner ist Bild 6 zu entnehmen, daß bei der Firstsetzungskurve (2) der größere Meßbereich nun doch erkennen läßt, daß der aus Bild 5 im Abstand von etwa 40 m von der Ortsbrust zu ersehende Ruhezustand tatsächlich doch nur ein vorübergehender Ruhezustand war: etwa 60 m hinter der Ortsbrust zeigt sich eine erneute Zunahme der Firstsetzungen, die noch über weitere 300 m Vortrieb andauern. Auf die Ursache dieser, mit dem großräumigen Gebirgsbau zusammenhängenden zusätzlichen Verformungen soll hier jedoch nicht weiter eingegangen werden. Ihre Interpretation bleibt einer späteren Arbeit vorbehalten.

Die in Bild 6 gewählte halblogarithmische Auftragung der Meßwerte bietet außer dem Vorteil, große Meßbereiche leicht überschauen zu können, auch die Möglichkeit, durch eine Rückwärts-Extrapolation die meßtechnisch nicht erfaßten Verformungsanteile zumindest so weit abschätzen zu können, daß für Meßkurven mit tatsächlich unterschiedlichem Meßbeginn ein für den Vergleich notwendiger einheitlicher (fiktiver) 'Meßnullpunkt' festgelegt werden kann. Dieser 'fiktive Meßnullpunkt' sollte unter Berücksichtigung des aus 3D-Berechnungen zu ersehenden prinzipiellen Verlaufs der vollständigen Firstsetzungskurve entsprechend Bild 3 nicht kleiner als im Abstand von 1,0 bis 1,5 m zur Ortsbrust gewählt werden.

Die Größe der meßtechnisch nicht erfaßten Verformungsanteile hängt nach Bild 6 nicht nur von dem Abstand des Meßquerschnittes zur Ortsbrust bei der Nullmessung, sondern entscheidend auch von der Steigung der rückextrapolierten Geraden ab.

Aber auch nach Bezug der beiden Firstsetzungskurven auf einen einheitlichen Meßbeginn, charakterisiert durch den gleichen Abstand des Meßquerschnittes zur Ortsbrust, kann aus den Firstsetzungen allein noch immer kein Rückschluß auf die relative Spritzbetonbeanspruchung gezogen werden, weil für die Beurteilung der Ausbaubeanspruchung zwar die Verformung der Spritzbetonschale heranzuziehen ist, in den Firstsetzungen jedoch auch noch die von Meßquerschnitt zu Meßquerschnitt unterschiedlichen Setzungen der Kalottenfüße enthalten sind. Darüber hinaus sind für diese Beurteilung neben den vertikalen auch noch die horizontalen Verformungen des Ausbaus hinzuziehen. Ein Maß hierfür sind z. B. die horizontalen Kalottenfußverschiebungen, die sowohl konvergend wie auch divergend sein können.

Die in Bild 6 dargestellten Firstsetzungskurven sind unter Berücksichtigung der Einflüsse aus dem unterschiedlichen Meßbeginn und den jeweils gemessenen Kalottenfußsetzungen als 'normierte Firstsetzungen' in Bild 7 aufgetragen. Hieraus ist zu ersehen, daß bei einem Abstand der Ortsbrust von etwa 500 m zu den jeweiligen Meßquerschnitten in den Meßquerschnitten jeweils gleiche normierte Firstsetzungen vorhanden sind. Abgesehen von dem unterschiedlichen Kurvenverlauf stellt sich damit die Frage, ob nunmehr von einer gleichen Beanspruchung in der Spritzbetonschale auszugehen ist, so daß aufgrund des Vergleichs auch eine zumindest relative Bewertung der Tragwerkssituation erfolgen kann.

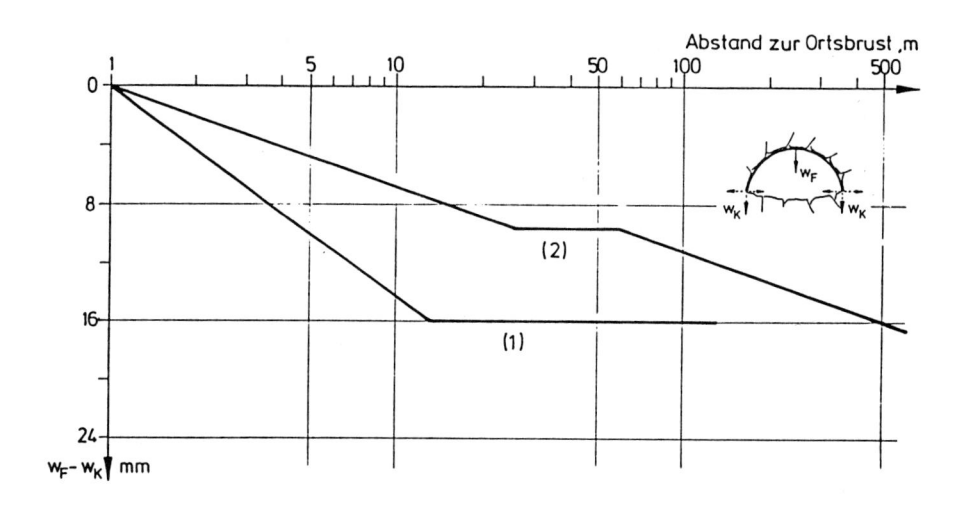

Bild 7   Normierte Firstsetzungen abzüglich Kalottenfußsetzungen

Bei Betrachtung von Bild 2 und Einbeziehung des viskosen Materialverhaltens von Spritzbeton in diese Überlegung kann diese Frage jedoch leider immer noch nicht positiv beantwortet werden, da in beiden Fällen unterschiedliche Belastungsgeschichten vorliegen, die zwar wie hier zu gleichen Verformungen führen können, damit aber keineswegs den Rückschluß auch auf gleiche Beanspruchung zulassen. Lediglich eine Tendenz läßt sich in Verbindung mit Bild 2 ablesen: je größer bei gleichen Verformungsendwerten der Zeitraum ist, in dem dieser Endwert erreicht wird, um so größer muß auch die Beanspruchung in der Spritzbetonschale sein.

Bei dieser Betrachtung darf jedoch nicht vergessen werden, daß im Tunnelbau als Tragsystem ein Verbundsystem Gebirge - Ausbau vorliegt. Die Art, wie die Spritzbetonschale im Verbund mit dem Gebirge belastet wird, hängt entscheidend auch vom Gebirgsverhalten ab. Dabei können grundsätzlich zwei Fälle unterschieden werden:

(1) Weitgehend elastische Verformungen des Gebirges, die der Spritzbetonschale aufgezwungen werden: Durch das Kriechvermögen kann die Spritzbetonschale einen Teil der damit verbundenen Beanspruchung wieder in das Gebirge umlagern (bzw. gar nicht erst aufnehmen). Im Labor ist dieser Vorgang im Prinzip durch einen Relaxationsversuch darstellbar.

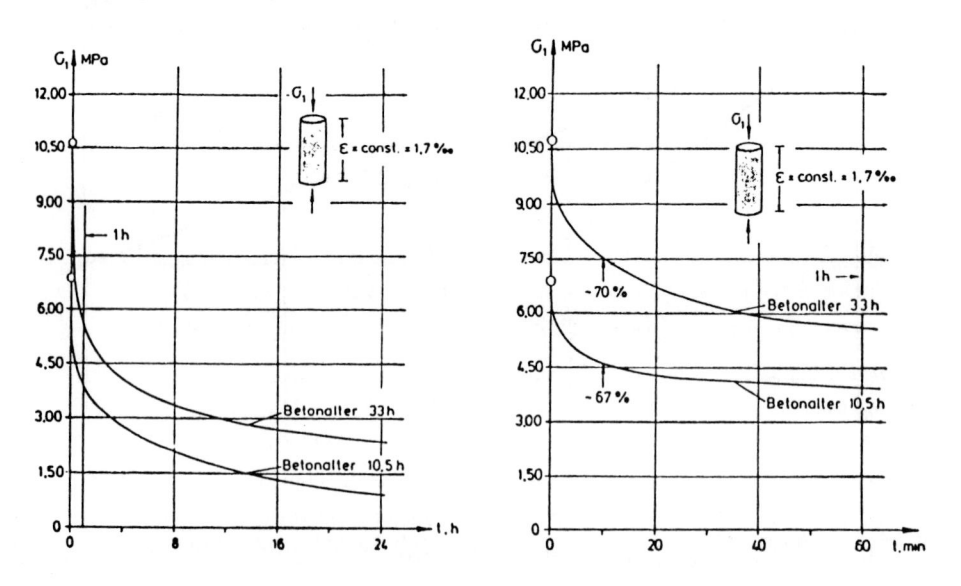

Bild 8 Relaxationsverhalten von Spritzbeton bei unterschiedlichem Betonalter

Bild 8 zeigt dazu das Ergebnis von zwei Relaxationsversuchen mit unterschiedlich alten Spritzbetonprüfkörpern zu Belastungsbeginn. Deutlich wird insbesondere die relativ kurze Zeit von nur wenigen Stunden, in der bereits ein wesentlicher Teil der ursprünglich aufgebrachten Beanspruchung relaxiert ist; zum Beispiel ist bereits nach 10 Min. die Beanspruchung in beiden Fällen auf etwa 70 % des Anfangswertes abgesunken.

Hieraus können zwei Schlußfolgerungen gezogen werden:

a) Die endgültige Beanspruchung in der Spritzbetonschale ist relativ gering, so daß im Verbundsystem die statische Funktion der Spritzbetonschale zurücktritt und die Spritzbetonschale eher die Funktion einer Versiegelung der Gebirgsoberfläche hat (Versiegelungstheorie).

b) Mit Druckmeßdosen werden - insbesondere im Vergleich zu den Ergebnissen statischer Berechnungen - oft nur unerwartet geringe Druckspannungen im Spritzbeton gemessen, die im Rahmen der üblichen statischen Modellvorstellungen kaum zu interpretieren sind und dann Unzulänglichkeiten des Meßverfahrens zugewiesen werden. Unter Einbeziehung der Erkenntnis von dem Relaxationsverhalten des Spritzbetons könnte zur Interpretation dieser Meßwerte jedoch auch von der Hypothese ausgegangen werden, daß zum Zeitpunkt der Messungen wesentliche Beanspruchungsanteile bereits aus der Spritzbetonschale in das Gebirge relaxiert sind und die vortriebsabhängigen Maximalwerte meßtechnisch gar nicht erfaßt wurden.

(2) Weitgehend inelastische Verformungen des Gebirges infolge von Gebirgsauflockerungen und damit verbundener Entfestigung ('nachdrängende Lasten'), die der Spritzbetonschale ebenfalls wie im Fall (1) aufgezwungen werden: Im Gegensatz zu Fall (1) kann jedoch aufgrund einer nur geringen Gebirgsfestigkeit keine Spannungsumlagerung ins Gebirge erfolgen, so daß die Beanspruchung in der Spritzbetonschale nicht reduziert wird, sondern eher durch entfestigungsbedingte Spannungsumlagerungen aus dem Gebirge noch anwächst. In diesem Fall hat die Spritzbetonschale eine ausschlaggebende Bedeutung für die Standsicherheit des Verbundsystems und muß u. U. aufgrund dieser anderen statischen Funktion erheblich dicker ausgeführt werden. Wie die Praxis zeigt, können in solchen Fällen Spritzbetondicken von bis zu 50 cm erforderlich sein.

5   AUSBLICK

Obgleich untertägige Hohlräume im Rahmen bergbaulicher oder ingenieurbau-Maßnahmen seit Jahrhunderten aufgefahren werden und somit umfangreiche Felderfahrungen zum Verhalten von Gebirge und Ausbaumitteln vorliegen, sind auch heute noch von der wissenschaftlichen Seite manche Fragen ungeklärt. Somit ist eine Prognose des Tragverhaltens untertägiger Bauwerke nicht nur deshalb erschwert, weil die Gebirgsverhältnisse nur in begrenztem Maße erkundbar und in theoretischen Modellen erfaßbar sind, sondern auch weil mitunter noch ein grundlegendes Verständnis der im Tragsystem Gebirge - Ausbau mit seinen vielfältigen Ausprägungen wirkenden Mechanismen fehlt. Ein Beispiel hierfür ist die Frage nach dem Einfluß des früh belasteten und in diesem Zustand außerordentlich kriechfähigen Spritzbetons auf das Tragverhalten des Verbundsystems Gebirge - Ausbau. Angesichts der aus ersten Untersuchungen zu ersehenden großen Bedeutung der Einbeziehung der Kriechfähigkeit des Spritzbetons sowie der noch fehlenden systematischen Untersuchungen, insbesondere zum viskosen Materialverhalten dieses Baustoffs, ist es erklärlich, daß bei der Betrachtung der heute überwiegend verwendeten Berechnungsmodelle und bei der Interpretaion von vortriebsbedingten Bauwerksmessungen manche kritische Frage zu stellen ist, auf die noch keine abschließende Antwort gegeben werden kann. Die bisherigen qualitativen und tendenziellen Ergebnisse deuten jedoch darauf hin, daß die Einbeziehung eines Spritzbetons mit viskosem Materialverhalten in die Berechnungsmodelle für Felstunnelbauwerke zu einem vertieften Verständnis der Felderfahrungen führen könnte.

LITERATUR

/1/   V. RABCEWICZ, L.: Gebirgsdruck und Tunnelbau. Springer Verlag, Wien, 1944.

/2/   HEIM, A.: Geologische Nachlese. Tunnelbau und Gebirgsdruck. Vierteljahresschrift d. Naturf. Ges. Bd. 50, Zürich, 1905.

/3/   ANDREAE, C.: Der Bau tiefliegender Eisenbahntunnel. Springer, Berlin - Wien, 1926.

/4/ MÜLLER- SALZBURG, L.: Der Felsbau (Dritter Band: Tunnelbau). Ferdinand Enke Verlag, Stuttgart, 1978.

/5/ LUX, K.H., ROKAHR; R.B.: Dimensionierungsgrundlagen im Salzkavernenbau. Taschenbuch für den Tunnelbau, Verlag Glückauf, Essen, 1980.

/6/ LUX, K.H.: Gebirgsmechanischer Entwurf und Felderfahrungen im Salzkavernenbau. Ferdinand Enke Verlag, Stuttgart, 1984.

/7/ LUX, K.H., ROKAHR, R.B., KIERSTEN, P.: Gebirgsmechanische Anforderungen an die untertägige Deponierung von Sonderabfällen im Salzgebirge. STUVA Tagung '85, Hannover. Forschung + Praxis, Alba-Verlag, 1984.

/8/ LUX, K.H., QUAST, P., ROKAHR, R.B.: 20 Jahre Erfahrungen mit Salzkavernen. Erdöl, Erdgas, Kohle (103), H. 11, 1987.

/9/ WITTKE, W.: Felsmechanik. Springer Verlag, Berlin, Heidelberg, New York, Tokio, 1984.

/10/ ROKAHR, R.B. LUX, K.H.: Zur Vorbemessung tiefliegender Tunnel im Fels. Taschenbuch für den Tunnelbau, Verlag Glückauf, Essen, 1986 und 1987.

/11/ DUDDECK, H. STÄDING, A. SCHREWE, F.: Zu den Standsicherheitsuntersuchungen für die Tunnel der Neubaustrecke der Deutschen Bundesbahn. Felsbau 2 Nr.3 S. 143-151, 1984.

/12/ DUDDECK, H. ERDMANN, J.: Structural design models for tunnels. Tunneling '82, Proceedings of the Third International Symposium. Inst. of Mining and Metallurgy S. 83-91., London, 1982.

Ulmenstollenvortrieb – Vergleich von In-situ-Messungen mit Berechnungen

K. Müller, Buxtehude

SUMMARY

The objektive of this paper is, by applying back analysis, to establish a geomechanical interpretation of displacements measured during driving a tunnel in shotcrete. By means of a FE-computation this will consider the individual state of driving as well es rheological material laws, since the driving in the area examined took place in clay stone extremely destabilized. The displacement data computed correspond fairly well with measurements taken in-situ.

ZUSAMMENFASSUNG

In dem folgenden Aufsatz wird versucht, über eine Rückrechnung (in back analysis) die bei einem Tunnelvortrieb (Ulmenstollenvortrieb, Spritzbetonbauweise) gemessenen Verformungen geomechanisch zu deuten. Dabei werden mit Hilfe einer FE-Berechnung sowohl die einzelnen Bauzustände berücksichtigt als auch rheologische Stoffgesetze, da der Tunnelvortrieb in dem Untersuchungsbereich in einem stark entfestigten tonigen Gebirge erfolgte. Die errechneten Verformungen zeigen eine recht gute Übereinstimmung mit den In-situ-Messungen.

1 EINLEITUNG

Teilbereiche des Escherbergtunnels, ein Bundesbahntunnel der Neubaustrecke Hannover-Würzburg /1/, mußten wegen des schlechten Gebirges im Ulmenstollen-Vortrieb aufgefahren werden (Bild 4).
Die Auswertungen des geotechnischen Meßprogramms in diesen Bereichen zeigen, besonders während des Kalottenvortriebes, Verformungen und Verschiebungen der Ulmenstollen (Bild 5), die eine genügend sichere geomechanische Deutung nicht zulassen, ob vorwiegend elastische Entspannungsvorgänge oder z. B. einleitender Grundbruch die gemessenen Verformungen (Drehbewegung des Ulmenstollens) verursachten.
In dem folgenden Aufsatz wird der Versuch einer Rückrechnung (in back analysis, /2/) gemacht, ohne jedoch das Bestreben zu haben, die gemessenen Werte zu "errechnen", da die Variation der Kennwerte (Primärspannungszustand, E-Modul, Umlagerungsverhältnis, Kriechparameter, Anisotropie usw.) eine so große Streubreite auf die Rechenergebnisse zuläßt, daß "jeder" gemessene Wert "errechnet" werden kann, ohne jedoch die Kennwerte eindeutig in ihrer Wertigkeit zuordnen zu können. Es wird vielmehr mit möglichen Parameter-Kombinationen des geologischen Gutachtens /3/ und der TVR /4/ gerechnet, da die geologischen In-situ-Erkenntnisse sich weitgehend mit dem Gutachten decken.

2 GEOLOGISCHE UND GEOTECHNISCHE VERHÄLTNISSE

Der Escherbergtunnel durchfährt von Norden nach Süden den oberen, mittleren und unteren Buntsandstein (Bild 1). Bereichsweise stehen im Norden tertiäre Tone und im Süden quartäre Deckschichten im Tunnelquerschnitt an.
Da sich die Untersuchungen in diesem Aufsatz nur auf den Bereich der Tunnelstationen ca. 2.400 m bis 2.500 m beziehen (km 32.816 - km 32.916), werden im folgenden nur detailliertere Aussagen in geologischer und geotechnischer Hinsicht zu dem o. a. Bereich gemacht, (Bild 2).

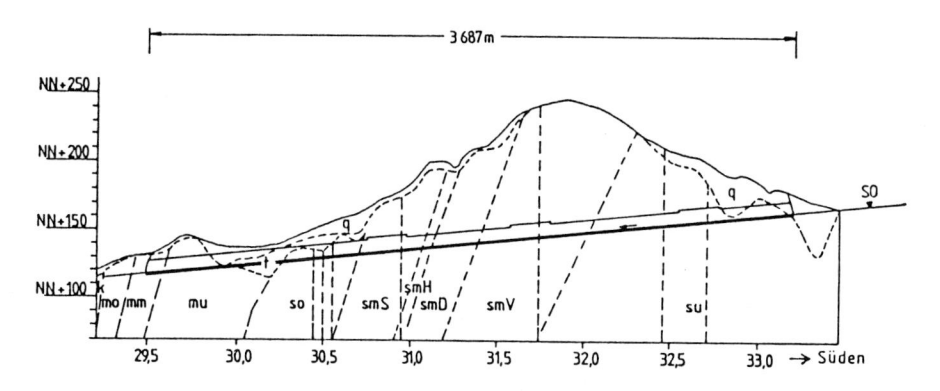

q (quartär); (so), (sm), (su) oberer, mittlerer, unterer Buntsandstein

Bild 1: Geologischer Längsschnitt, Escherberg

2.1 SALMÜNSTER-FOLGE (SU SA)

Der untere Buntsandstein der Salmünster-Folge (su Sa) besteht hauptsächlich aus Ton(Schluff-)steinen in Wechsellagerung mit Sandsteinen. Das Einfallen der Schichten ist in dem betrachteten Bereich relativ flach und liegt im Bereich zwischen 5° und 20°. Das Trennflächengefüge ist durch überwiegend bankrechte Klüfte und meist im Dezimeter-Bereich liegenden Kluftabständen gekennzeichnet. Das Gebirge ist als plattig bis dünnbankig anzusprechen (Bild 2.2) mit einer ausgeprägten Kleinklüftigkeit, wobei die Klüfte mit Lehm und Ton verfüllt sind.

Die im Tunnelbereich stark zerlegten und entfestigten Gesteine werden in ihrem geotechnischen Verhalten maßgebend durch das Verhalten der Kluftfüllungen geprägt. So zeigen die Ergebnisse von einachsigen Kriechversuchen (Bild 7), daß bereits bei Belastungen der Prüfkörper weit unter der Bruchgrenze starke Kriechverformungen auftreten.

2.2 QUARTÄRE DECKSCHICHTEN (Q)

Die quartären Deckschichten reichen teilweise von oben in den Tunnelquerschnitt und bestehen hauptsächlich aus Terrassenschotter und Fließerden, wobei bei den Fließerden kantig-splittige Kiese und Steine (Sandsteine) in einer tonig-schluffigen Matrix eingebettet sind. Die Grenze der Fließerden zum steinigen Hang-

schutt bzw. zum anstehenden Feststein ist fließend. Die tonig-
schluffige Matrix läßt auf eine ausgeprägte Kriechneigung der
Deckschichten schließen.

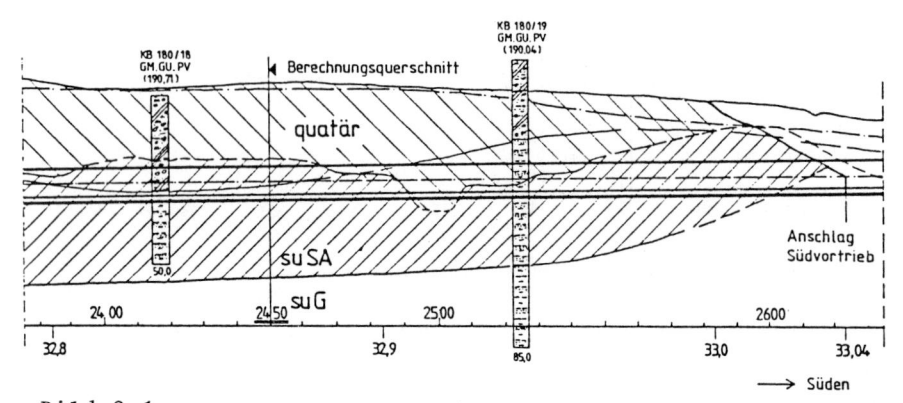

Bild 2.1
Geologischer Längsschnitt
im Südbereich des Escher-
bergtunnels

Bild 2.2
Geologische Brustbilddo-
kumentation im Berechnungs-
querschnitt

* entfestigtes Gebirge

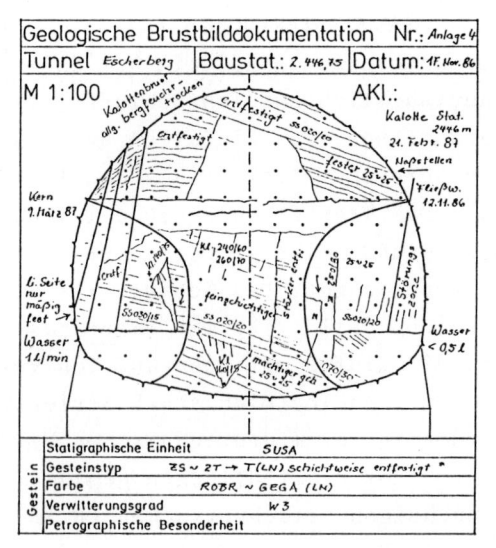

3   BAUABLAUF UND GEOTECHNISCHE MESSUNGEN

3.1   BAUABLAUF

Aus Termingründen wurde der Escherbergtunnel gleichzeitig von
Norden nach Süden (Nordvortrieb) als auch von Süden nach Norden
(Südvortrieb) aufgefahren. Die Tunnelstationierung verläuft wie
die Gleiskilometrierung von Norden nach Süden. Der zeitlich vor-
laufende Nordvortrieb (Anschlag 1985) wurde im Regelfall im Pa-
rallelbetrieb, d. h. im gleichzeitigen Auffahren von Kalotte,
Strosse und Sohle, aufgefahren /1/, während der später begonnene

Südvortrieb (Anschlag 1986) zunächst nur als Kalottenvortrieb bis zum Durchschlag geplant war.

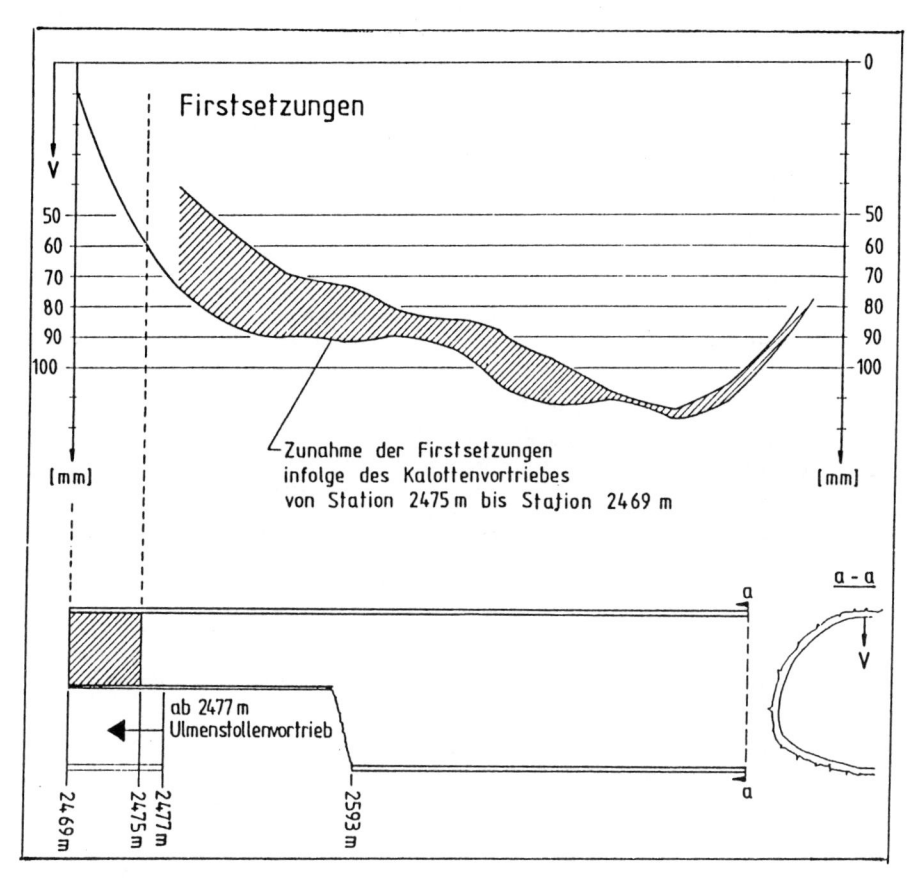

Bild 3: Firstsetzungen infolge Kalottenvortrieb

Das nach Norden hin schlechter werdende Gebirge (Abtauchen des Felshorizontes in den Tunnelquerschnitt hinein, Bild 2.1) zwang jedoch bei dem Südvortrieb zu einem schnellen Nachziehen von Strosse und Sohle mit schnellem Ringschluß, da die Verformungen aus dem reinen Kalottenvortrieb trotz Kalottensohle und Fußinjektionen zu groß waren (Bild 3).
Trotz des schnellen Ringschlusses waren die Verformungen aus den jeweiligen Kalottenabschlägen in diesem stark entfestigten Gebirge noch so groß, daß eine weitere Unterteilung der Ausbruchfläche (Ulmenstollen) vorgenommen werden mußte. So verursachte

der Vortrieb der Kalotte von Station 2.475 m bis Station 2.469 m
eine Zunahme der vertikalen Firstverformungen bis in den Bereich
des bereits vorhandenen Ringschlusses hinein (Bild 3).
Daraufhin wurden von Station 2.477 m zwei Ulmenstollen aufgefahren
(Bild 3 + 4), auf die dann die Kalotte gesetzt werden sollte,
entkoppelt von Strossen- und Sohlvortrieb.
Die Verformungen der Ulmenstollen (Drehbewegung, Bild 5) beim
Aufsetzen der Kalotte machten jedoch wiederum einen schnellen
Gesamtringschluß notwendig.

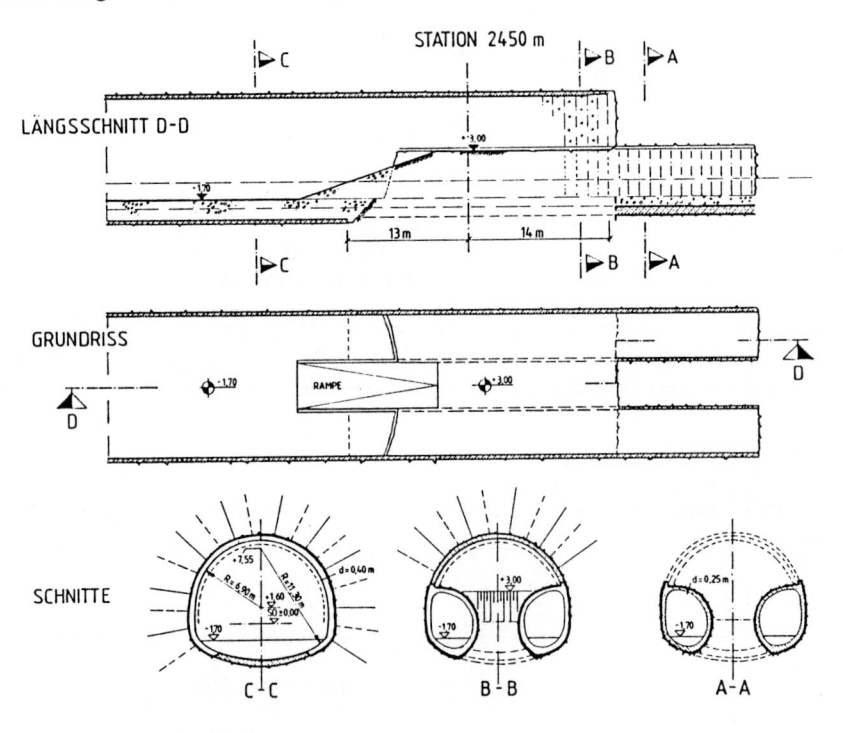

Bild 4: Ulmenstollenvortrieb

3.2 VERFORMUNGSMESSUNGEN

Bild 5 zeigt die vertikalen Verformungen der First- und Ulmen-
meßpunkte in Abhängigkeit von der Zeit und damit von den einzelnen Bautakten für die Station 2.450 m. Bild 5 zeigt ebenfalls
die jeweilige Entfernung der Kalottenortsbrust und des Sohlen-
einbaus (Ringschluß) zur Station 2.450 m. So zeigt z. B. Bild 4
die Auffahrsituation am 26.02.1987 (vergleiche auch Bild 5) mit
einer Entfernung von ca. 14 m der Kalottenortsbrust und ca. 13 m
des Sohlschlusses zur Station 2.450 m.

Die Meßpunkte 1, 2 und 3 des Ulmenstollens zeigen am 04.02.87
ca. 20 mm für die Punkte 1 und 3 und ca. 25 mm für den Punkt 2
als Vertikalverformungen. Diese Verformungen entsprechen den Gesamtverformungen aus dem reinen Ulmenstollenvortrieb, wobei die
leichte Drehbewegung des jeweiligen Ulmenstollens zum Kern hin
($V_3 - V_2$ = 5 mm) typisch für den gesamten Vortrieb der Ulmenstollen ist.

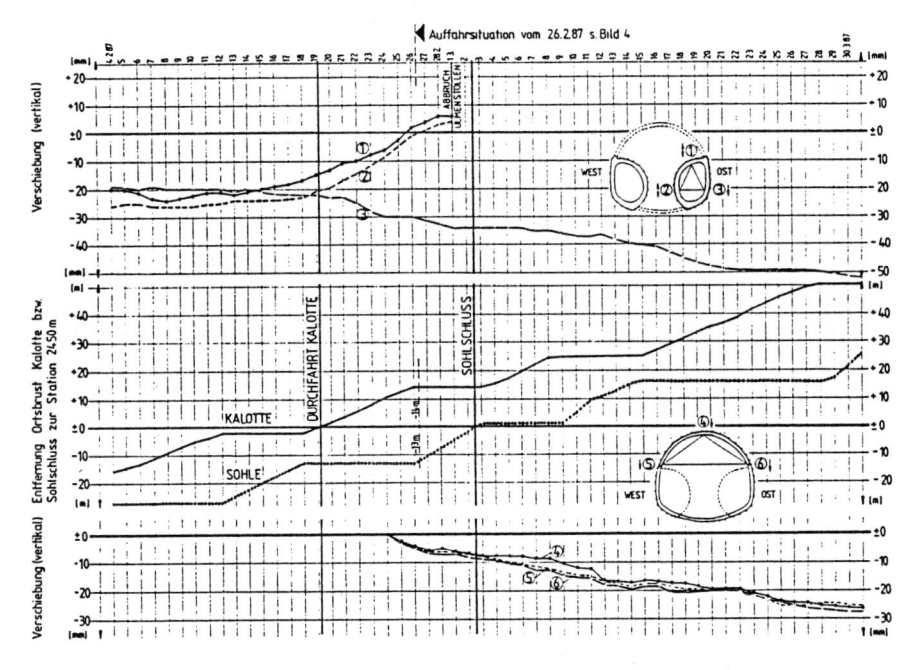

Bild 5: Gemessene Vertikalverformungen, Station 2450 m

Mit Annäherung der Kalottenortsbrust und des Sohlschlusses an
die jeweilige Station, und besonders nach dem Überfahren der Kalottenortsbrust werden an den Meßpunkten 1 und 2 Hebungen und an
dem Punkt 3 weitere Setzungen gemessen, d. h. die Ulmenstollen er-
fahren eine Drehbewegung. In Bild 5 sind nur die Verformungen des
östlichen Ulmenstollens dargestellt, die Verformungen des westlichen Ulmenstollens verlaufen affin.
Um nun eine geomechanische Interpretation der Drehbewegung der
Ulmenstollen machen zu können, werden im folgenden Tunnel und Gebirge mit einem Berechnungsmodell (FEM, ebener Verzerrungszustand)
simuliert, das neben der Berücksichtigung nichtlinearer Stoffgesetze ebenfalls eine Simulation der einzelnen Bauzustände zuläßt.

4 TUNNELBERECHNUNG

4.1 BESCHREIBUNG DES BERECHNUNGSMODELLS

Es wird der Tunnelquerschnitt bei der Station 2.450 m mit einer Firstüberdeckung von 25 m berechnet. Bild 6 zeigt die Geometrie des Rechenmodells und das gewählte Elementnetz.

Der Baugrund und die Spritzbetonschale werden mit Viereckelementen beschrieben, wobei jedes Viereckelement (Hexaeder) von 5 Tetraederelementen gebildet wird /5/. Um die Biegesteifigkeit der Spritzbetonschale genügend genau zu erfassen, bilden jeweils zwei Elementreihen die Schale ab.

4.2 SIMULATION DES BAUABLAUFS IM EBENEN RECHENMODELL

Es werden die Spannungsumlagerungen berücksichtigt, die sich aus den in Bild 6 dargestellten drei Bauzuständen ergeben.

Bauzustand 1 (Ulmenstollenvortrieb):

Ausbruch der Gebirgselemente im Stollenbereich, Teilentspannung der freien Hohlraumspannungen von 40 % in dem Gebirge und 60 % in dem System Stollenausbau + Gebirge.

Bauzustand 2 (Kalottenvortrieb):

Ausbruch der Gebirgselemente im Bereich der Kalottenortsbrust, Teilentspannung von 40 % in dem System Kalottenausbruch + Ulmenstollen + Gebirge und 60 % in dem System Kalottenausbau + Ulmenstollen + Gebirge.

Bauzustand 3 (Sohlschluß):

Ausbruch der Gebirgselemente des Kerns und der inneren Betonelemente der Stollenauskleidung, Teilentspannung von 40 % in dem System Kalottenausbau + Ulmenausbau + Gebirge und 60 % in dem System Gesamttunnelausbau + Gebirge.

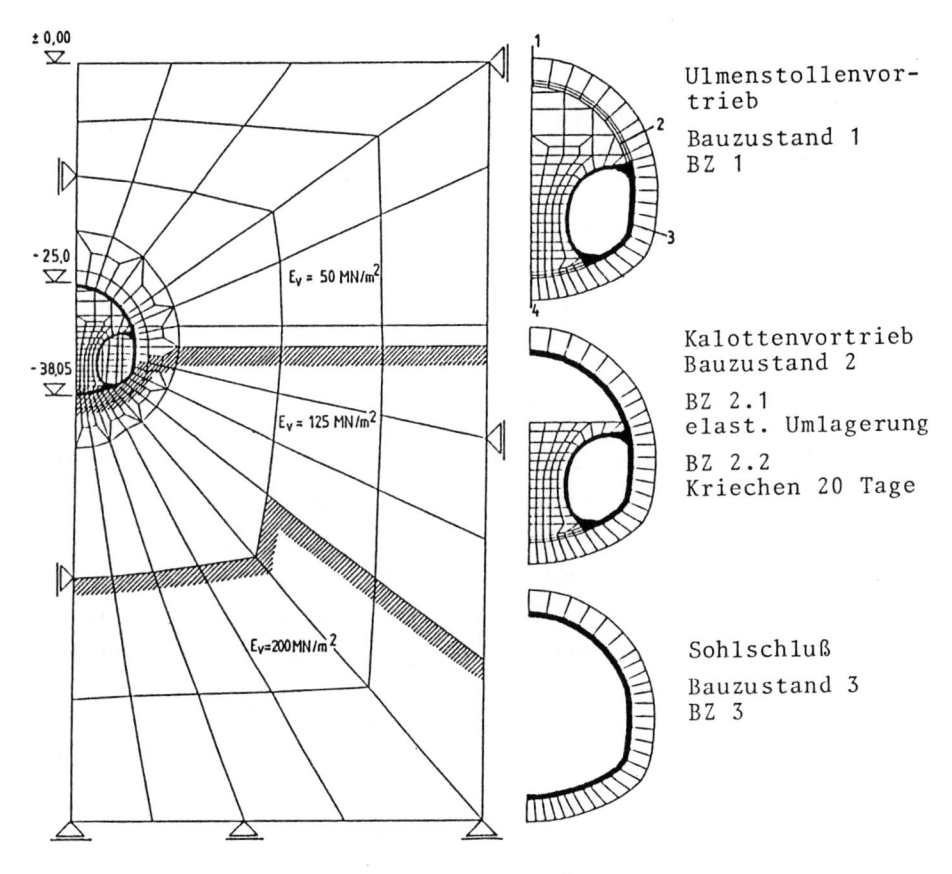

Bild 6: Elementnetz und Bauzustände

4.3 GEBIRGS- UND BETONKENNWERTE (ELASTISCH)

4.3.1 Gebirge

Verformungsmodul: In /4/ und /5/ sind für das Quartär ein Verformungsmodul von $E_v = 50$ MN/m² und für die Ton-Sandstein Wechselfolge (su Sa) ein Verformungsmodul von $E_v = 125$ MN/m² angegeben. Obwohl der Tonsteinhorizont in der Station 2.450 m (Bild 2) über der Firste liegt, wird ebenfalls in einem Teilbereich des Tunnels ungünstigst mit $E_v = 50$ MN/m² (Bild 6) gerechnet, da das Gebirge in diesem Bereich noch stark entfestigt ist (Bild 2.2), und sich schon bei dem vorlaufenden Ulmenstollenvortrieb starke Gebirgsverformungen eingestellt haben. So betrugen die Oberflächensetzungen aus dem reinen Ulmenstollenvortrieb über die **Firste** ca. s = 80 mm.

Seitendruckbeiwert: K_0 = 0,9 (0,8 /4/), da ein stark kriechfähiges Gebirge ansteht (siehe auch Kapitel 4.4).

Feuchtwichte: γ = 22 kN/m³

4.3.2 Beton

E-Modul = 15.000 MN/m², ν = 0,2

4.4 KRIECHEN GEBIRGE

Wie bereits in Kapitel 2 beschrieben, neigt das Gebirge im südlichen Tunnelbereich mit der ausgeprägten Kleinklüftigkeit und der tonigen Matrix stark zum Kriechen, und wie der in Bild 7 dargestellt einaxiale Kriechversuch zeigt, führen schon geringe Spannungen zu großen Kriechdehnungen. So entspricht die kriecherzeugende Spannung der Laststufe 2 von 98 kN/m² (Bild 7), die bereits zu einer eindeutigen sekundären Kriechphase /7/ führt, nur ca. 30 % der einaxialen Druckfestigkeit (/3/ Tabelle 180.4.11). Die in Bild 7 dargestellten Kriechkurven können durch das Stoffgesetz des modifizierten Burgers Modell (Bild 8) hinreichend beschrieben werden, wobei hier nur von kriecherzeugenden deviatorischen Spannungszuständen ausgegangen wird.

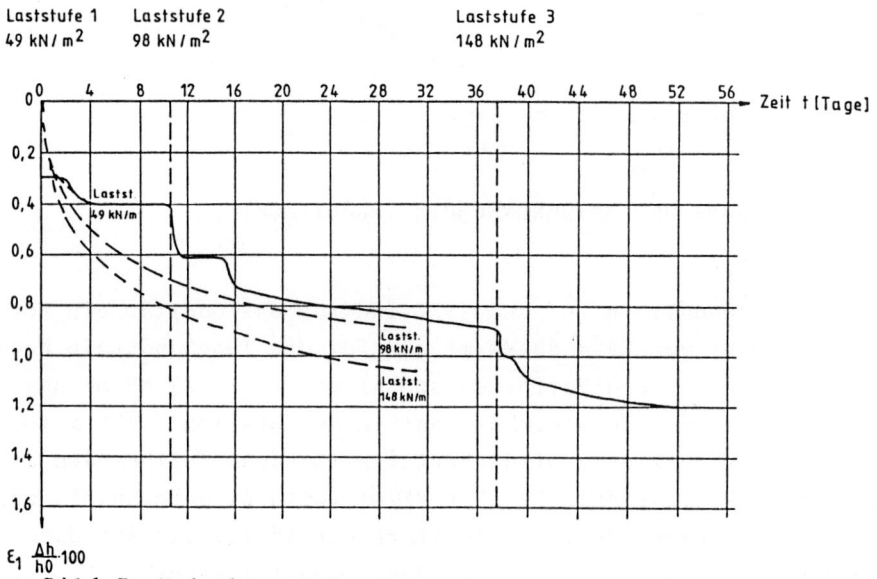

Bild 7: Kriechversuch; Tonstein stark verwittert
——————— Kriechkurve aus Versuch
----------- Kriechkurven für die Bestimmung der Kriechparameter

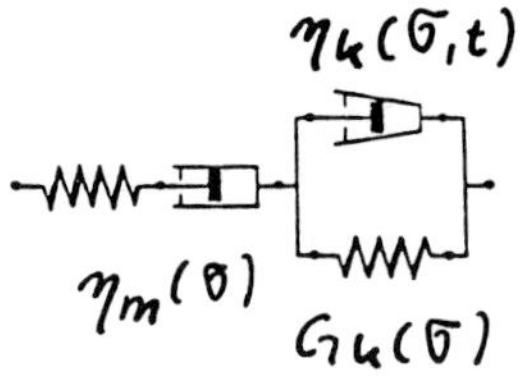

Bild 8: modifizierter Burgers-Körper

4.4.1 Stoffgesetz des modifizierten Burgers-Modell /8/

Die Kriechdehnungen ergeben sich in eindimensionaler Darstellung aus folgender Spannungs-Dehnungsbeziehung:

$$\dot{\varepsilon}(t) = \left[\frac{1}{\eta_m} + \frac{1}{\eta_k} \cdot e^{\left(-\frac{G_k \cdot t}{\eta_k}\right)}\right] \cdot \sigma \quad (1)$$

wobei der zweite Term der Gleichung (1) die primäre Kriechphase beschreibt (Kelvin-Körper) mit einer zeit- und spannungsabhängigen Viskosität η_k (σ, t), Gleichung (2), und einem spannungsabhängigen Schubmodul G_k (σ), Gleichung (3).

$$\eta_k(\sigma,t) = \eta_k^* \cdot t^n \cdot e^{(k_2 \cdot \sigma)} \quad (2); \quad G_k(\sigma) = G_k^* \cdot e^{(k_1 \cdot \sigma)} \quad (3)$$

Die sekundäre Kriechphase wird durch den Newton-Körper beschrieben mit einer spannungsabhängigen Viskosität, Gleichung (4).

$$\eta_m(\sigma) = \eta_m^* \cdot e^{(m \cdot \sigma)} \quad (4)$$

Kriechparameter: (σ (MN/m²); η (d · MN/m²); t (d)
m = 1,996; η_m^* = 1332,75; k_1 = 6.158
G_k^* = 8,758; k_2 = 8,684; η_k^* = 9,855;
für σ_v = 0,148   n = 0,501;
für σ_v = 0,098   n = 0,494;
für σ_v = 0,049   n = 0,427.

Die Kriechdehnungen der Gleichung (1) mit den o. a. Parametern sind etwa geringer als die im Versuch gemessenen Werte. So ergeben sich rechnerisch nach 30 Tagen ca. 70 % der gemessenen Dehnungen.

4.4.2 Kriechberechnung

In diesem Aufsatz werden die Verformungen und Spannungsumlagerungen während des Kalottenvortriebs bis hin zum Sohlschluß untersucht, wobei jedoch die gesamte Spannungsgeschichte infolge der einzelnen Bauzustände (siehe Kap. 4.2) berücksichtigt wird. Nach dem Auffahren der Ulmenstollen ist das Gebirge zur Ruhe gekommen (Bild 5). Das in Kap. 4.4.1 beschriebene Kriechgesetz wird nur für die Phase des Kalottenvortriebs über 20 Tage (Bauzustand 2.2) angesetzt (maximaler Abstand Kalottenortsbrust/ Sohlschluß ca. 27 m (Bild 5), mittlere Vortriebsgeschwindigkeit ca. 1,3 m/d).

Die schnellen Spannungsumlagerungen im Gebirge infolge des Vortriebs lassen ein Kriechgesetz ohne ausgeprägten kritischen Spannungszustand zu. Dieser Vorgang entspricht eher dem Zustand des unkonsolidierten und undrainierten Scherversuchs (UU-Versuch, $\rho_u = 0$).

Bei einem über längere Zeit verlaufenden Kriechvorgang werden die wirksamen (effektiven) Spannungen in der tonigen Matrix das Kriechverhalten stärker mitbestimmen, d. h. es muß der Einfluß des hydrostatischen Spannungszustandes ($\rho \neq 0$) auf die sekundäre Kriechphase mit berücksichtigt werden, /7/.

Die Dehnungs- und Spannungsänderungen infolge Kriechen werden iterativ in endlichen Zeitschritten Δt_i in dem FE-Programm berücksichtigt.

5 VERGLEICH VON GERECHNETEN UND GEMESSENEN VERFORMUNGEN

Bild 9 zeigt die Verformungen infolge des Kalottenvortriebs (Bauzustand 2). In Bild 9.1 sind die Verformungen aus dem reinen elastischen Entspannungsvorgang dargestellt. Es zeigt sich deutlich der Einfluß der Kernentspannung mit einer stärkeren Hebung des linken Ulmenpunktes 2 gegenüber dem Punkt 3.
In Bild 9.2 sind die Verformungen aus dem reinen Kriechvorgang dargestellt, die zu einer stärkeren Setzung des rechten Ulmenpunktes 3 führen. Bild 9.3 zeigt die Überlagerung beider Anteile, und in Bild 9.4 ist der Vergleich mit den gemessenen Setzungswerten dargestellt (siehe auch Bild 5).
Es ergibt sich qualitativ und quantitativ eine recht gute Übereinstimmung. Da sich die Kriechverformungen aus dem jeweiligen gesamten deviatorischen Spannungszustand ergeben, sind sie etwas zu groß. Weiterhin wird in diesem statischen System nicht

Bild 9.1

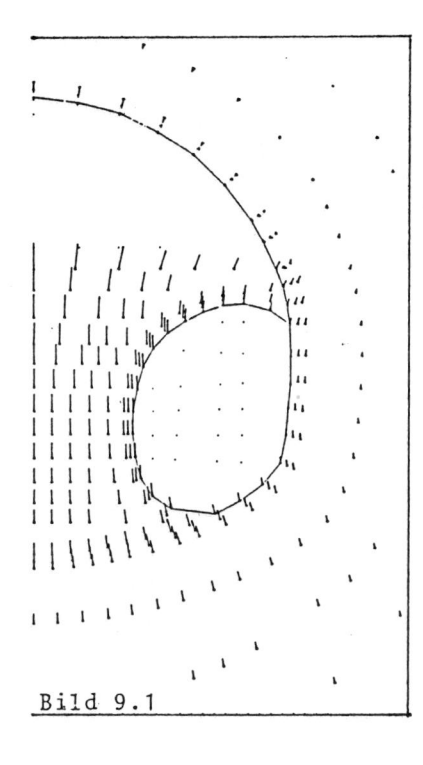

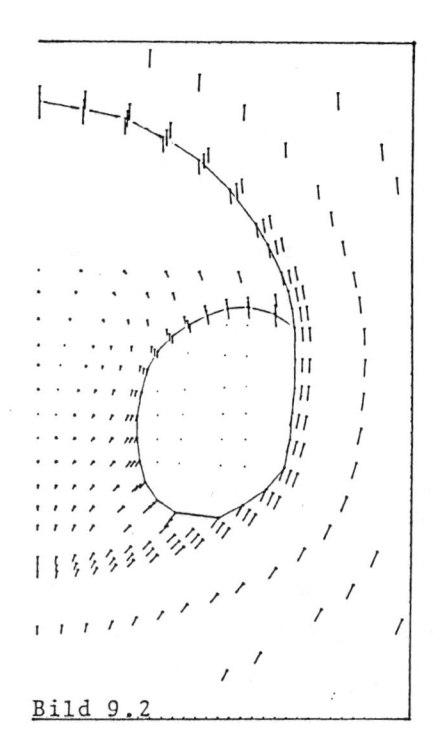

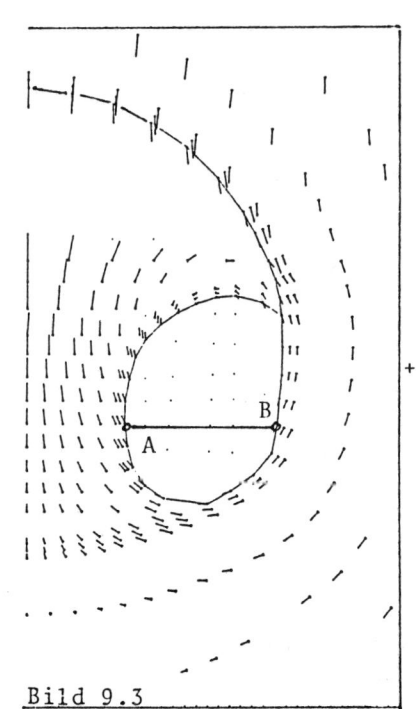

Bild 9.2

Bild 9.3

Bild 9.1: Verformungen aus
          elast. Entspannung

Bild 9.2: Verformungen aus
          Kriechen, T = 20 Tage

Bild 9.3: Gesamtverformungen
          aus BZ 2

———————— gerechnet
- - - - - - - gemessen

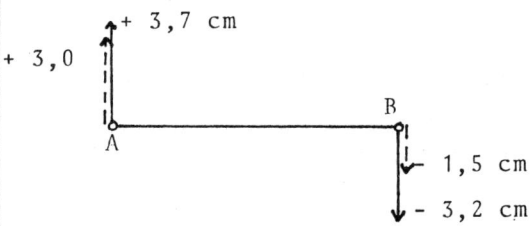

Bild 9.4

Bild 9: Verformungen aus BZ 2
        Lastfall A

die in Längsrichtung wirkende "Torsionssteifigkeit" der Ulmenstollen berücksichtigt.

Es muß in weiteren Arbeiten für toniges Gebirge noch eine verfeinerte Spannungs-Kriechdehnungsbeziehung erarbeitet werden.

Die oben beschriebenen Ergebnisse zeigen, daß die Hebungen des Kerns und damit der Ulmenstollen mehr auf elastische Entspannungsvorgänge zurückzuführen sind. Mit dem Kalottenvortrieb wird der Kern zwischen den Ulmenstollen, auf dem vorher die gesamte Gebirgsauflast ruhte, entlastet. Diese Entlastung führt bei dem anstehenden weichen Gebirge zu großen Verformungen (Hebungen). Weiterhin werden die Auflagerkräfte der Kalottenschale jeweils auf die Außenseiten der Ulmenstollen abgesetzt. Diese Auflagerkräfte sind relativ groß bei der geringen Steifigkeit des über der Kalotte anstehenden Gebirges.

Die Setzungen der Außenschale dagegen sind mehr durch Kriechvorgänge im Gebirge zu erklären, wobei die in Bild 9.2 dargestellten Verformungen sich rechnerisch nur aus einem Zeitraum von 20 Tagen ergeben.

Die Ausführung eines schnellen Sohlschlusses war damit bei dem anstehenden tonigen Gebirge trotz der bautechnischen Nachteile sicherlich eine richtige Entscheidung.

Es müßte jedoch noch der Einfluß des Gebirgskriechens auf die Tunnelkonstruktion zum Zeitpunkt T = 00 intensiver untersucht werden.

6 NACHWORT

Der Aufsatz ist Teil eines technischen Berichtes im Auftrage der Deutschen Bundesbahn.

Die Arbeit entstand in Zusammenarbeit mit Herrn Professor Dr.-Ing. R. B. Rokahr am Institut für Unterirdisches Bauen, Universität Hannover.

Der Verfasser dankt Herrn Dipl.-Ing. Petersen für die Durchführung der FE-Berechnungen.

LITERATUR

/1/ Weber, H.; Leichnitz, W.:
Tunnelbau im Nordabschnitt der Neubaustrecke Hannover-Würzburg. Projektgruppe H-W Nord Bundesbahndirektion Hannover

/2/ Duddeck, H.:
Der interaktive Bezug zwischen In-situ-Messung und Standsicherheitsberechnung im Tunnelbau.
Felsbau 2 (1984) Nr. 1

/3/ Niedermeyer, S.; Reik, G.:
Ingenieurgeologisches Gutachten Baulos-Nr. 180, NBS Hannover-Würzburg, km 30.025 - km 39.650

/4/ Duddeck, H.:
Technische Vorschriften und Rahmenbedingungen für die Konstruktion und Bemessung des Tunnelbauloses 180, TVR Escherbergtunnel

/5/ Kirschke, J.:
Felsmechanisch-Tunnelbautechnisches Gutachten für den Escherbergtunnel

/6/ Lux, K.H., et al.:
Entwicklung eines problemorientierten dreidimensionalen FE-Programms, Forschungsbericht des Instituts für Unterirdisches Bauen, TU Hannover

/7/ Müller, K.:
Zeitabhängige Spannungsumlagerungen beim Felshohlraumbau, Bericht-Nr. 72-4, Institut für Statik, TU Braunschweig

/8/ Rokahr, R., et al.:
Forschungsbericht T 83-218, Institut für Unterirdisches Bauen, TU Hannover

Entwurf von Tunneln in subrosionsgefährdetem Gebirge

A. Städing, Braunschweig, W. Leichnitz, Hannover
und R. Schlegel, Salzgitter

SUMMARY

The new railway line from Hannover to Würzburg goes through subsidence site between Northeim and Göttingen. In this area three tunnels are to be designed for suberosion in the deep subsoil. The design has to take account of longtime expansive subsidences and sinkholes hitting the finished tunnel. The subject of the presented paper is designing a conception for subsidence endangering, transforming the geological situation into a technical design model, showing the bearing characteristics of the final tunnel structure, when a sinkhole occurs, and presenting the special construction of the tunnel lining in the subsidence and sinkhole site.

ZUSAMMENFASSUNG

Die Bundesbahnneubaustrecke Hannover-Würzburg führt im Raum Northeim-Göttingen bereichsweise über ablaugungsgefährdetes Gebiet. Drei Tunnel in diesem Streckenabschnitt sind für Subrosion im tieferen Untergrund auszulegen. Dabei ist sowohl mit langfristigen, großräumigen Absenkungen des Gebirges als auch mit Erdfällen, die unter oder neben fertiggestellten Tunneln auftreten, zu rechnen. Das Sicherungskonzept gegen Subrosionsgefährdung, die Umsetzung der Subrosionsgefährdung in ein geotechnisches Modell, die Tragwirkung der endgültigen Tunnelauskleidung beim Auftreten eines Erdfalls sowie die besondere konstruktive Ausbildung der Tunnelinnenschale im erdfallgefährdeten Gebiet werden dargestellt.

1 EINLEITUNG

Die Neubaustrecke Hannover-Würzburg der Deutschen Bundesbahn führt bereichsweise über bautechnisch schwierigen Baugrund. Im Abschnitt Kreiensen-Göttingen liegt die Trasse in erdfallgefährdetem Gebiet. Für die Planung von drei der hier vorgesehenen Tunnel waren daher besondere Überlegungen notwendig, um die Standsicherheit auch bei Erdfalleinwirkungen zu gewährleisten. Betroffen hiervon sind:

    der Hellebergtunnel auf 325 m Länge,
    der Hopfenbergtunnel auf 520 m Länge und
    der Leinebuschtunnel auf 955 m Länge.

Das Konzept für die Sicherung der Tunnel gegen Erdfallgefährdung wurde von den Mitgliedern der Planungsteams gemeinsam erarbeitet. Diese Teams setzen sich zusammen aus dem Bauherrn, dem Planer, dem Ingenieurgeologen, dem Tunnelbausachverständigen und dem Prüfingenieur.

2 DIE GEOLOGIE DES HOPFENBERGS

Ein Beispiel für die geologische Situation in erdfallgefährdetem Gebirge ist der Hopfenberg. Dieser Höhenrücken besteht an der Oberfläche aus bis zu 15 m mächtigen quartären Deckschichten. Darunter liegen der Obere, der Mittlere und der Untere Muschelkalk. Die Basis des 40 bis 50 m mächtigen Mittleren Muschelkalk bildet ein Gipshorizont. Die Gipsschicht erreicht im Berginnern eine Mächtigkeit von ca. 25 bis 30 m. Aufgrund der Wasserlöslichkeit des Gipses und der Wasserdurchlässigkeit des Gebirges kommt es zu Ablaugungen des Gipses. Je nach Wasserwegsamkeit treten dabei großflächige Ablaugungen und örtliche Hohlräume im Gips auf /1/.
Großflächige Ablaugungen in der Gipsschicht können langfristig zu Absenkungen des gesamten darüberliegenden Gipskörpers führen. Der Absenkvorgang erstreckt sich entsprechend dem Fortschritt der Subrosion über geologische Zeiträume. Die Übergänge zu den nicht subrodierten Nachbarbereichen bleiben dabei kontinuierlich. Für einen in dem betroffenen Gebirge liegenden Tunnel ergibt sich daraus eine langwellige Senkung.
Der theoretisch mögliche Senkungsbetrag pro Zeiteinheit wurde vom Nieder-

sächsischen Landesamt für Bodenforschung aus der Größe des Einzugsgebietes, aus Schüttungsmenge der vom Einzugsgebiet gespeisten Quelle und aus dem Mineralgehalt des Quellwassers ermittelt. Die Schätzung ergab, daß im Verlauf von 100 Jahren eine mittlere Gipslage von einigen cm-Dicke (etwa bis 30 cm) abgelaugt werden könnte.

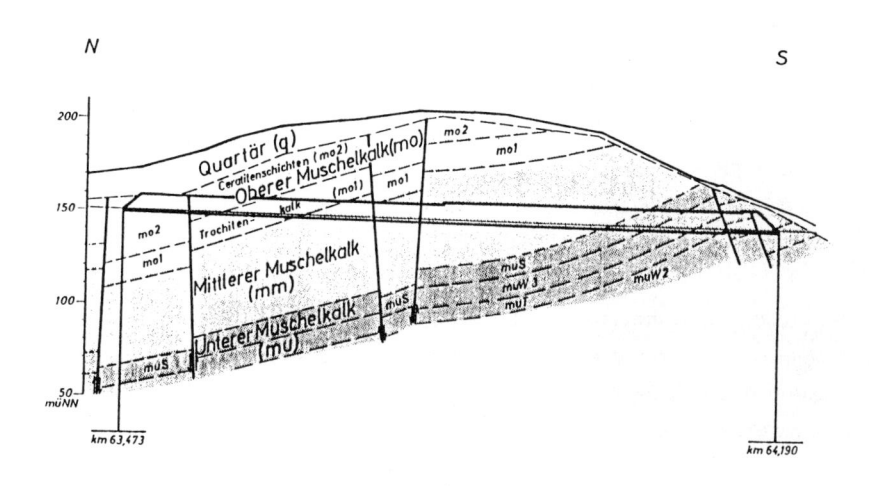

Bild 1 : Geologischer Längsschnitt des Hopfenbergtunnels nach /1/

Bei entsprechenden Wasserwegsamkeiten im Gebirge können konzentrierte Lösungsvorgänge zu größeren Hohlräumen im Gipslager führen. Wenn die Größe eines solchen Hohlraums das Tragvermögen des darüberliegenden Gebirges übersteigt, kommt es zum Einsturz der Höhle. Der Umfang und die Höhe des Nachbrechens hängt u.a. von der Form und der Größe des Hohlraums, vom Auflockerungsgrad des Versturzmaterials und von der Tragfähigkeit des überspannenden Gebirges ab. Sobald die Versturzmassen den Hohlraum ausreichend aufgefüllt haben, stellt sich für begrenzte Zeit ein neuer Gleichgewichtszustand ein. Durch fortschreitende Ablaugung wird der Hohlraum im Laufe der Zeit weiter vergrößert, so daß erneut Hangendes in den Hohlraum hineinstürzt. In geologischen Zeiträumen entsteht auf diese Weise ein mit verstürztem Gebirge verfüllter Schlot, der schubweise nach oben bricht und schließlich bis an die Geländeoberfläche reicht. Er wird dort zunächst als zylindrische Grube, später als Trichter sichtbar.
Die im Rahmen der Baugrunderkundung festgestellten Erdfälle an der Geländeoberfläche aus dem Mittleren Muschelkalk waren im Entstehungsstadium alle nahezu kreisrund. Ihr Durchmesser betrug bis zu 10 m. Beim Auffahren

des Hopfenbergtunnels wurden mehrere Auslaugungshöhlen im Gips angefahren. Abbildung 2 zeigt eine der Höhlen.

Bild 2: Karsthöhle im Hopfenberg

3 DAS SICHERUNGSKONZEPT GEGEN ERDFALLGEFÄHRDUNG

Für die Planungsteams stellte sich die Aufgabe, die Sicherheit des späteren Bahnverkehrs auch in den erdfallgefährdeten Tunnelabschnitten zu gewährleisten. Das heißt, plötzliche Verformungen der Gleise infolge des Hochbrechens eines Erdfalls sind auf ein Minimum zu begrenzen; sonstige Einwirkungen auf den Zugverkehr - wie z.B. herabfallende Bauwerksteile - sind zu verhindern. Die Maßnahmen und Möglichkeiten, dies zu erreichen, wurden im Planungsstadium intensiv diskutiert. Aus der Vielzahl der Vorschläge wurde dabei ein Lösungskonzept entwickelt, das auf alle drei Tunnel angewandt wurde: Eine Kombination aus

- Erkundung
- Baugrundertüchtigung und
- Verbesserung der Tunneltragwirkung.

Diese einander ergänzenden Maßnahmen waren dabei sowohl in Bezug auf die Sicherheit des Bauwerks als auch nach wirtschaftlichen Gesichtspunkten aufeinander abzustimmen und zu optimieren.

Auf der Grundlage der vorangegangenen Planungserkundung und den Erfahrungen mit der Erdfalltätigkeit in den betroffenen Gebieten wird in der Ausführungsphase ein Erkundungsprogramm zum Auffinden unterirdischer Hohlräume erstellt. Dabei sind zunächst Dichtemessungen des Untergrundes vom aufgefahrenen Tunnel aus in den besonders kritisch eingeschätzten Streckenabschnitten vorgesehen. Sobald diese Messungen auf Hohlräume hinweisen, werden Bohrungen niedergebracht, um die Hohlräume genauer zu erkunden. Das Ziel ist es, auf diese Weise zumindest so große Hohlräume zu orten, die zu Erdfällen führen könnten, welche von der Tunnelkonstruktion nicht mehr ertragen werden können

Die Vorschläge zur Baugrundertüchtigung reichten von "Wurzelpfählen unter dem Tunnel" über "künstliches Vorwegnehmen der Erdfälle durch Sprengungen" bis zur "großräumigen Abschottung des Gipses gegen fließendes Grundwasser". Die meisten der Vorschläge mußten verworfen werden, weil entweder ihre Wirkung nicht kontrollierbar war, oder weil sie zu teuer waren. Als einzige effektive und zweckmäßige Maßnahme wurde das Verfüllen von georteten Hohlräumen angesehen. Dabei wird davon ausgegangen, daß die Entstehung einer größeren Ablaugungshöhle nahezu geologische Zeiträume benötigt, so daß die Höhle nach dem Verfüllen den Tunnel nicht mehr gefährden kann.

Für Bauzustände braucht das Auftreten eines aktiven Erdfalls nicht berücksichtigt zu werden. Die Eintreffenswahrscheinlichkeit ist so gering, daß der Aufwand für eine Sicherung - besonders im Hinblick auf die begrenzte Auswirkung - nicht vertretbar ist. Die Verbesserung der Tragfähigkeit des fertigen Tunnels wird in den nachfolgenden Abschnitten erläutert.

4 UMSETZUNG DER ABLAUGUNGSGEFÄHRDUNG IN EIN GEOTECHNISCHES MODELL

Für die Erkundung des Gebirges und den Entwurf des Tunnels ist es notwendig, die geologische Situation im Gebirge und die geotechnisch möglichen Erscheinungsformen der Gipsablaugung auf technische Modelle abzubilden. Wie bereits aus der geologischen Beschreibung hervorgeht, kann die Ablaugungsgefährdung in drei Erscheinungsformen auf den Tunnel einwirken:

1. als langwellige Absenkung infolge großflächiger Subrosion,
2. als mit Versturzmaterial verfüllter Schlot, der beim Tunnelvortrieb angefahren wird und
3. als hochbrechender Erdfall, der auf den fertigen Tunnel trifft.

Von der langwelligen Absenkung wird angenommen, daß sie sich kontinuierlich, in geologischen Zeiträumen vollzieht. Hiervon kann daher keine plötzliche Gefährdung des Tunnels und damit des Bahnverkehrs ausgehen. Für die Absenkung ist der Tunnelquerschnitt lediglich um das mögliche Absenkmaß zu überhöhen, um später die Streckengradiente durch Aufschotterung erhalten zu können.

Das Anfahren von im voraus nicht erkannten Schloten betrifft in erster Linie nur den Bauzustand "Tunnelvortrieb". In diesem Fall muß die Standsicherheit vor Ort durch Gebirgsverbesserung, angepaßte Vortriebsgeschwindigkeit und ausreichenden Sicherungsumfang gewährleistet werden. Für den Endzustand, für die Bemessung der Innenschale, kann der Schlot entsprechend der ingenieurgeologischen Aufnahme beim Vortrieb durch angepaßte Ansätze für Gebirgssteifigkeit und Gebirgsdrücke berücksichtigt werden.

Für die Bemessung des Tunnels für einen hochbrechenden Erdfall wird angenommen, daß der Erdfall zylindrisch ist und auf den fertigen Tunnel trifft. Daraus resultieren definierte Verschneidungsflächen von Tunnel und Erdfall, an denen die ursprünglich vorhandenen aktiven und passiven Gebirgsdrücke entfallen (z.B. horizontaler Seitendruck, Bettungsreaktionen). Im statischen Modell sind diese Kräfte dementsprechend - vom Gebrauchszustand ausgehend - mit entgegengesetzter Wirkungsrichtung anzusetzen. In statischen Voruntersuchungen wurden zwei geometrische Kombinationen von Tunnel und Erdfall als maßgebend herausgearbeitet: der Erdfall mittig unter der Sohle und der Erdfall seitlich.

Weiterhin zeigte sich in den Voruntersuchungen, daß die im Trassenbereich beobachteten Erdfälle mit maximal 10 m Durchmesser noch mit vertretbarem konstruktivem Aufwand von der Innenschale ertragen werden können. In den Technischen Vorschriften und Rahmenbedingungen für die erdfallgefährdeten Tunnel wurden daher als Sondernachweise die folgenden Lastfälle aufgenommen:

a) 10 m-Erdfall mittig unter der Tunnelsohle und
b) 10 m-Erdfall seitlich des Tunnels, die Ulme auf 8 m Länge freilegend.

Wegen der geringen Eintreffenswahrscheinlichkeit dürfen die Querschnitte aus wirtschaftlichen Gründen für die Sonderlastfälle mit einem auf 1,2 abgeminderten Sicherheitsbeiwert bemessen werden. Eine Sanierung nach dem Auftreten eines Erdfalls wird hierbei bewußt in Kauf genommen, da das Verfüllen des entstandenen Hohlraums, die Prüfung des betroffenen Tunnelabschnitts usw. dann ohnehin unumgänglich werden.

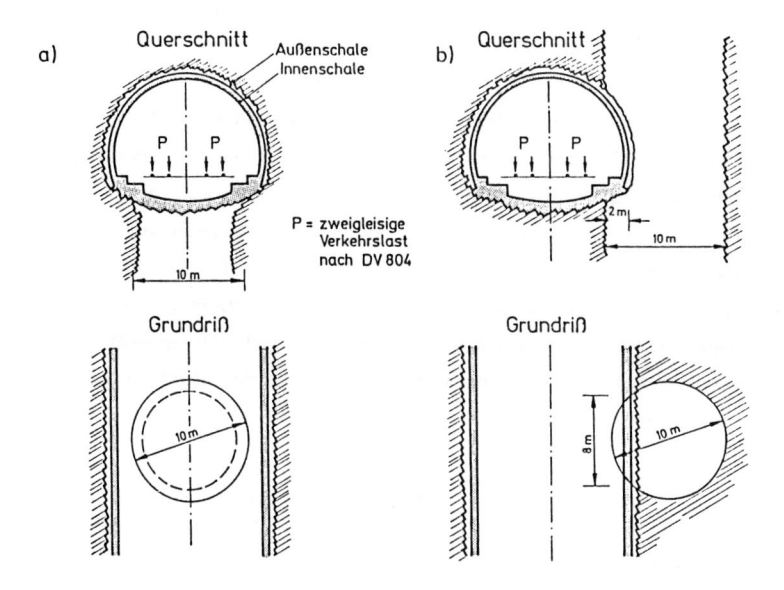

Bild 3): Idealisierte Berechnungsfälle
a) Erdfall mittig b) Erdfall seitlich, /2/

Darüberhinaus sind auf den erdfallgefährdeten Tunnelabschnitten geophysikalische Messungen und Bohrungen von der Tunnelsohle aus vorgesehen, um unterirdische Hohlräume aufzufinden und ggf. zu verfüllen. Bis zum derzeitigen Stand der Arbeiten sind keine luft- oder wassergefüllten Hohlräume unterhalb der betroffenen Tunnel gefunden worden.

5 TRAGVERHALTEN DER TUNNELRÖHRE

Setzt man voraus, daß die Tunnelinnenschale keine statisch wirksamen Fugen hat, so trägt sie insgesamt gesehen beim Auftreffen eines Erdfalls - seitlich oder mittig - wie ein Rohr: Der plötzlich ungestützte Rohrbereich trägt auf Biegung in Tunnellängsrichtung. Diese Beanspruchung kann in guter Näherung an einem langen, bereichsweise ungebetteten, Biegebalken abgeschätzt werden. Die dabei auftretenden Zugkräfte in Tunnellängsrichtung an der Unterseite bzw. in den Ulmen können bei genauerer Betrachtung teilweise auch durch "Widerlager-Druckkräfte" in den Nachbarbereichen des vom Erdfall betroffenen Tunnelringes ersetzt werden, da der Tunneldurchmesser im Vergleich zum Erdfalldurchmesser groß genug ist und die Druckstreben daher recht steil verlaufen. Diese Betrachtung allein reicht jedoch für die Bemessung für die Sonderlastfälle nicht aus.

Maßgebend für die Innenschalen ist die Detailuntersuchung in dem Schalenbereich, der durch den Erdfall freigelegt wird. Hier muß aus mehreren Gründen zwischen dem Erdfall unter der Sohle und dem Erdfall seitlich unterschieden werden.

5.1 ERDFALL UNTER DER SOHLE

Der Erdfall unter der Sohle bewirkt den Wegfall der Sohlpressung auf einer Kreisfläche von 10 m Durchmesser. Daraus resultiert eine relativ große Biege- und Schubbeanspruchung der Sohle in Längs- und Querrichtung. Je nach Sohlwölbung und Sohldicke wird dabei die Lastabtragung in Längs- und Ringrichtung aufgeteilt. Am besten geeignet für die Berechnung der Schalenbeanspruchung infolge der Sonderlastfälle sind räumliche finite Schalenelemente, da mit ihnen sowohl die Geometrie als auch die Einwirkungen am zutreffendsten erfaßt werden können. Aber auch Näherungsbetrachtungen an ebenen Stabwerksmodellen liefern befriedigende Ergebnisse, wenn die jeweils nicht im Modell enthaltene Tragrichtung durch geeignete Ersatzfedern simuliert wird.

In den Berechnungen hat sich gezeigt, daß infolge der Membrantragwirkung der gewölbten Sohle in Ringrichtung die ausfallenden Sohlpressungen (aus Gebirgsdruck, Eigengewichts- und Verkehrslasten) überwiegend über Ringzug und Biegung in Ringrichtung abgetragen werden.

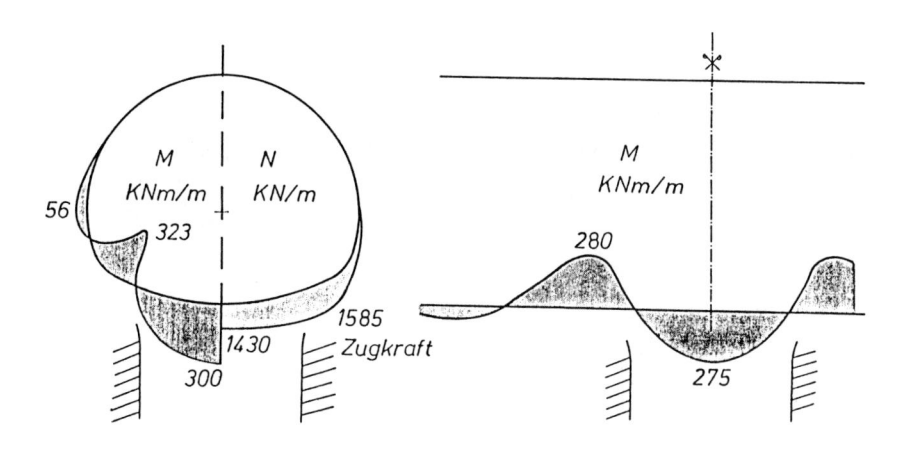

Bild 4: Zusatzschnittgrößen infolge Erdfall mittig, Zahlenwerte als
Beispiel für die zu erwartende Größenordnung.
Querschnitt und Längsschnitt

Für den Hopfenbergtunnel ergab sich für die 60 cm dicke Sohle die Abtragung der ausfallenden Sohlpressung zu etwa 70 % in Ringrichtung. Der restliche Anteil wurde über Biegung in der Sohle in Tunnellängsrichtung abgetragen. Um Versätze und Knicke in den Sohlen beim Auftreten eines Erdfalls zu vermeiden, ist es erforderlich, die Biege- und Querkrafttragfähigkeit der Sohle auch über die Fugen hinweg zu erhalten. In den Sohlen wurden daher Preßfugen an den Blockfugen ausgebildet und die Bewehrung über die Fugen hinweg durchgeführt.

5.2 ERDFALL SEITLICH

Denkt man sich den vom seitlichen Erdfall betroffenen Tunnelring zunächst freigeschnitten von den Nachbartunnelringen, so erkennt man, daß die Schale infolge der eingeprägten Ringdruckkräfte in den neu entstandenen Hohlraum hineindrückt. Dabei entstehen Relativverschiebungen zu den nicht betroffenen benachbarten Ringen in der Schalenfläche und senkrecht zur Schalenfläche.

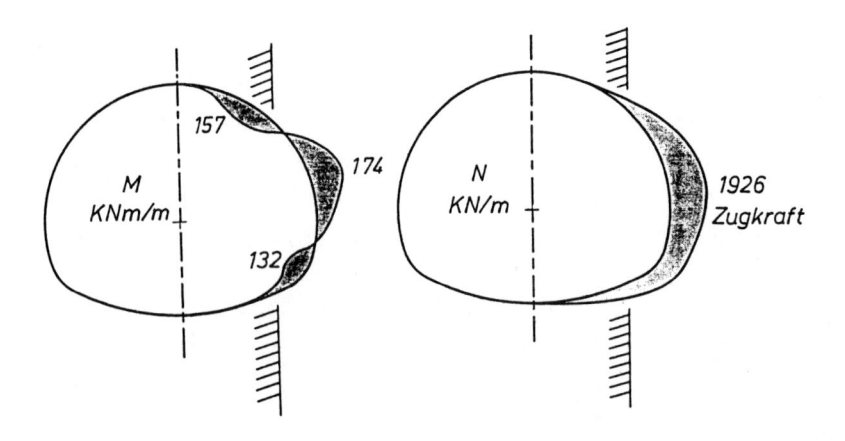

Bild 5: Zusatzschnittgrößen infolge Erdfall seitlich, Zahlenwerte als Beispiel für die zu erwartende Größenordnung.

Bei einem Verbund der Tunnelringe zu einer kontinuierlichen Schale werden die Relativverschiebungen durch Schubkräfte in der Schalenfläche, durch Schubkräfte quer zur Schalenfläche und über Biegung in Ring- und Längsrichtung verhindert. Wegen der Größe der Schubsteifigkeit in der Schalenfläche werden die Schubspannungen in der Fläche relativ groß und übernehmen den bei weitem größten Teil der Kräfteumlagerungen. Räumliche FE-Berechnungen haben diese Überlegung bestätigt.

Die Schubspannungen erreichen demnach Höchstwerte von etwa 2 MN/m2. Zur Verbesserung der Schubtragfähigkeit der Schale auch über die Fugen hinweg liegt auch hier eine Durchbewehrung der Fugen nahe. Die Biegetragfähigkeit in Längsrichtung und die Schubtragfähigkeit senkrecht zur Schalenebene bleiben dabei ebenfalls über die Fugen hinweg erhalten.

6   KONSTRUKTIVE AUSBILDUNG DER ENDGÜLTIGEN TUNNELAUSKLEIDUNG

Die konstruktive Ausbildung der Tunnelinnenschale für die Bemessungserdfälle wirft keine besonderen Probleme auf. Die örtlich erhöhten Biegebeanspruchungen der Schale in Ringrichtung und in Tunnellängsrichtung können durch die Wahl von Schalendicke, Betonqualität und Bewehrungsquerschnitt abgedeckt werden.

Besondere Überlegungen sind für die im Abstand von 11 m vorgesehenen Blockfugen erforderlich. Auch an diesen Stellen sind die Verformungen der Gleise und daher auch die Verformungen der Innenschale auf ein Minimum zu begrenzen. Aus der Vielzahl der in der Planungsphase diskutierten und wieder verworfenen Lösungen seien hier nur drei genannt:

1. Ausbildung von umlaufenden Stahlbetonmanschetten, die Relativverschiebungen benachbarter Innenschalenblöcke verhindern sollen, vgl. Bild 6a.
2. Einbau von Betonfertigteilen in die Stirnflächen der Blöcke zur Schubverzahnung mit dem Nachbarblock, Bild 6b,
3. Einbau von Stabstahldübeln in den Blockfugen zur Schubverzahnung.

Diese Lösungen wurden letztlich aus den folgenden Gründen als ungeeignet verworfen:

- Die Ausbildung von Stahlbetonmanschetten würde durch den häufigen Querschnittswechsel den Arbeitsrhythmus beim Vortrieb zu sehr stören.
- Der Einbau von fertigen Betonkonsolen wäre schalungstechnisch zu schwierig und zu aufwendig im Vergleich zur Tragwirkung der Fertigteile.
- Die erforderliche Anzahl der Stabdübel ist so groß, daß sowohl von der Stahlmenge als auch vom Aufwand für den Einbau her die Lösung unwirtschaftlich wäre.

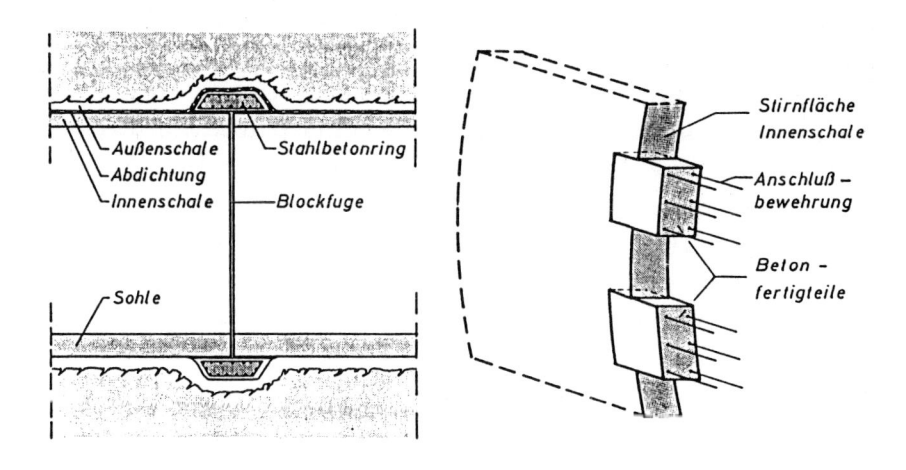

Bild 6a) Stahlbetonmanschetten, b) Konsolen aus Betonfertigteilen

Die Ausbildung von Preßfugen und die Durchbewehrung über die Fugen hinweg führen in statischer Hinsicht zu einer fugenlosen Innenschale. Für die

Tragfähigkeit der Innenauskleidung ist dies die beste Lösung, da die Schwächung an den Fugen hierbei entfällt. In konstruktiver Hinsicht stellt sich hier jedoch das Problem, daß die Innenschale sich in Tunnellängsrichtung nicht mehr frei verkürzen kann. Die Abkühlung der Innenschale beim Abfließen der Hydratationswärme sowie das Schwinden des Betons führen hierbei zunächst zu Zugspannung in Tunnellängsrichtung und schließlich zu Rissen im Beton des Tunnelgewölbes. Diese negativen Begleiterscheinungen sollten durch konstruktive Maßnahmen soweit begrenzt werden, daß eventuell auftretende Risse unschädliche Rißbreiten nicht überschreiten. Als unschädliche Rißbreite kann unter Berücksichtigung der Betondeckung von 5 cm ein Maximalwert von w_k = 0,3 bis 0,35 mm angesehen werden /3, 4/. Die Planung sah vor:

- zur Verringerung der Zwangbeanspruchung zunächst nur jedes zweite Sohlgewölbe bzw. nur jedes zweite Gewölbe zu betonieren und in einem zweiten Durchgang des Schalwagens die Lücken zu schließen,
- die Abbindetemperatur durch einen Zement mit niedriger Hydratationswärme gering zu halten,
- die Längsbewehrung so zu wählen, daß etwa auftretende Risse ausreichend fein verteilt werden.

Bei der Ausführung des Leinebuschtunnels wurde das oben beschriebene Konzept in Abstimmung zwischen ausführender Arbeitsgemeinschaft und Bauherrn abgewandelt. Anstelle des Betonierens auf Lücke wurde innerhalb der Blöcke ein größerer Bewehrungsquerschnitt in Längsrichtung vorgesehen, der über die Fugen hinweg geführt wurde. Als Schwindbewehrung oberhalb der Arbeitsfuge Sohle/Gewölbe stand für die 35 bis 40 cm dicke Betonschale insgesamt ein Stahlquerschnitt von bis zu 16,8 cm2/m an der Schaleninnenseite und 16,2 cm2/m an der Außenseite zur Verfügung.

Nach der Fertigstellung der Innenschale im Leinebuschtunnel zeigte sich, daß die Durchbewehrung über die Fugen hinweg in nahezu jedem Innenschalenblock zu mehreren ringförmig verlaufenden Rissen geführt hatte. Die breite dieser Risse hat in vielen Fällen den o.g. Grenzwert überschritten. Zur Erhaltung der Dauerhaftigkeit der Innenschale des Leinebuschtunnels wurden die Risse verpreßt.

Aufgrund dieser Erfahrung wurde für die später zu erstellenden Tunnel durch den Hopfenberg und durch den Helleberg die Ausbildung der Blockfugen erneut diskutiert und nach alternativen Lösungen gesucht:

Wie die rechnerischen Untersuchungen zeigen, ist der Erdfall unter der Sohle für die Gleisverschiebungen kritischer als der Erdfall seitlich. In der Sohle kann daher nicht auf eine Durchbewehrung über die Fugen hinweg verzichtet werden. Hier ist die Durchbewehrung jedoch ohnehin weniger problematisch als im Gewölbe, weil etwa auftretende Risse durch Füllbeton oder sonstige Auffüllung verschlossen werden und auf diese Weise die Dauerhaftigkeit der Sohle sichergestellt ist. Etwaige, trotz der Schutzmaßnahmen auftretende, Korrosion in den Preßfugen wird durch die am Ort verbleibenden Oxydationsrückstände verlangsamt fortschreiten und schließlich zum Stillstand kommen. Für die vorgesehenen Stabdurchmesser von d = 25 mm besteht damit nicht die Gefahr des Durchrostens.

Bild 7: Schubzähne in der Stirnfläche der Innenschale,
Ulmenbereich

Im aufgehenden Gewölbe wird auf die Durchbewehrung der Fugen verzichtet. Statt dessen wird die nun fehlende Biegetragfähigkeit der Schale in Tunnellängsrichtung durch die Verstärkung der Tragfähigkeit in Ringrichtung ausgeglichen. Die für die Tragfähigkeit des Gewölbes wesentliche Steifigkeit und Festigkeit für Schub in der Schalenebene muß jedoch auch über die Fugen hinweg weitgehend erhalten bleiben. Dies wird erreicht durch Zickzack-Profilierung der Stirnflächen entsprechend Bild 7 und Anbetonieren des nachfolgenden Blockes ohne Fugeneinlage. Die Form der Verzahnung - ohne senkrechte, nichttragende Flächen - beteiligt die gesamte Stirnfläche an der Schubabtragung. Dadurch wird die größtmögliche Schubtragfähigkeit erreicht. Nach Schubtragfähigkeitsversuchen /5/ betragen die aufnehmbaren Schubspannungen von Scherfugen in Beton der Güte B 25 mit Bügelbewehrung ca. 6,8 MN/m2, ohne Bewehrung ergeben die Versuche eine mittlere Bruchspannung von 4 MN/m2. Der zuletzt genannte Wert liegt noch deutlich über der errechneten Schubspannung in der Schalenebene von maximal 2 MN/m2. Die Kombination von durchbewehrten Sohlfugen und verzahnten Preßfugen im aufgehenden Gewölbe ist daher in statischer, konstruktiver und wirtschaftlicher Hinsicht eine befriedigende Fugenkonstruktion für die erdfallgefährdete Tunnelröhre.

LITERATUR

/1/ Niedersächsisches Landesamt für Bodenforschung, Hannover: "Ingenieurgeologisches Gutachten Hopfenberg-Tunnel und Voreinschnitte", Hannover 1982

/2/ Duddeck, H., Städing, A., Schrewe, F.: Zu den Standsicherheitsuntersuchungen für die Tunnel der Neubaustrecke der Deutschen Bundesbahn. Felsbau 2 (1984), Nr. 3, S. 143 - 151.

/3/ Leonhardt, F.: Zur Behandlung von Rissen im Beton in den Deutschen Vorschriften. Beton- und Stahlbetonbau 80 (1985), H. 7, S. 179 - 189.

/4/ Jungwirth, D.: Begrenzung der Rißbreite im Stahlbeton- und Spannbetonbau aus der Sicht der Praxis. Beton- und Stahlbetonbau 80 (1985), H. 7, S. 173 - 178, H. 8, S. 204 - 208.

/5/ Niemann, H.J.: Schubtragfähigkeit in Anschlußfugen von Scheiben und Balken aus Stahlbeton mit eingelegten Schubschienen. Ruhruniversität Bochum, Institut für Konstruktiven Ingenieurbau, Februar 1984.

Anschriften der Autoren

Professor Dr.-Ing. H. Ahrens
Institut für Statik
Technische Universität Braunschweig
Beethovenstraße 51
3300 Braunschweig

Dr.-Ing. H. Balthaus
Philipp Holzmann AG, HN Düsseldorf
Münsterstraße 291
4000 Düsseldorf

Dr.-Ing. S. Bausch
Institut für Konstruktiven Ingenieurbau
Lehrstuhl für Stahlbeton- und Spannbetonbau
Ruhr-Universität Bochum
Universitätsstraße 150
4630 Bochum 1

Dr.-Ing. M. Bergmann
STEAG AG, Bereich Bautechnik
Huyssenallee 88
4300 Essen

Dr.-Ing. C. Bremer
Beratungszentrum CIM-Technologie GmbH
Emil-Figge-Straße 76
4600 Dortmund 50

Dr.-Ing. F.-P. Brunck
Hochtief AG, Abteilung Konstruktiver Ingenieurbau
Rellinghauser Straße 53-57
4300 Essen 1

Dr.-Ing. habil. D. Dinkler
Institut für Statik
Technische Universität Braunschweig
Beethovenstraße 51
3300 Braunschweig

Professor Reg.-Bmstr. A. Eber
Institut für Bauingenieurwesen IV
Tunnelbau und Baubetriebslehre
Technische Universität München
Arcisstraße 21
8000 München 2

Dr.-Ing. H. Eggers
Deutsche Forschungs- und Versuchsanstalt für
Luft- und Raumfahrt e.V.
Flughafen
3300 Braunschweig

Professor Dr.-Ing. S. Falk
Institut für Angewandte Mechanik
Technische Universität Braunschweig
Abt-Jerusalem-Straße 7
3300 Braunschweig

Dipl.-Ing. N. Gebbeken
Institut für Statik
Universität Hannover
Appelstraße 9 A
3000 Hannover 1

Professor Dr.-Ing. G. Girnau
Studiengesellschaft für unterirdische Verkehrsanlagen e.V.
Mathias-Brüggen-Straße 41
5000 Köln 30

Professor Dr.-Ing. G. Gudehus
Institut für Boden- und Felsmechanik
Universität Karlsruhe
Richard-Willstätter-Allee
7500 Karlsruhe 1

Dr.-Ing. A. Haack
Studiengesellschaft für unterirdische Verkehrsanlagen e.V.
Mathias-Brüggen-Straße 41
5000 Köln 30

Dr.-Ing. J. Hillmann
Volkswagenwerk AG, PKW-Berechnung
3180 Wolfsburg 1

Dipl.-Ing. J. Hogrefe
Bilfinger + Berger Bau AG, NL Essen
Schnabelstraße 9
4300 Essen 1

Professor Dr.-Ing. D. Hosser
Institut für Baustoffe, Massivbau und Brandschutz
Technische Universität Braunschweig
Beethovenstraße 52
3300 Braunschweig

Professor Dr.-Ing. G. Iványi
Institut für Massivbau
Universität GH Essen
Universitätsstraße 1
4300 Essen 1

Dr.-Ing. G. Kammler
Daimler Benz AG
Reinsburgstraße 1435
7000 Stuttgart 1

Dr.-Ing. M. Kiel
Institut für Baustoffe, Massivbau und Brandschutz
Technische Universität Braunschweig
Beethovenstraße 52
3300 Braunschweig

Professor Dr.-Ing. G. Klein
PreussenElektra AG
Tresckowstraße 5
3000 Hannover 91

Professor Dr.-Ing. G. Knittel
Institut für Bauingenieurwesen I
Lehrstuhl für Baustatik
Technische Universität München
Arcisstraße 21
8000 München 2

Dr.-Ing. F.T. König
Philipp Holzmann AG, HN Hannover
Bothfelder Straße 35
3000 Hannover

Professor Dr.-Ing. F.G. Kollmann
Institut für Maschinenelemente und Getriebe
Technische Hochschule Darmstadt
Magdalenenstraße 8
6100 Darmstadt

Professor Dr.-Ing. Dr.-Ing. E.h. K. Kordina
Institut für Baustoffe, Massivbau und Brandschutz
Technische Universität Braunschweig
Beethovenstraße 52
3300 Braunschweig

Professor Dr.-Ing. W.B. Krätzig
Institut für Konstruktiven Ingenieurbau
Lehrstuhl für Statik
Ruhr-Universität Bochum
Universitätsstraße 150
4630 Bochum 1

Dr.-Ing. W. Krings
Bauunternehmung E. Heitkamp GmbH
Langekampstraße 36
4690 Herne

Professor Dr.-Ing. B.-H. Kröplin
Anwendung numerischer Methoden
Universität Dortmund
August-Schmidt-Straße
4600 Dortmund 50

Dipl.-Ing. R. Krysik
Fachbereich Bauwesen - Stahlbau
Universität GH Essen
Universitätsstraße 15
4300 Essen

Professor Dr. M. Langer
Bundesanstalt für Geowissenschaften und Rohstoffe
Stilleweg 2
3000 Hannover 51

Dr.-Ing. R. Lardi
Ingenieurbüro Eglin Ristic AG
Spalenvorstadt 8
CH-4051 Basel

Dr.-Ing. W. Leichnitz
Bundesbahndirektion Hannover
Dezernat 45 NA
Joachimstraße 4-5
3000 Hannover

Professor Dr.-Ing. K.-H. Lux
Institut für Bergbau
Abteilung Gebirgsmechanik
Technische Universität Clausthal
Erzstraße 20
3392 Clausthal-Zellerfeld

Dipl.-Ing. R. Mahnken
Institut für Baumechanik und Numerische Mechanik
Universität Hannover
Appelstraße 9 A
3000 Hannover 1

Dr.-Ing. W. Maier
Institut für Stahlbau
Technische Universität Braunschweig
Beethovenstraße 51
3300 Braunschweig

Professor Dr.-Ing. K. Müller
Fachhochschule Nordostniedersachsen
Fachbereich Bauingenieurwesen
Harburger Straße 6
2150 Buxtehude

Professor Baurat h.c.
Dr.techn. Dr.mont. h.c. L. Müller
Paracelsusstraße 2
A-5020 Salzburg

Professor Dr.-Ing. H.L. Peters
Bauunternehmung E. Heitkamp GmbH
Langekampstraße 36
4690 Herne 2

Dipl.-Ing. M.J. Prabucki
Institut für Konstruktiven Ingenieurbau, Lehrstuhl IV
Ruhr-Universität Bochum
Universitätsstraße 150
4630 Bochum 1

Professor Dr.-Ing. U. Quast
Arbeitsbereich Massivbau
Technische Universität Hamburg-Harburg
Lauenbruch Ost 1
2100 Hamburg 90

Professor Dr.-Ing. E. Ramm
Institut für Baustatik
Universität Stuttgart
Pfaffenwaldring 7
7000 Stuttgart 80

Dr.-Ing. E. Richter
Institut für Baustoffe, Massivbau und Brandschutz
Technische Universität Braunschweig
Beethovenstraße 52
3300 Braunschweig

Professor Dr.-Ing. R. Rokahr
Institut für Unterirdisches Bauen
Universität Hannover
Welfengarten 1
3000 Hannover 1

Professor Dr.-Ing. F.S. Rostasy
Institut für Baustoffe, Massivbau und Brandschutz
Technische Universität Braunschweig
Beethovenstraße 52
3300 Braunschweig

Professor Dr.-Ing. H. Rothert
Institut für Statik
Universität Hannover
Appelstraße 9 A
3000 Hannover 1

Professor Dr.-Ing. P. Ruge
Institut für Angewandte Mechanik
Technische Universität Braunschweig
Abt-Jerusalem-Straße 7
3300 Braunschweig

Dr.-Ing. G. Schaper
Ingenieurbüro Professor Duddeck und Partner
Pockelsstraße 7
3300 Braunschweig

Professor Dr.-Ing. R. Schardt
Institut für Statik
Technische Hochschule Darmstadt
Alexanderstraße 7
6100 Darmstadt

Professor Dr.-Ing. J. Scheer
Institut für Stahlbau
Technische Universität Braunschweig
Beethovenstraße 51
3300 Braunschweig

Dipl.-Ing. R. Schlegel
Salzgitter-Consult GmbH
Postfach 41 11 69
3320 Salzgitter 41

Professor Dr.-Ing. H. Schmidt
Fachbereich Bauwesen - Stahlbau
Universität GH Essen
Universitätsstraße 15
4300 Essen 1

Dipl.-Ing. M. Schwesig
Institut für Statik
Technische Universität Braunschweig
Beethovenstraße 51
3300 Braunschweig

Dr.-Ing. A. Städing
Ingenieurbüro Professor Duddeck und Partner
Pockelsstraße 7
3300 Braunschweig

Professor Dr.-Ing. E. Steck
Institut für Allgemeine Mechanik und Festigkeitslehre
Technische Universität Braunschweig
Gaußstraße 14
3300 Braunschweig

Professor Dr.-Ing. E. Stein
Institut für Baumechanik und Numerische Mechanik
Universität Hannover
Appelstraße 9 A
3000 Hannover 1

Professor Dr.-Ing. U. Vogel
Institut für Baustatik und Meßtechnik
Universität Karlsruhe
Kaiserstraße 12
7500 Karlsruhe

Dipl.-Ing. W. Weigl
Institut für Bauingenieurwesen IV
Tunnelbau und Baubetriebslehre
Technische Universität München
Arcisstraße 21
8000 München

Dipl.-Ing. T. Westhaus
Institut für Statik
Technische Universität Braunschweig
Beethovenstraße 51
3300 Braunschweig

Dr.-Ing. R. Windels
Ingenieurbüro Dr.-Ing. R. Windels, Dr.-Ing. G. Timm
Beratende Ingenieure VBI
Jungfernstieg 49
2000 Hamburg 36

Dr.-Ing. D. Winselmann
Ingenieurbüro Professor Duddeck und Partner
Pockelsstraße 7
3300 Braunschweig

Professor Dr.-Ing. W. Wunderlich
Institut für Bauingenieurwesen I
Lehrstuhl für Baustatik
Technische Universität München
Arcisstraße 21
8000 München